山东经济作物全程机械化系列丛书

马铃薯全程机械化生产技术与装备

马根众　张万枝　江平　主编

中国农业出版社

北　京

图书在版编目（CIP）数据

马铃薯全程机械化生产技术与装备 / 马根众，张万
枝，江平主编. —北京：中国农业出版社，2022.7
（山东经济作物全程机械化系列丛书）
ISBN 978-7-109-29783-8

Ⅰ.①马… Ⅱ.①马… ②张… ③江… Ⅲ.①马铃薯
—机械化生产 Ⅳ.①S233.73

中国版本图书馆 CIP 数据核字（2022）第 148792 号

中国农业出版社出版

地址：北京市朝阳区麦子店街 18 号楼
邮编：100125
责任编辑：贾　彬　　文字编辑：赵星华
版式设计：杨　婧　　责任校对：刘丽香
印刷：北京中兴印刷有限公司
版次：2022 年 7 月第 1 版
印次：2022 年 7 月北京第 1 次印刷
发行：新华书店北京发行所
开本：700mm×1000mm　1/16
总印张：36.5
总字数：700 千字
总定价：180.00 元（共 3 册）

丛书编委会

山东经济作物全程机械化系列丛书

主　任　卜祥联

副主任　王乃生　管延华　江　平　范本荣

委　员　马根众　王东伟　张　昆　张万枝　张晓洁

　　　　张爱民　陈传强　周　进　高中强

本书编写人员

马铃薯全程机械化生产技术与装备

主　　编　马根众　张万枝　江　平

副主编　朱月浩　彭科研　张　华　栾雪雁

编写人员　丁习武　马根众　王凤元　王晓婷　亓协腾

　　　　　孔　振　田　森　白文静　朱月浩　朱晓梅

　　　　　刘承龙　江　平　孙　波　李炜蔷　李　娜

　　　　　李鹍鹏　何　强　张　华　张　军　张　涛

　　　　　张万枝　张　鲁　陈志伟　季晓毓　苗程志

　　　　　周　进　钟　文　侯乐俊　姜　伟　徐　颖

　　　　　栾雪雁　高中强　郭　磊　黄友亮　崔中凯

　　　　　彭科研　韩亚楠　程　勇　温　健　解树斌

　　　　　窦显鹏

前　言

FOREWORD

我国马铃薯常年种植面积稳定在 8 500 万亩以上，总产量保持在 9 000 万 t 以上，是世界第一马铃薯生产大国。马铃薯也是山东省重要的经济作物，常年种植面积在 200 万亩左右，山东省滕州市素有"中国马铃薯之乡"的美誉。

2017 年，山东省将马铃薯列为加快新旧动能转换，推进"两全两高"农业机械化发展的六大重点作物之一；2019 年明确将马铃薯种收作为加快推进农业机械化和农机装备产业转型升级的主攻方向之一。多年来，山东农机技术推广部门一直从事马铃薯全程机械化生产技术的示范推广工作，先后承担了山东省财政支农马铃薯播种收获机械化技术推广、农业农村部优势农产品马铃薯全程机械化生产技术示范推广、农业农村部主要农作物（马铃薯）生产全程机械化示范、山东省农业重大应用技术创新马铃薯机械化高效生产模式与装备试验验证等项目，有力促进了山东省马铃薯机械化生产水平的提高。截至 2019 年，山东省拥有马铃薯收获机 25 876 台，马铃薯耕种收环节综合机械化水平为 78.26%，其中耕、种、收环节的机械化水平分别为 93.09%、65.28%、71.49%。

总体来看，马铃薯综合机械化水平仍低于小麦、玉米等大宗粮食作物，主要存在着种植模式多样，农机农艺不配套，机具先进性、适用性、可靠性较低等问题。随着乡村振兴战略不断推进，农村劳动力大量转移，马铃薯机械化生产将越来越重要，解决好马铃薯全程机械化生产具有非常重要的现实意义。

为进一步促进马铃薯机械化生产技术与装备的示范推广与普及应用，我们组织山东省农业机械技术推广站、山东农业大学、山东省农业技术推广中心、山东省农业机械科学研究院等单位，及山东省薯类产业技术体系的专家学者，共同编著了《马铃薯全程机械化生产技术与装备》这本科普书籍。山东农业机械学会和山东农业工程学会也为本书出版提供了大量帮助，在此表示诚挚谢意。本书立足山东，全面介绍了马铃薯的生产概况、主推品种、播前准备、机械化播种、机械化田间管理、机械化收获和马铃薯机械最新研究等内容，可供马铃薯装备研发生产人员、种植生产人员、农机手，以及农机化技术推广、培训与服务人员参考使用。

限于作者水平，书中难免存在疏漏与不当之处，望广大读者批评指正，并提出宝贵建议，以便我们及时修订。

编　者

2021 年 8 月

目 录
CONTENTS

第一章

马铃薯生产概述

马铃薯（*Solanun tuberosum* L.）是一年生草本植物，双子叶植物纲管状花目茄科茄属。目前，马铃薯有智利亚种和安第斯亚种两个亚种，分别起源于南美洲的智利南部高纬度地区和秘鲁、玻利维亚的低纬度高海拔安第斯山区。我国栽培的是前一个亚种。马铃薯人工栽培史最早可追溯到公元前 8000 年至公元前 5000 年的秘鲁南部地区。16 世纪中期，马铃薯被西班牙殖民者从南美洲带到欧洲，开始时作为观赏花卉，后来逐步发现其食用价值。大概在明朝中后期传入我国，至今已有四百多年的种植历史，种植区域遍布全国，是我国第四大粮食作物。

马铃薯的食用部分是块茎，含有丰富的淀粉、蛋白质、维生素、矿质元素等，脂肪含量较低，每 100g 仅含 0.2～0.3g。我国传统医学认为，马铃薯具有和胃、健脾、益气、解毒、消炎等功效。

第一节　山东省马铃薯生产概况

一、山东省马铃薯产业发展现状

（一）基本情况

山东省马铃薯常年种植面积在 230 万亩①左右，总产量为 640 多万 t，省平均单产在 2 750kg/亩左右，单产水平基本居全国最高。马铃薯栽培面积超过 5 万亩的县（市、区）主要有滕州、肥城、胶州、平度、平邑、黄岛、新泰、邹城、山亭、安丘等。主要种植区可以分为三大区域。一是滕州种植带，主要包括滕州、邹城南部、枣庄北部等，以早春保护地栽培为主，投入大，效益高，常年播种面积在 90 万亩左右，是山东省马铃薯最主要的产区。主要栽培模式有春马铃薯—玉米—秋马铃薯、春马铃薯—玉米—大葱、春马铃薯—芋头等几种。山东省秋季马铃薯栽培主要集中在该区域。二是肥城种植带，主要包括肥城、平阴等，以露地地膜覆盖栽培为主，常年播种面积在 30 万亩左右。主要栽培模式有春马铃薯—玉米—大白菜（花椰菜）、春马铃薯—玉米等。三是胶州种植带，主要包括胶州、平度、莱西、黄岛、即墨、高密、诸城、昌邑、莱阳等，以露地栽培为主，常年播种面积在 55 万亩左右。该地区马铃薯

---

① 亩：非法定计量单位。1 亩≈666.67m²。——编者注

出口量大，栽培模式以春马铃薯—速生蔬菜—大葱、春马铃薯—玉米—速生蔬菜为主。另外还有兰陵、莱芜、昌乐、峡山、费县、临清、乳山、沂水、莒南、汶上等县（市、区）。各县（市、区）常年马铃薯播种面积在1万～4万亩，在局部形成集中产区，有传统栽培习惯，种植面积稳定。近年来，山东省大力推广种薯脱毒快繁、早春拱棚多层覆盖高产栽培、全程机械化、减量施肥等关键技术，脱毒种薯使用率达到90%以上，早春拱棚覆盖栽培率在30%左右。

（二）产业特点

（1）菜用马铃薯生产为主。山东省马铃薯生产以菜用鲜食为主，占总播种面积的95%以上。加工原料薯仅在胶州、平度、兰陵等地小面积订单生产。

（2）茬口灵活、模式多样。栽培茬口主要有早春露地覆膜栽培、早春塑料拱棚双膜/三膜/四膜覆盖栽培、秋季露地栽培等。对于早春马铃薯，一般1月上、中旬到3月上、中旬播种，3、4月到6月收获，胶东地区7月上旬收获；对于秋季马铃薯，一般7月底到8月上旬播种，10月下旬至春节收获。栽培模式主要有春马铃薯—玉米—秋马铃薯、春马铃薯—玉米—大葱、春马铃薯—芋头、春马铃薯—玉米—大白菜（花椰菜）、春马铃薯—速生蔬菜—大葱、春马铃薯—玉米—速生蔬菜等。

（3）主栽品种相对集中。山东省马铃薯主栽品种主要有鲁引1号、荷兰15号、荷兰7号、春秋7号、希森3号、希森6号、克新系列等，以鲁引1号、荷兰15号、荷兰7号的栽培面积最大。加工专用品种主要有大西洋、夏波蒂等，栽培面积较小。

（4）脱毒种薯普及率高。山东省开展脱毒马铃薯研究与推广起步早、水平高，在全国率先大面积推广脱毒马铃薯。山东省马铃薯生产一次性投入大，对薯种要求较高，脱毒种薯普及率达90%以上，已成为脱毒马铃薯种薯需求量最大的省份。

（5）产量高、效益好。通过保护栽培、使用脱毒种薯、精耕细作等措施，山东省马铃薯产量高，效益也好。以保护地三膜栽培为例，一般每亩投入成本4 800元左右，亩产3 250kg，亩纯收益可超过5 000元。

（6）政策扶持力度较大。2014年，山东省物价局、山东省财政厅、山东省农业厅、山东省金融办、山东省保监局联合下发了《关于开展山东蔬菜目标价格保险保费补贴试点的通知》，将马铃薯纳入试点品种。2015年年初，滕州市被确定为山东省首批蔬菜目标价格保险试点市（县）之一，在山东省率先开展马铃薯目标价格保险试点工作，保费由投保农户自行承担20%，各级政府补贴80%，省级根据价格调节基金征收情况，按照"以收定支"原则对各级保费补贴进行补助。目前，肥城、平阴、平度等地也开展了马铃薯目标价格保险试点工作。2018年3月，山东省农业厅、山东省财政厅、山东省金融工作办公室、中国银保监会山东监管局联合下文决定自 2018 年起在山东省全省实施马铃薯种植保险（属于中央补贴险种），详细规定了马铃薯种植保险条款。

二、山东省马铃薯产业存在的问题

一是种植成本居高不下。以滕州为例，地膜覆盖每亩成本（含租金）为 3 200 元左右，二膜拱棚 4 200 元左右，三膜拱棚 4 800 元左右，其中人工成本接近 40%，种植成本约 1 元/kg。

二是品种更新换代慢。多年来，山东省马铃薯栽培面积较大的仍是鲁引 1 号、荷兰 15 号、荷兰 7 号等，选育的新品种综合性状有待提高，市场响应度不高，推广速度慢。由于优质不优价、加工工艺研究不深入等，专用特色品种的推广也没有较大突破。

三是脱毒种薯体系不健全。开展马铃薯种薯脱毒的企业较少，马铃薯脱毒种薯繁育基地布局不合理，缺少权威部门的组织规划、管理、协调以及系统的质量监控，脱毒种薯质量存在隐患。

四是绿色高效生产技术有待提高。保温性能差、抗灾能力弱的小拱棚覆盖栽培受天气变化影响较大，灾害损失较重。大肥大水的生产理念没有得到根本改变，减量配方施肥、增施有机肥、应用生物降解地膜、水肥一体化等绿色生产技术推广力度不够。残膜、残枝等废弃物无害化处理率不高。

五是全程机械化率有待提高。目前，在开沟、起垄、播种、覆膜等方面已经基本实现小型机械化作业，在种薯制备、采收等环节仍处于半机械化状态，人工成本较高。

三、山东省马铃薯产业高质量发展对策建议

一是建设马铃薯产业大数据平台。建立由政府部门主导的马铃薯产业大数据平台，将种植意向、种植面积、种薯供应、栽培技术、市场预测、出口贸易、社会化服务等信息整合，及时发布产销信息，指导生产和市场，防止市场价格波动剧烈，保障农民利益。

二是加大优质专用新品种选育。加大良种工程项目财政扶持力度。做好种质资源的搜集、保护和利用，以市场需求为导向，运用育种新技术、新方法、新手段，加快优质专用新品种的研发步伐，实现品种专用化、多样化，增加马铃薯种植效益和附加值，促进产业优化升级。

三是提升种薯质量。构建以产业为主导、企业为主体、基地为依托、产学研相结合、"育繁推一体化"的现代农作物种业体系，大力培植种薯繁育企业，将马铃薯脱毒种薯纳入良种补贴。制定马铃薯种薯质量标准及繁育技术规程，强化种薯质量管理，实行生产许可证和质量合格证制度，保证马铃薯种薯质量。

四是推广绿色高效生产技术。提高马铃薯栽培设施建设标准，不断引进、推广新材料、新技术，提升马铃薯栽培设施抗灾减灾能力。加大配方施肥、增施有机肥、应用生物降解地膜和水肥一体化等绿色生产技术的推广力度，科学安排茬口，优化栽培模式，不断提高马铃薯绿色高效生产水平。

五是加强农机农艺融合。围绕山东省马铃薯生产机械化需求，优化机具和配套方案，建设马铃薯高产高效机械化栽培示范基地，通过示范引领，转变农户传统种植观念，逐步引导农户采用规范化、标准化、机械化种植模式，加速山东省马铃薯全程机械化生产整体进程。

第二节　马铃薯栽培技术

一、马铃薯生长发育

（一）植物学特征

1. 根

根是吸收营养和水分的器官，同时还有固定植株的作用。根系白色，老化时变为浅褐色。不同繁殖材料所长出的根组成不同。用块茎种植的马铃薯，植株无直根，只有须根。须根从种薯幼芽基部发出，而后分枝形成许多侧根。大部分品种的根系分布在 40cm 以内的土壤表层。用种子种植时，植株有主根（直根）和侧根之分。根的分杈随植株的生长而增多，根系在土壤中呈圆锥形分布。因为种子很小，初期形成的主根和侧根不发达，所以幼苗生长缓慢。若生长条件适宜，实生苗的根系也很发达。

马铃薯根系的多少和强弱，直接关系到植株是否生长得健壮繁茂，对薯块的产量和质量都有直接的影响。根系生长状况如何，除品种因素外，栽培条件是关键。土层深厚，土质疏松，土壤通气透气好，墒情及地温适宜，根系发育良好；加强管理，配合深种深培土、及时中耕松土、增施磷肥等措施，也能促进根系发育，特别是有利于匍匐根的形成和生长。

2. 茎

茎分为地上茎、地下茎、匍匐茎和块茎。

（1）地上茎。块茎发芽生长后，在地面以上着生枝叶的茎为地上茎。地上茎有直立、半直立和匍匐 3 种类型。栽培种的茎大多为直立型或半直立型，茎高 40~100cm。主茎分枝的部位与品种有关：早熟品种多在中上部发出，中、晚熟品种多在下部或近茎的基部发出。另外，茎的粗细、茎翅性状、有无茸毛等均可作为区分品种的特征。地上茎的主要作用是支撑植株上的分枝和叶片，把根系吸收的无机营养物质和水分运送到叶片里，再把叶片光合作用制造的有机营养物质向下运输到块茎中。

（2）地下茎。块茎发芽出苗后形成植株，生长在土壤内的茎为地下茎。地下茎的节间较短，在节的部位生出次生根和匍匐茎（枝）。地下茎为白色或浅紫色，是养分和水分运输的枢纽，影响植株生长和块茎膨大。

（3）匍匐茎。匍匐茎又称匍匐枝，实际是茎在土壤中的分枝，是茎的变态。匍匐茎的尖端膨大就长成了块茎，主要作用是将叶片制造的有机营养物质输送到块茎里，促进块茎膨大。匍匐茎的多少和长短因品种而异。早熟品种较短，晚熟品种较长；短的结薯集中，长的结薯分散。早熟种在幼苗出土后7～10d 即开始生出匍匐茎，再2周后匍匐茎的顶端膨大，逐渐形成块茎。如果播种时覆土太浅或遇到土壤温度过高等不良环境条件，匍匐茎会长出地面变成普通的地上茎，俗称窜箭，导致结薯个数减少，影响产量。为匍匐茎生长创造良好的环境条件，以便长出足够数量匍匐茎，增加有效块茎的数量是提高产量的重要途径。

（4）块茎。块茎是生长在土壤中的短缩茎，也就是通常说的薯块，是马铃薯的营养器官，叶片制造的有机营养物质绝大部分储藏在块茎里。块茎也是种植马铃薯的收获目标。同时，块茎又能以无性繁殖的方式繁衍后代。马铃薯块茎上具有明显的芽眼，相当于地上茎节上的腋芽。芽眼由芽眉和1个主芽及2个以上副芽组成。主芽和副芽在满足其生长条件时就萌发，长成新的植株。芽眉是退化小叶残留的痕迹。芽眼的多少及深浅是区别品种的主要特征。

块茎的形状、皮色、肉色等多种多样，也是区别品种的特征。生产上要求块茎为卵圆形、顶部不凹、脐部不陷、芽眼浅、表皮光滑等，既有利于加工去皮，又便于食用清洗。

3. 叶

叶是进行光合作用、制造营养的主要器官，是形成产量的活跃部位。初生叶为单叶，全缘。随着植株的生长，逐渐形成不相等的奇数羽状复叶。叶片着生在复叶的叶轴上（也称中肋），顶端1片小叶，叶片大于其他小叶，称为顶小叶；其余小叶对生在复叶叶轴上，一般有3～4对，称为侧小叶；整个叶子呈羽毛状，称为羽状复叶。在侧小叶叶柄上，还长着数量不等的小型叶片，称为小裂叶。复叶叶柄基部与地上茎连接处有1对小叶，称为托叶。叶两面均被白色疏柔毛，侧脉每边6～7条。复叶的大小，侧小叶的形状、色泽、茸毛多少，二次小叶的多少等因品种而异。

4. 花

花为聚伞形花序。花序主干称为花序总梗，也称花序轴，着生在地上主茎和分枝最顶端的叶腋和叶柱上。小花由5瓣连接，形成轮状花冠，直径为2.5～3cm，花冠筒隐于萼内，长约2mm，冠檐长约1.5cm，裂片有5个，三角形，长约5mm。花内有5个雄蕊、1个雌蕊。花有白、粉红、紫、蓝紫等多

5

种，色彩鲜艳，少数品种的花具有清香味。

花的开放有明显的昼夜周期性。一般从上午5:00—7:00开始开放，下午5:00—7:00开始闭合，到第二天再开。每朵花开放3～5d就会落败。如遇阴天，花开得晚，闭合得早。有的品种对光照和温度敏感，光照和温度不适宜就不开花。部分北方品种调种到南方，往往不开花，主要原因就是光照不足。马铃薯不开花不影响地下块茎的生长。从生产角度来讲，不开花可减少营养消耗，对开花多、结果多的品种进行摘蕾和摘花可以增产。

5. 果实与种子

马铃薯是自花授粉作物，但能天然结果的品种较少。果实为浆果，圆形。因受精情况不同，有的浆果没有种子。种子多为扁平近圆形或卵圆形，浅褐色，千粒重0.5～0.6g，休眠期为5～6个月。

（二）生长发育周期

马铃薯生产上多用块茎繁殖，称为无性繁殖。育种上则是利用杂交种子或天然结出的种子种植后，进行选种，称为有性繁殖。马铃薯无性繁殖过程可分为以下几个时期。

1. 发芽期

从萌芽到出苗，是马铃薯主茎的第一段生长，大约需要2.5d。发芽期生长中心在芽的伸长、发根和形成匍匐茎，营养和水分主要靠种薯，按茎、叶和根的顺序供给。这一时期，要求土壤湿润，疏松透气，温度适宜。

2. 幼苗期

从出苗到团棵（6～8片叶展平），是马铃薯主茎的第二段生长。幼苗期根系继续扩展，匍匐茎尖端开始膨大，块茎雏形初具。与此同时，第三段的叶逐渐分化完成。幼苗期很短，只有15～20d，但是，幼苗期是发棵和结薯的基础。因此，幼苗期应加强追肥、浇水和中耕，以达到促根、壮棵的目的。

3. 发棵期

从团棵到开花（早熟品种第一花序开放，晚熟品种第二花序开放），是马铃薯主茎的第三段生长。第三段生长过程中，茎生长迅速，增高加快，主茎叶已全部形成功能叶。与此同时，根系继续生长，块茎逐渐膨大至直径为2～3cm，其干物质量已超过此期植株总干物质量的50%。发棵前期可施肥浇水促进生长，继而进行深中耕结合大培土控秧促根，保证生长中心由茎叶迅速转向块茎。

4. 结薯期

第三阶段生长结束后，植株生长以块茎膨大增重为主，进入结薯期。结薯期要求土壤水分供应充足和均匀，适宜的土壤相对含水量为65%～85%。结薯前期块茎对水十分敏感，甚至短期干旱都会造成减产。干旱后降雨或浇水，易造成块茎发芽，或产生畸形薯。若结薯期土壤板结潮湿，则块茎皮孔突出，导致块茎表面粗糙，甚至因高湿缺氧而使块茎死亡，造成烂薯。

5. 休眠期

马铃薯收获以后，置于适宜的发芽环境而不能立即发芽，属于生理性自然休眠。休眠时间是指自收获到自然萌发幼芽的时间。休眠期的长短因品种而异，与储藏环境条件密切关联。在温度 25℃ 左右的条件下，休眠期短的品种，一般休眠期为 1～2 个月；休眠期中等的品种，休眠期为 2～3 个月；休眠期长的品种，休眠期在 3 个月以上。在 2～4℃ 条件下，可长期保持休眠。马铃薯二季作区收获后不久即需播种，为了出苗早而整齐，要选用休眠期短的品种，并设法打断休眠。

（三）对环境条件的要求

1. 温度

马铃薯是一种喜凉怕热的作物。块茎生长发育的最适温度为 17～19℃；温度低于 2℃ 和高于 30℃，块茎停止生长。薯块播种，在 10cm 地温为 5～7℃ 的条件下开始萌芽。如果播种后持续 5～10℃ 的低温，幼芽的生长会受到抑制，不易出土甚至形成梦生薯。播种早的马铃薯出苗后常遇到晚霜，一般气温降到 −0.8℃ 时幼苗即受冷害，气温降到 −2℃ 时幼苗受冻害，部分茎叶枯死、变黑，但在气温回升后还能从基部生出新的茎叶，继续生长。地上茎叶生长要求的最适温度为 17～21℃，最低温度为 7℃；日平均温度达到 25～27℃ 时，生长就会受到影响，呼吸作用旺盛，光合作用降低，同时蒸腾作用加强；日平均温度达到 29℃ 以上时，植株呼吸作用过盛，结薯延迟甚至匍匐茎伸出地面变为地上茎。开花最适温度为 15～17℃，低于 5℃ 或高于 38℃ 则不开花。

2. 光照

马铃薯是喜光作物。在长日照条件下，茎、叶、花及匍匐枝生长迅速，而短日照则有利于块茎形成。但有些品种对光照不敏感，在长日照条件下也能形成块茎。若栽培密度大，则下部枝叶郁闭，通风透光差，会影响光合作用和产量。

3. 水分

马铃薯生长过程中必须供给足够的水分才能获得高产。不同生长发育时期的需水特点不同。马铃薯发芽期所需水分主要靠种薯自身薯块里的水分供应。幼苗期叶面积小，蒸腾量不大，耗水量相对较少。一般幼苗期的耗水量是全生育期耗水量的 10%，土壤保持在田间持水量的 65% 为宜。此时不宜水分过剩，否则会影响根系发育，并降低后期抗旱能力；但水分也不宜过少，否则会影响地上部分发育，造成发育缓慢，棵小叶小，花蕾脱落。马铃薯块茎形成时期需要充足的水分，此时蒸腾量迅速增大，耗水量占全生育期耗水量的 30% 左右。为确保植株各器官迅速建成，促进块茎增大，土壤应保持在田间持水量的 70%～75%。水分不足会造成植株生长缓慢，块茎减少，影响产量。从开花到花落后的 1 周是块茎膨大期，此时马铃薯需水量最多，土壤应保持在田间持水量的 75%～80%。此时，植株体内营养分配由以供应茎叶生长为主转变为以满足块茎膨大为主。

4. 土壤

马铃薯由于根系多分布在土壤浅层，适宜在有机质含量高、土层深厚、疏松透气、水分充足的壤土或沙壤土上栽培。在黏性土壤上，最好高垄栽培，以加强土壤通气性；在沙性大的土壤上，应注意增施有机肥料。马铃薯是喜酸性土壤的作物，土壤 pH 为 4.8～7.0 时可正常生长。若酸性过大，则植株叶色变淡，呈现早衰、减产；若碱性过大，则容易发生疮痂病。在雨水较多的地方，采取高垄种植的方法，并在播种时留好排水沟；在干旱地区，提倡使用水肥一体化系统节水节肥。

5. 矿质元素

马铃薯吸收最多的矿物质养分为钾、氮、磷，还要吸收少量的钙、镁、硫和微量的铁、硼、锌、锰、铜、钼、钠等。马铃薯对硼、锌比较敏感。硼有利于薯块膨大，防止龟裂，对提高植株净光合生产率有特殊作用。各个生长时期对氮、磷、钾的需求量不同：幼苗期很少，分别占总量的 19%、17.5%、17%；发棵期需求量猛增，分别占总量的 56%、48.5%、49%，主要分配给茎叶，占 67%，其次是块茎，占 33%；结薯期需求量分别占总量的 25%、34%、34%，以块茎为主，占 72%，而茎叶占 28%。对钙、镁、硫的吸收：幼苗期极少，吸收速度也缓慢，发棵期陡增，直到结薯期后又缓慢下来。据测算，每生产 1 000kg 马铃薯，需吸收氮 3.5～5.5kg，磷 0.81～2.2kg，钾 7.6～12.0kg。

二、生物学特性

1. 休眠特性

块茎一般有 45～90d 的休眠期（长短因品种而异，生育期长的品种休眠期也较长）。高温和日照会缩短休眠期，低温会延长休眠期。因此，常温下，马铃薯只能存放 2 个月左右。在西南高海拔地区，马铃薯可以存放在土壤里，但休眠期延长 1/3。在北方，马铃薯可在半地下或地下窖里存放 4～6 个月。

2. 退化特性

马铃薯是用块茎无性繁殖的农作物，高温和病毒病是导致其种性严重退化的主要因素，表现为植株长势弱，块茎越来越小，单产不断下降。蚜虫是传播病毒病的主要媒介，但在高海拔或高纬度冷凉、风大的地区，蚜虫难以生存。因此，这些地区适宜作为种薯生产基地。

3. 发芽特性

块茎过休眠期后，温度适宜就会发芽，从见到幼芽到芽长到 2～3cm（最佳播种期）需要 20～30d 的时间。在高温和不透气的条件下，种薯会加速萌芽。

4. 薯皮变绿特性

在阳光或散射光照射下，薯皮会变绿，并产生毒素（龙葵素），影响食用品质（有轻微毒性），进而影响销售。因此，马铃薯必须避光保存。

5. 连作障碍特性

马铃薯对连作（在同一块地连续 2 季以上种植）很敏感，病虫害发生加重，单产和品质严重下降，一般应隔年、隔季轮作种植。对于种薯生产，更应严格实行轮作、尽量延长轮作周期。

三、设施马铃薯生产技术

山东省设施马铃薯有日光温室冬季生产、塑料拱棚四膜/三膜/双膜早春生产及塑料小拱棚早春生产等，并以早春塑料拱圆大棚生产为主。

（一）早春塑料拱圆大棚马铃薯生产技术

1. 选择优良品种

选择早熟、丰产、抗性强、商品性好的优良品种。常用品种主要有荷兰 7号、荷兰 15 号、双丰 6 号、春秋 7 号、春秋 8 号、春秋 9 号、希森 6 号、鲁引 1 号和滕育 1 号等。选择脱毒种薯，所选种薯要表面光滑、种芽健壮、大小均匀、无病虫危害、无腐烂、无破损。

2. 选地

应选择排灌方便、土层深厚、土壤结构疏松、呈中性或微酸性的沙壤土（或壤土）以及 3 年以上未重茬栽培马铃薯的地块。

3. 播期安排

早春塑料拱圆大棚马铃薯生产通常采用三膜或双膜覆盖栽培。三膜覆盖栽培，是在拱圆大棚内扣小拱棚加盖地膜，一般 12 月中、下旬催芽，翌年 1 月底、2 月初播种，4 月下旬上市。双膜覆盖栽培，是在拱圆大棚内加盖地膜，一般 1 月上旬催芽，2 月中、下旬播种，5 月上、中旬上市。

4. 种薯处理

（1）晒种。选晴天连续晒种 3～5d，剔除烂种。春季晒种要注意防冻。

（2）切块。切块时充分利用顶端优势，螺旋式向顶端斜切，每块种薯应有 1～2 个芽眼，每块 25g 左右。小于 50g 的种薯可不切块。每切完一个种薯，切刀用 75% 酒精消毒。

（3）药剂拌种。可用甲基硫菌灵 50% 悬浮剂 60g＋丙森锌 70% 可湿性粉剂 50g 与 2kg 滑石粉混匀，与 100kg 种薯切块轻微搅拌，每块种薯都应沾上药粉。

（4）催芽。采用层积法进行催芽。催芽应选用 2～3 年不种植茄科作物的土壤。床土湿度在 75% 左右，达到手捏成团，落地后松散的程度即可。催芽温度控制在 15～18℃。

（5）晾芽。当薯芽长到 2～3cm 时扒出晾芽。温度控制在 10～15℃，晾芽 3～5d，使芽变绿变粗，即可播种。

5. 整地施肥起垄

结合耕地，每亩施充分腐熟的农家肥 4～5m³，深耕 25～30cm，耙细耙匀，整平起垄，垄高 20cm 左右，垄距 80cm 左右。也可每亩施用商品有机肥 150～200kg，一半铺施、一半沟施。播种时，每亩沟施硫酸钾型复合肥（15 - 12 - 18）100～120kg、硼砂 1kg、硫酸锌 1kg。

6. 播种

一般双行栽培，小行距 20cm，大行距 75～80cm，株距 20～25cm。开 8～10cm 深的沟。结合开沟，将化肥、微肥施于沟底，覆土后播种、搂平、覆地膜。

7. 田间管理

（1）温度管理。白天控制在 20～26℃，夜晚控制在 12～14℃。前期可在中午开小口通风，随外界气温的升高而逐步加大通风量。3月中、下旬开棚两端通风。4月中旬，由半揭膜到全揭膜，由白天揭膜晚上盖直至撤棚。当外界最低气温稳定在 10℃ 以上时，可撤膜。幼苗期注意预防倒春寒。

（2）水分管理。根据天气情况和土壤墒情，一般于出苗后、团棵、封垄后各浇一次水，结薯期小水勤浇，保持土壤湿润。浇水不可大水漫灌，浇至垄高 1/3～1/2 为宜。收获前 7d 停止浇水。

（3）适时追肥。薯块膨大初期，随水冲施尿素 10kg、硫酸钾 10kg，也可在膨大期用 0.3% 磷酸二氢钾每间隔 5～6d 喷一次，连喷 3～4 次。

8. 收获

适时收获，具体时间视价格、产量而定。收获时轻拿、轻放，防止碰伤。

（二）典型案例

枣庄滕州市瑞弘蔬菜产销专业合作社大坞镇福兴村基地，共种植马铃薯 450 亩，其中，三膜拱棚 102 亩，双膜拱棚 130 亩，露地栽培 218 亩。1月上旬到 3月初播种，4月下旬到 6月底收获。应用水肥一体化设备浇水追肥，病虫害统防统治，三膜亩产量为 1 750～2 000kg，二膜亩产量为 3 000～4 000kg，露地亩产量为 3 000～4 500kg。2020 年获毛利 304.9 万元，去除亩平均成本 4 100 元，基地管理人员工资 12 万元，年获纯利 108.4 万元。

泰安肥城市某种植户 2020 年种植荷兰 15 号马铃薯共计 100.2 亩，由原来的传统露地种植改为设施种植模式，实现错峰上市。三膜栽培，于 12月中旬催芽，翌年 1月底播种，4月下旬上市，种植成本在 6 000 元/亩左右，亩产 2 750kg。2020 年马铃薯上市价格为 5 元/kg 左右，纯利润在 7 700 元/亩左右，共获利 77 万元左右。

四、春季露地马铃薯生产技术

（一）生产技术

1. 选择优良品种

选择早熟、丰产、抗性强、商品性好的优良品种。常用品种有荷兰 7 号、荷兰 15 号、双丰 6 号、春秋 7 号、春秋 8 号、春秋 9 号、希森 6 号和鲁引 1 号等。种薯一般选择脱毒种薯，所选种薯要表面光滑、种芽健壮、大小均匀、无病虫危害、无腐烂、无破损。

2. 选地

应选择排灌方便、土层深厚、土壤结构疏松、中性或微酸性的沙壤土（或壤土）以及 3 年以上未重茬栽培马铃薯的地块。

3. 播期安排

山东省露地马铃薯生产主要是春季栽培，10cm 地温稳定在 7℃以上即可播种，一般在 3 月中、下旬至 4 月上、中旬。如果进行地膜覆盖，播期可提前 15～30d。

4. 种薯处理

（1）晒种。播种前 25～30d 将种薯取出，摊晒 2～3d，并经常翻动，直到薯皮变青、质地变软、薯芽变白。晒种应注意防冻。

（2）切块。晾晒后，顺着顶端优势切块，带顶芽纵切，每块 25g 左右，每块种薯应有 1～2 个芽眼。通常 40g 以上的种薯切 2 块，70～100g 切 3 块。切块的整个过程要注意切刀的消毒，防止切刀传染病害。当切刀切到病薯时应立即用 0.1% 高锰酸钾、75% 酒精或 5% 福尔马林清洗刀片。切成块后用草木灰拌种，置于阴凉通风处摊晒，以利于刀口愈合。

（3）催芽。种薯催芽可以使马铃薯出苗早，确保苗齐、苗壮，以及将病薯及混杂品种淘汰。催芽可在室内、温室大棚内或育苗温床中进行。将晾晒好的种薯放在通风凉爽、温度较低的地方，温度为 15～18℃，空气相对湿度为 60%～70%，在地面铺设一层 5～10cm 厚的湿沙或湿润锯末，上面摆放一层种薯，接着铺设一层湿沙或湿润锯末，再放一层种薯，摆 3～4 层为宜，最后盖上草毡或麻袋保湿。催芽期间每隔 5～7d 检查 1 次，如发现烂薯则及时挑出。待芽长到 2～3cm 时，将种薯从湿沙或锯末中捡出，放在 15℃散射光下晾晒，促使绿芽健壮，炼芽 1～3d 即可播种。

5. 整地施肥起垄

于冬前深耕 25～30cm 晒垡，开春后每亩施腐熟优质有机肥 3 000～5 000kg，深耕细耙，整平起垄。单垄单行种植的，垄宽 60～70cm；大垄双行种植的，垄宽 90～110cm。也可每亩施用商品有机肥 150～200kg，一半铺施、一半沟施。播种时，每亩沟施腐植酸硫酸钾型复合肥（16-9-20）100～120kg、硼砂 1kg、硫酸锌 1kg，钾肥忌用氯化钾。

6. 播种

墒情差的地块可先在播种沟内浇水，待水渗透后再播种。单垄单行种植时，株距 15～20cm，每亩种 4 500 株左右，点播时芽眼向上，播后覆土 6～8cm，随后盖好地膜；大垄双行种植时，株距 25～30cm，错位排种，每亩种 5 500 株左右，随后盖好地膜。覆盖地膜时要拉直、压好。机械作业可以一次性完成开沟、施肥、播种、起垄、覆膜等工序。

7. 田间管理

（1）破膜放苗。地膜覆盖马铃薯播后 20～25d 出苗，出苗后在上午 9：00 前进行田间检查并及时破膜放苗，以防膜热烫苗，并用湿土封住膜孔，以防跑墒。

（2）浇水。管理原则是前促后控。开花期和薯块膨大期是需水关键期，不能缺水，适宜土壤相对含水量为 60%～80%。生长中后期雨水较多，应及时排除田间积水以防涝，否则易造成块茎腐烂。出苗前一般不浇水。苗出齐后浇 1 次水，以后适当控水蹲苗。团棵时再浇第 2 次水，以后视天气情况每隔 7d 左右浇水一次，收获前 15d 停止浇水。浇水时切勿漫过垄面。

（3）追肥。施肥随每次浇水进行，宜早不宜迟。出苗后，每亩追施尿素 5kg。薯块膨大初期随水冲施尿素 10kg、硫酸钾 10kg，也可在膨大期用 0.3% 磷酸二氢钾每间隔 5～6d 喷一次，连喷 3～4 次。

8. 采收

根据生长情况与市场需求及时采收。

（二）经典案例

滕州市其祥马铃薯专业合作社位于东郭镇下户主村，流转土地 560 亩。实行马铃薯规模化、专业化生产，以及组织化、社会化管理经营。2022 年种植春季露地马铃薯 400 亩，2 月下旬播种，6 月中旬收获上市，与设施马铃薯上市时间衔接。采用测土配方施肥，喷施高效低毒农药，采取水肥一体化设备进行灌溉，实现了马铃薯播种、杀秧和收获全程机械化，降低了生产成本。每亩种植成本 3 500 元，亩产量 4 500kg，价格 1.6 元/kg，400 亩春季露地马铃薯纯收益在 150 万元左右，经济效益可观。

五、秋季马铃薯栽培技术

（一）栽培技术

1. 选择优良品种

选择早熟、结薯早、薯块膨大快，高产抗病、抗退化、休眠期短、品质佳、适宜二季作区种植的品种，可选择鲁引 1 号、荷兰 15 号等。

2. 选好种薯

选择用当年春季脱毒薯生产的马铃薯作为种薯,剔除病薯、烂薯和破伤薯。以 40～50g 的小型整薯做种最好。整薯栽种出芽率高,出苗整齐、粗壮,并可有效防止烂种缺苗。

3. 种薯处理

从春季收获至秋季播种时间短,种薯还未通过休眠期,必须进行浸种催芽以破除休眠。用 5mg/L 的赤霉素与 25％多菌灵可湿性粉剂 500 倍液浸种 5min,捞出后晾干表层水,堆积在通风阴凉避雨处催芽。一般三层薯四层沙,每层沙厚度达到不露薯即可,最上面的一层沙以 3～4cm 厚为宜。在催芽过程中始终保持沙土湿润。待芽长 2～3cm 时,可扒开薯堆,捡出种薯,炼芽 1～2d 后播种。芽不够长者,继续堆积催芽。浸种催芽时需严格配制赤霉素浓度,要随配随用。

4. 整地施足基肥

选择地势高燥,排、灌水方便,土质疏松肥沃,上茬作物非茄科作物的微酸性壤土或沙壤土的地块。播种前深翻 30cm 以上,结合深耕,每亩施商品有机肥 100～150kg、马铃薯专用配方肥 70～100kg。为方便机械化作业,可采用大垄双行种植方式,按垄宽 90～110cm 起高垄,垄高 10～15cm。

5. 适期播种

一般在 7 月底至 8 月上旬播种。播前在垄中间开一浅沟,施入种肥,把肥、土混匀。然后按株距 20cm 播种,一般每亩 5 000 株左右。播后覆土 10～15cm。

6. 田间管理

播种后到出苗要保持土壤湿润,土干即浇小水。出苗后、团棵前连续追肥 2 次,每次每亩施硫酸钾型复合肥 10kg。每浇一水,中耕一次,使土壤见干见湿,保持垄土疏松透气。结合中耕,使垄加宽加厚,垄的纵断面呈凹字形。进入结薯期,气温渐低,土壤水分蒸发量减少,只要垄土保持湿润,垄沟不干不浇。收获前 7d 停止浇水。

7. 收获

在不影响后茬作物播种的前提下,可待地上部茎叶枯死时再收获,但应防止因过晚收获而冻伤薯块。

(二)经典案例

枣庄滕州市大坞镇荆河街道办事处种植户张先生,种植秋马铃薯 100 余亩。春季用从东北运进的荷兰 5 号脱毒马铃薯种植了一季春马铃薯,6 月上旬收获。从中选出了由生长旺盛、没有病毒感染症状的植株长出的小型薯,整薯做种用;8 月上旬播种,播前栽培地先用旋耕犁疏松土壤,后喷施土壤调理剂、增施有机肥;种植密度保持为 5 000 株/亩,11 月中旬收获,产量达 2 000kg/亩。2020 年马铃薯价格在 2 元/kg 左右,种植成本在 2 000 元/亩左右,净收入在

2 000元/亩左右，种植秋马铃薯共获利20万元左右。

六、病虫草害防治技术

（一）主要病虫害种类

马铃薯生长过程中，主要病害有早疫病、晚疫病、环腐病、病毒病、炭疽病等，主要虫害有蚜虫、螨虫、蛴螬、地老虎等。

（二）病虫草害防治方法

1. 农业防治

与非茄科作物进行2～3年的轮作；选用脱毒种薯；种薯切块时严格切刀消毒；控制好温度和湿度，不得大水漫灌，雨后及时排水；施足基肥，重施有机肥和钾肥；发现病株及时拔除烧毁，并用石灰处理土壤。

2. 物理防治

每亩悬挂20cm×30cm的黄板20～30块可有效诱杀蚜虫、粉虱等。利用电子杀虫灯诱杀鞘翅目、鳞翅目等害虫。杀虫灯悬挂高度一般为灯的底端离地1.2～1.5m，每盏灯控制面积20～30亩。使用黑色地膜能够有效控制杂草危害。

3. 生物防治

保护和利用七星瓢虫、龟纹瓢虫等天敌以防治蚜虫。

4. 化学防治

（1）早疫病。每亩可用25%吡唑醚菌酯悬浮剂40～48mL、52.5%噁酮·霜脲氰水分散粒剂30～40g、75%肟菌·戊唑醇水分散粒剂10～15g、45%吡唑·啶酰菌悬浮剂25～30mL或30%苯甲·嘧菌酯悬浮剂30～50mL，喷雾防治。

（2）晚疫病。每亩可用48%霜霉·氟啶胺悬浮剂60～80mL、18%吡唑醚菌酯·氟啶胺悬浮剂80～100mL、40%烯酰·氟啶胺悬浮剂33～40mL、60%氟吗·唑嘧菌胺水分散粒剂30～50g或40%氟吡菌胺·烯酰吗啉悬浮剂40～60mL，喷雾防治。

（3）环腐病。每千克种薯可用45%敌磺钠湿粉3～4g拌种，或用36%甲基硫菌灵悬浮剂800倍液浸种。

（4）病毒病。每亩可用20%毒氟磷悬浮剂80～100mL或0.5%几丁聚糖水剂100～150mL，喷雾防治。

（5）蚜虫。每亩可用50%吡蚜酮水分散粒剂20～30g、10%氟啶虫酰胺水分散粒剂35～50g、22%氟啶虫胺腈悬浮剂10～12mL或22%噻虫·高氯氟微囊悬浮-悬浮剂10～15mL，喷雾防治。

（6）蛴螬。每亩可沟施2%噻虫·氟氯氰颗粒剂1 133～1 167g，或撒施1%氟氯氰菊酯颗粒剂3 000～3 500g，或每100kg种薯用30%咯菌腈·嘧菌酯·噻虫嗪种子处理可分散粉剂67～100g拌种，防治蛴螬。

（7）杂草。每亩可用 35％二甲戊灵悬浮剂 125～200mL 或 81.5％乙草胺乳油 110～155mL 土壤喷雾。

第三节　山东省马铃薯全程机械化生产概况

马铃薯生产全程机械化是指以农机农业融合为基础，实现制备种薯、种床整备、种植、田间管理、联合收获及储藏保鲜等全部生产环节机械化。除耕整地、田间管理等环节多采用通用机具外，其他环节均需要马铃薯专用机具完成。

一、山东省马铃薯全程机械化生产模式

受地形地貌和生产规模制约，山东省马铃薯全程机械化主要采用单垄单行、大垄双行两种生产模式，如图 1-1、图 1-2 所示。一般播种的同时覆膜，或覆膜单独进行，适合大面积机械化作业，作业效率高，机械化作业程度高。主要生产环节包括：机械耕整地、机械起垄播种施肥（配套滴灌条件时，同时进行铺管、覆膜）、机械中耕除草培土追肥、机械植保（病虫草害防治及增施叶面肥）、机械杀秧、机械分段收获或联合收获。机械配套要以保证作业质量和生产效率为前提，根据装备水平和生产规模选择大型机械或中小型机械进行合理组合。山东省马铃薯全程机械化生产模式的技术路线见图 1-3。

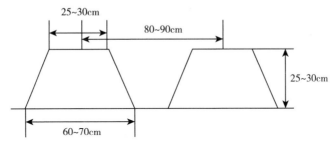

图 1-1　单垄单行生产模式示意图

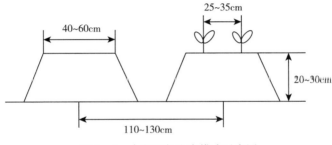

图 1-2　大垄双行生产模式示意图

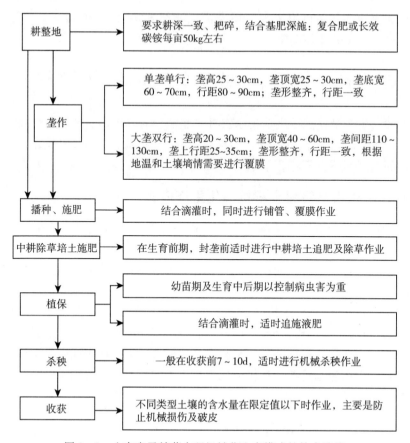

图 1-3　山东省马铃薯全程机械化生产模式的技术路线

（一）机械耕整地作业

1. 深耕作业

根据不同地区的气候特点，选择秋季前茬作物收获后作业或春季播前15～20d作业，耕深在30cm以上；要求不重耕、不漏耕，翻垡一致、覆盖严密，并将地表杂草、残茬全部埋入耕作层内，耕后地表平整、墒沟少，地头地边要齐整；坡地应沿等高线作业；深耕作业前撒施基肥。

2. 整地作业

秋季耕作地应在播种前20～30d进行整地作业；春季耕作地应在耕作后及时进行整地作业。可选择旋耕整地或深松联合整地（每隔1年或每隔2年作业一次）方式作业，旋耕整地作业深度为15～20cm，深松作业深度应达到30cm以上，要求整地后地面平坦、土块破碎，耕作层上虚下实。

（二）机械播种作业

中原二季作区应选用早熟品种，播种前要严格筛选种薯，剔除带病、霉烂、催芽不良，及芽眼不足、不壮的种薯（薯块）。种薯（薯块）质量以 25～50g 为宜，春播前应实行催芽处理。春马铃薯一般在 2 月下旬至 3 月上旬播种，覆盖地膜或棚栽的播种可适当提前，耕作层 10cm 地温稳定在 8～12℃时即可播种，各地具体播期应根据当地气候条件确定。秋马铃薯一般于 8 月播种，播种量应根据目标产量和水肥条件确定，亩播种量在 150kg 左右。

单垄单行播种位置处于垄中心，每穴 1 块种薯，呈直线分布，株距 18～30cm，行距 80～90cm。

大垄双行播种位置距垄边 10～15cm，每穴 1 块种薯，呈三角形分布，垄上行距 25～35cm，株距 20～35cm。中原二季作区马铃薯播种深 10～15cm，垄顶宽 40～60cm，垄高 20～30cm，垄间距 110～130cm，覆土要严实，每亩配施种肥 15～20kg。配套滴灌条件时，同时进行铺管、覆膜作业。

（三）机械中耕培土追肥作业

单垄单行生产模式一般在苗高 3～8cm 时进行第一次中耕培土追肥，苗高 15～20cm 时进行第二次中耕培土追肥。

大垄双行生产模式一般在马铃薯覆膜播种出苗前（播后 15d 左右）采用马铃薯上土机进行上土覆土作业，覆土厚 2～3cm，这样既能提高地温，又能保证马铃薯顶膜出苗。此后的整个生育期内，根据实际需要中耕培土 1～2 次，避免生育后期出现青头，降低品质。一般苗高 7～10cm 时应进行第一次中耕，苗高 13～17cm 时进行第二次中耕。可借助中耕培土进行追肥。追肥作业应无明显伤根，伤苗率≤3%；追肥部位在植株行侧 10～20cm，肥带宽度≥3cm；无明显断条，施肥后覆盖严密。

（四）机械植保作业

1. 病虫草害的防治

应根据马铃薯病虫草害情况，确定具体防治措施。马铃薯虫害可采用物理、生物、化学等综合防治措施，化学防治应注意尽量避免杀伤虫害的天敌。

化学防治：可根据当地马铃薯病虫草害的发生规律，按植保要求选用药剂及用量，采用喷杆式喷雾机、背负式机动弥雾机、植保无人机，按照机械化高效植保技术操作规程进行防治作业。马铃薯生育中后期的病虫草害防治作业，应采用高地隙喷药机械，要采取措施提高施用药剂的对靶性和利用率。适时的中耕培土，可减少田间杂草。

2. 化学调控

合理调控马铃薯花期营养供需，通过合理的水肥管理控旺，早施追肥，少施氮肥；马铃薯若为早熟品种，花期不旺，可不必摘除花蕾，以减少作业成本和劳动力投入，同时，尽量减少传染病毒病和其他病害的侵染；不提倡使用激素类和生长调节剂控旺，避免造成残留和薯块畸形。

（五）节水灌溉作业

马铃薯各生育阶段需水量不同，幼苗期占全生育期需水量的10％～15％，块茎形成期为20％～30％，块茎增长期为50％，淀粉积累期为10％左右。从马铃薯需水规律来看，幼苗期、块茎形成期和块茎增长期是需水的关键时期，应保证水分供应充足，根据气候情况及时灌溉。节水灌溉作业采用膜下滴灌高效节水灌溉技术和装备，按马铃薯需水、需肥规律，适时灌溉施肥，倡导应用水肥一体化技术。值得注意的是，在收获前10d应停止浇水。

（六）机械收获作业

1. 机械杀秧

在收获前适时进行茎秧处理，选择合适的杀秧机进行轧秧或割秧。杀秧机作业以中等速度行进，注意走正走直，避免拖拉机压坏垄台。作业要求马铃薯杀秧机采用横轴立刀式，茎叶杂草去除率≥80％，切碎长度≤15cm，割茬高度≤15cm。

2. 挖掘收获

根据地块大小、土壤类型、马铃薯品种、作业效率等，选择合适的收获机，同时其应与马铃薯播种机、杀秧机的动力配套相近。根据马铃薯生长深度调节挖掘深度，收获机挖掘铲的入土角度为10°～20°。

3. 机械收获的作业质量要求

作业要求马铃薯挖掘收获的挖净率≥98％，明薯率≥97％，分段收获伤薯率≤1.5％、联合收获伤薯率≤3％。

二、山东省马铃薯全程机械化生产技术现状

（一）耕整起垄环节

耕整地机具已系列化、通用化，基本实现机械化，包括深松、灭茬、旋耕、耙地、施基肥等作业，有条件的地区已经采用多功能联合作业机具进行作业。

起垄是马铃薯播种前的一道重要工序，是马铃薯生产全程机械化快速推进的瓶颈之一。目前，山东省马铃薯起垄机主要有单一功能作业机和复式作业机，其中复式作业机可一次完成旋耕、筑垄、整形、施肥、镇压等多个工序或几个工序的组合。图1-4所示3CM-4马铃薯中耕机可一次性完成松

图1-4　3CM-4马铃薯中耕机

土、起垄、整形、施肥等工序，适用于较疏松土地上的起垄工作，垄形光滑整

齐；也可用于多种地形条件的培土作业。

（二）种薯制备环节

山东省使用种薯切块种植。马铃薯种薯制备方法主要有传统人工切块及拌种。国内对马铃薯种薯制备领域的研究尚处于起步阶段，没有产品推向市场。

（三）播种环节

播种是马铃薯生产全程机械化中较为薄弱的环节。目前已经生产出相应的马铃薯播种机械，能一次性完成开沟、施肥、播种、覆膜、覆土、镇压等作业，播种均匀、精度高、出苗率高、省种省力、作业效率高，有利于大面积作业，机具正在逐步推广应用。田间作业时，开沟器开沟，地轮随拖拉机前进并通过链轮和链条为播种和施肥装置提供动力，肥料通过排肥器进入施肥管，经开沟器施入土壤；排种器将种薯播到开好的沟床内，其后起垄覆土装置完成起垄覆土作业，覆膜装置完成覆膜工序，从而完成整个种植作业过程。

图1-5所示2CMX-4B型马铃薯播种机是一种常见的马铃薯播种机，可一次性完成开沟、播种、起垄、施肥、喷药等一系列作业，效率高、适应性强。

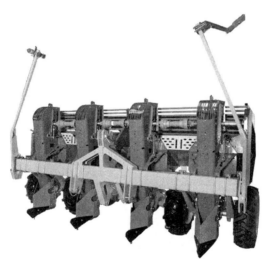

图1-5 2CMX-4B型马铃薯播种机

（四）田间管理环节

田间管理环节主要包括除草、培土、追肥等作业。加强田间管理是生产高质量商品薯、提高成品率的基本保障。目前，山东省马铃薯田间管理机械设备多偏小型化，存在作业机械单一、技术落后、现有机具作业效果差、自动化程度低等问题。灌溉多采用渠道漫灌形式，部分种植大户采用滴灌；中耕培土采用通用机械，行距不可调、适应性较差；施药机施药量需人工调节，不能实现变量喷雾。随着水肥一体化技术的不断成熟和推广，其省水、省肥、省工、增产、增收的良好效果日益凸显，可实现马铃薯生长过程中水肥的科学管理和高效利用，已在山东省广泛使用。

当幼苗离地面 2cm 左右时需进行膜上培土，培土厚度为 2～3cm，可防止太阳晒坏马铃薯芽，防止出草，防止马铃薯青头，促使长出健壮的马铃薯芽。图 1-6 所示马铃薯上土机是一种与四轮拖拉机配套使用的覆土机械，左右交叉布置的上土盘能把垄沟中的土均匀上到地膜覆盖的垄上，不但使马铃薯秧苗能自然地顶破地膜出苗，而且达到膜下降温易结薯和防青薯的目的。上土后的垄沟中也便于蓄水，防止土壤干燥。

图 1-6　马铃薯上土机

马铃薯中耕培土可使埋入土下的植株节数增加，增加匍匐茎的数量，形成更多更大的块茎，同时防止块茎见光造成薯皮发青。马铃薯中耕培土机能完成除草、松土及培土等作业，起到除杂草、松土壤、蓄水保墒、通风透光的作用，为作物生长发育创造良好条件。马铃薯病害较多，为防治病虫害，齐苗后需对马铃薯施用保护性药剂进行预防，利用喷药机可快速完成喷药作业。中耕培土机、喷药机均选用常规通用机具，如图 1-7、图 1-8 所示。

图 1-7　中耕培土机

图1-8 喷药机

（五）收获环节

收获是马铃薯生产中的重点环节，也是劳动强度最大的环节，用工量占机械化生产总用工量的50%以上。马铃薯收获期短，容易受天气的影响。收获时应避免阳光暴晒，否则薯块易变绿并产生毒素，从而造成品质降低、加大收获损失。马铃薯收获需要提前割秧，去除秧蔓后马铃薯成熟比较快且表皮硬化，可减少收获时的损伤，利于实现机械化收获。马铃薯收获机具主要包括杀秧机和收获机。杀秧机去秧，一方面可以显著减少收获、运输和储藏中的机械损伤；另一方面没有化学药剂除秧带来的污染，不仅可以保证商品薯品质，还可以使秸秆还田，保持土壤肥力。图1-9所示为1JH-110型马铃薯杀秧机。其挑秧弹齿装置可以将沟底的秧秆挑起后抛，然后由刀辊在高速旋转下将秧秆破碎，并利用双辊高速运转产生的风压及

图1-9 1JH-110型马铃薯杀秧机

稳定气流将破碎的秧秆侧向喷输至杀秧机一侧，不但可以有效清理薯类秧蔓，而且可减少后续收获行走阻力。

山东省马铃薯机械收获方式主要有以下两种。

1. 挖掘分离方式

挖掘分离式马铃薯收获机（简称马铃薯挖掘机）一般由轮式拖拉机悬挂或牵引，主要工作部件为挖掘和分离输送装置，一次进地可完成马铃薯的挖掘、分离、输送、铺放作业，随后人工进行捡拾。此形式的马铃薯收获机明薯率

高、伤薯率低、工作性能稳定、作业效果较好，基本满足山东省马铃薯种植的农艺要求。马铃薯挖掘机又分为抛掷轮式、升运链式和振动式。山东省马铃薯收获机多采用升运链式，这种机型适用于面积较大且平坦的沙土、沙壤土作业。图1-10所示为4U-85型马铃薯收获机。其收获效率高，收获干净，入地深度可达25cm以上。该机配有专用的收获机传送胶带，大大增加了使用寿命；专用的铸造齿轮箱使机器运行更加平稳；振动筛土装置及前拨动轮装置，可更好地使薯土分离。

图1-10 4U-85型马铃薯收获机

2. 联合收获方式

马铃薯联合收获机主要由牵引悬挂部件、机架、挖掘部件、分离部件、清选部件、提升部件、卸薯装置组成，一次下地可完成去秧、挖掘、分离、清选、输送、收集等多个工序。两段式联合收获机需要杀秧机先去除秧蔓再进行后续的联合作业。联合收获机具有收净率高、破损率低、收获效率高、作业效果好等优点，一般用于大面积马铃薯种植地区的收获作业。山东省采用的马铃薯收获机多以中小型收获机械为主，马铃薯联合收获机尚未大面积推广使用。

（六）储藏环节

马铃薯在阳光照射下表皮会变绿，从而产生毒素，影响马铃薯的品质，进而影响商品薯的销售和种薯的播种质量，因此马铃薯必须避光储藏。目前山东省普遍采用储藏窖方式储藏，缺乏先进的储藏技术，设施建设还不规范。部分农户将马铃薯入窖储藏时不进行分拣和分级而混合储藏，有的采用室内储藏，直接影响马铃薯的储藏效果。目前，国内在马铃薯标准化、智能化储藏设施建设方面尚处于起步阶段。

三、山东省马铃薯全程机械化生产存在的问题

（一）产业规模偏小，机械化发展起步较晚

山东省马铃薯种植区域比较分散，未形成产业规模。多数地区种植面积小，地块零散，机械作业需要在田间频繁转弯调头，影响了机具的使用效率。马铃薯种植面积稳步增长，但土地流转进程缓慢，流转机制还待完善。随着马铃薯主粮化战略的实施，马铃薯生产机械的市场需求逐渐增大，越来越多的企业和科研院所加入马铃薯生产机械研制行列。但是，山东省马铃薯生产机械化

发展起步较晚，大型农机生产企业尚未真正介入马铃薯机具的研发生产，马铃薯机具生产以中小企业为主，技术不够成熟，机具效率不高、性能不太稳定、适应性不强，许多机具还处于研发初级阶段。某些小企业不具备生产能力、质量意识差、产品粗制滥造，严重扰乱市场秩序，侵害农民利益。

（二）种植模式多样，农机农艺融合困难

山东省马铃薯多为分散型种植，种植面积较小，且种植模式多种多样，播前耕整地垄高、行距不统一，没有形成规模化、标准化、专业化、机械化的高产高效马铃薯种植模式。农机农艺不融合，相关机具不配套，缺少示范引领，影响机械化生产机具的使用和推广，制约马铃薯生产全程机械化的发展。

（三）机械适应性较差，装备技术有待提升

1. 播种机械

国产马铃薯播种机基本还处于纯机械设计阶段，虽然在机械结构和性能方面逐步提高，但部分播种机播种性能不稳定，存在漏播率和重播率高及伤种等问题。与国外集自动化控制、电子监测、液压系统为一体的大型马铃薯播种机相比还有很大差距。山东省马铃薯种植多采用切块种薯。排种机构作为播种机的核心部件，是保证播种精度，降低重播率、漏播率的关键所在。目前马铃薯播种机智能播种监控系统还处于探索研发阶段，现有的播种机大部分采用简单的机械式调整、控制机构，来实现播种株距调节以及降低重播率、漏播率。比如在株距调整方面，作业过程中需要依靠人工更换链轮来控制株距大小，而且只能进行株距的定级调节，而解决重播、漏播等问题则需要通过手动调整振动器振幅或人工补种来实现，这种作业方式不但消耗大量的人力，增加种植成本，而且严重影响播种效率。

2. 收获机械

山东省马铃薯收获机以中小型为主，部分收获机存在功能单一、工作效率低、挖掘阻力大、薯土分离效果差、伤薯率较高等问题。

（1）生产效率不高。山东省马铃薯多为分散小地块种植，普遍采用分段式收获方式。马铃薯分段收获机能一次完成马铃薯挖掘、薯土分离、输送和铺放作业，但没有输送集装功能，需要人工完成分拣装箱，收获效率低、收获成本高。

（2）缺少秧蔓处理回收机具。为提高收获效率，避免收获时秧蔓杂草缠绕、壅土等现象，在收获前要先割除薯秧。目前马铃薯杀秧机采用粉碎机把马铃薯秧蔓粉碎撒在地里而无法回收，既造成薯秧浪费，又容易造成病毒传播。秧蔓处理回收机具的研发还是空白，普遍采用人工割除秧蔓再回收的方式，劳动强度大、生产效率低，影响收获效率。

（3）收获机性能不稳定。虽然山东省马铃薯小型收获机种类繁多，但性能不稳定，导致在收获的过程中出现多次停工调整；同时，机械化收获过程中的

挖掘、振动、输送等作业会造成马铃薯的机械损伤与碰撞擦伤，严重影响马铃薯的质量、产量及储藏。

（4）缺少适用的地膜回收机械。随着地膜覆盖技术的普及，山东省马铃薯种植几乎都采用地膜覆盖技术。地膜覆盖在保证马铃薯高产增收的同时，也造成严重的残留地膜污染。目前马铃薯残膜回收一般是人工捡拾或者收获时将残膜挑起，再使用单一功能的残膜回收机具完成残膜捡拾作业，工作效率低，劳动强度大，急需研制马铃薯收获与残膜回收联合作业机具。

四、山东省马铃薯全程机械化生产发展建议

为提高山东省马铃薯生产机械化技术水平，推动马铃薯生产全程机械化进程，提出以下几点建议。

（一）全面加强试验示范和技术推广

围绕山东省马铃薯生产机械化需求，以农机农艺融合为基础，优化机具选型和配套技术方案，建设一批标准化、规模化的马铃薯高产高效全程机械化综合示范基地。采用现场观摩、技术培训等方式，集成展示推广马铃薯栽培技术及其装备。通过示范引领，转变农户传统种植观念，逐步引导农户采用规范化、标准化、机械化种植模式，让农户了解机械化生产带来的经济效益，激发农户使用马铃薯机械化生产机具的积极性，加速山东省马铃薯生产全程机械化发展进程。

（二）研发生产先进适用的马铃薯机械

一是优化研发马铃薯田间管理机械。以国外先进机型为标杆，消化吸收国外先进技术，在原有研发机型的基础上，对马铃薯田间管理机械的整体结构进行优化升级。研制具有行距液压调节、垄形整理功能的中耕培土机械；研制具有喷杆仿形、变量喷雾、精量低污染施药、智能作业管理等功能的植保机械。

二是突破研制马铃薯带芽播种机械。在对山东省马铃薯种植模式、农艺要求和生物特性进行调研的基础上，结合国内外先进技术，研制一种小型灵活、性能优良、便于操作的自走式马铃薯带芽播种机。播种机作业过程中能实现带芽种薯的取种、送种和精准投种，将带芽马铃薯以指定的方向、株距投放到播种沟中，提高播种效率。

三是创新研制马铃薯秧蔓处理回收机械。突破秧蔓切割高度控制技术、秧蔓喂入切割技术与粉碎输送技术，研制可一次完成秧蔓扶起、切割喂入、粉碎、输送和集箱回收作业的机型，实现薯秧高效捡拾喂入，并保证秧蔓留茬高度一致。马铃薯秧蔓处理回收机与马铃薯收获机合并使用，一次完成薯秧处理回收和马铃薯收获作业，推动马铃薯产业的轻简化生产技术发展。

四是加快研制马铃薯低损收获机械。应突破仿形低阻挖掘、振动强度参数

可调、柔性分离输送、快速分拣等关键技术，对现有马铃薯收获机进行优化改进。创制一种集薯块挖掘、薯土分离、薯块输送分拣、装箱、装袋等作业于一体的低损马铃薯联合收获机，为山东省马铃薯产业规模化、集约化和标准化提供技术设备基础。

五是积极研制马铃薯残膜回收机械。应根据山东省垄作马铃薯覆膜收获工艺，在消化吸收国内外先进技术的基础上，立足于自主创新和集成优化，研究高效低损"膜—土—薯"分离收获技术，优化关键部件的结构和运动参数，攻克"膜—土—薯"分离难等问题，提高残膜回收率。

（三）加快推进农机农艺融合

根据不同地区的种植特点和农艺要求，确定垄高、行距等，形成规范适用的机械化生产种植模式。围绕各环节的特点，科学确定生产方式，正确选择机械装备，合理衔接作业环节，形成适宜的全程机械化生产模式。大力试验示范规模化、标准化、专业化、机械化的高产高效马铃薯种植模式。

（四）大力发展马铃薯生产机械社会化服务

引导马铃薯种植户组建机械化生产合作组织，提升生产全过程机械设备共享服务能力。加强支持指导，培育马铃薯种植专业合作社、农机专业合作社、生产联合体、综合服务站等社会化专业性服务组织，开展薯块制备、机械播种、高效植保、机械收获、收储销售等社会化服务。创新服务机制，发展"全程机械化＋综合农事服务"等马铃薯生产社会化服务新模式、新业态。加强对服务组织规范化建设的指导，引导服务组织完善管理制度，健全运行机制，拓展服务范围，提高服务标准。

第二章

马铃薯品种

第一节　马铃薯品种选育

山东省马铃薯育种机构主要有山东省农业科学院蔬菜研究所、山东农业大学、乐陵希森马铃薯产业集团有限公司等单位。多年来，山东省高度重视马铃薯育种工作，培育了 30 多个性状优良的马铃薯品种，对山东省马铃薯产业发展起到重要的支撑作用。1983 年至 2020 年，山东省审（认）定、登记马铃薯品种共计 37 个（表 2-1），其中双丰 4 号、鲁马铃薯 3 号、鲁马铃薯 2 号、郑薯 2 号、泰山 1 号等品种已退出市场，停止销售。

表 2-1　山东省审（认）定品种

品种名称	审（认）定、登记编号	审（认）定、登记年份	育种者/育成机构
锦成 2 号	GPD 马铃薯（2020）370052	2020（登记）	李相虎　王馨伟
黑玫瑰 3 号	GPD 马铃薯（2019）370066	2019（登记）	乐陵希森马铃薯产业集团有限公司
紫玫瑰 1 号	GPD 马铃薯（2019）370065	2019（登记）	乐陵希森马铃薯产业集团有限公司
红玫瑰 2 号	GPD 马铃薯（2019）370064	2019（登记）	乐陵希森马铃薯产业集团有限公司
红玫瑰 1 号	GPD 马铃薯（2019）370063	2019（登记）	乐陵希森马铃薯产业集团有限公司
希森 7 号	GPD 马铃薯（2019）370061/鲁农审 2015036 号	2019 登记/2015 审定	乐陵希森马铃薯产业集团有限公司
希森 9 号	GPD 马铃薯（2019）370062	2019（登记）	乐陵希森马铃薯产业集团有限公司
希森 4 号	GPD 马铃薯（2019）370060	2019（登记）	乐陵希森马铃薯产业集团有限公司
韩威 1 号	GPD 马铃薯（2019）370026	2019（登记）	李相虎　王馨伟
韩锦 2 号	GPD 马铃薯（2019）370007	2019（登记）	李相虎　王馨伟
韩锦 1 号	GPD 马铃薯（2020）370051	2020（登记）	李相虎　王馨伟
锦成 1 号	GPD 马铃薯（2018）370119	2018（登记）	李相虎　王馨伟　赵完锡
春秋 9 号	GPD 马铃薯（2019）370001/鲁农审 2013030 号	2019 登记/2013 审定	山东省农业科学院蔬菜研究所

（续）

品种名称	审（认）定、登记编号	审（认）定、登记年份	育种者/育成机构
垦加 3 号	GPD 马铃薯（2018）370043/鲁农审 2008059 号	2018 登记/2008 审定	莒县农业新技术研究所
希森 6 号	GPD 马铃薯（2017）37005	2017（登记）	乐陵希森马铃薯产业集团有限公司
希森 5 号	GPD 马铃薯（2017）37004	2017（登记）	乐陵希森马铃薯产业集团有限公司
希森 8 号	GPD 马铃薯（2017）37003	2017（登记）	乐陵希森马铃薯产业集团有限公司
希森 3 号	GPD 马铃薯（2017）37002	2017（登记）	乐陵希森马铃薯产业集团有限公司
滕育 1 号	鲁农审 2015035 号	2015（审定）	枣庄泓安农业科技有限公司
垦育 5 号	鲁农审 2012032 号	2012（审定）	山东省农垦科技发展中心
科薯 6 号	鲁农审 2010038 号	2010（审定）	滕州市农业科技研究所
春秋 7 号	鲁农审 2010036 号	2010（审定）	山东省农业科学院蔬菜研究所
春秋 8 号	鲁农审 2010037 号	2010（审定）	山东省农业科学院蔬菜研究所
天泰三号	鲁农审 2006060 号	2006（审定）	山东省平邑县种子有限公司
双丰 6 号	鲁农审字［2005］041 号	2005（审定）	山东省农业科学院蔬菜研究所
双丰 5 号	鲁农审字［2005］040 号	2005（审定）	山东省农业科学院蔬菜研究所
双丰 4 号	鲁种审字第 0238 号	1998（审定）	山东省农业科学院蔬菜研究所
鲁马铃薯 3 号	鲁种审字第 0157 号	1993（审定）	山东省农业科学院蔬菜研究所
薯引 1 号	（92）鲁农审字第 4 号	1992（认定）	山东省农业科学院蔬菜研究所
克新 3 号	（92）鲁农审字第 4 号	1992（认定）	黑龙江省克山马铃薯研究所
东农 303	（92）鲁农审字第 4 号	1992（认定）	东北农学院
鲁马铃薯 2 号	鲁种审字 0119 号	1990（审定）	山东省农业科学院蔬菜研究所
鲁马铃薯 1 号	鲁种审字第 0074 号	1987（审定）	山东省农业科学院蔬菜研究所
丰收白	（86）鲁农审字第 14 号	1986（认定）	山东省农业科学院、曲阜市（原曲阜县）
克新 4 号	（86）鲁农审字第 14 号	1986（认定）	黑龙江省克山马铃薯研究所
郑薯 2 号	（86）鲁农审字第 14 号	1986（认定）	河南省郑州市蔬菜所
泰山 1 号	鲁农审（83）第 5 号	1983（认定）	山东农业大学园艺系

第二节 主要品种介绍

一、薯引 1 号（鲁引 1 号）

薯引 1 号是山东省农业科学院蔬菜研究所引进选育的马铃薯新品种，是"Favorita"品种中经过无性系选择、茎尖组织培养脱毒和单株筛选育成的早熟、丰产、优质品种。该品种匍匐茎短、结薯集中，块茎膨大速度快，薯块大而整齐，适合不同栽培模式，已经连续十几年成为山东省的主栽品种，种植面积占山东省马铃薯总面积的 85％以上，一般亩产 2 000～2 500kg，肥水好的高产地块，可达 4 000kg。生育期（从出苗到收获）65d 左右。块茎休眠期短，适于春、秋两季栽培，也适合与其他作物进行间作套种。株型直立，株高60cm 左右；茎秆粗壮，分枝少；叶片肥大，叶缘呈波浪状；花为淡紫色。块茎呈长椭圆形，芽眼极浅，薯皮光滑，外形美观，黄皮黄肉，食味好，品质优良。干物质含量为 17％～18％，淀粉含量为 13％左右，粗蛋白含量为1.94％，维生素 C 含量为 13.6mg/100g 鲜重，适合鲜食和出口，在我国香港及东南亚市场极为畅销。

二、春秋 7 号

春秋 7 号是山东省农业科学院蔬菜研究所引进选育的马铃薯新品种，由郑薯 6 号自交实生苗系选育而成。该品种为早熟品种，生育期为 60～65d；株型直立，生长势强，株高 50～55cm，分枝性较强；茎秆粗细中等；叶片为绿色；花为白色，花期短；匍匐茎长 4～8cm，结薯集中，单株结薯 4～7 个。块茎呈扁椭圆形，大而较整齐，商品薯率为 80％左右。浅黄皮白肉，薯皮光滑，干物质含量为 17.6％～18.6％，芽眼浅且呈粉红色，休眠期短，为 70～75d，耐储藏。田间对卷叶病毒病、Y 病毒病、早疫病、晚疫病的抗性优于薯引 1 号。大田试验平均亩产 2 400kg 左右，适合春秋二季栽培和早春保护地栽培。

三、春秋 9 号

春秋 9 号是山东省农业科学院蔬菜研究所引进选育的马铃薯新品种。该品种为早熟品种，生育期为 65～70d；株型直立，分枝少，生长势中等；叶片大并呈浅绿色；茎为绿色；开花少，花冠为紫色，天然结实性低；匍匐茎短，结薯集中。块茎呈椭圆形，外观整齐，淡红皮黄肉，芽眼浅，休眠期为 75～90d。干物质含量为 17.1％，淀粉含量为 11.3％。田间较抗卷叶病毒病和重花叶病毒病，轻感花叶病毒病，较抗疮痂病。试验平均亩产 2 000kg 左右，结薯对温度和光照不敏感，适合春秋二季栽培和早春保护地栽培。

四、双丰 5 号

双丰 5 号是山东省农业科学院蔬菜研究所引进选育的马铃薯新品种。该品种为早熟品种，生育期为 60～65d；株型直立，分枝性中等，株高 50～55cm，生长势中等偏弱，分枝数少；茎呈绿色；复叶大小中等，叶缘平展，叶色深绿，花冠为淡紫色；天然结实性中等，无种子。匍匐茎短，结薯集中，块茎膨大速度快，单株结薯 4～5 个。块茎呈扁椭圆形，薯形整齐，黄皮黄肉，薯皮光滑，芽眼浅，休眠期短，为 75～90d。干物质含量为 19.1%，淀粉含量为 14.03%，维生素 C 含量为 32.8mg/100g 鲜重，粗蛋白含量为 2.2%。田间较抗卷叶病毒病和 Y 病毒病，轻感 X 病毒病，较抗疮痂病和环腐病。结薯对温度和光照不敏感，适合春秋二季栽培和早春保护地栽培。

五、希森 3 号

希森 3 号是乐陵希森马铃薯产业集团有限公司育成的早熟鲜食品种。生育期为 70～80d；株型直立，株高 60～70cm；茎呈绿色；复叶大，为绿色，叶缘呈波浪状；花冠为淡紫色，不能天然结实。块茎呈长椭圆形，大而整齐，黄皮黄肉，表皮光滑，芽眼浅，结薯集中，耐储藏。干物质含量为 21.2%，淀粉含量 13.1%，蛋白质含量为 2.6%，维生素 C 含量为 16.6mg/100g 鲜重，鲜薯还原糖含量为 0.6%，菜用品质好。中感晚疫病，抗 X 病毒病，中抗 Y 病毒病。第一生长周期亩产 1 860.9kg，比对照品种津薯 8 号增产 13.8%；第二生长周期亩产 1 432.5kg，比对照品种津薯 8 号增产 14.4%。

六、希森 6 号

希森 6 号是乐陵希森马铃薯产业集团有限公司育成的品种。生育期为 90d 左右；株高 60～70cm，株型直立，生长势强；茎呈绿色，叶为绿色，花冠为白色，天然结实性低，匍匐茎长度中等。块茎呈长椭圆形，黄皮黄肉，薯皮光滑，芽眼浅，结薯集中，耐储藏。干物质含量为 22.6%，淀粉含量为 15.1%，蛋白质含量为 1.78%，维生素 C 含量为 14.8mg/100g 鲜重，鲜薯还原糖含量为 0.14%，菜用品质好，炸条性状好。高感晚疫病，抗马铃薯 Y 病毒，中抗马铃薯 X 病毒。区域试验中，比对照品种夏波蒂增产 33.1%。该品种在生育期、抗病、抗逆、产量、块茎加工品质等方面优于炸条加工型主栽品种夏波蒂，适于一季作、冬作栽培，中原二季作春季应采用塑料大棚设施栽培。

七、希森 8 号

希森 8 号是乐陵希森马铃薯产业集团有限公司育成的品种，是以 ACP1704 为母本、宝拉百利为父本杂交育成的彩色功能型品种。该品种为中熟型品种，生育期为 95d 左右；株高 65cm，叶呈深绿色，花冠为白色，天然结实性低，匍匐茎长度中等。块茎呈椭圆形，深紫色薯皮、深紫色薯肉，薯皮光滑，芽眼浅。干物质含量为 19.8%，淀粉含量为 12.4%，蛋白质含量为 2.11%，维生素 C 含量为 12.3mg/100g 鲜重，鲜薯还原糖含量为 0.23%，花青素含量为 10.407mg/100g 鲜重，总酚含量为 117.577mg/100g 鲜重，鲜食、蒸食品质佳，口感好，适宜做特色食品加工用。高感晚疫病，中抗马铃薯 X、Y 病毒。区域试验中，比对照品种黑美人增产 29.6%。希森 8 号在抗病、抗逆、总酚含量、花青素含量、产量等方面均优于对照品种黑美人。该品种适于一季作地区栽培，二季作地区应采用保护地早熟栽培，不适合露地栽培。

八、滕育 1 号

滕育 1 号是枣庄泓安农业科技有限公司选育的品种，系薯引 1 号变异株无性系筛选，属早熟品种，生育期为 64d 左右。生长势强，株型直立，株高 70～80cm，主茎平均有 2～3 条，茎秆粗壮，叶片呈深绿色，复叶大，下垂，叶缘有微波状；花为淡紫色，瓣尖无色，花冠大，花期短，天然结实少；匍匐茎长 8.1cm，结薯集中，单株结薯 4～6 个；块茎呈长椭圆形，稍扁，大而整齐，黄皮黄肉，薯皮光滑，芽眼浅，商品薯率达 81% 左右，比对照品种薯引 1 号高 5 个百分点；未发生二次生长、裂薯、空心现象。休眠期短，约 70d，耐储藏。区域试验田间调查发现，花叶病毒病病株率为 14.3%，病情指数为 1.7；卷叶病毒病病株率为 1.5%，病情指数为 0.3；早疫病病株率为 4.9%，病情指数为 0.1；晚疫病病株率为 10.6%，病情指数为 0.2；环腐病、青枯病未发生。较抗马铃薯卷叶病毒病、环腐病和青枯病。2014 年经农业部食品质量监督检验测试中心（济南）品质分析：干物质含量为 17.3%，淀粉含量为 9.4%，粗蛋白含量为 2.7%。在山东省适宜地区作为鲜食型早熟品种，春秋两季露地或保护地种植。

九、克新 4 号

克新 4 号是黑龙江省克山马铃薯研究所育成的中早熟品种。植株直立，分枝少；花呈白色，叶为绿色；块茎呈圆形、黄皮、肉淡黄色，表皮有细网纹，芽眼深浅中等；单株结薯 4～5 个；匍匐茎长 5～7cm；生育期为 100d 左右，休眠期较短，可两季栽培。中抗卷叶病和花叶病，不抗晚疫病和环腐病。一般春季亩产 1 250～1 500kg，秋季亩产 750～1 000kg。

十、大西洋

大西洋是从美国引进，是主要的炸片专用型品种。该品种属中熟品种，生育期为 110d 左右。株型直立，分枝数中等，茎基部呈紫褐色，茎秆粗壮，生长势较强；叶呈绿色，复叶肥大，叶缘平展；花冠为浅紫色，可天然结实。块茎介于圆形和长圆形之间，顶部平，淡黄皮白肉，表皮有轻微网纹，芽眼浅。块茎大小中等而整齐，结薯集中。块茎休眠期中等，耐储藏。鲜薯还原糖含量为 0.03%～0.15%。植株不抗晚疫病，对马铃薯 X 病毒免疫，较抗马铃薯卷叶病毒和网状坏死病毒，感束顶病、环腐病，在干旱季节薯肉有时会产生褐色斑点，适宜在晚疫病发生较轻地区的肥沃土壤上种植。

十一、夏波蒂

1980 年加拿大育成，1987 年从美国引进试种，是主要的炸薯条专用型品种。属中熟种，生育期为 120d 左右。茎绿粗壮，多分枝，株型开张，株高 60～80cm；叶片呈卵圆形，交替覆盖且分布密集，浅绿色；花为浅紫色（有的株系为白花），花瓣尖端伴有白色，开花较早，多花且顶花生长，花期较长；结薯较早且集中，薯块倾斜向上生长。块茎呈长椭圆形，一般长 10cm 以上，大的超过 20cm，白皮白肉，表皮光滑，芽眼极浅。商品薯率高。块茎干物质含量为 19%～23%，鲜薯还原糖含量为 0.2%，商品薯率为 80%～85%。品种对栽培条件要求严格，不抗旱、不抗涝，对涝特别敏感；喜通透性强的沙壤土，喜肥水；退化快，对早疫病、晚疫病、疮痂病敏感，易感马铃薯 X 病毒、马铃薯 Y 病毒，块茎感病率高，适宜在晚疫病发生较轻地区的肥沃土壤上种植。

第三节　脱毒快繁技术

马铃薯在种植过程中易感病毒，当条件适合时，病毒就会在植株体内增殖，转运和积累于所结的块茎中，这样世代传递，病毒危害逐年加重，最终种薯（块茎）失去利用价值。病毒的增殖与植物正常的代谢有极为密切的关系，目前尚未发现既能治疗病毒又不损伤植株的药剂。茎尖组织培养无病毒植株的技术迅速发展，为解决马铃薯病毒危害提供了有效途径。目前，几乎所有生产马铃薯的国家都能利用这一技术，长期保持优良品种的生产潜力，生产无病基础种，并通过一定的良种繁育体系，源源不断地为生产提供优质种薯。马铃薯脱毒快繁技术是指通过茎尖脱毒等方式生产脱毒苗，继代扩繁建立良种繁育体系生产优良种薯的技术。该技术是保证马铃薯高产、优质的得力措施。

一、脱毒苗组培快繁技术

1. 脱毒材料的选取

在马铃薯植株生长发育期内，选择具有品种典型性、生育健壮的单株，再结合产量情况和田间病毒检测结果，筛选出高产、病少的单株。因为马铃薯纺锤形块茎类病毒不能通过茎尖脱毒，剥茎尖前可采用聚丙烯酰胺凝胶双向电泳技术检测并淘汰有病植株。

2. 茎尖培养

（1）取材和消毒。入选的无性系块茎在休眠期过后，于温室内催芽栽培，待芽长至4～5cm，叶片未充分展开时剪芽（过长的芽生长点易分化成花芽影响剥离）。芽剪取后，剥去外面几层叶片，放于烧杯中，用纱布封口，放于自来水下冲洗半小时。控干水，然后于无菌室严格消毒。消毒时先在75％酒精中迅速浸沾一下，消除叶片茸毛的表面张力，然后放于5％漂白粉溶液中浸泡5～10min，再用无菌水冲洗3～5次。

（2）剥离茎尖和接种。在无菌条件下，将消过毒的芽置于40倍的解剖镜下，用解剖针剥去幼叶，露出带有叶原基的圆滑生长点，用消过毒的解剖针或解剖刀剥取带有1～2个叶原基的茎尖（0.1～0.2mm），随即接种于有茎尖培养基的试管中，封好试管口，并在试管上编号，以便成苗后检查。所用的解剖针等金属用具，均须先浸泡在酒精中，取出并在火焰中将酒精烧干，冷却后使用。解剖镜台应垫载玻片，每剥离一个茎尖后，都应以75％酒精消毒棉团擦拭，然后放入酒精杯中，再剥时用另外的针和刀，轮流使用，防止病毒传染。

（3）茎尖培养。将播种于试管中的茎尖放在培养室内培养，温度为25℃左右，光照度为2 000～3 000lx，每天照射16h。在条件适宜的情况下，30～40d即可看到明显伸长的小茎，叶原基形成可见的小叶，这时可转入无生长调节剂的培养基上，小苗继续生长并形成根系。4～5个月后即能发育成有3～4片叶的小植株。将其按单节切段，播种于有茎切段培养基的小三角瓶中，进行扩繁，并注明编号。经过30～40d把三角瓶中的小植株再行单节切断，接种于三角瓶中。待瓶中苗高10cm左右时，将其中2～3瓶移至防虫网室，用于病毒鉴定。

3. 病毒检测

将试管苗进行病毒检测，筛选出不含马铃薯X病毒（PVX）、马铃薯Y病毒（PVY）、马铃薯S病毒（PVS）、马铃薯卷叶病毒（PLRV）、马铃薯M病毒（PVM）、马铃薯A病毒（PVA）的脱毒苗。

4. 试种观察

将每个试管苗取出一部分移栽到防虫网棚中，结出的小薯种植到田间进行试种观察，检验其是否发生变异，筛选出符合原品种典型性状的脱毒苗。

5. 基础苗培养

对筛选后的脱毒苗进行切段扩繁。按单茎节切段，每个切段至少带1片叶。

6. 扩繁

苗长出7～8片叶后可再次切段扩繁，脱毒苗一般间隔25d继代繁殖1次。

7. 壮苗培养

扩繁的脱毒苗移植前需接种到壮苗培养基上培养。培养至株高6～7cm即可准备定植。

二、脱毒原原种繁育技术

1. 防虫温室基质法生产原原种

（1）以脱毒苗直接生产原原种。脱毒苗应移栽在能防止蚜虫、粉虱和螨等传播病毒的温（网）室中，同时还应给脱毒苗生长创造良好的条件。

①移栽脱毒苗的土壤（基质）要疏松，通气性良好。一般用草炭、蛭石、珍珠岩、粗沙和腐熟的动物粪便作为基质，并消毒后使用。为了补充基质中的养分，在制备基质时应掺入必要的营养元素。将消毒后的蛭石和草炭按1：1的比例混合，每立方米基质可施入1kg磷酸二铵、0.5kg硫酸钾，或施入1kg氮磷钾复合肥，以保证幼苗健康成长。必要时还可喷施0.2%的磷酸二氢钾和少量的铁、镁、硼等微量元素。

②基质可放于培养池中或平铺于地面，厚度为10～12cm。移栽前先把基质浸湿或浇湿，按行距4～5cm、株距3cm左右开沟把幼苗栽入，而后轻压苗基部，使根部与基质接触，并用微量灌法或渗透法浇苗基部，但不可出现积水现象。在移苗与浇水完毕后再用塑料薄膜把培养池覆盖起来，保持湿度，7～10d苗成活后去掉薄膜，进行正常管理。

③培养皿中的苗带根移栽时，把根部培养基洗掉，以防霉菌寄生后烂根。运送苗时用湿布保护并防止根部受伤。

④移栽脱毒苗时，温（网）室中的温度不宜超过25℃，否则易烂苗。

⑤移栽脱毒苗前，温（网）室中应清除杂草并喷施乐果灭蚜。

⑥脱毒苗成活后，根据苗情加强管理，每隔1～2d喷浇1次小水，苗弱时可喷营养液。苗徒长时（节间过长）可喷施50mg/g的多效唑或5～6mg/g的矮壮素。60d左右即可收获1次小薯。小薯来自无毒苗，为最高级的种薯，称为原原种。

（2）切段扦插法生产原原种。生产原原种目前最经济有效的方法是用脱毒苗在温（网）室中切段扦插。其优点是投资少、繁殖速度快、扦插方法简单。脱毒苗移栽成活后，切段扦插时把顶部茎段和其他节段分开，并分别放入生根剂溶液中浸泡15min，而后扦插。生根剂可用市场出售的生根粉配制成溶液，也可用100mg/g的萘乙酸溶液。扦插时把顶部节段和其他节段分别扦插到不同的培养箱中。这是因为顶部节段生长快，其他节段生长慢，混在一起会生长不整齐而影响剪苗期。扦插时用1：1的草炭和蛭石作为基质，与脱毒苗移栽时相同，并加入营养元素。扦插前基质浸湿，切段的1节插入基质中，1节留在空气中。每平方米扦插700～800株，扦插后轻压苗基部，小水滴浇后用农膜覆盖保湿。扦插时室温不超过25℃。剪苗后对母株施营养液，促进生长。

2. 试管苗诱导法生产原原种

在具备生产微型薯的条件下，试管苗生产一年四季均可进行。但在两季作地区，夏季高温高湿时期温（网）室内的温度常在 30℃ 以上，这时不适合试管苗的移栽和切段扦插，但可把试管苗的培养转为生产微型薯，即对试管苗在室内进行暗培养或短光照处理，调整培养基后就可对微型薯进行诱导。微型薯虽然很小，但可以取代试管苗栽培，而且是与试管苗质量相同的无病毒薯块。这样就可以把试管苗培养和微型薯生产，在两季作地区结合起来，交替进行，一年四季不断地生产试管苗、微型薯，对于加速无毒种薯生产非常有利。

（1）培养健壮的试管苗。把脱毒苗切去顶部和基部，把长到 3～4 节的茎段放入液体培养基中培养。液体培养基采用 MS 培养基加 6 -苄基腺嘌呤 0.5mg/L、赤霉素 0.4mg/L、2%蔗糖，或 MS 培养基加 6 -苄基腺嘌呤 1mg/L、萘乙酸 0.1mg/L、0.15%活性炭、3%蔗糖，均不加琼脂，在三角瓶中做浅层液体静止培养。培养室的温度在 20～25℃，每天光照 16h，光照度在 2 000lx 以上。茎段培养 3d 后即可生出腋芽，4 个星期左右瓶内长满小苗，即可转入暗培养。

（2）诱导微型薯的暗培养。可在生长箱中进行，也可在有空调的暗室或用黑膜特制的隔离间中进行。暗培养用的培养基是 MS 培养基加矮壮素 500mg/L、6 -苄基腺嘌呤 5mg/L、8%蔗糖，或再加入 0.5%活性炭。

暗培养需要在无菌室内更换培养基，以防污染。把原液体培养基倒掉，加入诱导培养基，封口后放入暗培养室中培养。暗培养室的温度保持在 18～20℃，一般培养 5d 后即有微型薯出现，8 个星期后即可收获。用 250mL 三角瓶放入 4～5 个茎段，每瓶可收获 30～60 粒微型薯。微型薯是由腋芽形成的，结薯多少、大小与苗的健壮程度和品种有关。微型薯一般直径为 5～6mm，每粒重 60～90mg。早熟品种微型薯休眠期比大田生产的块茎长 30～45d。据国际马铃薯中心报道，对微型薯而言，收获后储藏在 4℃ 下，全黑暗培养的块茎自然休眠期为 210d，而 8h 光照处理的平均自然休眠期为 60d，品种间也有很大差异。诱导微型薯最有利的条件是白天温度 25℃、夜间 20℃、每天日照 8h。每天 8h 日照、16h 黑暗，有利于微型薯增重。

3. 雾化法生产原原种

（1）设施消毒。采用雾化设施生产原原种，首先要对设施进行消毒灭菌。消毒灭菌的范围包括：营养池、进水及回水管道、结薯箱及盖、支撑用海绵、避光用黑膜及栽培和收获时的用具，温室环境等。消毒灭菌的方法：首先要把箱体和营养池内的残留物或前茬在箱体内留下的残枝败叶，带到温室外深埋或烧掉，再将残留在生产环境周围的种种可能带病的东西全部清理出保护区（温室），在营养池内放入清水，开动防腐泵对箱体及流水线进行清洗。同样的方法，再用 1%的 K_2MnO_4 溶液喷雾或浸泡 30min，之后再用 20mg/L

的农用链霉素喷雾或浸泡 24h。最后在上苗前两天用速克灵烟雾剂熏蒸温室 8h 左右。

（2）管理措施。从定植到收获，各个生育时期的营养液各元素配比不一样，每天应坚持测量电导率 2 次，pH 1 次，水温 3 次。前期氮元素要多些，后期钾元素要多些。在生长过程中，马铃薯需冷凉条件，但当气温降至 7℃ 以下时，茎叶停止生长，0℃ 以下时受冻害。光合作用最适温度为 16～20℃，马铃薯适宜生长的温度范围是 7～21℃。形成小薯的最适温度为 15～18℃，超过 21℃，营养生长加快，小薯生长受抑制，从而匍匐茎生长快，造成浪费。在高温下形成的小薯形状不整齐，颜色也不好。气温在 25℃ 时生长缓慢，在 29℃ 以上时呼吸作用增强，养分消耗大，造成营养失调，停止生长。因此，要做到脱毒马铃薯原原种的四季快繁，除在建温室时要安装好通风、供暖和光照设施外，还要根据季节、天气变化和马铃薯不同的生长发育时期，适时启闭以上设施，创造适宜的环境条件，保证薯苗的正常生长和结薯。

（3）原原种收获与处理。雾化栽培原原种的采收，应分批进行，即成熟一批采收一批，要保证其生育期为 60d 左右。雾化法生产的原原种，在采收以前始终处于一个高湿环境，不但本身含水量高，而且皮孔全部打开，采收后由于皮孔不能立即闭合，极易感染病菌。建议采摘后立即用杀菌剂浸泡种薯，晾 1～2d 后再储藏。

4. 储藏

新收获的微型薯应在散射光下摊晾至薯皮干燥、木栓化，然后分装。将摊晾后的原原种按照大小规格装入尼龙袋中。原原种入库后，逐渐降低温度至 2～4℃，保持环境的相对湿度为 80%～85%，并定期检查。

三、优质脱毒种薯的快繁技术

脱毒小薯成本高、生产力低，还需经过 3～4 代的继代扩繁，才能应用于大田生产。

（一）原种生产

（1）繁种田选择。选择高海拔、高纬度、风速大、气候冷凉地区；隔离条件好，周围无其他级别的种薯或商品薯及茄科、十字花科和其他易引诱蚜虫的黄花作物；土壤不含线虫及黑痣病、枯萎病、干腐病、癌肿病、青枯病和疮痂病等土传病害；肥力较好，土壤松软，水源充足，排水良好。

（2）原原种种薯处理。将通过块茎休眠期的原原种提前出窖，剔除病薯、烂薯和缺陷薯；出窖后在散射光、通风条件下于一周内缓慢升温至 7～10℃，后置于 10～15℃ 条件中催芽，芽长 0.5～1cm 时即可播种。

（3）播种。根据品种、气候因素适时播种，一般地下 10cm 温度恒定在

8℃以上时即可播种。

（4）田间管理。土壤保持在田间持水量的 65％～75％；测土配方施肥，薯块形成期适时追肥；出苗期及现蕾期结合中耕进行培土除草。

（5）杀秧。收获前 3～4 周使用机械或化学药剂杀秧。

（6）收获。杀秧后，当秧蔓枯死，块茎与匍匐茎脱离时开始收获。收获时防雨、防暴晒、防冻，摊晾，去除泥土、清除杂物，分拣装袋。

（二）大田种薯生产

（1）繁种田选择。参照原种生产。

（2）原种种薯处理。种薯生产宜选择 30g 左右的小整薯直接播种。采用大薯块播种时，切种应从脐部开始，按芽眼排列顺序螺旋形向顶部斜切，最后从顶芽正中纵切，保证每块切薯带 1～2 个芽眼，单块质量不小于 30g；种薯切好后及时用滑石粉和甲基托布津的混合药粉拌种，切块后放通风阴凉处，24h 后播种。

（3）播种、田间管理、杀秧、收获。参照原种生产。

（三）二季作地区脱毒种薯生产技术

脱毒种薯在繁殖过程中，如果不注意与传毒媒介的隔离，就会很容易遭到病毒的再侵染，重新引起植株的病毒性退化。所以，繁殖脱毒种薯的首要条件仍然是隔离传毒媒介，尤其是蚜虫。在二季作地区，春马铃薯植株生长期间正处于气温较高、雨水较少、蚜虫大量发生时期，因而也正是病毒病大量发生时期。山东省春季一般于 4 月下旬、5 月上旬开始大量发生有翅蚜，并迁往马铃薯田，把带病植株的病毒传给了马铃薯健康植株。秋马铃薯一般于 7 月底、8 月上旬播种，出苗时蚜虫仍然很多，增加了种薯遭受病毒侵染的机会。因此，在二季作地区繁殖脱毒种薯，首先应创造条件使植株免遭蚜虫的侵害，进而减少病毒侵染的机会。

1. 二季作地区脱毒种薯繁育体系

在脱毒种薯生产中，应采取相应措施使植株生长阶段避开蚜虫传毒高峰期，以避免或减少病毒的再侵染。根据蚜虫发生和迁飞规律，科研工作者制定了较严格的脱毒种薯繁育体系。采用该体系，第 1 年春季起始繁殖的，每 5 000～6 000 粒微型薯经两年四季的扩繁，可供第 3 年春季 1 800hm² 大田生产的用种。第 1 年秋季起始繁殖的，每 5 000～6 000 粒小薯到第 3 年春，可供 100hm² 大田生产的用种。如果在第 2 年秋继续用防蚜网棚来繁殖，那么再经第 3 年春、秋两季繁殖，就可供第 4 年春 1.8 万 hm² 大田生产的用种。

2. 二季作地区春季繁种技术

（1）适期播种。播种期应根据品种的生育期来确定。一般早熟品种从播种到收获约 90d，而种薯的适收期是在 4 月底、5 月初。因此，播种期一般定在

1月底、2月初。

（2）种薯催芽。上年秋季收获的种薯到播种时仍处于休眠状态，应先进行催芽，再播种。催芽方法如下：

①催芽时间。催芽时间的早晚依储藏温度及种薯打破休眠状况的具体情况而定。储藏温度低，催芽时间应早；储藏温度高，可晚催芽。一般情况下，应提前25～30d催芽，即在1月上旬催芽。

②切块。为提高种薯的繁殖倍数，催芽前需对种薯进行切块。可切成小块，即每个芽眼切一块。这是因为种薯生产中，要求收获块茎数越多越好，不要求生产大块茎。收获的种薯一般每块重25～50g为好，这样便于秋季整薯播种。

③催芽。只要能够提前30d左右催芽即可，一般不需要用赤霉素处理。只需将切好的薯块置于15～20℃的温度下，适当用湿麻袋、湿草苫子等保潮，或埋在湿沙子中即可。需要注意在催芽过程中，薯堆内温度不能太高、湿度不能太大，否则易腐烂；在催芽过程中要经常检查薯堆，如发现烂块，应及时将其挑出，并将薯堆散开通风。

（3）播种。

①播种密度。阳畦和拱棚均采取南北行播种。大行距为60～80cm，在条带中间开2条浅沟（5～7cm），沟距15cm，然后在沟内播种。株距10cm。

②培土。播完种后立即培土。方法是从每大行的两边向中间培土，最后形成垄顶宽30～50cm的平垄。培土厚度以8cm为宜。

③施肥浇水。要求一次性施足基肥，生长期间不再追肥。基肥应以有机肥为主。早春生产气温较低，不宜进行土壤表面灌水。如果播种前土壤不是太干，不要浇大水造墒，可在播种时开沟浇水，水渗下后播种。

④播种方法。播种时应使幼芽与地面平行，并紧贴地面。一般不要使幼芽垂直向上，因为这样在覆土时幼芽易被压伤。播种时注意不要把幼芽碰掉。

⑤田间管理。播种起垄后，首先盖好地膜，以利于保墒、提高地温、降低棚内空气湿度。然后架好竹竿并覆盖农膜。膜的周围要用土压严。出苗前的主要管理工作是揭、盖保温覆盖物（草苫、麦秸、玉米秸等都可用作保温材料）。早晨早揭，只要太阳能照到阳畦上，就应揭掉覆盖物，使苗床接受光照；晚上适当早盖覆盖物，以减少阳畦内的热量散失。三层膜覆盖的拱棚可以减少或不盖保温材料。

当开始出苗时（幼苗顶土），注意于晴天中午前后破开地膜放苗，扒出幼苗并将根周围用土封严。此后应注意保持棚膜清洁，以保证其透光性能好。如果阳畦内气温升至28℃，应注意适当揭膜通风。从4月初开始应加大通风量，生长中后期要适当浇水。此外，一旦发现蚜虫，就应及时打药防治。出现蚜虫后，最迟一周内就要收获。

3. 秋季延迟网室繁殖技术

（1）适期晚播。秋季播种时正值高温多雨时期，如果播种偏早，播后遇雨，就会导致大量烂种，造成缺苗断垄而影响产量。一般于立秋后播种比较适宜。有条件的，播种后应采取防雨措施，即在网棚顶上加塑料膜。如果网棚播种的是脱毒小薯，则更应该采取防雨措施。

（2）整薯播种。在高温季节播种，种薯切块后很容易遭受各种病菌的侵染，使种薯大量烂在土中。因此，生产中不宜进行切块播种，而应该采用小整薯播种。种薯最好质量为 25～50g。

（3）"地上"播种。下雨后，马铃薯垄沟内易积水，会降低土壤的通透性。种薯在缺氧的情况下，会进行无氧呼吸，很快就会腐烂。为减少腐烂，可以采取浅播种的办法，即所谓的"地上"播种。

（4）制作网棚防治蚜虫。防治蚜虫是脱毒马铃薯繁殖过程中每时每刻都要注意的问题。制作网棚应采用 45 目的网纱。网眼过大（如窗纱）就起不到防蚜的作用；网眼过密，则不利于通风透光。网棚一般是做成拱圆形的，但也可做成长方形的。拱圆形网棚以南北走向为好，这样有利于增加棚内光线。长方形网棚则以东西向为好。不管哪种网棚，在开门处最好能附加一缓冲间，这样可减少蚜虫进入棚内的机会。

（5）施足基肥。应采用测土配方施肥技术，根据马铃薯需肥规律，按产量指标制定施肥方案，一般每生产 1 000kg 鲜薯，需要氮素 5kg、磷素 2kg、钾素 11kg。

（6）覆盖延迟。霜冻来临前，在网纱外面再覆盖一层农膜延长生长期，提高产量。

（四）种薯的检验和分级

种薯的检验和分级是保证脱毒马铃薯质量、及时预防病毒再侵染的重要措施。种薯检验是种薯分级的基础。种薯的分级按照一定的标准进行。

1. 种薯检验

种薯检验包括纯度、种薯材料来源、田间生长状况、整齐度、病害的发生情况（尤其是通过块茎传播的病害发生情况）等项目。脱毒种薯检验的重点是病毒病的发生情况。种薯的检验方法一般分为田间检验和室内检验两种。

（1）田间检验。田间检验一是考查基地气候和隔离情况，二是目测植株地上部病毒感染情况，是否已出现症状，以及蚜虫发生情况。田间检验一般可分 2 次进行。第 1 次是在植株 6～8 叶期进行。如果种薯带毒，到此期病毒症状就可表现出来，因而可检查出种薯的好坏。第 2 次是在植株开花期进行。田间检验应采取随机划区取样的办法。调查各区病毒感染株数、病毒种类、感病程度，并计算出病情指数。

（2）室内检验。室内检验主要是采用酶联免疫技术，对脱毒试管苗、田间采集的样品进行病毒定性和定量的检测。这种方法要比田间目测精确得多。试管苗只有经过检测确认无任何病毒后，方可进行快繁。对于原原种田以及原种田采集的块茎样品也都要进行室内检验。

2. 脱毒种薯的分级

脱毒种薯的分级就是根据种薯繁殖的内在质量，将脱毒种薯划分成不同的等级。各级种薯的质量标准见表2-2。

表2-2 各级种薯的质量标准

项目	原原种	原种	一级种	二级种
	允许率/%			
总病毒病 （马铃薯Y病毒和马铃薯卷叶病毒）	0	1.0	5.0	10.0
青枯病	0	0	0.5	1.0
	允许率/ （粒/100粒）	允许率/ （粒/50kg）		
混杂	0	3	10	10
湿腐病	0	2	4	4
软腐病	0	1	2	2
晚疫病	0	2	3	3
干腐病	0	3	5	5
疮痂病①	2	10	20	25
黑痣病①	0	10	20	25
马铃薯块茎蛾	0	0	0	0
外部缺陷	1	5	10	15
冻伤	0	1	2	2
	允许率/%			
土壤和杂质②	0	1	2	2

注：①病斑面积不超过块茎表面积的1/5。

②允许率按质量百分比计算。

第三章

马铃薯播前机械化技术与装备

第一节　前茬作物秸秆处理技术与装备

农作物秸秆是成熟农作物茎叶（穗）部分的总称，通常指小麦、水稻、玉米和其他农作物在收获籽实或果实后的剩余部分。我国对农作物秸秆的处理利用历史悠久。20世纪80年代前，农业生产水平低、产量低，秸秆数量少，秸秆除少量用于垫圈、喂养牲畜以及堆沤肥外，大部分都作为农村生活燃料。我国自20世纪80年代以来，随着农业生产的发展，粮食产量大幅提高，秸秆数量增多，加之清洁能源（液化气）的普及，大量富余秸秆亟待处理。目前，农作物秸秆主要有秸秆还田与秸秆离田（饲料化加工、工业生产原料、厌氧发酵产沼气等）两种处理方式。秸秆离田处理技术与装备相对复杂，与马铃薯生产不直接相关，本书不做介绍。本节重点介绍与马铃薯生产直接相关的秸秆还田处理技术与装备。

一、秸秆还田概述

秸秆还田是最传统的处理方法之一，具有改善土壤团粒结构和理化性状的作用。秸秆还田是将收获后的作物残茬或秸秆整株经切碎、粉碎等简单处理后直接翻盖还田或覆盖还田，辅以一定的氮肥，加速腐化，以用作下茬作物的肥料，具有改善土壤结构、培育地力、提高农作物产量的特点。

（一）马铃薯前茬作物

马铃薯是一种高产高效的作物，但在同一地块上连作易产生众多不良后果，对土壤和作物生长都是很不利的。连作可导致土壤养分失衡，质量下降，作物出现长势弱、减产、低质的现象。为避免连作不良后果，有效利用土壤肥力，预防病株残体传播病虫害及杂草，栽培马铃薯的土地需要实行合理轮作（倒茬）。轮作不但可以调节土壤养分，改善土壤状况，避免单一养分缺乏，而且能减少病虫感染。因此，马铃薯种植应实行3年以上轮作。

由于马铃薯栽培区域及栽培特点不同，轮作方式也是多种多样。马铃薯为茄科作物，在与其他作物轮作时，最适合马铃薯栽培的前茬作物是粮食作物，如小麦、水稻、玉米等；也可与瓜类蔬菜，如黄瓜、南瓜等轮作；还可以与葱蒜类和豆类蔬菜，如蒜、大葱、菜豆、大豆等轮作。但其不宜与同科的茄果类蔬菜，如番茄、茄子、辣椒等轮作。轮作的方式要根据当地马铃薯生产的实际情况来决定。就山东来说，前茬作物多以玉米为主，也有与萝卜、白菜等少量蔬菜进行轮作的。

（二）秸秆还田的优点

1. 提高土壤养分

玉米是常见的马铃薯前茬作物。下面以玉米秸秆为例介绍。玉米秸秆的主要成分是纤维素和木质素，在土壤微生物的作用下可部分转化为土壤有机质，因此还田后可有效提高土壤中有机质的含量。宫亮等研究表明，玉米秸秆还田3年后，土壤有机质含量可提升7.13%～9.44%。颜丽等研究表明，6种不同秸秆还田方式的土壤有机质含量在17.00～17.50g/kg，易氧化有机质含量在8.20～9.10g/kg，有机无机复合度在86.5%～90.4%，其中秋季玉米秸秆不调氮、加微生物促腐剂处理效果最好，可有效提高土壤的易氧化有机质含量，有效降低土壤的有机无机复合度。

2. 增强土壤微生物活性

秸秆还田可改善土壤的生物性状，提高土壤的呼吸速率。李玮等研究表明，玉米秸秆还田后，土壤的碳氮比升高，微生物含量增加，促进土壤的呼吸速率提高。秸秆还田后，有机物质和各种养分的含量得到提升，为微生物的生长与繁殖奠定了坚实的物质基础。微生物则主要通过纤维素酶的作用，将秸秆中的纤维素、木质素水解为葡萄糖、短链脂肪酸等物质。强学彩等研究表明，玉米全量还田后，在0～10cm和10～20cm耕作层中，土壤总微生物量较对照分别增加29.80%和19.80%。

3. 改善土壤理化性状

秸秆还田可有效降低土壤容重，增加土壤孔隙度，且该效应与秸秆还田量呈正相关关系。研究表明，经过连续3年的玉米秸秆还田后，处理地块的土壤容重比对照（秸秆不还田）降低0.1～0.20g/cm³。邓智惠等研究表明，深松、旋耕条件下，秸秆连年还田与对照（秸秆不还田）相比，土壤容重分别降低5.64%、7.40%，土壤孔隙度分别增加6.89%、5.37%。慕平等研究表明，连续3、6、9年秸秆还田的地块，20～50cm耕作层的土壤容重分别较对照（秸秆不还田）降低6.40%、11.60%、15.03%，证明该方式能有效促进秸秆纤维腐解残体与土壤团粒结合，起到降低土壤容重、增加土壤孔隙度的作用。

秸秆还田后，土壤保水保墒能力增强，这与蒸发量降低、土壤剖面中毛管连续性被破坏及土壤与大气接触面减小等因素有直接关系。秸秆还田可直接影响土壤微生物的生长与繁殖，增强土壤团聚体的稳定性，从而改善土壤结构，提高土壤稳定性。

4. 改善农业生态环境

多年来，农作物秸秆已经成为农业面源污染的新源头，每年夏收或秋收后，秸秆焚烧加上不良气象条件对焚烧产物的传播和输送，加重了季节性雾霾。大规模秸秆焚烧还会造成飞机场、高速公路等烟雾弥漫，能见度低甚至造成交通事故。在各地加大对秸秆还田推广力度后，玉米秸秆焚烧现象明显减少，季节性雾霾发生频率降低、影响变小，空气质量得到明显的改善。

（三）秸秆还田技术的重点注意事项

1. 提高秸秆粉碎质量

首先，要及时粉碎秸秆。玉米成熟后趁秸秆青绿，用联合收获机尽早摘穗，随即粉碎还田，迅速耕翻。玉米青绿秸秆水分和糖分高，易于粉碎和腐烂分解，可迅速变为有机肥料。如果玉米成熟后马铃薯播期尚早，可以先将秸秆粉碎深耕掩埋，等到播期再进行土地耕翻。

其次，要科学粉碎秸秆。应尽量使用设计合理、功能较全的秸秆粉碎还田机具。秸秆还田作业时，要正确选择前进速度，控制刀片与地面间隙在 0～1cm，并及时更换刀片，粉碎长度以 3～6cm 为宜，不要超过 10cm。如果秸秆过长，应进行二次作业。秸秆、根茬粉碎后应抛撒均匀，尽量做到短、碎、匀，无堆积和条带，确保还田质量。农户要对还田质量进行检查，发现问题及早采取补救措施，不要在还田质量差的情况下进行耕地播种。

2. 增加耕深，提高整地质量

秸秆粉碎并被均匀撒在田地上后，要尽快耕翻入土，以机械深耕 30cm 以上为宜。土壤深耕后，再用旋耕机旋匀整平，旋耕深度为 15～20cm。最好是边收获边耕埋，使粉碎秸秆与土壤充分混合，地面无明显粉碎秸秆堆积，以利于秸秆腐熟分解；没有深耕条件的也可以采用旋耕机旋耕 2～3 遍，使秸秆和土壤混合均匀。

3. 增施氮磷肥和秸秆腐熟剂

微生物在将秸秆腐解于土壤的过程之中，需要吸收土壤中的水分以及氮元素等用于分解活动，后茬作物在机械还田之后与微生物争氮，易出现土壤缺氮现象，造成秸秆分解缓慢，引起苗弱与苗黄问题。秸秆还田后增施 75～150kg/hm² 的尿素，并以其他肥料（尤其是磷肥）同时配施，有助于腐解秸秆，加速有效养分的转换。

秸秆腐熟剂属于有机物料，其中存在多种微生物菌群成分，对杂草、秸秆的腐熟具有明显的加速作用，能促进秸秆向肥料转变并最终被作物吸收，实现对土壤微生物环境的改善。腐熟剂中存在一种菌群，既能解钾也能解磷，对土壤中钾与磷的释放具有促进作用，并能促进游离氨转化。15～30kg/hm² 为秸秆腐熟剂的一般使用量。在秸秆上均匀地撒上湿度适宜的细沙土和腐熟剂，将秸秆深翻埋入土壤中，以雨水或灌溉用水进行浸润，保证土壤的高湿度，能够实现秸秆的迅速腐熟分解。

4. 保障土壤墒情良好，促进秸秆分解

秸秆还田地块水分充足，能够加快玉米秸秆的腐解速度。因为土壤微生物的生存繁殖需要有合适的土壤墒情，如果土壤含水量不足，土壤微生物的繁殖速度就会下降，秸秆分解速度随之下降，所以及时灌溉以增加土壤水分十分重要。

二、秸秆还田机常见种类与特点

秸秆粉碎还田机就是利用高速旋转的刀片对收割后遗留在地里的作物根茬进行粉碎，只粉碎农作物留下的秸秆，不对地表及地表以下的根茬进行整理作业的机械。秸秆粉碎还田机主要分为卧式和立式两种。卧式秸秆粉碎还田机主要通过一组卧式圆盘刀进行秸秆粉碎，动力通过灭茬刀轴逆转进行秸秆粉碎还田耕作。立式秸秆粉碎还田机采用立轴式结构，立轴上面安装甩刀或固定刀，通过打击与切割相结合的方式粉碎秸秆；立轴的下部安装固定切茬刀，切碎根茬，实现秸秆粉碎和灭茬两项作业；但其结构复杂，使用安全性差，功率分配上存在互相牵制等问题。山东省主要采用卧式秸秆粉碎还田机。

（一）常见种类与特点

卧式秸秆粉碎还田机的秸秆粉碎刀具是影响还田作业性能的关键部件，根据秸秆粉碎刀具的结构形式，卧式秸秆粉碎还田机可将作业机具分为锤爪式秸秆粉碎还田机（图 3-1）、弯刀式秸秆粉碎还田机（图 3-2）、直刀式秸秆粉碎还田机（图 3-3）。

图 3-1　锤爪式秸秆粉碎还田机

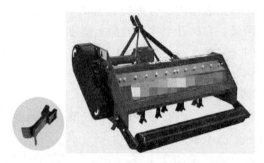

图 3-2　弯刀式秸秆粉碎还田机

图 3-3　直刀式秸秆粉碎还田机

1. 锤爪式秸秆粉碎还田机

锤爪式秸秆粉碎还田机粉碎秸秆的部件是锤爪。机组工作时，拖拉机动力经万向节传递到齿轮箱，齿轮箱输出轴带动皮带轮，经两级增速，使粉碎滚筒带动锤爪高速旋转，搅动玉米秸秆进入折线形机壳，使之受到锤爪、机壳定刀的剪切、锤击、撕拉、切碎，然后抛送到秸秆粉碎还田机后沿，撒落田间。

优点：锤爪数量少，锤爪磨损后可以焊接，使用维修费用低；高速旋转的锤爪，在机壳内形成负压腔，可将拖拉机压倒的秸秆捡起、粉碎。缺点：动力消耗大，工作效率低；秸秆韧性大时，粉碎质量差，给耕整地和马铃薯播种带来困难。该机型主要应用于山东省东部地区。

2. 弯刀式秸秆粉碎还田机

弯刀式秸秆粉碎还田机粉碎秸秆的部件是弯刀。机组工作时，拖拉机的动力经万向节传给变速箱，通过变速机构的增速，刀轴上的弯刀获得很高的转速和动能，可将秸秆切断打入机壳内，并和机壳上的定刀一起对秸秆进行多次打击、撕裂、搓揉，直至将秸秆粉碎。碎秸秆在气流和离心力的作用下，沿机壳内壁被均匀抛撒至田间。

优点是弯刀数量多，且弯曲部有刃口，对秸秆剪切功能增强，秸秆切碎质量提高，动力消耗略少，作业效率高。缺点是弯刀磨损快，维修使用成本略高，存在粉碎盲区。这种产品是锤爪式秸秆粉碎还田机的替代产品。

3. 直刀式秸秆粉碎还田机

直刀式秸秆粉碎还田机粉碎秸秆的部件是直刀。机组工作时，拖拉机动力经万向节传到齿轮箱，再经皮带两级增速，带动刀轴和刀轴上的刀片高速旋转，在喂入口负压的辅助作用下，秸秆被喂入机壳，并与喂入口的第一排定刀相遇，受到第一次剪切，当秸秆沿机壳内壁流到粉碎刀与后定刀的间隙时，又一次受到剪切，得到进一步粉碎，最后被气流均匀抛撒在田间。刀片采用优质合金钢制成，刃口焊接耐磨合金，具有较高的硬度且耐磨。刀轴经过动平衡试验，采用螺旋线分布刀片，工作平稳，振动小。

优点是直刀数量多，采用剪切方式粉碎秸秆，故动力消耗小，工作效率高，秸秆切碎质量好，方便土地耕整和播种作业。缺点：刀片磨损后更换成本高；刀片丢失或损坏后，同一刀轴上的刀片要求质量差小，一般不大于10g。

（二）常见典型机具

1. 1JH‑180型秸秆粉碎还田机

（1）产品特点。山东凯兴（山东凯兴机械有限公司）生产的1JH‑180型秸秆粉碎还田机如图3‑4所示，属于直刀与弯刀组合式秸秆粉碎还田机，全悬挂作业，适于大中型拖拉机配套使用，对田间直立或铺放的玉米、高粱、麦、稻类等的秸秆，具有良好的粉碎性能，平坦地块作业效率和质量更好。

图3‑4 1JH‑180型秸秆粉碎还田机

（2）主要技术参数。结构形式：侧边皮带传动。配套动力：51～58kW。配套拖拉机动力输出轴转速：760r/min。外形尺寸（长×宽×高）：1 400mm×2 014mm×900mm。整机质量：475kg。作业速度：≥3.4km/h。工作幅宽：180cm。与拖拉机的连接方式：三点悬挂。刀辊转速：2 200r/min。切碎机构最大回转半径：265mm。切碎机构总安装刀数：117把。刀片形式：两弯一直甩刀。

2. 4Q - 1.8Z 型秸秆粉碎还田机

（1）产品特点。山东奥龙（山东奥龙农业机械制造有限公司）生产的 4Q - 1.8Z 型秸秆粉碎还田机如图 3 - 5 所示。粉碎刀有弯刀、直刀和两弯一直组合刀等多种形式。粉碎刀喷涂优质硬质合金，耐磨性好、动力消耗少。滚筒采用计算机控制动平衡机平衡，机具运转平稳，使用寿命长。采用加大变速箱、加大模数的齿轮，可承受较大负荷。主、从动带轮有多种规格组合，可适应不同规格型号的拖拉机，满足不同地区的需要。对田间直立或者铺放的玉米、高粱、棉花、麦、稻类等的秸秆均具有良好的粉碎性能。

图 3 - 5　4Q - 1.8Z 型秸秆粉碎还田机

（2）主要技术参数。结构形式：三点悬挂甩刀式。配套动力：58.8～73.5kW。外形尺寸：1 300mm×2 050mm×1 050mm。整机质量：530kg。生产率：≥0.60hm²/h。工作幅宽：180cm。作业速度：≥3.3km/h。刀辊转速：2 131r/min。切碎机构最大回转半径：28.5cm。切碎机构总安装刀数：108把。最小离地间隙：300mm。

3. 4JQ - 220 型秸秆粉碎还田机

（1）产品特点。赵县联行（赵县联行机械有限公司）生产的 4JQ - 220 型秸秆粉碎还田机如图 3 - 6 所示。设置内外两层罩壳，定刀固定在内壳上，如内壳磨损，更换定刀即可，延长了机器使用寿命；采用加大轴承、加粗轴心，牢固耐用，减少了机器作业时的故障率；刀片特殊镀焊，耐磨性能增强。在支撑辊后方设置可上下运动的连杆刀臂和刀片。刀片在粉碎秸秆的同时，起到松土、抓土、除草、灭茬作用，还可掩埋部分被粉碎的秸秆。

（2）主要技术参数。整机质量：400kg。适应垄高≤40cm。作业速度：4～5km/h。秸秆粉碎长度合格率：≥85%。抛撒不均匀率：≤30%。粉碎刀平均寿命：≥100 亩。外形尺寸：700mm×700mm×700mm。工作幅宽：220mm。配套动力：9～13kW。生产率：3～5 亩/h。

图 3-6　4JQ-220 型秸秆粉碎还田机

三、秸秆还田机械的使用

(一) 机具选择

马铃薯属于根茎类作物，要求有深厚的土层和疏松的土壤。目前，秸秆还田机械生产企业较多，种类型号较杂，多采用卧式灭茬机，灭茬刀采用甩刀型。农机服务组织和农机手在选择时，应依据技术模式、土地经营规模、配套动力、主要用途等条件选择购买和使用。

(二) 作业条件

(1) 作业地块应符合灭茬机具的适用范围，地势平坦，坡度不大于5°。

作业前 3～5d 对田块中的沟渠、垄台予以平整，田间不得有树桩、水沟、石块等障碍物，并为水井、电杆拉线等不明显障碍安装标志以便安全作业。土壤应含水率适中（以不陷车为适度），并对机组有足够的承载能力。

(2) 灭茬机具应经调整符合使用说明书和农艺要求，农机手应按使用说明书规定和农艺要求进行操作。

(3) 秸秆残茬高度不大于 100mm。过低，会降低根茬对土壤的增肥效果；过高，会影响作业质量。小麦等秸秆较细的作物，残茬高度应在 50mm 左右。

(三) 作业要求

机具作业深度一般为 8～10cm。作业时要将根茬以上部分全部粉碎，粉碎后长度大于 5cm 的根茬数量不超过根茬总量的 10%。作业后应保持原有的垄形。被灭茬机粉碎后的根茬，地表覆盖率不能超过 40%，地下覆盖率不能低于 60%。

(1) 秸秆粉碎长度合格率≥90%。

(2) 秸秆粉碎长度≤50mm。

(3) 抛撒不均匀率≤30%。

(4) 作业后地表状况：无明显未被粉碎的秸秆。

(四) 机具操作要求

(1) 首先根据拖拉机型号购买相应的灭茬机，对选定机型，在使用前应进行调整。调整灭茬机两个下悬挂点的距离，确定好后将两个下悬挂点紧固好。

(2) 减速箱中应加注齿轮油，还田轴的两端轴承座、万向节、地轮轴等处应加注黄油。

(3) 与拖拉机挂接时，先挂接两个下悬挂点，锁定后，再挂接上悬挂点 (按使用说明书进行安装)。连接好后须调节拖拉机左右提升吊杆，使机具处于横向水平；调节中央拉杆使机具纵向水平。然后将拖拉机的左右拉链调紧，使机具处于对中状态。

(4) 安装万向节时，应注意万向节叉的方向不得装错。各部位都连接好后，应试着提升机具几次，同时查看万向节套与方轴的配合长度是否合适，以机具升到最高点时相顶，降到最低点时不脱出，并保证在工作位置时接合长度不小于 70mm 为宜。

(5) 试运转：应在停车状态下，使机具稍离地面，用手转动灭茬工作部件，看是否灵活、有无卡滞现象，然后用小油门试运转 15～20min，测听减速箱等是否有异常声音，逐渐加大油门运转 30min 后，停车检查各轴承部位是否有过热现象及各处油封是否有漏油现象。如在检查中发现问题，应查找原因、及时解决，然后再试运转 30min 进行全面检查，确保没有问题后方可投入正常作业。

(6) 开始作业时，机具下落到接近地表时接合动力，使灭茬部件旋转。先逐渐加大油门，再缓慢下落机具以进入正常作业。

(7) 严禁在机具处于最高位置时接合动力。作业速度应按使用说明书的要求来选择。不可随意增加作业速度，以免影响作业质量，如 8.8～11kW 的小四轮拖拉机的适宜速度为前进二挡。

(8) 作业时，必须放下灭茬机后边的挡土板以加强碎土效果；机具后面不准跟人，以防石块等飞起伤人。作业中，如部件上杂草过多，应及时停车清除，否则会影响作业质量及速度，还会损坏传动轴上的油封。机具提升较高时应切断动力，机具下落应缓慢。

(9) 不要在停机状态下，突然加大油门进入作业状态，因为这样瞬间的超负荷会使机具的传动系统损坏。

(五) 灭茬机具使用注意事项

(1) 要经常注意观察灭茬机工作部件在运转过程中是否有杂声及金属敲击声，如发现有异常声音，要立即停车检查，找出原因，排除故障后才能作业。

(2) 地头转弯和倒车时严禁工作，否则会造成刀片变形、断裂，甚至会损坏灭茬机。

（3）机组起步时，要先接合灭茬机离合器，后挂挡工作。同时，操作液压升降柄（或绳锁机构的绕把），使灭茬机刀片逐步入土，随之加油门，直至正常灭茬深度为止。禁止在起步前将灭茬机先入土或猛放入土，这样会使刀片受到冲击，致使传动部件损坏。

（4）每工作3～4h，要检查刀片是否松动或变形，其他紧固件是否有松动。

（5）检查时，必须停车，并将发动机熄火，确保人身安全。

（6）停车时，应将灭茬机着地，不得悬挂停放。

（7）田间转移或过沟渠时，要将灭茬机升到最高位置，同时，切断转动动力。如果转移距离较大，就必须锁紧固定。

（8）远距离运输或转移时，不准在灭茬机上放置重物或者坐人，以免发生危险。

四、秸秆还田机械作业质量与检测方法

（一）秸秆还田机械作业质量指标

按照农业行业标准《秸秆粉碎还田机作业质量》（NY/T 500—2015），秸秆粉碎还田机作业质量应满足如下要求。

1. 作业条件

土壤含水率适宜机组作业，麦类秸秆含水率为≤17%，水稻秸秆含水率为≤25%，玉米秸秆含水率为≤15%或≥30%，棉花秸秆含水率为≤30%或≥60%。

2. 作业质量

在规定的作业条件下，秸秆粉碎还田机作业质量为：粉碎长度合格率≥85%〔合格粉碎长度：麦类、水稻秸秆≤150mm，玉米秸秆≤100mm（山东地方标准规定玉米秸秆粉碎长度≤50mm），棉花秸秆≤200mm〕，残茬高度≤80mm；抛撒不均匀率≤20%；漏切率≤1.5%，且无明显漏切。

（二）秸秆还田机械作业质量检测方法

秸秆粉碎还田机作业质量的检测，一般应在作业地块现场正常作业时进行或作业完成后立即进行，以一个完整的作业地块为测区。当秸秆粉碎还田机作业的地块较大时，如作业地块宽度大于60m、长度大于80m，可采用抽样法确定测区。确定的方法是：先将地块沿长宽方向的中点连十字线，将地块分成4份，随机抽取对角的2份作为2个测区。

然后，每个测区按照五点法取5个测点。确定的方法是：从之前抽样测区的4个角画对角线，在1/8～1/4对角线长的范围内，确定出4个检测点位置，并且应再加上一条对角线的中点。每个测点取长为2m、宽为实际工作幅宽加0.5m的面积。

1. 粉碎长度合格率的测定

每个测点捡拾所有秸秆称重，从中挑出粉碎长度不合格的秸秆（秸秆的粉碎长度不包括其两端的韧皮纤维）称其质量。测定玉米秸秆时，应进行田间清理，拣出落粒、落穗。粉碎长度合格率按下式计算。

$$F_h = \frac{\sum \left(\dfrac{m_z - m_b}{m_z} \right)}{5} \times 100\%$$

式中：F_h 为粉碎长度合格率（%）；m_z 为每个测点的秸秆质量（g）；m_b 为每个测点中粉碎长度不符合规定要求的秸秆质量（g）。

2. 残茬高度的测定

每个测点在一个机具作业幅宽的左、中、右侧随机各测取 3 株（丛）的根茬，其平均值为该测点的残茬高度。求 5 个测点的平均值。

3. 抛撒不均匀率的测定

抛撒不均匀率和粉碎长度合格率的测定同时进行，每个测点内按幅宽方向等间距三等分，分别称其秸秆质量。按下式计算。

$$F_b = \frac{3(m_{max} - m_{min})}{m_z} \times 100\%$$

式中：F_b 为抛撒不均匀率（%）；m_z 为每个测点的秸秆质量（g）；m_{max} 为测区内测点秸秆质量最大值（g）；m_{min} 为测区内测点秸秆质量最小值（g）。

4. 漏切率的测定

每个测点在宽为实际割幅加 0.5m、长为 10m 的面积内，拣拾还田时漏切的秸秆，称其质量，换算成每平方米秸秆漏切量。按下式计算漏切率。

$$F_1 = \frac{m_{sl}}{m_s} \times 100\%$$

式中：F_1 为漏切率（%）；m_s 为每平方米应还田的秸秆总量（g）；m_{sl} 为每平方米秸秆漏切量（g）。

5. 简易检测方法

抛撒不均匀程度、漏切量项目可以采用目测。如果服务双方对作业质量有争议，应用前述方法进行专业检验。

第二节　马铃薯耕整地技术与装备

机械化耕整地是指为改善作物生长条件，对土壤进行的机械加工。它是马铃薯播种前的一个重要作业环节。适宜的耕整地技术与装备，对减少劳动量、节约能源、提高马铃薯种植效益具有重要意义。

一、耕整地的作用与目的

(一)耕整地的作用

耕整地是种植生产的基础。通过合理的耕整地,能够取得如下效果。

(1)松碎土壤。通过耕作将土壤切割破碎,使之疏松多孔,以增强土壤通透性。这是土壤耕作的主要作用之一。

(2)翻转耕作层。通过耕作将土层上下翻转,改变土层位置,改善耕作层理化及生物学性状,翻埋肥料、残茬、秸秆和绿肥,调整耕作层养分垂直分布,培肥地力。同时消灭杂草和病虫害,消除土壤有毒物质。

(3)混拌土壤。通过耕作使肥料均匀地分布在耕作层中,令肥料与土壤相融,使耕作层形成均匀一致的养分环境,改善土壤养分状况。

(4)平整地面。耙耢和镇压,可以平整地面,减少土壤水分蒸发,有利于保墒。地面平整,有利于播种作业,使播深一致,苗齐苗壮;平整盐碱地可减轻返盐,有利于播种保苗,提高洗盐压碱效果。

(5)压紧土壤。镇压可以压紧土壤,减少大孔隙,增加毛管孔隙,减少水分蒸发,提墒集水,有利于种子发芽和幼苗生长。

(6)开沟培垄,挖坑堆土,打埂筑畦。开沟培垄,有利于地温提升,促进作物发育,提早成熟;挖坑堆土,有利于土壤排水,增加土壤通透性,促进土壤微生物的生命活动;打埂筑畦,便于平整地面,利于灌溉。

(二)耕整地的目的

耕整地的实质是创造一个良好的耕作层构造和适宜的孔隙比例,以调节土壤水分存在状况,协调土壤肥力各因素间的矛盾,为形成高产土壤奠定基础。其目的主要有以下三个方面。

(1)疏松土壤,改善土壤孔隙度。一般当土壤孔隙度占总体积的15%~25%时适宜农作物生长,否则,需要通过耕作改善土壤孔隙度;另外,通过耕作可形成上虚下实的耕作层状态,恢复底层土壤毛管功能,让种子播在"硬床"上,为生长发育创造条件。

(2)覆盖残茬。近年来,随着粮食单产不断增加以及秸秆还田面积增加,地表作物残茬数量上升较快,通过耕作将残茬和秸秆掩埋到地下,有利于培肥地力。

(3)逐步构建良性耕作层构造。通过耕作措施的综合运用,建设良性耕作层构造,协调土壤水肥气热各项因子,充分发挥土壤潜能,实现粮食高产。

(三)马铃薯对土壤耕整地的要求

马铃薯适宜在土层深厚、结构疏松、排水通气良好、富含有机质的土壤(如沙壤土、黑钙土)中栽培。喜欢偏酸的土壤,土壤 pH 以 5~6 为宜。其地下薯块的形成和生长需要疏松透气、凉爽湿润的土壤环境。马铃薯种植对耕整地的质量要求为：耕深要适宜、一致，无重耕、漏耕现象；深耕深度宜为30～50cm，旋耕耕深宜在15cm以上；土壤要土层深厚、结构疏松、宜耕性良好，尤以半沙壤土为好，忌低洼地块和板结田；土壤含水率在18%～22%的耕地宜耕性最好。

二、常见耕整地机械的种类与特点

马铃薯耕整地机械基本都已通用化，包括铧式犁、旋耕机、深松机等。耕整地装备选择时，通常要考虑耕作方式、机具的适用范围、配套动力、悬挂方式、动力输出等，作业性能需满足马铃薯种植农艺要求。

（一）翻耕

翻耕，是利用铧式犁将耕作层土垡切割、抬升、翻转、破碎、移动、翻扣的过程。翻耕是熟化土壤、提高耕地质量的重要措施。在黄淮海地区，翻耕的主要机械是铧式犁。

1. 翻耕的特点

（1）翻耕的优点。一是可将原耕作层上土层翻入下层，下土层翻到上层；二是将土壤耕作层上下翻转，紧实的耕作层被翻松；三是犁体曲面前进时将土垡破碎，从而改善土壤结构，尤其是在水分适宜时，土壤还会松碎成团聚体状态；四是下层土壤上翻，熟化土壤，并增加耕作层厚度和土壤通透性，促进好氧型微生物活动和养分矿化等；五是可掩埋作物根茬、化肥、绿肥、杂草，并可防除部分病虫害。

（2）翻耕的缺点。一是土壤全层翻耕，动土量大，消耗能量多；二是土壤孔隙度大，下部常有暗坷垃架空，有机质消耗较大，对作物补给水分的能力较差；三是翻耕对土壤扰动多，水分损失快，旱作区不利于及时播种和幼苗生长；四是翻耕前要进行破茬作业，翻耕后要进行耙、糖、压等表土作业，增加了作业次数和生产成本；五是形成新的犁底层，即翻耕打破了一个犁底层，又会形成一个新的犁底层。

2. 翻耕犁的种类

按照农业机械分类办法，犁的型号一般用犁铧数量、单铧耕幅，以及犁的结构特征来表示。如1LF-425表示4铧、单铧耕幅为25cm的翻转犁。在不知道犁的结构时，可以根据犁的型号，简单了解犁的结构和性能。

按照《农业机械分类》（NY/T 1640—2021）标准，犁包含铧式犁、圆盘犁和无墒沟犁。圆盘犁是以球面圆盘为工作部件的耕作机械。它依靠重量强制入土，入土性能比铧式犁差，土壤摩擦力小，切断杂草的能力强，翻垡覆盖能力弱，适于开荒、黏重土壤作业。无墒沟犁可实现耕后墒沟较小或显现不出来。这里主要介绍使用最多的铧式犁。

铧式犁是以犁铧和犁壁为主要工作部件进行翻耕和碎土作业的一种耕作机械。铧式犁是应用历史悠久、种类繁多的常用耕作机械。铧式犁按与动力机械挂接方式的不同，分为牵引犁、悬挂犁和半悬挂犁；按用途不同，分为通用犁、深耕犁、高速犁等。此外，还可按结构不同分为翻转犁、调幅犁、栅条犁、耕耙犁等；按犁体数量分为单铧犁、双铧犁、三铧犁等；按犁的重量则可分为重型犁、中型犁和轻型犁等。

3. 典型翻耕犁介绍

1LF8‐450 液压翻转犁如图 3‐7 所示，是一种常见的液压翻转犁。

图 3‐7　1LF8‐450 液压翻转犁

（1）产品特点。

①可靠性高。犁体采用优质的材料和先进的金属加工工艺，犁尖经多道调质工艺，整机重量轻、入土快、通过性好、使用保养方便。单体犁铧有独特的安装定位台肩设计，机架与犁体部件结构紧凑、稳固。

②作业高效。通过调节内丝杠适应拖拉机轮距，使拖拉机与犁的牵引力保持在一条牵引线上。合理的力学分配，使拖拉机在最轻负荷下发挥最大效益。在犁翻转时，限深轮架体由链条制动，化解了翻转时的冲击载荷。

③调节方便。无须工具便可调节和拆卸副犁。

（2）主要技术参数。1LF8‐450 液压翻转犁主要技术参数如下。

主犁形式为铧式犁。外形尺寸：450cm × 190cm × 175cm。配套动力：≥105kW。主犁单铧工作幅宽：33/38/44/50cm（有级可调）。设计耕深：18～35cm。主犁数量：4 铧。

副犁形式为铧式犁或圆犁刀。副犁数量：（4＋4）个。犁体间距：100cm。犁梁距地高度：80cm。安全保护方式：双剪切螺栓。挂接形式：Ⅲ类三点悬挂式。

（二）旋耕

旋耕就是利用旋耕机旋转的刀片切削、打碎土块，疏松、混拌耕作层的过程。旋耕可将犁、耙、平三道工序一次完成，多用于农时紧迫的多熟地区和农田土壤水分含量高、难以翻耕的地区。

1. 旋耕的特点

（1）旋耕的优点。旋耕具有碎土、松土、混拌、平整土壤的作用。可将上下土层翻动充分，耕后土壤细碎，地表杂草、有机肥料、作物残茬与土壤混合均匀；作业牵引阻力小，工作效率高；耕后地表平整，可以直接进行播种作业，省工省时，成本低。

（2）旋耕的缺点。耕作后旱地耕作层疏松，播种深度不易控制；旋耕深度过浅，易导致耕作层变浅、理化性状变劣；旋耕刀挤压土层，犁底层加厚，土壤底层水、热交换变弱，影响作物生长。

2. 旋耕机的种类

（1）按旋耕刀轴的位置不同可分为卧式旋耕机和立式旋耕机。北方旱田常用卧式旋耕机。卧式旋耕机具有较强的碎土能力，一次作业可使土壤细碎，土肥掺混均匀，地表平整，达到旱地播种或水田栽插的要求，有利于缩短农耗期，提高工效。但对作物残茬、杂草的覆盖能力较差，耕深较浅，功率消耗较大。

（2）按机架结构形式可分为圆梁型和框架型。圆梁型又分为轻小型、基本型和加强型。轻小型旋耕机一般结构重量较轻，工作幅宽一般在125cm以下；基本型旋耕机齿轮箱体仅由左右主梁同侧板连接，工作幅宽一般在200cm以下；加强型旋耕机齿轮箱体由左右主梁和副梁与侧板连接成一体，工作幅宽范围较大。圆梁型旋耕机技术较成熟，使用操作方便。框架型旋耕机是通过整体焊接框架连接旋耕机的齿轮箱体和侧板。框架型旋耕机按照工作轴多少又分为单轴型和双轴型。单轴型旋耕机仅有一个旋耕刀轴。双轴型旋耕机有两个旋耕刀轴，通常前后配置。前刀轴耕深浅、转速高，后刀轴耕深较深、转速较低。框架型旋耕机整机刚性高，结构强度大，适应性好，方便组成复式作业机具，可进行深松、起垄、旋播、镇压作业。目前框架型旋耕机逐渐成为农机手首选。

（3）按驱动力传输路线可分为中间传动型旋耕机和侧边传动型旋耕机。中间传动型旋耕机的主要特点是拖拉机的动力经旋耕机动力传动系统分往左右两侧，驱动旋耕机左右刀轴旋转作业。结构简单，整机刚性好，左右对称，受力平衡，工作可靠，操作方便，但中间往往有漏耕现象存在，中间犁体也容易缠草。侧边传动型旋耕机的主要特点是拖拉机的动力经旋耕机动力传动系统从侧边直接驱动旋耕刀轴旋转作业。结构较复杂，使用要求较高，但对土壤、植被的适应能力强，尤其适于水田旋耕作业。

（4）按照变速箱输出转速是否固定可分为变速旋耕机与非变速旋耕机。变速旋耕机可在秸秆量大、土壤黏重的地块选择刀轴高速作业，以提高作业质量；在还田质量高、沙性（或壤性）土壤地块，可选择刀轴低速作业，以节省动力。

（5）按照旋耕刀与刀轴的装配位置不同可分为传统刀轴旋耕机与盘刀式旋耕机。盘刀式旋耕机采用高箱框架设计，刀轴与框架间距增加，耕作较深，同时避免了因刀具缠绕泥草而形成阻力；采用圆盘刀，整机作业平衡性得到提升。盘刀式旋耕机适于土壤坚硬、混有砖石及秸秆的地块作业。

3. 典型旋耕机介绍

1GQN－230ZG 旋耕机如图 3－8 所示，是一种常见的卧式旋耕机。

图 3－8　1GQN－230ZG 旋耕机

（1）产品特点。旋耕机采用优化设计的新型箱体；采用大模数齿轮，直齿轮齿面加宽加大；轴和轴承加粗加大；刀轴轴管、花键刀轴加粗加强，传动平稳，强度更高。刀轴采用分体式左右对称结构，使维修更加方便。机罩采用翻盖结构，便于清理机罩上的泥土及杂草。整体采用刚性机架结构，受力平衡，刚性好。刀轴转速可调，匹配合理，旋耕质量高；采用防缠绕专利刀座，具有防脱落、防缠草功能；箱体花键刀轴处采用自磨式油封，密封效果好。

（2）主要技术参数。型号：1GQN－230ZG。配套动力：60～75kW。耕幅：230cm。耕深：旱耕 12～16cm。刀片形式：弯刀。拖拉机动力输出轴转速：720/540r/min（选装）。与拖拉机的连接形式：标准三点悬挂。作业速度：2～5km/h。生产率：0.32～0.80hm²/h。

（三）深松

土壤深松机械化是在不翻土、不打乱原有土层结构的情况下，通过深松机械疏松土壤，打破犁底层，增加土壤耕作层深度的耕作技术。深松可熟化深层土壤，改善土壤通透性，增强蓄水保墒能力，促进作物根系生长，提高作物产量。

深松分为全方位深松、间隔深松、振动深松等。全方位深松是采用全方位深松机，在工作幅宽内对整个耕作层进行松土作业，为密植作物播种创造条件。间隔深松是根据不同作物、不同土壤条件，采用间隔深松机，进行松土与不松土相间隔的局部松土，形成虚实并存的耕作层构造，实现土壤养分、水分储供的完整统一。振动深松是通过深松铲的振动，增加土壤疏松体量。

1. 深松的特点

（1）深松作业的优点。一是打破犁底层。土壤多年翻耕或旋耕形成的犁底层，阻碍水分、养分的运移和作物根系发育。深松后，可打破犁底层，增加土壤熟化层厚度。二是提高土壤蓄水能力。加深的熟土层和疏松的土壤，有利于水分入渗。另外，深松后土壤表面更粗糙，雨雪聚集增多，可增加冬春蓄水。据山东省农业机械技术推广站 2010 年 9 月至 2011 年 6 月在济南历城的试验，在深松地块，小麦生育期土壤水分较传统地块平均高 22.52%。三是改善土壤结构。间隔深松后，土壤深处形成虚实并存的土壤结构，有利于土壤气体交换，促进好氧型微生物的活动和矿物质分解，进而有利于培肥地力。同时，改善耕作层固态、液态和气态的三相比，有利于作物生长。四是减少土壤水蚀。深松可增加降雨入渗，降低雨雪径流，从而减少土壤水蚀。五是消除机器进地作业造成的土壤压实。

（2）深松作业的缺点。深松不能翻埋肥料、杂草、秸秆，不能碎土，耕后不能进行常规播种。若深松后进行常规播种，则需先行旋耕整地，从而增加了作业成本。因此，深松只能与免耕播种相结合。

2. 深松机的种类

深松机按照作业方式不同，可分为全方位深松机、间隔深松机。全方位深松机可分为梯形铲全方位深松机、曲面铲全方位深松机等。间隔深松机可分为凿铲立柱式深松机、凿铲双翼式深松机、凿铲振动式深松机等。

梯形铲全方位深松机通过对土壤进行挖掘、抬升，实现土壤疏松。作业后大土块较多、不易压实；需要较大牵引力，故要配备大功率拖拉机。主要适于旱作农田或山区丘陵农田开荒作业，目前较少应用。

曲面铲全方位深松机通过对土壤进行切割、推压，实现土壤疏松。与梯形铲全方位深松机相比，具有牵引力小、作业效率高等优点。虽然深松铲工作幅宽内土壤扰动系数较大，但曲面铲柱外面的土壤基本没有疏松，因此，采用这类深松机作业时，邻接幅宽不宜太宽。主要应用于旱作区农田土壤深松作业，是目前的主选产品。

凿铲立柱式深松机是通过对土壤进行强力开挖、掘破，实现土壤疏松。单柱机型土壤扰动系数小，作业后大土块多，是早期玉米行间深松技术的主要机具，目前选用者较少。

凿铲双翼式深松机通过在凿铲立柱上加装双翼，增加对土壤的扰动，实现土壤疏松体量的增加。双翼安装的长度、宽度、高度，以及与垂直、水平方向的夹角不同，土壤扰动系数也不同。长度越长、宽度越宽、高度越低，以及与垂直、水平方向的夹角越大，土壤扰动系数越大。其作业效率、燃油消耗介于曲面铲全方位深松机与凿铲振动式深松机之间，是春季作业冬前、春季深松的主要机具。

凿铲振动式深松机通过铲柱的振动，加大土壤的疏松体量，需要的牵引力小。单柱机型土壤扰动系数大，作业后大土块少，有利于下一环节作业。但作业效率略低、燃油消耗略高。

深松机架为横置框架结构，有利于旋耕、播种部件装配。因此，深松机装配旋耕部件，就可组成深松整地机；深松机装配旋耕部件、播种部件，就可组成深松免耕播种机、深松整地播种机，实现耕整或耕整播一体化。

3. 典型深松机介绍

1S-300C 全方位深松机如图 3-9 所示，是一种宽幅全方位深松机。

图 3-9　1S-300C 全方位深松机

（1）机具特点。1S-300C 全方位深松机采用一体式的翼形犁铲，单铲耕作幅宽为 35cm，配备具有过载保护功能的弹簧铲座，选用三排梁框架结构，优化了所有深松铲的布局，通过性能大大提高。配套大功率拖拉机，可实现深松深度大于 30cm 的作业，彻底打破犁底层。

（2）主要技术参数。产品型号：1S-300C。外形尺寸：3 100mm × 3 200mm×1 500mm。作业行数：10 行。铲间距：30cm。配套动力：147～191.1kW。工作幅宽：300cm。整机质量：1 692kg。深松铲结构形式：机械振动主铲＋左右翼铲。挂接方式：三点悬挂。深松深度：25～35cm。生产率：1.5～2.4hm²/h。

三、耕整地机械的使用

(一) 机具选择

目前，耕整地机械生产企业较多，种类型号较杂，农机服务组织和农机手应依据土地经营规模、配套动力、主要用途等条件选择购买和使用。

1. 翻耕犁选择

一般土地经营规模超大（333.3hm² 以上）、具有大型链轨拖拉机的农场，可选择犁铧多（5 铧以上）、耕幅宽的牵引型；土地经营规模较大（100～300hm²）、具有大型轮式拖拉机（75kW 以上）的农户，可选择 4～5 铧悬挂式翻转深耕犁；土地经营规模小、以服务型为主的农机专业合作社和农机大户，可选择 3～4 铧悬挂式装配合墒器的翻转犁，以减少墒沟数量，平整耕后土地，为整地播种创造条件。

2. 旋耕机选择

旋耕机的选择一般遵循四个原则。一是镇压原则。一般要选择带有镇压装置的旋耕机，能压实土壤，为马铃薯机械播种创造条件。二是耕深原则。作业深度要满足农艺要求，在秸秆还田地区，耕深大的要选择高箱旋耕机或圆盘刀式旋耕机。三是变速原则。为适应不同的土壤条件，在土壤黏重、耕后坷垃较多的地区，可选择变速旋耕机。四是幅宽原则。土地经营规模大、道路通行条件好、具有大型拖拉机的农机专业合作社，可选择宽幅旋耕机；土地经营规模小但具有大型拖拉机的用户，可以选择双轴旋耕机。

3. 深松机选择

选择深松机时，应注意以下几个方面。一是深松机铲柱要长，避免机架壅草，提高机组通过性，同时为以后作业预留深松深度。二是深松机横梁排数要多，以便将深松机铲柱分散装配到多排横梁上，避免产生耙子搂草效应，提高机组作业效率。三是深松机铲柱间隔要准。为提高深松作业的土壤扰动系数，增加土壤疏松体量，在深松深度为 25cm 时，深松机铲柱间距不大于 60cm。但也不应过小，否则会影响机具通过性。四是深松铲与限深轮距离要大。深松机的限深轮与深松铲距离要大一些，避免在秸秆还田质量不高的区域作业时，深松铲与限深轮间出现堵塞，影响作业质量。五是深松机镇压应实。深松作业后，土壤空隙增加，蒸发加快，选择装配高强度镇压轮的深松机，作业后地表镇压平整，保墒效果好。

(二) 作业要求

1. 作业前的检查调整

检查各部件是否完整无损，各连接件的紧固螺栓是否可靠，各转动配合部分润滑是否良好，各调整、升降机构是否灵活。按使用说明书及农艺要求，依次调整横向水平、纵向水平、作业深度。在正常作业幅宽范围内，为不产生漏耕，应根据实际情况调整作业幅宽。犁铧、犁尖、旋耕刀、深松刀等磨钝后，应及时修复或更换。

拖拉机在使用前也要进行较全面的技术状态检查和维护。根据配套机具的要求，对拖拉机的挂接点、液压机构、动力输出机构和行走机构等进行必要的调整和试运转。检查拖拉机的安全装置、信号系统和监控仪表工作是否正常。

2. 操作规程

（1）机组配备 1～2 人，且配备的人员应熟悉机具的构造和调整，技术熟练，具有相应的驾驶证、操作证。

（2）规划作业小区，确定耕作方向。一般沿地块长边进行。

（3）作业前，在地块两端各横向耕出一条地头线，作为起落机具的标志。地头宽度应根据机组长度确定。

（4）作业时，启动发动机，挂上工作挡，慢松离合器，加大油门，使机具逐渐入土，直至正常深度。

（5）翻耕犁机组行走方法可采用闭垄（内翻）法或开垄（外翻）法等，作业速度要符合使用说明书要求，作业中应保持匀速直线行驶。

（6）机组作业至地头时，降低前进速度，使机具逐渐出土，然后转弯。

（7）根据实际情况确定地头耕作方法，尽量减少开垄、闭垄及未耕（耙）。

（三）注意事项

（1）机组作业时，起落机具须平稳，不准操作过猛。

（2）作业中，拖拉机液压悬挂机构要严格控制在浮动位置，以免损坏悬挂机构和液压系统。若耕翻坚硬的地块，入土困难时，允许采用短时压降，强迫入土。注意观察机具作业质量和作业状态，发现异常应立即停车调整。

（3）在机具工作部件出土前严禁转弯、倒退，也不准转圈作业。在坡地上作业，必要时应调宽拖拉机轮距，不准急速提升农具。

（4）田间转移或短途运输时应将机具升到最高位置，并低速行驶，以确保安全。

（5）每班次作业结束后，对各润滑部位进行润滑。

（6）要定期检查零件是否齐全，各紧固螺栓、定位销是否松动或脱落，零件有无损坏、变形或过度磨损，发现异常立即排除或修复更换。

四、耕整地机械作业质量与检测方法

（一）翻耕作业质量与检测方法

1. 质量要求

根据《铧式犁　作业质量》（NY/T 742—2003）农业行业标准，普通用途的铧式犁田间作业质量（部分）应该符合表 3-1 所示要求。

表 3-1　翻耕（铧式犁）作业质量指标（部分）

序号	项目		单位	作业质量指标	
				犁体幅宽＞30cm	犁体幅宽≤30cm
1	耕深稳定性变异系数			≤10%	
2	植被覆盖（旱耕）率	地表以下		≥85%	≥80%
		8cm 深度以下（旱田犁）		≥60%	≥50%
3	碎土率	旱田耕作（碎土率）		≥65%	≥70%

2. 作业质量检测方法

在使用说明书规定的作业速度下，按照当地农艺要求的耕深，往返作业各 1 个行程，配套拖拉机驱动轮（左、右）的滑转率应不大于 20%。测试以下项目。

（1）耕深稳定性变异系数。用耕深尺或其他测量仪器，测后犁体耕深。在测区内，沿机组前进方向每隔 2m 测定 1 点，每个行程测 11 点，按以下公式计算平均耕深、标准差和耕深稳定性变异系数。

$$\bar{a} = \frac{\sum a_i}{n}$$

$$S = \sqrt{\frac{\sum (a_i - \bar{a})^2}{n-1}}$$

$$V = \frac{S}{a} \times 100\%$$

式中：a_i 为各测点耕深值（cm）；n 为测定点数；$\bar{a}$ 为平均耕深（cm）；S 为标准差（cm）；V 为耕深稳定性变异系数（%）。

（2）植被和残茬覆盖率。测区内选 5 个测点，在已耕地上取宽度为 2b（b——犁体工作幅宽）、长度为 30cm 的面积，分别测定地表以上的植被和残茬质量，地表以下 8cm 深度内的植被和残茬质量，8cm 以下耕作层内的植被和残茬质量。按以下公式计算植被和残茬覆盖率。

$$F = \frac{Z_2 + Z_3}{Z_1 + Z_2 + Z_3} \times 100\%$$

$$F_b = \frac{Z_3}{Z_1 + Z_2 + Z_3} \times 100\%$$

式中：F 为地表以下植被和残茬覆盖率（%）；F_b 为 8cm 深度以下植被和残茬覆盖率（%）；Z_1 为露在地表以上的植被和残茬覆盖质量（kg）；Z_2 为地表以下 8cm 深度内的植被和残茬覆盖质量（kg）；Z_3 为 8cm 深度以下的植被

和残茬覆盖质量（kg）。

植被和残茬覆盖率也可以采用数丛法。用数丛法测定覆盖率时，植被或残茬被覆盖的长度未达到其长度的 2/3 者按未覆盖论。按以下公式计算覆盖率。

$$f = \frac{Z_4 - Z_5}{Z_4} \times 100\%$$

式中：f 为覆盖率（%）；Z_4 为耕前平均丛数（丛/m²）；Z_5 为耕后平均丛数（丛/m²）。

（3）碎土率。翻转犁在旱耕时，测定碎土率。测区内选 5 个测点，在不小于 $b \times b$（犁体工作幅宽）面积的耕作层内，分别测定全耕层最大尺寸大于 5cm 的土块质量和最大尺寸小于等于 5cm 的土块质量，按以下公式计算碎土率。

$$C = \frac{G_3}{G_2 + G_3} \times 100\%$$

式中：C 为碎土率（%）；G_2 为全耕层最大尺寸大于 5cm 的土块质量（kg）；G_3 为全耕层最大尺寸小于等于 5cm 的土块质量（kg）。

（二）旋耕作业质量与检测方法

1. 作业质量要求

根据《旋耕机　作业质量》（NY/T 499—2013）农业行业标准，旋耕机在规定条件下，作业质量应该符合表 3-2 中的要求。

表 3-2　旋耕作业质量指标

序号	项目名称	单位	作业质量指标
1	旋耕层深度合格率	%	≥90
2	耕后地表植被残留量	g/m²	≤200.0
3	碎土率	%	≥60
4	旋耕后地表平整度	cm	≤4.0
5	耕后田面情况		作业后田角余量少，田间无漏耕，没有明显壅土、壅草现象

注 1：旋耕层深度根据农艺要求确定，也可由服务双方协商确定。
注 2：水耕时不测定碎土率。

2. 作业质量检测方法

（1）简易检测方法。检测指标由双方协商确定。采用双方认可的钢板尺或钢卷尺等计量工具。

旋耕层深度合格率由被服务方在作业现场测取，在作业地块四周和中间各取 1 个测区，共 5 个测区；每个测区随机测定不少于 5 点，旋耕层深度不小于 a（a 为农艺要求或服务双方协商确定的旋耕层深度）的点数占总测定点数的百分比为旋耕层深度合格率。

耕后地表植被残留量、碎土率、旋耕后地表平整度、耕后田面情况项目采用目测。

（2）专业检测方法。项目用仪器、设备需要检查校正，计量器具应处于规定的检定周期内。质量检测应在作业地块现场或作业完成后立即进行。测区一般应是一个完整的地块。当地块较大时，如宽度大于 60m、长度大于 80m，可采用抽样法确定测区。确定方法是：先将地块沿长宽方向的中点连十字线，把地块分成 4 块，再随机抽取对角的两块作为测区；每个测区为独立的测区，分别检测。

①旋耕层深度合格率。用耕深尺测量。按照五点法确定测点。各个测点沿垂直于旋耕机作业方向取一定宽度（大于旋耕机的作业宽度）为一个测定区域，每个测定区域随机取 5 点，测定旋耕层深度。计算旋耕层深度不小于 a（a 为农艺要求或服务双方协商确定的旋耕层深度）的点数占测定点数的百分比为旋耕层深度合格率。按照下式计算。

$$U = \frac{q}{s} \times 100\%$$

式中：U 为旋耕层深度合格率（%）；q 为旋耕层深度不小于 a 的点数；s 为旋耕层深度总的测定点数。

②耕后地表植被残留量。按照五点法确定测定点。每点按 $1m^2$ 面积紧贴地面剪下露出地表的植物（不含根茬的地下部分），称其质量，并计算出 5 点的平均值，即为耕后地表植被残留量。

③碎土率。测点与耕后地表植被残留量测点对应，每个测点面积取 $0.5m \times 0.5m$。在其全耕层内，以最长边小于 4cm 的土块质量占总质量的百分比为该点的碎土率，求 5 点平均值。按下式计算碎土率。

$$E_i = \frac{m_a}{m_b} \times 100\%$$

$$E = \frac{\sum\limits_{i=1}^{n} E_i}{n}$$

式中：E_i 为第 i 个测点的碎土率（%）；m_a 为第 i 个测点全耕层最长边小于 4cm 的土块质量（kg）；m_b 为第 i 个测点 $0.5m \times 0.5m$ 面积内的全耕层土壤质量（kg）；E 为碎土率（%）；n 为测点数，$n=5$。

④旋耕后地表平整度。测点与耕后地表植被残留量测点对应。沿垂直于旋耕机作业方向，在地表最高点以上取一条与地表平行的基准线，在其适当位置上取一定宽度（大于旋耕机工作幅宽），分成 10 等份，测定基准线上各等分点至地表的距离。按下式计算旋耕后地表平整度。

$$G_j = \frac{\sum_{i=1}^{m} |X_{ij} - \overline{X}_j|}{m}$$

$$G = \frac{\sum_{j=1}^{M} G_j}{M}$$

式中：G_j 为第 j 个测点处的旋耕后地表平整度（cm）；$\overline{X}_j$ 为第 j 个测点处各等分点至地表的距离平均值（cm）；X_{ij} 为第 j 个测点第 i 个等分点至地表的距离（cm）；m 为第 j 个测点的等分点数量，$m=11$；G 为旋耕后地表平整度（cm）；M 为测点数量，$M=5$。

⑤耕后田面情况。采用观察法现场检测评价。

（三）深松作业质量与检测方法

1. 作业质量要求

根据《深松机　作业质量》（NY/T 2845—2015）农业行业标准，深松作业质量应满足：深松深度合格率≥85%，邻接行距合格率≥80%，且无漏耕。

2. 作业质量检测方法

深松机作业质量田间测试方法如下。

（1）测区选定。在田间作业范围内，沿地块长宽方向的中点连十字线，将地块分成四块，随机选取对角的两块作为检测样本。同一地块由多台不同型号的深松机作业时，找出每台深松机作业后的分界线，把分界线当作地边线并按上述方法取样。

在检测样本内，找到两条对角线（非四方形作业区近似按四方形对待），两条对角线的交点处作为1个测区，然后，在两条对角线上，到距四个顶点的距离约为1/4对角线长的位置作为4个测区。每个检测样本5个测区，两个检测样本共确定10个测区。

（2）深松深度合格率测定。在每个测区一个工作幅宽内，每个深松铲作用处用耕深尺或其他测量工具测量深松沟底至地表的垂直距离，沿作业方向每间隔5m测1点，测3次。为简化测试方法，按照《机械深松作业质量评价技术规范》（DB37/T 3563—2019）规定，测值乘以相应深松系数后视为深松深度。不同作业方式的深松系数见表3-3。

表3-3　不同作业方式的深松系数

序　号	作业方式	深松系数
1	深松无镇压	0.85
2	深松镇压、深松整地镇压、深松施肥镇压、深松施肥播种	0.90

将各点的深松深度与规定深松深度相对比，查出合格点数。按以下公式计算深松深度合格率。

$$V = \frac{S}{N} \times 100\%$$

式中：V 为深松深度合格率（%）；S 为 10 个测区的深松深度合格点数；N 为 10 个测区的测点数。

（3）邻接行距合格率测定。在每个测区相邻 3 个作业幅宽内测 2 个邻接行距，沿深松方向每间隔 5m 测 1 点，测 3 次。测值与规定值进行对比判定。按以下公式计算邻接行距合格率。

$$L = \frac{M}{H} \times 100\%$$

式中：L 为邻接行距合格率（%）；M 为 10 个测区的邻接行距合格点数；H 为 10 个测区的测点数。

第四章

马铃薯播种机械化技术与装备

第一节 马铃薯播种机械化技术

马铃薯播种机械化是马铃薯生产全程机械化过程中的一个重要环节，也是制约马铃薯产业发展的重要因素。马铃薯播种机械化必须要严格按照农业技术要求，做到适时、适量、准确、效率高、效果好，才能保证马铃薯的播种质量，实现马铃薯播种机械的现代化。

一、马铃薯播种机械化技术要求

山东省马铃薯分为早春栽培和秋季栽培，其中以早春保护地栽培更具代表性。两个季节种植马铃薯的播种机械化环节相差不多，主要区别是早春马铃薯需要覆膜，而秋季马铃薯种植时不需要覆膜环节。这里以早春马铃薯进行介绍。需要说明的是本书将山东省部分地区采用的二膜、三膜种植归为了设施马铃薯种植。

早春马铃薯播种环节分为选种、切块催芽、适时播种和合理施肥四个环节。早春马铃薯播种机械化技术的要求具体如下。

（一）播前准备

1. 选用适宜品种和优质种薯

近年来种薯市场发展迅速，种薯企业推出了很多品种，这些品种的薯形、颜色、品质各异，熟性不一。在选择品种时，首先，薯形、颜色、品质要适销对路；其次，要根据气候条件、茬口安排、上市时间选择品种熟性，确定早熟、中熟还是晚熟。选购种薯应注意 4 个方面：一是选质量相对有保障的大厂家；二是品种要在当地试种过 2~3 年，表现稳定；三是看薯形、颜色等是否具备品种特点、整齐一致；四是查病薯，感病率高的坚决不买，最好选用脱毒种薯。优良种薯出苗早、长势壮、抗病强，是实现马铃薯优质高产的基础。

2. 播前种薯处理

种薯可能携带晚疫病、黑痣病等种传致病菌，催芽前彻底剔除病薯，对种薯进行消毒杀菌，可以减少病害的发生。可将种薯放在温暖向阳的地方晾晒 2~3d，用 0.5% 高锰酸钾溶液浸种消毒；也可用适乐时＋农用链霉素（或多菌灵＋春雷霉素）喷雾拌种杀菌，晾干后切块。切块时每人准备两把刀轮换使用，坚持"一薯一刀一消毒"，用医用酒精或 0.5％高锰酸钾溶液消毒。第一刀从脐部削出一元硬币大小的平面，检查维管束是否变黄、变黑，不健康的种薯坚决淘汰。螺旋式向顶端斜切，每块 1～2 个健壮芽眼。切块后晾干伤口，然后再用多菌灵＋农用链霉素（或甲霜灵＋春雷霉素）喷雾拌种后催芽。催芽的理想温度在 18℃左右。温度过低，发芽困难；温度过高，芽势细弱。待芽长到 2～3cm 时选晴好天气播种。晒种、催芽时需要注意防止冻害。

3. 科学耕整地

选择地势平坦、土层深厚、排灌方便的地块。连作或前茬是茄科作物时，注意清除植株残体，减少病虫残留。入冬后封冻前深耕 30cm 左右，可打破犁底层、疏松土壤，有利于结薯，同时可冻死一大部分越冬害虫。

（二）播种机械化

应科学计算播种时间，适时播种。时间不宜过早，适宜晚播能降低冻害风险。早春马铃薯播种后大约 25d 出苗（温度高，出苗快一些；温度低，出苗慢一些），应尽量避免出土幼苗因遭遇－5℃以下的低温而出现冻害。时间也不宜过晚，要保证马铃薯的生长期。早春马铃薯出苗后适宜生长期（平均气温在 12～25℃）应保证在 60d 以上。播前施足基肥，耕翻均匀，耙细整平土壤。按照要求，种薯薯块播种深度在 8～15cm，播种沟深为 8cm。播后覆土培垄，垄高 13～14cm（种薯距垄顶）。做垄后覆盖地膜能保墒、防寒、促早熟，如图 4-1 所示。最好使用黑白双色地膜。垄顶盖黑膜能防草、防青头；垄沟盖白膜，有利于提升地温。

图 4-1　早春马铃薯播种后做垄、覆盖地膜

二、马铃薯播种机械化作业质量要求

马铃薯播种作业质量决定了后续马铃薯的薯块出苗率和发育生长情况。马铃

薯播种机械化要求在可以完成马铃薯播种一系列环节的前提下，通过调整不同的参数或者结构，依据当地的耕作制度、土壤条件、气候条件以及马铃薯品种等因素，改变机具作业时的工作参数，主要包括合理的播种深度、播种行距、起垄高度以及是否覆膜等。马铃薯播种机械质量性能指标可以用以下几个方面来评测。

1. 播种量稳定性

播种量稳定性是指排种器的排种量不随时间变化的稳定程度，用于评价播种机播种量的稳定性。

2. 各行排种量一致性

各行排种量一致性是指同一台播种机上各个排种器在相同条件下排种量的一致程度。

3. 播种均匀性

播种均匀性是指播种时种薯在播种沟内分布的均匀程度。

4. 排种均匀性

排种均匀性是指从排种器排种口排出种薯的均匀程度。

5. 播深稳定性

播深稳定性是指种薯上面覆土层的厚度一致性。

6. 种薯破碎率

种薯破碎率是指排种器排出的种薯中受机械损伤的种薯量所占的百分比。

7. 穴粒数合格率

穴粒数合格率即合格穴数占取样总穴数的百分比。进行穴播时，每穴种薯粒数以"规定数＋1"粒为合格。

8. 株距合格率

株距合格率即合格株距数占理论间隔数的百分比。精密播种时，设 t 为平均株距，则 $0.5t \leqslant$ 株距 $\leqslant 1.5t$ 为合格，株距 $< 0.5t$ 为重播，株距 $> 1.5t$ 为漏播。

按照《马铃薯种植机械　作业质量》（NY/T 990—2018），马铃薯播种机械作业质量要求为：种薯间距合格指数 $\geqslant 80\%$，漏种指数 $\leqslant 10\%$，覆土深度合格率 $\geqslant 80\%$，种薯幼芽损伤率 $\leqslant 2\%$。

第二节　常见播种机械种类与特点

我国马铃薯播种机械的研制开始于 20 世纪 60 年代前后。由于马铃薯种植范围广阔、栽培方式多样，马铃薯播种机械很难实现广泛适用。20 世纪 80 年代以来，国内研制生产马铃薯播种机的单位增多，技术日渐成熟。近些年，新排种原理、新机械技术的出现，为马铃薯播种机械的发展提供了良好条件。我国马铃薯播种机械经过多年的发展，通过自行设计、引进改型，生产了各种各样的马铃薯播种机。目前马铃薯常用播种机械主要有大垄双行马铃薯播种机、双垄双行马铃薯播种机、四行马铃薯播种机、马铃薯带芽播种机等。

一、常见播种机械及其特点

（一）大垄双行马铃薯播种机

2CM-1/2型马铃薯播种机是生产中常用的一种大垄双行悬挂式起垄覆膜播种机。作业时靠拖拉机带动前进。整机主要由传动系统、播种系统、起垄覆膜系统组成。传动系统由链轮、链条、变速箱等组成；播种系统由排种器、种箱、开沟器等组成；起垄覆膜系统由起垄器、挂膜架、压膜轮、覆土盘等组成。该机结构示意图如图4-2所示。

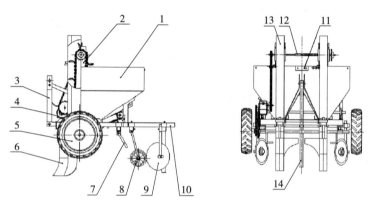

图4-2　2CM-1/2型马铃薯播种机结构示意图

1. 种箱　2. 排种链　3. 悬挂架　4. 变速箱　5. 地轮　6. 开沟起垄器　7. 挂膜架
8. 压膜轮　9. 覆土盘　10. 机架　11. 种箱连接板　12. 排种轴　13. 导种轨　14. 支撑腿

如图4-2所示，种箱，为分体式，左右两个平行放置。种箱自身为非左右对称结构箱体，两个种箱由种箱连接板（前后各一个）和螺栓固定成一个整体。排种链，型号为12A，共计两条，分别垂直穿过两个种箱，每条链上均布14个种勺，排种链运动时带动种勺依次从种箱取种。悬挂架，将马铃薯播种机与拖拉机连接。变速箱，有六个挡位，对应不同的播种株距。地轮，作业时为播种机机械传动提供动力，两个地轮中间的地轮轴通过螺栓和固定夹板与机架刚性连接，地轮轴与机架不可相对运动，地轮与地轮轴可以相对转动。开沟起垄器，由筒身、开沟铲、加强板、反射板、曲面形起垄器等组成。该结构为整体式，集开沟和起垄功能于一体，结构简单，安装时左右各一个。两个开沟起垄器的左右间距可调，种薯可以从筒身中穿过，落入开出的播种沟。挂膜架、压膜轮、覆土盘三者的作用是将地膜铺于起好的垄面上，并刮土覆边压实，形成集雨面，便于收集雨水。机架，结构为框架式，用来支撑整机。排种轴，为两个半轴，中间由联轴器连接。导种轨，防止种薯在向下运动的过程中掉落。支撑腿，播种作业时在弹簧的作用下收起，播种机闲置时与两个开沟器共同支撑开沟器以保持平衡。

该型号的马铃薯播种机一次作业能够完成开沟、起垄、播种、覆膜4道工序。工作时，播种机与配套的四轮拖拉机悬挂连接，播种机地轮随拖拉机滚动前进，通过与轮毂连接的链轮和链条带动变速箱里的齿轮转动，再通过链传动将动力传递到位于种箱上侧的排种轴。排种轴转动，带动排种链运动，均布在排种链上的种勺依次从种箱取种，种薯随种勺上升，当种薯达到最高点时落入前一个种勺的背面。排种轴在协助导种的同时，还通过链传动带动种箱后侧凸轮转动，凸轮间歇性冲击搅动板，使之搅动种箱内的种薯，增加种薯流动性，以便在种箱中种薯量很少的时候，种勺仍可从中取种，降低漏播率。

作业时，开沟起垄器在拖拉机带动下开出播种沟并刮土起垄造型。悬挂在挂膜架上的地膜滚筒转动，随播种机前进将地膜覆于垄面，同时压膜轮将地膜拉紧，使其紧贴垄面。覆土盘刮土将地膜边压紧，完成覆膜，形成集雨面。这样做的最大优点是降雨时落到垄面的雨水能够流向两侧播有种薯的播种沟，高效利用有限的降水，有利于马铃薯植株生长。

播种深度通过改变开沟起垄器的安装高度来调整，播种株距通过调节变速箱挡位来调整，播种行距通过改变左右两边种箱、开沟起垄器、挂膜架等零部件的安装位置来调整。该机主要技术参数如表4-1所示。

表4-1　2CM-1/2型马铃薯播种机的主要技术参数

主要技术指标	参数
外形尺寸（长×宽×高）/mm	（1 500～1 800）×（1 200～1 500）×（1 500～1 800）
配套动力/kW	30～50
悬挂方式	三点悬挂
工作幅宽/mm	1 000
种箱容积/L	120～150
种箱装载高度/mm	500～700
行数	大垄双行
播种行距/mm	500～600 可调
播种株距/mm	200～300 可调
播种深度/mm	150～200 可调
起垄高度/mm	150～200 可调
起垄宽度/mm	400～500 可调

（二）双垄双行马铃薯播种机

2CM/2A 型马铃薯播种机为双垄双行悬挂式起垄覆膜播种机。其结构与2CM-1/2 型马铃薯播种机相似，主要由地轮、机架、开沟器、排种器、种箱、肥箱等部件组成。该播种机由拖拉机的液压悬挂装置挂接在拖拉机的后端。作业时拖拉机牵引播种机前进，由播种机上的地轮通过变速完成排种，同时排肥装置也将适量的肥料排放到垄沟里，由覆土器把土覆平，从而完成整套作业程序。该播种机的主要特点有节人工、出苗齐、保水分、提温度、薯形好、大个多、产量高及上市早等。山东省大部分地区采用该机型进行马铃薯播种作业。2CM/2A 型马铃薯播种机的主要技术参数如表 4-2 所示。

表 4-2　2CM/2A 型马铃薯播种机的主要技术参数

主要技术指标	参数
外形尺寸（长×宽×高）/mm	1 650×1 630×1 610
配套动力/kW	25～30
悬挂方式	三点悬挂
工作幅宽/mm	1 300
种箱容积/L	240
行数	双垄双行
播种行距/mm	650
播种株距/mm	200～330 可调
播种深度/mm	150～200 可调
起垄高度/mm	150～200 可调

（三）四行马铃薯播种机

2CMX-4 型马铃薯播种机是一款适于大面积机械化种植的四行马铃薯播种机，如图 4-3 所示。该播种机具有高复合性、高精度、高适应性等先进特性，可一次性完成开沟、种植、起垄、施肥、喷药等一系列作业；采用先进的振动、涨紧播种单元技术，漏种指数、重种指数低，播种精度高；采用精量种植单元与精确控制播种深度技术，播种适应性提高。

利用该播种机装有的划线器调整划线的长度，使划线在轮距中心，有利于驾驶员进行下一行的播种。排种器外设护罩，在链条上交错等间距地排列着长条碗勺，碗勺底座上安装有可更换的种薯碗，碗勺的背面设有翻边，能够实现自动控制播种数量且保证播种均匀，有效降低了漏种指数、重种指数。种箱用于装薯种，容积为 2m³。地轮为主动传动机构，能够通过不同的速比得到不同的株距。扶土盘为弧形圆盘，通过轴套、轴承、螺栓与角度调节架相连接，且可围绕其旋转，用于起垄、控制薯垄形状。链条传动装置用于把地轮的动力传到排薯筒上。机架为机具的主体部位，用于固定种箱、排种器等，还用于机具与拖拉机的连接。与前面两种马铃薯播种机相比，该播种机的主要技术特点如下。

图 4-3　2CMX-4 型马铃薯播种机

1. 马铃薯精量播种

现有马铃薯播种机采用较简易的链条碗勺排种方式，若不借助于人工辅助播种，其重种指数高于 25%，漏种指数高于 15%，种薯幼芽损伤率高于 2%，作业效率低下，不适宜马铃薯的大面积机械化种植。而 2CMX-4 型马铃薯播种机的播种单元采用了具有自主知识产权的碗勺式排种装置，及振动、晃动、链条张紧机构，无须借助人工就能实现精量播种。该机能够使漏种指数降低到 10% 以下，重种指数降低到 20% 以下，种薯幼芽损伤率降低到 1.5% 以下，种薯间距合格指数提高到 85% 以上。

2. 马铃薯种植深度精确控制

现有马铃薯播种机靠固定式开沟器与拖拉机三点悬挂来控制播种深度，受地势影响较大。而 2CMX-4 型马铃薯播种机播种深度控制采用单体限深仿形机构，解决了地域、土质等因素造成的播种深度不均，提高了播深稳定性。

3. 马铃薯垄形控制

现有马铃薯播种机多采用犁式扶土盘或圆盘式扶土盘，其角度不易调整，垄形不规则。而 2CMX-4 型马铃薯播种机突破固有的模式，研制了圆盘式扶垄器，应用范围得到了扩大，使适用行距从目前的 600~700mm 提高到 700~

900mm，适用株距从目前的 200～350mm 提高到 170～440mm，垄形控制更多样，能够满足不同的农艺要求。

4. 薯勺匹配

该机将种勺设计成三种不同大小，可更换，交错等间距地排列安装于排种器薯种带上。种勺的背面设有翻边，如图 4-4 所示。这种种勺设计使该机适应种薯的范围得到了扩大，由传统的 30～50g，扩大到了 15～80g。

图 4-4　种勺结构

5. 先进喷药系统

喷药系统应用了雾化程度更高的聚四氟乙烯喷嘴，不但角度可调，而且由传统的种薯后喷改为了前后喷洒，使覆盖更严密，如图 4-5 所示。

图 4-5　喷药系统

2CMX-4 型马铃薯播种机的主要技术参数如表 4-3 所示。

表 4-3　2CMX-4 型马铃薯播种机的主要技术参数

主要技术指标	参数
悬挂方式	三点悬挂
外形尺寸（长×宽×高）/mm	1 810×3 890×1 850

（续）

主要技术指标	参数
机器质量/kg	1 400
配套动力/kW	92～132.3
适用行距/mm	900
工作行（垄）数	4 垄 4 行
工作幅宽/mm	3 600
种箱容积/L	2 000
肥箱容积/L	700（选配）
药液箱容积/L	350（选配）

（四）马铃薯带芽播种机

2CMYM－2 型马铃薯带芽播种机是适合山东省滕州地区的一款播种机。滕州是中国马铃薯之乡。经过实地调研，该地区马铃薯种植基本均为带芽播种。马铃薯带芽播种时要求单粒种植，整机需要满足单粒排种功能，且不能伤芽。为促进植株生长发育，催芽薯种种植时芽尖方向应该是竖直向上，以利于芽苗快速生长破土，降低空穴率，缩短缓苗周期。另外，为了满足马铃薯生长需求，整机配套如起垄、施肥、施药、铺滴灌带、覆膜等功能。

2CMYM－2 型马铃薯带芽播种机主要由悬架、施肥施药装置、排种装置、座椅、铺滴灌带装置、覆膜装置、覆土犁、培土刀、机架、地轮和开沟器组成。整机采用三点悬挂式结构，以对称中心为基准呈纵向布置。总体结构如图 4－6 所示。

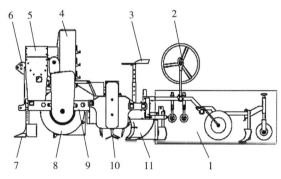

图 4－6　2CMYM－2 型马铃薯带芽播种机结构图
1. 覆膜装置　2. 铺滴灌带装置　3. 座椅　4. 排种装置　5. 施肥施药装置
6. 悬架　7. 开沟器　8. 地轮　9. 机架　10. 培土刀　11. 覆土犁

该机前部为施肥施药装置和排种装置，均由地轮提供动力。由开沟器将颗粒肥施于薯种两侧，将颗粒药施于播种沟内。排种装置为针刺式，用以对带芽薯种进行定向排种，其转动方向与机器前进方向相反。排种装置后方设置培土刀和覆土犁。培土刀由拖拉机动力输出轴提供动力，用以将薯种深埋起垄。罩壳上方设置座椅，方便人工作业。机器最后方为铺滴灌带装置和覆膜装置，用以完成垄上铺管、覆膜作业。

工作时整机由拖拉机通过三点悬挂牵引作业，从而带动播种机的地轮转动，进而为机器各部件协调动作提供动力。地轮轴将动力传给主动链轮，经链条传动装置带动施肥、施药和排种装置实现排肥、排药及排种功能。开沟器位于排种器的前侧。排下的肥料通过输肥管撒进由开沟器开出的沟槽内，且位于薯种的两侧下方。施药装置位于排肥器后方，将颗粒药施入开沟器开出的沟内。针刺式排种装置的动力由地轮经传动装置供给。当取种针转动到机器后方时（以机器前进方向为正面），由人工将带芽薯种芽朝上插于取种针上，取种针携带薯种继续向下运转直至接触地面，靠取种针与地面对薯种的相互作用力将薯种留置于播种沟内。起垄装置随即将播种沟填埋并起垄成形，最后由位于机器后方的铺滴灌带装置和覆膜装置将滴灌带铺在膜下。整机一次作业可完成施肥、施药、种植、起垄、铺滴灌带和覆膜。该机的主要技术参数如表4-4所示。

表4-4 2CMYM-2型马铃薯带芽播种机的主要技术参数

主要技术指标	参数
悬挂方式	三点悬挂
配套动力/kW	36.8～44.1
工作行数	2
行距/mm	700～800 可调
播种株距/mm	200～350 可调
工作幅宽/mm	1 600
肥箱容积/L	130
作业速度/(km/h)	0.7～0.9
生产率/(hm²/h)	0.11～0.14

二、马铃薯播种机核心部件

(一)开沟器

应根据马铃薯播种要求，以及山东地区的土壤和气候条件，选用相应的开沟器。开沟器按照其入土角的分类可以分为锐角开沟器［图 4 - 7（a）］和钝角开沟器［图 4 - 7（b）］两大类。锐角开沟器有锄铲式、箭铲式、翼铲式、船型铲式和芯铧式等多种；钝角开沟器主要有靴鞋式、圆盘式两种。

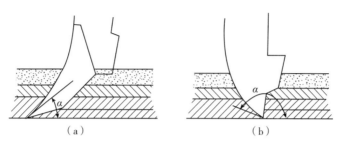

图 4 - 7 开沟器种类

（a）锐角开沟器 （b）钝角开沟器

开沟器的技术要求为：沟深一致，沟形整齐；不乱土层；种薯在沟内分布均匀；有一定的覆土能力；入土能力强，不缠草、不堵塞；结构简单，工作阻力小。

下面重点介绍几种适合在马铃薯播种机上使用的开沟器。

1. 芯铧式开沟器

芯铧式开沟器结构如图 4 - 8 所示。工作时，前棱和两侧对称的曲面使土壤沿曲面上升，并将残茬、表层干土块、杂草向两侧抛出翻倒，使下层湿土上翻，不利于保墒；同时开沟阻力较大，不适于高速播种。但其结构简单，入土性能比较好，对播前土地要求不高，而且沟底比较平，开沟宽度为120～180mm。

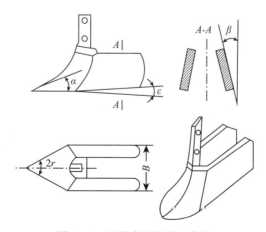

图 4 - 8 芯铧式开沟器示意图

2. 锄铲式开沟器

锄铲式开沟器实物图如图 4 - 9 所示。锄铲式开沟器依靠自重、附加重量和播种机前进时的牵引力，逐渐自行入土，直至与土壤阻力相平衡。工作时，将部分土壤升起，使底层土壤翻到上层，对前端以及两边土壤有挤压作用，开沟过后形成土丘和沟痕。由于下层较湿的土壤翻到上层，容易损失水分，不利于保墒。其优点是结构简单、轻便，容易制造和保养。

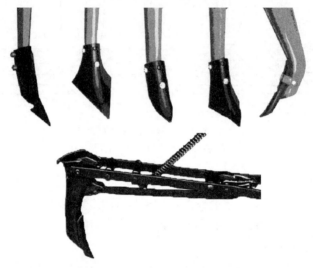

图 4-9　锄铲式开沟器

3. 双圆盘式开沟器

双圆盘式开沟器属于钝角开沟器。其实物图如图 4-10 所示。双圆盘式开沟器由两个回转的平面圆盘组成，两个平面圆盘下方相交于一点。工作时靠重力和弹簧附加力入土，圆盘滚动切割土壤并向两边挤压，形成 V 形播种沟。其工作平稳，沟形整齐，不乱土层，断草能力强；但结构复杂，尺寸较大，工作阻力大。

图 4-10　双圆盘式开沟器

4. 靴鞋式（钝角锚式）开沟器

靴鞋式开沟器（图 4-11）因受土壤阻力向上分力的影响而不易入土，但

在其本身重量及附加重力的作用下能开出一定
深度的播种沟。开沟时，将表土向下及两侧挤
压，使播种沟紧压，不会使湿土翻出，有利于
保墒，但在土壤湿度过大时，其前部与侧翼均
易黏土，对播前整地要求较高。其结构简单、
轻便，制造容易，适于浅播。

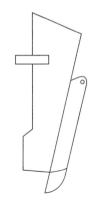

（二）排种器

马铃薯种植要求在播种过程中不伤种、播
种深度相同、株距和行距均匀、漏播率和重播
率低。目前常见的排种器按照其工作原理可以
分为舀勺式、针刺式、指夹式、转盘式和板阀

图 4-11　靴鞋式开沟器示意图

式几种。针刺式、指夹式和转盘式排种器对马铃薯种薯的适应性能比较好。但
是针刺式排种器在排种过程中需要破坏种薯的完整性，造成损坏和病菌污染；
指夹式排种器因其排种工作部件排种位置比较高，在播种时，会造成种薯分布
不均匀、株距达不到要求等问题，漏播率和重播率比较高；转盘式排种器在工
作过程中需要人工在转盘上放置种薯，工作效率较低。另外，板阀式排种器容
易在导种管和排种部位发生堵塞，导致种薯堆积，并且容易造成种薯的机械损
伤。因此，马铃薯播种机目前大多采用舀勺式排种器。

舀勺式排种器按其安装方式可以分为直立式和倾斜式。舀勺式排种器主要
包含机架、排种带组件、清种装置、种箱、物料限位装置、破拱装置等组成。
其整体结构如图 4-12 所示。

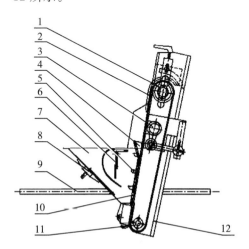

图 4-12　舀勺式排种器结构图

1. 主动轮　2. 防夹带顶杆　3. 清种装置　4. 防夹带下分板　5. 种勺　6. 物料限位装置
7. 种箱　8. 破拱装置　9. 机架　10. 排种带　11. 从动轮　12. 导种管

舀勺式排种器作业状态如图4-13所示。

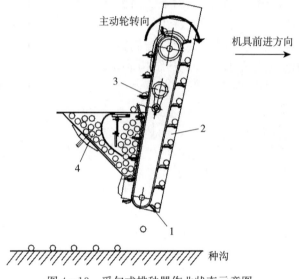

图4-13 舀勺式排种器作业状态示意图
1. 投种点 2. 导种区 3. 清种区 4. 充种区

整个排种过程为：种薯在重力作用下流动到种箱底部的充种区，破拱装置贴着种箱壁小幅度摆动，搅动种薯以免发生拥堵，物料限位装置控制种薯堆积的高度，两装置的联合作用保证充种区种薯量动态恒定；主动轮在播种机驱动轮处获得动力以带动排种器运转，排种带带动充种一侧的种勺开始运动，种勺按顺序舀取1～2颗种薯；待种勺运动至清种区，通过清种装置清除种勺内多余的种薯，由防夹带组件清除勺间夹带的种薯，被清除的多余种薯回落至种箱；种勺到达最高点翻越过主动轮之后，种薯下落至前一种勺的勺背上；相邻的两个种勺与导种管形成了相互独立的空间，保证每个种勺背上只有一个独立的种薯，种勺携带着种薯运动至导种管的投种处，投种完成，种勺绕过从动轮重新开始取种。

为使投种时种薯相对于地面的水平分速度为零，排种器安装时需向运动方向倾斜一定角度。在排种瞬间种薯产生一个相对于机具向后的水平分速度，此分速度与机具前进速度相同时，种薯即实现零速播种，此时播种效果最佳，如图4-14所示。

需要强调的是，种勺结构要保证种薯

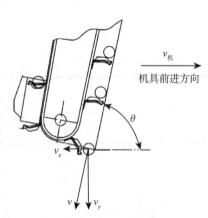

图4-14 投种过程示意图

在上升的过程中不会出现滑落，伤种率低，且质量也要小。根据种勺的工作强度和耐久性，种勺材料选用钢板冲压成形并采用表面镀锌工艺。种勺的直径大约为种薯长轴的一半，深度应该小于$\frac{1}{2}$种薯短轴，此时种勺的取种效果最佳。

根据播种时种薯常用的基本物理参数，种勺的形状近似于小半球形，最大直径为53mm，边缘向下翻折成伞形以增加种勺的横截面积，主要目的是使导种时上、下两个种勺与导种管能形成独立的空间，防止种薯掉落造成漏播和重播。种勺底部加工直径为20mm的圆形孔，清种时可以漏去种薯中的杂质。常用的种勺结构如图4-15所示。

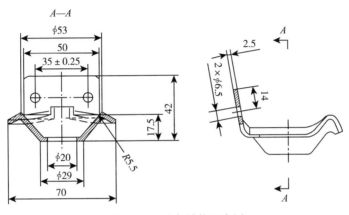

图4-15　种勺结构示意图

舀勺式排种器一般采用双排种勺交替取种。种勺的排布对整个排种过程能否顺利进行起决定性作用。种勺排布必须保证取种过程不发生拥堵，要求种勺的纵向排布间距必须大于1.5倍种薯长轴。为了尽量减少种勺之间发生种薯的夹带现象，种勺的横向排布间距必须大于种薯长轴。种勺的排布如图4-16所示。

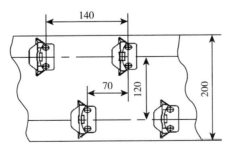

图4-16　种勺排布示意图

（三）排肥器

马铃薯播种机上装有排肥器，主要用于施粒状和粉状化肥以及农场自制颗粒肥等。

马铃薯播种机排肥器一般需要满足以下要求：具有一定的排肥能力，一般施化肥量应在 $75\sim450kg/hm^2$ 范围内且可调，排肥量要均匀稳定，不架空、不堵塞、不断条；通用性好，能排施多种肥料；排肥工作阻力小，工作可靠，使用调节方便，便于箱内剩余肥料的清理；零部件要耐腐蚀和耐磨。

常见的马铃薯播种机排肥器主要有以下几种。

1. 外槽轮式排肥器

外槽轮式排肥器结构如图 4-17 所示。

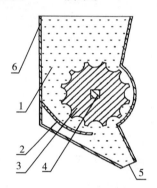

图 4-17　外槽轮式排肥器结构图
1. 肥料　2. 排肥舌　3. 槽轮　4. 槽轮轴　5. 排肥口　6. 排肥盒

外槽轮式排肥器工作原理为：当槽轮转动时，充满于凹槽内的肥料随之转动，肥料在槽轮的强制推动下经排肥口排出。这种排肥结构较简单，适用于排施流动性较好的松散化肥和复合肥。但吸湿性强的粉状化肥易黏结槽轮，引起架空和堵塞。

2. 星轮式排肥器

星轮式排肥器的整体结构如图 4-18 所示。

星轮式排肥器工作原理为：当星轮转动时，箱内肥料被星轮齿槽以及星轮表面带动，经过排肥活门来到排肥口，在星轮齿槽的推动下，靠肥料自重落入导肥管。这种排肥器结构复杂，阻力较大，适用于干燥粒状和粉状化肥的排施，但吸湿性较强的粉状化肥也易黏结槽轮，引起架空和堵塞。

为了防止肥料在星轮齿槽间发生黏结和堵塞，有的还在排肥星轮上方装有打肥锤。星轮每转过 1 齿，打肥锤靠自重落入齿槽内 1 次，击落黏附在槽内的肥料。相邻两排星轮转向相反，有利于消除肥料架空的状态。

排肥量用排肥活门的开度和星轮的转速来调节。前者是通过手柄改变活门相对于星轮表面的间隙而改变排肥量，活门可以在 $0°\sim30°$ 的范围内进行调节。肥箱底板一端铰接在肥箱隔板上，一端用挂钩与箱壁连接。作业结束后，肥箱底板可以打开，能向下翻转 40°，便于清扫残余肥料，还可以把排肥星轮取出。

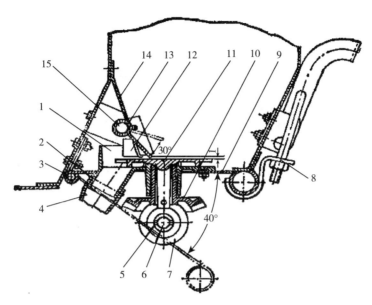

图 4 - 18 星轮式排肥器结构图

1. 排肥器支座 2. 卡簧 3. 铰链轴 4. 导肥管 5. 轴销 6. 排肥轴 7. 小锥齿轮 8. 箱底挂钩
9. 肥箱底板 10. 大锥齿轮 11. 星轮 12. 导肥板 13. 排肥活门 14. 挡肥板 15. 活门轴

(四) 覆土装置

常用覆土装置主要有犁式覆土器和圆盘式覆土器两种。由于我国疆域辽阔，土壤条件较为复杂，应根据不同地区的土壤条件要求，选择合适的覆土装置。犁式覆土器可根据各地区不同农艺要求，调整犁翼开度，控制起垄大小，适用于土壤条件较差的地区，如土壤较黏重、土壤中石头比较多的地区。圆盘式覆土器比较适于土壤条件较好的地区。马铃薯播种机通常采用圆盘式覆土器。

圆盘式覆土器由覆土器组件、覆土器连接座本体、刮土板、覆土盘左支臂焊合、开度调节叉、导杆、弹簧端垫、压簧、覆土器支架焊合、覆土盘右支臂焊合、覆土盘装配等组成。其结构如图 4 - 19 所示。

圆盘式覆土器安装在播种机后方，通过 U 形连接卡子连接，随着播种机前端开沟器开出播种沟。排种器将种薯投掷在播种沟内，当覆土器经过播种沟时，推动土壤流动，内侧刮土板先覆少部分土壤盖住种子，随后再由外侧覆土盘装配将垄侧及垄沟部的土壤覆盖在内侧刮土板所覆土壤的表面，完成开沟的整个覆土过程。刮土板安装位置可调，两个覆土盘装配之间的角度、间距通过覆土盘左支臂焊合和覆土盘右支臂焊合调节，以适于不同垄距和覆土量的要求。覆土器可以高质量地完成马铃薯机械播种后的覆土作业。

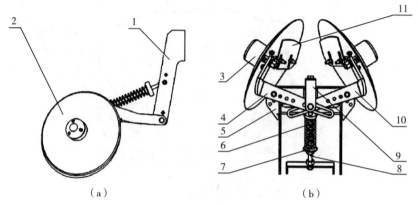

（a）　　　　　　　　　　（b）

图 4-19　圆盘式覆土器结构图

(a) 主视图　(b) 俯视图

1. 覆土器连接座本体　2. 覆土器组件　3. 覆土盘装配　4. 覆土盘左支臂焊合　5. 覆土器支架焊合
6. 压簧　7. 弹簧端垫　8. 导杆　9. 开度调节叉　10. 覆土盘右支臂焊合　11. 刮土板

（五）覆膜装置

马铃薯早春品种播种时需要按时覆膜、膜面覆土。其优点是一方面使芽尖在暗光条件下具备较强的顶透力，另一方面覆土后形成的压力基本上削减了地膜的弹性，从而确保了芽尖顶透力不被削弱。两方面结合完全达到了幼苗自然破膜出土的目的。同时，膜面覆土后也可以防止大风揭膜，确保覆膜发挥作用。马铃薯播种覆膜方式主要有大垄双行覆膜和单垄单行覆膜，可根据配套作业机型来选择。马铃薯播种机覆膜装置的结构如图 4-20 所示。

图 4-20　覆膜装置结构图

1. 挂膜架　2. 压膜轮　3. 覆土盘

第三节　播种机械的使用

一、机具的选择

机具的选择对于马铃薯播种机械化尤为重要。选择正确的机具可以起到事半功倍的效果。相反，如果机具选择不合适，那么就会给播种作业带来很多不必要的麻烦。下面将具体讲解马铃薯播种机的选择。

（1）了解马铃薯播种机类型。不同类型的机具适用于不同的播种模式。马铃薯播种机按作业方式不同可分为垄作、平作及垄作与平作可调三种机型；按开沟器形式可分为靴式开沟器和铧式开沟器两种形式；按排种器形式又可分为链勺式和辐板穴碗式等类型。在播种时，要根据当地的播种模式以及土质情况合理选择机具。

（2）了解机具配套动力。机具配套动力的选择也是很重要的一个方面。小型马铃薯播种机多以 5.8～11kW 手扶式拖拉机及 11～25kW 四轮驱动拖拉机为配套动力，主要适用于小地块和小面积马铃薯平作或垄作种植。大中型马铃薯播种机以 30～75kW 四轮驱动拖拉机为配套动力，主要适用于农场及大面积马铃薯垄作种植。总之，选择的机具配套动力应保证机组有足够的牵引力和动力输出，克服土壤疏松带来的行驶阻力，改善附着性能，提高工作效率。在播种时，要根据播种规模及土壤土质情况来合理选择机具配套动力。

（3）其他注意事项。确定播种机类型后，应当查看农机整体是否整洁。与人体接触到的部位不要存在尖锐的棱角、切割利边、毛刺、油污等缺陷，涂漆表面应平整、均匀和光滑。同时要选择面漆下涂有底漆的农机，否则不利于长期存放。

另外，还应当查看播种机的安全性。如外露的齿轮、链条等旋转件必须要有醒目且牢固可靠的防护装置；划行器、种（肥）箱盖在升起和打开时，固定装置要可靠；如果是需要有人在上面操作的马铃薯播种机，则脚踏板应能防滑，并在种（肥）箱上装有牢固的扶手；种（肥）箱内有旋转部件（如搅拌器、搅刀）的，在其附近应有安全警示标志；在驾驶员可视的明显位置，一定要有"播种时不可倒退"字样，提醒驾驶员注意操作。

二、作业前的准备

根据各地区对马铃薯播种行距以及播种深度的不同要求，作业前机器应进行如下调节。

1. 行距调节

大多数马铃薯播种机的行距出厂后可以进行 750、800、850、900mm 等多种调节。

2. 轮距调节

当行距为 900、850、800mm 时，轮距分别是 1 800、1 700、1 600mm；行距为 750mm 时，轮距为 1 600mm。当轮距从 1 800mm 或 1 700mm 调整到 1 600mm 时，需要互换左右轮，并注意轮胎花纹方向，保证轮胎与地面接触时，人字形花纹的"人"字头部向前。选装覆膜装置时，调节项目包括刮土板高度、切沟圆盘的宽度与深度、喷药量、地膜辊高度、培土圆盘的宽度和深度等。

三、机具调整和使用

（1）作业前对机器上需要润滑的部位进行润滑，传动箱加足齿轮油，检查转动件是否灵活，紧固件是否紧固。

（2）加装种子和肥料前要检查种箱和肥箱中有无杂物。装肥料时不要过满，避免拖拉机在升降或地头转弯时肥料被撒在地里。

（3）通过拖拉机上的悬挂调整丝杆，将播种机前、后、左、右调整平衡。

（4）通过拖拉机上的悬挂拉链，将播种机的中心和拖拉机的中心调在一条线上。

（5）肥量调整：旋转肥量调整手轮，顺时针转动肥量增大，反之肥量减小。

（6）垄的高矮调整：将中央丝杠调短，使机具前倾，增大取土铲入铲深度，令取土量增大，使沟变深、垄增高；反之沟变浅、垄变矮。

（7）株距调整：移动过桥塔轮轴向位置，调整驱动链条在排种轴上的塔轮位置，达到所需的株距。

（8）充种区种量。种箱分为充种区和存种区。由存种区向充种区输送种薯时，充种区要有一定的种面高度，才能保证种勺充满。种量通过调节料斗上手柄的位置来实现。调节时，将手柄稍向外侧拉开，然后向上移增加种量，向下移减少种量。在保证充种要求的情况下，高度不要太高，避免皮带损坏。

（9）马铃薯种薯大小。马铃薯种薯最佳直径范围在 30～50mm。播种直径小于 30mm，或切成块状、质量为 25～50g/块的种薯，须在原有的种杯里加装一个更小的塑料种杯。

（10）播种深度调整。松开机架上开沟器的紧固螺栓，向左或向右旋转调节手轮，可达到所需的播种深度，调整完毕后将紧固螺栓锁紧。

（11）覆膜调整。将地膜安装在挂膜架上，将地膜拉开一段，用土将膜压住，试运行一段距离，观察两压膜轮是否压在垄的两边地膜上。压膜轮的压力不可过大或过小。覆土圆盘的深浅要根据压膜的效果而定。

四、作业注意事项

（1）机具作业时，不准用手直接接触升运链条和传动链条，防止伤人。

（2）机组起步前或放下时，应鸣号。周围处于安全状态时，方可起步或放下。

（3）作业时，严禁靠近机具的转动部位。

（4）在播种过程中，严禁用手加入或取出升运杯中的种子。

五、维护和保养

（1）每工作1个班次，加注2次润滑油（起垄刀轴两侧轴承、绞龙筒两侧轴承、地轮轴轴承和上排种带辊轴承），检查刀轴双排链油杯的润滑剂以及各链条的润滑油，检查各部位是否正常，发现异常应及时修理。

（2）每班次作业前，应检查各转动部件是否转动灵活，紧固件是否紧固，更换磨损严重或损坏的零件。

（3）应不定期检查挂种链的松紧情况（链条松时要上调上链轮轴），以防链条过松，使排种勺和种子卡在排种盒内。

（4）播种季节过后，应将机器上的泥土清除干净，加注润滑油。

（5）机具长期不使用时，应放置在通风、干燥的库房或席棚下保管，以防零件锈蚀、丢失。

（6）肥箱内的肥料应清理干净，对肥箱要涂油保管。对机具的各处链条，在存放时应涂抹润滑油。

六、常见故障及排除方法

1. 排肥器堵塞

排肥器堵塞的原因主要有：拖拉机未行走或机具降落快，致使开沟器墩土而造成阻塞；农机具还未提起就倒车，造成开沟器拥堵；肥料结块。

解决排除方法：缓慢降落机具；避免机具未提起就倒车；肥料粉碎后再加入肥箱。

2. 运土槽堵塞

运土槽堵塞的原因主要是土壤湿度大。解决办法是晾晒土壤。

3. 开沟深浅不一致

开沟深浅不一致的原因是开沟器调整高度不一致。解决办法是把播种机在平地上放平，松开用于调整深浅的螺栓，调平后把螺栓紧固。

4. 排种器堵塞

排种器堵塞的原因是排种盒有异物。解决办法是查看排种器内部，清理异物。

第四节 播种机械作业质量评价

马铃薯播种机械用于马铃薯排种、施肥、覆土、镇压一体化作业，现已被广泛应用到生产实践当中。马铃薯播种机械种类繁多，生产厂家也是以小厂家居多，为了规范马铃薯播种机械的作业质量，为评价马铃薯播种机械作业性能提供技术参考，需确定马铃薯播种机械作业质量指标及其检测方法和判定规则。

一、马铃薯机械播种作业质量指标

马铃薯播种机械的作业质量指标建议设 8 项，其中 A 类指标 5 项，B 类指标 3 项。

A 类指标要求：①空穴率≤8%（当株距≤25cm 时）或≤5%（当株距＞25cm 时）；②邻接行距合格率≥90%；③种薯幼芽损伤率≤2%；④3cm≤种肥间距≤8cm；⑤播种深度合格率≥75%。

B 类指标要求：①平均株距相对误差≤10%；②株距合格率≥80%；③施肥量相对误差≤10%。

上述作业质量指标值是在下列作业条件下确定的：土壤绝对含水率为 15%～25%；土壤坚实度≤300kPa；肥料含水率≤10%；种薯幼芽长度≤1.5cm；种薯在长、宽、厚 3 个方向的尺寸极差≤2.5cm。

二、作业质量指标检测及判定规则

马铃薯播种机械作业质量检测方法及判定规则如下。首先对所要检测地块的种植行进行编号，用抽签法随机抽出 3 行作为检测区。将这 3 行的两端地头各去除 5m 后，每 20m 长分为 1 段，将所分的段进行编号，用抽签法随机抽出其中的 5 段作为检测段。然后对各个指标进行计算。

（1）平均株距相对误差。在每个检测段连续测定 20 个株距，共计 100 个株距，计算平均值得平均株距。平均株距与规定株距的相对误差即为平均株距相对误差。

（2）空穴率。在第一步测定的 100 个株距中找出空穴的个数，并计算空穴的个数占所测株距种穴数的百分数，即得空穴率。

（3）株距合格率。合格株距是指大于 0.5 倍标准株距且不大于 1.5 倍标准株距的实际株距。在第一步测定的 100 个株距中找出合格株距的个数，合格株距的个数占所测株距总个数的百分数为株距合格率。

（4）施肥量相对误差。施肥量相对误差即实际施肥量与农艺要求施肥量的相对误差，按照下式计算。

$$S = (|Q_s - Q_n|)/Q_n \times 100\%$$

式中：S 为施肥量相对误差（%）；Q_s 为实际施肥量（kg/hm²）；Q_n 为农艺要求施肥量（kg/hm²）。

（5）播种深度合格率。在每个检测段连续测定 20 块种薯的播种深度。以当地农艺要求的播种深度为标准，误差绝对值不超过 1cm 为合格。合格播种深度的个数占所测播种深度总个数的百分数为播种深度合格率。

（6）种肥间距。种肥间距即种薯与相邻肥料间的水平距离。在每个检测段处横向切开土层，测定单块种薯与肥料之间的最小距离。每个检测段连续测定 20 点，共计 100 点，计算平均值。

（7）种薯幼芽损伤率。每个检测段连续测定 20 块种薯，目测种薯幼芽总数和由播种机械造成的幼芽损伤数。由播种机械造成的幼芽损伤数占种薯幼芽总数的百分数为种薯幼芽损伤率。

（8）邻接行距合格率。在每个检测段的左右连续选定 5 个邻接行，测定邻接行之间的距离。以当地农艺要求的行距为标准，所测行距误差绝对值不超过 10％为合格。合格的行距个数占所测行距的总个数的百分数为邻接行距合格率。

其判定规则为：A 类项目全部达到规定要求，B 类项目至多有一项达不到规定要求，作业质量可判定为合格。

第五章

马铃薯田间管理机械化技术与装备

第一节 马铃薯机械化中耕技术与装备

一、机械化中耕技术要求

机械化中耕是马铃薯田间管理的一项重要措施（图5-1）。马铃薯生长具有苗期短、发育快等特点，通过疏松土壤，能够提高地温、消灭杂草、防旱保墒、促进根系发育、增加结薯层次、培育壮苗。通过马铃薯机械化中耕技术，能够疏松地表以下15cm的土壤，铲除杂草，减少病虫害。块茎生长在表土5cm以下，而培土后起垄高度可达25～30cm，能够有效防止块茎出现青头现象。

图5-1 马铃薯机械化中耕

机械化中耕应考虑马铃薯不同生长期。出苗期苗出齐时，对苗眼中耕培土一次，覆土6～7cm成垄。这次培土可增温、防止倒春寒冻苗。发棵期，即苗长度为15cm左右时进行第二次中耕培土，此时要浅培土，以提高地温，促进匍匐茎增长，匍匐茎越多、结薯越多。针对马铃薯晚熟品种，在结薯期，即苗长度为20cm左右时进行第三次中耕培土，这次要多培土，一般6cm左右，加厚增宽垄台，为块茎膨大提供良好条件。此时培土主要起到降温作用，温度低些，马铃薯结薯多、易膨大。培土过深，易损伤匍匐茎，影响产量；培土过浅，易形成青头，影响品质。

二、常见中耕机械种类与特点

（一）机械种类

中耕机按与动力机的连接方式分为牵引式、悬挂式和直联式，按工作性质可分为行间中耕机和全幅中耕机等。

1. 行间中耕机

行间中耕机在中耕作物的行间进行中耕，具有浅松土、除草、培土及开灌溉沟的作用，应具备操向装置，防止伤苗。中耕机的结构特点是可根据机架宽度按不同作业需要配置各种工作部件，或将有关工作部件安装在通用机架上。行间中耕机多为悬挂式，有拖拉机前悬挂、后悬挂和轴间悬挂三种。前悬挂铲式中耕机的优点是便于拖拉机手一人操纵。轴间悬挂中耕机对地面适应性好，可减少侧移现象，保证机具沿行间准确行进，且在斜坡地作业时更显其优越性。轴间悬挂及前悬挂中耕机都必须专机配套。

行间中耕机按机架高度的不同，有低秆作物中耕机和高秆作物中耕机之分。马铃薯行间中耕可选用低秆作物中耕机。

悬挂式行间中耕机结构简单，转向灵活方便，对行距适应性能良好，可减少伤苗率。其种类较多，但结构大致相同，一般由单梁、悬挂架、支撑轮、锄铲组和液压升降机构等组成。锄铲组多采用四连杆仿形机构，以保持入土稳定性。根据不同行距和作业要求，轮距应能调整。土壤工作部件可配置单翼除草铲、双翼除草铲、松土铲和培土铲。有些用于窄行距的中耕机设有操向装置，可减少护苗带宽度。一般悬挂式行间中耕机不仅可用于中耕作物的行间松土、锄草，更换工作部件后，还可进行深中耕、培土和开灌溉沟等作业。

2. 全幅中耕机

全幅中耕机用于在马铃薯休闲地上进行全面中耕。其特点是无须变更行距和设置操向装置，但工作中易被杂草堵塞，故一般配置起落机构。各类悬挂式全幅中耕机的结构基本相同，都较牵引式结构简单。这类中耕机不翻表土，将杂草及作物残茎抛至地表，可防止水分蒸发和水土流失。全幅中耕机由机架、地轮、起落机构、耕深调节机构、锄铲等组成。例如，平铲式全幅中耕机，用于马铃薯秋耕及休闲地管理，土壤工作部件为双翼平铲；牵引式凿齿中耕机用于灌溉后松土、平整土表或播前碎土施化肥，松土深度为$10\sim15\,cm$。

（二）关键工作部件

根据马铃薯苗期的不同生长需求，中耕机关键工作部件可为除草铲、松土铲、培土铲等。

1. 除草铲

中耕机除草铲主要用于作物行间第一、二次除草松土作业，分单翼除草铲和双翼除草铲两种。单翼除草铲由水平切刃和垂直护板两部分组成。水平切刃用于除草和松土，垂直护板可防止土块压实，因而可使锄铲靠近幼苗，增加机械中耕面积。护板下部有刃口，可防止挂草堵塞。中耕时单翼除草铲置于幼苗的两侧，所以有左翼铲和右翼铲之分，安装时应注意左右配对。双翼除草铲由双翼锄铲和铲柄构成，如图 5-2 所示。它的入土角（两翼交线与地平面的夹角）和碎土角（铲面与地平面的夹角）都较小，所以松土作用较弱而除草作用较强，主要用于除草作业，通常与单翼除草铲配合使用。除草铲作业深度一般为 5~8cm。

图 5-2　双翼除草铲

2. 松土铲

松土铲用于作物的行间松土。它使土壤疏松但不翻转，松土深度可达 13~16cm。松土铲由铲尖和铲柄两部分组成。铲尖是工作部分，种类很多，常用的有凿形、箭形和桦形三种。凿形松土铲的宽度很窄，利用铲尖与土壤接触过程中产生的扇形松土区来保证松土宽度。箭形松土铲的铲尖呈三角形，工作面为凸曲面，耕后土壤松碎，沟底比较平整，松土质量较好。目前新设计的中耕机上，大多已采用了这种箭形松土铲，如图 5-3 所示。桦形松土铲适用于垄作地第一次中耕松土作业，铲尖呈三角形，工作面为凸曲面，与箭形松土铲相似，只是翼部向后延伸比较长。

图 5-3　箭形松土铲

3. 培土铲

培土铲用于马铃薯根部培土、起垄，也用于灌溉时开排水沟。培土铲种类比较多，目前马铃薯播种机械广泛采用的是铧式培土铲。其结构如图5-4所示。铧式培土铲主要由三角铧、分土板、培土板、调节杆和铲柱等组成。分土板与培土板铰接，其开度能够调节，以适应不同大小的垄形。分土板有曲面和平面两种结构。曲面分土板成垄形性能好，不容易黏土，工作阻力小；平面分土板碎土性能好，三角铧与分土板铰接处容易黏土，工作阻力大，但容易制造。

图5-4　铧式培土铲

（三）典型中耕机械

目前国外常见的马铃薯中耕机如图5-5、图5-6所示。图5-5所示马铃薯中耕机，一次性可完成多项土壤耕作。尤其适用于黏重土壤条件，其弹齿能够深入土壤并将最大土块翻到表层，刀具磨损后可以进行调换，铲柄处安装有安全装置。通过弹齿、翼铲、合墒器对土壤进行破碎及平整，其作业效率较高，通用性好。图5-6所示马铃薯中耕机有2、4和6排三种型号，行距分别为75、80和90cm，适用于马铃薯单垄单行和大垄双行种植模式。其中垄形塑造板可拆卸，还可更换垄形塑造板材料来进行高速耕种。还可以根据土壤条件（例如石质土壤、黏重土壤等）修改该机设备。该机成本较低、性能高，作业速度可达10km/h。

国内生产的3ZM-4型马铃薯中耕机（图5-7），采用框架结构，可靠性高，一次作业即可完成松土、碎土、起垄等工作，作业质量好、效率高。工作幅宽为3 600mm，工作行数为4行，拖拉机功率要求≥66kW，采用三点悬挂连接，耕深稳定性变异系数≥80%，碎土率≥65%，主要应用于较松土壤的起垄和高培土作业，垄形齐整。

图5-5　国外常见的马铃薯中耕机一

图 5-6 国外常见的马铃薯中耕机二

图 5-7 3ZM-4 型马铃薯中耕机

另外，国内生产的 1304 型马铃薯中耕机（图 5-8）。工作行数为 4 行，行距为 900mm，工作幅宽为 3 600mm，生产率为 0.72～1.44hm²/h，适用于马铃薯幼苗期和生长中期的中耕作业，在提高地温、保墒的同时具有破土、除草、筑垄等作用。该机的松土部件容易更换且松土深度可调，培土宽度和深度也可调节，可适应马铃薯单垄单行和大垄双行等多种种植模式。

国内生产的 3ZMP-180/360 型马铃薯中耕机（图 5-9）可完成松土、除草、筑垄、追肥等作业，同时兼有提高地温、保墒作用。犁壁采用独特的犁体曲面设计，使犁体受力面更合理、作业阻力更小，双侧犁壁宽窄可调，可控制垄体大小。犁壁下部采用内收形式，使得中耕作业中块茎不会被划伤，同时垄体覆盖严密，使块茎不易露出。该机的松土培土装置由铲翼、铲身、铲尖及铲柄等组成，其主要用来疏松土壤并且向两边垄脊培土。通过调整铲柄的高低改变铲尖的入土深度，改变小螺栓位置可调整入土角度，改变铲翼夹角可调整培土宽度、培土高度及培土量。成形器由成形架体、弧形下弯板、活动盖板和护刀组成。弧形下弯板主要使培起的土壤表面呈弧形，垄形更饱满，有利于马铃薯生长。通过改变弧形下弯板张开角度可调整垄的宽度，通过改变拉杆长度可调整垄的高度。

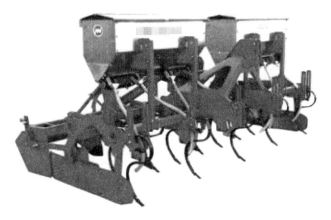

图 5-8　1304 型马铃薯中耕机

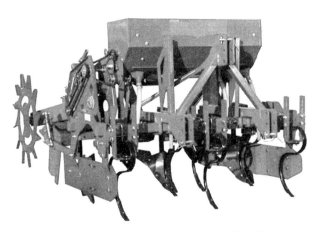

图 5-9　3ZMP-180/360 型马铃薯中耕机

三、中耕机械的使用

关于马铃薯中耕机械的使用注意事项和故障维修，接下来主要以 3ZM-4 型中耕施肥机为例进行介绍。

（一）调整方法

（1）行距调整。3ZM-4 型马铃薯中耕施肥机的行距调节：以中耕机前横梁中心线为基准，拧松两边用于中耕施肥机单体连接主梁的固定螺钉，移动中耕施肥机单体，测量相邻两铲尖间距并调整至所需尺寸，然后拧紧螺母。要求各相邻两铲尖之间的距离等于要求的行距，绝对误差值不大于 5mm。

（2）锄铲开翼调节。锄铲开翼调节是通过调节铲翼的螺栓位置来实现的。即卸掉紧固螺栓，移动双翼开度至所需张角，然后在对应孔内装螺栓紧固。注意：必须使双翼开角相对单体两侧对称，否则会影响中耕质量。

（3）入土深度的调整。入土深度主要通过调整锄铲在机架上的上下位置来实现。在较坚硬土壤的中耕施肥作业中，应卸去前置的限深轮，拧松紧固螺钉，调整锄铲的上下位置达到农艺要求；如果在较松土壤中作业，则应装置限深轮，分别调整限深轮和锄铲的上下位置，达到农艺要求。

（4）排肥量的调整。3ZM－4 型马铃薯中耕施肥机的亩排肥量在 7～45kg，可根据农艺要求正确调整排肥量。具体调整方法为：先拧紧排肥器轴上的紧固螺母，再调整排肥槽伸入肥箱的有效工作长度，使排肥量达到规定的农艺要求（排肥槽伸入肥箱的有效工作长度越大、排肥量越大，反之则越小）。

（二）操作规程

（1）驾驶操作技术一定要熟练，要走直走正，否则会铲掉秧苗造成减产。

（2）该机与拖拉机挂接后将拖拉机升降机构的左右悬挂臂调整水平，将悬挂臂的拉链拉紧，尽量减少机具摆动，保持其平稳，以防伤苗。

（3）在作业中要经常对缠绕、黏着在工作部件上的杂草泥土进行清理，以保持作业正常。每班次作业结束后要彻底清除机具上的杂草泥污，紧固各部螺丝，对轴承加注润滑脂润滑。

（4）在机具作业中发现故障和杂草堆积，应及时停车进行清理排除。

（5）机具在悬起状态下，不得在机具下面进行保养工作，以防伤人。

四、中耕机械的评价指标

马铃薯中耕机械的主要评价指标有中耕松土深度、中耕除草率、施肥深度、伤苗率以及中耕培土厚度等。中耕松土深度应为 20～30cm，深浅要一致；中耕除草率应大于 70%；施肥深度应为 10～18cm，排肥断条率应小于 4%；中耕作业不应埋压秧苗，行间伤苗率应小于 1%，地头伤苗率应小于 3%；中耕培土后垄侧面、垄沟、垄顶应有一定厚度的松土层，第一次中耕培土厚度应在 3cm 以上，第二次中耕培土要求培严土，封垄前起垄高度达到 30cm，垄断面围长为 105～110cm。

第二节　马铃薯机械化灌溉技术与装备

不同马铃薯种植地区应根据实际情况选择不同的灌溉方式，以适应当地马铃薯生长的需水要求。马铃薯是一种对水分比较敏感的作物，整个生育期需要大量的水分，土壤的持水量保持在田间持水量的 60%～80%，对丰产有利。一般在马铃薯幼苗期，40cm 土层应保持在田间持水量的 65% 左右；在块茎形成期，60cm 土层应保持在田间持水量的 75% 左右；在块茎膨大期，60cm 土层应保持在田间持水量的 80% 左右；淀粉积累期不需要过多水分，60cm 土层保持在田间持水量的 60% 即可。应根据上述指标要求，适时灌溉。

一、常见灌溉方式

常见的马铃薯灌溉方式主要包括沟灌、喷灌和滴灌等。

（一）沟灌

沟灌是使灌溉用水流过作物行距的沟以灌溉农田。沟灌按其土壤湿润方式的不同，可分为畦灌、淹灌和漫灌等。在水资源丰富的地区采用沟灌成本最低，但效率也最低，一般为 60%～70%。另外，沟灌对马铃薯覆膜种植灌溉也有一定影响。

（二）喷灌

喷灌是将灌溉用水加压，通过管道由喷水嘴将水洒到待灌溉土地上。喷灌是目前大田作物较理想的灌溉方式。与沟灌相比，喷灌能够节水 50%～60%，作业效率也有所提高。但喷灌作业成本也相应提高，主要是因为喷灌所用管道压力较高，设备投资大、能耗大。同时，喷灌对马铃薯覆膜种植灌溉效率影响较大。

（三）滴灌

滴灌即滴水灌溉技术，是将具有一定压力的水，由滴灌管道系统输送到毛管，然后通过安装在毛管上的滴头，将水以水滴的形式均匀而缓慢地滴入土壤，以满足作物生长需要的灌溉技术。它是一种局部灌水技术。滴灌作为节水效果最好的灌溉技术之一，越来越受到广大种植户的关注。由于滴头流量小，水分缓慢渗入土壤，因而在滴灌条件下，除紧靠滴头下面的土壤水分处于饱和状态外，其他部位均处于非饱和状态。土壤水分主要借助毛管张力作用入渗和扩散，若灌水时间控制得好，基本没有下渗损失，而且滴灌时土壤表面湿润面积小，有效减少了蒸发损失，节水效果非常明显。

滴灌目前常用于马铃薯大垄双行种植模式，滴灌带铺设于垄顶中间。而对于马铃薯单垄单行种植模式，滴灌带一般铺设于垄沟。滴灌带铺设方式分为人工铺设和机械铺设。马铃薯大垄双行种植模式下，滴灌带通常采用机械铺设，播种时铺设机构随播种机完成滴灌带铺设，常见于我国东北、内蒙古、甘肃等马铃薯大规模种植区域，及山东省部分马铃薯种植区域。对于山东省马铃薯种植常用的单垄单行模式，滴灌带多为人工铺设，一般通过简易铺管装置手工铺设于垄沟（图 5-10）。

图 5 - 10　马铃薯滴灌带铺设

二、水肥一体化灌溉技术

水肥一体化灌溉技术是指在灌水的同时可以把肥料均匀地带到作物根部，实现水肥一体化管理的技术。其特点是灌水流量小，需要的工作压力较低，能够较精确地控制灌水量，把水和养分直接输送到作物根部附近的土壤中，满足作物生长发育的需要，实现局部灌溉。

（一）优势

与常规施肥方法相比，水肥一体化灌溉技术具有以下优势。

（1）节省劳力。水肥管理一般耗费大量的人工，而利用水肥一体化灌溉技术可实现水肥同步管理，能够节省大量劳力。现在劳动力价格越来越高，应用水肥一体化灌溉技术可以显著节省生产成本。

（2）提高肥料的利用率。传统施肥和灌溉都是分开进行的。肥料施入土壤后，由于没有及时灌水或灌水量不足，肥料存在于土壤中，根系并没有充分吸收。而采用水肥一体化技术，水和肥被直接输送到根系部位，加上水肥溶液在土壤中均匀分布，使得养分分布高度均匀，提高了根系的吸收效率，养分得到充分利用。如在田间滴灌施肥系统下，氮的利用率可高达 90%，磷可达到50%～70%，钾可达到 95%。肥料利用率提高意味着施肥量减少，从而节省了肥料。

（3）精准施肥。可灵活、方便、准确、快速地控制施肥数量和时间，可根据马铃薯营养规律进行有针对性的施肥，做到缺什么补什么，实现及时精确施肥。

（4）改善土壤环境状况。滴灌灌水均匀度可达 90％以上，克服了畦灌等可能造成的土壤板结。滴灌可以保持良好的水气状况，基本不破坏原有土壤结构。由于土壤水分蒸发量小，保持土壤湿度的时间长，土壤微生物生长旺盛，有利于土壤养分转化。

（5）可提高作物抵御灾害风险的能力。滴灌使水和肥料供应充足，水肥协调平衡，作物长势好，提高了抗灾害能力。若干旱持续时间长，应用滴灌施肥的作物也可丰产稳产。

（6）有利于保护环境。我国目前单位面积的施肥量居世界前列，肥料的利用率较低。不合理的施肥造成了肥料的极大浪费。大量肥料没有被作物吸收利用而是进入自然环境，特别是水体，从而造成江河湖泊的富营养化。通过滴灌控制灌溉深度，可避免因将化肥淋溶至深层土壤而造成土壤和地下水的污染，尤其是硝态氮的淋溶损失可以大幅度减少。

（二）注意事项

使用水肥一体化灌溉技术应注意以下事项。

（1）过滤水源。水源一定要过滤，常用 100 目尼龙网或不锈钢网，或用 120 目叠片式、网式过滤器。这是滴灌系统正常运行的关键。过滤器要定期清洗；滴灌管尾端定期打开冲洗，一般 1 个月 1 次。

（2）设计施肥方案。施肥前，先根据马铃薯生长情况，设计施肥方案，准备好肥料。每个灌区按施肥方案准备每次施用的肥料。

（3）调整施肥速度和施肥时间。施肥前，先打开待施肥区的开关进行滴灌，再在肥料池溶解肥料，滴灌 20min 后开始施肥。每个区的施肥时间在 30～60min，通过开关调节施肥速度和施肥时间。

（4）施肥后冲洗管道。施肥后，不能立即关闭滴灌，应保证足够时间冲洗管道，这是防止系统堵塞的重要措施。冲洗时间与灌溉区的大小有关。滴灌时一般 15～30min 便可将管道中的肥液完全排出。否则，滴头处藻类、青苔、微生物等大量繁殖，会堵塞滴头。

（5）选择适合肥料。选用溶解性好的肥料，如尿素、硝酸钾、硝酸铵、氯化钾、硝酸钙、硫酸镁等。液体肥料养分含量高，溶解性好，施用方便，是滴灌系统的首选肥料。

（6）其他注意事项。对第一次使用滴灌的用户，施肥量在往年的基础上进行调整，然后用"少量多次"的方法滴施肥料。各种有机肥一定要沤腐后将澄清液体过滤，之后才能放入滴灌系统。过滤的尼龙网通常经过 20 目和 80 目（或 100 目）两级过滤。另外，还要经常去田间检查是否有漏水、断管、裂管等现象，及时维护系统。

第三节　马铃薯植保机械化技术与装备

一、植保机械化技术要求

植物保护是现代农业生产的重要环节之一。马铃薯植保机械与其他农作物通用，主要包括手动植保机械、拖拉机配套植保机械、自走式植保机械、航空植保机械等。

1. 机械化植保的主要工作

为了使马铃薯在生长过程中免受病虫草害的影响，以及促进或调节植物正常生长，目前广泛使用植保机械进行以下各项工作。

①喷施杀虫剂以防治马铃薯虫害。

②喷施杀菌剂以防治马铃薯病害。

③喷施化学除草剂以防治杂草。

④喷施落叶剂或将马铃薯茎叶进行适当处理以便于机械收获。

⑤喷施生长调节剂促进马铃薯生长。

⑥驱赶或杀灭危害马铃薯的鼠、虫等。

⑦喷施液体肥料，对马铃薯进行叶面追肥。

2. 马铃薯植保机械的技术要求

马铃薯植保机械要达到以下技术要求。

①具有安全装置和防护设备，以保护工作人员的生命安全。要求工作压力大于 0.6MPa 的喷雾机应配有安全阀及压力指示装置。

②根据农业技术要求，应能将液体、粉剂、颗粒等各种剂型的农药均匀地分布在施用作物对象所要求的部位上。

③对所施用的化学农药有较好的雾化性能，药液有较高的附着率。

④与药液接触的零部件，要有良好的抗腐蚀性和耐磨性，如泵、喷头、喷枪和药液箱等。

⑤搅拌性能优异，保证整个喷洒期间药液浓度相同。

⑥机具应具有良好的通过性，能适应多种作业的需要。

二、常见植保机械种类与特点

早期马铃薯植保主要是使用手动植保机械进行人工喷药。手动植保机械结构简单，适宜小地块马铃薯种植，但存在效率低、劳动强度大、易对作业者身体造成伤害等问题。随着马铃薯种植逐渐规模化，马铃薯植保普遍采用机械化作业。马铃薯病虫草害防治主要是采用液体类的化学药剂，因此马铃薯植保机械均为喷雾机。喷雾机是通过雾化装置和喷射部件将药液喷施在植保对象上。

相同药量下，雾滴越小，雾滴数量越多，覆盖面积越大，植保效果越好。目前常见马铃薯植保机械主要有喷杆式喷雾机和植保无人机两种。

（一）喷杆式喷雾机

1. 结构与特点

喷杆式喷雾机具有喷幅宽、容量大、作业效率高等特点，是中小型拖拉机的理想配套机具。采用性能卓越的三缸柱塞泵，工作压力高，流量大，使用维护简单、便捷。设计采用不锈钢喷杆，配合专业高压胶管软连接，耐腐蚀性好。采用防滴喷头，雾化好，防飘移。采用分段设计可折叠式喷杆，操作方便。动力由拖拉机的后输出轴通过皮带传动，可控性好，结构紧凑，美观大方。喷杆式喷雾机广泛应用于马铃薯病虫草害防治。

通常喷杆式喷雾机结构如图 5-11 所示。后侧三点悬挂装置与喷杆式喷雾机机架连接，拖拉机将整机悬起行走。拖拉机后输出轴通过皮带传动驱动三缸柱塞泵，水经过自吸再经过调压阀的回流管进入药液箱，从而完成自吸加水过程。加水的同时，将农药由药液箱的加药口倒入，利用加水过程中的冲力进行液力搅拌。拖拉机在行驶时驱动三缸柱塞泵，使药液箱内的药液流经过滤器、调压阀。一部分药液经胶管进入喷杆，最后经防滴喷头喷出；另一部分药液经调压阀的回流管进入药液箱，进行回流搅拌。

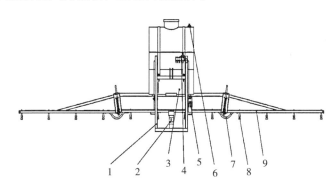

图 5-11　喷杆式喷雾机结构图

1. 机架　2. 三缸柱塞泵　3. 药液箱　4. 调压阀　5. 过滤器　6. 加药口　7. 胶管
8. 防滴喷头　9. 喷杆

常用喷杆式喷雾机主要由动力源、三缸柱塞泵、机架、喷洒部件和药液箱五部分组成。

（1）动力源。小型农用拖拉机作为动力源，由拖拉机的后输出轴通过皮带传动，与三缸柱塞泵连接。

（2）三缸柱塞泵。三缸柱塞泵固定在机架上，是喷杆式喷雾机的核心部件，各项参数直接影响整机性能。

（3）机架。机架与拖拉机连接，作为承载体使用。三缸柱塞泵泵体、药液箱、喷杆等都固定在机架上。

（4）喷洒部件。喷杆固定在机架上，通过悬挂的喷头完成喷洒工作。

（5）药液箱。药液箱是药液的储存设备。

2. 典型机具

国内外各大厂家相继研制了各种喷杆式喷雾机。3WP-1200型喷杆式喷雾机是国内较常用的一款植保机械，结构如图5-12所示。该机以拖拉机为动力，装有喷杆或吊杆（竖喷杆），移动方便、喷幅宽、喷洒均匀、效率高，适用于大面积低矮农作物的田间喷药，主要技术参数如表5-1所示。该机有如下特点。

（1）节能环保。该机设有独立配药箱，配比准确，浓度均匀；设有独立药瓶药罐清洗装置，可提高药物利用率，降低环境污染；设有独立搅拌系统，可保证浓度均匀，提高药物利用率并减少药害；设有防滴装置，可减少环境污染。

（2）操控性好。该机喷杆操控采用液压技术，一键式操作，操作简便，安全稳定。喷杆升降设置采用研发公司的专利技术（液压油缸与拉簧的组合），一键式操作，升降平稳；喷杆折叠采用液压操控技术，喷杆可由内到外依次有序展开，也可由外到内依次收起，整个喷杆平衡、稳定，安全系数高，操作简便。

（3）折叠控制性好。由于喷杆过长，如果不能折叠，在放置、转向过程中不方便。该机折叠控制系统采用了液压油缸为动力，在液压油缸的带动下，折叠喷杆围绕固定顶点可以做180°转动，并且运动平稳，最终实现两个喷杆缓慢平稳地折叠到一起。

（4）采用末端喷杆保护技术。采用末端喷杆保护技术后，当喷杆式喷雾机作业时，旋转轴在液压杆的作用下不能转动。这时如果末端喷杆喷到障碍物，末端喷杆就会受到向前的力量撞击，产生向前或向后的旋转力。固定块的凹槽从横向杆滑过，使末端喷杆向前或向后转动，减缓了障碍物对末端喷杆的冲击力，保护了喷杆式喷雾机或者障碍物的安全。当障碍物消除时，在弹簧的作用下，末端喷杆又回归原位。

（5）应用锁定系统。当喷杆伸展时，液压油缸的缸杆为伸出状，锁止杆落入喷杆固定铰接块的卡槽中，将喷杆固定铰接块锁住，使喷杆不能围绕重心轴摆动，实现喷杆的锁定状态。使喷杆不能摆动，可防止因伸展不同步而造成喷杆及机具的损坏。喷杆锁定状态一直持续到喷杆两侧都完全打开。此时两侧平衡，喷杆重心与重心轴轴心重合。由于液压油缸内压力升高，液压油缸的缸杆收缩，锁止杆脱离喷杆固定铰接块的卡槽。喷杆及喷杆固定铰接块可绕重心轴摆动，将行走机械的晃动对喷杆的影响降至最小。与伸展时相同，当喷杆折叠时，喷杆也要锁定。

图 5 - 12 3WP - 1200 型喷杆式喷雾机

表 5 - 1 3WP - 1200 型喷杆式喷雾机的主要技术参数

主要技术指标	参数
结构形式	三点悬挂式
外形尺寸/mm	2 150×2 370×2 900
喷杆展开长度/mm	20 800
整机净质量/kg	1 160
配套动力/kW	73.5～132.3
喷雾系统工作压力/MPa	0.2～0.5
药液箱额定容量/L	1 200

国外典型的机具主要为图 5 - 13 所示德国阿玛松喷雾机。该机药液箱容量可达 4 800L，作业宽度可达 40m。另外，还具有如下特点：一是在喷雾系统中配备垂直和水平减震喷杆，采用液压调节喷杆的升高与下降、折叠与展开，可适应不同的农作物高度与运输，操作便利；二是采用钟摆式悬挂，使喷杆能够保持水平；三是紧凑结实的之字形喷杆桁架确保作业稳固，高度可以调节的牵引架能够适应不同的拖拉机挂接系统；四是整机采用液压控制全内置的支撑架；五是药液箱由防腐蚀的玻璃钢塑料制成，内部光滑，再加上射流搅拌器对药液进行搅拌，可防止药液沉淀，保证药液浓度均匀；六是采用电子装置进行倾斜补偿控制。

（二）植保无人机

1. 结构与特点

植保无人机（图 5 - 14）是用于农林植物保护作业的无人驾驶飞机，主要是通过地面遥控或 GPS（全球定位系统）飞控，来实现药剂喷洒作业。

无人机植保作业与传统植保作业相比，具有以下优势。

图 5-13　德国阿玛松喷雾机

图 5-14　植保无人机

1. 定位系统　2. 控制系统　3. 药液管　4. 喷头　5. 泵　6. 药液箱　7. 喷杆

（1）高效安全。无人机飞行速度快，规模作业能达到 $8\sim10hm^2/h$，其效率比常规喷洒至少高出 100 倍；通过地面遥控或 GPS 飞控操作，喷洒作业人员远距离操作，避免暴露于农药下，提高了喷洒作业的安全性。

（2）节约水、药，降低成本。采用喷雾喷洒方式至少可以节约 50％的农药使用量，节约 90％的用水量，大大降低了资源成本。

（3）防治效果显著。无人机具有作业高度低、飘移少、可空中悬停等特点，喷洒农药时旋翼产生的向下气流有助于增加雾流对农作物的穿透性，防治效果好。

（4）成本低，易操作。无人机整体尺寸小，重量轻，折旧率低，易保养，单位作业人工成本低；容易操作，操作人员一般经过 30d 左右的训练即可掌握要领并执行任务。

2. 典型机具

目前植保无人机种类多样，常用的主要有单旋翼植保无人机和多旋翼植保无人机。

（1）单旋翼植保无人机。单旋翼，顾名思义，只有一副主旋翼。按照旋翼的桨叶数量来分类，市场上常见的单旋翼无人机主要有两桨叶和三桨叶两种类型；按照动力源来分类，可分为电动单旋翼植保无人机和油动单旋翼植保无人机两种类型。接下来以采用两桨叶、电动的 3WD-TY-17L 型单旋翼植保无人机为例（图 5-15），介绍单旋翼植保无人机的结构与应用。

图 5-15　3WD-TY-17L 型单旋翼植保无人机

3WD-TY-17L 型单旋翼植保无人机由任务系统、控制系统、飞行平台和动力系统组成。其中，任务系统主要包括药液箱、水泵和喷洒系统；控制系统主要包括遥控器、智能飞控和伺服舵机执行器；飞行平台主要包括旋翼头、主旋翼、机身主体、传动机构、尾波箱和起落架；动力系统主要包括无刷电机、无刷电子调速器和锂电池电源管理系统。3WD-TY-17L 型单旋翼植保无人机的性能优势主要体现在：①该产品是任务载荷为 17L 的电动单旋翼植保机，全机采用自主创新的机体结构和动力系统，配合飞行控制系统可执行半自主的飞行任务；②载荷大，飞行稳定，易操控，维护保养简单；③搭载不同的任务载荷可执行不同的植保作业任务，如可以进行施肥、农药喷洒、农作物辅助授粉等作业；④生产率高，可达 400~700 亩/d。该机主要技术参数如表 5-2 所示。

表 5-2　3WD-TY-17L 型单旋翼植保无人机的主要技术参数

主要技术指标	参数
外形尺寸（长×宽×高）/mm	1 955×435×620（含头罩）
空机质量（不含电池）/kg	10.5
最大起飞质量/kg	31.5
农药容器容量/L	17
最大有效载荷/kg	17（±5%）
锂聚合物电池容量（允许电压/V，允许电流/A）	44.4，14 000

（续）

主要技术指标	参数
主旋翼转速/(r/min)	1 120
作业速度/(m/s)	3～8（风速≤4级）
单次施药作业时间/min	17～25（±5%）（负载药量不等，存在差异）
授粉飞行作业时间/min	≤25
相对飞行高度（距农作物顶端）/m	1～3
喷头个数（80°～120°可选）	5（120°扇形弥散压力喷头）（可选离心式喷头）
药液总流量/(L/min)	1～1.5（可通过更换喷头类型或大小调节）
有效喷幅/m	5.5～8（作业高度：2.5m）
单架次喷洒面积/亩	20～40（视作业条件有所差异）
抗风性能/级	≤8

（2）多旋翼植保无人机。多旋翼植保无人机一般由机体结构、航电控制系统、动力系统、遥控系统、天地数据链路系统和药剂喷施系统组成。多旋翼植保无人机按动力来源可分为油动机和电动机，目前市场上以电动机为主。以电动机作为动力来源的多旋翼植保无人机的主要特点是操作简单、性能可靠。多旋翼植保无人机按旋翼数量可分为三旋翼、四旋翼、六旋翼和八旋翼等。接下来以 TY5A 四旋翼植保无人机为例（图 5-16），介绍一下多旋翼植保无人机的结构与组成。

图 5-16　TY5A 四旋翼植保无人机

机体结构一般分为机身、悬臂、起落架和桨保护设施等。航电控制系统主要由主控模块、电源模块、GPS 天线、对地雷达和飞行指示灯组成，主要负责对飞机的姿态、位置、航线进行控制。动力系统由电池、电子调速器、电机和螺旋桨等组成。根据姿态算法，飞机控制器给电子调速器提供快慢控制信号，电子调速器改变电机和螺旋桨的转速，调整各个旋翼的升力，从而实现飞机姿态、飞行、转向等控制。遥控系统分为地面遥控器和机载接收机。地面遥控器可控制飞机的前后、左右、上下飞行，也可切换飞机的飞行模式［姿态模式、高度模式、GNSS（全球导航卫星系统）模式、位置模式、自动航线模式］、启动/关闭水泵、强制飞机返航、设置飞行断点以及 AB 点打点等。天地数据链路系统由电台机载端、地面中继站和地面站等组成，负责地面站与机载飞控之间的数据通信，如上传或下载航线、发送控制指令、下传飞行数据等。药剂喷施系统由机载药液箱、液泵、喷洒管（喷头）、增压泵电源模块和增压泵电子调速模块等组成。药剂喷施过程：液泵根据飞机控制器发出的喷施指令动作，将药剂从机载药液箱中抽出并增压后注入喷头，通过喷头雾化喷出，喷出的药雾在植保无人机螺旋桨风场的吹动下快速沉降到作物上面。

因为植保无人机喷施的药雾是由螺旋桨风场吹到作物上的，所以药剂喷施系统必须与螺旋桨风场协同配合。不合理的搭配很容易造成风压过小、风场紊乱，从而导致雾滴缺乏穿透力、雾滴分布不均匀、重喷漏喷，甚至飘逸，病虫害靶标处雾滴沉积率不达标，严重影响防治效果。TY5A 四旋翼植保无人机的主要技术参数如表 5-3 所示。

表 5-3 TY5A 四旋翼植保无人机的主要技术参数

主要技术参数	参数
翼展长度/mm	1 800
载药量/kg	10
喷雾量/(L/min)	0.5～1
单架次喷洒面积/亩	≥20
日作业面积/(亩/架)	400～500（按每天工作 5h 算）

多旋翼植保无人机已经广泛应用于农作物植保。同时，无人机还可用于进行低空农田信息采集，能清晰、准确地获得农田信息，实现精准农业。利用多旋翼植保无人机进行植保作业具有下述特点。

①培训周期短。多旋翼无人机操纵简单、起降方便、不需要专门的起降场地，是其能够迅速扩大应用领域的内在原因。目前兴起的智能多旋翼植保无人机甚至已经具备自动作业的能力，这使得多旋翼植保无人机操作员培训具有周期短、成本低、对人员素质要求不高的特点。

②高效作业。多旋翼植保无人机在作业时会产生强烈的下行气流，可将药雾快速送达作物；下行气流可使作物发生摇动，促进药雾更好地到达作物叶子的背面及根茎部。多旋翼植保无人机作业速度是人工作业速度的 50 倍以上，

并且由于引入了航线规划系统，可以避免重喷漏喷带来的作业效果下降。目前农村土地流转逐渐加速，耕地越来越集中，如果几千亩耕地同时发生虫害，使用人力喷洒根本无法快速全部覆盖，而使用农业植保无人机则可以快速解决这种大面积农作物病虫草害问题。

③操作安全。我国每年因人工喷药而导致农药中毒的人数为 10 万人左右，其中有一定的死亡率。采用传统的人力农药喷洒，作业人员处于药雾环境当中，一旦保护不当或者喷雾器出现"跑冒漏滴"的情况，极易出现农药中毒，而使用多旋翼植保无人机进行作业，作业人员远离了作业区域，人身安全得到保障。

④环保。无人机植保作业属于高浓度低容量作业，这样的作业方式使其具有节水、省药的特点，有效减少了农药残留等土壤农药污染问题。

⑤维修费用低、时间短。多旋翼植保无人机结构简单，万一发生事故，相对单旋翼植保无人机而言，损失较小，维修难度较小，维修时间较少，甚至可以做到在现场几分钟内修好，不耽误农时。

三、植保机械的使用

植保机械的使用首先在于机具的选择。对于小地块马铃薯种植，为降低种植成本，可采用手动植保机械进行人工喷药。对于大面积马铃薯种植，需要根据作业效率、天气情况、种植地形及土壤类型等因素选择植保机械。一般来说，喷杆式喷雾机作业效率高于植保无人机，且喷杆式喷雾机作业高度较低、飘移少，受天气影响较小，但也存在作业时转移慢、不够灵活、易对作物造成不必要损害等问题。植保无人机则可以适应不同种植地形及土壤类型的作业要求，不接触作物，没有物理伤害，小巧灵活，作业方便。因此对于机具的选择，用户可根据实际情况和需求，选择合适的植保机械。而对于具体机具的使用，接下来主要介绍喷杆式喷雾机和植保无人机的使用及注意事项。

（一）喷杆式喷雾机的使用及注意事项

以常见的 3WP－1200 型喷杆式喷雾机为例，介绍一下喷杆式喷雾机的使用及注意事项。

1. 设备连接

将机架与拖拉机后侧悬挂架连接好，锁定长、短销轴。将花键套套在拖拉机后输出轴上，花键轴与大带轮连接后插入花键套。将皮带挂在大带轮和小带轮间，调整张紧轮，使皮带适度张紧，锁紧插销，拧紧固定螺栓。

2. 工作前准备

（1）按三缸柱塞泵使用说明书，为液泵加润滑油，检查紧固三缸柱塞泵的螺栓是否拧紧。启动拖拉机，使拖拉机后输出轴驱动三缸柱塞泵低速试运转。

（2）将拖拉机驾驶至水源附近，连接加水管道，并将三缸柱塞泵的进水口与药液箱的进水管开启。进水管一端连接三缸柱塞泵进水口，另一端连接过滤网。将安装过滤网的一端放入干净的水源内。向药液箱中加注定量农药，关闭泵体出水口截止阀。启动三缸柱塞泵，水流通过泵体回流到药液箱内，使药液充分稀释均匀。之后将药液箱进水管卸下，并封闭药液箱上的进水管接头。

（3）展开喷杆，将各部件固定到位，确保安全以后方可作业。

（4）根据每亩的喷雾量、单喷头喷雾量、修正因数，可以计算出喷杆式喷雾机喷洒时拖拉机的行驶速度。

（5）根据计算出的拖拉机行驶速度，确定拖拉机行驶挡位。严禁用油门控制行驶速度或用油门提高工作压力。挡位确定后必须使拖拉机的发动机达到额定转速。

（6）驱动三缸柱塞泵。

（7）作业时，根据风力大小或雾化情况，逆时针旋松调压手轮，进行减压，驱动三缸柱塞泵至所需转速。然后顺时针旋转调压手轮，进行增压至所需工作压力（观察压力表）。压力调至 1.0～2.5MPa，即可作业。

（8）在结束操作前，换用清水，将药液箱管道内的残余农药排出。

3. 注意事项

（1）作业前检查各个部件的技术状态是否良好。

（2）根据不同的作业用途，更换对应的喷头。如喷施除莠剂，则安装扇形喷头。如喷洒杀虫剂，则安装圆锥雾喷头。

（3）严格控制拖拉机的行驶速度，以 4～5km/h 为宜，加水时注意要用清洁水。

（4）所有扇形喷头必须向同一个方向倾斜 5°，使其扇面一致。

（5）喷头离地面高度保持在 40～60cm。

4. 维护保养

对于三缸柱塞泵，在初次使用 10h 后更换机油。第二次更换机油时间为第一次更换的机油使用 50h 后，之后每使用 70h 更换一次。清理机器表面的油污及灰尘，防止机器氧化。检查各连接处是否漏水、漏油，并及时排除。检查螺钉是否有松动、丢失，若有，则应及时旋紧、补齐。药液箱、管道内的药液应清洗干净，防止管道氧化、结块而堵塞喷头。保养后的喷杆式喷雾机应放置在干燥通风处，远离火源，避免日晒。

5. 安全与防护

（1）喷洒药剂的最佳时间为早晨和下午，并且宜在凉爽无风的天气下进行，这样可以减少农药的挥发和飘移，提高防治效果。农药若不慎溅入嘴中或眼内，应立即用干净水冲洗，严重者应就医。喷洒作业时，感觉头痛、眩晕，应立即停止作业，并就医。

（2）为确保人身安全，应严格按农艺要求进行施药，严禁使用不允许喷洒作业的各种剧毒农药。

（3）喷洒结束后，药液箱中的残留药液应按农药使用说明书规定进行处理。

（4）工作完毕后，操作者必须冲洗身体各部位，并对各类穿戴衣具进行清洗。

（5）作业前，操作者应戴好口罩，以防农药中毒。

（6）严禁操作者直接与药液接触。

（7）展开或折叠喷杆时应小心，防止挤压和剪切喷杆。

（8）启动设备或作业时，喷雾机附近和喷杆展收范围内严禁站人。

（二）植保无人机的使用及注意事项

以多旋翼植保无人机为例，介绍一下植保无人机的使用及注意事项。

1. 飞行前的准备

在植保无人机起飞前，须按照作业顺序对飞机的各个部件进行仔细检查。

（1）机械部分。机械部分在飞机通电前检查。机架承受飞机的全部重力，主要由底座、斜撑杆和中心盘组成。底座相当于飞机的起落架，承受飞机降落时的冲击载荷，须确保底座无变形、断裂及其他机械损伤。

（2）电子部分。电子部分在飞机通电后检查。

①遥控器。遥控器是飞机操纵指令的输入端，直接关系到飞机飞行的安全稳定。要确保遥控器电量充足，和机型配套，定时器设定准确，遥控器天线连接牢靠、位置摆放正确，微调开关位置为零。

②接收机。接收机接收遥控器发出的控制指令。要检查接收天线固定得是否牢靠，天线之间的角度是否合适，天线有无破损。

③飞行控制系统。飞行控制系统对接收机和各传感器的数据进行计算、处理，然后输出给电子调速器，进一步控制电机的转速，使飞机完成相应的飞行。要确保各模块安装牢固、插线正确，GPS 设备朝向正确，LED（发光二极管）灯闪烁正常，失控保护正常，飞控自检成功。

④动力电池。动力电池为电机旋转提供动力。动力电池要无膨胀变形，电量充足，单片电压相差小于 0.1V，电池插口紧固、完整、无裂缝。

（3）喷洒部分。喷洒部分在水泵通电后检查。

①药液箱。加少许水后，药液箱出口无滴漏，水泵焊点无渗漏，加药口朝向正确，与机架固定牢靠、无明显晃动。

②水泵。将药液从药液箱中抽出，泵入喷杆中，最后由喷嘴喷出。水泵流量要可控，确保流量充足。水泵无堵塞，接口无滴漏。水泵与药液箱连接牢固。

③喷杆。喷杆连接要牢靠，翘起角度要合适。导管接口处牢固、无滴漏。

④喷嘴。喷嘴安装要牢固，无堵塞、滴漏，喷口朝向正确。

在实际作业中，以上检查需要提前进行；同时还应对故障率高的部件、重要部件、关键部件进行局部检查，确保主要工作系统能安全、正常运行。

2. 飞行中的注意事项

在实际喷洒作业中，应实时关注飞行环境和植保无人机各系统的工作情况，包括飞行高度、飞行速度等飞行信息，及喷嘴雾化效果、喷嘴喷幅等喷洒效果信息，并根据反馈信息对飞行和喷洒做出相应的调整，保证喷洒作业质量。

（1）气象条件。应实时关注气象条件，包括风力的大小（风力大于3级时无法作业）、风向等。

（2）飞行场地。起飞降落的地方必须平坦且无明显灰尘。禁止在有高压线、电线杆等障碍物处飞行作业。

（3）喷洒标准。喷洒过程中飞机高度应保持在距地面2～3m处（可根据地势稍微调整），飞行速度应控制在7～8m/s，飞行距离应在操控员可视的范围内。

3. 飞行后的维护

作业完成后，需对植保无人机相关部件进行保养维护，以延长使用寿命。

（1）电池。锂聚合物电池又称高分子锂电池，能量高、小型化、超薄化。使用时应注意以下事项：①使用专业充电器；②注意避免过度充、放电，防止电池鼓包或爆裂，外皮损坏的电池应及时修理；③定时检查充电线，防止断路或短路；④对锂电池进行部分放电（而非完全放电），以延长使用寿命；⑤充电过程中发生任何异常，应立即停止充电，并查阅使用手册；⑥充电器应避免潮湿、振动，远离灰尘、热源，放置在合适的位置，防止跌落；⑦保持充电器的冷却口处于通风位置；⑧充电器与电池应远离易燃、易爆物品，防止发生意外。

（2）喷洒系统。切断动力后，把清水加到药液箱中，将水泵流量开关拨至最大位置，使药水喷洒完。如此反复2～3次，直至清洗干净。用扳手将喷杆卸下，倒出里面残留的药水，并用清水反复清洗，直到干净。用开口扳手将喷嘴卸下，抠出喷嘴附近黏着的药液，再用清水冲洗，直至干净。

（3）机械部分。取下所有的电池，将保护圈、延长杆卸下。用湿抹布擦拭药液箱、机架、碳纤维杆、机罩、保护圈、螺旋桨、电机等有药液洒落的地方，直至干净，最后用干抹布清理一遍，防止生锈。电机内部残留的药液可用清水进行冲洗，用气枪将杂草等清理出来。转动电机，确保无异响、转动灵活。检查电机连接线，如有破损，及时修补。螺旋桨桨尖部分若有杂草，将杂草小心抽出；若有开裂，将开裂的部分用胶水粘在一起；如果损伤部分过大，则建议更换新的螺旋桨。

四、植保机械作业质量评价

(一)喷杆式喷雾机作业质量评价

1. 作业质量要求

马铃薯喷杆式喷雾机与其他农作物通用,通常采用自走式喷杆喷雾机。根据《自走式喷杆喷雾机》(JB/T 13854—2020)机械行业标准,自走式喷杆喷雾机作业质量应符合表5-4所示要求。

表5-4 自走式喷杆喷雾机作业质量要求

序号	项目	作业质量指标
1	喷头防滴性能	出现滴液现象的喷头数量应不大于喷头总数的10%,且单个滴漏喷头滴漏的液滴数应不大于10滴/min
2	喷杆上各喷头的喷雾量均匀性变异系数	≤15%

2. 作业质量测试方法

(1)喷头防滴性能。在额定工作压力下,停止喷雾5s后,观察出现滴液现象的喷头数量和单个滴漏喷头滴漏的液滴数,试验不少于3次。

(2)喷杆上各喷头的喷雾量均匀性变异系数。在额定工作压力下进行喷雾,测定喷杆上每个喷头的喷雾量,测定时间为1min,试验不少于3次;计算出喷雾量均匀性变异系数。喷杆上各喷头的喷雾量均匀性变异系数应≤15%。

(二)植保无人机作业质量评价

1. 作业质量要求

植保无人机一般适用于大部分作物,马铃薯植保无人机与其他农作物通用。根据《植保无人飞机 质量评价技术规范》(NY/T 3213—2018)农业行业标准,植保无人机作业质量评价指标有续航能力、残留液量、过滤装置、喷头防滴漏、喷雾量均匀性变异系数以及作业喷幅等。植保无人机作业质量应符合表5-5要求。

表5-5 植保无人机作业质量要求

序号	项目	单位	作业质量指标
1	续航能力	min	单架次总飞行时间与连续喷雾作业时间之比应不小于1.2
2	残留液量	mL	≤30

（续）

序号	项目		单位	作业质量指标
3	过滤装置	过滤级数		≥2
		加液口过滤网网孔尺寸	mm	≤1
		末级过滤网网孔尺寸	mm	≤0.7
4	喷头防滴漏		滴/min	≤5（每个喷头的滴漏数）
5	喷雾量均匀性变异系数		%	≤40
6	作业喷幅			应不低于企业明示值

2. 作业质量测试方法

（1）续航能力。试验在空旷露天场地、风速不超过 3m/s 的条件下进行。注满燃油或使用满电电池，加注额定容量的试验介质，让植保无人机在自控模式下以 4m/s 的速度、距地面 2m 的高度、合理的喷头流量进行喷雾作业，从起飞至发生燃油/电量不足报警后平稳着陆，测试并记录单架次总飞行时间和连续喷雾作业时间。

（2）残留液量。注满燃油或使用满电电池，加注额定容量的试验介质。操控植保无人机在测试场地内以 3m/s 飞行速度、3m 作业高度及制造商明示喷药量的最小值模拟田间施药，在其发出药液耗尽的提示信息后，选取离起飞点较近的合适位置，保持机具悬停，直至其发出燃油/电量不足报警后着陆，将药液箱内残留液体倒入量杯或其他量具中，计量其容积。

（3）喷头防滴漏。植保无人机在额定工作压力下进行喷雾，停止喷雾 5s 后计时，记录各喷头 1min 内滴漏的液滴数。每个喷头的滴漏数应不大于 5 滴/min。

（4）喷雾量均匀性变异系数。

①将植保无人机以正常作业姿态固定于集雾槽上方，集雾槽的承接雾流面作为受药面应覆盖整个雾流区域，植保无人机机头应与集雾槽排列方向垂直。

②为植保无人机加注额定容量的试验介质，在旋翼静止状态下，以制造商明示的最佳作业高度进行喷雾作业。若制造商未给出最佳作业高度，则以 2m 作业高度喷雾。

③使用量筒收集槽内沉积的试验介质。当其中任一量筒收集的喷雾量达到量筒标称容量的 90%时或喷完所有试验介质时，停止喷雾。

④记录喷幅范围内每个量筒收集的喷雾量，并按下式计算喷雾量均匀性变异系数。

$$\overline{q} = \frac{\sum_{i=1}^{n} q_i}{n}$$

111

式中：$\bar{q}$ 为喷雾量平均值（mL）；q_i 为各测点的喷雾量（mL）；n 为喷幅范围内的测点总数。

$$S = \sqrt{\dfrac{\sum\limits_{i=1}^{n}(q_i - \bar{q})^2}{n-1}}$$

式中：S 为喷雾量标准差（mL）。

$$V = \frac{S}{\bar{q}} \times 100\%$$

式中：V 为喷雾量均匀性变异系数。

（5）作业喷幅。试验在空旷的露天场地进行，场地表面有植被覆盖，平均风速为 0～3m/s，温度为 5～45℃，相对湿度为 20%～95% 的环境中进行。

①将采样卡（专用试纸）水平夹持在 0.2m 高的支架上，在植保无人机预设飞行航线的垂直方向（即沿喷幅方向），间隔不大于 0.2m 或连续排列布置。

②为植保无人机加注额定容量的试验介质，以制造商明示的最佳作业参数进行喷雾作业。若制造商未给出最佳作业参数，则以 2m 作业高度、4m/s 飞行速度进行喷雾作业。在采样区前 50m 开始喷雾，后 50m 停止喷雾。

③记录各测点采样卡收集的雾滴数，计算各测点的单位面积雾滴数。作业喷幅边界按下列方法确定：从采样区两端逐个检查测点，把两端首个单位面积雾滴数不小于 15 滴/cm² 的测点位置作为作业喷幅的两个边界。

④作业喷幅边界间的距离为作业喷幅。试验重复 3 次，取平均值。允许在 1 次试验中布置 3 行采样卡代替 3 次重复试验，采样卡行距不小于 5m。

第六章

马铃薯收获机械化技术与装备

第一节　马铃薯收获机械化技术

一、马铃薯收获农艺要求

（一）收获时间

一般来说，马铃薯植株达到生理成熟期便可收获。生理成熟期的标准是：大部分茎叶由绿变黄，直到枯萎；块茎停止膨大，易与植株脱离。有的地区根据市场价格提前收获，因为在大批马铃薯上市之前，新鲜马铃薯价格非常高。此时，虽然马铃薯块茎产量尚未达到最高，但价格可能比大批量马铃薯上市时的价格高出很多，总产值远远高于达到成熟期时收获的总产值。山东省作为中原二作马铃薯主产区，通常是在全国马铃薯最紧缺的时期收获。早期收获不仅可以为本地留种（作为秋播用种），减少蚜虫传播病毒的机会，提高马铃薯的质量，也可以使留取的种薯有充足的时间度过休眠期。

（二）土壤墒情

在马铃薯收获前根据土壤的黏重情况适当调整土壤水分，可以减少马铃薯收获时的损失。在较为黏重的土壤上种植马铃薯，在收获时由于土壤失去水分变得干燥，会形成大土块。大土块形成的薯土混合物一方面不利于马铃薯和土壤分离，另一方面，由于其硬度比较高，会加大对马铃薯和收获机械的损伤。一般情况下，以土壤不成块、用手捏土块不成团为宜，此时的土壤含水率约为20%。

在沙质土壤上种植马铃薯，收获时可以湿一些，有些地方甚至在下雨后数小时就可以进行收获。因为收获时土壤带一定的水分可以保证马铃薯表面黏上一层薄的沙土，可以减少马铃薯和收获机械的损伤。不过，如果湿度较大，则马铃薯收获机进入到田地后可能出现打滑等问题。马铃薯挖掘出后应该晾晒1~2h再装拾，以防储藏过程中块茎发生霉烂。

（三）秧蔓处理

马铃薯收获作业前，要先将田间的薯秧和杂草粉碎还田或者清除回收，为马铃薯收获机的作业提供良好的条件，避免机械收获时秧蔓缠绕，影响作业效果。但除秧时，要留有一定的秧茬高度，以使薯秧的部分养分输送到薯块，促进薯皮老化，这样在收获过程中不易碰破马铃薯表皮。

马铃薯秧蔓处理方式有 3 种：人工割秧、化学除秧和机械杀秧。由于作业效率低、劳动力消耗大，人工割秧仅适于小块地作业，不适合大面积的马铃薯规模化生产。化学除秧是在马铃薯收获前 2～3 周采用化学药剂进行除秧，当80％的茎叶落黄时，将地上部分割掉，10d 后即可收获。化学除秧虽然对马铃薯晚疫病具有一定的防治作用，但是化学药剂的使用会对环境造成一定程度的污染，而且增加了作业成本和劳动强度。机械杀秧是采用杀秧机械将茎秧粉碎还田。一般在马铃薯开始收获上市前 2～4d 进行杀秧处理。机械杀秧不但可以显著减少收获、运输和储藏中的机械损伤，而且可以减少化学杀秧带来的环境污染，提高马铃薯收获效率，保证商品薯品质。茎秧还田，还能够保持土壤活力。所以现在越来越多的薯田采用了机械杀秧。需要说明的是，机械杀秧适合平地地块，坡度小于 6°的缓坡地也可以，垄向要顺坡，不适合应用在高低不平地块和斜坡地块。

二、马铃薯收获机械化技术要求

马铃薯收获的工艺过程包括杀秧、挖掘、分离、捡拾、分级和装载运输等工序。按照完成的工艺过程，马铃薯收获机主要可以分为马铃薯挖掘分离收获和马铃薯联合收获两种。马铃薯挖掘分离收获的薯块清洁度高，损伤率低，用工量为人工的50％左右，机械化程度低，劳动强度较大，适合在小地块和较黏重土壤上作业。马铃薯联合收获生产率高，比只用挖掘分离收获以及用人工收获时用工量少 40％～50％，劳动强度小，但薯块损伤率较高，适合在大面积、较疏松的土壤上作业。

根据我国农业行业标准《马铃薯收获机 作业质量》（NY/T 2464—2013）的规定，马铃薯作业地的土壤绝对含水率不大于25％、马铃薯茎秆含水率大于26％时要进行杀秧处理，对茎秆进行清理。马铃薯收获机的作业质量要求如表 6-1 和表 6-2 所示。

表 6-1　马铃薯联合收获机作业质量要求

序号	检测项目	质量指标要求/％
1	伤薯率	≤3.5
2	破皮率	≤4
3	含杂率	≤4
4	损失率	≤4

表 6-2　马铃薯挖掘机作业质量要求

序号	检测项目	质量指标要求/%
1	伤薯率	≤3
2	破皮率	≤3.5
3	明薯率	≥96

第二节　常见收获机械种类与特点

一、杀秧机械

杀秧不仅仅能减少过多的薯秧对收获机的负荷，更能极大地提高收获的效率，节约成本。不论是马铃薯的用途为鲜食、加工，还是用作种薯，在收获前杀秧是保证顺利收获的关键步骤。收获前杀秧对于用来制作淀粉的马铃薯来说也非常重要。特别是收获前杀秧可使马铃薯的表皮僵化，降低马铃薯在收获中的磕碰伤害。

甩刀式马铃薯杀秧机是最常用的杀秧机械，能在马铃薯收获前将茎秆和杂草切割还田。通常甩刀式马铃薯杀秧机主要由传动机构、杀秧装置、辅助装置等组成。甩刀式马铃薯杀秧机通常与 14.7kW 的轮式拖拉机配套，动力经拖拉机动力输出轴由万向节传动轴传递给齿轮箱输入轴，再由齿轮箱输出轴传送到主动皮带轮。主动皮带轮通过皮带将动力传送到刀轴皮带轮，刀轴皮带轮带动刀轴高速旋转，刀轴上铰接的甩刀绕刀轴高速旋转，同时随机组前进。前进的过程中，旋转的甩刀把茎秧从根部砍断切碎，高速抛入杀秧机壳，茎秧沿杀秧机壳内壁滑到尾部，在出口处被抛撒到田间。传动机构主要由万向节传动轴、齿轮箱和皮带装置组成，其作用是将拖拉机的动力传给工作部件以进行打秧作业。杀秧装置由杀秧机壳、刀轴和铰接在刀轴上的甩刀组成，用于粉碎、抛撒马铃薯茎秧。辅助装置包括悬挂架和限深轮等。通过调整限深轮的高度，可调节甩刀的离地间隙（即留茬高度）。1JH-100 型甩刀式马铃薯杀秧机的主要技术参数见表 6-3。

表 6-3　1JH-100 型甩刀式马铃薯杀秧机的主要技术参数

主要技术指标	参数
外形尺寸（长×宽×高）/mm	1 100×1 260×920
配套动力/kW	12～20
工作行数	2

（续）

主要技术指标	参数
工作幅宽/mm	1 000
留茬高度/mm	可调
打破长度/cm	5～15
拖拉机动力输出轴转速/(r/min)	540
刀片类型（甩刀式）/种	2
总刀片数量/片	20
刀片转速/(r/min)	≥1 300
作业速度/(km/h)	2.44～10
生产率/(亩/h)	4～5
传动方式	齿轮、V带传动
整机质量/kg	≤200

图6-1所示为1JH-100型甩刀式马铃薯杀秧机动力传动简图。传动系统采用双轴式结构，中间轴上安装有皮带盘，后轴上装有甩刀。根据田间实际工作情况，动力传递分两级：一级传动为齿轮箱输入轴与齿轮箱输出轴的传动；二级传动为齿轮箱输出轴与甩刀轴的传动。拖拉机动力传动路线为：齿轮箱输入轴→齿轮箱→齿轮箱输出轴→皮带盘→皮带→甩刀轴。

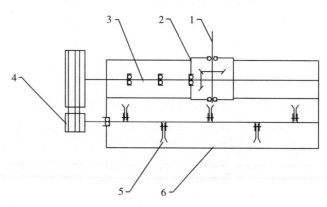

图6-1 1JH-100型甩刀式马铃薯杀秧机动力传动简图
1.齿轮箱输入轴 2.齿轮箱 3.齿轮箱输出轴 4.皮带盘 5.甩刀 6.杀秧机壳

甩刀是杀秧机的关键部件，且容易磨损。其形状和尺寸不但对刀轴的设计和甩刀排列有较大影响，而且直接影响杀秧效果。甩刀按形状分类主要有直刀、L形及其改进型刀、T形刀、锤爪、Y形刀等。其中，L形及其改进型甩刀切割茎秧的方式是斜切，刀片与茎秧成一定斜角，可减少切割阻力，降低功耗；Y 形甩刀，双面开刃，剪切力强，茎秧粉碎率高，具有较强的耐磨和冲击韧性。为了提高甩刀的耐磨性，甩刀材料选用 6～8mm 厚的 65Mn 钢片，采用双 L 形甩刀。双 L 形甩刀的结构如图 6-2 所示。甩刀的排列方式有单螺线排列、双螺线排列、对称排列、交错平衡排列等几种。单、双螺线排列在杀秧过程中，茎秧侧向移动现象严重，使机具平衡性能下降。对称排列和交错平衡排列的甩刀在杀秧过程中，平衡性好、机器振动小，因此甩刀一般采用对称排列和交错平衡排列方式。

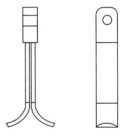

图 6-2　双 L 形甩刀简图

杀秧机壳主要起支撑和辅助粉碎茎秧的作用。工作时，杀秧机壳、甩刀、甩刀轴构成一个半封闭的空间，甩刀高速旋转，在空间内产生负压，马铃薯茎秧被吸入，经甩刀切碎后抛向杀秧机壳内壁而滑落到田间。1JH-100 型甩刀式马铃薯杀秧机的机壳总成如图 6-3 所示，主要由侧罩、上罩、护板、加强撑等组成。杀秧机壳的强度、刚度、振动稳定性和热变形等使用要求，是设计其总成时的主要依据。根据杀秧机壳与甩刀轴的装配关系和自身工艺条件，计算和分析杀秧机壳的受力情况，从而确定其结构形式和制造方法。杀秧机壳用钢板折弯焊接而成。为了改善杀秧机壳的刚度，支架采用 45 号钢，厚度为 20mm。对于较大面积的侧罩和上罩，为了增强杀秧机壳的强度，增设加强撑。上罩与甩刀外圆间距为 23mm。

图 6-3　1JH-100 型甩刀式马铃薯杀秧机的机壳总成

二、收获机械

我国早在新中国建立初期就已经使用畜力牵引挖掘铲进行马铃薯收获，然后再进行人工捡拾。虽然我国的马铃薯收获机械起源比较早，但是发展比较缓慢，直到 20 世纪 60 年代我国相关科研人员在借鉴国外相关马铃薯收获机械的基础上才研制了一款升运链式马铃薯收获机，但由于它具有极高的伤薯率和烦琐的收获流程，没有得到广泛应用。到 20 世纪 70 年代，研发了与手扶式拖拉机相配套的鼠笼式马铃薯收获机，但由于手扶式拖拉机没有充足的动力，鼠笼式马铃薯收获机并没有得到广泛应用。20 世纪 80 年代，从国外引进了集条马铃薯收获机，并据此研发了一套适合马铃薯收获的 4UTL-2 型联合收获机。到 20 世纪 90 年代，我国才真正成功研制出马铃薯收获机，比较有代表性的为 4U-2 型牵引式马铃薯收获机。在"十五"期间，我国研制了第一台具有自主知识产权的马铃薯收获机——4U-1700 型马铃薯收获机。该机标志着我国结束了没有大型马铃薯收获机的时代。近些年，我国大力推动农业的发展，马铃薯收获机械也得到重视，相继研发出了 4UX 系列、4UW 系列和 4ULDX 系列马铃薯收获机。目前马铃薯收获机械总体上可分为两类：一是挖掘分离式；二是联合收获式。

（一）挖掘分离式

挖掘分离式马铃薯收获机（下文简称马铃薯挖掘机）是目前中小型薯田收获最理想的机具。其主要机构为挖掘机构、分离机构和输送机构，能够完成马铃薯的挖掘、薯土分离、输送和铺放作业。根据分离方式不同可以把马铃薯挖掘机分为抛掷轮式、升运链式和振动式等。抛掷轮式马铃薯挖掘机在工作时，主要是依靠抛掷轮拨齿将挖掘铲挖掘起来的薯土抛到机器的一侧。虽然此挖掘机结构简单、轻便，而且机器不易堵塞，但是明薯率比较低，不符合马铃薯机械作业相关的指标要求，所以抛掷轮式挖掘机在逐步被淘汰。由此接下来主要介绍升运链式挖掘机和振动式挖掘机。

1. 升运链式马铃薯挖掘机

4U-1000 型升运链式马铃薯挖掘机（图 6-4）主要由挖掘机构、输送机构、薯土分离机构、传动机构、收薯箱和机架等构成。该挖掘机在作业时由拖

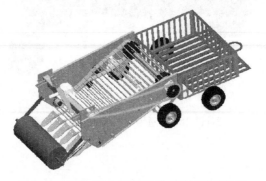

图 6-4　4U-1000 型升运链式马铃薯挖掘机

拉机提供动力。当马铃薯挖掘机前进时，压辊先将土壤压实，然后挖掘铲将马铃薯和土块铲起并经升运链前端向后输送。在输送过程中，由于升运链上的抖动机构产生振动，马铃薯上的土块会被抖掉，并且小于升运链间隙的土块会直接掉回到薯垄上，马铃薯则顺着升运链被运送到收薯箱内，成功完成薯土分离和收集。在分离过程中，大一些的杂物也会顺着升运链被运送到箱内，最后也需要一定的人力来进行收集工作。

升运链式马铃薯挖掘机的挖掘机构包括铲片、支撑轴、铲架等，如图 6-5 所示。为了减少挖掘时的阻力和挖掘铲的损伤，采用了仿生铲片，而普通挖掘铲采用的是平面铲。在工作时，平面铲挖起的土垡容易散落在机器的两侧，造成薯块丢失，马铃薯收获效率下降。仿生铲片则是采用了曲面铲的结构，曲面铲在工作时容易将薯垄翻开并把薯块运

图 6-5 挖掘机构

向升运链。曲面铲的长度一般为 340～370mm，宽度为 550～600mm，倾角变化范围为 8°～20°。铲刃倾角越小，挖掘效果越强，但过小的倾角又会使铲刃的疲劳强度减小，伤薯率增加，倾角一般选择 10°～15°。

该机的薯土分离机构主要由升运链（图 6-6）、导向链轮、抖动轮、张紧轮和调节杆构成。为了增强破碎土块和输送的能力，采用了两级升运链结构设计。抖动器（图 6-7）安装在第二级升运链的张紧轮处。第一级升运链的主动边倾角设计为 15.5°。因为第二级升运链安装有抖动器，在一定程度上会降低第二级升运链的输送能力，所以第二级升运链的主动边倾角略小于第一级，为 9.5°。当动力由拖拉机的动力输出轴传递到挖掘机的驱动轮上时，驱动轮带动升运链转动，薯土混合物沿着铲面进入薯土分离机构。先进入第一级升运链，薯土混合物随着第一级升运链上升，初步分离土壤、大块土垡等。当薯土混合物进入到第一级升运链末端，会落到第二级升运链上。第二级升运链由于存在抖动器，在垂直于升运链运动方向上会产生一定频率、振幅的振动，可进一步对薯土混合物进行分离，把依附在马铃薯上的土块进行分离、破碎、清除。被分离的土块沿着升运链间隙掉落回地面，马铃薯则沿着升运链被运输到收薯箱内。升运链作为与薯土混合物直接接触的部件，其结构影响薯土分离效率，所以其结构必须有一定的稳定性。杆条升运链的链带可分为带杆链、钩形链和套筒链等。该马铃薯挖掘机采用了带杆链。带杆链是现在机具中应用最广泛的一种升运链结构。它具有寿命长、工作噪声小、稳定性好的特点。链杆则是采用 Q235 钢，经济性高。除链带和

链杆的选择关乎薯土分离效率外，杆条之间的间隙也尤为重要。杆条间隙过小，土块则不容易落回到土壤中去，造成堵塞；杆条间隙过大，小块的马铃薯则会从间隙中落下，大大降低了马铃薯的收获率。参考我国马铃薯三轴最小厚度尺寸在 30～80mm，考虑第一级升运链和第二级升运链实现的功能不同，第一级升运链主要负责运送较大的薯土混合物，第二级升运链则是负责筛选出马铃薯，因此第一级升运链杆条之间的间隙大于第二级升运链。第一级升运链杆条之间的间隙为 44mm，第二级升运链为 33mm。抖动器是提高薯土分离效率的关键部件。抖动器按凸顶数可分为双头形抖动器、三角形抖动器等。按驱动方式又可分为主动型和被动型。被动型抖动器主要是依靠链条的运动驱动其振动。主动型抖动器不需要依靠升运链来实现振动，具有不受升运链速度限制、能提供固定振幅和频率的优点。所以该马铃薯挖掘机选用的是双头主动抖动器。

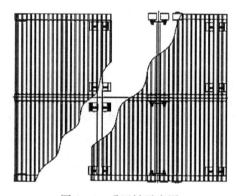

图 6-6　升运链示意图

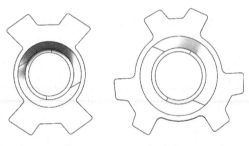

图 6-7　抖动器示意图

马铃薯挖掘机的动力是由拖拉机提供，通过传动机构传递得到。传动机构主要由齿轮箱、传动轴等组成。动力首先是由拖拉机的动力输出轴传递到中间齿轮箱，然后经过锥齿轮侧传动轴传递到侧链传动系统，最后经过侧链传动系统传递至升运链，使其完成马铃薯的输送和分离。

　　马铃薯收获时薯块的捡拾与装袋全都依靠人工作业，而经分离后马铃薯的数量较多且分散，光是捡拾马铃薯就要耗费大量的人力和物力，还可能会出现埋薯现象。因此，该挖掘机配备了集薯装置——集薯箱。集薯箱主要由收薯箱、集薯板构成，如图6-8所示。马铃薯由第二级升运链落到集薯箱内，当集薯箱内的马铃薯集满时，通过抽拉集薯板来进行马铃薯的装卸。

图6-8　集薯箱

　　4U-1000型升运链式马铃薯挖掘机的主要技术参数见表6-4。

表6-4　4U-1000型升运链式马铃薯挖掘机的主要技术参数

主要技术指标	参数
外形尺寸（长×宽×高）/mm	1 637×1 418×1 000
配套动力/kW	40
工作行数	1
收获机功率/kW	9.68
拖拉机动力输出轴转速/(r/min)	540
挖掘铲类型	仿生平面铲
工作幅宽/cm	60
作业速度/(km/h)	2.17～3.44
生产率/(亩/h)	4～5
传动方式	齿轮、V带传动
整机质量/kg	≤200

2. 振动式马铃薯挖掘机

　　4U-600型振动式马铃薯挖掘机（图6-9）主要由分离装置、挖掘机构、传动机构、曲柄连杆机构和限深装置等组成，可一次性完成挖掘、分离和集薯作业。工作时，拖拉机牵引马铃薯挖掘机前进，动力由拖拉机的皮带轮传递到马铃薯挖掘机的皮带轮上以带动主动轴转动，经链传动带动从动轴转动，从动轮两端的曲柄连杆机构随之转动，曲柄连杆的摆臂最后带动挖掘铲往复运动。抖动分离筛由曲柄连杆机构带动，薯土混合物经挖掘铲挖起后依次经过前筛和后筛，较小的土块沿着抖动分离筛的间隙直接落回地面，较大的土块和马铃薯沿着筛条方向流向收获机后方并铺放在地面上。

图 6-9　4U-600 型振动式马铃薯挖掘机

（1）挖掘机构。挖掘铲的作用就是挖掘出薯土混合物并把薯土混合物送到分离装置。挖掘铲的形状和尺寸对收获工作的影响很大。一般都采用固定式三角铲。固定式三角铲结构简单、制造成本低，但是易产生堵塞。振动式马铃薯挖掘机的挖掘机构具有碎土能力和分离性能，主要由振动筛条、挖掘铲、横向键和连杆件等组成。工作时，曲柄连杆机构通过连杆带动抖动分离筛，借助连杆和横向键使筛条做往复运动，使大量的土壤被筛回地面，只有少量的土壤随薯块进入分离装置。而挖掘铲则是采用了阶梯状挖掘铲，主要由铲片、安装轴和栅条等组成，如图 6-10 所示。挖掘铲固定在铲架上，各铲片之间有滑草间隙。当挖掘时将薯垄崛起，薯土混合物沿铲面上升，直至被输送到分离装置内。铲片、栅条与薯垄则是线接触，对土垡有一定的破碎作用，并且入土能力和碎土能力强，牵引阻力小，能适应不同的土壤特性。

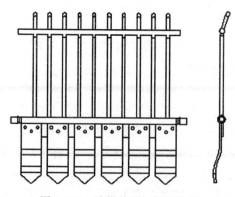

图 6-10　阶梯状挖掘铲结构图

（2）分离装置。通过挖掘铲进入分离装置的不仅有薯土混合物，还有石

头、杂草和茎叶等，其对分离装置所产生
的负荷非常大。分离装置不仅仅要求分离
土壤和马铃薯，还要把马铃薯向后方运
输，同时把对薯块的损伤降到最低。该机
采用的分离装置为抖动分离筛，如图 6 - 11
所示。当薯土混合物被传递到分离装置上
时，抖动分离筛在曲柄连杆机构的带动下
往复运动，将前筛传递过来的薯土混合物
进行二次筛选，最后将筛选过的薯块平铺
在地面上。

图 6 - 11　抖动分离筛

（3）曲柄连杆机构。该机的振动机构即曲柄连杆机构。曲柄连杆机构通过
键与从动轴两端连接，并与从动轴形成偏心距，以实现振动效果。图 6 - 12 所
示为曲柄连杆机构简图。OA 为曲柄，AB 为摇杆，BD 为摆臂，DE 为挖掘
铲，EF 为连杆。曲柄 OA 随着从动轴转动，带动摇杆 AB 转动，摇杆 AB 带
动摆臂 BD 随着中心点 C 来回摆动。连杆 EF 通过点 E 与机架铰接在一起，实
现了挖掘铲的往复运动，提高了入土性能和碎土性能。

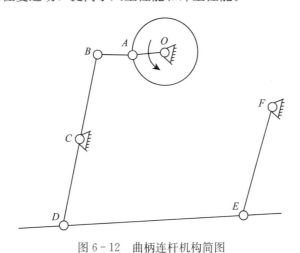

图 6 - 12　曲柄连杆机构简图

4U - 600 型振动式马铃薯挖掘机的主要技术参数见表 6 - 5。

表 6 - 5　4U - 600 型振动式马铃薯挖掘机的主要技术参数

主要技术指标	参数
外形尺寸（长×宽×高）/mm	960×700×450
配套动力/kW	8.8～12.5

（续）

主要技术指标	参数
挂接形式	刚性连接
工作行数	1
收获机功率/kW	8.4
拖拉机动力输出轴转速/(r/min)	540
挖掘铲类型	仿生平面铲
挖掘深度/cm	15～22（可调）
挖掘铲铲面倾角/(°)	20～25
工作幅宽/cm	60
作业速度/(km/h)	2～3
生产率/(hm²/h)	0.1～0.2
传动方式	齿轮、V 带传动
整机质量/kg	50

除了以上 2 种类型外，山东省部分地区还广泛使用小型手扶式马铃薯挖掘机，如图 6-13 所示。该机由动力机构、挖掘机构、薯土分离机构和深度调节机构等组成。动力机构是由手扶式拖拉机提供动力。手扶式拖拉机的轮胎宽度在 1 000mm 左右，单只轮胎能承受的质量在 200kg 左右。工人可通过手扶式拖拉机的油门和离合器来操控马铃薯挖掘机，实现行驶速度以及动力的切换。拖拉机发动机的

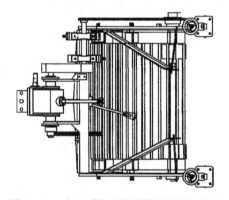

图 6-13　小型手扶式马铃薯挖掘机示意图

动力分两部分输出：一部分传递到驱动轮上带动马铃薯挖掘机前进；另一部分动力经传动链传递到马铃薯挖掘机上的第一传动轴。第一传动轴将动力传递给从动装置，从动装置和导向链轮一起驱动薯土分离链条转动。当马铃薯挖掘机前进时，薯垄被挖掘机构挖掘，薯土经挖掘铲传递到薯土分离机构（抖动分离筛）上。抖动分离筛使土块和马铃薯分离，最后马铃薯回落到地面上，再经过人工捡拾到收集袋中，而土壤直接落回到地面上，有利于马铃薯的第二次种植。

挖掘机构的主要部件是挖掘铲。小型手扶式马铃薯挖掘机大多数都是单垄单行收获模式，因此采用了固定式的三角铲，如图 6-14 所示。此挖掘铲结构简单、制作方便。在挖掘装置上还有分土齿板，如图 6-15 所示。此板被固定

在挖掘机构后方，用来将挖掘铲挖掘出来的马铃薯传递到薯土分离机构上。

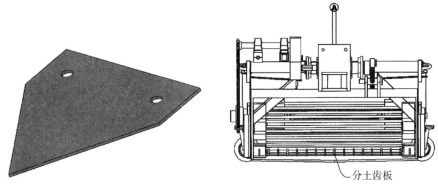

图 6-14 三角铲　　　　　　图 6-15 分土齿板结构图

　　小型手扶式马铃薯挖掘机还包括集条板。集条板被固定在侧板上。集条板有聚拢的作用，就是使马铃薯集中在一起落到地面上。薯土分离机构（抖动分离筛）与集条板上部有一定的间隙，此间隙可使集条板和薯土分离机构在运动时互不干涉，从而使马铃薯在与土块分离之后有序落回地面，有利于工人进行马铃薯捡拾。

　　深度调节机构包括陷深轮、陷深轮支架及手动调节机构。陷深轮是安装在侧板上的、马铃薯挖掘机在田间行走的机构。陷深轮支架在陷深轮的上部，并设有手动调节机构，用于调节陷深轮支架伸出侧板的长度，从而调节马铃薯挖掘机与薯垄之间的距离，使马铃薯挖掘机能适应不同垄高。

　　小型手扶式马铃薯挖掘机可实现挖掘、薯土分离、集条铺放等功能，可收获单垄单行或大垄双行种植的马铃薯。该机操作简单、灵活性强，适于小型薯田的收获；破薯率低、明薯率高，配合马铃薯捡拾机和杀秧机，可以实现马铃薯收获的机械化作业，替代了人工挖掘，降低了工人的劳动强度。该机解决了地形复杂的小块地不能使用大型机器作业的难题，深受山东地区广大农民的喜爱。

（二）联合收获式

　　马铃薯联合收获机是在挖掘机的基础上进一步完善，通过增设工作部件和完善作业工序来实现更好的经济收益。马铃薯联合收获机能一次完成以下多个工作：挖掘携带薯块的土垡，分离马铃薯上的土块和石头，排除马铃薯茎叶和一些杂物，把薯块装袋或直接装到运输车上面。马铃薯联合收获机也可以替代人工捡拾铺放在地上的马铃薯来降低工人的劳动强度。

　　马铃薯联合收获机根据分离部件的形式，可分为升运链式、摆动筛式和滚动筛式等。一般在土壤疏松的条件下，通过马铃薯联合收获机收获可以得到满意的作业质量。但是在土壤多石和杂草茂盛的情况下，作业质量显著下降。现在大多数马铃薯联合收获机都有工作台，通过人工操作来进行辅助清理作业。马铃薯联合收获机通过液压来控制机器转向和工作部件的升降。下面以4U-1400型马铃薯联合收获机为例进行介绍。

4U-1400型马铃薯联合收获机为牵引式大垄双行收获机，结构如图6-16所示。该机主要由挖掘装置、薯土分离装置、茎秆分离装置、纵向水平输送装置、垂直提升装置、薯块装袋装置、传动系统、行走装置和动力输入装置等组成。工作过程中的动力由大型拖拉机来提供。挖掘装置（包括仿形碎土辊、圆盘刀和挖掘铲）及一级薯土分离装置与机架通过液压提升装置相连。液压提升装置通过拖拉机液压系统操纵油缸来控制，确保机架处于水平状态。铲架与机架通过四杆机构铰接，确保挖掘铲不同入土深度时入土角不变。仿形碎土辊在实现仿形功能的同时将地表土块压碎，并限定挖掘铲的挖掘深度在150~300mm范围内。两侧的圆盘刀切开土壤，挖掘铲将薯块及土垡等一起铲起并疏松后，输送至一级薯土分离装置完成对部分土壤和杂物的分离。薯块和剩余杂物被输送至茎秆分离装置，使部分杂物（如茎秆、杂草、地膜）在分离弹性梳杆的作用下被阻挡并抛撒在地上。经二级薯土分离装置抖动后再由垂直提升装置升运到纵向水平输送装置上，并由其将薯块输送至薯块装袋装置，从而完成装袋工作。

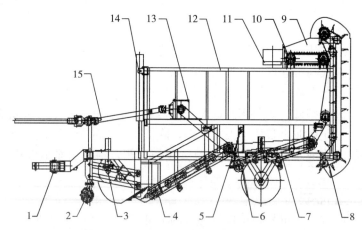

图6-16　4U-1400型马铃薯联合收获机结构图

1. 牵引装置　2. 支撑轮组合　3. 挖掘装置　4. 一级薯土分离装置　5. 导草装置
6. 茎秆分离装置　7. 二级薯土分离装置　8. 垂直提升装置　9. 护罩　10. 纵向水平输送装置
11. 薯块装袋装置　12. 护栏　13. 传动系统　14. 液压提升装置　15. 动力输入轴

垂直提升装置主要由主动链轮、从动链轮、提升刮板、导向链轮、栅杆和张紧装置构成，如图6-17所示。马铃薯从薯土分离装置被运输到垂直提升装置的接料端，接料端在导向链轮的作用下形成了一定的倾角，方便马铃薯落入。提升刮板固定在提升链条上。在主动链轮的作用下，载薯块的提升刮板随链条向上做垂直于刮板方向的匀速运动。当提升刮板运动至导向链轮位置时，薯块抛出，落入纵向水平输送装置，从而实现薯块垂直提升功能。薯块能顺利落入纵向水平输送装置的条件就是薯块在运输过程中不能脱离刮板，薯块到达最顶端时，薯块要脱离刮板。

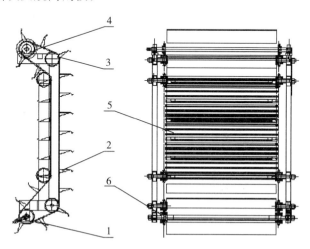

图 6-17 垂直提升装置结构图
1. 张紧装置 2. 提升刮板 3. 导向链轮 4. 主动链轮
5. 栅杆 6. 从动链轮

纵向水平输送装置主要采用纵向栅杆输送。其结构如图 6-18 所示。纵向水平输送装置的功能主要是把垂直提升装置卸料端卸下的薯块输送至薯块装袋装置。薯土分离装置存在的未分离彻底的土块，经垂直提升装置提升至卸料端。由于垂直提升装置卸料口距纵向水平输送装置有一定的高度，土块落下会有一定的冲击，对土块会有破碎作用，且这个高度不会对马铃薯表皮及果肉产生破坏。纵向水平输送装置采用栅杆结构，对破碎的土块具有进一步分离的作用。另外，对于一些分离不彻底的残膜和茎秆，可以此为平台进行进一步的人工捡拾，确保装袋的薯块具有较低的含杂率。主动链轮与从动链轮啮合采用的链条为带耳链条，栅杆固定在链耳之上。工作过程中，主动链轮转动，带动输送栅杆运动，从而实现对薯块的纵向水平输送。纵向水平输送装置的动力由过渡传动轴传递。过渡传动轴与垂直提升装置驱动轴之间采用链传动，纵向水平输送装置主动链轮对链条同时起到张紧的作用，避免由于过渡传动轴与垂直提升装置驱动轴的动力传输距离较长，链条的松边垂度过大，而产生啮合不良和链条振动的现象。

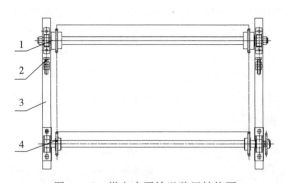

图 6 - 18　纵向水平输送装置结构图
1. 从动链轮　2. 张紧装置　3. 机架　4. 主动链轮

薯土分离装置的主要功能是输送、漏土以及抖碎土块，结构如图 6 - 19 所示。其结构参数和运动参数将直接影响装袋马铃薯的含杂率以及伤薯率。根据现有分离清选装置，薯土分离装置采用栅杆式。该机包括两级薯土分离装置，即一级薯土分离装置和两级薯土分离装置，两者结构基本相似。一般单个马铃薯的长度为 52～130mm、宽度为 40～72mm、厚度为 32～61mm，因此，为了在保证薯块不下漏的条件下达到充分漏土的效果，栅杆的直径为 14mm，栅格宽 28mm。另外，依靠振动栅杆的推力而产生向上输送薯块的效果。动力经变速箱传递至一级薯土分离装置主动轴。主动轴上装有梅花橡胶轮，其传动形式与链传动相似，栅杆与梅花轮槽啮合，转动的梅花轮带动栅杆运动，即带动输送栅杆工作。梅花轮直径约为 160mm。

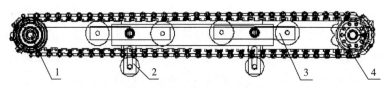

图 6 - 19　薯土分离装置结构图
1. 从动部件　2. 托带轮　3. 抖动装置　4. 主动部件

4U - 1400 型马铃薯联合收获机的主要技术参数见表 6 - 6。

表 6 - 6　4U - 1400 型马铃薯联合收获机的主要技术参数

主要技术指标	参数
外形尺寸（长×宽×高）/mm	4 810×1 700×1 500
配套动力/kW	40～50
挂接形式	刚性连接
工作行数	2

（续）

主要技术指标	参数
收获机功率/kW	30～50
拖拉机动力输出轴转速/(r/min)	540
挖掘深度/cm	0～30（可调）
适应行距/mm	350～500
作业速度/(km/h)	3～4.8
生产率/(hm²/h)	0.4～0.6
传动方式	齿轮、V带传动
整机质量/kg	500

三、残膜回收机械

我国马铃薯早春种植均采用覆膜种植模式。但在马铃薯生长过程中，地膜在自然环境中经历风吹日晒，到马铃薯收获时，地膜已严重老化，很难对地膜进行完整性回收。马铃薯收获后的"白色污染"是目前马铃薯种植面临的一个突出问题。我国现有马铃薯残膜回收机械主要有搂集型残膜回收机、筛土型残膜回收机和复合型残膜回收机。

（一）搂集型残膜回收机

1FMJB-200 型耙齿式残膜回收机（图 6-20）属于搂集型残膜回收机。该机可一次性完成大量农作物的起膜、捡膜、集膜、堆膜等工序，设备简单易用，实用性强，残膜回收率很高。

图 6-20 1FMJB-200 型耙齿式残膜回收机

（二）筛土型残膜回收机

1CM-1型残膜回收机（图6-21）属于筛土型残膜回收机。通过对土壤进行"铲掘筛分"，将残余地膜回收。在土壤厚度为10cm时，地膜回收率在90％以上，适于70～75cm地膜表土层残膜回收。配套22～29kW拖拉机，前进速度为3～5km/h，生产率为3～5亩/h。适用于大面积马铃薯覆膜种植的耕地。

图6-21　1CM-1型残膜回收机

（三）复合型残膜回收机

4CM型残膜回收机（图6-22）属于复合型残膜回收机。该机可一次性联合作业完成多道工序。通过不断地对土壤进行翻动，将寄生虫卵与有害菌暴露在太阳光下杀死，以达到改善土质的作用；同时清理地膜残留物，提高后续农作物的生产条件。

图6-22　4CM型残膜回收机

第三节　收获机械的使用

一、马铃薯杀秧机的使用

（一）杀秧机的安装与调整

（1）将杀秧机的附件准备齐全，把配套拖拉机停在宽阔的地方。

（2）将整台杀秧机的紧固件、开口销全都检查一遍，如有松动或脱落应及时紧固或安装。

（3）齿轮箱内加注 HL‐30 齿轮油，油面以浸没大锥齿轮底部一个齿宽为宜，各转动部件处定期加注钙钠基润滑脂。

（4）与拖拉机挂接时，先将万向节传动轴一端装在拖拉机动力输出轴上，另一端与杀秧机输入轴连接，倒车使方轴进入方管内。万向节的安装方向一定要正确。再分别挂接两个下悬挂点，最后再挂接上悬挂点。

（5）装上杀秧机后，拖拉机把杀秧机提升起来，通过调整拖拉机左、右拉杆长度，使杀秧机达到左、右水平。再根据地面干湿度调整地轮的安装孔位置，保证留茬高度不大于 7.5cm。

（6）试运转后，如刀轴轴承座（没有皮带轮一端）过热，可适当调整压盖上的螺钉。

（7）为与不同型号拖拉机配套，确保机器性能的正常发挥，不同拖拉机选取不同大小的皮带轮、皮带、万向节及悬挂点。

（二）杀秧机的使用操作

（1）按照安装调试要求将杀秧机与配套动力挂接完毕。

（2）配套机具进入作业现场时，在地头要先把杀秧机落下，慢慢启动，达到设计转速后再开动拖拉机进入场地作业。到地头转弯前，先把拖拉机后输出动力切断，再提升起杀秧机转弯，进入下一行作业。

（三）杀秧机使用安全注意事项

（1）用户使用前，必须首先详细阅读使用说明书，严格按照使用说明书规定进行安装、调整、操作、维护保养。

（2）使用该机前，检查齿轮箱内齿轮油液面高度及各转动部件润滑情况。每次作业前必须检查各紧固件连接是否牢固，如有松动则应予以排除。

（3）与拖拉机连接时，严格按照说明书的规定安装万向节，否则万向节可能会卡死或脱落甩出伤人。

（4）严禁快速提放杀秧机，以免损坏机件。

（5）杀秧机不要带负荷启动或启动过快，以免损坏机件。

（6）杀秧机空运转或作业时，严禁机后站人，严禁触摸运转部件。使用中严禁拆卸皮带轮防护罩。

（7）工作时，刀具严禁打土，以免损坏拖拉机及杀秧机。

（8）工作时，应清除或避开田间障碍物，严禁刀片碰撞硬物，机器周围10m 范围内不得站人，以免刀片断裂飞出伤人。

（9）工作时，遇到较大沟埂、转弯、倒退时，要及时切断拖拉机后输出动力，同时提升起杀秧机，否则会损坏万向节及杀秧机，严重时，万向节折断伤人。

（四）杀秧机的保养与维护

作为农业机械，杀秧机的工作条件一般恶劣多变，正确维护和保养是保证杀秧机正常运转、提高工效、延长使用寿命的重要措施。

1. 班次保养

（1）清除泥土缠草，检查紧固件是否紧固，各种插销开口是否完整，必要时更换新件。

（2）每工作 4～8h 向各转动部件的油杯内注入适量黄油（轴承空间的 1/3～1/2，不要充满），检查各注油处是否漏油，做到及时更换。

（3）及时检查调整皮带张紧程度。

2. 季保养

（1）将整机各部位的泥土、油污、杂草清除干净，放置于干燥环境处，防止日晒雨淋。

（2）杀秧机使用第一个季节后更换齿轮油并清洗零部件及齿轮箱体，以后每 2～3 年更换 1 次齿轮油。

（3）每 2～3 年检修 1 次刀轴、张紧轮轴承，更换黄油。

（4）检查刀片（锤爪）与刀轴，视磨损情况予以修复或更换。更换时应成组更换，以保持刀轴的动平衡。要将同组刀具按质量分级，质量差不大于 10g 为同一质量等级，同一质量等级的刀具方可装在同一刀轴上。

（5）检查三角带损坏程度，必要时更换。

（五）杀秧机常见故障及排除方法

马铃薯杀秧机常见故障及排除方法如表 6-7 所示。

表 6-7　常见故障及排除方法

故障现象	原因	排除方法
万向节损坏	①拐弯半径小 ②升降忽高忽低 ③安装位置不准确 ④缺润滑油	①增大转弯半径 ②油缸限位 ③正确安装 ④加足润滑油
变速箱漏油	①油封失效或损坏 ②放油螺栓松动 ③密封垫损坏	①换油封 ②拧紧放油螺栓 ③更换密封垫

（续）

故障现象	原因	排除方法
刀轴转动不灵活	①三角带变松 ②轴承损坏、缺黄油 ③工作负荷大 ④刀片（锤爪）损坏严重	①及时张紧皮带 ②换轴承、注足黄油 ③调节杀秧机作业高度，防止刀片（锤爪）打土 ④换新刀片（锤爪）
齿轮箱有杂声	有异物进入齿轮箱内	清除异物
润滑油温度高	齿轮啮合间隙大或啮合过紧	调整啮合间隙
刀片折断严重	与硬物相碰	清除硬物，更换刀片
刀轴轴承座发热	轴承间隙过小	调整轴承盖上的螺丝，使轴承间隙大小适度

二、马铃薯收获机的使用

（一）收获前的技术准备

马铃薯收获机驾驶人员要通过学习和训练，掌握马铃薯收获机的原理和使用方法，同时在收获前还要充分了解即将收获田地的基本情况、马铃薯的种植模式和土壤的坚硬程度，检查薯垄两侧的稳定情况。使用1年以上的马铃薯收获机必须经过全面的检查和保养，检查液压系统有无渗漏，检查轮胎是否完好和符合规定，检查传动装置、回转机构、挖掘机构、清选机构以及收获机与配套拖拉机的连接情况，并进行纵向水平位置和横向水平位置的调整。要经常向机具需要润滑的地方加注润滑油以保证各部件转动灵活，将整台收获机的紧固件、开口销等部件全都检查一遍以保证机具的固定情况。

（二）收获机的使用操作

作业前，在地头调试好机具后要试收一段。试收前，要将挖掘刀尖离地面5～8cm，并结合动力输出轴让收获机空转几分钟。无异常响声的情况下，才能挂上工作挡位，逐步放松离合器踏板，操纵收获机进行试收作业。正式作业时，要保证机车走直走正，车速相对稳定，防止窜行伤薯。驾驶员应时刻注意收获机的运转情况，一旦发现异常应立即停车检查，并及时排除。机组在地头起落犁铲时要把握好起落时机，防止漏收。落铲时要对准行。收获机行走路线应与边坡、沟渠保持足够距离，以保证安全；越过松软地段时应使用低挡匀速行驶，必要时使用石块等予以铺垫。

拖拉机在拖带或悬挂机具转移地块、短途运输时，应断开拖拉机与机具的动力连接，机具上不要坐人或放置其他物品。过沟坎时应慢行，防止损坏机具。要经常检查抖动分离筛的松紧度，并及时调整，因为过松、过紧都会影响薯土分离质量和机具使用寿命。要经常清理堵塞机具的杂草、薯秧，抖动分离筛夹带的石块及犁铲铲尖黏着的泥土。如遇到较大石块或坚硬物体，应清除后再继续作业。机具升起时，严禁人员在机具下进行检修，不准边作业边维修，以免造成人员伤亡。还要检查收获机的收净率，查看收获的马铃薯有无破碎以及严重破皮现象，如破皮现象严重，应当降低收获前进速度，调节挖掘深度后再进行收获。

（三）收获机使用安全注意事项

1. 一般安全规则

（1）严格按规定信号开车、停车，只有发出信号后才能发动马铃薯收获机。

（2）拖拉机驾驶员必须有有效的驾驶执照。

（3）注油、清理杂物必须在停车后进行。

（4）严禁机器运转时进行维修或调整操作。

（5）收获机升起后，应可靠支撑，否则禁止在机器下面进行检查维修。

（6）行驶途中严禁高速行驶和机器上站人，以免损坏收获机的液压升降装置或其他装置。

（7）收获作业的地块坡度必须小于5％，运输过程中道路坡度小于20％。

2. 注意事项

作业或者升起时严禁地轮倒转，地头转弯时必须将收获机提起；使用前必须阅读使用说明书和安全规则；维修前，发动机应熄火并拔下钥匙；防止链条传动装置缠绕手或手臂，发动机运转时不得打开或拆下安全防护罩；机器运转时禁止靠近万向节传动轴，否则可能造成人员伤亡事故。

（四）收获机的保养与维护

正确进行保养和维护，是确保马铃薯收获机正常运转、提高工效、延长使用寿命的重要措施。

1. 班次保养（工作 10h）

检查拧紧各连接螺栓、螺母，检查放油螺塞是否松动；检查各部位的插销、开口销有无缺损，必要时更换；检查螺栓是否松动及变形，如有，应拧紧或更换。

2. 季保养（1 个工作季节）

全部执行班次保养的规定项目。

3. 年保养（1 年 1 次）

彻底清除马铃薯收获机上的油泥、杂草及灰尘。放出齿轮油、进行拆卸检查，特别注意要检查各轴承的磨损情况。安装前零件需清洁，安装后加注新齿轮油。拆洗轴、轴承，更换油封，安装时注足黄油。拆洗万向节总成，清洗十字轴滚针，如损坏应更换。拆下传动链条检查，磨损严重和有裂痕的必须更换。马铃薯收获机不工作、需要长期停放时，应垫高收获机使旋耕刀离地。旋耕刀上应涂机油防锈，外耳齿轮也需涂油防锈。非工作表面油漆剥落处应按原色补齐以防锈蚀。马铃薯收获机应停放在室内或加盖停放于室外。

注意：检修时，必须切断拖拉机动力输出。如需更换零部件应先熄火，并将机器支撑牢固，严禁发动机运转时更换，以防砸伤维修人员。

（五）收获机常见故障及排除方法

马铃薯收获机常见故障及排除方法如表 6-8 所示。

表 6-8　常见故障及排除方法

故障现象	原因	排除方法
收获机前方兜土	挖掘铲入土过深	调节中拉杆
马铃薯伤皮严重	①挖掘深度不够 ②工作速度过快 ③拖拉机动力输出转速过大 ④薯土分离输送装置振动过大	①调节拉杆，使挖掘深度增加 ②降低工作速度 ③调整输出转速为540r/min ④放松振动装置的传动链条
空转时响声很大	有磕碰的地方	详细检查各运动部位后处理
齿轮箱有杂声	①有异物落入齿轮箱内 ②圆锥齿轮侧隙过大 ③轴承损坏 ④齿轮牙断	①取出异物 ②调整齿轮侧隙 ③更换轴承 ④更换齿轮
万向节损坏	①传动轴总成装错 ②缺黄油 ③传动轴总成倾角过大 ④马铃薯收获机猛降入土	①正确安装传动轴 ②注足黄油 ③调节手轮上限位螺丝 ④调整入土速度
轴转动不灵	①齿轮、轴承损坏咬死 ②圆锥齿轮无侧隙 ③侧板变形	①更换齿轮或轴承 ②调整齿轮侧隙 ③校正侧板
薯土分离传送带不运转	①过载保护器弹簧变松 ②传送带有杂物卡阻	①卸下塑料外壳，将螺帽均匀拧紧 ②取出杂物

第四节　收获机械作业质量评价

一、杀秧机作业质量评价

（一）评价指标

马铃薯杀秧机各项作业质量指标，是在地方有关标准基础之上，结合马铃薯秧秆综合利用的实际情况确定的。作业质量指标值是在下列作业条件下确定的：作业地块地表平整，杀秧机在使用说明书规定的作业条件下作业。其作业质量要求应符合表 6-9 的规定。

表 6-9　马铃薯杀秧机作业质量要求

指标分类	评价指标	指标要求
A 类	留茬长度/mm	≤150
	伤薯率/%	≤1
B 类	茎叶打碎长度合格率/%	≥80
	漏打率/%	≤8

（二）评价方法

1. 作业条件的测定

杀秧机作业质量检测一般应随机械作业进行，打秧作业前按照 GB/T 5262—2008 规定进行田间调查。

2. 作业质量评价指标的测定

试验测区：长度应不小于 30m，两端预留区长度不小于 5m；宽度应不小于 3 倍工作幅宽。机具选择常用的工作挡位作业，测试 3 个行程。

（1）茎叶打碎长度合格率的测定。每个行程测 2 点，每点按工作幅宽×2m 的面积测量，捡起所选面积内的所有茎叶并称其质量，再从中挑出打碎长度大于 20cm 的茎叶称其质量。按以下公式计算茎叶打碎长度合格率。

$$D_{hi} = \frac{m_{zi} - m_{bi}}{m_{zi}} \times 100\%$$

式中：D_{hi} 为第 i 个测点的茎叶打碎长度合格率（%）；m_{zi} 为第 i 个测点的茎叶总质量（kg）；m_{bi} 为第 i 个测点内打碎长度大于 20cm 的茎叶质量（kg）。

$$D_h = \frac{\sum_{i=1}^{6} D_{hi}}{6} \times 100\%$$

式中：D_h 为茎叶打碎长度合格率（%）。

（2）漏打率的测定。每行程测 2 点，每点按工作幅宽×2m 的面积测量，检查所选面积内茎叶总数和未打到的茎叶数。按以下公式计算漏打率。

$$L_{di} = \frac{y_{di}}{y} \times 100\%$$

式中：L_{di} 为第 i 个测点的漏打率（%）；y_{di} 为第 i 个测点的未打到的茎叶数（株）；y 为第 i 个测点的茎叶总数（株）。

$$L_d = \frac{\sum_{i=1}^{6} L_{di}}{6} \times 100\%$$

式中：L_d 为漏打率（%）。

（3）伤薯率的测定。与茎叶打碎长度合格率的测定同时进行。挖、捡拾测点内的马铃薯，称其质量，再挑出其中杀秧机作业时损伤的马铃薯，称其质量。按以下公式计算伤薯率。

$$S_i = \frac{m_{si}}{m_{mzi}} \times 100\%$$

式中：S_i 为第 i 个测点的伤薯率（%）；m_{si} 为第 i 个测点内伤薯的质量（kg）；m_{mzi} 为第 i 个测点内马铃薯的总质量（kg）。

$$S = \frac{\sum\limits_{i=1}^{6} S_{di}}{6} \times 100\%$$

式中：S 为伤薯率（%）。

（4）留茬长度的测定。与漏打率的测定同时进行。在每个测点内连续测量10 株的茎叶留茬长度，取平均值为该点的留茬长度。三个行程共计 6 个点的留茬长度平均值即为最终测定的留茬长度。

3. 评价标准

评价项目凡不符合表 6 - 9 要求的均称该项不合格。评价项目按其对杀秧作业质量的影响程度分为 A 类、B 类。A 类项目全部合格、B 类项目至多 1 项不合格时，判定杀秧机作业质量为合格，否则为不合格。

二、收获机作业质量评价

（一）评价指标

这里以山东省常用的马铃薯挖掘机为例进行介绍。在马铃薯挖掘机作业中，明薯率、伤薯率、破皮率等指标从不同的角度反映了机具的作业质量和作业性能。

明薯是指机器作业后，暴露出土层的马铃薯；伤薯是指被机器作业损伤薯肉的马铃薯（薯块腐烂引起的损伤除外）；破皮薯是指被机器作业擦伤薯皮的马铃薯（薯块腐烂引起的损伤除外）。明薯率、伤薯率、破皮率等指标具体计算方法为：机器作业后收集测试段内的明薯，用人工方法挖出埋薯和漏挖薯，分别将其称重，再从中挑出所有伤薯和破皮薯，分别称重后按下式计算明薯率 T_o、伤薯率 T_s、破皮率 T_p。

$$T_o = \frac{W_o}{W} \times 100\%$$

$$T_s = \frac{W_s}{W} \times 100\%$$

$$T_p = \frac{W_p}{W} \times 100\%$$

$$W = W_o + W_m + W_l$$

式中：T_o 为明薯率（%）；W_o 为明薯质量（kg）；W 为总薯质量（kg）；T_s 为伤薯率（%）；W_s 为伤薯质量（kg）；T_p 为破皮率（%）；W_p 为破皮薯质量（kg）；W_m 为埋薯质量（kg）；W_l 为漏挖薯质量（kg）。

（二）评价方法

1. 试验地选择

选择的试验地应该具有一定的代表性，而且要符合马铃薯收获机的使用要求。马铃薯的种植较普遍，特别是我国北方地区种植较多，但是各地的自然条件却不相同，如降雨、气温、土质、肥力等差别较大，所以农艺要求也不一样。因此在试验时，应选择坡度不大（较平坦）、土壤黏性不太大的壤土或沙壤土。

2. 试验条件测定

试验条件是影响机具作业质量的一个重要因素。如果不考虑试验条件对机具作业质量的影响，那么测出的作业质量评价指标便没有可比性，所以要做如下测定。

（1）土壤条件。主要是对土壤含水率、土壤坚实度、土壤类型等进行测定。由于马铃薯播种深度一般在 10～15cm，而机具挖掘深度一般设计在 20cm，所以通常土壤含水率、土壤坚实度的测试范围定为 0～10cm、10～20cm、20～30cm 等 3 层。

（2）地表条件。主要测试行距（垄距）、株距、垄高，以及植被的自然高度、每平方米的植被重、马铃薯重、株数等，以了解马铃薯的品种与生长情况。

（3）测试小区。以有代表性的试验地为例，在条件调查中测出马铃薯的株距、每平方米区域内马铃薯的株数、每株马铃薯的质量，然后选择测试小区的长度为 3m。如果测试长度选得太小，那么测量明薯、埋薯、损伤薯等的质量会出现很大误差；若选得太大，则测试中所用仪器（盘秤）的量程范围和精度无法保证其精度要求和测试进度及工作效率。因此一般选择 3m 较为合适。

3. 评价标准

考虑到在不满足测试条件的情况下，相同的机具所测试的结果会有一定的差距，通常评价时以行业标准为准，即明薯率≥96%，伤薯率≤3%，破皮率≤3.5%。

第七章

国内外马铃薯田间生产机械装备研究及发展

第一节 马铃薯切种机械装备研究及发展

马铃薯是块茎繁殖作物。种薯切块不仅可以促进块茎内外氧气交换，破除休眠，提早发芽和出苗，缩短马铃薯生长期，而且可节约种薯，降低生产成本。

一、国外马铃薯切种机械装备研究及发展

在欧美国家，为了满足粮食需求，马铃薯种植变得越来越专业化和工业化。针对种薯处理工业化生产的需要，20 世纪中期，美国就开展了马铃薯切种机械的设计与试验，研制出首台马铃薯种薯切块机，极大地提高了马铃薯切种效率。20 世纪 70 年代，苏联东北农业科学研究所研制出了 10t 级马铃薯切种机，初步实现了种薯切块工业化生产。经过七十多年的发展，发达国家在马铃薯切种机械研究方面取得了很大的进步，突破了种薯分级定位技术、切刀间隙调整技术、切刀消毒技术、均匀润滑喷洒技术等关键技术，工作质量、工作效率等大幅提高。相关代表性公司有美国的 ALLSTAR 公司、MILESTONE 公司，英国的 DOWNS 公司，比利时的 DEWULF 公司等。

美国 ALLSTAR 公司生产的 603 系列马铃薯切种机，如图 7-1 所示。配备了快速翻转滑槽、正向分流器和快速调整尺寸系统，可切割长形和圆形的马铃薯，切割成 2 块或者 3 块，对薯形适应性好。

图 7-1 603 系列马铃薯切种机

美国 MILESTONE 公司生产的 84-D 型马铃薯切种机是该公司最新产

品，如图 7-2 所示。采用不锈钢刀片、液压快速调整切割系统，确保切出的种块均匀、一致、呈块状。可有效切割长形和圆形的马铃薯，无须进行昂贵的改装，切种能力为 29t/h。

图 7-2 84-D 型马铃薯切种机

DOWNS 公司生产的马铃薯切种机，如图 7-3 所示。采用热刀消毒杀菌技术，工作时切割刀具加热到 350℃，可以起到杀菌、消除病原体的作用，并针对热切割设计了耐高温锥形辊，减少了工作流程，提高了工作效率，切种能力为 7t/h。

图 7-3 DOWNS 公司生产的马铃薯切种机

国外马铃薯种植规模大、人工成本高，种薯切块一般由机械完成，切种能力较高，可达 10～40t/h，能满足规模化生产需求，具有效率高、调整方便、劳动强度小等诸多优点。但国外切种机规格较大，不能适应我国马铃薯种植模式，且价格昂贵。另外，国外生产厂家在国内也没有设置销售和服务中心，售后服务难以保障。

二、国内马铃薯切种机械装备研究及发展

我国马铃薯种植以家庭种植模式为主，生产规模小，精耕细作，种薯切块一般由人工完成，需要人工切种、人工切刀消毒、人工拌种，劳动强度大、作

业环境恶劣，严重影响农民身心健康，且作业效率低、生产成本高、作业质量难以保证。国内马铃薯切种机械研究尚处于起步阶段。近几年，随着我国马铃薯规模化种植的发展、劳动力成本上升，手工切块方法已不能满足需求。山东理工大学郭志东（2013）发明了一种小型马铃薯自动切块机，设计了重量传感器，系统可根据称重结果实时调整割刀切割角度，提高了切块均匀性。周树林（2015）发明了勺轮定刀式马铃薯切种机，如图 7 - 4 所示，针对薯块大小设计了 3 种勺轮，分别对应 3 种镂空的切口，分别是 1 字形、Y 字形和十字形，切种前先将种薯按 3 种规格进行分选，最终实现 50～80g 的种薯一切两瓣，80～120g 的种薯一切三瓣，120～160g 的种薯一切四瓣。该发明可按照薯形大小分别进行切种，提高了薯块切种质量及均匀度。东北农业大学的吕金庆等设计了纵横刀组协同式马铃薯种薯切块机，一次切种后，对体积仍然过大的薯块进行二次切种，提高了种薯切块效率和合格率。虽然国内很多专家学者对种薯切块技术及装置进行了研究，但尚未见上述产品批量投放市场。

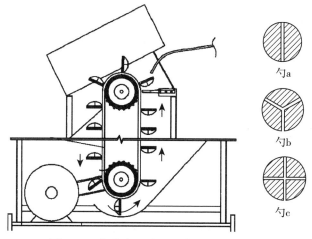

图 7 - 4　勺轮定刀式马铃薯切种机示意图

　　针对我国马铃薯规模种植对种薯切种的需求，2018 年山东省农业机械科学研究院联合山东希成农业机械科技有限公司（简称山东希成）在山东省农机装备创新研发计划项目的支持下，针对国内马铃薯种植农艺，设计了 5ZT - 5 型马铃薯种薯切块机，如图 7 - 5 所示。该机采用分选装置及定向排列装置对种薯进行切块的前期准备，之后种薯依次进入组合式切刀的纵切装置及横切装置，种薯在纵切装置及横切装置的配合下完成切块，同时，喷药装置完成对种薯薯块的杀菌消毒，薯块经进一步清选，输送至出口，实现了种薯的高效制备。主要性能指标为：盲眼率≤3%；薯种块合格率≥80%；薯种损失率≤5%；生产率≥5t/h。目前该切种机已由山东希成生产并投放市场。

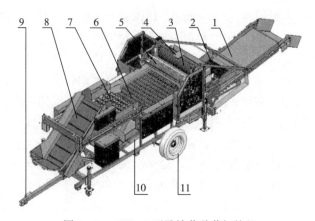

图 7-5 5ZT-5 型马铃薯种薯切块机

1. 集薯输送装置 2. 薯种碎片清选装置 3. 横切装置 4. 喷药装置
5. 纵切装置 6. 定向排列装置 7. 分选装置 8. 上料装置 9. 牵引装置
10. 下输送装置 11. 地轮

马铃薯切种机可以极大地提高种薯切块效率，显著降低人力成本，尤其是马铃薯播种期农村劳动力普遍紧缺，迫切需要切块机来代替人工进行作业。因此，研究马铃薯机械化切种装备成为解决马铃薯生产全程机械化的首要难题。我国现有马铃薯切块机存在切种合格率差、切种效率不高、机具集成化水平低等问题，亟待加大研究力度。

第二节 马铃薯播种机械装备研究及发展

一、国外马铃薯播种机械装备研究及发展

播种是马铃薯生产过程中的关键环节之一，播种质量直接影响马铃薯收获、产量和品质。国外对马铃薯播种机械研究起步较早。早在 19 世纪 80 年代，英国人就开始研究和使用简易畜力拉动马铃薯播种机。进入 20 世纪，随着拖拉机的推广应用，欧美各发达国家完成了传统农业向现代农业的转变。20世纪 30 年代，发达国家马铃薯播种已基本实现机械化。国外马铃薯播种机经过一百多年的发展，经历了从简单到复杂、从低等到高等、从功能单一到多功能联合的发展过程，至今仍在逐步完善。目前，国外播种机械技术水平可分成两个大类：一类是以美国 CRARY 公司、德国 GRIMME（格立莫）公司和英国 STANDEN 公司为代表，其主要生产大中型马铃薯播种机；另一类是以韩国、日本、意大利企业为代表，其主要生产中小型马铃薯播种机。

排种器是马铃薯播种机的核心部件。根据排种器形式，马铃薯播种机可分为勺带（链）式、输送带式、气吸式、薯夹式、针刺式、杯式等类型，其中，

勺带（链）式应用最为广泛。

1. 勺带（链）式马铃薯播种机

勺带（链）式排种器，如图 7-6 所示，可以根据种植农艺要求调节株距，且调整方便、技术成熟、可靠性高、适应性较好，应用最为广泛。但受取种方式限制，作业效率无法进一步提高，而且易造成漏播、重播现象，影响马铃薯产量。德国格立莫公司生产的 GL860 型勺带（链）式马铃薯播种机如图 7-7 所示。配置 8 排料斗，种箱容量高达 8.5t。可根据种薯大小进行播种参数调整，可实现较高的播种速度，并将施足基肥、起垄、施放浸种液和沟槽处理结合起来，显著提高了工作效率。行走轮设置在大型覆土圆盘后面，确

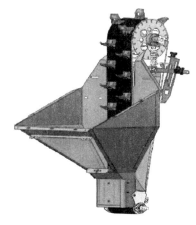

图 7-6　勺带（链）式排种器

保薯垄成形，同时还减轻了土壤压实。该播种机采用电液控制，通过驾驶室操作终端就能方便地控制播种株距，且每组播种单元都可单独进行分段调整和液压驱动，可适应不同地面作业环境，自动化程度高。

图 7-7　GL860 型勺带（链）式马铃薯播种机

2. 气吸式马铃薯播种机

气吸式排种器，如图 7-8 所示，可以克服马铃薯自身形状不规则带来的播种问题，既可播种切块薯又可播种整薯，通过更换吸种嘴，还能播种微型薯，适应性好，通用性强。气吸式排种装置可以最大限度地确保排种精度，甚至可以媲美手工种植的精度，行距及株距基本保持恒定，并且播种速度也远高

于传统的勺带（链）式排种装置，大幅度提高了种植效率，但技术难度大、作业成本高，尚未大范围推广应用。美国 CRARY 公司是研制气吸式马铃薯播种机的代表。其研制的 LOCKWOOD 系列气吸式马铃薯播种机，如图 7-9 所示。采用大容量种箱；行走部件为液压驱动，且安装雷达控制系统，保证播种行距的精确性；双喂入系统保证喂入的准确性；播种部件安装有重播和漏播探测装置，保证播种性能。可实现高速作业，作业速度最高可达 11.2 km/h，是目前马铃薯播种机可稳定播种的最高作业速度。

图 7-8　气吸式排种器

图 7-9　LOCKWOOD 系列气吸式马铃薯播种机

3. 输送带式马铃薯播种机

输送带式排种器如图 7-10 所示。播种时薯块均匀铺放于水平输送带上，种薯在自身重力作用，以及相向运动供料带组、螺旋滚筒和泡沫辊等装置的作用下实现排种作业，排种速度可根据种薯尺寸进行三级设定。该排种装置种薯排送速度快，生产效率高，但株距均匀性差，需要安装控制株距的辅助装置。

主要用于播种未经筛选的、大小不一的种薯，可实现比勺带（链）式马铃薯播种机更高的驱动速度，可达 10km/h。格立莫公司生产的 GB230 型马铃薯播种机（图 7-11）采用输送带式排种器，可以播种未经筛选的、大小不一的种薯，作业速度高，不但可用于传统垄上播种，而且可用于苗床播种。整机可加装施肥系统、喷药系统、导流系统，功能强大，重要参数调整采用终端控制，方便调节，自动化程度高。

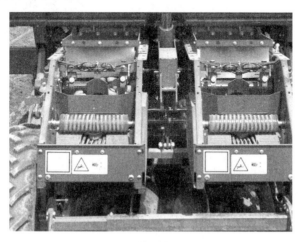

图 7-10　输送带式排种器

图 7-11　GB230 型马铃薯播种机

4. 其他类型的马铃薯播种机

薯夹式、针刺式两种排种装置具有对种薯的大小适应性较好，既能播种整薯也能播种块薯的特点。但针刺式排种装置对种薯有损伤，薯种间容易交叉感染病菌，刺针也易变形损坏，可靠性低；薯夹式排种装置投种部位较高，常因

145

种薯在落入播种沟时发生弹跳移位而使株
距均匀性差，增加了重播率和漏播率。因
此目前两者均已很少采用。杯式马铃薯播
种机适用于小型农场，播种行数为 1 行或
2 行。杯式排种器的作业质量较高，稳定
性较好，可播种整薯和块薯，但需要人工
辅助授种，劳动强度较大，作业速度较
低。意大利 CHECCHI&MAGLI 公司生
产的 F300L 型马铃薯播种机，如图 7 - 12
所示，可用于马铃薯等块茎或球茎类作物
播种，无论是整块还是切块。工作精度
高、作业成本低，适合中小地块马铃薯播种。

图 7 - 12　F300L 型马铃薯播种机

　　综上所述，经过一百多年的发展，国外马铃薯播种机经历了从无到有、从
简单到复杂，随着马铃薯种植模式不断演化。目前，国外马铃薯播种已经实现
工业化，尽可能地用机器替代人工进行作业，马铃薯播种机向着专业化、大型
化、智能化方向发展，但国外播种机机体庞大、结构复杂、价格昂贵，不适应
当前我国的马铃薯种植模式。

二、国内马铃薯播种机械装备研究及发展

　　我国从 20 世纪 60 年代才开始对马铃薯播种机械进行研究。近年来，国内
马铃薯播种机械发展速度较快，典型生产厂家有山东希成、青岛洪珠（青岛洪
珠农机公司）以及中机美诺（中机美诺科技股份有限公司）等，已经基本解决
了马铃薯播种劳动强度大、流畅性差和生产效率较低等问题，基本上满足了国
内马铃薯播种机械化需求。目前国内应用的马铃薯播种机主要为勺带（链）式
马铃薯播种机，作业行数在 6 行以内。

1. 通用型勺带（链）式马铃薯播种机

　　2CMX - 4B 型马铃薯播种机是山东希成与山东理工大学、山东省农业机
械科学研究院协作研发的一款大型、适用于大面积机械化马铃薯的播种机械。
具有高复合性、高精度、高适应性等先进特性，可一次性完成开沟、种植、起
垄、施肥、喷药等一系列作业，播种行距为 90cm，适应株距为 14.5～47cm，
配套动力为 92～132.3kW，工作幅宽为 360cm。采用先进的振动、涨紧播种
单元技术，漏种指数、重种指数低，播种精度高。采用精量种植单元与精确
控制种植深度技术，提高了产品的适应性。各项性能指标、质量指标等都经
过了相关部门的检测，产品符合相关质量标准。2CMX - 4B 型马铃薯播种机
（图 7 - 13）的使用给马铃薯种植生产带来极大便利，减轻了劳动强度，提高

了劳动生产率，降低了生产成本，综合效益显著提升。

图 7 - 13　2CMX - 4B 型马铃薯播种机

青岛洪珠 2MB - 1/2 型大垄双行覆膜马铃薯播种机，如图 7 - 14 所示，播种深度、起垄高度、行距和株距均可调节，能一次性完成开沟、施肥、播种、起垄、喷除草剂、覆膜、铺设滴灌带系统等多项作业，适合各种土壤的马铃薯种植。配套动力为 15～26kW，生产率为 0.2hm²/h，播种深度为 8～15cm（可调），垄距为 85～120cm（可调），垄高为 0～25cm（可调），行距为 24～28cm（可调），株距为 20～35cm（可调），适应地膜宽度为 80～95cm（可调）。

图 7 - 14　2MB - 1/2 型大垄双行覆膜马铃薯播种机

青岛璞盛机械有限公司生产的 2CM - 2A 型大垄双行马铃薯播种机，如图 7 - 15 所示。种箱加装电子振动播种装置，肥箱加装特制的双向绞龙叶片等自动搅拌装置，开沟器为双面犁尖式或圆盘式，地轮为外跨式承载轮，且机具后端采用起垄刀式扶垄器。配套动力为 29.4～36.8kW，采用 1 垄 2 行，行距为 22～28cm，株距为 28、31、34cm，生产率≥0.20hm²/h，适应地膜宽度为 90～110cm。

图 7-15 2CM-2A 型大垄双行马铃薯播种机

2. 新型马铃薯播种机

我国生产销售的马铃薯播种机多适用于北方一季作区及中原二季作区平地马铃薯播种，而南方冬作区及西南单双季混作区多为丘陵、山地，由于地块狭小，栽培模式多、杂等，播种机械化水平不足 5%。很多地区依然采用人工或半机械化播种作业，劳动强度大、生产效率低、作业质量差、生产成本高，严重制约着我国马铃薯产业整体发展。针对丘陵山区及小地块马铃薯机械化播种的迫切需求，我国工程技术人员对小型高效马铃薯播种机进行了研发。

青岛农业大学研制的 2CM-2/4 型马铃薯播种机，如图 7-16 所示，由拖拉机的液压悬挂装置挂接在拖拉机后端进行作业。该机将施肥与播种结合在一起，大大提高了工作效率，并且加装了电子振动排种装置，实现一次一种，攻克了播种过程中重播率和漏播率偏高的难题，在很大程度上节约了种子。铺设滴灌带不仅能起到节水作用，还能根据不同季节为马铃薯提供相应的养分，从而减少肥料的流失，减弱肥料对土壤造成的污染，达到环保的目的。马铃薯播种机作业垄数为 2 垄，重种指数为 5.2%，漏种指数为 3.1%，生产率为 0.35hm²/h。

针对我国丘陵山区马铃薯特殊的种植模式和农艺要求，青岛农业大学设计了 2CM-SF 型马铃薯播种机，如图 7-17 所示。主要由发动机、行走轮、开沟铲、地轮、起垄盘、刮土板、右离合器、左离合器、握把、制动杆、换挡杆、种箱、种勺及肥箱等组成，能够一次性完成开沟、施肥、播种及起垄作业。整机配套动力为 8.82kW，播种行数为 1 行，播种深度为 90～120mm，施肥深度为 150～180mm，排肥器为螺旋槽轮式，作业速度为 1～1.7km/h。

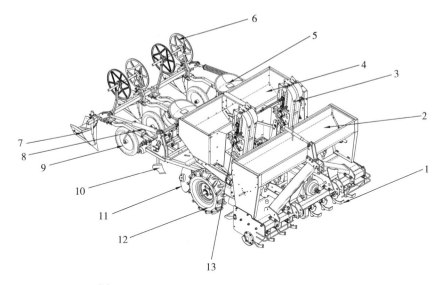

图 7-16　2CM-2/4 型马铃薯播种机结构示意图

1. 整地刀组　2. 肥箱　3. 排种器　4. 种箱　5. 座椅　6. 滴灌带　7. 覆土铲
8. 液压装置　9. 镇压轮　10. 清沟铲　11. 开沟器　12. 行走地轮

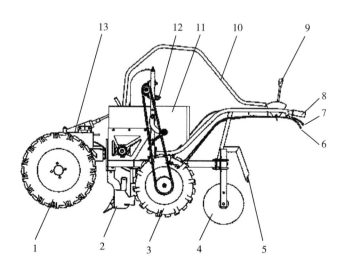

图 7-17　2CM-SF 型马铃薯播种机结构示意图

1. 行走轮　2. 开沟铲　3. 地轮　4. 起垄盘　5. 刮土板　6. 左离合器　7. 右离合器
8. 握把　9. 制动杆　10. 换挡杆　11. 种箱　12. 种勺　13. 发动机

综上可知，我国生产的马铃薯播种机在使用寿命、作业质量、可靠性和自动化水平等方面与欧美国家还有一定差距，但通过国内企业、研究单位的不懈努力，我国马铃薯播种机械已经从被动仿制进入基础理论研究、产品创新研发并举时期，适应不同作业区域的低、中端马铃薯播种机械性能正逐步完善。未来国内马铃薯播种机械将向更加自动化、智能化方向发展，逐步降低重播率、漏播率，在播种过程中实现实时监测、故障诊断、自动控制、智能调整，使播种效率和质量得到更大提升，操作更加舒适。

第三节　马铃薯收获机械装备研究及发展

一、国外马铃薯收获机械装备研究及发展

欧美发达国家农业机械化起步早，在19世纪30年代，就开始研究和应用畜力牵引挖掘机进行马铃薯收获。一直到20世纪40年代，欧美发达国家逐步采用拖拉机代替牲畜进行马铃薯收获作业，主要以挖掘式分段收获为主；到50年代，已基本实现马铃薯机械化收获。20世纪60年代，意大利和日本也相继实现了马铃薯机械化收获。经过2个世纪的发展，国外马铃薯收获机械根据作业模式主要分为4种机型：挖掘铺放收获机、挖掘归垄收获机、联合收获机、鲜食收获机。生产者可根据各自的种植规模和农艺要求，选择相应的收获装备，尽量取代人工作业，降低马铃薯生产成本。

1. 马铃薯挖掘铺放收获机

马铃薯挖掘铺放收获机，如图7-18所示，采用分段收获模式，后续仍需大量人工进行捡拾装袋（箱）操作。该机型在发达国家（地区）使用日益减少，一般在发展中国家或意大利等以山地种植为主的地区应用。其收获宽度一般为900～1 900mm，生产率为0.42～1.14hm²/h，除了收获马铃薯，还可用于胡萝卜、地瓜、洋葱等根茎类作物收获。

图7-18　挖掘铺放收获机

2. 马铃薯挖掘归垄收获机

挖掘归垄收获机一般和大型联合收获机配套使用，如图 7-19 所示，主要应用于大型农场。采用 2 台挖掘归垄收获机加 1 台联合收获机联合作业，2 台挖掘归垄收获机向中间输送马铃薯，中间由联合收获机进行挖掘收集，可使联合收获机满负荷运行。田间试验表明，使用挖掘归垄收获机，不但可使联合收获机收获效率提升 4 倍，还可以降低薯块机械收获的损伤率和破皮率。

图 7-19　挖掘归垄收获机

3. 马铃薯联合收获机

德国、美国、英国、比利时等国家，马铃薯种植规模大、消费以加工类食用为主，相对于收获损伤，这些国家更注重收获效率和综合收益，一般采用联合收获。联合收获机可分为牵引式联合收获机和自走式联合收获机。自走式联合收获机，如图 7-20 所示，集成了杀秧、挖掘、分离输送、分选、收集等装置，不需要跟车收获，一般工作幅宽为 2 行或 4 行，整机技术先进，集成度高。目前，马铃薯联合收获机向着专业化、大型化、智能化方向发展，整机配套动力达 400kW，广泛采用液压、气流筛选、传感、识别等先进技术，实现垄面减压、仿形挖掘、喂入量控制、真空分离清选、可视农机终端操作等功能，进一步提高了工作效率、降低了劳动强度。

4. 鲜食马铃薯收获机

为了降低收获损伤和收获鲜食马铃薯，国外研制了中小型低损鲜食马铃薯联合收获机。其工作原理是以人工分拣代替机器清选除杂，能够显著降低机械收获损伤，并在一定程度上降低劳动强度。其主要应用于鲜食马铃薯收获。日本松山株式会社北海道工厂生产的 GSA-600 型自走式鲜食马铃薯收获机，如图 7-21 所示，采用折叠设计，运输长度为 1.9m，作业长度为 2.76m，整机质量仅为 370kg，工作幅宽为 600mm。收获时可以配置 2～4 人坐着进行捡拾工作，降低了劳动强度，两侧工作人员可以按照薯块等级进行分级捡拾装箱，破皮率、损伤率较低，实现了鲜食马铃薯低损联合收获。但该收获机仅适合沙性土壤种植的马铃薯收获，且作业效率偏低，生产率为 0.04hm²/h。

图 7-20　自走式联合收获机

图 7-21　GSA-600 型自走式鲜食马铃薯收获机

欧美发达国家马铃薯消费以加工类食用消费为主，收储运及加工能力强，产业链配套齐全，并且其马铃薯种植规模大，种植模式统一规范，能够接受一定程度的机械损伤，欧美马铃薯生产模式和消费习惯有利于马铃薯实现机械化收获。因此，欧美发达国家马铃薯收获机以大型联合收获机为主，精准传感、互联网、人工智能等新技术可以快速集成，机电液智能控制技术广泛应用于清选分离过程，收获效率高，显著降低了人工成本。欧美大型联合收获机损伤率及破皮率较高，只适于我国北方一季作区大型农场加工类马铃薯收获使用，并不适合鲜食马铃薯收获，且大型联合收获机售价较高，中小种植户无力承担。日本、意大利等国家设计的鲜食马铃薯收获机，解决了鲜食马铃薯无机可用的难题，降低了劳动强度，降低了生产成本，收获效率偏低，收获适应性较差。

二、国内马铃薯收获机械装备研究及发展

我国马铃薯消费以鲜食菜用为主。和国外相比，我国马铃薯收获更加注重降低机械收获时的损伤和破皮，因此我国马铃薯收获主要采取人工或挖掘式分段收获，劳动强度大，生产效率低，据《中国农业机械化年鉴（2020）》统计，2019 年我国马铃薯机收率为 46.55％，与世界发达国家水平还有较大差距。

我国对马铃薯收获机的研究已有六十多年的历史。早在 20 世纪 60 年代，我国技术人员在消化吸收欧洲、苏联等国技术的基础上，成功研制了马铃薯收获机，但受经济水平和动力限制，机器未能推广应用。20 世纪 70 至 80 年代，我国研制了 4WM－2 型马铃薯挖掘机及 4UTL－2 型联合收获机，由于当时实行农村家庭联产承包责任制，种植规模较小，这些机具没有得到大面积推广和应用。20 世纪 90 年代以后，随着我国马铃薯种植面积迅速增加，马铃薯收获机械进入快速发展期，形成了一批马铃薯收获技术研究单位和生产企业，马铃薯收获机械取得了较大发展，涌现出中机美诺、山东希成、青岛洪珠等马铃薯收获机制造龙头企业。

1. 马铃薯挖掘铺放机

我国的挖掘铺放机技术来源于国外，经过六十多年的使用和改进，逐步适应了我国马铃薯的生产环境和种植模式，发展生产出国内马铃薯收获的主要机型，代表机型为 4U－170 系列马铃薯收获机，如图 7－22 所示。该机采用全悬挂双升运链式结构，可一次性完成仿形限深、挖掘、切秧、分离升运和放铺集条等作业，收获后的马铃薯置于垄表，明薯率高，马铃薯破损率低，基本满足了现阶段我国马铃薯收获的需求。但这种收获机综合生产效率低，劳动强度大，生产成本高。

2. 马铃薯联合收获机

为了适应加工薯和规模种植马铃薯收获需求，我国早期也曾引进大中型马铃薯联合收获机，但引进的收获机破皮率较高、损伤大，未能在国内大规模推广应用。近年来，针对国内马铃薯联合收获的迫切需求，中机美诺、山东希成、青岛洪珠等国内企业纷纷推出马铃薯联合收获机。1700 型马铃薯联合收获机如图 7－23 所示，适用于沙性或壤性土壤，一般采用两级输送分离链，并配备除秧排杂装置，可一次性完成挖掘、输送分离、除秧、侧输出装车等作业，显著提高了马铃薯收获效率，主要应用于北方一季作区加工薯收获。随着

我国马铃薯种植规模和人工成本的上升，能够实现低损收获的马铃薯联合收获机将是我国马铃薯收获机的重要发展方向。

图 7 - 22　4U - 170 系列马铃薯收获机

图 7 - 23　1700 型马铃薯联合收获机

3. 鲜食马铃薯收获机

针对鲜食和高品质马铃薯低损联合收获的迫切需求，结合我国鲜食马铃薯种植农艺和环境，国内相关研究单位开展了鲜食马铃薯收获装备研发，用人工捡拾来代替机器清选分级，缩短了联合收获机清选分离距离，有效降低了收获破皮和损伤，且劳动者可以实现站立工作，降低了收获劳动强度和生产成本。山东省农业机械科学研究院在山东省农机装备创新研发计划项目中研制了 4UL - 90 型分捡式马铃薯联合收获机，如图 7 - 24 所示。该收获机为牵引式马铃薯联合收获机，适用于菜用或高品质马铃薯联合收获，可一次性完成薯块挖掘、薯土分离、薯块输送分拣、装箱、装袋等作业；可自由选择集薯方式，薯箱自动卸箱，收集后直接运输，可有效降低损伤和生产成本。整机配套动力为 40～50kW，挖掘深度为 200～300mm，工作幅宽为 900mm，生产率≥0.13hm²/h。

154

图 7 - 24　4UL - 90 型分捡式马铃薯联合收获机

青岛农业大学针对山东省马铃薯种植规模小，收获时马铃薯因含水率高而容易破碎的特点，研究了薯土分离技术、薯块铺放技术，集成创新研制了 4U - 90DS 型马铃薯轻简化收获机，如图 7 - 25 所示。4U - 90DS 型马铃薯轻简化收获机结构形式为牵引式；配套动力大于 58.8kW；作业幅宽为 900mm；生产率大于 0.17hm²/h。

图 7 - 25　4U - 90DS 型马铃薯轻简化收获机

我国马铃薯收获机发展和国外相比差距较大，虽仍以挖掘式分段收获机为主，但劳动强度大、人工成本高、收获效率低，无法满足现代马铃薯生产以机替人、低成本收获的需求。传统的国内外联合收获机不适合鲜食马铃薯收获，难以在国内大规模推广应用，只在部分地区应用于加工型马铃薯收获，专门用于鲜食马铃薯收获的联合收获机还没有大面积推广应用。相对于小麦、玉米、水稻三大粮食作物的收获机，国内马铃薯收获机市场尚未成熟，市场空间小，但技术含量高，大型农机企业不愿涉足，而小企业技术实力不足、研发能力弱，再加上我国复杂的种植模式，导致我国马铃薯收获机研发进展缓慢。未来，我国马铃薯收获机将向两个方向发展：一个是适用于北方一季作区及中原地区规模马铃薯种植的大型联合收获机；另一个是适用于丘陵山区及鲜食马铃薯种植的小型低损马铃薯收获机。

第四节　马铃薯中耕机械装备研究及发展

一、国外马铃薯中耕机械装备研究及发展

马铃薯中耕机结构简单，技术较为成熟，可实现松土、除草、培土、成垄等功能。目前，国外马铃薯中耕机可实现一机多用，不仅用于马铃薯中耕除草、培土，通过换装工作部件，也可用于其他作物的除草及成垄作业，拓展了机具使用范围，降低了购机成本。比较有代表性的厂商主要是德国格立莫公司、比利时 AVR 公司、荷兰 STRUIK 公司、德国 FENDT 公司等。国外马铃薯中耕机主要分为锄铲式中耕机和驱动式中耕机。锄铲式中耕机采用的工作部件多为固定在主机架上的松土铲、弹尺、培土器等被动式工作部件，结构简单，工作可靠；驱动式中耕机主要由机架、旋耕刀、培土器及其他功能部件组成，一般用于播前整地、成垄，也可用于中耕培土作业。

1. 锄铲式马铃薯中耕机

目前，国外锄铲式马铃薯中耕机，多装有液压主动压垄装置。比利时AVR 公司生产的锄铲式马铃薯中耕机，如图 7 - 26 所示，主要由液压压垄装置、碎土弹尺、圆形培土盘、起垄罩等组成，通过更换工作部件可实现除草、中耕培土、快速起垄，一机三用。该中耕机设计了独特的重量传输系统，通过液压系统将拖拉机的重量转化为压力，以保证完美起垄，并可长时间保持垄形。

图 7 - 26　AVR 马铃薯中耕机

SPUDNIK 90 系列马铃薯中耕机（图 7 - 27），可以根据不同作业需求选择工作行数。该系列马铃薯中耕机可实现 4～12 行作业，可用于马铃薯幼苗的培土作业并形成规则的垄形。针对不同土壤类型，可以选择不同规格的松土弹齿。每垄均配备了液压压垄成形装置，可以塑造较好的垄形，保证马铃薯出芽集中、均匀。

图 7 - 27　SPUDNIK 90 系列马铃薯中耕机

2. 驱动式马铃薯中耕机

驱动式马铃薯中耕机安装有主动旋转的旋耕刀，在黏重板结的土壤情况下，与锄铲式中耕机相比，碎土性好，不易缠草，耕后地表平整，并可与其工作部件联合作业，一次性完成松土、除草、施肥等作业。

德国格里莫公司生产的 GF400 - 75 型驱动式马铃薯中耕机，幅宽为12m，破碎土壤及培土效果较好，工作效率高，适用于黏重板结土壤和地形复杂的倾斜土地条件，且该机可与马铃薯播种机结合起来作业，能有效节省作业时间。公司最新研发的 TerraProtect 中耕机，如图 7 - 28 所示，包括带防石装置的松土弹齿和后面的打坑器，可装配在马铃薯播种机或旋耕起垄机上。松土弹齿松动了表层土壤，从而增加了土壤的吸水能力；打坑器犁刀根据薯垄轮廓在垄沟中培土，形成横向的小坝和坑洞用于储水，提高了水肥药利用率。

荷兰 Struik 的 ZF 型驱动式旋转中耕机，如图 7 - 29 所示，有 3～12 行的工作幅宽，每个工作单体由齿轮箱单独驱动。该机器的通用性较高，适用于大多数的中耕作物，作业效果好。

图 7 - 28　格立莫 TerraProtect 中耕机

图 7 - 29　ZF 型驱动式旋转中耕机

二、国内马铃薯中耕机械装备研究及发展

国内中耕机械发展起步于 20 世纪 50 年代初，主要是简易的畜力和机力中耕除草机，之后在参考国外中耕机技术的基础上，也开始了马铃薯中耕设备的研究。目前国内的马铃薯中耕机同样分为锄铲式中耕机和驱动式中耕机两类。

山东希成生产的 3ZMP - 360 型马铃薯中耕培土施肥机，如图 7 - 30 所示，机架的机构强度大，刚性好，适用于多石的地块条件。其垄高和垄宽均可调节，工作阻力小，开沟性能好，作业后能形成规则沟道，储水保墒性能好。

德沃科技（黑龙江德沃科技开发有限公司）生产的 3ZFQ - 3.6 型中耕施肥机，如图 7 - 31 所示，采用驱动刀片松土，解决了黏重土壤的板结和结块问题。采用独立式传动箱体结构，解决了传统驱动中耕机通轴无法进行苗期中耕的问题，并可以完成出苗后期的中耕作业。

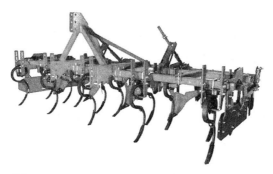

图 7 - 30　3ZMP - 360 型马铃薯中耕培土施肥机

图 7 - 31　3ZFQ - 3.6 型中耕施肥机

　　针对传统的锄铲式中耕机碎土功能差、易伤苗、调整费力等问题，山东五征集团研发了一种液压调节行距的中耕机，如图 7 - 32 所示。整机由机架、松土铲、培土器和液压调节装置组成。其中松土铲和培土器由连接板连接成为一组单机。整机共五组单机。中间一组单机固定在机架上，其余四组通过前后套管安装在机架主梁上，通过多路阀液压控制机组左右滑动实现垄距调整，以满足不同垄距马铃薯种植地的中耕培土作业。

图 7 - 32　3ZM - 4A 型自调式垄铲中耕培土机

综上所述，国外发达国家马铃薯种植规模大，中耕作业机械化程度较高，中耕机正向着联合作业、大宽幅、智能化方向发展。大型中耕机已经采用终端自动控制技术，结合 GPS、GIS（地理信息系统）等技术，农机手在驾驶室内就可以完成工作参数调整。同时，国外正在研究火焰除草、电力除草等新技术，如德国和丹麦企业正在研究一种利用振动将杂草除掉并抛至土表枯死的振动式中耕机。经过几十年的努力，国内中耕机械主要产品的研究设计水平已经能基本满足国内马铃薯生产需求，但在制造工艺技术水平方面仍有待突破、提高。未来，随着我国人口老龄化和马铃薯规模种植的发展，国内生产厂家应提高中耕机的自动化水平，研究智能控制系统，朝着节能高效、大型集成化、与信息化设备相结合的方向发展。

第五节　马铃薯入库机械装备研究及发展

马铃薯是高产作物，为了降低收获后的损失，调节鲜薯的供应期，延长原料薯的加工利用时间，实现增值，需要对其进行仓储。随着现代化农业技术的发展，通过建立机械冷库，利用制冷、控温、保湿、调气等自动化操作系统，使马铃薯储藏品质大大提高。马铃薯入库机械是指将收获后的薯块从田间运输到储藏库时所用到的机械装备，包括转运、清选分级、升运输送、堆垛等机械，是实现马铃薯工业化入库储藏的关键装备，对于提升马铃薯仓储质量、减少仓储损失、提高马铃薯经济收益都具有重要意义。

一、国外入库机械装备研究及发展

在 20 世纪 50 年代，发达国家随着工业体系和马铃薯全程机械化的快速发展，仓储设备起步发展，由开始的小规模向大规模、从简单低级的机械向高级智能化的方向发展，并且表现出日趋稳定的发展态势。

1. 马铃薯收集转运车

发达国家对马铃薯一般采用大型收获机收获，为了提高收获效率，需要跟车收集薯块或者定点卸料，尽量减少收获机停车时间，因此，马铃薯收集转运车是非常重要的生产装备。英国 DOWNS 公司生产的 GEO DTX - 18 型转运车（图 7 - 33）不仅适用于马铃薯，也适用于胡萝卜、洋葱等蔬菜，是一种多功能解决方案。一旦料斗装满，可以方便地将之直接装载卡车或在装载前采用高效清洁装置，对收获后的马铃薯再一次进行清选除杂，适合田地长距离转运，降低了运输成本、提高了收获机工作效率。

2. 马铃薯清选分级机械

马铃薯清选分级机械，用于接收转运车运来的马铃薯，并完成除杂、清选、分级作业，是工业化入库的关键装备。格立莫 PowerCombi 清选分级机如图 7-34 所示，采用具有 3 个高效分离装置（分离器）的接收料斗，不仅可以提高分离精度，还可以将产能提高到 100t/h。第一个分离器由高度耐用的聚氨酯制成的可调滚轮组成，有助于分离松散的土壤、打碎土块以及分离较小的马铃薯。第二个分离器由两个专门设计的旋转滚筒组成，以进一步将较小的马铃薯与主要作物分离。过大的马铃薯和其他残留的杂质通过第三个分离装置。该机集成了 TOMRA 3A 光学高性能分离器，土块、石头和异物通过弹射手指进行分类，实现了高度精确分离，作业时可由一个人轻松操作，自动化程度高，大大降低了人力成本。

图 7-33　GEO DTX-18 型转运车

图 7-34　PowerCombi 清选分级机

3. 马铃薯输送机

马铃薯输送机是用于马铃薯转场以及近距离运输的高效作业机械，如图 7-35 所示。通常由电机或液压驱动；为了更好地保护作物，入料端可逐级调节高度；输送带为无级调速，可适应各种作业条件。

图 7 - 35　马铃薯输送机

4. 马铃薯入库堆垛机

马铃薯入库堆垛机如图 7 - 36 所示，主要将经过清选分级的马铃薯在储藏库中进行堆垛处理，且堆垛高度可根据不同需求进行人工或自动控制。自动控制的堆垛机在下料出口位置设有智能下料系统，可以根据垛堆高度及位置实现自动升降调节，有效降低了马铃薯块茎损伤率，基本实现了无损堆垛作业。

图 7 - 36　马铃薯入库堆垛机

二、国内入库机械装备研究及发展

一直以来，我国马铃薯消费以鲜食菜用为主，马铃薯收获后直接装袋、装车，然后运输至全国各地农贸市场进行销售，因此我国的入库机械研究是滞后的。近年来，随着我国马铃薯价格波动加剧，以及马铃薯加工产业的快速发展，国内马铃薯入库仓储需求加大，相应的入库机械需求上升，国内相关研究单位和生产企业也开始对马铃薯入库机械进行研究。

1. 马铃薯收集转运车

国内马铃薯机械生产企业，如中机美诺、山东希成、德沃科技，都推出了马铃薯收集转运车。德沃科技出产的7CX-16型多功能转运车如图7-37所示。该机针对马铃薯及多种大田作物进行高效转运设计。前轮胎可转向，能够减小车辆的转弯半径；侧箱门可翻转，可实现铲车装卸或跟随联合收获机作业；自卸速度最快可达5min，节省运输时间；具有无线遥控功能，操作便捷；轮胎直径达到1.5m，载重15t，通过性及适应性强。

图 7-37　7CX-16型多功能转运车

2. 马铃薯清选机械

山东希成研发的5XF-60型马铃薯清选机如图7-38所示，主要由主输送线上料装置、一级清选装置、二级清选装置、整机底托架以及薯块和泥土杂物输送线装置五大部分组成。最大处理能力：田间为30t/h，仓库为60t/h。泥土清除率≥95%，分选准确率≥90%，马铃薯损伤率≤1%。

图 7-38　5XF-60型马铃薯清选机

3. 马铃薯输送机

图7-39所示为中机美诺生产的多功能马铃薯输送机。该机运输速度可

调、输送角度可调、运输高度可调，并配备了汽油发动机，驱动液压泵站。该机传送端部做了改良，加装了可调节角度的导流板，从而降低了坠落高度，起到缓冲作用，减少了马铃薯的跌落损伤。

图 7-39 1950 型多功能马铃薯输送机

4. 马铃薯入库堆垛机

希森天成 5SD-40 型马铃薯入库堆垛机（图 7-40）是一款适用于在田间和仓库对马铃薯进行输送和堆放的设备。马铃薯在被传送设备运送过来后，堆垛机将马铃薯均匀放置在仓库中。独特的底盘设计、伸缩结构、液压系统及电气设计，使该设备动作稳定、功能全面，并可实现传感器自动控制作业。控制手柄配备 15m 柔性电缆，可保证远距离观察与操作，安全性高。最大处理能力为 40t/h，最大伸展长度为 14.4m，最大可升高 8m，伤薯率≤1%。

图 7-40 5SD-40 型马铃薯入库堆垛机

国外的马铃薯入库机械种类齐全、装备专业、自动化程度高、作业效率高，实现了马铃薯从田间地头至入库全流程机械化作业，减少了人力物力的消耗，降低了生产成本。目前，发达国家入库机械正向着集成化、大型化、智能化方向发展。我国虽有少数企业进行了马铃薯入库机械研究，但研究不够深入，市场竞争力不足，尤其是清选除杂、减损、自动化控制等技术和发达国家相比有较大差距。参考国外马铃薯产业的发展历程，随着我国马铃薯主粮化战略的持续推进、马铃薯产业链的逐步完善，马铃薯入库储藏将是未来我国马铃薯产业发展的重要方向，相关企业应做好技术储备，不断推进马铃薯入库机械装备研究，补足国内马铃薯生产全程机械化的短板。

第六节 我国马铃薯全程机械化生产概况

马铃薯是我国重要的粮食作物。推进马铃薯生产全程机械化，对提高马铃薯综合生产能力、促进马铃薯产业发展、保障我国粮食安全、优化农业结构及实现农业增效和农民增收都具有重要意义。

相比水稻、小麦、玉米三大粮食作物的生产机械化发展历程，我国马铃薯生产机械化起步较晚。国家也采取了多种措施，不断推进马铃薯生产机械化，进一步促进马铃薯产业发展。尤其是 21 世纪以来，我国先后组织实施了科技攻关计划项目、国家科技支撑计划重点项目、国家公益性行业（农业）科研专项经费项目、国家重点研发计划、国家现代农业马铃薯产业技术体系建设项目等重大项目，引导、鼓励和支持科研机构、生产企业研发生产马铃薯作业机械。目前，列入全国农机购置补贴机具种类范围的马铃薯生产机械超过 100 个型号。这些产品的应用为促进马铃薯生产机械化提供了有力支撑。2019 年，全国马铃薯收获机保有量达到 8.30 万台，是 2008 年保有量 1.34 万台的 6.19 倍，年均增幅为 56.27%。

农业农村部（原农业部）从 2011 年起连年将马铃薯生产机械化技术列入全国主推技术，引导组织各地农业农村部门重视和推进这一技术的普及应用。随着马铃薯生产机械化技术的不断推广，马铃薯机械化作业面积不断扩大、作业水平持续提升。据统计，2019 年，全国马铃薯机耕、机播和机收面积分别达到 3 489 910、1 299 050、1 298 370hm²，耕种收综合机械化率达到 46.55%，机耕率为 74.68%，机播率为 27.80%，机收率为 27.78%，分别比 2008 年提高了 25.06、37.94、17.13 和 17.78 个百分点。

总体看，马铃薯生产机械化水平的提高为马铃薯产业快速发展发挥了重要作用。但是，我国马铃薯生产机械化发展不能满足产业发展需求的状况还没有得到根本改变，不仅远低于发达国家马铃薯生产机械化水平，也不及国内玉米、小麦、水稻三大作物的机械化水平。近年来，随着我国城镇化进程加快和农村劳动力转移，马铃薯收获季节用工紧缺，人工成本越来越高，在一些地区，生产成本已高于市场销售价格，马铃薯种植专业合作社及种植大户濒临破产，严重影响了其生产马铃薯的积极性，提高马铃薯生产机械化水平已刻不容缓。

一、我国马铃薯全程机械化生产存在的问题

1. 发展不平衡、不充分

首先，区域间、各作业环节间机械化发展不平衡，北方一季作区及中原二季作区机械化作业已经达到较高水平，初步具备了推进全程机械化的条件，但南方和西南丘陵山地受生产环境、种植模式等条件制约，机械化作业水平较低，主要生产环节目前仍然以人工为主；耕、种、收三大主要环节中，机耕率超过 70%，但机播率和机收率还不到 30%，入库机械应用才刚刚起步。其次，各环节生产机械化发展并不充分，机具有效供给不足，产品适应性、可靠性、配套性仍然不能满足生产要求，有待进一步提高。马铃薯虽然在 2016 年被我国列为主粮，但长期以来马铃薯被视为蔬菜，马铃薯主粮化进程缓慢。政府重视程度和扶持力度相对不足，马铃薯生产装备市场尚未成熟，大型作业装备只能依靠进口，科技支撑体系薄弱。

2. 农机农艺协同不够

随着工业化、城镇化的深入发展，农村劳动力结构和农民劳动观念发生了深刻变化，农民对农机作业的需求越来越迫切，农业生产对农机应用的依赖越来越明显，机械化程度的高低直接影响农民的农业生产意愿。当前，马铃薯农机与农艺的联合研发机制尚未建立，一些作物的品种培育、耕作制度、栽植方式不适应农机作业的要求，尤其是偏远山区，农民种植习惯差异大，农机与农艺相脱节，各自为战，马铃薯良种化、标准化程度低，农业栽培技术多变，随意性强，大垄小垄、平作间作，花样翻新，使农机无所适从。

3. 消费结构单一，产业化发展水平低

和国外加工类食用消费不同，我国马铃薯消费以鲜食消费为主，约占马铃薯总消费量的 60%。鲜食马铃薯以早熟品种为主，对机械化收获质量和仓储条件提出了较高要求，这导致我国收获机械化水平，尤其是联合机械化收获水平难以提高。另外，我国马铃薯加工比例低，马铃薯加工转化率只有不到 10%，仍处于初级阶段。尽管马铃薯加工产品种类较多，但多集中在粉丝、粉条等中低档产品上，薯条、精制淀粉等高附加值产品多为进口，且缺乏主食化和方便化的对应产品，不利于马铃薯主食化发展和消费量增加，不能满足人民对高品质农产品的要求，导致马铃薯产业收益率不高，进一步限制了马铃薯生产机械化水平的提高。研究表明，只有当马铃薯加工转化率达 30% 以上时，马铃薯产业才能实现健康、稳定、可持续发展。

4. 生产规模小，社会化服务组织尚未健全

我国马铃薯生产规模小而分散，种植农艺不统一，农机社会化服务组织发展缓慢，土地经营仍以一家一户小规模分散经营为主，集约化程度低，不利于

新型农业机械生产效能的发挥，土地规模经营的发展远远落后于现代农业机械化的发展要求。除北方一季作区外，我国马铃薯种植区多为丘陵等贫困地区，农业生产条件差，农民收入水平低，购买、使用农业机械开展马铃薯生产的动力不足，基本采用人工作业方式。近年来，虽然马铃薯种植大户、家庭农场有所增加，但是大多数规模小，经济效益不高，种植分散，没有形成规模经营，影响了大中型机具作用的发挥，也严重制约了机械化发展。另外，马铃薯农机社会化服务程度比较低，马铃薯作业机具合作组织尚属空白，种植大户购机后以自用为主，没有形成农机社会化服务市场，未能真正有效推进马铃薯生产机械化。

二、我国马铃薯全程机械化发展建议

1. 加大科研投入和补贴力度，提高装备供给水平

国家应加大扶持力度和科研投入，对马铃薯作业机械的基础研究和科技攻关给予优先列项和专项经费支持，对机具的中试与产业化给予政策扶持，将适宜丘陵山地马铃薯生产作业的轻便化、小型化设施装备等的研发、制造列入重大专项。针对马铃薯生产机械的重点、难点和薄弱环节进行科技攻关，不断完善和提高机械使用可靠性，研发、生产能满足各主产区需求的马铃薯机械，不断提高农机装备的有效供给水平。对马铃薯播种、收获等生产关键环节的机具实行重点补贴，发挥政策引导作用，有效增加农机装备总量，为马铃薯生产机械化提供坚实的技术与物质基础。

2. 易机化为前提，农机农艺融合

国内外实践表明，农机农艺融合，相互适应，相互促进，是建设现代农业的内在要求和必然选择。当前，我国马铃薯产业已经到了发展的关键期，生产成本居高不下，天花板效应越来越明显，农机农艺有机融合，不仅关系到关键环节机械化的突破，更关系到整个马铃薯产业的可持续发展。应以适应机械化作业为前提，探索标准化的薯种生产技术，培育和筛选不易破皮、损伤，形状优良，适宜机械化收获的鲜食早熟马铃薯新品种。同时充分发挥主要农作物生产全程机械化推进行动专家指导组以及现代农业产业技术体系中农机、农艺专家的作用，推进作物品种、栽培技术和机械装备的集成配套，完善适宜不同地区的马铃薯全程机械化技术生产模式，包括农艺要求、机械化工艺流程、技术要点、作业规范、机具选配等，充分发挥农业机械在提高农业劳动生产率、资源利用率和土地产出率等方面的作用。

3. 调结构，促消费，产业化发展

针对我国独特的消费习惯和种植模式，调整国内马铃薯消费结构，加大对马铃薯所含营养成分以及健康功效的宣传，同时开发鲜薯制品、全粉制品、速

冻半成品等马铃薯主食化产品，推进马铃薯主粮化进程。同时推动马铃薯向蛋白质、纤维、变性淀粉及功能性食品等精深加工产品方向发展，进一步延长产业链条，促进马铃薯的加工、转化与增值。以马铃薯主产区为重点，加大招商引资力度，引进战略投资者，充分发挥马铃薯加工企业的牵动作用，新建、改建和扩建具有现代化水平的马铃薯精深加工企业。

4. 壮大新型经营主体、建立马铃薯生产机械社会化服务体系

有序推进土地流转，鼓励适度规模经营，做大做强马铃薯优势产区，形成龙头示范效应，积极培育和扶持马铃薯种植大户、农民专业合作社、龙头企业等多种新型经营主体，农机购置补贴资金向从事马铃薯生产机械化作业的新型经营主体倾斜，促进马铃薯生产由零散、技术不统一向规范化、集约化、规模化转变。发展订单农业，建立紧密的产销关系，促进农户小生产与大市场的有效衔接，提高抵御市场风险的能力。合理布局，建设起若干个具有相当规模的马铃薯生产基地和高产优质高效核心示范区，搞好新技术、新品种、新产品的引进、试验、示范与推广。建立健全相关规章制度，强化对相关人员的培训和业务指导，积极培育机械化生产经营和服务组织，建立"共同利用"的农机社会化服务体系，开展马铃薯生产机械跨区作业，降低作业成本。

三、我国马铃薯全程机械化前景展望

随着我国城镇化和土地流转进程不断加快，农村劳动力不断减少，马铃薯生产人工成本急剧增加，"一工难求"已成常态，传统的人工作业模式已严重制约马铃薯产业健康发展。提高马铃薯生产机械化水平，对于降低我国马铃薯生产成本、提高马铃薯产业国际竞争力、减小劳动强度和增加农民收入等都具有重要意义。

附录1

马铃薯全程机械化生产技术规范（NY/T 3483—2019）

1 范围

本标准规定了马铃薯机械化生产的前期准备、耕整地、播种、田间管理、收获等主要作业环节的技术要求。

本标准适用于北方一季作区、中原二季作区的马铃薯机械化生产作业。其他地区的马铃薯机械化生产作业可参照执行。

注：北方一季作区包括黑龙江、吉林、内蒙古、甘肃、宁夏、辽宁大部、河北北部、山西北部、青海东部、陕西北部、新疆北部；中原二季作区包括河南、山东、江苏、浙江、安徽、江西、辽宁、河北、山西、陕西4省南部，湖南、湖北2省东部。

2 规范性引用文件

下列文件对于本文件的应用是必不可少的。凡是注日期的引用文件，仅注日期的版本适用于本文件。凡是不注日期的引用文件，其最新版本（包括所有的修改单）适用于本文件。

GB 18133　马铃薯种薯

NY/T 648　马铃薯收获机　质量评价技术规范

NY/T 650　喷雾机（器）　作业质量

NY/T 990　马铃薯种植机械　作业质量

NY/T 1276　农药安全使用规范　总则

NY/T 2706　马铃薯打秧机　质量评价技术规范

3 前期准备

3.1 基本要求

3.1.1 机具应符合安全标准要求，并适应当地马铃薯生产农艺要求，处于完好状态。所选拖拉机功率与配套机具以及地块大小应匹配。

3.1.2 机具的作业质量应达到相关标准和使用说明书的要求。

3.1.3 机具在使用前应按农艺要求设置或调整工作参数并按其使用说明书规

定调整至最佳工作状态。

3.1.4 机具操作人员应是经过培训且具备相关资格要求的人员，作业前应详细阅读机具使用说明书，作业和维护应按机具使用说明书的要求操作。

3.1.5 操作人员不得在酒后或身体过度疲劳状态下操作机器。

3.1.6 作业时，操作人员应随时观察机具作业状态，如有异常应停机检查并排除故障，操作时应严格遵守安全规则。

3.2 地块选择

3.2.1 作业地块宜选择地势平坦或缓坡状地块，集中连片，适宜机械化作业。不宜选在排水能力差的低洼地、涝湿地。土壤应符合马铃薯栽培要求，宜选择土层深厚、透气性好的中性或微酸性的沙壤土或壤土。

3.2.2 马铃薯种植应遵循 1～3 年轮作制度，不应 3 年以上连作种植。北方一季作区不应与茄科类、块根类作物轮作；中原二季作区不应与番茄、辣椒、茄子、烟草等作物轮作。

3.2.3 在前茬作物收获后需要进行残膜回收时，应在耕整地前选择适宜的残膜回收机械进行残膜回收。秸秆还田时，将秸秆、根茬粉碎，秸秆、根茬长度不超过 10cm，然后进行深耕或深松作业。

3.3 播前施肥

3.3.1 施肥方式：可利用撒肥机先撒肥，将肥料均匀地抛撒在地表面，然后进行耕整地作业；也可采用边耕边施肥的方式结合整地一次施入，施肥量应符合当地农艺要求。

3.3.2 肥料种类以农家肥为主、化肥为补充。马铃薯对氮磷钾的需求比例按每 667m² 产量 2 000kg 计需要：氮素 10kg、磷素 4kg、钾素 23kg。宜使用马铃薯测土配方技术和马铃薯专用复合肥施肥技术。

3.3.3 施肥方法以基肥为主、追肥为辅。按马铃薯目标产量，将 2/3 氮、钾肥和全部的磷肥作基肥和种肥，剩余 1/3 氮、钾肥作追肥。具体施肥情况应根据各地土壤养分比例和农艺要求确定。

3.4 种薯品种选择

3.4.1 依据当地种植条件，结合市场需求，选用经过审定的、适应性好、抗逆性强、高产高效二级种的脱毒种薯。

3.4.2 种薯应达到 GB 18133 的要求。

3.5 种薯处理

3.5.1 催芽

将种薯放置于 18～20℃环境中，在散射光下进行催芽，待芽长至 0.5cm 左右即可开始后续处理。

3.5.2 切块

播种前 2～3d 对种薯进行切块,每个薯块至少带 2 个芽眼,薯块质量为 30～50g。刀具用 75% 的酒精或 0.5% 高锰酸钾水溶液消毒,应一刀一蘸。

3.5.3 药剂拌种

切块后的种薯选用可预防当地传播病虫害的药剂进行拌种处理,通风晾干,不得粘连。

4 耕整地

4.1 耕整地作业应根据当地的气候特点和种植模式、农艺要求、土壤条件及地表秸秆覆盖、根茬状况,选择作业方式和时间。

4.2 耕整地作业一般在播种前 15～20d 进行。

4.3 耕地作业可根据当地区域气候特点选择在春秋两季进行。秋季作业时,应在秋季作物收获后选择深翻或深松作业。深松作业每隔 2 年或 3 年作业 1 次。选择春季作业时可采用随耕随耙的耕整地方式。深松作业深度应能打破犁底层,深松深度为 25～40cm,深翻深度为 25～35cm。耕地作业应不重耕、不漏耕、翻垡一致、覆盖严密,并将地表杂草、残茬全部埋入耕作层内,耕后地表平整、墒沟少,地头地边齐整;坡地应沿等高线作业。

4.4 整地作业可采用旋耕、耙、耱或联合整地等方式进行。旋耕深度为 10～15cm,耙地深度为 8～15cm。耕整地作业后应适度镇压,以保持土壤水分。整后的土地应地表平整、土壤疏松、碎土均匀一致,一般不应有影响播种作业质量的土块。

4.5 耕整地根据作业方式选配灭茬、深松、深翻、旋耕、耙等机械。地表平坦、面积较大的地块宜选用多功能联合复式作业机具,一次性完成耕整地作业。丘陵山地和缓坡耕地宜采用中小型机具作业。

5 播种

5.1 种植模式分为垄作和平作,马铃薯的种植模式宜采用垄作。垄作又分为单垄单行和单垄双行 2 种种植模式。单垄单行种薯位置处于垄中心线,呈直线分布;单垄双行种薯位置距垄边 10～15cm,呈三角形分布。降水量少的旱作区宜采用覆膜、滴灌等配套技术。采用膜上覆土的种植方式,根据农艺要求进行膜上覆土。

5.2 种植密度和种植垄距应根据马铃薯品种特征、目标产量、水肥条件、土地肥力、气候条件和农艺要求等确定。单垄单行种植垄距宜选择 60～90cm、种植株距 16～30cm、垄高 20～25cm;单垄双行种植垄距宜选择 100～130cm、垄上行距 17～36cm、种植株距 15～35cm、垄高 15～30cm。垄高旱作区宜低、灌溉区宜高。播种深度 8～12cm，覆土应严实。

5.3 播种应在田间地表 10cm 以下的地温稳定在 7～10℃时进行或在当地晚霜前 20～30d 进行，中原二季作区秋播时在田间地表 10cm 的地温应不高于 20℃，各地具体播期应根据当地气候条件适时作业。北方一季作区播期一般在 4 月下旬至 5 月初，中原二季作区春播期在 2 月下旬至 3 月上旬、秋播期一般在 8 月。

5.4 播种时肥料应施在种子的下方或侧下方，与种子相隔 5cm 以上、肥条均匀连续，每 667m² 配施种肥 15～20kg。

5.5 播种机械宜选择一次完成开沟、施肥、播种、覆土、镇压等功能的复式作业机械。根据当地农艺要求，可选择带有起垄、覆膜、铺滴灌带和施药等功能的播种机械。播种前应按农艺要求调整播种机各调节机构，进行试播，播种作业质量应符合 NY/T 990 的要求。

6　田间管理

6.1　中耕施肥

6.1.1 中耕培土作业一般进行 2 次。第一次作业在出苗率达到 20％时进行，培土厚度 3～5cm；第二次作业在苗高 15～20cm 时进行，培土厚度 5cm 左右。2 次中耕培土深度控制在 10cm 左右。通过调整培土器与地面夹角调整垄高和垄宽，作业后应垄沟整齐、垄形完整。

6.1.2 中耕机应选择具有良好的行间通过性能的机械。滴灌且不铺膜的地块，中耕时宜选用可一次完成松土、除草、起垄、整形、施肥等作业的机械；配套动力应选用适应中耕作业的拖拉机。

6.1.3 中耕作业一般配合追肥和除草同时进行，追肥和除草作业应无明显伤根，伤苗率不大于 3％。追肥部位应在植株行侧 10～20cm、深度 6～10cm 处。肥带宽度不小于 3cm，无明显断条。施肥后覆盖应严密，行间及垄两侧的杂草应去除干净。

6.2　灌溉

6.2.1 根据马铃薯苗期、块茎形成期、块茎增长期和淀粉积累期不同生长阶段需水量不同，实时进行灌溉。苗期需水量占全生育期需水量的 10％～15％，块茎形成期为 20％～30％，块茎增长期为 50％，淀粉积累期为 10％左右。

6.2.2 可采用喷灌、滴灌、垄作沟灌等高效节水灌溉技术和装备进行灌溉，不得大水漫灌。在收获前 10d 停止灌溉。

6.3　植保

6.3.1 植保机械应根据地块大小、马铃薯病虫草害发生情况及控制要求选用药剂及用量，选用喷杆式喷雾机、机动喷雾机和植保无人机等进行病虫害防控及化学除草。也可在灌溉时利用水肥药一体化施药技术进行适时防控。

6.3.2 苗前喷施除草剂应在土壤湿度较大时进行均匀喷洒,苗后喷施除草剂应在马铃薯 3～5 叶期进行,要求在行间近地面喷施,药液应覆盖在杂草植株上。在马铃薯块茎形成期、块茎增长期,叶面喷施马铃薯微肥。

6.3.3 植保作业应符合 NY/T 1276 和 NY/T 650 的要求。

7　收获

7.1　打秧

7.1.1 马铃薯打秧一般应在收获作业前 7～10d 进行,应选用结构形式、工作幅宽符合马铃薯种植垄距要求的打秧机械。打秧时,调节打秧机限深轮的高度来控制适宜的留茬高度。

7.1.2 打秧作业质量(茎叶打碎长度合格率、漏打率、伤薯率、留茬长度)应符合 NY/T 2706 的要求。

7.2　收获

7.2.1 北方一季作区一般在 9 月至 10 月收获;中原二季作区春马铃薯一般在 5 月至 7 月上旬收获、秋马铃薯一般在 11 月收获。

7.2.2 根据地块大小、土壤类型、马铃薯品种及用途等,选择马铃薯分段收获(即机械起收、人工捡拾分级)或机械联合收获、机械分级的收获工艺和配套机械。有条件的地区宜选用马铃薯联合收获机。

7.2.3 马铃薯收获机工作幅宽应比马铃薯种植行距宽 20～30cm 或大于马铃薯生长宽度两边各 10cm 以上,挖掘深度应比马铃薯种植深度深 10cm 以上,收获挖掘铲的入土角度应为 $10°～20°$。

7.2.4 马铃薯收获作业质量(损失率、伤薯率、破皮率、含杂率)应符合 NY/T 648 的要求。

附录 2

马铃薯种植机械 作业质量 （NY/T 990—2018）

1 范围

本标准规定了马铃薯种植机械的术语和定义、作业质量要求、检测方法和检验规则。

本标准适用于马铃薯种植机械的作业质量评定。

2 规范性引用文件

下列文件对于本文件的应用是必不可少的。凡是注日期的引用文件，仅注日期的版本适用于本文件。凡是不注日期的引用文件，其最新版本（包括所有的修改单）适用于本文件。

GB/T 5262—2008 农业机械试验条件 测定方法的一般规定

GB/T 6242—2006 种植机械 马铃薯种植机 试验方法

3 术语和定义

下列术语和定义适用于本文件。

3.1 覆土深度 depth of covering

从种薯上表面至覆土层上表面的距离。

3.2 邻接行距 neighbouring row space

两个相邻作业行程衔接之间的距离。

4 作业质量要求

4.1 作业条件

耕整后地块应满足马铃薯种植机械作业要求，土壤绝对含水率为12%～20%；种薯形状指数、种薯幼芽损伤情况按照 GB/T 6242—2006 中的规定测定并记录；记录种薯幼芽长度应≤1.5cm（如适用）；作业速度和配套动力应满足产品使用说明书的要求。也可以根据实际情况，由服务双方协商确定。

4.2 作业质量指标

在4.1规定的作业条件下,马铃薯种植机械的作业质量应符合表1的规定。

表1 作业质量要求一览表

序号	检测项目名称	质量指标要求		检测方法对应条款号
		专业检测方法	简易检测方法	
1	漏种指数	≤10%		5.1.3
2	种薯幼芽损伤率	≤2%	—	5.1.5
3	覆土深度合格率	≥80%		5.1.4
4	种薯间距合格指数	≥80%		5.1.3
5	邻接行距合格率	≥90%		5.1.7
6	播行直线性偏差	≤10cm		5.1.6

注:服务双方可以协商确定采用专业检测法或简易检测法。

5 检测方法

5.1 专业检测方法

5.1.1 作业条件测定

按照GB/T 5262—2008的规定测定土壤绝对含水率,按照GB/T 6242—2006中4.1的规定记录种薯形状指数,按照GB/T 6242—2006中3.4的规定记录种薯幼芽长度(如适用)。

种薯的原始幼芽损伤率测定:在准备种植的种薯中随机抽取100个种薯,目测种薯幼芽的数目和种薯幼芽损伤数目,种薯幼芽损伤占种薯幼芽总数的百分数为种薯的原始幼芽损伤率(对于没有幼芽的种薯,不测此项)。

5.1.2 检测段确定

按照GB/T 5262—2008中4.2规定的五点法进行取点,每点处选取长度为100m,共5行作为检测区。将这5行每50m长分为一段,将所分的段编号,从每行中随机抽取一段,共抽取5段作为检测段。

5.1.3 种薯间距合格指数、漏种指数

在5.1.2中确定的检测区内,每行连续测定100个种薯间距,共计500个种薯间距,按照GB/T 6242—2006中附录A的方法计算得出种薯间距合格指数和漏种指数。

5.1.4 覆土深度合格率

每个检测段连续测定20个种薯的覆土深度,以当地农艺要求的覆土深度 H 为标准,($H\pm1$) cm为合格,合格覆土深度的个数占所测覆土深度总个数

的百分数为覆土深度合格率。

5.1.5 种薯幼芽损伤率

每个检测段连续测定 20 个种薯，目测种薯幼芽总数和幼芽损伤数，幼芽损伤数占种薯幼芽总数的百分数为种薯总幼芽损伤率，种薯幼芽损伤率为总幼芽损伤率与原始幼芽损伤率之差（对于没有幼芽的种薯，不测此项）。

5.1.6 播行直线性偏差

在作业地块连续选取 5 行，长度为 50m 的区域作为播行直线性偏差检测区域。找出每行第 1 个和最后 1 个种子，连接成线作为基准线，以第 1 个种子开始的 5m 处作为第 1 个测点，读取距离测试点最近的马铃薯种子中心与基准线的距离作为测量值，每隔 2m 测量 1 次，连续测量 20 次，5 行共测量 100 个点，取最大值作为播行直线性偏差。

5.1.7 邻接行距合格率

以按照 5.1.6 的规定选取的区域为基准区，在基准区一侧连续选取 5 组邻接行，沿播种作业方向每隔 10m 测量 5 个行距值，测 3 次，共 15 个行距值。以当地农艺要求的行距值 B 为标准，所测行距大于 $0.9B$ 且不大于 $1.1B$ 为合格。合格行距的个数占所测行距的总个数的百分比为邻接行距合格率。

5.2 简易检验方法

5.2.1 检测段的确定按照 5.1.2 的规定执行。

5.2.2 漏种指数、种薯间距合格指数检验按照 5.1.3 的规定执行，覆土深度合格率检验按照 5.1.4 的规定执行，播行直线性偏差检验按照 5.1.6 的规定执行，邻接行距合格率检验按照 5.1.7 的规定执行。

6 检验规则

6.1 作业质量考核项目

马铃薯种植机械作业质量考核项目见表 2。

表 2 作业质量考核项目表

序号	检测项目名称	
	专业检测方法	简易检测方法
1	漏种指数	漏种指数
2	种薯幼芽损伤率	—
3	覆土深度合格率	覆土深度合格率
4	种薯间距合格指数	种薯间距合格指数
5	邻接行距合格率	邻接行距合格率
6	播行直线性偏差	播行直线性偏差

6.2　综合评定规则

对检测项目进行逐项考核。全部检测项目合格时,判定马铃薯种植机械作业质量为合格;否则,为不合格。

附录 3

马铃薯收获机 作业质量（NY/T 2464—2013）

1 范围

本标准规定了马铃薯收获机作业的质量要求、检测方法和检验规则。

本标准适用于马铃薯挖掘机（以下简称挖掘机）和马铃薯联合收获机（以下简称联合收获机）作业质量的评定。

2 规范性引用文件

下列文件对于本文件的应用是必不可少的。凡是注日期的引用文件，仅注日期的版本适用于本文件。凡是不注日期的引用文件，其最新版本（包括所有的修改单）适用于本文件。

GB/T 5262 农业机械试验条件 测定方法的一般规定

3 术语和定义

下列术语和定义适用于本文件。

3.1 小薯 small potato

最小长度尺寸小于 25mm 的马铃薯。

3.2 明薯 potato on or out of earth

机器作业后，暴露出土层的马铃薯。

3.3 漏挖薯 undug potato

机器作业后，没有被挖掘出土层的马铃薯。

3.4 埋薯 covered potato

挖掘出上层后，又被掩埋的马铃薯。

3.5 漏拾薯 unpicked potato

挖掘出土层后，而没有被拣拾收回的马铃薯。

3.6 损失薯 lost potato

联合收获机械作业后的漏挖薯、埋薯和漏拾薯之和（不含小薯）。

3.7 伤薯 damaged potato

机器作业损伤薯肉的马铃薯（由于薯块腐烂引起的损伤除外）。

3.8 破皮薯 skin‐damaged potato

机器作业擦破薯皮的马铃薯（由于薯块腐烂引起的破皮除外）。

4 作业质量要求

4.1 作业条件：种植模式应满足马铃薯收获机作业要求，作业地的土壤绝对含水率不大于25%，马铃薯茎秆含水率大于26%时应进行打秧作业，对茎秆进行清理。

4.2 在4.1规定的作业条件下，采用检测法时，挖掘机和联合收获机的作业质量应分别符合表1和表2的规定。采用简易法时，可根据双方的实际经验，在协商一致的前提下用人工的方法来判定收获机的作业质量。

表1 挖掘机作业质量要求

序号	检测项目	质量指标要求	检测方法对应的条款
1	伤薯率	≤3%	5.4.1
2	破皮率	≤3.5%	5.4.1
3	明薯率	≥96%	5.4.1

表2 联合收获机作业质量要求

序号	检测项目	质量指标要求	检测方法对应的条款
1	伤薯率	≤3.5%	5.4.2
2	破皮率	≤4%	5.4.2
3	含杂率	≤4%	5.4.2
4	损失率	≤4%	5.4.2

5 检测方法

5.1 基本要求

作业条件和配套动力应符合作业要求。使用的仪器、设备和量具的准确度应满足测量的要求，并经校验合格。

5.2 作业地选择

作业地应具有代表性，应保证收获机能进行正常作业。

5.3 作业条件测定

5.3.1 测定作业地的面积、地形、坡度、土壤类型、垄高和垄（行）距，并在试验区内对角线取5点，测量土壤绝对含水率、土壤坚实度。其测定方法应按照GB/T 5262的规定进行。也可由服务方和被服务方根据双方的经验，判定该地块是否适宜收获作业。

5.3.2 在试验区内对角线另取 5 点，每点测 3 垄（行），每垄（行）长度不少于 1m，测定茎秆含水率、株距、自然高度、薯块分布宽度和深度。

5.4 参数测定和计算

机器以正常工作状态进行收获作业。可在机具作业过程中或作业后，随机选取 3 个小区进行作业质量测定，结果取平均值。

5.4.1 挖掘机明薯率、伤薯率和破皮率的测定

机器作业后随机选取 3 个小区，收集小区内的明薯，用人工方法挖出埋薯和漏挖薯，分别将其称重，再从中挑出所有伤薯和破皮薯，分别称重（以上各类薯称重均不含小薯）。按式（1）、式（2）、式（3）、式（4）计算明薯率 T_o、伤薯率 T_s 和破皮率 T_p。

$$T_o = \frac{W_o}{W} \times 100\% \tag{1}$$

$$T_s = \frac{W_s}{W} \times 100\% \tag{2}$$

$$T_p = \frac{W_p}{W} \times 100\% \tag{3}$$

$$W = W_o + W_m + W_l \tag{4}$$

式中：T_o 为明薯率（%）；W_o 为明薯质量（kg）；W 为总薯质量（kg）；T_s 为伤薯率（%）；W_s 为伤薯质量（kg）；T_p 为破皮率（%）；W_p 为破皮薯质量（kg）；W_m 为埋薯质量（kg）；W_l 为漏挖薯质量（kg）。

5.4.2 联合收获机损失率、伤薯率、破皮率和含杂率的测定

机器作业后，收集小区内的漏拾薯，用人工方法挖出漏挖薯和埋薯，并将小区中已挖出收集到的薯与夹杂物（含土壤）分开，分别将其称重，再从以上各类薯中挑出伤薯和破皮薯，分别称重（以上各类薯称重均不含小薯）。按式（5）、式（6）、式（7）、式（8）、式（9）计算损失率 L_l、伤薯率 L_s、破皮率 L_p 和含杂率 L_z。

$$L_l = \frac{Q_l + Q_m}{Q} \times 100\% \tag{5}$$

$$L_s = \frac{Q_s}{Q} \times 100\% \tag{6}$$

$$L_p = \frac{Q_p}{Q} \times 100\% \tag{7}$$

$$L_z = \frac{Q_z}{Q_x + Q_z} \times 100\% \tag{8}$$

$$Q = Q_l + Q_m + Q_x \tag{9}$$

式中：L_l 为损失率（%）；L_s 为伤薯率（%）；L_p 为破皮率（%）；L_z 为

含杂率（％）；Q_l 为漏拾薯质量与漏挖薯质量之和（kg）；Q_m 为埋薯质量（kg）；Q_s 为伤薯质量（kg）；Q_p 为破皮薯质量（kg）；Q_z 为已挖出收集到与马铃薯混在一起的夹杂物和土壤总质量（kg）；Q_x 为已挖出收集到的马铃薯质量（kg）；Q 为总薯质量（kg）。

6 检验规则

6.1 作业质量考核项目

被检项目不符合本标准第 4 章相应要求时判该项目不合格。作业质量考核项目见表 3。

表 3 作业质量考核项目表

序号	项目名称	挖掘机	联合收获机
1	损失率		√
2	伤薯率	√	√
3	破皮率	√	√
4	明薯率	√	
5	含杂率		√

6.2 判定规则

对确定的作业质量考核项目逐项考核。项目全部合格，判定马铃薯收获机作业质量为合格；否则为不合格。

参 考 文 献

曹文龙，2014. 苹果园生产机械化工艺研究与机械选型 [D]. 保定：河北农业大学.

曾凡逵，许丹，刘刚，2015. 马铃薯营养综述 [J]. 中国马铃薯，29（4）：233-242.

陈冠礼，王毅，2012. 南方冬种马铃薯机械化生产的制约因素分析及发展对策研究 [J]. 农业机械（14）：32-33.

陈军成，张颖，2017. 植物保护机械产品主要的检验项目解析 [J]. 四川农业与农机（6）：28-29.

陈艳，2017. 多旋翼农用植保无人机的正确使用与维护 [J]. 农机使用与维修（10）：39.

崔亚超，2015.2CM-4 型马铃薯微垄覆膜侧播机的设计与试验研究 [D]. 呼和浩特：内蒙古农业大学.

崔英俊，王相友，2021. 马铃薯贮藏库设备的研究 [J]. 农机使用与维修（3）：25-27.

邓智惠，刘新梁，李春阳，等，2015. 深松及秸秆还田对表层土壤物理性状及玉米产量的影响 [J]. 作物杂志（6）：117-120.

翟广华，2012. 马铃薯收获机的科学使用与保养 [J]. 科学种养（9）：59.

丁宏斌，康清华，张俊清，2015. 对马铃薯打秧机作业质量指标及检测方法的探讨 [J]. 农业技术与装备（12）：69-70.

董丽梅，2009. 山地播种机的研究与设计 [D]. 兰州：甘肃农业大学.

窦青青，孙永佳，孙宜田，等，2019. 国内外马铃薯收获机械现状与发展 [J]. 中国农机化学报，40（9）：212-216.

杜铮，万勇，舒虹杰，2012. 湖北地区马铃薯播种机主要部件设计 [J]. 湖北农业科学，51（15）：3345-3348.

段绍光，2013. 马铃薯种质资源遗传多样性评价和重要性状的遗传分析 [D]. 北京：中国农业科学院.

樊婧婧，2018. 基于图像处理的马铃薯播种机研究 [D]. 西安：长安大学.

冯斌，2014. 甩刀式马铃薯杀秧机设计与研究 [D]. 兰州：甘肃农业大学.

冯斌，孙伟，王蒂，等，2014. 甩刀式马铃薯杀秧机的设计与试验 [J]. 干旱地区农业研究，32（4）：269-274.

高中强，刘国琴，尹秀波，等.2007. 山东省马铃薯产业发展现状、问题及对策 [J]. 山东省农业管理干部学院学报（6）：54-56.

耿端阳，张道林，王相友，等，1996. 新编农业机械学 [M]. 北京：国防工业出版社.

宫亮，孙文涛，王聪翔，等，2008. 玉米秸秆还田对土壤肥力的影响 [J]. 玉米科学，16（2）：122-124.

龚振平，2009. 土壤学与农作学 [M]. 北京：中国水利水电出版社.

龚振平，马春梅，2013. 耕作学 [M]. 北京：中国水利水电出版社.

管春松，徐陶，崔志超，等，2020. 马铃薯带芽定向种植机设计与试验 [J]. 中国农机化
　　学报，41 (4)：1-5，56.

郭晨阳，刘永玲，杨耀华，等，2019. 喷杆式喷雾机的使用要点、故障处理与维护保养
　　[J]. 装备机械 (3)：69-72.

郭志东，2013. 马铃薯种薯自动切块机：CN103283344A [P]. 2013-09-11.

韩国军，付胜利，于晓波，等，2008. 牧草补播机开沟器选用原则的探讨 [J]. 农村牧区
　　机械化 (3)：16-17.

韩喜军，甘露，杜木军，等，2014. 马铃薯仓储设备的研究现状和发展趋势 [J]. 农机使
　　用与维修 (12)：29-31.

胡丰收，2009. 多功能排肥性能检测试验台的设计研究 [D]. 郑州：河南农业大学.

黄瑾媛，2016. 小型多功能农业作业机施肥播种模块的设计 [J]. 现代机械 (3)：53-57.

黄振瑞，彭冬永，杨俊贤，等，2007. 滴灌技术在甘蔗生产上的应用前景 [J]. 中国糖料
　　(3)：43-44，55.

姜伟，刁培松，张华，2021. 中国马铃薯生产及机械化收获现状 [J]. 农业装备与车辆工
　　程，59 (4)：18-22.

蒋德莉，任志强，田宇，等，2016. 铺膜铺管气吸式打瓜精量播种机的设计 [J]. 新疆农
　　机化 (6)：8-11.

康璟，2014.4U-1000型马铃薯收获机的设计与研究 [D]. 兰州：甘肃农业大学.

李承龙，2017. 马铃薯种植机 [J]. 农业知识 (13)：59-60.

李迪，2017. 马铃薯膜上穴播机的研制与试验 [D]. 兰州：甘肃农业大学.

李娜，周进，崔中凯，等，2019. 山东省马铃薯生产全程机械化现状与对策建议 [J]. 中
　　国农机化学报，40 (1)：198-204.

李树超，吴龙华，李亚俊，等，2015. 山东省马铃薯产业发展现状及推进对策研究 [J].
　　中国农学通报，31 (8)：280-285.

李玮，张佳宝，张丛志，2012. 秸秆还田方式和氮肥类型对黄淮海平原夏玉米土壤呼吸的
　　影响 [J]. 中国生态农业学报，20 (7)：842-849.

李云，田琳，2018. 果园简易水肥一体化的创新技术 [J]. 北方果树 (5)：29-30.

梁喜凤，吴小兰，2012. 谷物干燥机安全使用要点 [J]. 新农村 (9)：34-35.

刘洪芹，2019. 马铃薯机械化杀秧及收获技术详述 [J]. 农民致富之友 (11)：25.

刘全威，吴建民，王蒂，等，2013. 马铃薯播种机的研究现状及进展 [J]. 农机化研究
　　(6)：238-241.

刘树云，2019. 滕州市早春马铃薯栽培关键技术 [J]. 中国果菜，39 (12)：105-107.

刘威，2019. 气吸勺带式马铃薯精量排种器设计与试验 [D]. 泰安：山东农业大学.

刘亚杰，卞策，孟昭金，2013. 马铃薯田间管理技术 [J]. 农业开发与装备 (12)：
　　68，103.

刘正道，2016. 小麦免耕播种关键技术研究与装备研发 [D]. 咸阳：西北农林科技大学.

卢祺，安军锋，王安，等，2017. 马铃薯排种技术研究及展望 [J]. 河北农机 (8)：
　　16-17.

吕海杰，杨华，韩宏宇，2011. 狸首式新型垄作犁体的研究 [J]. 农机使用与维修（6）：36-37.

吕金庆，2014. 马铃薯播种机械发展现状及趋势 [J]. 农机科技推广（10）：15.

吕金庆，尚琴琴，杨颖，等，2017.1ZL5型马铃薯中耕机的设计与试验 [J]. 农机化研究，39（2）：79-83.

吕金庆，田忠恩，杨颖，等，2015. 马铃薯机械发展现状、存在问题及发展趋势 [J]. 农机化研究（12）：258-263.

吕金庆，王英博，兑瀚，等，2017. 驱动式马铃薯中耕机关键部件设计与碎土效果试验 [J]. 农业机械学报，48（10）：49-58.

吕金庆，杨晓涵，李紫辉，等，2020. 纵横刀组协同式马铃薯种薯切块装置设计与试验 [J]. 农业机械学报，51（8）：89-97.

吕金庆，杨颖，李紫辉，等，2016. 舀勺式马铃薯播种机排种器的设计与试验 [J]. 农业工程学报，32（16）：17-25.

吕思光，马根众，何明，2006. 联合收获保护性耕作机械化实用技术培训教材 [M]. 北京：人民武警出版社.

马根众，2017. 两款自走式果园作业机 [J]. 农业知识（13）：58-59.

慕平，张恩和，王汉宁，等，2011. 连续多年秸秆还田对玉米耕层土壤理化性状及微生物量的影响 [J]. 水土保持学报，25（5）：81-85.

农业农村部农业机械化管理司，农业农村部农业机械化技术开发推广总站，农业农村部主要农作物生产全程机械化推进行动专家指导组，2020. 主要农作物全程机械化生产模式 [M]. 北京：中国农业出版社.

强学彩，袁红莉，高旺盛，2004. 秸秆还田量对土壤 CO_2 释放和土壤微生物量的影响 [J]. 应用生态学报，15（3）：469-472.

盛国成，顾永平，2011. 马铃薯种植机械的选用 [J]. 农机质量与监督（3）：32-33.

史明明，2014.4U-1400型马铃薯联合收获机的研究与设计 [D]. 兰州：甘肃农业大学.

史明明，魏宏安，刘星，等，2013. 国内外马铃薯收获机械发展现状 [J]. 农机化研究，35（10）：213-217.

史文婷，2018. 马铃薯收获与地膜回收一体机的设计与试验 [D]. 泰安：山东农业大学.

宋家宝，2003. 白银市提黄灌区早熟马铃薯标准化生产核心技术试验研究 [J]. 中国马铃薯（4）：222-225.

苏日娜，王相田，刘跃星，1999. 马铃薯收获机械作业质量测试方法探讨 [J]. 农村牧区机械化（4）：13-14.

孙贺，2019. 升运链式马铃薯挖掘机输送分离装置的设计与试验研究 [D]. 哈尔滨：东北农业大学.

孙淑贤，孟官旺，王金荣，2009. 喷灌圈马铃薯栽培技术 [J]. 现代农业科技（10）：54，60.

唐春兰，2018. 安徽泾县茶园水肥一体化技术示范成效分析 [J]. 农业工程技术，38（35）：31，33.

田斌，韩少平，黄晓鹏，等，2012.2LZF－2型垄作马铃薯中耕施肥机的设计［J］．机械研究与应用（1）：135－137.

王吉亮，王序俭，曹肆林，等，2013.中耕施肥机械技术研究现状及发展趋势［J］．安徽农业科学，41（4）：1814－1816，1825.

王晋，杨华，胡林双，等，2019.喷杆喷雾机研究现状和发展趋势［J］．农机使用与维修（10）：7－9.

王秀峰，周宝利，于锡宏，等，2011.蔬菜栽培学各论［M］．北京：中国农业出版社．

王延龙，2012.水稻土条件下的开沟器阻力测试及开沟性能研究［D］．南京：南京农业大学．

王业国，2018.浅谈设施蔬菜水肥管理技术的探索及应用［J］．农民致富之友（14）：36.

魏丽娟，2014.基于ADAMS的4UD－600型马铃薯挖掘机振动机构的参数优化设计［D］．兰州：甘肃农业大学．

吴格娥，2018.枇杷花病虫害防控技术探讨［J］．耕作与栽培（2）：45－47，44.

吴苗苗，2017.水稻侧深施肥机的设计［D］．杭州：浙江理工大学．

希成，2019.希森天成3WP－1200P喷杆式喷雾机［J］．农村新技术（8）：43.

夏阳，2009.红薯机械化收获机具的试验研究［D］．郑州：河南农业大学．

徐华治，2020.多旋翼农用植保无人机的正确使用与维护［J］．江苏农机化（3）：46－47.

徐文礼，2008.迷宫灌水器内固液两相流数值模拟［D］．太原：太原理工大学．

薛允连，2006.中耕机主要工作部件的正确使用［J］．农技服务（5）：55.

闫以勋，2012.垄间套播冬小麦免耕播种机关键部件的研究［D］．哈尔滨：东北农业大学．

严程明，张江周，石伟琦，等，2014.不同灌溉方式在菠萝上的效应及成本分析［J］．节水灌溉（3）：80－84.

颜丽，宋杨，贺靖，等，2004.玉米秸秆还田时间和还田方式对土壤肥力和作物产量的影响［J］．土壤通报，35（2）：143－148.

杨德秋，郝新明，李建东，等，2009.四行悬挂式马铃薯种植机虚拟设计与试验——基于Solidworks三维设计软件［J］．农机化研究，31（10）：75－78.

杨红光，胡志超，王冰，等，2019.马铃薯收获机械化技术研究进展［J］．中国农机化学报，40（11）：27－34.

杨添玺，2019.马铃薯种薯智能切块机的设计与研究［D］．兰州：兰州交通大学．

袁玲合，2017.三轮高地隙中耕精量施肥机设计与试验［D］．郑州：河南农业大学．

张广玲，刘树峰，吕钊钦，2015.山东省马铃薯收获机械发展现状及趋势探讨［J］．农机化研究，37（11）：264－268.

张国强，2015.马铃薯种薯自动切块机的研究与设计［D］．呼和浩特：内蒙古大学．

张华荣，刘玉国，杨映辉，等，2017.马铃薯优质高产高效生产关键技术［M］．北京：中国农业科学技术出版社．

张金鸽，肖广江，苏柱华，等，2016.广东省农业面源污染防控研究［J］．热带农业科学，36（9）：109－116.

张长青，2014.播种机开沟器的类型与技术特点分析［J］．当代农机（4）：65－66.

张振，雷志远，2018. 马铃薯机械化带芽播种技术 [J]. 农业工程技术，38（26）：23，26.

张志强，2018. 马铃薯微垄覆膜侧播机的改进设计与试验 [D]. 呼和浩特：内蒙古农业大学.

赵登峰，2012. 棉花变量施肥关键技术及装置研究 [D]. 石河子：石河子大学.

赵叕，2015. 格立莫马铃薯生产全程机械化装备 [J]. 农业机械（16）：16-23.

赵叕，2016. 希森天成马铃薯成套设备 [J]. 农机导购（1）：16-20.

郑健，2019. 仿蚯蚓运动多功能开沟器设计与试验研究 [D]. 长春：吉林大学.

周树林，2015. 舀勺定刀式马铃薯种薯切块机：CN104782267A [P]. 2015-07-22.

朱富林，2005. 马铃薯脱毒种薯工厂化快繁技术 [J]. 中国马铃薯（1）：37-39.

朱利元，2017. 2CM-2 马铃薯起垄覆膜播种机的研制与试验 [D]. 咸阳：西北农林科技大学.

祝珊，王相友，王琳琳，等，2021. 马铃薯种薯切块机纵切装置的设计与试验 [J]. 山东理工大学学报（自然科学版），35（2）：51-55，61.

山东经济作物全程机械化系列丛书

花生全程机械化生产技术与装备

马根众　王东伟　李鹍鹏　主编

中国农业出版社

北　京

图书在版编目（CIP）数据

花生全程机械化生产技术与装备 / 马根众，王东伟，
李鹍鹏主编. —北京：中国农业出版社，2022.7
（山东经济作物全程机械化系列丛书）
ISBN 978-7-109-29783-8

Ⅰ.①花… Ⅱ.①马… ②王… ③李… Ⅲ.①花生-
机械化生产 Ⅳ.①S233.75

中国版本图书馆 CIP 数据核字（2022）第 141298 号

中国农业出版社出版

地址：北京市朝阳区麦子店街 18 号楼
邮编：100125
责任编辑：贾　彬　　文字编辑：赵星华
版式设计：杨　婧　　责任校对：刘丽香
印刷：北京中兴印刷有限公司
版次：2022 年 7 月第 1 版
印次：2022 年 7 月北京第 1 次印刷
发行：新华书店北京发行所
开本：700mm×1000mm　1/16
总印张：36.5
总字数：700 千字
总定价：180.00 元（共 3 册）

丛书编委会
山东经济作物全程机械化系列丛书

主　任　卜祥联

副主任　王乃生　管延华　江　平　范本荣

委　员　马根众　王东伟　张　昆　张万枝　张晓洁

　　　　张爱民　陈传强　周　进　高中强

本书编写人员
花生全程机械化生产技术与装备

主　　编　马根众　王东伟　李鹍鹏

副主编　张　昆　王家胜　栾雪雁

编写人员　丁存银　万勇善　马根众　王东伟　王宗国

　　　　　王家胜　尹希彩　古　伟　朱月浩　刘风珍

　　　　　孙运术　李玉民　李晓春　李鹍鹏　杨　阳

　　　　　迟　明　张　昆　姚　远　骆　璐　栾雪雁

　　　　　黄层乐　韩安阳　曾英松　温　健　赫慧云

　　　　　郑木水

　　我国花生常年种植面积在 7 000 万亩左右，总产量为 1 700 多万 t，种植面积和单产位居世界前列，花生总产量、加工业产值、进出口贸易量稳居世界第一，是世界第一花生生产大国。花生也是山东省重要的经济作物，近几年种植面积在 1 100 万亩左右，山东"大花生"品牌享誉国内外。

　　2017 年，山东省将花生列为加快新旧动能转换，推进"两全两高"农业机械化发展的六大重点作物之一；2019 年明确将花生生产机械化作为加快推进经济作物机械化和农机装备产业转型升级的主攻方向之一。山东省农业机械技术推广站多年来一直从事花生全程机械化生产技术的示范推广工作，主要承担了国家行业（农业）科技计划"根茎类作物机械化播种、收获等农艺技术与作业模式研究"、农业农村部优势农产品（花生）全程机械化生产技术示范推广、农业农村部主要农作物（花生）生产全程机械化示范、山东省农业重大应用技术创新大宗经济作物（花生）机械化高效生产模式与装备试验验证、山东省创新示范工程花生联合收获机械化技术推广、财政支农花生全程机械化生产技术推广等项目课题，有力促进了山东省花生机械化生产发展。截至 2019 年，山东省拥有花生收获机 5.2 万台，花生耕种收环节综合机械化水平为 88.30%，其中耕、种、收环节的机械化水平分别为 98.21%、86.23%、77.17%。

　　总体来看，花生生产综合机械化率仍低于小麦、玉米等大宗粮食作物，还存在着种植模式多样、农机农艺不配套等问题，生产应用以中小型作业机具为主，机具先进性、适用性依旧较低，机械化水平亟待进一步提升，机械化发展需要进一步转型升级。随着乡村振兴战略不断推进，农村劳动力大量转移，花生机械化生产将越来越重要，解决好花生全程机械化生产具有非常重要的现实意义。

为进一步促进花生机械化生产技术与机具的普及、推广、应用，我们组织山东省农业机械技术推广站、山东农业大学、山东省农业技术推广中心、青岛农业大学等单位的专家学者，以及基层农机推广机构的技术人员，共同编制了《花生全程机械化生产技术与装备》。山东农业机械学会和山东农业工程学会也为本书出版提供了大量帮助。本书立足山东，全面介绍了花生的生产概况、机械化播种、机械化田间管理、机械化收获等内容，可供花生机具研发、生产、推广、使用者参考使用。

限于作者水平，书中难免存在疏漏与不当之处，望广大读者批评指正，并提出宝贵建议，以便我们及时修订。

编　者

2021 年 8 月

目 录
CONTENTS

前言

第一章

花生生产概述

花生是我国有国际竞争力的优势优良作物，常年种植面积在 7 000 万亩^①左右。近年来，随着我国农业供给侧结构性改革，花生种植面积稳中又升，持续提升花生生产机械化水平，对建设现代化农业、推进乡村建设具有重要意义。

第一节　花生生产概况

一、全球花生生产概况

花生在世界 100 多个国家广泛种植，种植面积为 4 亿多亩，主要分布在南纬 40°至北纬 40°的亚洲、非洲和美洲地区。

亚洲是花生种植规模最大的地区，占全球花生种植面积的 70% 左右。印度和中国的花生种植面积占亚洲花生种植面积的近 90%。印度的花生种植主要分布在其南部、西部和中部地区，种植面积较大的几个邦依次是古吉拉特、安得拉、泰米尔纳德、卡纳塔克、马哈拉施特拉等。中国的花生种植主要分布在山东、河南、河北、安徽、广东、广西、四川、江苏、湖北等地。

非洲花生种植规模占比较大，主要分布在尼日利亚、塞内加尔、苏丹、南非等国。尼日利亚的花生产量将近 390 万 t，占非洲花生产量的 30%，位居世界第三。花生主要生长在尼日利亚的干旱地区，花生坚果在尼日利亚主要用于食用油，也是人类和动物的蛋白质来源。

美洲花生种植较少。在北美洲，美国是花生主产区，总产量接近 370 万 t，位居世界第四，主要分为三个产区，分别为东南花生产区（包括佐治亚州、佛罗里达州、亚拉巴马州、南卡罗来纳州）、西南花生产区（包括得克萨斯州、俄克拉荷马州、新墨西哥州）和弗-卡产区北部（包括弗吉尼亚州、北卡罗来纳州）。在南美洲，阿根廷和巴西是花生的主要生产国，两国花生种植面积占南美洲花生种植面积的 60% 以上。阿根廷的花生产量为 180 多万 t，位居世界第五。

欧洲多数地区气候条件不适合花生生长，仅在保加利亚、希腊、西班牙等南部地区有少量种植。

---

① 亩：非法定计量单位。1 亩≈666.67m²。——编者注

大洋洲花生种植主要在澳大利亚昆士兰州。

二、我国花生生产概况

花生是我国三大油料作物之一。据国家统计局统计，在我国三大油料作物中，2018 年花生种植面积为 6 929.5 万亩，占 23.6%，居第三位；总产量为 1 733.2 万 t，占 37.2%，居第二位；折油 572.0 万 t，占 43.5%，居第一位。花生在全国油料作物生产中的占比情况见表 1-1。

表 1-1 花生在油料作物生产中的占比情况

作物	种植面积/万亩		总产量/万 t		折油/万 t		平均单产/（kg/亩）	平均亩折油/（kg/亩）
	面积	占比	总产量	占比	食用油量	占比		
花生（荚果）	6 929.5	23.6	1 733.2	37.2	572.0	43.5	250.1	82.5
油菜	9 825.9	33.4	1 328.1	28.5	478.1	36.4	135.2	48.7
大豆	12 619.2	43.0	1 596.7	34.3	263.5	20.1	126.5	20.9
合计	29 374.6	100%	4 658.0	100.0	1 313.6	100.0		

我国花生种植分布广，既有分散种植区，又有相对集中的优势产区。根据地理条件、气候条件、耕作制度和品种类型的分布特点以及花生生产发展的趋势，我国花生产区可分为 7 个：北方大花生区、长江流域春夏花生区、南方春秋两熟花生区、云贵高原花生区、黄土高原花生区、东北早熟花生区和西北内陆花生区。

（一）北方大花生区

北方大花生区包括山东和天津的全部，北京、河南、河北的大部，山西南部，陕西中部，以及江苏和安徽的北部。该区盛产大花生，与纬度相近的美国弗吉尼亚-北卡罗来纳花生产区，为世界仅有的两个大花生产区。年平均温度为 10~14℃，年降水量为 450~900mm，雨水集中在 7 月、8 月，6 月下旬至 8 月上旬平均气温可达 22~28℃，正值花生花针期和结荚期，气候条件十分有利。秋季天气晴朗、日照好，有利于荚果充实。花生多种植在丘陵沙砾土、沿河冲积土及沙壤土上，土质疏松，有利于果针入土和荚果发育。但春、秋干旱频繁，时有伏旱，加之花生种植地肥力低，保水性差，因而大面积花生产量仍低而不稳。若水肥条件满足，则能获很高产量。

（二）长江流域春夏花生区

长江流域春夏花生区包括湖北、浙江、上海的全部，四川、湖南、江西、安徽、江苏各省的大部，河南南部，福建西北部，陕西西南部，以及甘肃东南部。本区自然资源条件好，有利于花生生长发育，花生生育期积温为

3 500～5 000℃，降水量一般在 1 000mm 左右，最低 700mm，最高可达 1 400mm。种植花生的土壤多为酸性土壤、黄壤、紫色土、沙土和沙砾土。

（三）南方春秋两熟花生区

南方春秋两熟花生区包括广东、广西、海南、福建、台湾 5 省（自治区），以及湖南、江西南部。本区高温多雨，水热资源丰富，年平均气温为 20～25℃，无霜期在 310d 以上，降水量为 1 000～2 000mm，花生可一年两季，海南岛南部还可再种一季冬花生。种植花生的土壤多为丘陵红、黄壤及海、河流域冲积沙土。

（四）云贵高原花生区

云贵高原花生区包括贵州的全部，云南的大部，湖南西部，四川西南部，西藏的察隅，以及广西北部的乐业至全州一线。本区为高原山地，地势西北高、东南低，高低悬殊，气候条件差异较大。花生生育期积温为 3 000～8 250℃，年降水量为 500～1 400mm。土壤以红、黄壤为主，多为沙质土壤，酸性强。

（五）黄土高原花生区

黄土高原花生区包括北京的北部、河北北部、山西中北部、陕北、甘肃东南部以及宁夏的部分地区。本区地势西北高、东南低，花生多分布于地势较低地区。花生生育期积温为 2 300～3 100℃，年降水量为 250～550mm，多集中在 6—8 月。土质多为粉沙，疏松多孔，水土流失严重。

（六）东北早熟花生区

东北早熟花生区包括辽宁、吉林、黑龙江的大部以及河北燕山东段以北地区。花生生育期积温为 2 300～3 300℃，年降水量为 330～600mm，东南多、西北少。种植花生的地区多为海拔 200m 以下的丘陵沙地和风沙地。

（七）西北内陆花生区

西北内陆花生区包括新疆的全部，甘肃的景泰、民勤、山丹以北地区，宁夏的中北部，以及内蒙古的西北部。本区地处内陆，绝大部分地区属于干旱荒漠气候，温、水、光、土资源配合有较大缺陷。该区温光条件对花生生育有利，只是雨量稀少，不能满足花生生长发育需要，必须有灌溉条件才能种植花生。种植花生的土壤多为沙土。

三、山东花生生产概况

山东常年花生种植面积在 1 100 万亩左右，总产量约 300 万 t，种植面积占全国花生种植面积的 15%，总产量约占全国花生总产量的 17.7%，均居全国前列。2020 年花生种植面积为 976.3 万亩，平均单产为 293.6kg/亩，总产量为 286.6 万 t。山东花生主要分布在临沂、青岛、烟台、潍坊、枣庄、济宁等地。

按照种植区域分，山东花生主要集中在鲁东沿海丘陵、鲁中山区、鲁西平原和鲁中南平原。

鲁东丘陵产区主要分布在莱西、平度、莱阳、招远、安丘、临朐等地；种植模式主要是地膜覆盖春花生，多为一年一熟或两年三熟。鲁中山地产区主要分布在沂水、莒南、临沭、莒县、泗水、曲阜、邹城、山亭等地；种植模式多为一年一熟的地膜覆盖春花生。鲁西平原产区主要分布在东平、宁阳、东明、莘县、冠县等地，属于黄河冲积平原，土层深厚，土地肥沃，灌溉条件好，适宜连片规模种植；种植模式主要为一年两熟夏直播花生，小麦花生一年两熟。

近年来，花生单产逐步创出新高，随着机械化发展，经济效益逐步提升。2018年，莒县春花生单位精播技术高产攻关试验田，亩产763.6kg，创2018年全国花生最高单产纪录。

四、花生的成分和用途

（一）花生的成分

花生仁含油量为45%～55%，一般在50%左右，蛋白质含量为27%～30%，糖类含量为6%～23%，纤维素含量为2%，灰分含量为2%～3%，还含有丰富的维生素E和B族维生素。每克籽仁的含热量为24kJ，约相当于小麦的150%。

（二）花生的用途

花生仁是含油量高、品质优良、油质稳定的食用油料，又是营养丰富、食味可口、受人欢迎的食品。

我国是世界上重要的花生加工大国之一，生产的花生主要用于食用油，亦有相当数量用于炒、炸、鲜食以及制作糖果和深加工产品。据统计，我国所产花生50%用于榨油，29%用于食品，6%用于出口，15%用于留种和其他用途。美国所产花生50%供食用（花生酱，烤、炸花生，糖果等），20%出口，仅14%用于榨油。

花生粕的蛋白质含量达50%以上，是良好的饲料，亦可直接供人食用。花生粕还可制成花生奶粉、酸奶酪、组织蛋白（人造肉），代替部分动物蛋白。

花生茎叶是良好的饲料。叶部含蛋白质20%，茎部含蛋白质10%，茎叶的可消化蛋白质含量为7%，茎叶木质化程度低，所含饲料单位高于一般饲料秸秆，并含丰富的钙、磷营养。发展花生生产，有利于养殖业的发展。

花生果壳含纤维素65%～80%，经微生物发酵后，是优质饲料。另外，还可用于食用菌栽培，制成板材、胶黏剂、酱油，亦是活性炭、糠醛等产品的化工原料。花生仁，特别是红皮花生的种皮（红衣），含有大量的凝血脂类，能促进骨髓制造血小板，缩短出血、凝血时间，有良好的止血作用，已用于生产止血宁针剂、宁血糖浆、血宁片等。

第二节　花生生物学特性

一、花生器官特征

（一）种子

1. 形态特征

种子形状可分为椭圆形、圆锥形、桃形、三角形、圆柱形等，基本上受荚果形状制约。如普通型品种的种子多为椭圆形，较细长；珍珠豆型品种的种子多为圆形或桃形，较短圆。品种间种子大小差异很大。通常以成熟饱满种子的百仁重表示品种种子的大小，而每千克粒数则表示一批种子的实际大小和轻重，与种子成熟度和栽培条件有密切关系。普通型大粒品种的百仁重一般可达100g，而一些珍珠豆型品种的百仁重不到50g。

花生种子由种皮和胚两部分组成。花生种皮薄，易吸水，皮色（以晒干新剥壳的成熟种子为准）有紫、红、褐、黄、白、紫白斑驳、红白斑驳等多种，以粉红色居多。种皮颜色受环境和栽培条件影响较小，可作为区分花生品种的特征之一。种皮主要起保护作用，防止有害微生物的侵染。胚又分为子叶、胚根、胚轴及胚芽四部分。子叶、胚轴、胚根呈一条直线。子叶肥厚，两瓣，质量占种子质量的90%以上，富含脂肪、蛋白质等营养物质。胚芽由主芽和2个子叶节侧芽组成。成熟种子内，主芽上已可见2片幼小真叶和3、4个真叶原基。

同一植株上种子的大小和成熟度差异很大。成熟度好的种子所含养分多，出苗势强，苗壮。未成熟的种子粒小，含油少，而糖的含量相对高，储藏期间吸湿性强，不耐储藏。未熟种子发芽时吸水力强，吸水快，发芽较快，但由于含养分少，未必早出苗，且苗弱，发芽率往往较低。

2. 种子的休眠性

花生不同品种的种子休眠性差异大。连续亚种多无休眠性或休眠期很短，交替亚种休眠期为3、4个月。花生种子的休眠性是种皮障碍与胚内生长调节物质共同作用的结果。因为积累了脱落酸，所以普通型花生种子一般具有休眠性。储藏期间会产生、积累乙烯，当达到一定浓度时，休眠性即可解除。

人工解除休眠可用乙烯利、激动素及其同类物质苄氨基嘌呤处理种子，带壳晒种、暖种和浸种催芽处理都有助于解除休眠。

3. 种子萌发出苗及其影响因素

种子发芽后，胚根向下生长，长到 1cm 左右时，胚轴迅速向地上延伸，将子叶和胚芽推向地表，子叶顶破土面见光后胚轴停止伸长，而胚芽迅速生长，种皮破裂，子叶张开，当第一片真叶展开时称为出苗。花生出苗时，2 片子叶一般不出土，在播种浅或土质松散时，子叶可露出地面一部分，所以称花生为子叶半出土作物。影响种子萌发的主要因素有水分、温度、氧气。

水分：一般种子吸水达到自身重的 30%～40% 时才能发芽，而要出苗则需吸水达种子重的四倍。发芽出苗要求的土壤相对含水量，底线为 40%～50%，适宜为 60% 左右。过低会造成落干，出苗不齐；过高会焖种、烂种。

温度：种植萌发时珍珠豆型及多粒型品种要求的最低温度为 12℃，普通型和龙生型品种为 15℃。随着温度提高，萌发速度加快，25～37℃ 时最快，超过 37℃ 反而降低，46℃ 时，有的品种不能萌发。

氧气：花生种子萌发出苗时，代谢活动十分旺盛，需要充足的氧气，因此要保证土壤通气良好。若土壤水分过多、土壤板结或播种过深，则幼苗生长势弱，甚至烂种缺苗。

(二) 根和根瘤

1. 根系

花生为直根系，由主根和各级侧根组成。种子发芽后，胚根迅速生长，垂直下伸为主根，约在种子萌发后 10d 出现侧根。出苗时，主根长 20～30cm，侧根有 40 余条；开花时，主根可深达 50～70cm，侧根有 100 多条，侧根先近水平生长，后垂直生长。开花以后根的数量增加较少，而长度和干重增加较多，根干重一般以花针期增长最快。根系活力在结荚期仍很旺盛，饱果成熟期很快衰退。成熟植株，主根长可达 2m，一般为 60～90cm，侧根也可伸至类似深度。侧根于地表下 15cm 内生出最多，70% 的根系分布在 30cm 土层内。苗期土壤适度干旱对根系生长有促进作用，土壤水分过多会影响根系吸收。

2. 根瘤

一般在花生幼苗长到 5 片真叶以后，根部便开始出现根瘤。固氮最旺盛的时期是结荚期，饱果成熟期固氮活性迅速衰退。在低肥力不施肥的情况下，根瘤供氮可占植株需氮量的 90%，在一般中等肥力施用氮肥的情况下可占 50%。根瘤固氮需寄主提供能源。花生植株生长健壮，光合能力强，则根瘤发育好，固氮能力强。根瘤菌的繁殖和活动需要氧气，土壤水分过多或板结，则氧气不足，根瘤菌活动减弱，根瘤数量显著减少，固氮能力弱。根瘤菌繁殖的适宜温度是 18～30℃，适宜土壤相对含水量为 60%，适宜 pH 为 5.5～7.2。土壤含氮化合物多，尤其是硝态氮多，对固氮有抑制作用。但花生生长初期施氮，可促进根瘤形成；增施磷、钼、钙肥亦能促进固氮。

（三）茎和分枝

1. 茎的形态

花生的主茎直立，幼时截面呈圆形，中部有髓。盛花期后，主茎中、上部呈棱角状，髓部中空，下部木质化，截面呈圆形。茎上生有白色茸毛，茸毛密度因品种而异。花生的茎色一般为绿色，老熟后变为褐色。有些品种的茎上含有花青素，茎呈现部分红色。

主茎一般有 15～25 节，主要取决于生长期长短、温度、土壤水分，肥力亦对之有一定影响。北方花生区春播中熟大果品种多为 20～22 节，夏播品种多为 18 节左右。主茎高，即株高，因受栽培和环境条件影响而差别很大，高者可达 80cm 以上。一般认为直立型花生适宜株高为 40～50cm。长得太高，说明营养生长过旺。

2. 分枝

花生的分枝有一次分枝、二次分枝、三次分枝等。各地推广的中熟大花生单株分枝数均在 9 条左右，受栽培条件影响不大。第一、二条一次分枝从子叶叶腋间生出，对生，通常称为第一对侧枝。第三、四条一次分枝由主茎第一、二真叶叶腋生出，互生，由于节间极短，近似对生，一般称为第二对侧枝。第一、二对侧枝出生时亦有对生倾向。第一、二对侧枝长势很强，这两对侧枝及其长出的二次分枝构成植株的主体，其叶面积占全株的大部分，亦是开花结果的主要部位，结果数一般占全株的 70%～80%，高者达 90%。因此，在栽培上促进第一、二对侧枝发育健壮十分重要。

3. 株型

花生植株由于侧枝生长的姿态以及侧枝与主茎长度比例的不同，会形成不同的株型。第一对侧枝的长度与主茎高度的比值称为株型指数。蔓生型（或匍匐型），侧枝几乎贴地生长，仅前端向上生长，其向上生长部分小于匍匐部分，株型指数在 2 以上。半蔓生型（或半匍匐型），第一对侧枝近基部与主茎约呈 60°，侧枝中上部向上直立生长，直立部分大于匍匐部分，株型指数在 1.5 左右。直立型，第一对侧枝与主茎所呈角度小于 45°，株型指数在 1.1～1.2。直立型与半蔓生型合称丛生型。

（四）叶

1. 叶的形态结构

花生的叶有不完全叶和完全叶（真叶）两类。每一分枝第一或一、二节上的叶为鳞叶，属不完全叶。两片子叶亦可视为主茎基部的两片鳞叶。花生的真叶为四小叶的羽状复叶，包括托叶、叶柄、叶轴、小叶片及叶枕等部分。小叶全缘，边缘着生茸毛。小叶叶面较光滑，主脉明显突起，其上也着生茸毛。小叶片具有羽状网脉，有的叶脉具有红色素。小叶片有椭圆形、长椭圆形、倒卵形、宽倒卵形四种。小叶片颜色可分为黄绿、淡绿、绿、深绿、暗绿等。小叶片的大小、形状、颜色在品种间差异很大。

2. 叶片的感性运动

花生每一真叶相对的四片小叶，每到日落或阴天就会两两叠合，叶柄下垂，至第二天早晨或天气转晴时又重新开放，这种现象称为感夜运动。引起感夜运动的外因是光线强弱的变化，感应部位是叶枕。

花生叶片还表现出明显的"向阳运动"。早晚阳光斜照时，叶片常竖立起来，以正面对着太阳，并随着太阳辐射角的变化，不断变换位置，以便尽可能正面对着太阳，并使叶片空间分布更利于多接收阳光。夏季中午烈日直射时，顶部叶片又上举竖立，以避免过强的阳光照射。

此外，温度、水分、机械刺激等外界条件也影响叶片运动。当土壤干旱，植株失水时，小叶片就闭合，复水后即展开。温度剧变或强机械刺激也会使小叶片闭合。

(五) 花

花生的花是生殖器官，形状为蝶形，由苞叶、花萼、花冠、雄蕊和雌蕊组成。各个短柄的花集生在一条总花梗上，形成一个总状花序。花序实际是一个着生花的变态枝，在花序轴的每一节上着生 1 片苞叶，其叶腋中着生一朵花。

根据花序在植株上着生的部位和方式，可将花生分成连续开花型和交替开花型两种。连续开花型的品种，主茎和侧枝的每个节上均可单连着生花序。交替开花型的品种，主茎上不着生花序，侧枝基部第 1～3 节或第 1～2 节上只生长营养枝，再往前 2～3 节只生花序，如此交替发生。

1. 花芽分化

花生单株花芽很多，这些花芽的形成在时间上延续很久，而第一花芽分化时间很早。连续亚种在种子发育过程中已形成花序原基，出苗时便可分化出花萼裂片。交替亚种通常在主茎具有 3 片真叶时，第一花芽开始分化，此时是在出苗后 3～4d。每一花芽分化所需时间为 20～30d，主要受温度影响。干旱亦延迟花芽分化进程。氮供给、光强影响单株花芽数量，对花芽分化时间长短影响很小。

2. 开花受精

开花前一天傍晚，已成熟的花蕾开始膨大，花瓣撑破萼片，至夜间，花萼管迅速伸长，花柱亦同时相应伸长，次日清晨开放，花开放当天下午花瓣萎缩，花萼管亦逐渐干枯。开花时间多在清晨日出后，低温、阴雨天开花时间延迟。花瓣开放前，长花药即已散粉。因此，花生的授粉过程一般在开花前即已完成。授粉后 10～18h 可完成受精。

花生全株开花期（始花至终花）很长，连续亚种为 40～60d，交替亚种为

60～90d 或更长。每天开花数变化很大，但总的趋势是由少到多，又由多到少。开花最多的一段时间称为盛花期。盛花期的早晚和长短因品种和栽培条件而异。早熟品种约在始花后 10d 即可进入盛花期，晚熟品种则在始花后 20d。地膜覆盖和夏播的盛花期明显提前。盛花期与营养生长盛期大体同时。

花生单株总花量变幅很大。我国北方春花生单株开花数为 50～200 朵。气温在 18～28℃时，开花数与前若干天气温呈极显著正相关，高于 30℃时开花数量又开始减少。适宜开花的土壤相对含水量为 60%～70%，降至 30%～40% 就会中断开花。花生开花数在很大程度上受植株营养状况制约。

（六）果针

1. 果针的形态和伸长过程

在开花后 4～6d，即形成肉眼可见的子房柄。子房柄连同位于其前端的子房合称果针。果针在尖端 3～4mm 后的部分长有密集的类似根毛的表皮毛，能吸收水分和养分。

果针伸长不久，即弯曲向下伸长，插入土中。入土达一定深度，子房柄停止伸长，子房开始膨大，并以腹缝向上横卧生长。

2. 影响果针形成和入土的因素

形成果针的花占开花总数的百分率称为成针率，一般为 30%～70%，早熟品种多在 50%～70%，晚熟品种多在 30% 或以下。前、中期花成针率高，后期花成针率低。不受精则不能成针。果针形成对温度敏感，高于 30℃ 或低于 19℃ 基本不能形成果针。此外，空气干燥亦会影响受精，从而阻碍成针，但是除了未受精外，可能还有其他更重要的因素阻碍果针形成。

果针能否入土，主要取决于果针穿透能力、土壤阻力及果针着生位置高低。近植株基部的果针入土力很强；果针离地越高，果针越长，果针越软，入土力越弱。土壤阻力与土壤的含水量和坚实度有关。因此，保持土壤湿润疏松，有利于果针入土。

（七）荚果

1. 荚果的形态

花生果实属于荚果。果壳坚硬，成熟时不开裂，多数品种分二室，亦有三室以上者，各室间无间隔，有深或浅的缩缢，称之为果腰。果壳具有纵横网纹，前端突出略似鸟嘴，称之为果嘴。花生果形具体可分为普通形、斧头形、葫芦形、蜂腰形、蚕茧形、曲棍形、串珠形。

同一品种的荚果，由于形成先后、着生部位不同等原因，其成熟度及果重变化很大。通常在栽培上以随机取样的平均每千克果数表示全株荚果的平均质量，其变幅很大，主要取决于荚果的成熟情况；而以某品种典型饱满荚果的百果重（g）表示品种荚果大小。百果重是品种特征，亦受环境条件影响。

2. 荚果发育过程

从子房膨大到荚果成熟，整个过程可粗分为两个时期。前期称为荚果膨大期，需 30d 左右，主要特征是荚果体积膨大。果针入土后 7~10d，子房已明显膨大，呈鸡头状，入土后 10~20d 是荚果膨大高峰期，入土后 30d 左右果形基本长足。膨大期主要是果壳增长，含水多，内含物以可溶性糖为主。入土后 15~20d，籽仁才开始明显增长，初具食用价值，但在膨大期内籽仁干重不到荚果重的 30%。后期称为充实期或饱果期，需 30d 左右。主要特点是果形不再扩大，荚果干重迅速增长，其中主要是籽仁干重增长。果壳的干重、含水量、可溶性糖含量逐渐下降；种子的油脂、蛋白质含量，油脂的油酸含量、O/L（油酸/亚油酸）比值逐渐提高，而游离脂肪酸、亚油酸、游离氨基酸含量不断下降。至果针入土后 60d 左右，荚果干重和籽仁油分基本停止增长，此时果壳逐渐变硬，网纹明显，种皮逐渐变薄，显现出品种本色。在这一阶段，随着荚果发育，刮去外果皮可见中果皮色泽表现出白→黄→橘红→棕褐→黑的明显变化。同时内果皮逐渐变干，出现裂缝和褐斑。

3. 影响荚果发育的因素

黑暗是子房发育的必要条件。只要子房处于黑暗条件下，不管其他条件满足与否，都能膨大发育，而在光照条件下，即使其他条件良好，子房也不能发育。

机械刺激是荚果正常发育的重要辅助条件。其他条件具备，但缺乏机械刺激的果针，只能长成畸形荚果。将果针处于蛭石中给以机械压力，则能长成正常荚果。

结果层水分充足是荚果良好发育的重要条件。干旱影响荚果发育的原因，一是影响细胞膨压，限制细胞扩大；二是结果层干旱阻碍荚果对钙的吸收，使荚果常表现出缺钙症状。结果层受干旱影响主要是在荚果发育的前 30d，之后不受影响。

花生荚果发育过程中需要氧气供应。生产上常见渍涝地、黏土地上结果少而秕，并且烂果多，可能与氧气不足有关。

结果层矿质营养充足亦是花生荚果发育良好的重要条件。花生的子房柄和子房，都能从土壤中吸收无机营养。当根系层不能充分供应营养时，结果层营养供应有重要作用。花生果针入土后，根系吸收的钙便不能运向子房，因此，结果层缺钙对荚果发育尤其有严重影响，不但秕果增多，而且会产生空果。

温度对荚果发育快慢（指幼果形成到成熟所需的时间）和果重增长可能有不同的影响。荚果发育的最低温度约为 15℃，上限为 33~35℃，在此幅度内，温度越高则发育越快。

二、花生生育时期及其特点

花生在整个生育过程中，大体可以分为五个生育时期，其特点和对环境的条件要求如下。

（一）种子萌发出苗期

从播种到 50％的幼苗出土并展开第一片真叶为种子萌发出苗期。春播需 10～15d，夏播 6～8d。花生为子叶半出土作物，对外界要求：

水分：要达到土壤相对含水量的 60％左右。

温度：种子发芽的适宜温度为 25～37℃。

氧气：种子萌芽出苗时呼吸旺盛，需氧较多。

管理要点：要以适墒播种，保持土壤疏松为主。

（二）苗期

从出苗到全田 50％的植株开始开花称为苗期。此期是侧枝分生、根系伸长的主要时期，但根重增长很慢，只占总根重的 26％～45％；地上部生长相当缓慢，干物质积累仅占全生育期的 10％左右，但此期生理活动比较活跃，叶片含氮率为 3％～5％，是一生中最高的时期，氮代谢占显著优势。苗期的长短与温度、光照及土壤水分有密切关系。一般春播需 25～35d，夏播 20～25d。地膜覆盖栽培缩短 2～5d。

1. 主要特点

主要结果枝已经形成；有效花芽大量分化；根系生长快，是根系和根瘤的形成期；营养生长为主，氮代谢旺盛。

2. 对外界环境条件的要求

（1）温度。苗期长短主要受温度影响，需大于 10℃有效积温为 300～350℃。幼苗期生长最低温度为 14～16℃，最适温度为 26～30℃。

（2）水分。花生苗期是一生中最耐旱的时期，干旱解除后生长能迅速恢复，甚至超过未受旱植株。

（3）营养。对氮、磷等营养元素吸收不多，但团棵期植株生长明显加快，而种子中带来的营养已基本耗尽，根瘤尚未形成，因此，苗期适当施氮、磷肥能促进根瘤的发育，有利于根瘤菌固氮，显著促进花芽分化，增加有效花数。

3. 管理要点

保全苗，促根壮苗，促早花多花，争取枝多节密，为丰产打基础。这一时期，在适宜范围内气温越高，叶片生长速度和花芽分化越快，出苗至开花的时间越短，因此，要避免低温冷害；苗期虽然耐旱，但土壤过度干旱对花芽分化进程和开花授粉有影响，因此要避免土壤水分过低。此期根瘤形成较少，不但不能固氮，根瘤生长还需氮供应，可适当追施速效氮肥以提苗。

（三）花针期

从50％的植株开花到50％的植株出现鸡头状幼果为花针期。此期春花生一般为25～35d。夏花生早熟品种仅15～20d。

1. 主要特点

花针期叶片数迅速增加，叶面积迅速增长；根系在继续伸长，同时，主、侧根上大量有效根瘤形成，固氮能力不断增强；大量开花成针，花量占总花量的50％～60％；大量果针入土，形成果针数可达总数的30％～50％；这一时期所开的花和所形成的果针有效率高，饱果率也高，是产量的主要组成部分；需肥水较多。

2. 影响因素

低温、弱光、干旱、积水、缺氮都能延迟开花，减少花量，影响果针形成和入土。

3. 对外界环境条件的要求

（1）温度。大约需大于10℃有效积温为290℃，适宜的日平均气温为22～28℃。

（2）水分。土壤相对含水量以60％～70％为宜。

（3）营养。对氮、磷、钾三要素的吸收量为总吸收量的23％～33％。这时根瘤大量形成，能为花生提供越来越多的氮。硼对开花受精有影响。

4. 管理要点

促茎叶生长，控制旺长，在结果层增施磷、钾、钙肥，提高固氮能力，及时做到旱浇涝排，中耕培土迎果针，为大量开花下针创造条件。

该期以营养生长为主，生殖生长与营养生长同步进行，营养生长快，开花数多。由于植株生长加快，无机营养和水分的消耗显著超过苗期，对外界条件的变化也十分敏感。该期需水最多，适宜的土壤相对含水量为60％～70％，低于50％或高于80％时形成干旱或过湿，造成根系与植株生长不良或茎叶旺长，从而减少开花量并使受精不良。光照弱时主茎增长快，分枝少而盛花期延迟；良好的光照条件可促进节间缩短紧凑，分枝多而健壮，花芽分化良好。此期合理排灌和增施磷、钾、钙肥，能提高固氮能力，是增加有效花数、达到高产的有效途径之一。

（四）结荚期

从50％的植株出现鸡头状幼果到50％的植株出现饱果为结荚期。春花生需30～40d，夏花生20～30d。地膜覆盖可缩短4～6d。

1. 主要特点

结荚期是花生营养生长与生殖生长并盛时期，是营养体由盛转衰的时期，也是花生荚果形成的重要时期。结荚期的主要生育特点是大批果针入土发育成荚果，此期形成的果数可占结果总数的60％～70％，甚至可达90％以上，是决定荚果数量的关键时期；果重增长量可占总果重的 30％～40％。结荚期的另一个特点是营养生长也达到最盛期，叶面积达到一生中的最高值。该期亦是花生一生中吸收养分和耗水最多的时期，对缺水干旱最为敏感。

2. 影响因素

高温或低温、土壤水分过多或干旱、光照不足等对荚果发育影响很大。

3. 对外界环境条件的要求

（1）水分。结荚期是花生整个生育期中耗水最多的时期，要求土壤相对含水量为 70％～80％。

（2）温度。温度影响结荚期长短及荚果发育好坏。一般大果品种约需大于 10℃有效积温为 600℃（或大于 15℃有效积温为 400～450℃）。

（3）养分。结荚期吸收的氮、磷占一生总量的 50％左右。该期保证钙的供应可提高饱果率；保证磷的供应可提高种子含油率，可根外喷施。

4. 管理要点

结荚期要防倒伏，防旺长，防叶病，根外喷磷增果重，提高结果率和饱果率。该期对肥料的吸收最多，后期应搞好叶面喷肥。此期土壤水分过多或过少，田间光照不足，对荚果的发育都有重大影响。

（五）饱果成熟期

从 50％的植株出现饱果到荚果饱满成熟收获称为饱果成熟期。北方春播中熟品种需 40～50d，晚熟品种约需 60d，早熟品种需 30～40d。夏播一般需 20～30d。

1. 主要特点

饱果成熟期营养生长逐渐衰退，主要表现在株高、新叶的增长极慢，以致停止，叶片逐渐变黄衰老脱落，叶面积逐渐减少；生殖生长变强，生殖器官大量增重，生殖生长占优势；根系吸收能力下降，固氮逐渐停止；茎叶营养大量转向荚果；果针数、总果数基本上不再增加；饱果数和果重大量增加，占总果重的 50％～70％，是产量形成的主要时期；耗水和需肥量下降，但对温、光仍有较高的要求。

2. 对外界环境条件的要求

（1）温度。气温影响饱果成熟期长短，温度低于 15℃时荚果生长停止。

（2）水分和营养。耗水和需肥量下降，若遇干旱且无补偿能力，会缩短饱果成熟期而减产。

3. 管理要点

饱果成熟期要保功能叶，防倒伏，防早衰，喷施磷、钾肥，促茎叶营养向荚果转运，提高含油率，增加果重。应在继续搞好叶面喷肥、膜下施肥的同时，注意防病，尽可能保叶。

第 二 章

花生栽培技术及生产机械化

研究运用花生栽培技术，充分利用花生栽培特性，注重农机农艺融合，采用机械化作业措施，提高花生产量和生产效益。

第一节　花生栽培特征

一、花生喜温特性

花生喜气候温暖，种子发芽要求温度较高。春季5cm平均地温在12℃以上，才可播种珍珠豆型花生；15℃以上，才可播种普通型花生。主要生育期要求气温达到22～28℃。

二、花生耐旱特性

花生苗期对中度水分胁迫具有较强的补偿能力，胁迫解除后，光合能力、物质生产能力以及营养生长和生殖生长都能迅速恢复甚至超过受旱以前的水平，所以阶段性干旱不致造成严重减产。

三、花生耐瘠薄和耐肥特性

花生根系吸收能力较强，又有根瘤菌共生固氮，可以补充土壤氮含量的不足，具有耐瘠薄特性，所以在丘陵沙滩地上，花生常可获得相对较高的产量和经济效益。同时，花生又很耐肥，土层深厚、土壤肥沃地区高产潜力很大，故在我国主要油料作物中，花生的单位面积产量和单位面积折油量是最高的。

四、花生连作障碍特性

花生对土壤中各种养分的吸收有一定的规律，特别是一些中微量元素。若连作，则土壤中原来的平衡状态被打破，土壤养分失调，无法满足其生长需求，造成根茎不能较好发育，开花、结果的数量减少，叶斑病、青枯病等发生的概率提高，最终造成花生减产。山东省农业科学院万书波等研究认为，花生根系分泌物对土壤微生物、活性酶有影响，从而影响花生植株生长发育，造成花生连作障碍。

多年的生产实践证明，可以克服或减轻连作障碍影响，提高花生产量的措施有：选择优质品种，播前进行药剂拌种；土壤深翻整地，培肥改良土壤；合理轮作和间作，使花生与禾科作物轮作；土壤增施生物菌剂，开展生物措施防治等。

第二节　花生主要栽培技术

山东花生栽培方式主要有春花生、夏直播花生、单粒精播，以及玉米花生宽幅间作，本节主要介绍其技术要点。

一、春花生栽培技术要点

春花生是山东省的主要种植方式，播种面积占花生总面积的 60％～70％，主要分布在丘陵旱地，地块小，肥力低，资源约束大，增产增效难度较大。推广"春花生—小麦—玉米"二年三熟制绿色高效模式，实现轮作轮耕、用地养地相结合，提高粮食单产、增加整体种植效益，对促进粮油生产可持续高质量发展具有重要意义。春花生栽培技术要点主要有以下几方面。

1. 选择高油酸花生和"山东大花生"新品种

高油酸花生的棕榈酸含量只有普通花生的一半，提高了花生及花生油的抗氧化能力和烹调品质，降低了有害物质的产生，有利于人体健康；高油酸花生改善了加工产品及种子的储藏性能，有效地延长了货架寿命；高油酸花生有利于消费者健康，有利于加工、出口、种子等企业增效，以及农民增收，是未来花生生产和消费的发展方向之一。"山东大花生"是山东省传统名牌花生品种类型，具有较强的市场竞争力。不断更新品种，可以提高品种活力。适宜山东的高油酸大花生品种有花育 963、宇花 31 号、冀花 13 号等。

2. 做好种子处理，切实提高种子质量

要搞好种子精选，做到种子饱满、均匀、活力强，发芽率≥90％。要实施药剂拌（盖）种，可选用 30％毒死蜱微囊悬浮剂 3 000mL 或 25％噻虫·咯·霜灵悬浮种衣剂 700mL，加适量水（药浆为 1～2L）拌花生种子 100kg。拌种后，要晾干种皮后再播种，最好在 24h 内播种完毕。要推进种子机械化生产，提高种子生产效率，尽快解决分散选（晒）果、剥壳、选种存在的费工和种子质量不高等问题。

3. 开展土壤深松深翻，切实提高整地质量

开展土壤深松深翻，加厚活土层，改善土壤结构。冬前对土壤进行深耕或深松，早春顶凌耙耢，或者早春化冻后耕地，随耕随耙耢。深耕耙地要结合施肥培肥土壤，以提高土壤保水保肥能力。适宜的地块可采用松翻轮耕技术，松翻隔年进行，先松后耕，深松 25cm 以上，深翻 30cm 左右，以打破犁底层，增加活土层。对于土层较浅的地块，可逐年增加耕层深度。

4. 足墒播种，确保正常出苗对水分的需求

花生播种适墒土壤水分为田间持水量的 70%～75%。适期内，要抢墒播种。如果墒情不足，播后要及时滴水造墒，确保适宜的土壤墒情。

5. 适期播种，确保生长发育和季节进程同步

春花生在墒情有保障的地方要适期晚播，避免倒春寒影响花生出苗和在饱果成熟期遇雨季而导致烂果。鲁东适宜播期为 5 月 1—15 日，鲁中、鲁西为 4 月 25 日—5 月 15 日。

6. 合理密植，打好高（丰）产群体基础

在一定区域内，要推进标准化作业，耕作模式、种植规格、机具作业幅宽、作业机具配置等应尽量规范一致。在中高产地块，可采用单粒精播方式，根据品种特性和土壤肥力状况，春播花生亩播 14 000～16 000 粒；垄距为 80～85cm，垄面宽为 50～55cm，垄上播 2 行，小行距为 28～30cm，株距为 10～12cm。在中低产地块，宜采用双粒精播方式，适当增加密度，大花生亩播 8 500～9 500 粒，垄距为 85～90cm，垄面宽为 50～55cm，垄上播 2 行，小行距为 30cm，株距为 15～18cm。

7. 地膜覆盖，增温、保墒、保持良好的土壤结构

地膜覆盖是花生节水高产的关键技术措施。地膜覆盖的功能：提高地温；保墒提墒，增强抗旱防涝能力；保持土壤疏松，地膜栽培时比露地土壤容重低 $0.1～0.2g/cm^3$，总孔隙度高 2.0%～5.8%，有利于根系、根瘤和荚果发育；促进土壤养分转化，减少肥料流失，促进生长发育等。地膜要选用诱导期适宜、展铺性好、降解物无公害的降解地膜，或厚度为 0.01mm 的聚乙烯地膜。

8. 浅播覆土，培育壮苗

浅播覆土，引升子叶节出膜，促进侧枝早发健壮生长，是培育壮苗的关键环节，也是减少基本苗的基础。播种深度要控制在 2～3cm，播后覆膜镇压，播种行上方膜上覆土 4～5cm，确保下胚轴长度适宜，子叶节出土（膜）。

9. 推进水肥一体化技术，提高水肥利用率

山东春花生田普遍干旱瘠薄，采用膜下滴灌、水肥一体等技术，可提高水肥利用率，实现旱涝保收、高产增效。对不能采用水肥一体措施的田块，丘陵山地播种后，要整修好"三沟"；平原地播种后要挖好排水沟，做到防旱防涝并举。

10. 做好中耕培土，促针结果

中耕培土是增强土壤通透性、改善土壤结构、促进根系生长、增加有效果针数量、有利于荚果膨大和饱满的有效措施，也是解决滑针、高位果针入土困难、提高群体质量的关键措施。加大中耕培土推广力度，特别是弱苗、易涝地块要及时中耕培土。春花生中耕培土可在盛花期花生封垄前进行。

11. 开展绿色防控与除草防涝

花生中后期管理要开展绿色防控，控制病虫危害。一要加强草地贪叶蛾的监测预警，一旦发现，尽早防治；二要及时防治花生叶斑病、疮痂病等叶部病害；三要及时防治以蛴螬为主的地下害虫和棉铃虫、造桥虫、斜纹夜蛾等地上害虫；四要及时防治花生蓟马和叶螨；五要预防花生白绢病、茎腐病发生。提倡使用杀虫灯、性诱剂诱杀金龟甲、棉铃虫、甜菜夜蛾、地老虎等害虫。

要抓好除草防涝工作，防止涝害发生。除草可结合中耕培土进行，也可采用化学药剂。中耕除草要尽量深耕培大垄，不但除草效果好，而且排涝快，有效减轻大雨对花生生长发育产生的不利影响。化学除草可在花生 3～5 叶期和杂草 2～5 叶期，选用 11.8％精喹·乳氟禾乳油 30～40mL/亩或 15％精喹·氟磺胺乳油 100～140mL/亩，茎叶均匀喷雾，防除禾本科杂草及阔叶杂草。

要灵活化控，防止植株徒长，切实提高花生群体质量。山东初秋雨水多，花生植株易徒长。可在盛花后期至结荚前期的生长最旺盛时期，当主茎高达到 30～35cm，日增量超过 1.5cm 时，用烯效唑 40～50g/亩（有效成分 2.0～2.5g/亩）或壮饱安 20～25g/亩，加水 35～40kg/亩，进行叶面喷施。如第一次控制后 15d 左右株高达到 45cm，则可再喷 1 次，收获期株高控制在 50cm 以内。喷施延缓剂要用均匀喷雾，避免重喷、漏喷和喷后遇雨。高产田可结合防治病虫害进行 2～3 次化控，并注意适当减少每次化控药剂的用量。

12. 适时机收，确保丰产丰收

花生收获要根据品种、环境条件、植株长相和荚果饱满度，确定收获时期，适时收获。中低产田以及属早熟品种的花生进入饱果后期，遇旱植株表现出衰老状态，上部叶片变黄，基部和中部叶片脱落，就要及时收获，避免花生果发芽、落果和黄曲霉毒素污染。花生高产田，在搞好保叶防早衰的基础上，要结合不同品种特性和长势情况，科学推行适期晚收。春花生主茎上部剩 4～5 片绿叶、中下部大部分叶片变黄脱落时，或地下部 80％以上的荚果饱满时适宜收获。一般春花生高产田可推迟至 9 月中旬收获。

一年一熟的春花生产区提倡两段式收获，以便荚果晾晒、防止霉捂。花生联合收获一方面要保持适宜的土壤墒情，为机械拔秧、抖土、摘果、清选、除残膜提供适宜的作业条件；另一方面要规范机械作业，减少落果和茎叶拥堵，提高收获效率和质量。

二、夏直播花生栽培技术要点

山东夏直播花生一般指麦茬直播，亦有其他夏茬，是高产田小麦花生两熟制的主要方式。山东大部分地区夏花生生育期间（6 月中旬至 10 月上旬）的积温都在 2 600℃以上，能满足夏直播花生对热量的需求。夏花生直播是解决粮油争地矛盾的重要手段，也是节水、省肥、高产的重要措施，同时有利于发展绿色生产和机械化生产，是适合山东自然条件和生产条件的粮油高效种植模式，是扩大花生种植面积的有效途径。

山东夏花生在土壤水分、养分管理以及病虫草害防治方面与春花生有相同之处，但也有独特的生育特点和栽培要点。

1. 夏直播花生生育特点

生育期一般为 100～115d，全生育期总积温为 2 600～2 800℃，大于 10℃有效积温约为 1 500℃。与春花生相比，有"三短一快"的特点。

一是播种至始花时间短，约短 15d，苗期营养生长量不够，花芽分化少。一般从播种至出苗需 6～8d，出苗至开花需 20～24d。

二是有效花期短，一般 7 月中旬始花，始花后 5d 即进入盛花期，8 月 1日前为有效花期，仅 15～20d。若在有效花期遇干旱、低温、光照不足，对有效花量、果针数、单株结果数和饱果数影响极大，具有关键性意义。

三是饱果成熟期短，短 25d 左右，因而单株饱果数不可能很多，这是夏直播花生饱果少，果重轻，产量和品质一般不如春花生的基本原因。

"一快"是指生育前期生长速度快。因为所处温度高，肥水充足，所以株高、叶面积的增长，花芽分化进程，开花速度等明显快于春花生，再配合密植，结荚初期叶面积系数可达 3 以上，能形成较大的物质生产能力。但是在肥水充足、高温多雨的情况下，更容易徒长倒伏。

2. 夏直播花生高产栽培技术要点

夏直播花生高产栽培应力争早播，适当密植，猛促快长，力促群体发育，使结荚初期叶面积系数可以达到 3 以上；当田间封垄，主茎高达到 30～35cm时，叶面积系数保持在 4.5 左右，长足后用生长调节剂控制营养生长，促进荚果发育和充实。具体措施有：

（1）秸秆还田，培肥地力。应选种在肥力高、有排灌条件的小麦高产田。小麦收获后，秸秆切碎处理，均匀抛撒至地表，全部还田，逐渐培肥地力。秸秆还田可以疏松土壤，为花生生长发育创造条件。

（2）选用高产中熟或中早熟花生品种。适合山东的夏花生高产品种主要有山花 7 号、山花 10 号。

（3）抢墒早播，促进早发。限制夏花生高产的主要因素是生长期短，故抢墒早播具有重要意义。小麦收获后，选用夏花生直播机械，进地两遍作业，完成土壤耕整、起垄、施肥、播种等作业。力争 6 月 15 日前播种，一般不晚于 6 月 20 日。

（4）适当密植，发挥群体潜力。夏直播花生个体发展潜力小，靠群体拿高产，适当密植有利于提高产量，但密度过大又会抑制个体发育。夏直播大花生单粒播种时亩播 16 000～18 000 粒，双粒播种时亩播 10 000～11 000 粒。

（5）加强田间管理。夏花生对干旱敏感，每个生长时期都不能受干旱胁迫。尤其是盛花和大量果针形成下针阶段（7月下旬至8月上旬），是需水临界期，发生干旱应及时灌溉。夏花生怕芽涝和苗涝，注意排涝。夏花生生长快，种植密度大，茎枝细弱，基部节间长，容易倒伏，有徒长趋势时应及时喷施多效唑等进行控制。

三、花生单粒精播高产栽培技术

花生常规种植方式一般是每穴播种2粒或多粒，以确保收获密度。但群体与个体矛盾突出，同穴植株存在株间竞争，易出现大小苗、早衰，单株结果数及饱果率难以提高，限制了花生产量的进一步提高。单粒精播能够保障花生苗齐、苗壮，提高幼苗素质。较常规的2粒或多粒播种，单粒精播亩平均增产8%，花生饱满度及品质显著提升，再配套合理密植、优化肥水等措施，能够延长花生生育期，显著提高群体质量和经济系数，充分发挥高产潜力。此外，花生穴播2粒或多粒时用种量很大，全国每年用种量占全国花生总产量的8%～10%，约150万t（荚果），而单粒精播技术节约用种显著，亩节种可达到20%左右，亩节本增效150元以上。推广应用单粒精播技术对花生提质增效具有十分重要的意义。

1. 地块选择

选用地势平坦，土层深厚，土壤肥力中等以上，排灌方便的地块。

2. 地膜选用

选用常规聚乙烯地膜。地膜宽度在90cm左右，厚度为0.01mm以上，透明度≥80%，展铺性好。

3. 品种选择

选择单株生产力高、增产潜力大、综合抗性好的中晚熟品种，并通过省或国家农作物品种审定委员会审（鉴、认）定。

4. 耕地与施肥

（1）耕地。

①深耕翻。冬前耕地，早春顶凌耙耢，或早春化冻后耕地，随耕随耙耢。耕地深度，一般年份为25cm左右，深耕年份为30～33cm，每隔2年进行1次深耕。结合耕地施足基肥。

②精细整地。在冬耕的基础上，早春化冻后，要及时进行旋耕整地。旋耕时，要随耕随耙耢，并彻底清除残余农作物根茎、地膜、石块等杂物，做到耙平、土细、肥匀、不板结。

（2）施肥。

①平衡施肥。每亩施优质腐熟鸡粪800～1 000kg（或养分含量相当的其

他有机肥 3 000～4 000kg），氮（N）10～12kg（其中 50%～60% 使用缓控释肥），磷（P₂O₅）6～8kg，钾（K₂O）10～12kg，钙（CaO）10～12kg。根据土壤养分丰缺情况，适当增施硫、硼、锌、铁、钼等微量元素肥料。

②施肥方法。耕地前撒施全部有机肥和 2/3 的氮磷钾化肥，耙地前铺施剩余 1/3 的氮磷钾化肥和其他肥料，机播地块可将部分化肥用播种机施肥器施在垄中间。起垄播种地块结合起垄，将全部有机肥和 2/3 的氮磷钾化肥施在两个播种行下方 10～15cm 处，剩余 1/3 化肥施在垄中间。

5. 种子处理

（1）精选种子。播种前 7～10d 剥壳，剥壳前晒种 2～3d。选用籽仁大而饱满的种子播种，以保证种子发芽率在 95% 以上。

（2）药剂处理。

①防病。在茎腐病发生较重的地区，每 100kg 种子用 200g 2.5% 咯菌腈悬浮种衣剂或每 100kg 种子用 300～500g 50% 多菌灵可湿性粉剂加水 4kg，边喷洒边搅拌均匀，使种子表面均匀附着，晾干种皮后播种。

②治虫。在蛴螬等地下害虫发生较重的地区，每亩用 300～500g 30% 毒死蜱微囊悬浮剂均匀拌于 10～20kg 干细土或细沙中，播种时均匀施于播种沟或播种穴内；也可将一半药剂拌种，其余一半在花生覆膜前与除草剂一起喷洒于地表。也可使用其他符合 GB/T 4285（不加年份表示适用最新修订的版本，后同）及 GB/T 8321（所有部分）要求的药剂。

6. 播种与覆膜

（1）播期。大花生要求当 5cm 平均地温稳定在 15℃ 以上，小花生稳定在 12℃ 以上时方可播种。北方春花生适宜在 4 月下旬至 5 月上中旬播种，夏直播花生麦收后抢时早播。南方春秋两熟区春花生适宜播种期为 2 月中旬至 3 月中旬，秋花生最好在立秋至处暑播种，长江流域春夏花生交作区的适宜播种期为 3 月下旬至 4 月下旬。

（2）土壤墒情。播种时土壤相对含水量以 65%～70% 为宜。

（3）种植规格。

①北方。垄距为 85～90cm，垄面宽为 50～55cm，垄高为 8～10cm。垄上播 2 行花生，垄上行距为 30～35cm。大花生穴距为 11～12cm，每穴播 1 粒种子，每亩播 13 000～14 000 穴；小花生穴距为 10～11cm，每穴播 1 粒种子，每亩播 14 000～15 000 穴。

②南方。旱田畦宽 1.4m，畦面宽 1m，播 4 行，畦面中间的宽行距为 40cm，窄行距为 20cm，畦两边各留 10cm。穴距为 13～16cm，每亩播 13 000～15 000 穴，每穴播 1 粒种子。

（4）播种覆膜。一是控制播种深度。覆土引苗栽培播种深度控制在 2～3cm。

二是控制机器施肥数量。要选用无板结的颗粒肥。播种时机器施肥量不能超过全部施肥量的 1/3。三是喷施除草剂。选用 72% 异丙甲草胺乳油（用量为 100mL/亩），将药液均匀喷施于垄面。四是覆膜筑土。覆膜时地膜要拉紧、铺平、压牢，膜上筑土高度要达到 5cm。

7. 田间管理

（1）放苗引苗。

①撒土放苗。当子叶节升至膜面时，及时将播种行上方的覆土摊至株行两侧。覆土不足而导致花生幼苗不能自动破膜出土的，要人工破膜释放幼苗。应尽量减小膜孔，膜孔上方盖好湿土，以保温、保湿和避光引苗出土。

②及时抠取膜下侧枝。自团棵期开始，要及时检查并抠取压埋在膜下的横生的侧枝，始花前需进行 2～3 次。

（2）水分管理。

①浇水。花针期和结荚期遇旱，中午前后叶片萎蔫且傍晚难以恢复时，应及时进行喷灌或沟灌润垄，重点浇好盛花水。饱果成熟期遇旱要及时小水轻浇、润灌。

②排水。结荚后如果雨水较多，应及时排水防涝。

（3）防治病虫害。使用的农药应符合 GB 4285 及 GB/T 8321（所有部分）的要求，按照规定的用药量、用药次数、用药方法施药，不得使用违禁农药。

①防治病害。当花生叶斑病、疮痂病等病害的病叶率达到 10% 时，用 30% 苯醚甲环唑·丙环唑（爱苗）乳油 20mL/亩、60% 吡唑醚菌酯·代森联水分散粒剂（百泰）16g/亩或 50% 氯溴异氰尿酸 40g/亩，隔 10～15d 喷 1 次。也可用 80 亿单位地衣芽孢杆菌 60～100g/亩、28% 多菌灵悬浮剂 80g/亩、70% 甲基托布津可湿性粉剂 100g/亩或 45% 代森铵可湿性粉剂 100g/亩，加水 50kg/亩喷雾防治，10d 后再喷一次效果更好。上述药剂可交替施用，喷足淋透。多雨高温天气注意抢晴喷药，如喷药后遇雨，要及时补喷。

②防治虫害。以蛴螬为主的地下害虫，当虫的数量为 2～3 头/m² 时，可采用 10% 辛硫磷粉粒剂、40% 甲基异柳磷乳油、40% 毒死蜱乳油或 50% 辛硫磷乳油等药剂，按有效成分 100g/亩拌毒土，趁雨前或雨后土壤湿润时，将拌好的毒土集中而均匀地施于植株主茎处的土表上，可以防治取食花生叶片或到花生根围产卵的成虫，并兼治其他地下害虫。亦可选用 50% 马拉硫磷乳油、40% 水胺硫磷乳油等 1 000 倍液喷洒寄主植物防治成虫；或选用 50% 辛硫磷乳油、40% 甲基异柳磷乳油、40% 毒死蜱乳油等 1 000 倍液灌墩。有条件的地方提倡使用杀虫灯、性诱剂诱杀蛴螬等害虫的成虫。

（4）防止徒长。在盛花后期至结荚初期的生长最旺盛时期，当主茎高度达到 30～35cm 时，及时喷施符合 GB 4285 及 GB/T 8321（所有部分）要求的生长调节剂，施药后 10~15d 如果主茎高度超过 40cm，可再喷施一次。

（5）追施叶面肥。生育中后期植株有早衰现象的，叶面喷施 2%~3% 的尿素水溶液或 0.2%~0.3% 的磷酸二氢钾水溶液 40~50kg/亩，连喷 2 次，间隔 7~10d，也可喷施经过肥料登记的其他叶面肥料。

8. 收获与晾晒

当 70% 以上荚果的果壳硬化、网纹清晰、果壳内壁呈青褐色斑块时，及时收获。收获后及时晾晒，将荚果含水量降到 10% 以下。

9. 清除残膜

花生收获后，应及时将田内的残膜清除。

四、玉米花生宽幅间作高产高效栽培技术

针对我国玉米、花生长期连作以及冬小麦—夏玉米单一种植导致的肥药投入偏高、土壤板结、农田 CO_2 及含氮气体排放增加、可持续增产能力变弱等问题，研究形成了玉米花生宽幅间作技术。该技术模式符合"稳定粮食产量、增加供给种类、实现种养结合、提高农民收入"的技术思路，是调整种植业结构、转变农业发展方式的重要途径。

该技术的核心是充分发挥花生根瘤固氮作用及玉米边际效应，保障间作玉米稳产高产，增收花生，次年可以将条带调换种植，实现间作、轮作有机融合，降低氮肥施用量；较传统纯作玉米，该技术可实现增收花生 120~180kg/亩，节氮 12.5% 以上，提高土地利用率 10% 以上，增加亩效益 20% 以上。该技术可改善田间生态环境，缓解连作障碍，减少碳氮排放，对于缓解我国粮油争地、人畜争粮矛盾，实现种地养地结合及农业绿色发展具有重要意义。

1. 地块条件

玉米花生间作宜选择土层厚度在 50cm 以上，土壤蓄肥、供肥、保水能力强，通透性良好的中产田、高产田。

2. 施肥与整地

重视有机肥的施用，以高效生物有机复合肥为主，两作物肥料统筹施用。根据作物需肥不同、地力条件和产量水平，实施条带分施技术。每亩施氮（N）6~12kg，磷（P_2O_5）5~9kg，钾（K_2O）8~12kg，钙（CaO）6~10kg。适当施用硫、硼、锌、铁、钼等微量元素肥料。若用缓控释肥和专用复混肥，可根据作物产量水平和平衡施肥技术选用合适的肥料品种及用量。

适时深耕翻，及时旋耕整地，随耕随耙耢，清除地膜、石块等杂物，做到地平、土细、肥匀。

对于小麦茬口，要求收割小麦时留有较矮的麦茬（宜控制在 10cm 内），于阳光充足的中午前后进行秸秆还田，保证秸秆粉碎效果，而后旋耕 2~3 次。

旋耕时要慢速行走、高转速旋耕,保证旋耕整地质量。

3. 模式选用

根据地力及气候条件,高产田可选择玉米//花生 2∶4 模式(图 2-1),中产田宜选择玉米//花生 3∶4 模式(图 2-2)。

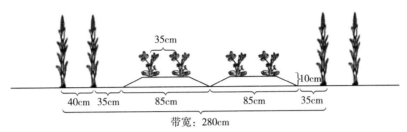

图 2-1 玉米//花生 2∶4 模式田间种植分布图

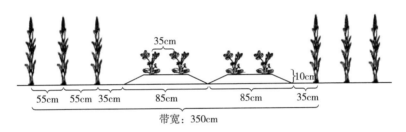

图 2-2 玉米//花生 3∶4 模式田间种植分布图

4. 品种选用

玉米选用紧凑型、单株生产力高、适应性广的中熟品种,并通过省或国家的审(鉴、认)定或登记。花生选用较耐阴、高产、大果、适应性广的早中熟品种,夏花生宜选择早熟或中早熟品种,并通过省或国家的审(鉴、认)定或登记。

5. 精选种子

所选种子质量应符合国家标准规定。玉米种子要求纯度≥98%,发芽率≥90%,净度≥98%,含水量≤13%;花生种子要求纯度≥96%,发芽率≥90%,净度≥98%,含水量≤10%。

6. 种子处理

玉米种子尽量选用经过包衣处理的商品种。若没有包衣处理,则可根据种植区域常发病虫害进行拌种或种衣剂包衣。可选择 5.4%吡虫啉·戊唑醇等高效低毒无公害的玉米种衣剂包衣,控制苗期灰飞虱、蚜虫和纹枯病等。花生用甲·克悬浮种衣剂、辛硫磷微囊悬浮剂、毒死蜱微囊悬浮剂和辛硫·福美双种子处理微胶囊悬浮剂等药剂进行拌种,防治地老虎、金针虫、蝼蛄、蛴螬等地下害虫。禁止使用含有克百威、甲拌磷等的种衣剂。种衣剂及拌种剂的使用应符合国家标准要求，并按照产品说明书进行。

7. 适期播种

（1）播期与土壤墒情。根据当地气温确定播期。每种模式的两种作物可同期播种，也可分期播种；分期播种要先播生育期较长的作物、后播生育期较短的作物。大花生宜在5cm平均地温稳定在15℃以上、小花生稳定在12℃以上时播种，土壤相对含水量确保在65%～70%。花生夏播均应是在6月15日前抢时早播。

（2）种植规格。玉米//花生2∶4模式：带宽280cm，玉米小行距为40cm，株距为12cm；花生垄距为85cm，垄高为10cm，1垄2行，小行距为35cm，穴距为14cm，每穴2粒（每亩间作田约种植玉米3 900株、花生6 800穴）。玉米//花生3∶4模式：带宽350cm，玉米小行距为55cm，株距为14cm；花生垄距为85cm，垄高为10cm，1垄2行，小行距为35cm，穴距为14cm，每穴2粒（每亩间作田约种植玉米4 000株、花生5 400穴）。玉米播种深度为5～6cm，花生播种深度为3～5cm，深浅保持一致，播种质量符合农业行业标准。

8. 田间管理

（1）苗期管理。玉米非精量单粒播种的地块，应于4～5叶期间苗、定苗。定苗时可比计划种植密度多留苗5%，其后拔除小弱株。花生出苗时，及时将膜上的覆土撤到垄沟内。连续缺穴的地方要及时补种。花生4叶期至开花前及时梳理出地膜下面的侧枝。

（2）水分管理。春玉米、春花生生长期遇旱及时灌溉；在夏玉米、夏花生生长期，降雨与生长需水同步，各生育时期一般不浇水。遇特殊旱情（土壤相对含水量≤55%）时应及时灌水，灌溉方式采用渗灌、喷灌或沟灌。遇强降雨，应及时排涝。

（3）化学除草。注重出苗前防治，选用96%精异丙甲草胺（金都尔）、33%二甲戊灵乳油（施田补）等玉米和花生共用的芽前除草剂。出苗后除草：在玉米3～5叶期、苗高达30cm时，用4%烟嘧磺隆（玉农乐）胶悬剂75mL/亩定向喷雾，而花生带喷施17.5%精喹禾灵等花生苗后除草剂；采用适合间作的隔离分带喷施技术机械喷施。除草剂的选择要符合GB 4285的要求，田间防治作业要符合GB/T 17997—2008的规定。

（4）主要病虫害防治。按照"预防为主，综合防治"的原则，合理使用化学药剂进行防治。根据当地玉米、花生病虫害的发生规律，合理选用药剂及用量。通过种衣剂包衣或拌种防治玉米粗缩病、花生叶斑病、灰飞虱、地老虎、金针虫、蝼蛄、蛴螬等病虫害。

（5）追肥。追肥时间要根据品种特性和地力确定。一般在玉米喇叭口期（第9～10叶展开）结合中耕追施，按追施纯氮8～12kg/亩的标准追肥。覆膜花生一般不追肥。间作玉米追肥部位在植株行侧 10～15cm，肥带宽度为 3～5cm，无明显断条，且无明显伤根。生育中后期若发现玉米、花生植株有早衰现象，则叶面喷施 2%～3% 的尿素水溶液或 0.2%～0.3% 的磷酸二氢钾水溶液 40～50kg/亩，连喷 2 次，间隔 7～10d，也可喷施经农业农村部或省级部门登记的其他叶面肥。

（6）化学调控。间作花生易旺长倒伏。当花生株高为 28～30cm 时，每亩用 24～48g 5% 的烯效唑可湿性粉剂，兑水 40～50kg 均匀喷施茎叶（避免喷到其他作物）。施药后 10～15d，如果高度超过 38cm 可再喷施 1 次。收获时应控制在 45cm 内。

9. 收获与晾晒

根据玉米成熟度适时进行收获作业，提倡晚收。成熟标志为籽粒乳线基本消失、基部黑层出现。待果穗烘干、晾晒或风干至籽粒含水量≤20% 时，进行脱粒、晾晒、风选；待籽粒含水量≤13% 时，入仓储藏。花生在 70% 以上荚果的果壳硬化、网纹清晰、果壳内壁呈青褐色斑块时，及时收获、晾晒；荚果含水量≤10% 时，可入仓储藏。

10. 秸秆还田与残膜清除

玉米收获后，严禁焚烧秸秆，应及时秸秆还田，还田作业应符合农业生产质量标准规定。秸秆粉碎长度≤10cm，切碎合格率≥90%，留茬高度≤8cm。覆膜花生收获后及时清除田间残膜。

第三节　花生栽培技术发展与趋势

山东省花生种植历史悠久，始终是我国花生产业大省、强省。改革开放以来，山东省花生生产经历了综合生产能力快速提升、产量效益并重和提质增效转型三个发展阶段。

一、综合生产能力快速提升阶段（1978—1990）

该阶段，山东省花生生产发展速度最快。以麦油两熟制花生种植模式和地膜覆盖技术为基础，配套高产高效栽培关键技术，初步形成了包括花生清棵壮苗、花生控制下针（AnM）栽培、千斤高产栽培三项关键技术的高产高效栽培技术体系，显著地提高了花生（品种）高产潜力、复种指数和物质利用率，改善了花生生产条件和生长发育状况，综合生产力倍增。

二、产量效益并重阶段（1991—2005）

该阶段，山东省种植业逐步向产量效益并重方向转变，在稳定和逐步提高粮食生产能力的基础上，扩大经济作物种植比重，提高复种指数。该阶段，山东省花生生产技术主要包括小麦花生双高产栽培技术、花生连作高产稳产栽培技术、春花生高产稳产栽培技术、花生机械化生产技术等。在加强花生综合生产能力建设的基础上，加快了种植业结构调整以及花生绿色生产、机械化生产创新与应用的步伐。

三、提质增效转型阶段（2006—2015）

该阶段，山东省着重加快了农业发展方式的转变，花生生产技术向绿色生产和机械化生产方向发展。花生高产高效栽培结合绿色生产和机械化生产，大幅调减了麦套花生面积；大力推广了覆膜夏直播花生高产高效栽培技术，逐步稳定了山东省花生种植面积；大力推广了花生高产稳产综合配套技术和花生单粒精播高产配套技术，显著提高了山东省花生单产水平，在资源节约的基础上，促进了山东省花生综合生产能力的稳定发展。

四、未来花生栽培技术的发展趋势

顺应我国全面推进供给侧结构性改革的需要，今后很长一段时间，花生栽培技术的发展将始终围绕提质增效目标展开，大力推广花生绿色高产高效栽培技术。该技术核心是"绿色高效"，包括绿色生产和机械化生产两个方面。绿色生产技术包括优质、安全、生态、环保四个方面，对应的技术分别是优质花生生产技术、花生绿色控害技术、土地质量提升技术、防止环境污染技术。机械化生产技术包括高产、高效两个方面，对应的技术分别是花生农机农艺融合高产高效生产技术、花生全程机械化生产技术。

第四节　花生生产机械化发展

花生生产机械化可大量替代劳动生产用工，有效降低劳动强度，提高劳动生产效率，降低生产成本，增加花生生产效益。山东花生生产机械化起步早、发展快、水平高，但各生产环节还不均衡，一些环节还有待突破和提升。

一、花生生产机械化发展的历程

花生生产包括品种选择、耕整地、播种、田间管理、收获等多个作业环节，生产方式历经人工作业、半机械化作业到全程机械化作业的发展过程。耕整地、植保和灌溉等生产环节多为通用工具和机械，在各阶段基本满足生产需求。随着大型拖拉机的发展，这些装备正在向多功能、大型化方向不断发展。

（一）花生播种机械发展历程

花生播种机械研发可分为以下几个阶段。

（1）引进仿制阶段。20世纪60年代末至80年代中期，花生生产机械化处于起步阶段。山东早期花生播种工具为单行人畜力点播机，如山东招远农机所研制的2B-1型花生播种机、胶南农机所研制的2BC-1型花生播种机等。其结构简单，质量轻，制造成本低，一次播一行，功能单一，通常应用于山地丘陵或中小地块作业。20世纪80年代，山东省开始研制以小型拖拉机为动力的花生播种机，可以完成开沟、播种和覆土等作业，一次播种2行或4行。代表机型为山东掖县（今莱州市）农机所研制的2B-4型花生播种机、山东平度农机所与平度拖拉机站联合研制的2BH-5型花生播种机。

（2）复式播种机研发阶段。20世纪80年代中后期，花生覆膜播种技术的广泛推广和种植规格的逐渐统一，为花生铺膜播种机的应用提供了条件，也使得多功能复式播种机成为研发的热点。山东省的农机科研院所与生产企业开发了可以与不同型号拖拉机配套的花生铺膜播种机，如2BFD-2B型、2BFD-2C型多功能花生铺膜播种机，2BFS-2型花生铺膜播种机和2BFD2-270-3B型花生铺膜播种机等。相对于畜力播种机和早期综合程度较低的花生播种机而言，这些铺膜播种机功能有了很大改善，可一次性完成起垄、播种、覆膜、施肥和喷除草剂等作业。其中，山东省以莱阳农学院与青岛万农达花生机械有限公司联合研制的2BFD-2B（C）型多功能花生铺膜播种机最具代表性。该机填补了国内花生铺膜播种机械的空白，将花生覆膜种植中的起垄、镇压、施肥、播种、覆土、喷药、展膜、压膜和膜上筑土带等农艺技术一次作业完成。

（3）快速发展阶段。近年来，随着农村劳动力结构性短缺问题日益突出，花生产区对发展花生生产机械化的呼声越来越高，各级政府部门、科研单位和生产企业的研发投入逐渐增加，技术储备和研发力度不断增强，花生生产机械化进入快速发展阶段。2012年以来，中央和省财政累计投资5 838.67万元，用于山东省花生生产机械化发展。其中，中央财政投资160万元，建立花生机械化生产示范区5个，重点试验示范花生覆膜播种机械化技术与装备；省财政累计投入项目资金2 600万元，其中农机装备研发创新计划投入资金380万元，研发花生播种装备5项，主要是大型复式多功能播种装备和智能夏花生精密播种机的创新研发。当前，山东省花生播种机械已基本成熟，生产企业量产了综合性能不等的播种机械投放市场，尤其是多功能花生铺膜播种机的成功应用，有效解决了花生播种环节的重复性劳动问题，降低了劳动强度，提高了生产率，进一步提升了花生播种机械化水平，初步实现了花生生产标准化，为田间管理和收获等后续生产环节的机械作业创造了有利条件。

（二）花生收获机械发展历程

花生收获机械研发可分为以下几个阶段。

（1）挖掘犁收获阶段。20 世纪 60 年代至 80 年代初，花生生产中缺少专用的花生收获装备。随着花生半直立型品种研发、花生收获季节农时紧张、农村劳动力紧缺以及小型拖拉机的发展普及，出现了花生挖掘犁。花生挖掘犁主要是通过对现有铧式犁等进行简易改装而成，结构非常简单，一般与小四轮拖拉机或手扶式拖拉机配套使用，是一种性能稳定、价格低廉的机械。工作时只将花生耕起，不能实现花生与土壤的分离，挖掘后由人工抖土、捡拾花生，虽降低了一定的劳动强度，但捡拾去土环节较多，收获损失较大。花生挖掘犁只能实现挖掘这一功能，不能满足花生收获多道工序作业机械化的需求。

（2）分段收获机研发阶段。山东省对花生收获机的研制是从 20 世纪 60 年代开始的，在 20 世纪 70 年代末、80 年代初从美国引进花生挖掘机，并在此基础上发展起来。开始研制花生收获机以来，已有多种类型的样机或产品问世，如 4HW-2800 型花生收获机、4H-150 型花生收获机等。这类收获机均延续了花生收获机挖掘铲与分离链相结合的结构形式，适用于花生平作和垄作，实现了花生生产从传统的人力劳动到机械化的部分转变，在花生生产机械化的发展过程中起到了一定的积极作用。21 世纪初，山东省在分段收获机研制上获得一些突破，主要代表机型是莱阳农学院与青岛万农达花生机械有限公司联合研制的 4H-2 型花生收获机。它在结构原理上具有较大创新，打破了以往花生收获机均采用挖掘铲与分离链相结合的旧模式，采用摆动挖掘原理使挖掘与分离两大机构融为一体，实现了花生的挖掘和除土通过一个部件依次完成，简化了机体结构。近期在分段收获机的研发上又有了新的突破，主要代表机型有 4HT-2 型条铺收获机等。这些机型结构简单、作业效率较高，尤其适用于花生垄作模式。

（3）联合收获机研发阶段。进入 21 世纪，为进一步解放生产力，提升花生收获机械化水平，国内相关研发单位与企业在不断提升和完善花生收获机的同时，积极研发集成度高和功能完善的花生联合收获技术，花生收获设备机型不断增加，性能不断完善。联合收获装备主要有 4HB-2A 型花生联合收获机、4HBL-2A 型花生联合收获机、4HBL-4 型花生联合收获机等；花生捡拾摘果联合收获装备主要有 4HZJ-2500 型花生捡拾联合收获机、4HZJ-2600型花生捡拾联合收获机等；秧果兼收型花生联合收获机样机也研制成功，等待进一步优化。

二、花生生产机械化技术应用

山东省花生生产过程中，耕整地、植保和播种环节基本实现了机械化生产，收获环节以机械作业和人工作业相结合的分段式收获为主，花生联合收获和捡拾摘果联合收获在部分地区进行了试验示范和推广应用，技术和装备不断成熟。耕整地和植保环节所用机械基本与粮食作物对应生产环节所用机械相同，属于通用机械；播种和收获环节所用机械则是花生专用机械。

一是推广规范化机械播种和机械化联合收获技术。以收获模式确定播种规格，提高作业效率，降低生产成本。近年来，我国花生机械化生产水平大幅提升，尤其是种收关键环节的生产装备种类实现了较大扩展。山东省春花生机械覆膜播种技术已比较成熟，播种机械可一次完成起垄、施肥、播种、喷药、覆膜、膜上覆土等工序，联合收获机械可以把扶秧、挖掘、输送、摘果、清选、集箱（袋）等工序一次完成，基本达到生产标准化要求，在鲁东等花生主产区已有较大面积的推广。

二是示范夏花生免膜播种绿色机械化生产模式。近几年在适宜地区（主要是临沂、菏泽等鲁中南、鲁西南地区）示范推广了夏花生免膜播种绿色机械化生产模式。春花生覆膜播种改夏花生免膜直播，可增播一季小麦，减少地膜污染，提高花生秧蔓的利用率和综合生产效益。夏花生比春花生一般减产约50kg/亩，一季小麦增收约500元/亩，全年增收约200元/亩。通过项目带动、示范基地建设、广泛宣传培训等措施，2017年以来，夏花生免膜播种绿色机械化生产模式推广应用面积达到40万亩以上，取得了良好的效益。

三是示范水肥一体化和高效植保机械化技术，大大提高了作业效率和农药利用率，减少了农药污染。

四是试验大型气吸式单粒免耕播种作业模式和机械化挖掘铺放＋机械化捡拾联合收获作业模式，取得了明显效果。目前山东省花生机械化生产主流模式为：花生机械化播种＋机械化植保＋条铺机收获（或挖掘机收获）＋人工收集＋摘果机摘果。山东省花生播种机正由2行向4行和6行多功能复式作业发展，花生收获机由单一的挖掘功能向半喂入联合收获以及挖掘铺放收获＋机械捡拾摘果联合收获作业功能拓展，为花生规模化生产和产业发展奠定了基础。

三、花生生产机械化技术模式与路线

经过多年的生产实践，花生机械化农艺措施与机械化技术相配套，已形成了成熟的生产模式。从耕整地、花生播种、花生收获到小麦播种收获、玉米播种收获等环节，已基本实现机械化作业。花生全程机械化关键生产环节是花生播种和花生收获。在花生主产区，全程机械化生产主推机械化大型复式播种和机械化联合收获方式；在地块小和地形制约区域，推荐采用小型复式播种机械和有序铺放分段式收获方式；有条件的地区，试验示范两段捡拾摘果联合收获方式。

（一）山东花生主要种植模式

1. 花生垄作模式（机械化生产为主）

（1）一垄双行（覆膜）播种。山东省种植总体情况是播种垄距在 80～90cm，垄上小行距在 25～33cm，垄高为 8～12cm，穴距为 14～20cm。一垄双行种植模式是目前山东省大面积推广的一种相对成熟的花生种植模式。

（2）一垄单行（覆膜）播种。一垄单行种植方式在山东省部分地区存在，如招远和荣成等地，但所占比例较小。一般采用等行距种植，单垄垄距主要有 55～60cm、48～50cm、37～40cm 几种，不同地区差异较大。一垄单行播种行距多样、规格不统一，较难实现机械化收获，正在被一垄双行的种植方式所替代。

2. 花生平作模式（人工播种为主）

（1）小垄宽幅麦套花生（垄作）。冬小麦播种时，每 40cm 为一条带，用宽幅耧播种一行小麦，小麦幅宽为 6～7cm；麦收前 20～25d 小麦扬花时浇水套种花生，在小麦行间套种一行花生，行距为 33～34cm。此种方式由于无法实现机械化种植，耗费人工多，仅在鲁西南部分地区还有应用。

（2）普通畦田麦套花生（平作）。冬小麦按 20～25cm 的行距等行畦田播种，麦收前 15～20d 在每个小麦行间按 26cm 左右穴距套种花生，或隔行套种花生，花生行距为 40～50cm。

（3）宽窄行平作花生。播种深度在 5cm 左右，宽行距为 45～55cm，窄行距为 25～35cm。该模式在鲁北等地的黄河流域花生区有所采用。

（二）机械化生产技术路线

一年两熟夏花生生产全程机械化模式技术路线为：小麦机械化生产→花生机械化播种（秸秆清理、旋耕、起垄、播种、施肥、喷洒除草剂、秸秆覆盖一次完成）→花生田间管理（病虫草害防治、化控、田间排灌等）→花生机械化收获（两段收获；联合收获）→小麦机械化生产。

两年三熟春花生生产全程机械化模式技术路线为：玉米机械化生产→冬前耕地，早春顶凌耙地（或早春化冻后耕地）→播前耕整地→花生机械化播种（起垄、播种、施肥、喷洒除草剂、覆膜、膜上覆土一次完成）→花生田间管理（病虫草害防治、化控、田间排灌等）→花生机械化收获（联合收获；两段收获）→小麦机械化生产→玉米机械化生产。

（三）主要环节的技术模式

1. 耕整地

春花生采用机械化深耕、深松轮耕模式。配套深翻深松机具，进行深翻和深松轮作，每 3 年为一周期，深翻 2 年，深松 1 年。深翻配套动力驱动耙进行整地，深松配套卧式旋耕机械进行整地。

夏花生可采用机械化深耕模式（同春花生），也可采用机械化灭茬旋耕模式。机械化灭茬旋耕模式：麦收后播种夏花生时，利用带灭茬旋耕整地功能的播种机，一台机械作业两遍完成耕整地和播种作业。第一遍作业时升起播种装置，进行灭茬和旋耕作业；第二遍作业时放下播种装置，进行灭茬、旋耕、起垄、施肥、播种、喷洒除草剂（覆膜、膜上覆土）等作业工序。

2. 播种

春花生在地势相对平坦、地块较大的丘陵地区和平原地区主推机械化复式播种方式。春花生播种配套动力为手扶式拖拉机或轮式拖拉机，一次完成起垄、施肥、播种、喷洒除草剂、覆膜、膜上覆土等作业工序。

夏花生按照选用的小麦秸秆处理、土壤耕整、播种施肥的机械不同，播种模式可分为多环节单独播种模式和单环节复式作业播种模式。

（1）多环节单独播种模式。小麦机收、秸秆粉碎（小麦联合收获机）→机械灭茬（秸秆还田机）→土壤机翻（深耕犁）→整地筑垄（整地筑垄机）→机械施肥播种（花生播种机）。

（2）单环节复式作业播种模式。小麦联合收获、秸秆处理（小麦联合收获机）→机械灭茬、整地、筑垄、施肥、播种（夏花生免膜播种机）。

3. 田间管理

（1）喷杆式喷雾模式。利用喷杆式喷雾机等高效植保机械进行田间管理的各项作业。采用这种作业方式，农药利用率高，作业效率高，喷雾均匀性好。

（2）植保无人机模式。利用植保无人机进行田间管理的各项作业。这种作业方式不受地形限制，农药利用率高，作业效率高，喷雾均匀性好。

4. 收获

（1）联合收获模式。利用花生联合收获机（主要为半喂入式），一次完成挖掘、抖土、摘果、分离、清选、集果等收获作业的全部环节。在种植规范的沙土或沙壤土地块，收获效果较好。

（2）两段收获模式。首先利用花生条铺机或花生挖掘机，将花生挖掘清土后有序铺放或直接铺放于地表，在田间晾晒3～5d，然后用花生捡拾联合收获机完成花生捡拾、摘果、清选、秧蔓收集、集果等作业工序。

四、山东省花生生产机械化发展策略

1. 加强政策和项目支持，创新研发集成关键生产技术与装备

一是争取油料作物全程机械化生产专项资金，提高机械化规模生产补贴强度，促进油料作物发展，保障食用油安全供给；二是投入专项资金对花生秧果兼收、水肥一体化、夏花生免膜播种、花生烘干等装备进行研发和试验验证；三是推动花生全程机械化生产技术规程制定，提高农业机械装备的作业效率和利用率。

2. 加强技术培训和服务，示范推广先进适用绿色农机化技术

一是推动在适宜地区改春花生为夏花生，大力推广夏花生免膜播种绿色机械化生产模式，提高农业生产效益，减少地膜污染；二是大力试验花生单粒精播技术，推广应用高效植保、水肥一体化技术与装备，提高花生单产，增加花生种植效益；三是大力试验示范秧蔓综合利用、两段收获、花生果干燥等高效机械化生产技术。

3. 注重农机农艺结合，大力推进适度规模经营和规范化种植

小地块分散经营是造成山东省花生种植模式、农艺标准不统一的重要原因，严重限制了农业机械的适用性。下一步，应大力推进土地规模化、集约化经营，培育社会化服务主体，加速实现花生规范化、标准化种植。同时，应研究出台推进农业农村各部门联动协作机制，加速推进农机农艺融合。

第三章

花生品种

第一节 花生品种选育

一、花生的品种类型

（一）栽培花生的植物学归属

落花生简称花生，别名有长生果、落生、番豆等，属豆科、蝶形花亚科、花生属。所有花生属植物的共同特征是开花受精后子房柄伸长，形成果针，入地结果。

（二）花生种类

1. 分类方法

（1）按照株型分。花生栽培种按照株型可分为直立型、蔓生型和半蔓生型3种类型。

（2）按分枝型和荚果性状分。A. Krapovickas 等根据分枝型将花生栽培种分为2个亚种，分别为密枝亚种（交替开花亚种）和疏枝亚种（连续开花亚种）。每一亚种又根据荚果及其他性状各分为2个变种，其中密枝亚种分为密枝变种和多毛变种，疏枝亚种分为疏枝变种和普通变种。孙大容将国内花生栽培种种质资源按分枝型和荚果性状分为四大类型，分别为普通型、龙生型、多粒型和珍珠豆型。美国把花生按植物学类型分为弗吉尼亚型、秘鲁型、瓦棱西亚型和西班牙型。我国的四大类型、美国的植物学类型与之亦基本一致，可以通用。由于亚种、类型之间均能自由杂交，新选育的品种，常具有中间性状，很难明确归于哪一类型，国内常将此类品种暂称为"中间型"，因而有"五大类型"之说。五大类型具体是指龙生型、普通型、珍珠豆型、多粒型、中间型。

2. 不同株型花生的特点

（1）直立型花生。直立型花生又称拔豆、珍珠豆或百日豆等。主要特征：株型直立，株丛紧凑；分枝弱，一般只有二次分枝，极少有三次分枝；主茎长度与第一对分枝的长度接近，叶片较大，多为浅绿色；花期较短，开花集中，成熟较一致；每个荚果一般含2粒籽仁，出仁率约为72%，含油率为50%左右；种子休眠期短或没有休眠期，若收获过迟，则易在土壤中发芽；抗逆性较差；春播花生生育期为 120～130d，夏播花生生育期在 110d 左右，一般产量为 200～300kg/亩，高者可达 400kg/亩以上。

（2）蔓生型花生。蔓生型花生又称筛豆、迟花生等。主要特征：侧枝匍匐在地面，株丛分散；分枝性强，有三次以上分枝，属交替分枝开花类型；第一对侧枝比主茎长得多；花期长，结荚分散；种子休眠期较长，成熟时易落果；叶色深绿，叶片较小，抗逆性较强，较抗青枯病和抗旱；荚果出仁率为 64%～75%，含油率为 46%～75%；全生育期长，多在 150d 以上；一般产量为 100kg/亩左右，高者可达 250kg/亩。

（3）半蔓生型花生。主要特征：半蔓生型花生的株型、分枝习性和生育期等介于直立型和蔓生型之间。主要性状与蔓生型花生相似。

3. 花生五大类型及其特点

（1）龙生型。在我国种植最早，曾分布甚广，是历史上的主栽花生，通称本地小花生或蔓生小花生。由于匍匐生长，分枝多，结果分散，果针入土深，易折断，收刨费工，晚熟，种植面积已大为减少。

（2）普通型。20 世纪 50 年代发展起来并取代龙生型，曾是我国分布最广、栽培面积最大的类型，亦曾经是我国出口大花生的主要类型。主要分布在北方大花生区及长江流域春夏花生区。由于成熟晚，易受秋旱和低温影响而产量不稳，再加上经济系数低，丰产潜力不大等原因，普通型花生的种植面积已大幅度缩减。

（3）珍珠豆型。生育期短，适应性广，丰产性优于多粒型，适合多种种植制度和生态条件。

（4）多粒型。早熟或极早熟，单株果数少，丰产潜力不高，适合在东北等生长期短的地区种植，目前仍有一定种植面积。

（5）中间型。疏枝、大果、中熟品种，生育期介于珍珠豆型早熟品种和普通型晚熟品种之间，既适合春播，又适合麦田套种和夏直播，果大果多，结果集中，经济系数在 0.5 左右，丰产潜力高，产量稳定，是当前北方大花生区的主要品种。

此外，国内通常将花生按生育期长短（以春播常规播期为准）分为早熟品种（130d 以下）、中熟品种（130～160d）和晚熟品种（160d 以上）；按籽仁大小分为大粒品种（百仁重在 80g 以上）、中粒品种（百仁重为 50～80g）、小粒品种（百仁重在 50g 以下）。

二、选育过程

（一）育种目标的复杂性

在国民经济快速发展、人民生活水平不断提高和市场不断扩大的情况下，社会对花生生产必然提出更多、更高的要求。花生的生产不但要满足广大消费者不同的需求，而且与工业、外贸、加工转化的不同产业部门的发展均有密切关系。所以花生育种目标越来越高，越来越复杂。

一般来说，生产者要求高产、抗病虫害和对环境条件最广泛的适应性；加工者要求成熟的一致性，易脱壳、清选，以及良好的加工性能；对外贸易要求在一定的品种质量的基础上，具有优良、整齐一致的外观性状；消费者要求高营养品质，良好的形状，大小一致，以及好的质地、颜色、口味和香气。同时随着规模化的发展，花生收获机械与品种株体性状的相互适应也是要重点考虑的问题。

（二）花生育种的程序和体系

花生育种工作可大致分为两大部分：内部的育种程序，外部的育种体系。两者相辅相成，对育种的进度和成败有直接的影响。

1. 内部的育种程序

要建立一个具有广阔基因源的育种原始材料圃（它主要来源于国家种质资源储存及育种家收集和创造的材料），确定育种改良目标和方法。而且要针对环境所可能产生的压力，设计相应的平行试验，以求在较短的时间内解决多项问题，获得有更高适应力的新品系，在简捷、有效、准确的条件下进行筛选、评价、比较。

2. 外部的育种体系

育种体系是在一个花生生态区中的多点联合育种试验的合作组织，由主要育种单位牵头，以各个育种程序所选择比较出来的优良品系为基础，在一致认可的条件下进行多点、多年度的联合比较试验，以确定这些育种品系的生产力、适应范围和稳定性。只有通过这一系列的试验程序，育种品系才能作为一代新品种申请审定（登记），推广给农民生产利用。

（三）花生的杂交育种

杂交育种是通过不同亲本间的有性杂交创造新的遗传变异来选育新品种的方法。杂交育种方法是迄今应用最普遍、效果最好的方法。

花生是典型的闭花授粉作物，在自然条件下出现异花授粉的机会很小，出现自然突变的频率也很低，因而这一作物具有较强的遗传保守性，遗传种质或品种多数性状的基因型纯合度较高，易于稳定表达，这为人工杂交育种提供了有利条件。只要育种目标设计明确，亲本选用恰当，杂种后代处理正确，运用了有关性状的遗传规律或模式，以及合适的选择方法，就较易获得理想的育种效果。

1. 花生亲本选配的一般原则

亲本选配是影响作物杂交育种成效的关键环节之一。花生杂交育种亲本选配一般有如下具体要求：①亲本主要性状要能优势互补；②选用具有特定地区生态适应性的品种作为亲本之一；③选用生态类型差异大和亲缘关系较远的材料作为亲本；④选用一般配合力好的材料作为亲本。

2. 杂交方式

花生杂交育种所用的杂交方式有多种，包括单交、三交、双交、四交、回交等，除第一种方式，其他几种交配方式也统称为复式杂交或复交。

3. 花生杂交的种类

（1）品种间杂交。指花生同一植物学类型（或变种）内的品种间杂交。

（2）变种间和亚种间杂交。指栽培花生四个变种间的杂交。亚种间杂交较理想的组配是普通型×珍珠豆型。从性状的一般共性上看，普通型具有交替开花、分枝多、生育期长、种仁较大、产量潜力高的特点，而珍珠豆型则有连续开花、结果集中、生育期短等特点，两者完全是互补的。

（3）种间杂交。指花生栽培种与野生种间的杂交。野生花生中广泛存在一些花生栽培种所不具备的抗性基因，转移利用这些基因的研究在世界范围内广泛开展。种间杂交是广义的花生杂交育种的一个重要方面。

4. 杂种后代的选择处理与改良育种

在作物杂交育种中，杂种后代的处理和根据育种目标对优良性状进行选择是最重要的工作内容。在这个过程中，需要育种者根据所用亲本的特性、有关性状的遗传规律、试验条件等采用合适的田间处理技术和选择方法。

5. 花生杂交育种的典型程序

（1）原始材料圃。这是花生杂交育种的基础性工作。一般花生原始材料（亲本圃）是按类别种植，便于观察比较。各材料种植20～40株即可。要防止混杂。重点材料或新材料应连年种植，性状比较清楚的材料可在保证储藏条件和发芽率的前提下，隔年轮批种植。

（2）杂交圃。杂交圃是杂交育种工作的第一个操作场所。由于育种家的习惯和育种程序的不同，花生杂交圃有的设置在田间，于正常生长季节进行杂交；有的则利用温室在冬季进行杂交。田间杂交圃一般要求选择在避免遭受意外损坏和便于工作的田间地块作高畦。

（3）杂种圃。花生杂种的早期世代是性状分离的世代。由于育种目标、亲本来源和育种条件的不同，这个阶段的材料可采用不同的方法予以处理和选择，而不同的杂种处理方法的工作内容也有所差异。

（4）选种圃。正式开始产量性状鉴定，是产量比较试验的初级阶段。将杂种圃所选择的单株，在田间按株系种植，一般以生产良种作为产量对照品种。选种圃是株系选拔、生产力评估和扩大种子量同步进行的关键阶段。依株系表现和种子量的实际情况，需要连续进行2～3年。

（5）鉴定圃。当株系经过大量的淘汰后，有必要依据育种目标对有关抗病性、抗旱、耐渍、耐肥等进行田间和室内的鉴定，通常连续进行 2 年，并按品种比较试验的要求，有计划地繁殖足够的种子。有的育种程序中，鉴定圃与选种圃的作用是相同的。

（6）品种比较试验。这个阶段是最后决选阶段，田间设计必须规范化，而且要保持试验设计规范，在年际间、试验点间稳定不变。

第二节　主栽品种

一、春花生主要品种

（一）山花 9 号

审定情况：2009 年通过山东省审定。

特征特性：春播生育期 127d，主茎高 32.9cm，侧枝长 36.9cm，总分枝 8 条。单株结果 12 个，单株生产力 21g。荚果普通形，网纹清晰，果腰较粗，果壳较硬，籽仁长椭圆形，种皮粉红色，内种皮橘黄色，百果重 207.4g，百仁重 84.0g，出仁率 69.6％。抗旱及耐涝性中等。叶斑病抗性强，抗旱耐瘠，耐缺铁。耐肥抗倒伏，高产潜力大，适合高产栽培。2007 年经农业部食品质量监督检验测试中心（济南）品质分析：蛋白质含量高达 29.4％，品质突出。

产量表现：在 2006—2007 年山东省花生新品种大粒组区域试验中，两年平均亩产荚果 337.3kg、籽仁 236.6kg，分别比对照品种鲁花 11 号增产 13.0％和 12.2％。2008 年参加山东省花生新品种生产试验，平均亩产荚果 340.5kg、籽仁 244.0kg，分别比对照品种丰花 1 号增产 10.2％和 11.9％。

栽培要点：适宜种植密度为 12 万～15 万穴/hm²，每穴播 2 粒。施足氮肥，重施有机肥和磷肥，盛花期至结荚期注意防旱灌溉。其他管理措施同一般大田。

适宜区域：在山东省适宜地区作为春播大花生品种推广利用。

选育单位：山东农业大学。

（二）花育 22 号

审定情况：2003 年山东省审定。

特征特性：该品种为早熟普通型大花生，株型直立，结果集中，生育期 130d 左右，抗病性及抗旱耐涝性中等。主茎高 35.6cm，侧枝长 40.0cm。百果重 245.9g，百仁重 100.7g，出仁率 71.0％。脂肪含量 49.2％，蛋白质含量 24.3％，油酸含量 51.73％，亚油酸含量 30.25％，油酸/亚油酸比值 1.71。籽仁椭圆形，种皮粉红色，内种皮金黄色，符合出口大花生标准。

产量表现：在 2000—2001 年山东省花生新品种大粒组区域试验中，两年平均亩产荚果 330.1kg、籽仁 235.4kg，分别比对照品种鲁花 11 号增产 7.6％和 4.9％。2002 年参加山东省花生新品种生产试验，平均亩产荚果 372.2kg、籽仁 268.9kg，分别比对照品种鲁花 11 号增产 8.8％和 7.5％。

栽培要点：适于排水良好、中等以上肥力的沙壤土种植。春播 15 万穴/hm²，夏播 16.5 万～18 万穴/hm²，每穴均播 2 粒。

适宜区域：在山东省适宜地区作为春播大花生品种推广利用。

选育单位：山东省花生研究所。

（三）花育 36 号

审定情况：2011 年山东省审定；2013 年国家鉴定。

特征特性：生育期 127d，连续开花，主茎高 49.89cm，侧枝长 53.47cm。株型直立，总分枝 9.2 条左右，结果枝 7.0 条。叶片长椭圆形、绿色。连续开花，花色橙黄。荚果普通形，籽仁椭圆形、深粉色、有少量裂纹、无油斑，种子休眠性强。公斤果数 510 个，公斤仁数 1 104 个，百果重 270.1g，百仁重 107.95g，出仁率 74.18％。叶斑病抗性高，网斑病抗性中等，耐涝性、种子休眠性强。2008 年经农业部油料及制品质量监督检验测试中心（武汉）检测：平均含油量 51.47％，粗蛋白含量 26.08％，油酸含量 43.0％，亚油酸含量 36.5％，油酸/亚油酸比值 1.19。

产量表现：2008—2009 年参加山东省花生新品种大粒组区域试验，平均亩产荚果 361.81kg、籽仁 257.20kg，分别比对照品种增产 8.05％和 10.00％。2010 年参加山东省花生新品种生产试验，平均亩产荚果 315.2kg、籽仁 220.7kg，分别比对照品种增产 8.5％和 9.0％。2010 年参加全国北方片花生新品种（大粒组）区域试验，平均亩产荚果 285.07kg、籽仁 206.80kg，比对照品种鲁花 11 号增产 7.35％和 8.84％。

栽培要点：①选择土层深厚、耕层肥沃的沙壤土，地势平坦，排灌方便；②将全部有机肥、钾肥及 2/3 氮、磷化肥结合冬前或早春耕地施于耕层内，剩余 1/3 氮、磷化肥在起垄时施在垄内；③选择花育 36 号典型果进行剥壳，剥壳后，选皮色好、饱满的一级米当种子，做好发芽试验；④采用地膜覆盖种植方式，栽培的适宜密度为春播 14 万穴/hm² 左右，夏播 16.5 万穴/hm² 左右，每穴 2 粒种子；⑤春播在 4 月中旬至 5 月上旬进行，播前 5cm 平均地温（连续 5d）应≥15℃，夏直播以当地常规品种播期进行；⑥及时开孔放苗，避免灼伤幼苗；⑦注意防治花生蚜虫、网斑病、叶斑病等病虫害；⑧成熟后及时收获；⑨收获后，保证在 5d 内使荚果含水量降至 10％以下、籽仁含水量降至 8％以下。

适宜区域：适宜在山东、河南、河北、辽宁、吉林、江苏和安徽等北方大花生产区春直播或麦田套种种植。

选育单位：山东省花生研究所。

（四）花育 25 号

审定情况：2007 年通过山东省审定。

特征特性：该品种属早熟直立型大花生，生育期 129d 左右。主茎高 46.5cm，株型直立，分枝 7~8 条，叶色绿，结果集中。荚果网纹明显，近普通形，籽仁无裂纹，种皮粉红色。百果重 239g，百仁重 98g，公斤果数 571 个，公斤仁数 1 234 个，出仁率 73.5%。脂肪含量 48.6%，蛋白质含量 25.2%，油酸/亚油酸比值 1.09。抗旱性强，较抗多种叶部病害和条纹病毒病。该品种后期绿叶保持时间长、不早衰。

产量表现：在 2004—2005 年山东省花生新品种大粒组区域试验中，两年平均亩产荚果 319.79kg、籽仁 232.49kg，分别比对照品种鲁花 11 号增产 7.28% 和 9.43%。2006 年参加山东省花生新品种生产试验，平均亩产荚果 327.6kg、籽仁 240.9kg，分别比对照品种鲁花 11 号增产 10.9% 和 12.2%。

栽培要点：①适宜中等肥力以上土壤种植；②春播 13.5 万~15 万穴/hm²，每穴 2 粒；③应施足基肥，确保苗齐苗壮；④加强田间管理，防旱排涝。

适宜区域：在山东省适宜地区作为春播大花生品种种植利用。

选育单位：山东省花生研究所。

（五）花育 31 号

审定情况：2009 年通过山东省审定。

特征特性：春播生育期 129d，主茎高 50.7cm，侧枝长 55.0cm，总分枝 9 条。单株结果 16 个，单株生产力 20g。荚果普通形，籽仁椭圆形，种皮粉红色，内种皮金黄色。百果重 220g，百仁重 91.2g，公斤果数 599 个，公斤仁数 1 441 个，出仁率 72.9%。抗旱及耐涝性中等。2007 年经农业部食品质量监督检验测试中心（济南）品质分析：蛋白质含量 25.0%，脂肪含量 51.2%，水分含量 5.2%，油酸含量 43.1%，亚油酸含量 37.4%，油酸/亚油酸比值 1.15。经山东省花生研究所抗病性鉴定：网斑病病情指数 43.2，褐斑病病情指数 17.7。

产量表现：在 2005—2006 年山东省花生新品种大粒组区域试验中，两年平均亩产荚果 341.7kg、籽仁 249.0kg，分别比对照品种鲁花 11 号增产 8.2% 和 9.3%。2007 年参加山东省花生新品种生产试验，平均亩产荚果 315.3kg、籽仁 226.1kg，分别比对照品种鲁花 11 号增产 3.3% 和 3.2%。2008 年参加山东省花生新品种生产试验，平均亩产荚果 331.1kg、籽仁 243.7kg，分别比对照品种丰花 1 号增产 7.2% 和 11.8%。

栽培要点：适宜沙质土壤或壤土。种植密度为 15 万穴/hm²，每穴播 2 粒。施足基肥，生育期间注意防治病虫草害，后期注意防涝，适时收获。其他管理措施同一般大田。

适宜区域：在山东省适宜地区作为春播大花生品种种植利用。

选育单位：山东省花生研究所。

（六）花育 33 号

审定情况：2010 年通过山东省审定。

特征特性：属普通型大花生品种。荚果普通形，网纹较深，果腰浅，籽仁长椭圆形，种皮粉红色，内种皮橘黄色。区域试验结果：春播生育期 128d，主茎高 47cm，侧枝长 50cm，总分枝 8 条；单株结果 16 个，单株生产力 20.4g，百果重 227.3g，百仁重 95.9g，公斤果数 544 个，公斤仁数 1 166 个，出仁率 70.1％；抗病性中等。2007 年经农业部食品质量监督检验测试中心（济南）品质分析：蛋白质含量 19.1％，脂肪含量 47.3％，油酸含量 50.2％，亚油酸含量 29.2％，油酸/亚油酸比值 1.7。2007 年经山东省花生研究所抗病性鉴定：网斑病病情指数 52.6，褐斑病病情指数 16.4。

产量表现：在 2007—2008 年山东省花生新品种大粒组区域试验中，两年平均亩产荚果 345.6kg、籽仁 242.0kg，分别比对照品种丰花 1 号增产 8.8％和 9.5％。2009 年参加山东省花生新品种生产试验，平均亩产荚果 370.5kg、籽仁 260.8kg，分别比对照品种丰花 1 号增产 10.9％和 10.2％。

栽培要点：适宜种植密度为 15 万～16.5 万穴/hm²，每穴 2 粒。其他管理措施同一般大田。

适宜区域：在山东省适宜地区作为春播大花生品种种植利用。

选育单位：山东省花生研究所。

（七）山花 8 号

审定情况：2007 年通过山东省农作物品种审定委员会审定。

特征特性：属珍珠豆型小花生品种。区域试验结果：生育期 125d，株型紧凑，疏枝，连续开花，抗倒伏性较强，主茎高 42.7cm，侧枝长 46.5cm，总分枝 7 条；单株结果 15 个，单株生产力 17g，荚果蚕茧形，籽仁圆形，种皮粉红色，内种皮淡黄色，百果重 178g，百仁重 73g，公斤果数 904 个，公斤仁数 1 718 个，出仁率 73.7％。抗旱耐瘠、抗病。蛋白质含量高达 28.5％，营养价值高，适合食用和食品加工。品质及外观符合出口小花生要求。

产量表现：在 2004—2005 年山东省花生新品种小粒组区域试验中，平均亩产荚果 289.9kg、籽仁 210.7kg，分别比对照品种鲁花 12 号增产 14.1％和 13.7％。在 2006 年山东省花生新品种生产试验中，平均亩产荚果 280.6kg、籽仁 207.2kg，分别比对照品种鲁花 12 号增产 12.2％和 12.7％。

栽培技术要点：适宜种植密度为 15 万～16.5 万穴/hm²，每穴播 2 粒。其他管理措施同一般大田。

适宜区域：适宜在北方花生产区作为春直播或麦田套种小花生品种推广利用。

选育单位：山东农业大学。

（八）潍花8号

审定情况：2003年通过山东省农作物品种审定委员会审定；2004年通过国家新品种鉴定。

特征特性：大粒中熟。生育期135d。主茎高45.7cm，侧枝长46.8cm，总分枝8.0条。分枝粗壮，叶色深绿。出苗整齐，开花早，结实性好。结果集中，整齐饱满，双仁饱果率高，果柄短、易收刨。荚果普通形，籽仁椭圆形，种皮粉红色。500g果数358.0个，百果重168.0g，百仁重80.2g，出仁率73.0%，单株生产力21.3g。粗脂肪含量47.5%，粗蛋白含量23.2%，油酸含量50.49%，亚油酸含量31.53%，油酸/亚油酸比值1.60。抗枯萎病，耐病毒病，中抗叶斑病，抗旱、耐涝性强，抗倒伏性强，耐瘠。种子休眠性较强。

产量表现：2000—2001年山东省花生新品种大粒组区域试验中，两年平均亩产荚果346.66kg、籽仁256.69kg，分别比鲁花11号增产13.0%和14.41%，居参试品种第一位。2002年参加全国北方片花生新品种大粒组区域试验，平均亩产荚果376.89kg、籽仁281.47kg，分别比鲁花11号增产10.1%和12.51%。2002—2003年全国（北方片）区试，荚果、籽仁分别比鲁花11号增产8.67%和15.84%；2004年全国北方片花生新品种生产试验中，荚果、籽仁分别比鲁花11号增产9.67%和13.45%，荚果、籽仁产量均居第一位。2003—2004年辽宁省花生新品种区域试验中，平均亩产荚果365.5kg，比对照品种白沙1016增产38.5%。

栽培技术要点：宜选择中上等肥力、排灌条件良好的生茬地种植，实行覆膜栽培更能发挥其高产潜力。播种宜早，最佳播期为4月末至5月中旬。施肥应掌握以有机肥为主、化肥为辅的原则，施优质有机肥60 000kg/hm²，有效含量25%的花生专用肥1 500kg/hm²（或同等含量的其他化肥）。适宜种植密度为15万穴/hm²左右，每穴播种2粒。生育中后期适时进行化控防止徒长，同时注意防治叶斑病。成熟后及时收获。

适宜区域：在山东省适宜地区作为春播大花生品种种植利用。

选育单位：山东省潍坊市农业科学院。

（九）山花11号

审定情况：2010年通过山东省审定。

特征特性：属中间型大花生品种。荚果普通形，网纹清晰，果腰较浅，籽仁长椭圆形，种皮粉红色，内种皮白色。区域试验结果：春播生育期127d，主茎高 48cm，侧枝长 52cm；百果重 209.5g，百仁重 87.9g，出仁率 71.3％。具有抗旱、耐瘠、抗病的特点。

产量表现：在 2007—2008 年山东省花生新品种大粒组区域试验中，两年平均亩产荚果 337.0kg、籽仁 240.3kg，分别比对照品种丰花 1 号增产 6.1％和 8.7％。2009 年参加山东省花生新品种生产试验，平均亩产荚果 379.8kg、籽仁 274.4kg，分别比对照品种丰花 1 号增产 13.7％和 15.9％。

栽培技术要点：适宜种植密度为 12 万～15 万穴/hm²，每穴 2 粒；重施有机肥和磷肥，高肥水地块注意防倒伏。其他管理措施同一般大田。

适宜区域：在山东省适宜地区作为春播大花生品种种植利用。

选育单位：山东农业大学。

（十）山花 13 号

审定情况：2011 年通过山东省审定。

特征特性：属中间型大花生。荚果普通形，网纹清晰，果腰中浅，籽仁长椭圆形，种皮粉红色，内种皮橘黄色，连续开花。区域试验结果：春播生育期 126d，主茎高 47.1cm，侧枝长 48.7cm，总分枝 9 条；单株结果 15 个，百果重 236.4g，百仁重 100.5g，出仁率 71.5％。2008 年经农业部食品质量监督检验测试中心（济南）品质分析：蛋白质含量 24.6％，脂肪含量 43.4％，油酸含量 49.5％，亚油酸含量 30.4％，油酸/亚油酸比值 1.6。

产量表现：在 2008—2009 年山东省花生新品种大粒组区域试验中，两年平均亩产荚果 362.9kg、籽仁 259.9kg，分别比对照品种丰花 1 号增产 8.4％和 11.2％。2010 年参加山东省花生新品种生产试验，平均亩产荚果 319.9kg、籽仁 225.6kg，分别比对照品种丰花 1 号增产 10.1％和 11.4％。

栽培要点：适宜种植密度为 12 万～15 万穴/hm²，每穴 2 粒。其他管理措施同一般大田。

适宜区域：在山东省适宜地区作为春播大花生品种种植利用。

选育单位：山东农业大学。

（十一）山花 15 号

审定情况：2012 年通过山东省农作物品种审定委员会审定。

特征特性：属中间型大花生。春播生育期 126d。荚果普通形，网纹清晰，果腰中浅，籽仁长椭圆形，种皮粉红色，内种皮橘黄色，连续开花。主茎高 38.2cm，侧枝长 41.9cm，总分枝 9 条。单株结果 13 个，百果重 284.6g，百仁重 109.0g，出仁率 70.4％。

产量表现：在 2009—2010 年山东省花生新品种大粒组区域试验中，两年平均亩产荚果 350.7kg、籽仁 252.2kg，分别比对照品种丰花 1 号增产 10.2％和 13.0％。2011 年参加山东省花生新品种生产试验，平均亩产荚果 295.4kg、籽仁 203.9kg，均比对照品种丰花 1 号增产 9.9%。

栽培要点：适宜种植密度为 12 万～15 万穴/hm²，每穴 2 粒。其他管理措施同一般大田。

适宜区域：在山东省适宜地区作为春播大花生品种种植利用。

选育单位：山东农业大学。

（十二）青花 7 号

审定情况：2010 年通过山东省农作物品种审定委员会审定。

特征特性：春播生育期 125d，主茎高 41cm，侧枝长 45cm，总分枝 9 条。单株结果 15 个，单株生产力 20.6g，百果重 210.4g，百仁重 90.4g，公斤果数 573 个，公斤仁数 1 284 个，出仁率 71.5%。抗病性中等。2007 年经农业部食品质量监督检验测试中心（济南）品质分析：蛋白质含量 20.4%，脂肪含量 46.8%，油酸含量 41.2%，亚油酸含量 35.0%，油酸/亚油酸比值 1.2。2007 年经山东省花生研究所抗病性鉴定：网斑病病情指数 60.8，褐斑病病情指数 9.3。

产量表现：在 2007—2008 年山东省花生新品种大粒组区域试验中，两年平均亩产荚果 333.0kg、籽仁 238.5kg，分别比对照品种丰花 1 号增产 4.6% 和 7.8%。2009 年参加山东省花生新品种生产试验，平均亩产荚果 369.9kg、籽仁 269.8kg，分别比对照品种丰花 1 号增产 10.8% 和 14.0%。

栽培要点：适宜种植密度为 13.5 万～16.5 万穴/hm²，每穴 2 粒；生长中后期注意防止植株徒长。其他管理措施同一般大田。

适宜区域：在山东省适宜地区作为春播大花生品种种植利用。

选育单位：青岛农业大学。

（十三）潍花 16 号

审定情况：2015 年通过山东省审定。

特征特性：属中间型大花生。荚果普通形，网纹清晰，果腰浅，籽仁长椭圆形，种皮粉红色，内种皮黄白色，连续开花。春播生育期 131d，主茎高 43.0cm，侧枝长 46.8cm，总分枝 7 条。单株结果 14 个，单株生产力 22.8g，百果重 257.4g，百仁重 107.2g，公斤果数 520 个，出仁率 72.4%。2013—2014 年经农业部油料及制品质量监督检验测试中心品质分析：蛋白质含量 23.1%，脂肪含量 55.07%，油酸含量 52.25%，亚油酸含量 27.5%，油酸/亚油酸比值 1.9。较抗叶斑病，高抗病毒病，抗旱、耐涝性强，种子休眠性强。

产量表现：2012—2013 年山东省花生新品种大粒组区域试验中，两年平均亩产荚果 373.9kg、籽仁 270.7kg，分别比对照品种花育 25 号增产 4.5% 和 3.3%。2014 年参加山东省花生新品种生产试验，平均亩产荚果 424.9kg、籽仁 306.4kg，分别比对照品种花育 25 号增产 9.3% 和 7.0%。

栽培要点：选择中上等肥力的生茬地，覆膜栽培。亩施有机肥 3 000kg，氮、磷、钾含量各 15% 的三元复合肥 75kg（或花生专用肥 100kg），中微量元素肥料 25kg。适宜种植密度为 15 万穴/hm²，每穴 2 粒，单粒精播 18 万粒/hm²。生育中后期注意防治叶斑病。该品种高抗倒伏，一般不需要化控措施。成熟后及时进行收获，以防发芽和烂果。

适宜区域：在山东省适宜地区作为春播大花生品种种植利用。

选育单位：山东省潍坊市农业科学院。

二、夏花生主要品种

（一）山花 7 号

审定情况：2007 年通过山东省农作物品种审定委员会审定。

特征特性：属于高产优质传统出口大花生。连续开花型，疏枝，分枝 9 条，主茎高 39.8cm，侧枝长 43.4cm，株型直立紧凑，茎粗为中细，幼茎绿色，成熟茎褐色。叶片倒卵形、较大，叶色深绿色。荚果普通形，网纹粗浅清晰，果长，果腰中细，果壳较硬。单株结果 21 个，百果重 260g，百仁重 116g，出仁率 75%。籽仁长椭圆形，种皮粉红色、有光泽，内种皮橘黄色、质地酥脆。果、仁均符合传统出口大花生要求，适合食用和油用。种子休眠性强，抗旱，耐瘠，抗病。生育期 130d 左右，属早熟品种。耐密植，适应性强，高产潜力大，适合高产栽培。突出特点是果大、仁大，植株较矮，耐肥抗倒。

产量表现：在 2004—2005 年山东省大花生品种区域试验中，籽仁、荚果平均比对照品种鲁花 11 号增产 10.5%、12.0%；在 2006 年山东省花生新品种生产试验中，荚果、籽仁平均比对照品种鲁花 11 号增产 11.7%、12.3%。均居大花生组第一位。

品质特点：2004 年农业部食品监督检验测试中心（济南）品质分析（干基）：蛋白质含量 24.6%，脂肪含量 50.3%，油酸含量 45.3%，亚油酸含量 32.7%，油酸/亚油酸比值 1.47。果、仁类型和外观及内在品质均符合传统出口大花生要求，可加工 7/9 出口花生果和 24/28 出口花生仁（出口原料的最高规格）。适合做烤果。仁适合炸制、煮制，加工乳白仁及其制品，加工花生酱、蛋白制品及裹衣类食品。

栽培技术要点：适合春播、夏直播、麦田套种等多种种植方式，适宜地膜覆盖、陆地栽培、平作种植和起垄种植。适宜丘陵沙土地、高肥地。适宜种植密度为 12 万～15 万穴/hm²，每穴 2 粒。施足氮肥，重施有机肥和磷肥，盛花期至结荚期注意防旱灌溉。注意及时收获。其他措施同常规。

选育单位：山东农业大学。

（二）山花 10 号

审定情况：2009 年通过山东省审定。

特征特性：属珍珠豆型品种。连续开花，疏枝，分枝 9.3 条，主茎高 29.3cm，侧枝长 33.47cm，株型直立紧凑，茎粗中，幼茎绿色，成熟茎褐色。叶片椭圆形，大小为中大，叶色浅绿。荚果蚕茧形，网纹粗浅，果腰中粗。单株结果 27.8 个，百果重 183g，百仁重 72g，出仁率 74.6%。籽仁圆形，种皮粉红色、有光泽、无裂纹、无油斑，内种皮淡黄色、质地酥脆。果、仁均符合珍珠豆型出口小花生要求。种子休眠期中长。抗旱、耐瘠、耐涝。抗花生叶斑病、锈病、根腐病、茎腐病等。生育期 126d 左右，属早熟品种。

产量表现：在 2006—2007 年山东省花生新品种小粒组区域试验中，平均亩产荚果 298.0kg、籽仁 216.0kg，分别比对照增产 13.7% 和 14.3%。在 2008 年山东省花生新品种生产试验中，平均亩产荚果 286.1kg、籽仁 211.4kg，分别比对照增产 11.3% 和 10.9%。

栽培要点：适合春播、夏直播、麦田套种等多种种植方式，适宜地膜覆盖、陆地栽培、平种和起垄种植。春播不宜过早，5 月播种较适宜。适宜丘陵旱地、水浇高肥地栽培。适宜种植密度为 15 万～16.5 万穴/hm²，每穴 2 粒。宜重施有机肥和磷肥，足施氮肥，盛花期至结荚期注意防旱灌溉。一般不化控。注意及时收获。其他措施同常规。

适宜区域：适宜在北方花生产区作为珍珠豆型小花生品种推广利用。

选育单位：山东农业大学。

三、全程机械化生产对品种的要求

（一）荚果大小均匀一致

对种子脱壳机来说，如果花生荚果大小不均匀，则太大的荚果易受损伤而影响发芽率，太小的荚果由于压力不够，机械无法剥壳。

（二）种子大小均匀一致

对于花生播种机来说，播种孔虽然可以调节，但是不会随意变动。这就需要花生种子大小均匀一致，否则大的种子无法播种，造成漏种缺苗现象，小的种子会因为播种孔能容纳多粒种子，造成出现一穴三粒、四粒甚至更多粒种子的现象，浪费种子，影响产量。

（三）直立抗倒伏

我国生产的花生收获机适于直立型花生品种的收获（珍珠豆型花生品种都是直立型），美国生产的大型收获机适于蔓生型花生品种的收获。

（四）结荚集中

花生收获机和摘果机均要求花生结荚集中，否则会导致摘果不干净，造成损失，影响最终产量。

（五）落果率低

如果花生落果率高，则机械收获时荚果易落在土中，导致收获率降低。

（六）植株高度适宜

机械收获时适宜收获的植株高度为30～70cm。过高的植株易绕在机器上，造成机器故障；太矮的植株，收获机收获不上，造成漏收，降低收获率，造成损失。

（七）抗病性强

花生感染病虫害后，植株生长不正常，易落果。

第三节　种子快繁与种子处理

花生是自花授粉作物，是遗传上稳定的品种，一次换种，可以利用多年。但花生的用种量大，繁殖系数低，如无科学合理的繁种供种体系，会影响花生良种的推广利用，难以保证良种的使用年限，更难以保证育种者和良种使用者的合法权益。针对目前国内外情况，可采取花生种子四级生产体系和花生种子繁种、营销、开发体系两种体系。

一、花生种子四级生产体系

花生种子四级生产供种体系就是把新育成的品种按世代高低和质量标准等分成四级，即育种者种子、原原种、原种和良种，然后再分级、清选、加工包衣、统一包装。

花生种子四级生产体系就是由花生育种单位，原、良种繁育场和省级、地市级、县级种子部门参加的育、繁、推联合体。在该联合体中，省、地市两级种子管理部门起组织协调作用。育种单位的主要任务有三个。一是培育新的优良品种，并在该品种通过审定时有足够的育种家种子。二是负责原原种的生产。原原种的生产方法主要由育种者或委托特约原种场，将育种者种子单粒稀播，或用一年两繁技术等，扩大繁殖系数，快速繁殖。三是负责原原种的筛选、包衣加工。

首先在各级花生原种场或特约种子生产基地对原原种进行稀播快繁以生产原种。然后在良种场或特约种子生产基地对原种进行生产繁殖以生产良种。最后由良种加工厂对良种进行精选、清选、加工、包衣、分装而成为商品种子，由各级种子经营单位销售给花生种植者。这种形式的种子生产、加工和供应程序是由育种单位、原（良）种场、种子加工部门和省市县种子经营管理部门分工协作共同完成的，构成了横向联合的育、繁、推一体化的良种繁育新体制。

二、花生种子繁种、营销、开发体系

花生种子繁种、营销、开发体系就是由科研单位与花生加工企业或出口企业联合进行良种繁育、营销，并进行订单回收开发。该体系可分成两个层面。第一层面是品种繁殖阶段。科研单位负责原原种生产。原原种的生产方法主要是国家花生原原种繁育基地、育种者或委托特约原种场将育种者种子单粒稀播，或采用一年两季繁殖技术等，扩大繁殖系数，快速繁殖。第二个层面是品种营销开发阶段。主要是科研单位利用企业的资金优势、加工优势，企业利用科研单位的技术优势，双方成立种子经营公司，对新品种进行经营开发，产品由企业回收加工或制成产品销售。

三、种子处理

（一）留种和分级粒选

花生播种用的种子，应自收获时即注意选种。选取具有本品种特点、无病虫害、荚果充实饱满的丰产株，及时摘果晒干，通风干燥储藏。每亩留种量约25kg。尽量在接近播种时剥壳，剥壳前晒果2～3d，可以提高发芽力。剥壳后粒选色泽良好、粒大饱满、无霉变伤残的种子做种。最好分级粒选，一般是人工将种子按大小分成3级。

（二）浸种和催芽

催芽的主要作用是，在种子质量较差的情况下，可以鉴别种子的发芽力，挑选已萌发的种子播种，达到全苗的目的，且出苗快而整齐。催芽方法有两种：一是用30～40℃温水浸种吸足水分后，捞出置于温暖处，胚根露白即可播种；二是将干种子按1（干种子）∶5（湿沙）的比例与湿沙分层排放，使之吸水萌发。两种方法都需注意保温（25～30℃）、保湿和适当通气。催芽虽然出苗较好，但往往幼苗长势不旺，根系发育差，且催芽播种过程中，幼芽易受损伤，所以催芽一般不做常规技术推广。

20%～25%PEG（聚乙二醇）溶液保持在10～15℃，浸种12～48h，可使花生种子在高渗条件下缓慢吸胀，有利于膜系统的修复，提高种子活力，增强抗逆性。用30mmol/L的$CaCl_2$溶液浸种12～18h，能保护膜系统的完整，使已老化种子的活力指数提高22%～46%，并促进幼苗生长。对仍处于休眠状态的种子，用1%乙烯利（水剂或粉剂）浸种（或拌种）能有效地解除休眠。

（三）拌种

花生采用根瘤菌剂拌种，可促进根瘤形成，一般可增产10%，在生荒地上效果更好。用杀菌剂拌种，能有效防治根腐病、茎腐病等。可用多菌灵可湿性粉剂（用量为种子量的0.3%～0.5%）、可湿性菲醌（用量为种子量的

$0.5\%\sim0.8\%$）拌种。杀虫剂拌种可防治某些苗期地下害虫：50%辛硫磷乳剂，用量为种子质量的 0.2%；25%七氯乳剂，用量为种子质量的 $0.25\%\sim0.5\%$；50%氯丹乳剂，用量为种子质量的 $0.1\%\sim0.3\%$。使用时切记要注意安全。鸟、鼠、兔、獾危害重的地区，可以用煤油或柴油拌种驱避，每亩用量 $0.1\mathrm{kg}$，直接撒在干种子上拌种。另外，还有种衣剂拌种、保水剂拌种、抗旱剂拌种、微量元素拌种等。

第四章

花生播前机械化生产技术与装备

花生播前机械化生产环节主要有秸秆还田和耕整地，本章主要介绍其技术要点和常见装备情况。

第一节　前茬作物秸秆还田机械化技术与装备

农作物秸秆是成熟农作物茎叶（穗）部分的总称，通常指小麦、水稻、玉米、薯类、油料、棉花、甘蔗和其他农作物在收获籽实后的剩余部分。我国对农作物秸秆的处理利用有悠久的历史，只是由于从前农业生产水平低、产量低，秸秆数量少，秸秆除少量用于垫圈、喂养牲畜以及部分用于堆沤肥外，大部分都作为燃料被烧掉。我国自 20 世纪 80 年代以来，农业生产快速发展，粮食产量大幅提高，秸秆数量增多，加之推广省柴节煤技术，普及烧煤和使用液化气，使农村中具有大量富余秸秆。随着科学技术的进步，我国已涌现出多种利用处理农作物秸秆的方式，可概括为秸秆还田处理与秸秆离田处理（饲料化加工、工业生产原料、厌氧发酵产沼气等几种处理方式）。秸秆离田处理技术与装备相对复杂，本书不做介绍，重点介绍秸秆还田处理技术与装备。

一、秸秆还田的意义与作用

秸秆还田是最传统的处理方法之一，具有改善土壤的团粒结构和理化性状的作用。秸秆粉碎还田是指对收获后的作物残茬或秸秆整株进行粉碎、还田，消除残茬，以利于耕翻、播种、保持土壤水分的一种耕作方法。

（一）秸秆还田的好处

1. 使土壤的养分提高

作物秸秆含有丰富的养分，如纤维素、木质素、蛋白质和灰分元素等，还有氮、磷、钾等营养元素。秋季若将秸秆清理出去，则土壤中所残留的有机物质会非常少，仅占 10% 左右。土壤肥力不足会影响下茬作物生长。

2. 使微生物活性增强

土壤微生物可以有效分解土壤中的有机物和净化土壤，秸秆还田给土壤微生物带来了大量的有机能源，这样使有机物分解和养分转化能力大大增强，土壤中转化的氮、磷、钾等元素增多，而微生物分解转化后产生的纤维素、多糖和腐殖酸等黑色胶体物可以黏结土粒，将土壤黏合成团粒结构，使土层容量减轻，土壤的保水、保肥和供肥能力增强，土壤的理化性状得到改善。

3. 减少化肥使用量

化肥使用时间长，易造成土壤板结，对土壤结构有影响。目前一些农业发达国家对肥料的使用都非常关注，比方说美国，对化肥的施用量仅是总量的1/3，大部分玉米、小麦的秸秆都利用还田措施，这样作物生长所需的氮就可以大部分来自土壤中原有的氮，而来自化肥中的氮仅占23％。农作物生长对土壤中有机物的需求较大，采取秸秆还田可以满足其需求，而化肥仅用于补充不足。

4. 改善农业生态环境

解决了秸秆田间焚烧造成的严重空气污染、土壤表面焦化，或堆在田间地头影响农业生态环境的问题。国家严令禁止焚烧秸秆。秸秆还田是农业废物的再利用，对改善农业生态环境具有积极意义。

（二）花生前茬作物

山东花生种植分为一年一熟制、两年三熟制和一年两熟制。一年一熟制主要分布在胶东半岛和鲁中南山区低产田的旱薄地；两年三熟制分布在鲁南和胶东半岛丘陵旱地或肥力较差的中低产田，轮作方式一般为春花生—冬小麦—夏玉米（或夏甘薯）等；一年两熟制分布在鲁南、鲁西南、鲁西北有水浇条件的高产田，主要轮作方式有冬小麦—夏直播花生（或麦套花生）、蔬菜（大蒜或马铃薯等夏收作物）—夏花生、玉米花生间作等几种模式。花生前茬作物以玉米和小麦为主。

（三）秸秆还田技术要求

1. 细粉碎

秸秆粉碎还田作业时要注意留茬高度和粉碎长度。留茬高度不宜超过8cm。小麦秸秆粉碎长度不宜超过10cm、玉米不宜超过5cm。应均匀撒于地表。

2. 深耕翻

玉米秸秆还田后，要及时深耕翻埋，翻耕深度以20～25cm为宜，以便来年整地播种。小麦秸秆粉碎还田后立刻深耕翻埋或用旋耕机旋耕整地，使小麦秸秆和土壤混合，然后起垄播种。夏季花生播种后，如土壤墒情不足，应结合灌水。在临近播种时要结合镇压，促其腐烂分解。

3. 秸秆还田量适宜

旱薄地，氮肥量不足，秸秆还田量不宜过多；土层深厚、氮肥充足的土壤，可适当加大秸秆还田量或全田翻压。

二、常见机械种类与特点

作物残茬的处理方式较多，主要有秸秆粉碎还田、还田加灭茬两种。

作物前茬处理通常与常规耕整地作业结合进行，本节重点介绍秸秆粉碎还田机。秸秆粉碎还田机主要分为卧式和立式两种。卧式秸秆粉碎还田机主要通过一组卧式圆盘刀进行秸秆粉碎，动力传送后通过带动灭茬刀轴逆转进行秸秆粉碎还田耕作。立式秸秆粉碎还田机采用立轴式结构，立轴上面安装甩刀或固定刀，通过打击与切割相结合的方式粉碎秸秆，立轴的下部安装固定切茬刀，切碎地下根茬，从而实现秸秆粉碎和灭茬两项作业。但其结构复杂，使用安全性差，功率分配上存在互相牵制等问题，目前应用较少。

（一）常见机械种类与特点

目前国内使用较为普遍的是单边皮带传动卧式秸秆粉碎还田机。秸秆粉碎刀具是影响还田作业性能的关键部件，根据秸秆粉碎刀具的结构形式可将作业机具分为锤爪式、弯刀式、直刀式。

1. 锤爪式秸秆粉碎还田机

粉碎秸秆的部件是锤爪，如图 4-1 所示。机组工作时，拖拉机动力经万向节传递到变速箱，变速箱输出轴带动皮带轮，经两级增速，使粉碎滚筒带动锤爪高速旋转，搅动玉米秸秆进入折线形机壳，使之受到锤爪、机壳定刀的剪切、锤击、撕拉、切碎后，被抛送到秸秆粉碎还田机后沿，撒落田间。

图 4-1　锤爪式秸秆粉碎还田机

优点是：锤爪数量少，锤爪磨损后可以焊接，使用维修费用低；高速旋转的锤爪，在机壳内形成负压腔，可将拖拉机压倒的秸秆捡起、粉碎。缺点是：动力消耗大，工作效率低；秸秆韧性大时，粉碎质量差，给耕整地和小麦播种带来困难。该机型主要应用于山东省东部地区。

2. 弯刀式秸秆粉碎还田机

粉碎秸秆的部件是弯刀，如图 4-2 所示。机组工作时，拖拉机动力经万向节传给变速箱，通过变速机构的增速，使刀轴上的弯刀高速旋转，将秸秆切断打入机壳内，并和机壳上的定刀一起对秸秆进行多次打击、撕裂、搓揉，直至将秸秆粉碎。碎秸秆在气流和离心力的作用下，沿机壳内壁被均匀抛撒至田间。

优点是用于秸秆切碎的弯刀数量多，且弯曲部有刃口，对秸秆剪切功能增强，秸秆切碎质量提高，动力消耗略少，作业效率高。缺点是弯刀磨损快，维修使用成本略高，且存在粉碎盲区。这种产品是锤爪式秸秆粉碎还田机的替代产品。

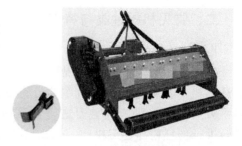

图 4 - 2　弯刀式秸秆粉碎还田机

3. 直刀式秸秆粉碎还田机

秸秆粉碎的部件是直刀片，如图 4 - 3 所示。工作时，拖拉机动力经万向节传到变速箱，再经皮带二级增速，带动刀轴和刀轴上的刀片高速旋转。在喂入口负压的辅助作用下，秸秆被喂入机壳，并与喂入口的第一排定刀相遇，受到第一次剪切，当秸秆沿机壳内壁流到粉碎刀与后定刀的间隙时，又一次受到剪切，得到进一步粉碎，最后被气流

图 4 - 3　直刀式秸秆粉碎还田机

均匀抛撒至田间。刀片采用优质合金钢制成，刃口焊接耐磨合金，具有较高的硬度且耐磨。刀轴经过动平衡试验，采用螺旋线分布刀片，工作平稳，振动小。

优点是由于直刀数量多，采用剪切方式粉碎秸秆，故动力消耗小，工作效率高，秸秆切碎质量好，方便土地耕整和播种作业。缺点是刀片磨损后更换成本高，且同一刀轴上的刀片要求质量差小，一般不大于 10g。

（二）常见典型机具

1. 凯兴 1JH - 180 型秸秆粉碎还田机

（1）产品特点。凯兴 1JH - 180 型秸秆粉碎还田机主要由机架、壳体、传动部件、秸秆粉碎工作部件组成，如图 4 - 4 所示。秸秆粉碎工作部件采用 2 片左右对称的弯刀、1 片直刀的弯刀组合刀式。该机适于与大中型拖拉机配套使用，全悬挂作业，对田间直立或铺放的玉米、高粱、稻、麦类秸秆具有良好的粉碎性能，是秸秆粉碎直接还田的理想机具。秸秆粉碎还田作业在地块平坦时效率更佳。

（2）主要技术参数。传动方式：侧边皮带传动。配套动力：51～58kW。配套拖拉机动力输出轴转速：760r/min。外形尺寸（长×宽×高）：1 400mm× 2 014mm×900mm。结构质量：475kg。作业速度：≥3.4km/h。工作幅宽：

180cm。与拖拉机连接方式：三点悬挂。刀辊转速：2 200r/min。刀辊最大回转半径：265mm。总安装刀数：117 把。刀片形式：2 弯刀 1 直刀组合式。

2. 兴沃 1JQ－180 型秸秆粉碎还田机

（1）产品特点。兴沃 1JQ－180 型秸秆粉碎还田机主要由机架、传动部件、壳体、秸秆粉碎工作部件组成，如图 4－5 所示。秸秆粉碎工作部件由左右对称的 L 形弯刀组成。该机适用于平原及丘陵地区玉米、高粱等作物收获，将留在田间直立的农作物秸秆粉碎并还田。

图 4－4　凯兴 1JH－180 型秸秆粉碎还田机　　图 4－5　兴沃 1JQ－180 型秸秆粉碎还田机

（2）主要技术参数。配套动力：45～65kW。配套拖拉机动力输出轴转速：720r/min。与拖拉机连接方式：三点悬挂。外形尺寸（长×宽×高）：1 300mm×2 050mm×1 100mm。作业速度：3～5km/h。生产率：0.30～0.50hm²/h。作业幅宽：180cm。传动方式：侧边皮带传动。刀辊转速：2 120r/min。刀辊最大回转半径：260mm。刀片形式：弯刀。总安装刀数：48 把。

3. 奥龙 4Q－180Z 型秸秆粉碎还田机

（1）产品特点。奥龙 4Q－180Z 型秸秆粉碎还田机主要由机架、传动系统、壳体、秸秆粉碎总成等部件组成，如图4－6所示。传动系统的变速箱采用加大变速箱、加大模数的齿轮；秸秆粉碎总成的滚筒采用计算机控制平衡，工作运转平稳；滚筒上装配的粉碎刀片由

图 4－6　奥龙 4Q－180Z 型秸秆粉碎还田机

3～4 片Ⅰ形直刀组合而成，两侧喷涂优质硬质合金，使用寿命长；主、被动带轮有多种规格，可以进行多种变速，以适应不同规格型号的拖拉机。奥龙 4Q－180Z 型秸秆粉碎还田机适用范围广，对田间直立或铺放的玉米、高

粱、棉花、麦、稻类秸秆均具有良好的粉碎性能。

（2）主要技术参数。结构形式：三点悬挂甩刀式。配套动力：58.8～73.5kW。外形尺寸（长×宽×高）：1 300mm×2 050mm×1 050mm。结构质量：530kg。生产率：≥0.60hm²/h。作业幅宽：180cm。作业速度：≥3.3km/h。切碎轴转速：2 131r/min。切碎机构最大回转半径：28.5cm。切碎机构总安装刀数：108把。最小离地间隙：≥300mm。

三、秸秆还田机械的使用

（一）机具选择

花生属于根茎类作物，要求有深厚的土层和疏松的土壤，而秸秆还田作业质量直接影响土壤耕层状况。目前，秸秆还田机械生产企业较多，种类型号较杂，多采用卧式灭茬机，灭茬刀采用甩刀型灭茬刀。农机服务组织和农机手，应依据技术模式、土地经营规模、配套动力、主要用途等条件购买和使用适宜的还田机。

（二）作业条件

（1）作业地块应符合还田机具的适用范围，地势平坦，坡度不大于5°。作业前3～5d对田块中的沟渠、垄台予以平整，田间不得有树桩、水沟、石块等障碍物，并为水井、电杆拉线等不明显障碍安装标志以便安全作业。土壤含水率应适中（以不陷车为适度），并对机组有足够的承载能力。

（2）还田机具应调整至符合使用说明书规定和农艺要求，农机手应按使用说明书规定和农艺要求进行操作。

（3）秸秆留茬高度不大于80mm。过低，会降低根茬增肥土壤的效果；过高，会影响作业质量。小麦等秸秆较细的作物，留茬高度应在50mm左右。

（三）作业要求

作业时，要将根茬部分全部粉碎。粉碎后玉米秸秆长度大于5cm、小麦秸秆长度大于10cm的根茬数量，不超过根茬总量的10%（即粉碎长度合格率≥90%）；留茬平均高度≤8cm；秸秆抛撒不均匀度≤30%；作业后地表无明显撒漏粉碎秸秆。

（四）机具操作要求

（1）首先根据拖拉机型号购买相应的还田机型，使用前应进行调整。调整还田机两个下悬挂点的距离，确定好后将两个下悬挂点紧固好。

（2）减速箱中应加注齿轮油，两端轴承座、万向节、十字轴、地轮轴等处应加注黄油。

（3）与拖拉机挂接时，先挂接两个下悬挂点，锁定后，挂接上悬挂点（按使用说明书进行安装）。连接好后须调节拖拉机左右提升吊杆，使机具处于横向水平；调节中央拉杆使机具纵向水平。然后将拖拉机的左右拉链调紧，使机具处于对中状态。

（4）安装万向联轴节时，应注意万向节叉的方向不得装错。各部位都连接好后，应试提升机具几次，同时查看万向节套与方轴的配合长度是否合适，以机具升到最高点时不相顶，降到最低点时不脱出，并保证在工作位置时接合长度不小于 70mm 为宜。

（5）试运转时，应在停车状态下，使机具稍离地面，用手转动还田机工作部件看是否灵活、有无卡滞现象，然后用小油门试运转 15～20min，测听减速箱等是否有异常声音，逐渐加大油门运转 30min 后，停车检查各轴承部位是否有过热现象及各处油封是否有漏油现象。如在检查中发现问题，应查找原因、及时解决，然后再试运转 30min 进行全面检查，确保没有问题后方可投入正常作业。

（6）开始作业时，机具下落接近地表时接合动力，使还田工作部件旋转。逐渐加大油门再缓慢下落进入正常作业。

（7）严禁在机具处于最高位置时接合动力。作业速度应按使用说明书的要求来选择。不可随意提高作业速度，以免影响作业质量。

（8）作业时，必须放下还田机后边的挡土板，加强碎土效果；机具后面不准跟人，以防石块等飞起伤人。作业中，如部件上杂草过多应及时停车清除。否则，影响作业质量及速度，还会损坏传动轴上的油封。机具提升较高时应切断动力，机具下落应缓慢。

（9）不要在停机状态下突然加大油门进入作业状态，这样瞬间的超负荷会使机具的传动系统损坏。

（五）还田机具使用注意事项

（1）要经常注意观察还田工作部件在运转过程中是否有杂声及金属敲击声，如发现有异常声音，就要立即停车检查，找出原因，排除故障后才能作业。

（2）机组起步时，要先接合还田机离合器，后挂挡工作。同时，操作液压升降柄，使还田工作部件逐步接近地表，随之加油门，直至正常还田作业为止。禁止在起步前将还田工作部件入土或猛放入土，这样会使工作部件受到冲击，致使工作及传动部件损坏。

（3）地头转弯和倒车时，严禁工作，否则会造成刀片变形、断裂，甚至会损坏还田机。

（4）每工作 3～4h，要检查刀片是否松动或变形，其他紧固件是否有松动；检查时，必须停车，并将发动机熄火，确保人身安全；停车时，应将还田机着地，不得悬挂停放。

（5）田间转移或过沟渠时，要将还田机升到最高位置，同时，切断转动动力。如果转移距离较大，就必须锁紧固定；远距离运输或转移时，不准在还田机上放置重物或者坐人，以免发生危险。

第二节 花生耕整地技术与装备

耕整地是指在种植前，为改善生长条件而对土壤进行的机械加工，是花生播种前的一项重要作业环节。适宜的耕整地技术与装备，对减少劳动量、节约能源、提高花生种植效益具有重要意义。

一、耕整地的作用与目的

（一）耕整地的作用

耕整地是种植生产的基础。通过合理的耕整地，能够取得如下效果。

（1）松碎土壤。通过耕作将土壤切割破碎，使之疏松多孔，以增强土壤通透性。这是土壤耕作的主要作用之一。

（2）翻转耕层。通过耕作将土层上下翻转，改变土层位置，改善耕层理化及生物学性状，翻埋化肥、残茬、秸秆和绿肥等，调整耕层养分垂直分布，培肥地力。同时消灭杂草和病虫，消除土壤有毒物质。

（3）混拌土壤。通过耕作，使肥料能均匀分布在耕层中，使肥料与土壤相融，使耕层形成均匀一致的养分环境，改善土壤养分状况。

（4）平整地面。耙耢和镇压，可以平整地面，减少土壤水分蒸发，有利于保墒。地面平整，有利于播种作业，使播深一致，苗齐苗壮；地面平整盐碱地可减轻返盐，有利于播种保苗，提高洗盐压碱效果。

（5）压紧土壤。镇压可以压紧土壤，减少大孔隙，增加毛管孔隙，减少水分蒸发，提墒集水，有利于种子发芽和幼苗生长。

（6）开沟培垄，挖坑堆土，打埂筑畦。开沟培垄，有利于地温提升，促进作物发育，提早成熟；挖坑堆土，有利于土壤排水，增加土壤通透性，促进土壤微生物活动；打埂筑畦，便于平整地面，有利于灌溉。

（二）耕整地的目的

耕整地的实质是创造一个良好的耕层构造和适宜的孔隙比例，以调节土壤水分存在状况，协调土壤肥力各因素间的矛盾，为形成高产土壤奠定基础。其目的主要有以下三个。

（1）疏松土壤，改善土壤孔隙度。一般当土壤孔隙占土壤总体积的15％～25％时适宜农作物生长，否则，需要通过耕作改善土壤孔隙度。另外，通过耕作可形成上虚下实的耕层状态，让种子播在"硬床"上，为播种创造条件。

（2）覆盖残茬。近年来，随着粮食单产不断增加以及秸秆还田面积增加，地表作物残茬数量上升较快，通过耕作将残茬和秸秆掩埋在地下，有利于培肥地力。

（3）逐步构建良性耕层构造。通过耕作措施综合运用，可建设良性耕层构造，协调土壤水肥气热各项因子，充分发挥土壤潜能，实现粮食高产。

（三）花生对土壤耕整地的要求

花生是耐瘠、耐旱、适应性强、培肥土壤的深根作物，土壤要土层深厚、结构疏松、耕性良好，尤以半沙壤土为好，忌低洼地块和板结田。适当加深耕层，可促进花生的根系发展，增强其吸收肥水的能力，从而有利于提高花生的产量和品质。尤其对于山坡丘陵地块和中低产田，深耕整地改土、提高土壤蓄水保墒能力，是取得花生高产的成功经验。春花生种植主要采取深冬耕或早春土壤解冻后及时深耕翻，早春精耕细整；夏直播花生在小麦收获后，立即进行灭茬和耕翻作业，然后筑垄播种或采用夏花生专用播种机进行作业，创造最适宜花生生长的土壤条件。

1. 深松深耕，创造良好的土壤结构

冬前对土壤进行深耕或深松，早春顶凌耙耢，或早春化冻后耕地，随耕随耙耢。深耕耙地要结合施肥培肥土壤，提高土壤保水保肥能力。要积极示范推广松翻轮耕技术，松翻隔年进行，先松后耕，深松 25cm 以上，深翻 30cm 左右，以打破犁底层，增加活土层。对于土层较浅的地块，可逐年增加耕层深度。

（1）深耕的增产效果。在山丘旱薄地区实行深耕深翻，加深耕作土层，提高土壤的通透性和保蓄性，增强抗旱耐涝能力，可使花生显著增产。据试验，旱薄地使用机犁深耕 25～33cm，平均每亩产荚果 232.6kg，比耕深 10～13cm 的地块平均每亩多产 79.2kg，增产率为 51.6%。机犁深耕种花生，不但当年增产显著，而且对 3 年 4 茬作物都有效。另外，还有改治重茬和减轻病虫害的作用。

（2）深耕增产原因。

①加深了活土层，增强了抗旱耐涝能力。深耕后的活土层加深 15～25cm，改善了土壤结构，土壤容重减小，孔隙度增大，扩大了储水范围，增强了渗水速度，有利于花生根系分生发展，从而增强了抗旱耐涝能力。

②加速了土壤熟化，扩大了根系的营养范围。机犁深耕促进了耕层土壤微生物活化，使土层中难溶性的有机养分和无机养分得以释放，提高了土壤速效养分的含量，从而扩大了花生根系营养吸收范围，使根量随耕深而增加，因而花生根深叶茂、产量高。

（3）深耕的技术要求。

①深耕的适宜时间。深耕的时间越早越好，争取在秋末冬初进行。这样，

能使部分生土冻融熟化，使土层的坯块风化和自然沉实，也有利于消灭越冬病虫害；还能积蓄冬春的雨雪，缓解春旱，并使所施肥料与土相融，提高肥料的吸收利用率。

②深耕的适宜深度。露地栽培的花生有 70% 的根群集中在 30cm 土层内。地膜栽培的花生，分布在 30cm 土层内的根系占总根量的 90% 以上。因此，耕深以 25～30cm 为宜。但也应因地制宜：如经多年深耕而土层深厚的山根坝头地，应适当深些（不宜超过 50cm）；多年浅耕而熟土层较浅的黄泥地和酥石渣地，要适当浅些（不小于 25cm）；机犁深耕带松土铲而上翻下松的，要深些（可达 40cm 左右），不带松土铲而大翻耕的要浅些。冬耕要深些，春耕要浅些。

③深耕要不乱土层。深耕过深会打乱土层，使生土翻上过多，当年冻融熟化不透，达不到预期增产效果。经试验，黄棕壤黏土地，深翻 40cm，上翻下松不乱土层的每亩产荚果 268.2kg，而深耕打乱土层的每亩产荚果 245.3kg，比上翻下松不乱土层的减产 8.5%。因此，人工深翻深刨要注意保持熟土在上，生土在下，不乱土层。机犁深耕要在犁铧下带松土铲，以达到上翻下松、不乱土层的要求。

④深耕要增施肥料。为提高深耕当年的增产效果，最好结合深耕增施有机肥料和部分化肥。据试验，冬耕深 33cm，每亩施用土圈肥 3 000kg，配合施用尿素 25kg、过磷酸钙 50kg，每亩产荚果 375.6kg，比冬耕相同深度而春施同量肥料的每亩多产荚果 60kg，增产率为 19%。此外，冬耕后要平整细碎，以防风蚀。早春注意顶凌地保墒。春耕要随耕随耙，以免透风跑墒。

2. 精细整地，打好机械播种基础

早春化冻后，要及时进行旋耕整地。旋耕时，要随耕随耙耢，并彻底清除残留在土内的农作物根茎、地膜、石块等杂物。夏直播花生要在小麦收获后，立即用秸秆粉碎还田机将麦茬打碎，耕翻 20～25cm，尽量减少 10cm 土层内的麦茬，再耙平地面，做到土松、地平、土细、肥匀、墒足，切实提高整地质量。

二、常见机械种类与特点

花生耕整地机械基本都通用化，包括铧式犁、旋耕机、深松机等。耕整地装备选择时，通常要考虑耕作方式及机具的适用范围、配套动力、悬挂方式、动力输出等，作业性能需满足花生种植农艺要求。配套动力一般是 80kW 以上的大型拖拉机。配套拖拉机要求：发动机功率大，油耗低，动力经济性好；挡位多，速度范围宽，作业效率高；使用可靠，操作方便；液压转向、液压制动系统操作轻便灵活；具有独立式动力输出轴，可满足旋耕等作业需要。液压提升系统使用更可靠。其提升力大，具有力调节、位调节、力位综合调节及浮动控制等多种耕深控制方式，可配套大型及复式农机具完成作业。深翻作业采用翻转犁，配套动力驱动耙进行整地；深松作业时采用深松机配套卧式旋耕机械进行整地。优先使用联合整地作业机械，一次作业即可完成一定深度要求的松、碎、平整和镇压等工序，形成地表平整、上虚下实的良好种床。作业幅宽为 3.6～7.2m，作业速度为 7～9km/h。

（一）翻耕

翻耕（也称犁耕），是利用铧式犁将耕层土垡切割、抬升、翻转、破碎、移动、翻扣的过程。翻耕是熟化土壤、提高耕地质量的重要措施。铧式犁为历史最悠久、使用最广泛的耕整地机械，具有良好的翻土和覆盖功能。铧式犁作业后土壤细碎，平整度不能达到直接播种所需的状态，还需进行耙地、镇压等后续作业。在黄淮海地区，翻耕的主要机械是铧式犁。

1. 翻耕的特点

（1）翻耕的优点。①翻土。可将原耕层的上土层翻入下层，下土层翻到上层。②松土。土壤耕层上下翻转，紧实的耕层被翻松。③碎土。犁体曲面前进时将土垡破碎，进而改善土壤结构，在水分适宜时，松碎成团聚体状态。④熟土。下层土壤上翻，熟化土壤，并增加耕层厚度和土壤通透性，促进好氧微生物活动和养分矿化等。⑤掩埋。翻耕可掩埋作物根茬、化肥、绿肥、杂草，并可防除部分病虫害。

（2）翻耕的缺点。①能量消耗大。土壤全层耕翻，动土量大，消耗能量多。②土壤孔隙度大。下部常有暗坷垃架空，有机质消耗强烈，对作物补给水分的能力较差。③水分损失多。翻耕对土壤的扰动多，水分损失快，旱作区不利于及时播种和幼苗生长。④生产成本高。翻耕前要进行破茬作业，翻耕后要进行耙、耱、压等表土作业，增加了作业次数和生产成本。⑤形成新的犁底层。翻耕打破了一个犁底层，又会形成一个新的犁底层。

2. 翻耕犁的种类

按照农业机械分类办法，犁的型号一般用犁铧数量、单铧耕幅以及犁的结构特征来表示。如 1LF - 425 表示 4 铧、单铧耕幅 25cm 的翻转犁。在不知道犁的结构时，可以根据犁的型号，简单了解犁的结构和性能。

按照《农业机械分类》（NY/T 1640—2021）标准，犁包含铧式犁、圆盘犁和无墒沟犁。圆盘犁是以球面圆盘为工作部件的耕作机械，依靠重量强制入土，入土性能比铧式犁差，土壤摩擦力小，切断杂草能力强，翻垡覆盖能力弱，适于开荒、黏重土壤作业。铧式犁是以犁铧和犁壁为主要工作部件进行耕翻和碎土作业的一种耕作机械。铧式犁是应用历史悠久、种类繁多的常用耕作机械。铧式犁按与动力机械挂接的方式不同分为牵引犁、悬挂犁和半悬挂犁；

按用途不同分为通用犁、深耕犁、高速犁等。此外，还可按结构不同分为翻转犁、调幅犁、栅条犁、耕耙犁等；按犁体数量分为单铧犁、双铧犁、三铧犁等；按犁的重量则可分为重型犁、中型犁和轻型犁等。

3. 典型翻耕犁介绍

（1）1LFT-450 型栅条翻转犁。

1LFT-450 型栅条翻转犁（图 4-7）采用三点悬挂与四轮拖拉机配套使用。该机为调幅翻转犁，使用可调节作业宽度的调节板，适用于多款拖拉机动力配套和不同地块作业；采用了链接盘与链接丝杆的设计，能更好地找到拖拉机与翻转犁的中心牵引线，消除侧拉力，节省动力；设置了行走限深一体轮，方便

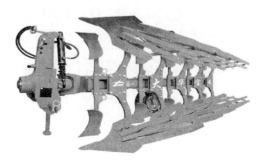

图 4-7　1LFT-450 型栅条翻转犁

跨区作业；设置了犁柱保护螺栓，提高了深翻作业安全系数。

主要技术参数：配套动力为 110kW 以上的拖拉机；作业幅宽为 1 300～2 000mm；栅条式犁壁结构；结构质量为 1 420kg；耕作深度在 250mm 以上。

（2）山东奥龙 1LF-650 型液压翻转犁。山东奥龙 1LF-650 型液压翻转犁主要由翻转主油缸、副油缸、犁架、犁体、地轮等部件组成，如图 4-8 所示。副油缸保证犁在翻转时犁梁是水平旋转，降低液压悬挂的提升高度，减小翻转时犁的摆幅；主犁臂和副犁臂采用特殊热处理的高强度合金钢，有较好的强度和韧性；安全螺栓能有效防止过载，保护犁臂、犁体和拖拉机；栅条由热处理的耐磨合金钢制成，耐磨性能好、犁地阻力小；栅条后面的调节杆，可调节翻土曲面，实现翻土掩埋或立垡晾晒的作业效果；地轮一轮两用，既是限深轮又是运输轮。

图 4-8　山东奥龙 1LF-650 型液压翻转犁

主要技术参数：犁铧数 4；结构质量为 1 200kg；配套动力为 91.9kW 以上

的拖拉机；栅条式犁体结构；单铧工作宽度为 35～50cm；犁体间距为 100cm。

（二）旋耕

旋耕就是利用旋耕机旋转的刀片切削、打碎土块，疏松混拌耕层的过程。旋耕机工作部件是高速旋转的刀齿，按铣切原理切削土壤，因其具有碎土能力强、耕后地表平坦等特点而得到了广泛的应用，同时能够切碎埋在地表以下的根茬，便于播种机作业，为后续播种提供良好的种床。旋耕可将犁、耙、平三道工序一次完成，多用于农时紧迫的多熟地区和农田土壤水分含量高、难以耕翻作业的地区。

1. 旋耕的特点

（1）旋耕的优点。旋耕具有碎土、松土、混拌、平整土壤的作用，能将上下土层翻动充分，耕后土壤细碎，地表杂草、有机肥料、作物残茬与土壤混合均匀；作业牵引阻力小，工作效率高；耕后地表平整，可以直接进行播种作业，省工省时，成本低。

（2）旋耕的缺点。耕作后旱地耕层疏松，播种深度不易控制；旋耕深度过浅，易导致耕层变浅、理化性状变劣；旋耕刀挤压土层，犁底层加厚，土壤底层水热交换变弱，影响作物生长。

2. 旋耕机的种类

（1）按旋耕刀轴的位置不同可分为卧式旋耕机和立式旋耕机。北方旱田常用的旋耕机为卧式旋耕机。卧式旋耕机具有较强的碎土能力，一次作业可使土壤细碎、土肥掺混均匀、地表平整，达到旱地播种或水田栽插的要求，有利于减小功率消耗，提高工效。但对作物残茬、杂草的覆盖能力较差，耕深较浅，功率消耗较大。立式旋耕机（动力驱动耙）是与深耕犁配套整地的，主要工作部件是一排立轴转子，每个转子装有两个直立耙刀（钉齿）。工作时转子由动力输出轴通过传动系统驱动，一边旋转，一边前进，撞击土块，使耕层土壤松碎。作业时碎土能力强，不打乱土层，不会把翻耕到土层下部的杂草和秸秆翻出，一次作业可达到良好的效果，对不同的土壤条件的适应能力较强。在机具后部可连接碎土辊（滚耙），对表土进行平整和压实。

（2）按机架结构形式可分为圆梁型旋耕机和框架型旋耕机。圆梁型旋耕机又分为轻小型、基本型和加强型。轻小型旋耕机一般结构质量较小，作业幅宽一般在 125cm 以下；基本型旋耕机的齿轮箱体仅由左右主梁同侧板连接，作业幅宽一般在 200cm 以下；加强型旋耕机的齿轮箱体由左右主梁和副梁同侧板连接成一体，作业幅宽范围较大。圆梁型旋耕机技术较成熟，使用操作方便。框架型旋耕机是通过整体焊接框架连接旋耕机齿轮箱体和侧板。框架型旋耕机按照工作轴多少又分为单轴型和双轴型。单轴型旋耕机仅有一个旋耕刀轴；双轴型旋耕机有两个旋耕刀轴，通常前后配置，前刀轴耕深浅、转速高，后刀轴耕深较深、转速较低。框架型旋耕机整机刚性高，结构强度大，适应性好，方便组成复式作业机具来进行深松、起垄、旋播、镇压作业。目前框架型旋耕机逐渐成为农机手首选。

（3）按驱动力传输路线可分为中间传动型旋耕机和侧边传动型旋耕机。中间传动型旋耕机的主要特点是拖拉机的动力经旋耕机动力传动系统分为左右两侧，驱动旋耕机左右刀轴旋转作业。结构简单，整机刚性好，左右对称，受力平衡，工作可靠，操作方便，但中间往往有漏耕现象存在，中间型体也容易缠草。侧边传动型旋耕机的主要特点是拖拉机的动力经旋耕机动力传动系统从侧边直接驱动旋耕刀轴旋转作业。结构较复杂，使用要求较高，但适应土壤、植被能力强，尤其适于水田旋耕作业。

（4）按照变速箱输出转速是否固定可分为变速旋耕机与非变速旋耕机。变速旋耕机可在秸秆量大、土壤黏重的地块选择刀轴高速作业，以提高作业质量；在还田质量高、沙性（或壤性）土壤地块，可选择刀轴低速作业，以节省动力。

（5）按照旋耕刀与刀轴的装配位置不同可分为传统刀轴旋耕机与盘刀式旋耕机。盘刀式旋耕机采用高箱框架设计，刀轴与框架间距增加，耕作较深，同时避免因刀具缠绕泥草而形成阻力；采用圆盘刀，整机作业平衡性得到提升；适用于土壤坚硬、混有砖石及秸秆的地块作业。

3. 典型旋耕机介绍

（1）1GQNG－250 型深耕旋耕机。1GQNG－250 型深耕旋耕机主要由悬挂架、机架、机壳、传动系统、刀轴总成、拖板等部件组成，如图 4－9 所示，是一款高变速箱系列旋耕机。一般配套大动力高地隙拖拉机进行旋耕作业。其变速箱体积加大、内装大模数高强度齿轮，比大中箱系列旋耕机机型高出10cm，使拖拉机动力输出与旋耕机动力输入呈水平状态，延长了万向传动轴的使用寿命；整体式悬挂架与整机焊接更加牢靠；采用深耕刀轴和加长旋耕刀，可耕深 35～40cm。

图 4－9　1GQNG－250 型深耕旋耕机

主要技术参数：配套动力为 73.53kW 以上拖拉机，作业幅宽为 250cm，结构质量为 610kg，旋耕深度为 8～18cm，深耕深度为 8～40cm。

（2）1GKN-310 型旋耕机。1GKN-310 型旋耕机主要由悬挂架、机架、壳体、刀轴总成、碎土辊轮等部件组成，如图 4-10 所示。变速箱采用球墨高箱体，与大型拖拉机配套，箱体强度高，使用寿命长；采用加大模数齿轮、加粗花键轴、加粗刀轴，机具的使用寿命长；应用防缠草刀座，刀轴缠草少，刀座焊接牢固，可减少清草次数，提高作业效率。

图 4-10　1GKN-310 型旋耕机

主要技术参数：作业幅宽为 310cm，结构质量为 700kg，配套动力为 91.9kW 以上的拖拉机，中间齿轮传动，旋刀型号为 IT245。

（3）1GKNB 系列多功能变速旋耕机。1GKNB 系列多功能变速旋耕机主要由机架、变速箱、旋耕刀轴总成、镇压轮等部件组成，如图 4-11 所示。机架采用车辆框架和双提升板设计，坚固安全；该机采用的变速箱可实现单机变两速或单机变三速作业，匹配不同的拖拉机前进速度，适合不同土质作业需求，解决了机组快了质量差、

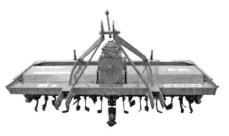

图 4-11　1GKNB 系列多功能变速旋耕机

机组慢了效益差的问题。该机主要用于未耕地或翻耕地的旋耕整地作业，具有耕后土块细碎，地表平整，杂草、残茬覆盖率高的特点。农机手可根据不同功率的拖拉机，选配不同幅宽的旋耕机。

主要技术指标：耕幅为 1.4～4.2m，配套动力为 25～200 马力[①]拖拉机，箱体中心高 41～61cm，旋耕深度为 8～18cm，生产率为 3～36 亩/h。

（4）1GQNS 系列双轴旋耕机。1GQNS 系列双轴旋耕机如图 4-12 所示，

---

① 马力：非法定计量单位。1kW≈1.36 马力。——编者注

是为大型拖拉机配套、减少耕作机组进地次数、提高工作效率研发的一款高效耕作机具，一次进地可完成秸秆杂草切碎覆盖、两遍旋耕、重辊镇压等多道工序。该机主要由变速箱、机架、旋耕刀轴、镇压轮等部件组成。整机采用高强度大中箱体变速箱、中间传动方式、旋耕刀交叉排列的双旋耕刀轴，刀轴转速为 230～280r/min，前慢后快、分配合理。该机装配重辊镇压轮，保墒效果好，为提高播种质量创造了条件；同时，可通过调整镇压辊控制作业深度。整机刀轴与其他系列旋耕机通用。前旋轴可换装 7 字形旋耕刀，提升秸秆处理效果；后旋轴可更换深耕刀轴，耕作深度达 30cm。适合中小规模农业生产组织选用。

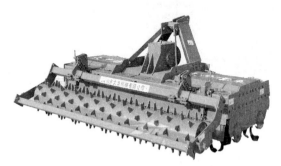

图 4 - 12　1GQNS 系列双轴旋耕机

主要技术指标：耕作幅宽为 2～3.8m，配套动力为 200～380 马力拖拉机，结构质量为 1 190～1 400kg，旋耕深度为 8～18cm（换装深耕刀轴可达 30cm）。

（5）1BQ - 2.5 型动力驱动耙。1BQ - 2.5 型动力驱动耙主要由悬挂架、机架、变速箱、传动齿轮箱、立式耙齿等部件组成，如图 4 - 13 所示，是一种新型的、全新结构的整地机械，最适于与翻耕机械配套作业。耙齿采用高强度耐磨硼钢材质，适应多种土质并方便更换；采用可替换齿轮机构设计，满足不同的后动力输出转速；通过碎土辊侧边销轴可调节耕深，可选配液压件辅助调整；可选配多种碎土辊，以适应不同的作业环境和土壤情况。工作时，接受由拖拉机动力输出轴输出的动力，强制带动工作部件作业，一次作业可完成松土、碎土、平整、镇压等作业，作业后耕层不乱、表土细碎、平整保墒，为实现精量播种等机械化播种作业创造良好条件。

主要技术指标：配套动力为 110～150 马力拖拉机，作业幅宽为 2.5m，耙齿数量为 10 组 20 把，作业深度为 20～28cm，生产率为 19.5～27 亩/h。

（三）深松

深松机工作部件是深松铲。土壤深松机械化是在不翻土、不打乱原有土层结构的情况下，通过深松机械疏松土壤，打破犁底层，增加土壤耕层深度和蓄水保墒能力的耕作技术。深松可熟化深层土壤，改善土壤通透性，增强蓄水保墒能力，促进作物根系生长，提高作物产量。

图 4 - 13 1BQ - 2.5 型动力驱动耙

深松分为全方位深松、间隔深松。全方位深松是采用梯形铲、曲面铲等全方位深松机，在作业幅宽内对整个耕层进行松土作业，为密植作物播种创造条件。间隔深松是根据不同作物、不同土壤条件，采用凿铲立柱式、凿铲双翼式、凿铲振动式深松机，进行松土与不松土相间隔的局部松土，形成虚实并存的耕层构造，实现土壤养分、水分储供的完整统一。振动铲深松机通过深松铲的振动，较固定铲深松机可以完成更大土壤疏松体量的作业。

1. 深松的特点

（1）深松的优点。①打破犁底层。土壤多年翻耕或旋耕形成的犁底层会阻碍水分、养分的运移和作物根系发育，深松可打破犁底层，增加土壤熟化层厚度。②提高土壤蓄水能力。加深的熟土层和疏松的土壤，有利于水分入渗。另外，深松后土壤表面粗糙，雨雪聚集增多，可增加冬春蓄水。据山东省农业机械技术推广站 2010 年 9 月—2011 年 6 月在济南历城鸭旺口试验，深松地块小麦生育期土壤水分较传统地块平均高 22.52%。③改善土壤结构。间隔深松后，土壤深处形成虚实并存的土壤结构，有利于土壤气体交换，促进好氧微生物的活化和矿物质分解，有利于培肥地力。同时，改善耕层固态、液态和气态的三相比，有利于作物生长。④减少土壤水蚀。深松增加降雨入渗，降低雨雪径流，从而减少土壤水蚀。⑤消除机器进地作业造成的土壤压实。

（2）深松的缺点。深松不能翻埋肥料、杂草、秸秆，不能碎土，耕后不能进行常规播种。若深松后进行常规播种，需先行旋耕整地，这会增加作业成本。因此，深松只能与免耕播种相结合。

2. 深松机的种类

深松机按照作业方式不同，可分为全方位深松机、间隔深松机。全方位深松机有梯形铲全方位深松机、曲面铲全方位深松机。间隔深松机又分为凿铲立柱式、凿铲双翼式、凿铲振动式等。

梯形铲全方位深松机通过对土壤进行挖掘、抬升，实现土壤疏松。大土块较多、不易压实；需要较大牵引力，要配备大马力拖拉机。主要适于旱作农田或山区丘陵农田开荒作业，目前较少应用。

曲面铲全方位深松机通过对土壤进行切割、推压，实现土壤疏松。与梯形铲全方位深松机相比，具有消耗牵引力小、作业效率高等优点。虽然深松铲作业幅宽内土壤扰动系数较大，但曲面铲柱外面的土壤基本没有疏松，因此，采用这类深松机作业时，邻接幅宽不宜太宽。主要应用于旱作区农田土壤深松作业，是目前的主选产品。

凿铲立柱式深松机是通过对土壤进行强力开挖、掘破，实现土壤疏松，单柱土壤扰动系数小，大土块多，是早期玉米行间深松技术的主要机具，目前选用者较少。

凿铲双翼式深松机通过在凿铲立柱上加装双翼，增加对土壤的扰动系数，实现土壤疏松体量的增加。双翼的长度、宽度、高度，以及与垂直、水平方向的夹角不同，土壤扰动系数也不同。长度越长、宽度越宽、高度越低，以及与垂直、水平方向的夹角越大，土壤扰动系数越大。其作业效率、燃油消耗介于曲面铲全方位深松机与凿铲振动式深松机之间，是冬前、春季深松的主要机具。

凿铲振动式深松机通过凿铲铲柱的振动来加大土壤的疏松体量，需要的牵引力小。单柱土壤扰动系数大，大土块少，有利于下一环节作业。但作业效率略低、燃油消耗略高。

深松机机架为横置框架结构，有利于旋耕、播种部件装配。因此，深松机装配旋耕部件，就可组成深松整地机；深松机装配旋耕部件、播种部件，就可组成深松免耕播种机、深松整地播种机，实现耕整或耕整播一体化。

3. 典型旋耕机介绍

（1）1S-250 型深松机。山东大华机械有限公司生产的 1S-250 型深松机，主要由悬挂架、机架、深松铲、镇压轮等部件组成，如图 4-14 所示。深松铲采用高隙加强铲座和三排梁框架结构，适用于对不同质地及有大量秸秆覆盖的土壤进行作业，可避免堵塞，机具通过性强。单铲可进行 20cm

图 4-14　1S-250 型深松机

以内的行距调整，满足各地农艺和技术要求；根据配套动力还可选择大、小两种深松铲，适宜深松深度为 25～50cm；工作部件为进口深松铲，具有高强度和超耐磨性，比传统工作部件的使用寿命提高 3～4 倍，并利用保险螺栓进行过载保护。重型镇压辊与新式可调整刮泥板组合，避免镇压轮缠草黏泥，提高作业效率；深松铲采用弧面倒梯形设计，作业时不打乱土层、不翻土，实现全方位深松，形成贯通作业行的"鼠道"，松后地表平整，植被的完整性保持良好，采用重型镇压辊镇压以提高保墒效果，可在很大程度上减少土壤失墒，有利于播种作业。

主要技术参数：配套动力为 125～150 马力拖拉机，深松铲 6 把，深松铲为弧面倒梯形，铲间距为 45cm，作业幅宽为 250cm，作业深度为 25～40cm（小铲）、25～50cm（大铲），生产率为 26.5～34 亩/h。

（2）1SSH－250 型深松机。潍柴雷沃重工股份有限公司生产的 1SSH－250 型深松机，主要由悬挂架、机架、深松铲、镇压辊等部件组成，如图 4－15 所示。机架采用龙门框架贯穿式横梁，经仿真分析优化，整体受力均匀，采用高强度材料，机架强度高；深松铲前后交错排布，全方位松土、不易壅堵；除中间两铲外，其余铲间距可根据需要微调；弧面深松铲材料采用锰钢耐磨材料，经过特殊热处理，硬度高，坚固耐用、使用寿命长；采用重型限位镇压器，镇压强度可通过不同孔位调整，碎土、整平效果好，有利于保墒，且辊齿采用 65Mn 材料热处理，耐磨性好。1SSH－250 型深松机适用于不同土壤特性的旱田耕作，可有效打破坚硬犁底层，有效提高土壤透水、透气性，提高土壤蓄积雨水和雪水的能力，在干旱季节还能自心土层提墒，提高耕层的蓄水量。

主要技术参数：作业幅宽为 250cm，深松深度在 30cm 以上，配套动力为 81kW 以上的拖拉机，工作铲数为 6 个，铲间距为 42cm，作业速度为 4～10km/h，生产率为 0.9～2.38hm²/h，结构质量为 1 030kg。

（3）1SZL－270 型深松整地联合作业机。山东大华机械有限公司生产的 1SZL－270 型深松整地联合作业机，是由深松机、旋耕机结合在一起的复式作业机具，如图 4－16 所示。一次进地完成土壤深松、耕层整理、碎土镇压等作业。深松机框架采用可调行距框架结构、高隙加强铲座，适用于对不同质地及有大量秸秆覆盖的土壤进行作业，可避免堵塞，机具通过性强；根据配套动力还可选择小、中、大三种深松铲，适宜深松深度为 25～50cm。深松机与旋耕机通过三点悬挂连接，动力通过万向节传递输送，深松与整地的工作深度可独立调节，减少机组进地次数。

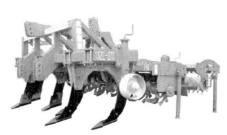

图 4－15　1SSH－250 型深松机　　　图 4－16　1SZL－270 型深松整地联合作业机

主要技术参数：配套动力为 140～165 马力拖拉机，深松铲 6 把，深松铲为全方位弧面倒梯形，铲间距为 45cm，作业幅宽为 270cm，深松深度为 25～35cm（小铲）、25～40cm（中铲）、25～50cm（大铲），整地深度为 16～18cm，生产率为 19.5～28.5 亩/h。

三、耕整地机械的使用

（一）机具选择

春花生宜采用机械化深耕、深松轮耕模式。配套深翻、深松机具，进行深翻和深松轮作，每 3 年为一周期，深翻 2 年，深松 1 年。深翻配套动力驱动耙进行整地，深松配套卧式旋耕机械进行整地。

夏花生与春花生的主要区别在于前茬作物秸秆处理。夏花生播种前，要对前茬小麦收获后的秸秆进行处理，然后耕整地或直接旋耕播种。整理后的土壤，表层疏松细碎，平整沉实，上虚下实，有利于花生生长发育。小麦联合收获时，要对秸秆进行粉碎处理，且抛撒均匀；收获作业后，采用秸秆粉碎还田机对小麦根茬进行粉碎还田处理。秸秆粉碎要细碎，还田粉碎长度≤10cm、抛撒不均匀度≤20%。秸秆处理装置就是在小麦收割机出草口装配秸秆切碎器，将秸秆切碎、抛撒均匀，如图 4-17 所示。

小麦秸秆切碎器

图 4-17　小麦秸秆处理作业图

秸秆处理后一是采用机械化深耕模式（同春花生）；二是采用机械化灭茬旋耕模式。机械化灭茬旋耕模式：麦收后播种夏花生时，利用带灭茬旋耕整地功能的播种机，一台机械作业两遍完成耕整地和播种作业。第一遍作业时升起播种装置，进行灭茬和旋耕作业；第二遍作业时放下播种装置，进行灭茬、旋耕、起垄、施肥、播种、喷洒除草剂（覆膜、膜上覆土）等作业工序。

目前，耕整地机械生产企业较多，种类型号较杂，农机服务组织和农机手应依据技术模式、土地经营规模、配套动力、主要用途等条件选择购买和使用。

1. 铧式犁选择

一般土地经营规模超大（333.3hm² 以上）、具有大型链轨拖拉机的农场，可选择犁铧多（5 铧以上）、耕幅宽的牵引犁；土地经营规模较大（100～300hm²），具有大型轮式拖拉机（100 马力以上）的农户，可选择 4～5 铧悬挂式翻转深耕犁；土地经营规模小、以服务型为主的农机专业合作社和农机大户，可选择

3～4 铧装配合墒器的悬挂式翻转犁，以减少墒沟数量，平整耕后土地，为整地播种创造条件。

2. 旋耕机选择

旋耕机的选择一般遵循以下原则。一是镇压原则。一般要选择带有镇压装置的旋耕机，能压实土壤，为机械播种创造条件。二是耕深原则。作业深度要满足农艺要求，如在秸秆还田地区，耕深大的要选择高箱旋耕机或圆盘刀式旋耕机。三是变速原则。适应不同的土壤条件，如土壤黏重、耕后坷垃较多的地区可选择变速旋耕机。四是幅宽原则。土地经营规模大、道路通行条件好、具有大型拖拉机的农业专业合作社，可选择宽幅旋耕机；土地经营规模小，但具有大型拖拉机的用户，可以选择双轴旋耕机。

3. 深松机选择

选择深松机时，应注意以下几个方面。一是深松机铲柱要长。铲柱较长可避免机架壅草，提高机组通过性，同时为以后作业预留深松深度。二是深松机横梁排数要多。这样方便将深松铲柱分散装配到多排横梁上，避免产生耙子搂草效应，提高机组作业效率。三是深松铲间距要准。为提高深松作业扰动系数，增加土壤疏松体量，在深松 25cm 深度时，深松铲间距不大于 60cm。但也不应过小，否则影响机具通过性。四是深松铲与限深轮的距离要大。深松机限深轮与深松铲的距离大一些可避免在秸秆还田质量不高的区域作业时造成深松铲与限深轮间堵塞，影响作业质量。五是深松机镇压应实。深松作业后，土壤空隙增加，蒸发加快，选择装配高强度镇压轮的深松机，作业后地表镇压平整，保墒效果好。

（二）作业标准

1. 翻耕作业标准

按照《铧式犁作业质量》（NY/T 742—2003）农业行业标准要求，耕深稳定性变异系数≤10%，地表以下植被覆盖（旱耕）率分别为≥85%（犁体幅宽＞30cm）和≥80%（犁体幅宽≤30cm），8cm 深度以下（旱田犁）植被覆盖（旱耕）率分别为≥60%（犁体幅宽＞30cm）和≥50%（犁体幅宽≤30cm），碎土率分别为≥65%（犁体幅宽＞30cm）和≥70%（犁体幅宽≤30cm）。

2. 旋耕作业标准

按照《旋耕机　作业质量》（NY/T 499—2013）农业行业标准要求，旋耕机在规定条件下，作业质量应为：旋耕深度合格率≥90%，碎土率≥60%，旋耕后地表平整度≤4.0cm，耕后地表植被残留量≤200.0g/m²，作业后田角余量少，田间无漏耕，没有明显壅土、壅草现象。

3. 深松作业标准

《深松机　作业质量》（NY/T 2845—2015）规定，在作业地块平坦、土壤含水率处于适耕范围内，且深松深度范围内没有影响作业的树根、石块等坚硬杂物及整株秸秆的条件下，深松深度合格率≥85%，邻接行距合格率≥80%，无漏耕。并明确，深松作业应能打破犁底层且深度不低于25cm为合格深松深度；行距的±20%之内为合格邻接行距；除地角外，邻接行距大于1.2倍行距为漏耕。

（三）作业要求

1. 作业前的检查调整

检查各部件是否完整无损，各连接件的紧固螺栓是否可靠，各转动配合部分润滑是否良好，各调整、升降机构是否灵活。按使用说明书及农艺要求，依次调整横向水平、纵向水平、作业深度。为了不产生漏耕，应在正常作业幅宽范围内根据实际情况调整作业幅宽。犁铧、犁尖、旋耕刀、深松铲等磨钝后，应及时修复或更换。

拖拉机在使用前也要进行较全面的技术状态检查和维护。根据配套机具的要求，对拖拉机的挂接点、液压机构、动力输出机构和行走机构等进行必要的调整和试运转。检查拖拉机的安全装置、信号系统和监控仪表工作是否正常。

2. 操作规程

（1）机组配备1～2人，且配备的人员应熟悉机具的构造和调整，技术熟练，具有相应驾驶证、操作证。

（2）规划作业小区，确定耕作方向。一般沿地块长边进行。

（3）作业前，在地块两端各横向耕出一条地头线，作为起落机具的标志，地头宽度应根据机组长度确定。

（4）作业时启动发动机，挂上工作挡，慢松离合器，加大油门，使机具逐渐入土，直至正常深度。

（5）翻耕犁机组行走方法可采用闭垄（内翻）法或开垄（外翻）法等，作业速度要符合使用说明书要求，作业中应保持匀速直线行驶。

（6）机组作业至地头时，减小油门，使机具逐渐出土，然后转弯。

（7）根据实际情况确定地头耕作方法，尽量减少开、闭垄及未耕（耙）区域。

（四）注意事项

（1）作业中，拖拉机液压悬挂机构要严格控制在浮动位置，以免损坏悬挂机构和液压系统。若耕翻坚硬的地块，入土困难时，允许采用短时压降，强迫入土。

（2）作业中应注意观察机具作业质量和作业状态，发现异常应立即停车进行调整和排除。

（3）每班次作业结束后，对各润滑部位进行润滑。

（4）要定期检查零件是否齐全，各紧固螺栓、定位销是否松动或脱落，零件有无损坏、变形或过度磨损，发现异常立即排除或修复更换。

（五）安全要求

（1）机具的醒目位置，应有安全警示标志。

（2）机组作业时，起落机具须平稳，不准操作过猛。

（3）严禁在机具工作部件未出土前进行转弯、倒退，不准转圈作业。

（4）田间转移或短途运输时应将机具升到最高位置，低速行驶、确保安全。

（5）在坡地上作业，必要时应调宽拖拉机轮距，不准急速提升农具。

第五章

花生机械化播种技术与装备

播种环节是花生全程机械化生产的重要环节，农谚有"七分种，三分管"之说，意味着播种质量的高低，直接影响花生产量高低和种植效益。本章重点介绍花生机械化播种技术的技术要点、典型装备、使用规范等内容。

第一节　花生机械化播种技术

一、花生播种农艺要求

花生按照播种时间分为春播和夏播两种播种形式。

1. 春花生播种农艺要求

春花生一般以 5cm 平均地温稳定在 15～18℃即可播种。播前要求土壤平整沉实、疏松细碎。

春花生种植方式包括平作和垄作种植。垄作已成为当前主要种植方式。花生垄作多为 1 垄 2 行种植，垄间距应为 80～90cm，上垄面宽度不小于 50cm，垄高为 10～12cm，垄上 2 行花生的间距为 25～30cm。播种密度控制在大粒花生 8 000～9 000 穴/亩、小粒花生 10 000 穴/亩左右，每穴播 2 粒，播种深度以 3～5cm 为宜，播后及时镇压。

春花生播种又分为露地播种和覆膜播种。覆膜播种又可以分为先播种后覆膜和先覆膜后播种两种方式。覆膜播种有利于保温、保墒和改善土壤理化性状，同时还具有抑制杂草生长和防治病虫害的作用。

2. 夏花生播种农艺要求

夏花生又分为麦套种（麦套花生）和麦后夏直播（夏直播花生）两种方式。

麦套花生是在麦收前种植，因此可延长生育周期，增加光照量和总积温，但由于实现机械化播种困难，该种植方式逐渐减少。

夏直播花生的播种密度、播种深度、筑垄和覆膜等农艺要求与春花生基本相同，其区别主要是播种土壤条件的差异。夏直播花生是在麦收后的麦茬地上进行整地播种或免耕播种，需要灭茬起垄，对花生播种机提出了更高的要求。

二、花生机械化联合播种技术

我国花生机械化播种技术是从 20 世纪 80 年代开始在人工播种作业的基础

上应用推广，由单一功能的花生播种机逐渐向起垄、施肥、播种、喷药、覆膜镇压等多功能联合播种装备发展。单一功能的花生播种机结构简单，质量小，制造成本低，但不能一次性完成花生播种多项作业环节，仍需人工完成起垄、施肥、喷洒农药、覆膜等作业，不能适应现阶段联合作业的花生播种需求。

花生机械化联合播种技术，尤其是多垄多行花生机械化联合播种技术，是针对当前花生种植模式和农艺要求，将筑垄、施肥、播种、覆土镇压、喷药、覆膜、膜上覆土等多项功能集为一体，实现了多环节、集成化花生播种作业。由于作业功能的增加，相比传统花生播种机型，花生联合播种机的机架需要在纵向上延长并加强，机架前端布置筑垄装置，之后依次布置施肥装置、开沟播种装置、覆土镇压装置、喷药装置、覆膜装置以及膜上覆土装置等。对于多垄多行联合播种机，通常机架在横向上做成折叠式，工作状态下将机架展开。花生覆膜播种可以先播种后覆膜，也可以先覆膜后膜上打孔播种，两种模式下的播种机在结构上略有差异。

花生联合播种机集多种功能于一体，避免了花生种植过程的多次机器作业对土壤的压实，极大地提高了劳动生产率。已经投放市场的3垄6行和4垄8行花生联合播种机，其效率是人工作业的20倍以上，比单功能机械化种植效率提高5倍以上，有效减少了花生播种过程中的劳动力消耗，已成为重点推广的机型之一。

三、夏花生机械化直播技术

夏花生直播技术就是夏季作物收获后，接茬播种花生的生产措施。

由于前后两作在时间和空间上相互独立，夏直播花生种植不但可以解决麦套花生播种质量差等问题，而且在田间作业上互不影响，便于机械作业和田间管理，提高耕地和水肥利用效率，有利于水肥一体化等节水省肥环境友好农机化生产运用，同时推进花生生产从一年一熟制和两年三熟制向一年两熟制转变，从广种薄收向高产稳产方向转变，提高复种指数，对实现高产高效花生收获具有重要作用，是适宜黄淮海两作区的一种高效种植模式。

为了确保夏直播花生的良好种植条件，小麦联合收获时，要对秸秆进行粉碎处理，且抛撒均匀；收获作业后，采用秸秆粉碎还田机对小麦根茬进行粉碎还田处理。秸秆粉碎要细碎，还田粉碎长度≤10cm、抛撒不均匀度≤20%。

对地表秸秆粉碎质量差、小麦播前未深松深翻的地块，宜采用深耕犁对土壤进行耕翻，翻埋小麦秸秆和根茬，然后用旋耕机进行整地；对秸秆粉碎质量好、小麦播前已深松深翻的地块，可直接选用旋耕机进行土壤耕整作业，将秸秆与土壤混合。翻耕作业深度为22～25cm，旋耕作业深度在15cm以上。作业时深浅一致，无漏耕；整地后，土壤平整沉实、表层疏松细碎。

花生筑垄作业可以采用筑垄机械单独筑垄，也可采用具有筑垄功能的播种机进行筑垄播种复式作业。要求垄高为 10～15cm，垄距为 80～85cm，垄顶宽为 50～55cm。因土壤耕层残茬较多，夏花生播种机要选用圆盘开沟器。夏花生播种机同时应具有播行可调性能，可实现 1 垄 2 行播种要求。垄上行距为 25～28cm。播种深度一般在 3～5cm。

按覆膜与否，夏花生直播可分为覆膜种植和免膜种植两种模式。其中免膜直播技术因没有地膜的影响，具有减少烂苗伤种、方便土壤肥料的追施、有利于花生秧蔓综合利用、保护农业生态环境等技术优点，已经在山东、河南、河北等地获得推广。

第二节　常见机械种类与特点

一、花生播种机种类

随着机械化水平的发展，具有配套动力的机引式花生播种机已基本取代人畜力式播种机，目前国内研制和应用的机引式花生播种机的机型较多。

按照排种原理，花生播种机可分为机械式花生播种机与气力式花生播种机两种类型。机械式花生播种机的排种器是结合花生种子的外形特征，靠机械外力将种子按照每穴播种粒数要求排入输种管，结构相对比较简单，缺点是容易伤种；气力式花生播种机又分为气吹式和气吸式两种类型，是靠气流的正压吹力或负压吸力进行精量排种，不伤种，可实现单粒精播。

按照结构功能和作业模式，花生播种机又可分为花生起垄播种机、花生铺膜播种机、花生免耕播种机、花生联合播种机等。由于集多种功能于一体的花生联合播种机集成作业优势明显，正在逐步取代传统单一功能或少功能播种机。

（一）花生起垄播种机

花生起垄播种机是应用时间较长的一种花生播种机械。一般以手扶式拖拉机为配套动力，能够完成花生起垄、施肥、播种、覆土等多项作业。但无喷药、覆膜、膜上覆土功能，后续还需要单独进行机械化喷药、覆膜等作业。特点是结构简单，价格低，经济实惠，适用地块小、坡度大的山区、半山区作业。

（二）花生起垄覆膜播种机

花生起垄覆膜播种机是目前广泛应用的一种花生联合播种机械。一般为膜下播种，主要采用内充式排种器，排种过程分为充种、清种、护种和排种。

花生起垄覆膜播种机工作时，花生种子靠自重充填在型孔内随排种盘一起转动，经过刮种器时，型孔内多余的种子被刮去，留在孔内的种子由弧形的护种板遮盖，当转到下方出口时，种子靠自重落入种沟内，完成播种。该机型以小四轮及小手扶式拖拉机为动力，可一次完成开沟、施肥、播种、覆膜、膜上覆土等多项作业，具有效率高、作业质量好等特点，适合土地连片的平原地区种植户使用。

这类播种机最显著的特点是能够在膜上建起筑土带，从而避免了人工破孔放苗，省时省力。但该机具不适合在降雨量大的地区使用，因为雨水长时间冲刷膜上的筑土带，易造成土壤板结，给花生苗自行钻孔造成困难。

（三）花生膜上打孔播种机

花生膜上打孔播种机是一种在覆盖地膜上，进行打孔下种的播种机械。与目前普遍应用的先播种后覆膜式播种机不同，该机型借助内圆挖斗排种器和鸭嘴式打孔装置，实现"膜上打孔"的先覆膜后播种模式。

这类机型有垄面成形装置，先起垄后覆膜再打孔播种，具有起垄高度高、垄面平整、垄距稳定性好等特点，型孔上部自动覆土避免了人工放苗，但存在作业效率较低、容易撕膜窜膜、对土壤墒情要求高等缺点。

（四）夏花生灭茬旋耕起垄播种机

夏花生灭茬旋耕起垄播种机是一种在夏季前茬作物收获后，直接灭茬旋耕起垄的播种机械，一次进地可完成灭茬、旋耕、起垄、施肥、播种、喷洒除草剂等作业工序。

该机型自带灭茬、旋耕功能，适用于麦后夏花生直播作业，有利于夏花生抢时播种，提高夏花生产量。

（五）夏花生洁区播种机

夏花生洁区播种机是一种在秸秆覆盖的地块，先将秸秆粉碎移除，在播种后，再覆盖秸秆的播种机械。全秸秆覆盖夏花生洁区播种机，可在收获完小麦的全秸秆覆盖地进行工作，一次作业完成碎秸、清秸、施肥、播种、播后覆秸等工序。

针对现在市场上免耕播种机存在的入土部件被秸秆缠绕堵塞、秸秆清理不完全导致露籽等问题，该播种机采用反向浅旋装置来旋耕土地，降低开种沟的阻力，配备的秸秆分流装置将一部分秸秆粉碎还田，另一部分抛撒于播过种的土壤表面。

（六）花生气吸式精量播种机

花生气吸式精量播种机是一种采用气力负压排种器，实现固定粒数播种的机械。排种器采用气吸式负压原理，通过风机吸气，在排种盘的两面形成压力差，盘上的吸种孔便成为气流通道。种子受吸力的作用被吸附在吸种孔处，排种盘转动通过刮种器时，吸种孔上多余的种子被刮去，并保证吸种孔吸住一粒种子。当带有种子的吸种孔转到气吸室之外后，种子失去吸附力，靠自重经输种管落入种沟内，完成播种。

目前的机型大多为一机多用型产品，可实现免耕单粒精量播种，通过更换排种盘，能够播种豆类、玉米、向日葵、甜菜等多种作物。

二、花生播种机的关键部件

（一）排种器

排种器是花生播种机的核心部件，其作业性能的好坏将会直接影响花生播种机的播种质量。目前市场上机械式排种器主要有内充式排种器和型孔式排种器，而气力式排种器以气吸式排种器为主。下面主要介绍这三种排种器的结构与工作原理。

1. 内充式排种器

内充式排种器是一种精量排种器。它采用内侧型孔取种原理，结构简单、调整方便、造价低，通过更换型孔尺寸不同的排种盘，可用于不同农作物的排种作业，是普遍采用的一种排种器形式。目前可以播单粒或双粒，播种原理一样，只是种子室的轴向个数不同。内充式排种器的结构原理如图 5-1 所示。

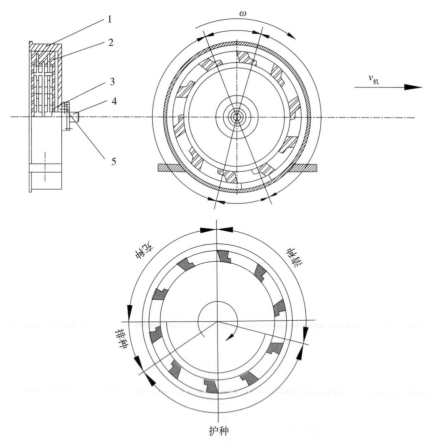

图 5-1　内充式排种器结构原理图

1. 排种器外壳　2. 排种盘　3. 护种板　4. 排种轴　5. 排种轴承座

当地轮沿地面滚动时，排种盘也随着地轮一起转动，其工作过程如下。

（1）充种。种子经加种口进入种子室，随着排种盘的转动，种子从径向或侧向进入排种盘上的取种口。进入取种口的种子在旋转的排种盘带动下，沿外侧护种板向上运动。在运动中种子与外侧护种板间存在摩擦，在摩擦力和重力的作用下一定量的种子进入排种盘上的型孔中。

（2）清种。排种盘继续滚动，取种口中多余的种子在重力作用下落入种子室，而处于型孔中的种子被保持住，从而实现清种。

（3）护种。在内外侧护种板的保护下，型孔中的种子向排种口运动。

（4）排种。型孔中的种子运动到排种口时，在重力和离心力的作用下经导种管排出。排种口设有刮种器，可将卡在型孔中的种子刮下。双圆盘开沟器在地面开出种沟，种子在重力和离心力的作用下落入种沟内。

2. 型孔式排种器

型孔式排种器，又称窝眼轮式排种器，主要由种箱、投种盒、排种轮、排种轮主轴、排种轮拨片、连杆机构、弹簧、控制拨片、落种室、毛刷轮轴、毛刷轮、毛刷等组成，如图 5-2 所示。

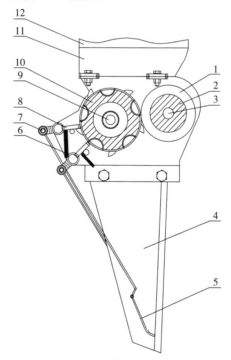

图 5-2　型孔式排种器结构示意图

1. 毛刷　2. 毛刷轮　3. 毛刷轮轴　4. 落种室　5. 控制拨片　6. 弹簧　7. 连杆机构

8. 排种轮拨片　9. 排种轮主轴　10. 排种轮　11. 投种盒　12. 种箱

型孔式排种器工作时，种子在重力作用下由种箱落到投种盒内，投种盒侧边设有种子导向板，能够引导种子沿导向板方向滑到排种轮型孔内，完成充种过程。动力经播种机地轮由两级链传动传至排种轮主轴，从而带动排种轮顺时针转动。排种轮主轴动力通过带传动传递至毛刷轮轴，从而驱动毛刷轮逆时针转动。种子在型孔内随排种轮转动至与逆时针转动的毛刷轮相交时，型孔内的种子随排种轮转动直至在重力作用下落入落种室，而多余的种子在毛刷的反向力作用下被阻挡在排种轮与毛刷轮相交处，完成清种过程。种子落入落种室后，控制拨片处于常闭状态，排种轮边缘的棘轮拨动排种轮拨片，在连杆作用下控制拨片打开，种子落下完成落种过程。一个循环完成后在弹簧的拉力作用下排种轮拨片与控制拨片恢复原状。

3. 气吸式排种器

气吸式排种器主要由高速风机产生负压，形成真空室。排种盘回转时，在真空室负压作用下吸附种子，被吸附的种子随排种盘一起转动。当种子转出真空室后，不再承受负压，就靠自重或在刮种器作用下落在沟内。

气吸式花生排种器结构如图5-3所示。气吸式花生排种器主要包括吸气管、气吸室、隔气挡块、排种盘、搅种盘、弹性携种装置、刮种器、排种器外壳等结构。其中，弹性携种装置包括导轨盘、滑轨盘、护种圈、弹簧、导向柱等结构。

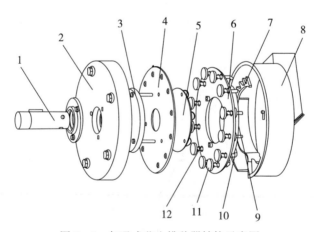

图5-3 气吸式花生排种器结构示意图

1. 吸气管 2. 气吸室 3. 隔气挡块 4. 排种盘 5. 搅种盘 6. 导轨盘 7. 刮种器
8. 排种器外壳 9. 滑轨盘 10. 导向柱 11. 护种圈 12. 弹簧

花生播种作业时，穴播装置与土壤接触并转动，在拖拉机的牵引下驱动排种器工作。气吸室、排种盘、搅种盘同步转动，滑轨盘与排种器外壳连接固定；花生种子通过滑轨盘与导轨盘的圆形通道进入充种区；受负压的作用，种子被吸种孔吸附，排种盘携种转动脱离种群；同时，弹性携种装置辅助携种，滑轨盘上的导向柱在弹簧的作用下脱离滑轨盘的作用，导向柱上的护种圈夹持种子；当种子随排种盘转动到顶端时，多余的花生种子被刮种器刮掉；种子随排种盘快要转动到投种区时，导向柱再次受滑轨盘的作用，解除夹持；在隔气挡块的作用下吸种孔处负压被隔断，种子依靠重力经输种管落入种沟内。

（二）开沟器

开沟器的作用主要是在播种时开出种沟和肥沟，引导种子和肥料进入沟内，并使土壤覆盖种子和化肥。它们种类很多，如铲式、滑刀式、铧式、圆盘式等。不同形式的开沟器对工作条件也有不同的要求。花生播种机施肥采用滑刀式开沟器，播种采用双圆盘开沟器。

1. 滑刀式开沟器

滑刀式开沟器主要由滑刀、侧板和开沟器柄构成。结构如图 5-4 所示。

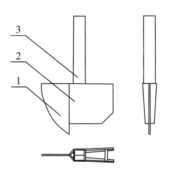

图 5-4　滑刀式开沟器结构图
1. 滑刀　2. 侧板　3. 开沟器柄

滑刀式开沟器的工作原理是：开沟作业时，开沟器在重力作用下滑切入土，随着播种机的前进，开沟器两侧板开出肥沟。滑刀式开沟器的主要工作参数是入土角、入土隙角和侧板夹角。入土角的大小主要影响开沟器的入土性能和前进阻力。入土角过小，滑刀的滑切作用减弱，易缠草造成堵塞；入土角过大，滑刀的滑切效果较好，不易造成杂草缠绕，但开沟器的结构会加大。当入土角在 140°～145°的范围内时，开沟器前进阻力最小。

2. 双圆盘开沟器

双圆盘开沟器主要由开沟器柄、刮土板、轴承、开沟圆盘、挡土罩等组成。结构如图 5-5 所示。

双圆盘开沟器的圆盘与前进方向有一个夹角。双圆盘开沟器的工作原理就是利用圆盘的外侧将土推开，从而开出一条种沟或肥沟。

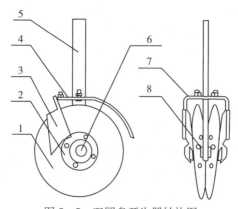

图 5-5 双圆盘开沟器结构图

1. 开沟圆盘 2. 轴承座 3. 刮土板 4. 挡土罩 5. 开沟器柄
6. 轴承盖 7. 刮土板支架 8. 密封圈

三、典型花生播种机的原理与特点

(一)万农达 2BFD-2S 型花生铺膜播种机

万农达 2BFD-2S 型花生铺膜播种机主要由机架、播种系统、喷药系统、施肥系统、开沟系统、覆膜系统、膜上压土系统等组成,如图 5-6 所示。该机与 5.88～8.1kW 手扶式拖拉机配套使用,可一次性完成施肥、播种、喷药、覆膜等工序作业。

图 5-6 万农达 2BFD-2S 型花生铺膜播种机

工作时,通过地轮转动,链传动装置带动播种施肥机构,进而完成播种施肥作业,同时喷药系统喷洒除草剂等药物,随后覆膜装置进行覆膜,压土装置进行膜上压土作业。该机具有结构紧凑、性能可靠、调整使用方便、一机多用等特点，广泛适用于平原、丘陵的中小地块。

主要技术参数：配套动力：5.88～8.1kW。播种行数：2 行/幅。播种深度：3～5cm。穴距：20、25cm。适应膜宽：75～80cm。行距：24cm。生产率：0.13～0.2hm²/h。

（二）万农达 2MB-1/2 型花生铺膜播种机

万农达 2MB-1/2 型花生铺膜播种机采用三点悬挂方式，与小四轮式拖拉机配套使用，可一次完成筑垄、施肥、播种、喷药、覆膜、膜上筑土带等作业工序。结构如图 5-7 所示。

图 5-7　万农达 2MB-1/2 型花生铺膜播种机

播种机随机组行走的过程中，通过地轮转动、链条传动将动力传递到播种施肥机构和覆膜机构，完成施肥、播种、覆膜等作业。该机基于花生覆膜高产栽培农艺技术要求，解决了膜上筑土带的问题，有效取代了人工打孔、掏苗、压土等繁重的体力劳动，生产效率较高。

主要技术参数：配套动力：13.2～18.4kW。适应膜宽：80～90cm。播种深度：3～5cm。播种行数：2 行/幅。行距：27cm（可调）。穴距：16、18、20、22cm（可选）。生产率：0.2～0.33hm²/h。

（三）万农达 2MB-2/4 型花生铺膜播种机

万农达 2MB-2/4 型花生铺膜播种机采用三点悬挂方式，与小四轮式拖拉机配套使用。结构如图 5-8 所示。

播种机工作时，犁形铲完成开沟、起垄作业；播种机随机组行走时，带动地轮转动，链传动装置将动力传递到播种、施肥、覆膜等装置，完成播种、施肥以及覆膜作业。该机可一次性完成筑垄、施肥、播种、喷药、覆膜、膜上筑土带等作业工序，解决了苗带膜上筑土带的难题，免除了人工打孔、掏苗、压土等繁重的体力劳动，实现了 2 垄 4 行同时播种，具有性能可靠、调整使用方便、一机多用等特点，广泛适用于花生主产区的大面积地块。

主要技术参数：配套动力：22.5～37.5kW。播种行数：2 行/幅。适应膜宽：80～90cm。行距：27cm。播种深度：3～5cm。穴距：15、18、20、25cm（可调）。生产率：0.33～0.53hm²/h。

图 5-8　万农达 2MB-2/4 型花生铺膜播种机

（四）东泰 2MB-2/4 型花生铺膜播种机

东泰 2MB-2/4 花生铺膜播种机采用内圆挖斗排种器和鸭嘴式打孔装置，与中型拖拉机配套，一次性完成起垄、整形、开沟、施药、覆膜、膜上打孔播种、苗带覆土和镇压等多项作业，如图 5-9 所示。铧犁与梯形镇压轮相结合进行起垄作业，起垄高，垄面规整。

图 5-9　东泰 2MB-2/4 型花生铺膜播种机

主要技术参数：配套动力：45～60kW。作业幅宽：160cm。播种行数：2

垄 4 行。行距：23cm。穴距：17～19cm。生产率：0.2～0.3hm²/h。

（五）双佳 2BMJ－2/4 型花生膜上精量播种机

双佳 2BMJ－2/4 型花生膜上精量播种机可实现花生单粒精播。采用随动仿形作业机构，解决了地势不平造成的仿形效果不理想、播深一致性差、覆土不均匀的问题；采用鸭嘴滚筒式膜上穴播装置，实现膜上打孔和单粒精播，一次作业可完成起垄、覆膜、施肥、喷药、膜上打孔、单粒精播、种行覆土等多道工序，如图 5－10 所示。机具具有整机体积小、安装拆卸方便、免放苗间苗、行距可调等优点，适用于中小地块的花生播种。

图 5－10　双佳 2BMJ－2/4 型花生膜上精量播种机

主要技术参数：配套动力：>65kW。播种行数：2 垄 4 行。行距：25～30cm。作业速度：3～5km/h。单粒率：≥90%。播种深度：3～5cm。

（六）2BHQL－4A 型气吸式花生起垄精量播种机

山东大华机械有限公司生产的 2BHQL－4A 型气吸式花生起垄精量播种机采用挂装式结构，如图 5－11 所示。整机一次作业可完成起垄、施肥、播种、镇压等多项作业，满足垄上播种农艺要求，分体后可单独作业，从而提高使用效率、降低生产成本；采用旋耕起垄，垄形整齐、坚实程度一致，有利于后续播种及田间管理环节作业；采用仿形单体，投种点低、种床平整、播深一致、株距均匀，播后出苗整齐；采用气吸式精量排种器，单粒率高，种子适应性强，不易损坏，使用寿命长，种子损伤率低，有利于实现高速播种。

主要技术参数：结构形式（挂接方式）：悬挂组合式。配套动力：>80kW。单粒率：≥97%。种子损伤率：≤0.5%。作业速度：4～8km/h。

（七）2BH－3/6 型夏花生精密播种机

2BH－3/6 型夏花生精密播种机主要包括灭茬装置、旋耕装置、起垄装置、播种装置、覆膜装置及覆土装置，如图 5－12 所示。

图 5-11　2BHQL-4A 型气吸式花生起垄精量播种机

图 5-12　2BH-3/6 型夏花生精密播种机

　　与大型拖拉机配套使用，可一次完成灭茬、旋耕、施肥、起垄、播种、喷药、覆膜和膜上覆土等工序，能有效解决麦茬地起垄困难、伤膜严重、播种精度低等问题，适用于高度不齐的麦茬地夏花生播种以及土壤板结严重的地区。

　　主要技术参数：配套动力：＞65kW。播种行数：3 垄 6 行。行距：25～30cm。作业速度：3～5km/h。空穴率：≤2%。播种深度：3～5cm。

（八）长丰 2BHQJ-3/6 型夏花生免膜播种机

　　长丰 2BHQJ-3/6 型夏花生免膜播种机主要由旋耕装置、起垄装置、播种装置和覆土镇压装置等组成，如图 5-13 所示。

图 5-13 长丰 2BHQJ-3/6 型夏花生免膜播种机

与大型拖拉机配套，一台机械可完成灭茬整地和播种两遍作业。第一遍作业时升起播种装置，进行灭茬和旋耕作业；第二遍作业时放下播种装置，进行旋耕、起垄、播种等作业工序。播种机采用双圆盘开沟器，提高了麦茬地开沟性能；旋耕、起垄装置对土壤墒情的适应性更强。

主要技术参数：配套动力：>103kW。播种行数：3 垄 6 行。行距：25～30cm。作业幅宽：2 400mm。播种深度：3～6cm。生产率：0.26～0.40hm²/h。

(九) 万农达 2MB-4/8 型花生铺膜播种机

万农达 2MB-4/8 型花生铺膜播种机与大型拖拉机配套，集多功能于一体，如图 5-14 所示。花生覆膜种植中的筑垄、施肥、播种、覆土、喷药、展膜、压膜、膜上筑土、滴灌带铺设等农艺技术一次作业即可完成。可实现花生 4 垄 8 行同时播种，作业幅宽大，作业效率高，运输过程中可整体折叠，调整使用方便。

主要技术参数：结构形式（挂接方式）：牵引式。配套动力：25.6～51.5kW。外形尺寸（长×宽×高）：2 550mm×3 450mm×1 050mm。播种行数：4 垄 8 行。生产率：0.54～0.76hm²/h。空穴率：≤1.5%。

(十) 2BHMX-6 型全秸秆覆盖花生免耕播种机

2BHMX-6 型全秸秆覆盖花生免耕播种机主要由秸秆粉碎清理装置、挂接机构、播种机构、施肥机构、镇压覆土机构等组成，如图 5-15 所示。与大型拖拉机配套，可一次性完成秸秆粉碎清理、播种施肥、覆土镇压、播后秸秆均匀覆盖等作业工序，有效解决了我国黄淮海地区小麦机收后夏花生抢种难题。主要应用于黄淮海产区小麦秸秆覆盖量大、麦茬高的地域。

图 5-14 万农达 2MB-4/8 型花生铺膜播种机

图 5-15 2BHMX-6 型全秸秆覆盖花生免耕播种机

主要技术参数：结构形式（挂接方式）：牵引式。配套动力：≥75kW。播种行数：3 垄 6 行。生产率：0.53～0.67hm²/h。空穴率：≤2%。

第三节 播种机械的使用

一、机具的选择

播种机具配套应考虑当地的种植模式和后续的收获作业模式。根据地块和土壤条件，优先采用中大型复式播种机具。

一是在地势相对平坦、地块较大的丘陵地区和平原地区主推机械化复式播种方式。春花生播种时根据地块条件配套手扶式拖拉机或轮式拖拉机，采用复式花生播种机，一次完成起垄、施肥、播种、喷洒除草剂、覆膜、膜上覆土等作业工序。大力推广应用 2 垄 4 行或 3 垄 6 行等中大型花生复式播种机，可一次播种 2 垄 4 行或 3 垄 6 行，可减少衔接行，提高播种均匀性和垄距一致性，还可减少作业机械数量和进地次数，提高作业效率。

二是不适合中大型机具作业的丘陵山区可选择分段播种机械作业。分段播种时，起垄、播种、覆膜等 2～3 道工序由专用机械单独完成，配套动力一般为手扶式拖拉机。首先是起垄作业，然后是播种施肥作业，最后是喷药覆膜作业；或者是起垄、播种、施肥为一道作业工序，喷药覆膜为第二道工序。

三是在夏花生主产区大力推广夏花生免膜播种机械化高效生产模式，积极推动适宜地区改春花生为夏直播花生，增加土地综合产出率，提高规模化生产水平。在小麦联合收获、秸秆切碎抛撒后，利用中大型灭茬旋耕播种机作业两遍完成耕整地和播种作业，提高作业效率。第一遍作业时升起播种装置，进行灭茬和旋耕作业；第二遍作业时放下播种装置，进行灭茬、旋耕、起垄、施肥、播种、喷洒除草剂（覆膜、膜上覆土）等作业工序。

四是优先选择享受农机购置补贴的作业机械，提高作业质量，规范种植模式，引导一定区域内的种植户统一种植规格，提高中大型机具的利用率和社会化服务水平。采用 1 垄 2 行种植模式，垄距为 80cm 左右，垄高为 10～12cm，垄面宽为 50～55cm，垄上行距为 25～28cm。易发生涝害的地区增加垄高到 20cm 左右。

二、作业标准

2020 年农业农村部颁布的标准《花生播种机　作业质量》规定了花生播种的作业条件和作业质量。

作业条件要求为地块平整，土壤表层疏松细碎，上虚下实；种子应符合国家标准规定，穴粒数符合当地农艺要求。春季花生播种前 5d 的 5cm 平均地温应达 12℃以上；土壤相对含水量为 65％～70％。农机手应按当地春花生农艺要求和使用说明书规定调整和使用花生播种机。

作业质量指标：膜边覆土率≥98.0％，邻接垄距合格率≥75.0％，垄顶膜上覆土厚度合格率≥85.0％，穴距合格率≥80.0％，空穴率≤3.0％，穴粒数合格率≥75.0％，播种深度合格率≥85.0％，种肥间距合格率≥85.0％。

三、机具调整与作业前准备

1. 机具调整

（1）播种机检查。检查播种机整机状况，机架、开沟器、排种器、覆膜系统等机构部件应齐全完整，无破损变形。发现缺损，应及时补齐更换。对变形损坏的部件，及时维修更换。清理播种机各部件上的杂物、泥土；各润滑部位应加注润滑油。

（2）播种机挂接。按照播种机使用说明书挂接播种机。拖拉机悬挂装置应能使播种机准确、可靠起落，作业时使播种机处于牵引状态。

（3）播前水平调整。调节四轮式拖拉机的上、下拉杆，使播种机主梁的纵向和横向都处在水平位置。

（4）排种器调试。用手转动排种轴，检查其灵活性；加入种子，转动检查，确定穴粒数。

（5）地膜安装调整。将地膜纸筒装入展膜辊支架内，调整支架的手动固定螺栓，使地膜中心位置与起垄装置中心位置重合。

（6）播种量、施肥量的调整。符合农艺要求，理论排量（种、肥）与实际排量（种、肥）相差不大于 0.25kg。

调整方法：①让地轮可以转动，种箱装适量种子；②量取地轮直径；③计算理论排量；④转动地轮 20 圈，将转下的种子称重；⑤比较实际排量与理论排量。

施肥量的调整方法同播种量调整。

（7）播种深度调整。将播种开沟器和施肥开沟器（或复合开沟器）按农艺要求预调至一致的播种深度。播种时，播种深度可以通过限深手轮来调整。

（8）株距调整。①更换排种盘。这需要播种机配备多组与不同作物播种相适应的排种盘配件，应用时有一定的局限性。②改变传动比。在拖拉机行进速度和排种盘不变的情况下，通过增减排种盘转速的方式来满足不同穴距的种植要求。

2. 作业前准备

（1）人员准备。操作人员由驾驶员和辅助人员组成。拖拉机驾驶员和辅助人员须经过机械播种知识培训，合格后方可驾驶和操作。播种作业人员应熟悉播种的农艺要求。

（2）作业地块检查。播种前查看地表情况。地表不平地块，需重新旋耕整平；地面有障碍物，须清除障碍物，障碍物不能清除的要做好标志。

（3）划分作业小区。根据地块情况划分作业小区，划出机组地头起落线，做出标志。小区宽度为播种机作业幅宽的整数倍；地头宽度为播种机作业幅宽的 2～3 倍；地头与机耕道连接的，可不设地头起落线。

（4）试播种。机具调整调试后，进行试播作业。将种子加入种箱，按农艺要求兑好除草剂，将药桶充满，在待播地中作业 20m 左右，在满足作业质量要求的条件下，确定适宜播种作业速度。

（5）检查调整。检查播深、穴距、穴粒数、膜上覆土厚度等性能指标，及压膜和镇压效果。必要时进行相应调整，符合农艺要求后，投入正常播种作业。

（6）质量检查。机组进入新地块作业，都应进行一次质量检查；特大地块要在中间进行 2～3 次检查。

四、注意事项

（1）作业时应保持匀速直线行驶，作业速度一般控制在 2～4km/h，中途不得拐弯、倒退和停车。

（2）作业线路一般为往复式，邻接播种，避免重播、漏播。如播种机有划线装置，应按作业线作业。作业至地头时，在起落线处起落机具。

（3）操作者要随时观察种、药的余量。在地头处补充种、药，避免中途停车。作业时种箱内的种子不得少于种箱容积的 1/5。

（4）播种机组在调头、转弯及转移作业地块时，应缓慢提升机具到安全高度，防止行进中工作部件与地面碰撞。作业时应缓慢放下机具，以免撞击地面，造成部件损坏。

（5）作业中随时观察种箱、排种器、覆土圆盘、除草剂喷头等部件是否堵塞、缠绕，保证正常工作。

（6）作业后应清理机具上的土，回收剩余的种子、药液；及时检查易损件、添加润滑油、紧固螺栓。

五、安全要求

（1）严禁在拖拉机未熄火停车的状态下对播种机进行调整检修，以免发生危险。检修时，要有牢靠支撑。

（2）严禁在播种机主梁两端站人或坐人，以防轴断伤人。

（3）播种过程中严禁倒退和转弯；田间作业起落机具时附近禁止站人；在长距离转移时，必须插上销轴、开口销，防止伤人或损坏机具。

（4）机组人员必须遵守机务安全操作规程，认真阅读使用说明书，在熟悉机具性能、构造及调整和保养方法后方能操作。

（5）作业完成后应将种子、药剂的包装等会造成环境污染的物品回收处理。

第六章

花生机械化田间管理技术与装备

花生田间管理环节主要包括中耕培土、节水灌溉和高效植保，这里分别介绍花生田间管理的目的意义、技术要点、常用装备等基本知识。

第一节 花生中耕培土

一、机械化中耕培土技术

（一）中耕培土的概念

花生是地下结果的作物，土壤环境条件对荚果发育的影响比其他作物都重要，良好的土壤状况是荚果正常发育的基本条件。若土壤板结，土壤透气性变差，会严重影响荚果的生长。

中耕培土是指作物生育期内在株行间进行的表土耕作。作业时，用中耕机将沟底土壤培扶到垄顶或两侧。

中耕培土作业主要是针对土壤易板结的平播花生。对土壤通透性好的垄作花生，采用这项技术的并不多。

（二）中耕培土的目的意义

花生中耕培土能增强土壤通透性，改善土壤结构；去除杂草；促进好氧微生物活动和养分有效化；促进根系生长，增加有效果针数量；促进荚果膨大和饱满。中耕还是解决滑针、高位果针入土困难，提高群体质量的关键措施。因此，要大力推广实施中耕培土技术，特别是弱苗、易涝地块，要及时中耕培土。

（三）中耕培土的技术要点

为适应机械化田间管理的要求，要严格遵守花生机械化播种作业规程。

一是注重把握播种机的调整和操作技能，增强农机农艺融合度，使花生起垄、播种、覆膜等工序的指标均达到农艺要求，实现花生播种规范化、标准化。

二是选用农艺性能优良的花生联合播种机，调整好起垄高度、行距、穴距、施肥器流量及除草剂用量等，起垄高度为 10～12cm，垄距为 85～90cm，垄面宽为 55～60cm，垄上小行距为 28～30cm，以适应机械中耕培土要求。

三是中耕培土一般选择在降雨、灌溉后以及土壤板结时进行。

四是根据花生不同生育时期，进行多次中耕。在花生封垄和大批果针入土前，一般要用中耕机进行 3 次中耕作业。掌握"头锄浅，二锄深，三锄不伤根"的原则，做到行中间深，株边浅，使花生株行呈垄状，为花生果针入土创造疏松的土壤环境，减少空针率，增加单株结果数。

第一次中耕作业，一般选择在花生苗期进行。可增加土壤墒情，提高抗旱能力，有利于根系下扎和生长。发达健壮的根系有利于花生形成壮棵，大幅度提高花生产量。

第二次中耕作业，一般选择在花针期进行。此时中耕培土有利于花针下扎入土，提高坐果率。可结合中耕培土追施尿素 7.5～10kg/亩、硫酸钾 10～15kg/亩。

第三次中耕作业，一般在花生封垄前，花针下扎时进行。这次中耕一定要结合培土，将土培在花生根系周围。

免耕夏直播花生、麦套花生，要结合灭茬施肥及时进行中耕作业。麦套花生可配合中耕及时追施磷酸二铵 10～15kg/亩（或过磷酸钙 30～40kg/亩）、尿素 10～15kg/亩、硫酸钾 10～15kg/亩。中耕作业，可以选择在始花前进行。

二、常见中耕机械种类

（一）机械种类

中耕机按配套动力可以分为人力、畜力和机引三种类型；按与动力机械的连接方式分为牵引式、悬挂式和直联式；按工作部件的工作原理可分为锄铲式和回转式；按工作性质可分为全幅中耕机和行间中耕机等。

1. 行间中耕机

行间中耕机指在中耕作物的行间进行中耕，具有浅松土、除草、培土及开灌溉沟的作用，应具备操向装置，防止伤苗。

行间中耕机按机架高度的不同，有低秆作物中耕机和高秆作物中耕机之分。花生行间中耕可选用低秆作物中耕机。行间中耕机根据工作部件的特点又可分为铲式和旋转式两种。

行间中耕机的结构特点是可根据机架宽度按不同作业需要配置各种工作部件，或将有关工作部件安装在通用机架上；行间中耕机多为悬挂式，有拖拉机前悬挂、拖拉机后悬挂和拖拉机轴间悬挂三种。前悬挂中耕机的优点是便于拖拉机手一人操纵；轴间悬挂中耕机对地面适应性好，可减少侧移现象，保证机具沿行间准确行进，尤其在斜坡地作业时更显其优越性。轴间悬挂及前悬挂中耕机都必须专机配套。

悬挂式行间中耕机结构简单，节约金属，转向灵活方便，对行距适应性良好,可减少伤苗率。其种类较多,结构大致相同,一般由单梁、悬挂架、支撑轮、锄铲组和液压升降机构等组成。锄铲组多采用四连杆仿形机构,以保持入土稳定性。根据不同的行距和作业要求,轮距应能调整。土壤工作部件可配置单翼除草铲、双翼除草铲、松土铲和培土器。有些用于窄行距的中耕机设有操向装置,可减少护苗带宽度。一般悬挂式行间中耕机不仅可用于中耕作物的行间松土、锄草,更换工作部件后,还可进行深中耕、培土和开灌溉沟等作业。

2. 全幅中耕机

全幅中耕机用于在空闲地上进行全面中耕。其特点是无须变更行距和设置操向装置,但工作中易被杂草堵塞,故一般配置起落机构。各类型的悬挂式全幅中耕机的结构基本相同,都较牵引式结构简单。悬挂式全幅中耕机不翻表土,将杂草及作物残茬抛至地表,可防止水分蒸发和水土流失。

全幅中耕机主要由机架、地轮、起落机构、耕深调节机构、锄铲组成。例如,平铲式全幅中耕机,用于秋耕及休闲地管理,土壤工作部件为双翼平铲。牵引式凿齿中耕机用于灌溉后松土、平整土表或播前碎土施化肥,松土深度为10~15cm。

3. 通用中耕机

通用中耕机之所以被称为通用中耕机,是因为该机既可用于全幅中耕,又可用于行间中耕、横向株间中耕作业。例如,我国生产的 ZW - 4.2 型牵引式通用中耕机是应用较广的一种牵引式中耕机,由机架、地轮、操向机构、起落机构及锄铲组等组成。工作部件包括单翼除草铲、双翼除草铲和凿形松土铲三种。锄铲组铰接在机架横梁上,可适应不同地形。全幅中耕时,耕深可在6~16cm 范围内调节。行间中耕时,行距可调整为 45、60、65、70cm 等行距,也可根据作物种植情况,调整为不等行距;又可按 41cm 的铲苗段及24cm 的留苗段进行间苗作业。

(二)关键部件

根据苗期的不同生长需求,中耕机关键工作部件可分别安装除草铲、松土铲、培土铲、施肥开沟器等。

1. 除草铲

中耕机除草铲主要用于花生行间除草和松土作业,分单翼除草铲和双翼除草铲两种。单翼除草铲由水平切刃和垂直护板两部分组成。前者用于除草和松土,后者可防止土块压苗,因而可使锄铲靠近幼苗,增加机械中耕面积。护板下部有刃口,可防止挂草堵塞。

中耕时,单翼除草铲分别置于幼苗的两侧,所以有左翼铲和右翼铲之分,安装时应注意左右配对。双翼除草铲由双翼锄铲和铲柄构成,如图 6-1 所示。

它的入土角（两翼交线与地平面的夹角）和碎土角（铲面与地平面的夹角）都较小，所以松土作用较弱而除草作用较强，主要用于除草作业，通常与单翼除草铲配合使用。除草铲作业深度一般为5～8cm。

图6-1　双翼除草铲

2. 松土铲

松土铲用于作物的行间松土。它使土壤疏松但不翻转，松土深度可达13～16cm。松土铲由铲尖和铲柄两部分组成。铲尖是工作部分，它的种类很多，常用的有凿形、箭形和铧形三种。凿形松土铲的宽度很窄，它利用铲尖深入土层进行松土。这种松土铲过去应用较多。箭形松土铲的铲尖呈三角形，工作面为凸曲面，耕后土壤松碎，沟底比较平整，松土质量较好。

我国新设计的中耕机上，大多已采用了这种箭形松土铲，如图6-2所示。铧形松土铲适用于垄作地第一次中耕松土作业，铲尖三角形，工作面为凸曲面，与箭形松土铲相似，只是翼部向后延伸比较长。

图6-2　箭形松土铲

3. 培土铲

培土铲用于花生根部培土、起垄，也用于灌溉时开排水沟。培土铲种类比较多，目前花生播种机械广泛采用的是铧式培土铲，其结构如图6-3所示。

铧式培土铲主要由三角铧、分土板、培土板、调节杆和铲柱等组成。分土板与培土板铰接，其开度能够调节，以适应不同大小的垄形。分土板有曲

图6-3　铧式培土铲

面和平面两种结构。曲面分土板成垄形性能好，不容易黏土，工作阻力小；平面分土板碎土性能好，三角铧与分土板铰接处容易黏土，工作阻力大，但容易制造。

4. 护苗器

为了提高中耕作业速度，中耕机上普遍装有护苗器以保护幼苗，防止幼苗被中耕锄铲铲起的土块压埋。

护苗器一般采用从动圆盘形式。工作时，苗行两侧的圆盘尖齿插入土中，并随机器前进而转动，除防止土块压苗外，也有一定的松土作用。

5. 仿形机构

根据作物的行距大小和中耕要求，一般将中耕机上的几种工作部件配置成单体，每一个单体都可独立在作物的行间作业。各个单体通过一个能随地面起伏而上下运动的仿形机构与机架横梁连接，以保持工作深度的一致性。现有中耕机上应用的仿形机构主要有单杆单点铰连机构、平行四杆机构和多杆双自由度仿形机构等类型。

6. 施肥开沟器

施肥开沟器由凿形施肥刀和导肥管组成。在作物生长期追施化肥、细碎的有机肥料时，用来开出施肥沟，并将肥料导入沟内。

三、中耕机械的使用

中耕作业机组的选配应根据花生地块的面积、土质以及作业要求确定。中耕行数应与播种作业行数一致，或成整倍数增减，避免横跨衔接行作业。根据播种行距对拖拉机轮距进行调整，拖拉机轮缘内、外侧均应与花生苗保持足够间距，以避免压伤幼苗。苗期一般选配中耕松土复式作业机组；中期可选配中耕除草复式作业机组；后期可选配中耕追肥培土复式作业机组。

1. 中耕作业的田间准备

排除田间障碍物，填平毛渠、沟坑；检查土壤湿度，防止土壤过湿造成陷车，或因中耕而形成大泥团、大土块；根据播种作业路线，制作中耕机组的进地标志；根据地块长度设置加肥点，肥料应捣碎过筛，使其具有良好的流动性，且无杂质，并能送肥到位。

2. 中耕作业的机组准备

配齐驾驶员、辅助作业人员，根据需要选择适宜的拖拉机和中耕机具，并按作物行距调整拖拉机轮距；根据行距、土质、苗情、墒情、杂草情况、追肥要求等，选配锄铲或松土铲；配置和调整部件位置、间距和工作深度；前期中耕应安装护苗器，后期中耕、开沟培土或追肥作业时，行走轮、传动部分和工作部件应装有分株器等护苗装置。

3. 中耕作业方法及要求

悬挂式中耕机组一般可采用梭行式中耕法，行走路线应与播种时一致。作业时悬挂机构应处于浮动位置，作业速度不超过 6km/h，草多、板结地块不超过 4km/h，不埋苗、不伤苗；作业前机组人员必须熟悉作业路线，按标志进入地块和第一行程位置；机组升降工作部件应在地头线进行。

4. 作业质量检查

中耕作业第一行程走过 20～30m 后，应停车检查中耕深度、各行耕深的一致性、杂草铲除情况、护苗带宽度以及伤苗和埋苗等情况，发现问题及时排除；追肥作业时，应检查施肥开沟器与苗行的间距、排肥量及排肥通畅性，若不合要求应及时调整；在草多地块作业时，应随时清除拖挂杂草，防止堵塞机具和拖堆；要经常保持铲刃锋利。

第二节　花生灌溉技术与装备

水是花生生命活动中不可缺少的物质。

一、花生需水规律

花生耗水量是指其在整个生育期间的各种生理活动、叶面蒸腾和地面蒸发所消耗的降水、灌溉水和地下水水量的总和，也称田间耗水量。花生耗水量远比小麦、玉米、棉花等作物少，属耐旱性较强的作物。

耗水量随产量的增加而增加。产量越高，需要制造和积累的干物质越多，因而耗水量也相应增加。当耗水量增加到一定程度以后，随着耗水量增加产量的增量就减少，甚至产量下降。因此，高产栽培耗水比较经济，而低水平生产，水分浪费较大。花生每生产 1kg 干物质，需耗水 450kg 左右。

花生田间耗水量与品种类型、品种特性、气候因素、土壤条件、栽培条件等密切相关。

花生各个生育阶段都需要有适量的水分，才能满足其生长发育的要求。总的需水趋势是苗期需水较少，开花下针和结荚期需水较多，生育后期荚果成熟阶段需水又较少，形成"两头少、中间多"的需水规律。

二、灌溉技术与装备

因地制宜采用有效的灌水技术，制定合理的灌溉制度，及时进行灌溉，可使花生获得高产稳产，尤其是在干旱年份和干旱地区，更能显著地提高花生产量。

（一）沟灌

沟灌是在花生行间开沟引水，水在沟中流动，通过毛细管和重力的作用向两侧和沟底浸润土壤。

1. 沟灌特点

沟灌的特点是水分从沟内渗到土壤中，减少了土壤板结，较畦灌省水。沟灌在南、北方花生产区均有采用。在缺水地区或灌溉保证率低的地区可采用隔沟灌水技术。隔沟灌是隔一沟（垄）灌水，灌水时一侧受水，另一侧为干土层，土壤蒸发减少一半。

2. 沟灌技术要点

一是要选择适宜时段灌水。夏季宜在早上或傍晚灌水，不宜在阳光强烈的中午灌水，以免水文变化过大，引起伤根、烂针、烂荚。二是要速灌速排。沟灌时，可灌至垄高 2/3 或 4/5 处，让水从垄两侧向中心部渗入，至垄中心土面尚未全部渗透时，即可将水排走，以免土壤下沉、板结而妨碍根系生长。

（二）喷灌

喷灌是利用水泵和管道系统，在一定压力下，使水通过喷头喷到空中，散为细小水滴，像下雨一样灌溉作物。花生喷灌适于没有覆膜地块的规模生产灌溉。

1. 喷灌特点

喷灌可以控制喷水量、喷灌强度和喷灌均匀度，从而避免地面径流和深层渗漏，防止水、肥、土的流失。喷灌可调节小气候，降低叶片温度，冲洗叶面尘埃，有利于光合作用，促进同化，控制异化，减少糖类的消耗。与地面灌溉相比，具有显著的省水、省工、少占耕地、不受地形限制、灌水均匀和增产等优点，属于先进的田间灌水技术。喷灌能适时适量地满足花生对水分的要求，减少土壤团粒结构的破坏，地表不板结，保持土壤中水肥气热良好，有利于花生根系和荚果发育。

喷灌也有一定的局限性。如作业时受天气影响大，高温、大风天气不易喷洒均匀，喷灌过程中的蒸发损失较大；喷灌投资比一般地面灌水高等。喷灌时，要注意喷灌强度、喷灌均匀度和雾化程度。一般要求灌溉强度不超过土壤的渗透速度，确保喷灌到地面的水能全部渗透到土壤中去。

2. 喷灌的主要设备

国际上普遍采用的喷灌设备，主要有轻小型喷灌机、人工拆移管道式喷灌系统、绞盘式喷灌机、滚移式喷灌机、拖拉机悬挂式喷灌机和双悬臂式喷灌机6 种形式。发达国家多采用绞盘式和滚移式喷灌机，一般发展中国家由于受经济条件的限制，发展的喷灌设备以人工拆移管道式喷灌系统和轻小型喷灌机为主。

（1）轻小型喷灌机。轻小型喷灌机的典型配套形式为单机（动力机）单泵（水泵）单头（喷头），配套动力为 3、4.4 和 8.8kW 的柴油机或电动机，输水管道为涂塑软管。轻小型喷灌机的主要优点是移动比较方便，单位灌溉面积投资低；主要缺点是工作压力偏高，能耗高，灌水均匀度不容易掌握。

（2）人工拆移管道式喷灌系统。该喷灌系统在欧洲应用较多，我国的这项技术就是从欧洲引进的。国际上，一般将管网埋设在地下的系统称为永久式系统，而将管网在一个灌溉季节里铺设在田间地表不动的系统称为固定式系统。在欧洲，该喷灌系统都采用固定铺设（有的将主管道埋设在地下），即在作物播种后将系统（包括所有支管）铺设在地表，收获前才将其收回。在国内，人们习惯上将该系统分为半固定式和全移动式。半固定式是指主管道埋设在地下，只配备少量支管，并在一个灌溉季节里轮番移动；而全移动式是指所有管道和设备都需在一个灌溉季节里轮番移动。采取全移动式作业方式，目的是降低投资，但带来的问题是转移困难，农民不愿意使用。

（3）绞盘式喷灌机。绞盘式喷灌机分软管牵引式和钢索牵引式两大类。目前国内外大多采用的是软管牵引式绞盘喷灌机，也称卷管式绞盘喷灌机。卷管式绞盘喷灌机于 20 世纪 70 年代初问世，在欧洲各国应用较多，澳大利亚、新西兰、美国等地也有少量应用。该喷灌机的主要优点是单位灌溉面积投资低，转移方便；缺点是大都配备高压喷头，能耗较高，灌溉水的飘移损失大，并且作业时需要机行道，占用耕地较多。为降低能耗，最近几年国外研制出配备低压喷头的桁架式喷头车，但转移比较麻烦。

（4）滚移式喷灌机。该喷灌机是一种介于人工拆移管道式喷灌系统和自走式喷灌机之间的半机械化机组。其田间作业方式与半固定人工拆移管道式喷灌系统非常相似，主要区别是其转移方式为整体机动滚移，而半固定人工拆移管道式喷灌系统，是人工拆卸后，移动到一个地方，再组装起来。该喷灌机的优点是单位灌溉面积投资低，移动比较方便。

（5）拖拉机悬挂式喷灌机。该喷灌机是利用拖拉机的输出轴功率通过增速装置驱动一台大流量高扬程水泵，并配备一个远射程喷头。该机可像双悬臂式喷灌机那样进行行喷作业，也可像滚移式喷灌机那样进行定喷作业。该喷灌机的主要优点是单位灌溉面积投资低，转移非常方便；主要缺点是喷头工作压力高，能耗较高，灌溉水的飘移损失大，并且作业时需要沿渠道行走，占用耕地较多。

（6）双悬臂式喷灌机。该喷灌机是在拖拉机的两侧各伸出一条输水支管，支管上安装低压喷头并用悬索或桁架支撑。作业时拖拉机一边沿渠道行走一边通过水泵从渠中取水，喷幅可达 120m。该喷灌机的主要缺点是耗用钢材多，造价高，目前在国际上已很少使用。

（三）滴灌

滴灌是滴水灌溉技术的简称。它是利用低压管道系统，将水加压、过滤后，把灌溉水一滴一滴地、均匀而又缓慢地供入作物根部附近的土层中，使作物主要根区的土壤经常保持在适宜作物生长的最佳含水量，而作物行间和株间的土壤则保持相对干燥。滴灌最为突出的优点是省水。滴灌适于具有清洁水源的山地丘陵区覆膜花生的灌溉施肥。

1. 滴管特点

（1）节水、节肥、省工。滴灌属于全管道输水和局部微量灌溉，使水分的渗漏和损失降到最低限度。同时，又能做到适时供应作物根区所需水分，不存在外围水的损失问题，提高了水的利用效率。滴灌可方便地结合施肥，可把肥料溶解后灌注到管道系统内，使肥料同灌水混合在一起，直接均匀地施到作物根系层，提高了肥料的有效利用率。同时，滴灌是小范围局部控制，水肥渗漏少，可节省肥料施用量，减轻污染。滴灌系统通过阀门人工或自动控制，可显著节省人工投入，降低生产成本。

（2）土壤温度可控。滴灌属于局部微灌，大部分土壤表面保持干燥，且滴头均匀缓慢地向根系土壤层供水，对地温的保持、回升效果明显。采用膜下滴灌，即把滴灌管（带）布置在膜下，效果更佳。

（3）保持土壤结构。滴灌属于微量灌溉，水分缓慢均匀地渗入土壤，对土壤结构能起到保持作用，并形成适宜的土壤水、肥、热环境，利于作物生长。

（4）易引起堵塞。滴灌的管路和灌水器极易发生堵塞，严重时会使整个系统无法正常工作，甚至报废。引起堵塞的主要是水中的泥沙、有机物质、微生物以及化学沉凝物等。因此，滴灌水质要进行过滤。

2. 滴灌系统

滴灌系统是根据作物生长情况和地理条件设计总需水量，将总需水量经过多级输水管和滴水管分配到田间。

现代滴灌系统主要包括两部分，分别是泵房部分和田间部分。泵房部分由水源和首部枢纽组成，田间部分由各级输配水管道、滴头、自动化设备等组成。

（1）动力及加压设备。主要包括水泵，以及电动机或柴油机等动力机械。除自压系统外，这些设备是滴灌系统的动力和流量源。

（2）水质净化设备或设施。有过滤池、初级拦污栅、叠片过滤器、筛网过滤器和沙石过滤器等。可根据水源水质条件，选用一种组合。

（3）滴水器。水由毛管流进滴水器，滴水器使灌溉水流在一定的工作压力下注入土壤。滴水器是滴灌系统的核心，现今用得比较多的是压力补偿滴头。

（4）化肥及农药注入装置和容器。包括压差式施肥器、文丘里注入器、隔膜式或活塞式注入泵、化肥或农药溶液储存罐等。

（5）控制、量测设备。包括水表和压力表，各种手动、机械操作或电动操作的闸阀（如水力自动控制阀、流量调节器）等。

（6）安全保护设备。如减压阀、进排气阀、逆止阀、排水阀等。

3. 滴灌在花生栽培中的应用

（1）苗期。足墒播种地块，在苗期一般不需要滴灌，否则，滴水 $15m^3$/亩左右，以播种孔浸湿为宜，水分能满足种子萌动的需要即可。种子萌动需要吸收本身质量 40%的水分，不宜过多。若土壤含水量超过田间持水量的 80%，则易导致烂种。根据幼苗长势，在开花前后，滴施花生滴灌肥 5kg/亩。

（2）开花结荚期。开花结荚期是茎、叶、荚果生长最快的时期，此期需水量占整个生育期的 50%~60%，也是花生对水分的敏感期，特别是在花针期和结荚后期，缺水对产量影响很大。此阶段土壤湿度以保持田间持水量的60%~80%为宜。要滴水保墒，一般 10~13d 滴水 1 次，每次滴水 15~20m³/亩，以浸湿根际为佳。一般在下针期追施花生滴灌肥 2kg/亩，结荚期分 2 次共追施花生滴灌肥 30kg/亩。

（3）饱果成熟期。此期花生对肥水的需求量下降，管理以尽量延长叶、根的功能为目的，以提高荚果的饱满度为目标，做到轻肥供给、不缺水。此期土壤湿度以田间持水量的 50%~60%为宜。若大于 70%，则不利于荚果发育，会霉烂变质。滴水一般进行 1~2 次，每次滴水 15m³/亩左右。

（四）微喷灌

微喷灌是介于喷灌和滴灌之间的一种灌水方式，是以低压小流量喷洒出流的方式，将灌溉水供应到作物根区土壤的一种灌溉方式。

软管微喷灌的输水管道和微喷带均使用可压成片状盘卷的薄壁塑料软管制成，是目前国内微喷灌产品价格最低的，投资仅 400 元/亩左右。

1. 微喷灌特点

软管微喷灌的微喷带是铺在薄膜下面的地表，每次的灌水都均匀分布在根系土层内，而无大量积水乱流的现象，不但减少了水资源的浪费，而且减少了水分的蒸发，节水率达 50%左右。

应用软管微喷灌技术，底肥追肥集中，水在土壤中渗透缓慢，避免了养分流失，同时随水追肥，有利于作物均匀吸收养分和水分，进而提高了肥料利用率。

应用软管微喷灌技术，给水时间长，速度慢，使土壤疏松、容重小、孔隙度适中，减轻了土壤的酸化和盐化程度，为作物正常生长创造了良好的土壤环境，使作物长势均衡，一致性好。与畦灌相比，地温可提高 3~6℃、气温可提高 1~3℃，有效地促进了作物生长发育和产量提高。

应用软管微喷灌技术，给水缓慢均匀，加上地膜覆盖使土壤的水分蒸发系数极小，空气相对湿度比不应用该技术的降低 23%以上，叶面保持干燥的时间长，有效地减少了各种病原菌的侵染，防止了各种病害的发生。

2. 软管微喷灌技术的主要设备

软管微喷灌技术的主要设备有输水管、微喷带、专用接头、吸肥器、过滤网、三通和堵头等，需与地膜覆盖技术相结合。

3. 软管微喷灌在花生栽培上的应用

据广东省农业机械技术推广站试验示范，在节水50%的前提下，从花生生育进程调查情况来看，膜下软管微喷灌较对照进入苗期晚1d，进入花针期早3d，进入结荚期早9d，进入饱果成熟期早17d，说明试验较对照有提高地温、促苗早发、加快生育进程的作用；从产量性状调查情况看，膜下软管微喷灌在单株结荚数、百果重、百粒重、出仁率、产量等方面均高于对照，产量增加9.42%；从抗逆性调查情况看，膜下软管微喷灌在抗旱性、抗涝性、抗叶斑病等方面优于对照，在抗线虫病方面与对照相近。综合各方面表现来看，膜下软管微喷灌技术具有较高的经济效益、社会效益和生态效益，非常适合在半干旱地区花生生产上推广应用。

4. 花生软管微喷灌技术规范

（1）安装程序。先安装主管，在水源与输水管的接口处安装过滤网以防止水中杂质的进入，再铺设输水管，并使输水管前部与吸肥器连接，做到水肥拌施，顺畦延伸。之后布置微喷带，微喷孔向上，根据微喷带的位置用剪刀在输水管上剪出相应的接头安装孔，利用接头将微喷带与输水管连接，尾端封闭。最后整理水管并拉直，再覆上地膜，并将输水管尾部封死，另一头与水源连接。

（2）注意事项。定期对节水灌溉设备进行检修和养护，发现损坏及时更换。保持各部件清洁，特别对过滤器要经常检查并进行清洗，防止微喷孔堵塞，影响使用效果。施肥用药时，要将肥料与农药充分溶解，并滤去杂质，以保持微喷灌系统正常运转，最好在出肥口安装纱网过滤，防止阻塞，以发挥良好的功效。打开阀门前要先拉直各软管，然后打开阀门灌满管后检查各软管孔是否堵塞，如堵塞，用手捏一下，使其通畅，提高浇灌效率。

（3）技术要点。要按花生种类、生育期的需水量控制供水量，避免因灌水量过大而起不到应有的效果。花生根群主要分布在0～30cm的土层内，所以灌溉湿润深度以40～50cm为宜。

（4）灌溉时间、次数和喷灌量。苗期：足墒播种地块，在苗期一般不喷水，否则，需要进行微喷灌，水分能满足种子萌动的需要即可。种子萌动需要吸收本身质量40%的水分，不宜过多。若土壤含水量为田间持水量的80%，则易导致烂种。花针期：花针期是花生生育期中需水最多的时期，由于采用节水微喷灌技术，灌水的定额由原来浸灌的400m³/亩减到200m³/亩。结荚中后期：结荚中后期微喷灌2～3次，每次喷水量为20m³/亩，每隔10d喷1次。

第三节　花生高效植保机械化技术与装备

花生在生长发育过程中，会受到病菌、害虫和杂草等生物的侵害，轻则单株或局部植株发育不良，生长受到影响，重则整片植株被毁，产量下降，品质变差，损失巨大。因此，在花生生产过程中，及时防治和控制病、虫、杂草、动物等对花生的危害，是确保花生增产、农民增收的重要举措。花生植保是花生生产过程的重要组成部分，是花生生长发育过程中不可缺少的环节。传统植保手段跑、冒、滴、漏，防治效率低、劳动强度大、环境污染高，操作人员容易受到伤害，已无法满足新形势下规模化作业的要求。

高效植保就是用专用植保机械，将化学药剂喷洒到田间作物的根茎叶或土壤中，进行病虫草害防治的技术。可以做到低喷量、精喷洒，减少污染；高工效、高精准，提高防效；操控环境隔离，保障安全。因此，大力发展机械化植保技术是防治农作物病虫草害发生，保障粮食增产和农产品品质安全的现实需要和最佳举措。

一、花生常见病虫草害及防治

(一) 病害

1. 花生叶斑病

花生叶斑病是花生褐斑病和花生黑斑病两种病害的通称。花生褐斑病和花生黑斑病又分别称为花生早斑病和花生晚斑病。

症状：病害始见于花生花针期，在生长中后期形成发病高峰。黑斑病发生比褐斑病晚。病害主要发生于叶片；严重时，叶柄、托叶和茎秆均可受害。

两种病害发生初期在叶片上均产生黄褐色小斑点。随着病害发展，褐斑病产生近圆形或不规则形病斑，直径达 1～10mm；叶正面病斑呈暗褐色，背面颜色较浅，呈淡褐色或褐色；病斑周围有黄色晕圈；发病严重时，叶片上产生大量病斑，病斑相连，叶片枯死脱落，仅剩顶端少数幼嫩叶片；茎部和叶柄的病斑为长椭圆形，暗褐色，稍凹陷。黑斑病和褐斑病可同时混合发生。黑斑病病斑一般比褐斑病小，直径为 1～5mm，近圆形或圆形；病斑呈黑褐色，叶片正反两面颜色相近；病斑周围通常没有黄色晕圈，或有较窄、不明显的淡黄色晕圈；在叶背面病斑上，通常产生许多黑色小点（病菌子座），呈同心轮纹状，并有一层灰褐色霉状物；病害严重时，产生大量病斑，引起叶片干枯脱落；病菌侵染茎秆，产生黑褐色病斑，使茎秆变黑枯死。

危害：感染病害的花生，由于叶片上产生病斑，叶绿素受到破坏，光合作用效能下降；随着大量病斑产生而引起早期落叶，严重影响干物质积累和荚果饱满、成熟。

防治方法：①选育抗病品种。②轮作。花生与甘薯、玉米等作物轮作一二年均可减少田间菌源，收到明显减轻病害的效果。花生收获后，及时清除田间残株病叶，深耕深埋，均可减少菌源、减轻病害。③加强栽培管理。采取适期播种、合理密植、施足基肥等措施，加强田间管理，可促进花生健壮生长，提高抗病力，减少病害发生。④药剂防治。应用杀菌剂是防治叶斑病的重要措施，可收到良好的防病增产效果。用于叶斑病防治的杀菌剂有：50%多菌灵可湿性粉剂 800～1 500 倍液，75%百菌清可湿性粉剂 500～800 倍液等。

2. 花生网斑病

花生网斑病又称褐纹病、云纹斑病，是北方花生产区普遍发生的一种病害。

症状：该病最早发生于花生花针期，在上部叶片沿主脉产生圆形或不规则形的黑褐色小病斑，病斑周围有明显的褪绿圈。也有病斑先出现在基部叶片上；到生长后期，在叶正面产生边缘呈网纹状、不规则形褐色病斑，一般不透过叶面；在多雨季节，多产生较大、近圆形黑褐色斑块，直径达 1～1.5cm，叶背面病斑不明显，呈淡褐色。两种类型的病斑可相互融合，扩展至整个叶面。后期病斑上出现栗褐色小粒点，即病菌分生孢子器，老病斑变得干燥易破裂。

危害：在与叶斑病混合发生的情况下，可造成早期叶片脱落。

防治：①清除田间病残体。收获时彻底清除病株、病叶，以减少翌年病害初侵染源。②合理轮作。③选用抗病品种。④药剂防治。以代森锰锌防病效果最好。此外，75%百菌清可湿性粉剂 800～1 000 倍液对该病也有较好的防治效果。

3. 花生青枯病

症状：花生青枯病在花生整个生育期都能发生，花期达到发病高峰。病株最初表现为萎蔫，早上延迟开叶，午后提前合叶。通常是主茎顶梢第一、第二片叶首先表现症状，1～2d 后，全株叶片从上至下急剧凋萎，叶色暗淡，呈绿色，故称"青枯"。病株主根尖端呈褐色湿腐状，根瘤墨绿色。纵切根茎部，初期导管变浅褐色，后期变黑褐色。横切根茎部，环状排列的维管束变深褐色，在湿润条件下，常见浑浊白色的细菌黏液渗出。病株上的果柄、荚果呈黑褐色湿腐状。

危害：花生感病后常全株死亡，损失严重，一般发病率为 10%～20%，严重的达 50% 以上，甚至绝产失收。

防治：花生青枯病的防治应采用以合理轮作为基础，种植抗病品种为主，加强栽培管理的综合防治措施。

4. 花生茎腐病

花生茎腐病又称颈腐病。

症状：花生幼苗和成株均可受病菌侵染。花生幼苗出土前即可感病，病菌通常先侵染子叶，使子叶变黑褐色并腐烂，进而侵入植株根茎部，产生黄褐色水渍状、渐变黑褐色的病斑。病斑扩展环绕茎基时，地上部萎蔫枯死。幼苗从发病到枯死通常历时 3~4d。在潮湿条件下，病部产生密集的黑色小突起（病菌分生孢子器），表皮易剥落。田间干燥时，病部皮层紧贴茎上，髓部干枯中空。成株期发病时，先在主茎和侧枝茎基部产生黄褐色水渍状病斑。病斑向上、下发展，茎基部变黑枯死，引起部分侧枝或全株萎蔫枯死，病部密生小黑点。

危害：重病年份，发病面积可达种植面积的 50% 以上，一般田块的发病率为 10%~20%，严重的达 60% 以上，甚至成片死亡，颗粒无收。

防治：①防止种子霉捂，保证种子质量。②采取适当的农业措施。安排合理轮作，轻病地与禾谷类等非寄主作物轮作 1~2 年，重病地轮作 3~4 年。花生收获后及时清除病残株，并深翻，以减少土壤病菌量。将带菌的粪肥和混有病残株的土杂肥施用前充分成熟，能减轻病害发生。③药剂防治。用 25% 多菌灵可湿性粉剂按种子量的 0.5%，或 50% 多菌灵可湿性粉剂按种子量的 0.3% 拌种，均可收到明显的防病效果。

5. 花生冠腐病

花生冠腐病又称黑霉病，主要在花生苗期发生，成株期发生较少。

症状：花生幼苗和幼嫩植株容易受到病菌侵染而枯死。病菌通常侵染子叶和胚轴的结合部位；受病菌侵染的子叶变黑腐烂，受侵染的根茎部凹陷，呈黄褐至黑褐色；随着病情发展，植株表皮纵裂，呈干腐状，最后只剩下破碎的纤维组织，维管束变紫褐色，病部长满黑色的霉状物，即病菌分生孢子梗和分生孢子。病株因失水，很快枯萎死亡。花生出苗前受病菌侵染可造成烂种，随着植株长大，对病菌抗性增强，死苗现象减少。

危害：一般发病造成缺苗 10% 以下，严重的可达 50% 以上。

防治：注意选种质量，播前选好种子，使用药剂拌种（同花生茎腐病防治）；合理轮作。

（二）虫害

1. 蛴螬

蛴螬是鞘翅目金龟甲科幼虫的总称。蛴螬成虫通称金龟甲或金龟子。

形态特征：幼虫体白色，有蓝黑色的背线。共分 3 龄，1~3 龄幼虫的历期分别约为 25.8、28.1 和 30.7d。3 龄幼虫体长约 40mm，头宽 5mm 左右。

危害：花生从种到收皆可受到蛴螬危害。苗期取食种仁，咬断根茎，造成缺苗断垄；生长期至结荚期取食果针、幼果、种仁，造成空壳、烂果和落果；危害根系，咬断主根，造成死株。有些种类的成虫能将花生茎叶或寄主树叶吃光。

防治：成虫防治与幼虫防治相结合，农业防治、物理防治、生物防治、化学防治等措施相结合，播种期防治与生长期防治相结合，花生田防治与其他虫源田防治相结合，因地、因虫制宜，采取综合防治措施。

2. 蝼蛄

蝼蛄属直翅目蝼蛄科，别名拉拉蛄等。我国已知的蝼蛄有华北蝼蛄、非洲蝼蛄、普通蝼蛄和台湾蝼蛄四种，其中华北蝼蛄和非洲蝼蛄是危害花生的主要种类。华北蝼蛄主要分布于北方。

形态特征：华北蝼蛄成虫体型粗壮肥大，长 36～55mm，黄褐或黑褐色，腹部色较浅。头呈卵圆形。触角丝状，位于复眼下方。前胸背板发达、呈盾形，中央有一个凹陷不明显的暗红色心脏形斑。后翅扁形，纵卷成尾状，长 30～35mm，长过腹部末端。

危害：危害花生幼苗，造成缺苗断垄。

防治：可以利用蝼蛄的趋光性、趋向腐殖质等习性进行诱杀。其他防治措施参见蛴螬的防治方法。

3. 金针虫

金针虫是鞘翅目叩头甲科幼虫的总称，别名铁丝虫等。在我国危害花生的金针虫主要有沟金针虫和细胸金针虫两种。

形态特征：细胸金针虫成虫体长 8～9mm，宽约 2.5mm，暗褐色，密被灰色短毛，有光泽。触角红褐色，第二节球形。前胸背板略呈圆形，长大于宽。鞘翅上有 9 条纵列刻点。足赤褐色。卵为圆形，乳白色，半透明，直径 0.5mm。幼虫体较细长，圆筒形；末龄幼虫体长 20～30mm，淡黄色，有光泽。末端不分叉，呈圆锥形，近基部的背面两侧各有一个褐色圆斑，背面有 4 条褐色纵纹。蛹体长 8～9mm。初化蛹黄白色，后变黄色。羽化前复眼黑色，口器红褐色，翅芽灰黑色。

危害：幼虫长期生活于土壤中，能咬食刚播下的花生种子，食害胚乳，使种子不能发芽，出苗后可以危害花生根及茎的地下部分，导致幼苗枯死，严重的会造成缺苗断垄现象。花生结荚后，金针虫可以钻蛀荚果，造成减产。此外，受金针虫危害后，病原菌的侵入变得更容易，从而加重花生根茎及荚果腐烂病的发生。

防治：参考蛴螬的防治方法。

4. 花生蚜虫

花生蚜虫是花生的重要害虫。

形态特征：花生蚜有成蚜、若蚜和卵 3 种虫态。成蚜又分为有翅胎生雌蚜、无翅胎生雌蚜；若蚜又分为有翅胎生若蚜和无翅胎生若蚜。①有翅胎生雌蚜。体长 1.5～1.8mm，黑色、黑绿色或黑褐色，有光泽。复眼黑褐色。触角 6 节，橙黄色，第三节上有 5～7 个感觉圈，排列成行。足的腿节、胫节末端及跗节为暗黑色，其他部位为黄白色。②有翅胎生若蚜。体黄褐色，被有薄的蜡质。腹管细长，黑色。尾片黑色，不上翘。③无翅胎生雌蚜。体肥胖，黑色或紫色，有光泽，体长 1.8～2.0mm，体节不明显，体壁较薄，具有均匀的蜡质。其他特征与有翅胎生雌蚜相似。④无翅胎生若蚜。个体小，呈灰紫色，体节明显。⑤卵。长椭圆形，初产淡黄色，后变草绿色，孵化前为黑色。

危害：花生从播种出苗到收获，均可受到蚜虫危害，但以初花期前后受害最重。花生顶土时虫就从土缝钻入，危害嫩茎和嫩芽，出苗后多集中在顶端嫩茎、幼芽及靠近地面的嫩叶背面上危害，开花后危害花粉管、果针，严重影响花生开花下针和结果。花生蚜虫除直接危害外，还是多种花生病毒病最重要的传播介体；蚜虫严重发生时，排出的蜜露有利于多种真菌的寄生，往往加重茎、叶腐烂病的危害。

防治：做好田间调查，准确掌握虫情，进行综合防治。①采取适当的农业措施。覆膜栽培花生，薄膜在苗期可发挥明显的反光驱蚜作用，特别是使用银灰膜覆盖，可以有效地减轻花生苗期蚜虫的发生与危害。②保护、利用天敌。花生蚜虫的天敌种类多，控制效果比较明显。在使用药剂防治蚜虫时应避免在天敌高峰期使用，同时要选用对天敌杀伤力小的农药品种，以保护天敌。③化学防治。播种至苗期蚜虫的防治，不但要考虑蚜虫对花生的直接危害，而且要考虑防治蚜虫对花生病毒病的影响，所以宜早不宜晚；花针期用药应选用高效、低毒、持效期较长的农药品种。

5. 棉铃虫

形态特征：成虫体长 15～20mm，翅展 31～40mm。复眼暗绿色。体色多变异，黄褐、灰褐、绿褐及红褐色等均有。前翅中部近前缘有 1 条深褐色环状纹和 1 条肾状纹，雄蛾比雌蛾明显；后翅灰白色，翅脉棕色，沿外缘有黑褐色宽带，在宽带外缘中部有两个相连的白斑，前缘中部有 1 条浅褐色月牙形斑纹。卵半球形，直径 1mm，初为乳白色，后变黄白色，孵化前呈灰褐色，卵面有紫色斑。幼虫通常分 6 龄，少数为 5 龄。头上网纹明显。一般各体节有毛片 12 个。

危害：我国各花生产区均有棉铃虫发生危害，而以北方较重。棉铃虫以幼虫危害花生的幼嫩叶片和花蕊，使花生的果重和饱果率下降，果针入土的数量减少，一般可以减产 5%～10%，大发生年份减产 20% 左右。

防治：①加强田间调查，做好虫情测报工作，以 2、3 代棉铃虫作为测报防治重点，力争将棉铃虫消灭在 3 龄之前。②采取适当的农业措施。在棉铃虫第 4 代发生重的田块，收后实行冬耕，消灭越冬虫源。花生播种时在春、夏花生田的畦沟边零星点播玉米，诱使棉铃虫产卵，然后集中消灭。③保护、利用天敌。④药剂防治。花生田棉铃虫的药剂防治适期是卵孵化高峰期，防治指标为 4 头/m²。因为棉铃虫集中在花生顶部危害嫩叶，所以应对准顶部叶片喷药。

6. 叶螨

花生叶螨统称红蜘蛛。危害花生的叶螨主要有朱砂叶螨和二斑叶螨。一般情况下，北方的优势种是二斑叶螨，南方为朱砂叶螨。

形态特征：成螨体色一般为红色或锈红色，有时呈浓绿、褐绿、黑绿或黄色。体两侧的长斑从头胸部末端起延伸到腹部后端。雌虫圆梨形；雄虫头胸部前端近圆形，腹部末端稍尖，体较小。刚孵化出来的幼螨只有 3 对足。幼螨蜕皮两次变为若螨，有 4 对足。

危害：群集于花生叶背面刺吸汁液，受害叶片正面初为灰白色，逐渐变黄，严重者叶片干枯脱落，影响花生生长，导致严重减产。

防治：①清除田边杂草，减少越冬虫源，是压低虫口密度的有效农艺措施。②加强虫情调查，确定防治适期。当有螨株率在 5% 以上，而气候条件又有利于害虫发生的时候应进行化学防治。

7. 蓟马

形态特征：成虫体长 1.6～1.8mm，黑色。触角 8 节。单眼 3 个，呈三角形排列。有翅，前翅暗褐色。前胸背板后缘角有长翅 1 对。卵呈肾脏形。若虫体黄色，无翅。

危害：成虫及若虫危害花生新叶及嫩叶，以锉吸式口器挫伤嫩新叶，吸取汁液。受害叶片呈黄白色失绿斑点，叶片变细长，皱缩不展开，形成"兔耳状"。受害轻的影响生长、开花和受精，严重的则植株生长停滞，矮小黄弱。

防治：同蚜虫。

（三）草害

杂草可使花生严重减产。据山东省花生研究所调查，花生田每平方米有杂草 5 株，花生减产 13.89%；有杂草 10 株，花生减产 34.16%；有杂草 20 株，花生减产 48.31%。人工除草劳动强度大、费工耗时，且易伤害花生幼苗。花生化学除草，具有不伤花生根系和茎叶，因而避免植株感染病害，且省工、省时等作用。

1. 常见杂草类型与分布

花生田的杂草有 50～60 种，分属 24 科，其中发生量较大、危害较重的主要有马塘草、狗尾草、稗草、牛筋草、狗牙根、画眉草、白茅、龙爪茅等。

不同地区、不同耕作栽培条件，花生田的杂草分布有所不同。春花生与夏花生相比，夏花生田杂草密度大于春花生田。前茬不同，花生田杂草的发生与分布也不同。如玉米茬，马塘草、苋、莎草、铁苋菜、狗尾草较马铃薯茬密度大，而牛筋草、马齿苋则比马铃薯茬密度小。不同的播种方式对花生田杂草的发生与分布也有一定影响。

2. 杂草防除农艺措施

（1）改春耕地为冬耕地。据山东省花生研究所研究：相比春耕，冬耕使杂草减少24.5%。

（2）深耕。深耕将杂草翻入土层中，使杂草种子缺少光照，可有效抑制杂草种子的萌发，减少杂草发生。

（3）轮作换茬。水旱轮作，除草效果最好。

（4）田间盖草。适于薄膜栽培花生田，既可保温保湿，又可增加土壤有机质，防效可达87.2%。

（5）改平作为垄作。起垄播种可降低杂草密度，而平作比垄作杂草密度大。

3. 花生化学除草

（1）常见除草剂。用于花生田的除草剂种类很多，如灭草猛、普杀特、灭草喹、利谷隆、敌草隆、扑草净、甲草胺、异丙甲草胺、吡氟乙草灵等。

禁止使用国家禁止使用的剧毒、高毒和高残留除草剂，如除草醚等。

在生产试验中，已发现对花生生育有不利影响的也应禁止使用。如乙草胺，使用后花生发育不良，苗期生长受抑制，鲜重下降20%以上，减产10%以上。

（2）除草剂喷洒时间。花生播种后、出苗前是使用化学除草剂的最佳时间。也可随花生播种，在覆土掩埋种子后、覆盖地膜前，喷洒化学除草剂。

播后苗前土壤处理。选择用于土壤处理的除草剂，既要考虑花生安全性，又要考虑持效期长短，对后茬作物是否有影响，可以选择精异丙甲草胺、甲草胺等。盐碱地、风沙地、干旱地、水涝地、有机质含量低于1%的沙壤土不宜使用土壤处理，应采用苗后茎叶处理。

苗后茎叶处理。以禾本科杂草为主的花生田，可以选用精喹禾灵、氟磺胺草醚、精噁唑禾草灵等；以阔叶杂草为主的花生田，可选择三氟羧草醚等；禾本科与阔叶杂草混发的花生田，可以选择上述两类除草剂混用。施药期应掌握在杂草基本出齐、禾本科杂草在2～3叶、阔叶杂草高度在5～10cm时进行。

二、常见植保机械

植保机械是用于防治危害植物的病、虫、杂草等的各类机械和工具的总称。植保机械的种类很多，从手持式小型喷雾器到拖拉机机引或自走式大型喷雾机，从地面喷洒机具到装在飞机上的航空喷洒装置以及多旋翼遥控式飞行喷雾机，形式多种多样。

近年来，花生高效植保机械常用植保无人机和喷杆式喷雾机。植保无人机因药液流量小、浓度高，常用来防治病虫害；喷杆式喷雾机因药液流量大、浓度低，常用来喷洒除草剂或进行长势控制作业。这里分别介绍。

（一）植保无人机

从目前发展实际情况来看，植保无人机主要分为固定翼机和旋翼机两种类型，其中旋翼机又可以分为单旋翼机和多旋翼机两种。从实践应用的角度来看，多旋翼机的性能更加稳定，应用比较广泛。此处选择多旋翼机为对象，针对其结构以及工作原理等方面进行分析与介绍。

1. 主要结构与功能

多旋翼植保无人机整机结构主要由机架、动力系统、飞控系统、喷洒系统四部分组成，如图 6-4 所示。

机架是指植保无人机的机身骨架，为其他各部分的固定与安装提供基础；动力系统是指植保无人机的电池、电机或者电子调速器等部分，为植保无人机的运行提供电力支持，使其可以按照规定的指令完成相关动作；飞控系统是指植保无人机的控制系统，为运动部分提出科学准确的指令，在运行的过程中将完成 GPS（全

图 6-4　多旋翼植保无人机

球定位系统）定位、导航、飞行作业、人机交互、切换作业方式、遥控作业速度等系列动作；喷洒系统是指植保无人机的药箱、水泵、软管、喷头等部分，在其他部分的协助下实现对作物的精准喷药。

多旋翼植保无人机的飞行就是通过对螺旋桨的正转、反转以及转数进行有效控制来实现的。在多旋翼植保无人机当中，每个轴的长度都是一样的，且轴都位于同一个平面之上，从而也就保证了重心在机体中心的位置。在飞行的时候，旋翼旋转的方向呈现出两两相反的状态，通过对电机转数的调节就可以改变旋翼旋转的速度，实现对机身飞行状态和平衡性的控制。

多旋翼植保无人机在飞行的过程中，主要可以呈现出三种飞行姿态，分别是悬停、绕轴转动、线运动。飞机的绕轴转动又包括三种，分别是偏航、俯仰、滚转。飞机的线运动也分为三种，分别是进退运动、左右侧飞运动、升降运动。飞机的悬停：当全部旋翼同时产生升力，且总升力与无人机自身所受的重力相等的时候，飞行器就会自动保持悬停的状态。

2. 植保无人机的作业特点

植保无人机主要有以下特点：植保无人机采用遥控或自动飞控操作，避免作业人员暴露于农药下，安全性高；对植保地形要求低，作业不受海拔限制，适用范围广；起飞调校短、效率高、出勤率高；环保，无废气，符合国家节能环保和绿色有机农业发展要求；易保养，使用、维护成本低；整体尺寸小、重量轻、携带方便；具有图像实时传输、姿态实时监控功能；作业时，下沉气流扰动作物叶片，提高农药穿透性，防治效果好；采用喷雾喷洒方式，节水节药、降低成本。

3. 植保无人机的使用

（1）飞行前检查。飞行前检查，主要是确保飞行器电池、遥控器电池电量充足，喷洒所需农药充足；确保飞行器电池、药箱安装到位；确保所有部件安装稳固；确保所有连线正确牢固；确保电机和螺旋桨安装正确稳固，且能正常工作，电机和螺旋桨清洁无异物，桨叶和机臂完全展开，机臂套筒已旋紧；确保喷洒管道无堵塞、无漏液；测试喷头是否正常工作，若喷头无法正常工作，可能是管道内有气泡导致的，则启动排气功能排出管道中的空气。

（2）流量计的校准。首次使用飞行器进行喷洒作业时，务必校准流量计，否则可能影响作业效果。注意校准前要排出管道空气。

（3）飞行作业。飞行作业前，将飞行器放置在作业区域附近，用户面朝机尾；药箱中加入液体后，拧紧盖子，确保盖子上的四个凸起分别位于水平或垂直位置；开启遥控器，然后开启飞行器。

起飞时，确保飞行器与遥控器连接正常。若使用 RTK（载波相位差分技术）定位，应确保 RTK 功能开关已打开，并正确选择 RTK 信号源（D-RTK2 移动站或网络 RTK 服务）。若不使用 RTK 数据，务必关闭飞行器 RTK 定位功能，否则在无 RTK 数据时飞行器将无法起飞。等待搜星完毕，确保 GNSS（全球导航卫星系统）信号良好且 RTK 双天线测向已就绪。执行掰杆动作，启动电机。上推油门杆，让飞行器平稳起飞。

作业中，根据需要选择相应模式进行作业。

需要下降时，确保已退出作业，然后手动操控飞行器，缓慢下拉油门杆，使飞行器缓慢下降至平整地面；落地后，将油门杆拉到最低的位置并保持 3s 以上直至电机停止；之后先关闭飞行器，再关闭遥控器。

（4）清洗与检查。每次使用完毕后，用清水对药箱、喷头进行清洗，桨叶、机架使用软布清洁，电机、电调处可用气压泵进行无水清洁（切记勿将水洒到飞控、电调和插头及其他电子元件上）。

每次使用后，仔细检查飞机上使用的桨是否有裂纹和断折迹象，电机是否保持水平状态，所使用的电池表面有无孔洞和被尖锐东西刺穿的现象。若出现上述现象，则及时进行修复或更换。

（5）储存。清洗和检查完成后，将各个螺旋桨用桨套在飞机上固定好，然后将整机放置在不易碰撞的地方保管，以便下次作业使用。

（二）喷杆式喷雾机

喷杆式喷雾机一般可分为悬挂式、牵引式与自走式等类型。此处选择自走式喷杆喷雾机为对象，针对其结构以及工作原理等进行分析与介绍。

1. 主要结构

自走式喷杆喷雾机整机结构主要由发动机、液压行走系统、喷杆升降支架、可折叠喷杆、药箱等部件组成，如图6-5所示。

发动机是动力源，为整机提供动力；液压行走系统采用静液压闭式回路，发动机动力经变速箱传到变量泵，被变量泵通过液压油以流量和油压的形式输送给定量马达，辅以各种管路、液压阀块等控制元件，通过定量马达分别驱动车轮；喷杆升降支架用来调节药液喷洒高度，在工作时可根据不同作物的生长状况对喷头的高度进行调节。

图6-5 自走式喷杆喷雾机

2. 工作原理

作业前，首先通过喷药系统自动向药箱注入清水和配好一定比例的农药，直到注满药箱；然后通过驾驶室内部操作按钮将折叠的喷杆依次展开；根据作物的生长高度调整驾驶室和喷杆的离地高度，一般驾驶室底部和喷杆喷头距作物顶端500mm最佳；最后根据作物的种植农艺模式调整驱动轮轮距以保证对行作业。上述准备工作都完成后，就可以下地进行农药喷洒作业。

3. 自走式喷杆喷雾机的作业特点

自走式喷杆喷雾机作业具有以下特点：药箱容量大，喷药时间长，作业效率高；喷药使用的液泵为多缸隔膜泵，排量大，工作可靠；喷杆采用单点吊挂平衡机构，平衡效果好；喷杆采用拉杆转盘式折叠机构，喷杆的升降、展开及折叠可在驾驶室内通过操作液压油缸进行控制，操作方便、省力；可直接利用机具上的喷雾液泵给药箱加水，加水管路与喷雾机采用快速接头连接，装拆方便、快捷；喷药管路系统具有多级过滤，确保作业过程中不会堵塞喷头；药箱中的药液采用回水射流搅拌，可保证喷雾作业过程中药液浓度均匀、一致。

4. 自走式喷杆喷雾机的使用

（1）施药量的确定。农田病虫害的防治，每公顷所需农药量是确定的。但由于选用的喷雾机具和雾化方法不同，所需水量差异很大。应根据不同喷雾机具和施药方法的技术规定来决定田间施药量。

（2）调整和校准。

①机具准备。喷雾前按说明书要求做好机具的准备工作，如对运动件润滑，拧紧已松动的螺钉、螺母，给轮胎充气等。

②检查雾流形状和喷头喷量。在药箱里放入一些水，原地开动喷雾机，使喷雾机在工作压力下喷雾，观察各喷头的雾流形状，如有明显的流线或歪斜应更换喷头。然后在每一个喷头上套上一小段软塑料管，下面放上容器，在预定工作压力下喷雾，用秒表计时，收集在 30～120s 内每个喷头的雾液，测定每一样品的液量，计算出全部喷头 1min 的平均喷量。喷量高于或低于平均值10％的喷头应更换。

③校准喷雾机。校准的方法如下：在将要喷雾的田地上量出 50m 长，在药箱里装上半箱水，调整好拖拉机的前进速度和工作压力，在已测量的田地上喷水，收集其中一个喷头在 50m 长的田地上喷出的液体，称量或用量杯测出液体的克数或毫升数。

④改变施液量。根据称量数据，调整喷头喷雾量或更换喷头。

（3）搅拌。彻底和仔细地搅拌农药是喷雾机作业的重要步骤之一。搅拌不匀将造成施药量不均匀。可以在药箱里加入约半箱水后加入农药，然后边加水边加药。对可湿性粉剂一类的农药，要一直搅拌到一箱药液喷完为止。对于乳油和可湿性粉剂，先在小容器里加水混合成乳剂或糊状物，然后再加到存有水的药箱中搅拌，这样可以搅拌得更均匀。

（4）田间操作。驾驶员必须使拖拉机的前进速度和工作压力保持稳定。同时，还应注意喷头堵塞和泄漏情况；控制行走方向，不使喷幅与上一行重叠或漏喷；避免药箱用空，造成泵脱水运转，磨损配合耦件；注意避免喷杆碰撞障碍物等。

（5）清洗。每喷洒一种农药之后、喷雾季节结束后或在修理喷雾机前，必须仔细地清洗喷雾机。每次加药后，应立即清除溅落在喷雾机外表面上的农药。喷雾机外表要用肥皂水或中性洗涤剂彻底清洗，并用清水冲洗。坚实的药液沉积物可用硬毛刷刷去。用过有机磷农药的喷雾机，内部要用浓肥皂水溶液清洗。喷有机氯农药后，用醋酸代替肥皂清洗。最后，用泵吸肥皂水，肥皂水会通过喷杆和喷头，从而清洗喷杆和喷头。

（6）储存。喷雾季节结束后，保存好喷雾机可以延长其使用寿命，并在以后工作时能立即投入使用。储存前要清洗喷雾机；取下铜质的喷头、喷头片和喷头滤网，放入清洁的柴油中；将无孔的喷头片装入喷头中，以防脏物进入管路。最好将喷雾机置于棚内，防止塑料药箱受到日晒。

第七章

花生机械化收获技术与装备

收获作为花生生产中的关键环节，其机械化水平对产业效益的提升意义重大。多年来，山东农机部门为减轻花生收获劳动强度，节省劳动用工，确保花生应收尽收，大力推广了花生联合收获机械化技术。本章着重介绍花生机械化收获技术与装备。

第一节　花生机械化收获技术

花生收获是花生生育过程中的重要环节，适时收获是保证花生丰产丰收和提高花生品质的关键。收获过早，花生还未成熟，籽粒不饱满，含水量多，对产量影响较大；收获过晚，病虫害增加，收获时荚果容易脱落，给收获工作增加难度。

花生机械化收获技术就是利用花生收获机械装备，实现花生挖掘，或辅以土果分离、摘果、秧果分离、集箱等一项或多项工序的农业生产措施。其具有降低劳动强度、节省人工、提高劳动效率、抢收避灾、减少荚果损失、保障丰产丰收等优点。

一、花生收获的要求

（一）影响因素

影响花生机械化挖掘收获质量的主要因素包括品种、土壤、种植模式等。

1. 品种

果柄强度：花生是地上开花、地下结果的植物，土壤紧密包围在荚果周围，花生荚果依靠果柄与花生植株相连。机械化挖掘收获过程中，在挖掘、清土、输送等作业环节，果柄在承受荚果自身重力和包裹土壤重力的同时，还不断受到清土、输送等部件的外力作用，果柄经常因强度不够而断裂，造成较大的落、埋果损失。

结果范围和结果深度：机械化挖掘收获时，挖掘铲一般深入土层以下约120mm，铲断花生主根及疏松土壤。若花生结果区域超出挖掘范围，则部分花生荚果将直接从未疏松的土壤中拔起，造成埋果损失增加；若花生结果较深，则挖掘铲可能直接铲断果柄，同样造成埋果损失增加。

株型特征：机械化挖掘收获设备主要分铲链式、铲筛式和铲拔式3种。不同的收获设备对花生株型的适应性不同。铲链式、铲筛式挖掘收获设备均可收获直立型、半蔓生型、蔓生型花生品种，铲拔式挖掘收获设备仅适应直立型花生品种，但3种形式的挖掘收获设备均难以做到在收获时将直立型花生根部全部朝上铺放以便进行晾晒。

2. 土壤

土壤团粒结构越松散越有利于花生机械化挖掘收获，黏重土壤不利于花生机械化挖掘收获。由于黏重土壤不易与花生荚果分离，机械化挖掘收获时，在清土等部件的作用下，果柄极易断裂，造成收获损失增加。同时土壤黏重，果土分离难，易造成带土率过高。

机械化挖掘收获对土壤含水率也有一定的要求，土壤含水率过高或过低，均易造成收获损失及带土率增加。生产中判别土壤含水率是否适宜收获的简单办法是抓起一把土能捏成团，从离地1m的高度落下能自然散开即为较适宜收获的土壤含水率。

3. 种植模式

花生收获机械选定后，机具作业幅宽一般已固定不变，因此花生种植行距要与收获机械相适应，不适宜的行距会造成挖不倒、夹不住、漏收等现象，导致收获损失。对于对行收获的作业机具，尤其是铲拔组合式挖掘收获机，对花生种植模式要求更严格，通常要求采用标准化种植，确保行间距统一。

（二）技术要求

1. 收获时间

花生的收获适期，一般应根据植株长相和荚果成熟的外观标准来确定。从植株长相看，上部叶片变黄，中下部叶片由绿转黄并逐步脱落，茎枝转为黄绿色。荚果成熟的外观标准：果壳外皮发青而硬化，网脉纹理加深而清晰，果壳内的海绵体呈闪亮的黑褐色，籽仁充实饱满，种皮色泽鲜艳。一般来说，春花生的收获时间在7—9月，夏花生在10—12月收获。

2. 收获条件

土壤含水率在10%～18%，手搓土壤较松散时，适合花生收获机械作业。土壤含水率过高，无法进行机械化收获；含水率过低且土壤板结时，可适度灌溉补墒以调节土壤含水率，之后进行机械化收获。首先，花生收获时，一定要注意天气的选择，避免过于潮湿。其次，收获的花生要及时晒干。由于刚收获的花生含水率比较高，及时晒干之后便于储存和变卖，否则会发生霉变，影响花生的商品性，从而影响种植户收入。

3. 秧蔓处理

半喂入和全喂入联合收获机收获后的花生秧蔓，如做饲料使用，应规则铺放，便于机械化捡拾回收；如还田，应切碎均匀抛撒至地表。

二、花生机械化收获技术模式

花生机械化收获技术主要有分段收获、联合收获、两段式联合收获等模式。

1. 花生分段收获机械化技术

分段收获机械化技术是利用花生挖掘机、条铺机、固定式摘果机等完成花生挖掘、铺放收获、摘果等作业工序的技术。分段作业首先把花生挖掘铺放在地表，然后人工进行捡拾集堆，再用固定式摘果机进行摘果。目前，分段收获为山东主要的机械化收获方式。这种方式采用的机械结构虽然简单，经济实用，但作业效率较低，需要人工进行捡拾集堆作业，劳动强度大，不适于大面积生产和规模经营。

2. 花生联合收获机械化技术

花生联合收获机械化技术就是利用花生联合收获机，一次进地完成扶秧、挖掘、拔秧、输送、复收、清土、摘果、清选、收集等作业工序的技术。花生联合收获机的秧株输送机构采用链夹侧置式；挖掘收获机构采用挖拔结合式。夹持机构完成花生植株的挖掘、输送、清土作业；摘果机构为差相对辊式，摘下的荚果经振动筛和风扇清选后由荚果输送机构送到集果箱。花生联合收获机的结构较复杂，功能多样，作业效率较高，适于中等规模生产，收获后需要及时晾晒荚果，以防霉变损失。

3. 花生两段式联合收获机械化技术

花生两段式联合收获机械化技术就是利用花生挖掘机和花生捡拾联合收获机，完成花生挖掘、铺放晾晒、捡拾摘果、秧蔓与荚果收集等作业工序的技术。先用花生挖掘机将花生挖掘、除土并铺放于田间，待花生晾晒 3~5d 后，再用带捡拾器的花生捡拾联合收获机捡拾、摘果、集箱。这种方式采用的捡拾摘果联合收获机械结构复杂，功能多样，作业效率高，适于大规模生产。

第二节　常见机械种类与特点

一、常见机械种类

花生收获机械按照作业功能，通常分为花生挖掘机、花生条铺机、花生摘果机、花生联合收获机、花生捡拾联合收获机等。现分类介绍特点如下。

（一）花生挖掘机

花生挖掘机是在花生挖掘犁基础上，进一步改进完善，增加植株与土壤分离装置，实现了挖掘和果土分离的功能，可一次完成花生的挖掘、抖土、铺放（无序）等工序。但仍需人工或机械捡拾、集运、摘果。

（二）花生条铺机

花生条铺机主要由挖掘铲和夹持输送清选链条组成，一次可完成扶秧、挖掘、抖土、分离、铺放等作业。具有花生荚果铺放整齐有序、作业效率高等特点。但仍需人工捡拾、机械摘果，或机械化捡拾摘果联合作业。

（三）花生摘果机

花生摘果机是将花生荚果从花生秧蔓上摘下的机械。花生摘果机的种类较多，按照配套动力可分为与电动机配套的场地花生摘果机、与拖拉机配套的移动式花生摘果机等；按照秧果喂入方式可分为花生半喂入式和全喂入式两种机型。全喂入式的摘果机是目前应用最广泛的机型，其作业效率是人工作业效率的 40 倍以上，满足花生摘果机械化生产需要，但普遍存在摘果效果受喂入花生状况（如含水率）的影响，摘果质量有波动性。

（四）花生联合收获机

花生联合收获机可以一次完成挖掘、抖土、摘果、分离、清选等作业过程。主要采用半喂入式摘果方式，可分为轮式和履带式两种类型。近几年，花生联合收获技术和装备得到了较快发展，企业和产品在逐渐增多。

（五）花生捡拾联合收获机

花生捡拾联合收获机可一次完成花生秧果捡拾、摘果、分离、清选、集果、集秧等作业过程，为两段收获方式的第二段收获作业机具，是近几年发展起来的新型花生机械化生产装备。

（六）花生秧除膜揉切机

花生秧除膜揉切机是一种花生摘果后对秧膜进行分离处理的机械。对于覆膜花生摘果后，秧蔓上存留大量残膜，高蛋白含量的秸秆不能被直接利用。花生秧除膜揉切机可以实现花生秧蔓的切碎揉搓、残膜分离、尘土清理，形成清洁的高蛋白饲料，变废为宝。近几年，在山东进行了示范推广。

二、典型机具介绍

（一）花生挖掘机

1. 4H－2 型花生收获机

4H－2 型花生收获机是针对我国农村应用广泛的花生覆膜种植研发的一种简易花生收获机，如图 7－1 所示。

该机采用齿轮、链轮驱动和等角度相向摆动，使机架横向受力平衡，工作平稳。由于工作部件采用了挖掘机构和分离机构融为一体的全新机构，使作业过程中

图 7－1 4H－2 型花生收获机

花生的挖掘和除土一次完成。该机采用振动挖掘的工作原理，作业阻力小，功耗低。作业时，与小四轮拖拉机配套使用，采用全悬挂形式，结构紧凑，操作方便，性能可靠，作业效率高且功耗低，适应多种覆膜种植的花生收获作业。

主要工作参数：配套动力：13.2～25.8kW。整机质量：158kg。作业行数：1垄2行。外形尺寸：1 280mm×1 180mm×780mm。生产率：0.1～0.14hm²/h。损失率：≤1.0%。

2. 4H-800型花生收获机

4H-800型花生收获机主要由机架、悬挂架、挖掘铲、输送栅条、振动机构等组成，如图7-2所示。

图7-2　4H-800型花生收获机

其采用等惯量反配置自平衡振动技术，同时实现清土与输送双重功能，具有配套动力小、对单垄适应性强、结构紧凑、运行平稳可靠、漏（埋）果率低、果土分离效果好、秧蔓铺放整齐等优点；能一次完成花生收获中的挖掘、输送、清土、铺放等作业。适用于沙壤土、轻质壤土地区的垄作和平作花生的分段收获。

主要工作参数：配套动力：11～14.7kW。整机质量：180kg。作业行数：1垄2行。外形尺寸：2 050mm×1 160mm×1 050mm。生产率：0.065～0.1hm²/h。损失率：≤2.0%。

3. 4HW-1650型花生收获机

4HW-1650型花生收获机主要由机架、悬挂架、挖掘铲、动力传动装置、输送链条、振动装置等组成，如图7-3所示。

输送链传动轴，采用全悬挂式，避免了秧草缠绕故障；输送链两端设

图7-3　4HW-1650型花生收获机

有高频振动器，使清选分离效果更好；动力输入选用安全离合器连接，提高了整机传动安全可靠性。该机适应石块、沙土和板结地种植花生模式的挖掘收获作业；在土层深厚、地表平整的地块种植的花生收获效果更好。

主要工作参数：配套动力：44.1～58.8kW 拖拉机。作业幅宽：165cm。挖掘深度：8～20cm。生产率：0.33～0.53hm²/h。损失率：≤2.0%。

（二）花生条铺机

1. 4HS-2 型花生收获机

4HS-2 型花生收获机是与手扶式拖拉机配套的花生挖掘条铺收获机械，主要由机架、挂接装置、挖掘铲、夹持链条、传动机构等部件组成，如图7-4所示。

作业时，手扶式拖拉机牵引花生收获机前行，同时将动力传递到花生收获机以带动夹持链条，挖掘铲从花生垄下方将土壤松动并上抬，夹持链条夹持花生秧蔓向上拔起、向后输送、抖动清土、有序铺放于地表，完成收获作业。整机结构合理、性能优良、功能齐全、调节使用方便，工作效率是人工的 50～80 倍，能一次性完成扶秧、挖掘、清土、有序铺放等

图7-4 4HS-2 型花生收获机

多项作业，深受广大农民朋友的青睐。适用于小型地块挖掘铺放作业，以及两段收获的第一段作业。

主要工作参数：配套动力为 7～11kW 手扶式拖拉机，采用挖掘铺放结构形式，结构质量为 102kg，作业幅宽为 60cm，适用垄距为 75～85cm，适用行距为 20～25cm，生产率为 0.15～0.25hm²/h。

2. 4HT-2 型花生条铺收获机

4HT-2 型花生条铺收获机主要由机架、悬挂装置、动力传动装置、挖掘铲、夹持链条等组成，如图 7-5 所示。

该机采用挖掘装置入土角与输送分离装置升运角一致的结构，有效解决铲后积土问题；采用随行限深机构，有效减少阻力，提高作业顺畅性；

图7-5 4HT-2 型花生条铺收获机

采用夹持链条与夹持链杆组合夹持输送方式，花生秧果可有序条铺于田间，实现花生果土分离和秧果有序铺放，便于

花生秧果的晾晒以及晾晒完成后花生的捡拾联合作业。

主要工作参数：配套动力为 8.8～13kW 手扶式拖拉机，整机质量为 130kg，作业行数为 1 垄 2 行，生产率为 0.3～0.5hm²/h，破碎率≤1.0%。

3. 4HT‑810 型花生条铺收获机

4HT‑810 型花生条铺收获机主要由机架、悬挂架、扶秧器、挖掘铲、动力输入总成、夹持链条、链条张紧机构、铺放机构、地轮等组成，如图 7‑6 所示。

机具通过悬挂机构与小四轮拖拉机挂接，拖拉机动力输出轴将动力传递到机具动力输入总成，继而链传动将动力传递到夹持链条。工作时，挖掘铲将花生从土中挖掘出来，夹持链条与夹持链杆组合进行夹持输送，将花生条铺在地表晾晒。该机采用挖掘装置入土角与链条输送分离装置升运角相等的设计，有效解决铲后积土问题；采用随行限深机构，有效减少阻力，作业顺畅；花生秧果可有序条铺于田间。该机是两段收获的第一段，实现了花生的果土分离和秧果的有序铺放，便于花生秧果的晾晒以及晾晒后花生的捡拾联合作业。

图 7‑6　4HT‑810 型花生条铺收获机

主要工作参数：配套动力为 12.5～40.4kW 小四轮拖拉机；作业幅宽为 810mm，挖掘行数为 1 垄 2 行，最大挖掘深度为 20cm，挖掘机构形式为平铲式，适用行距为 20～30cm，垄距为 65～100cm，损失率≤1.0%，生产率为 0.33～0.53hm²/h。

4. 4HW‑200 型花生收获机

4HW‑200 型花生收获机主要由机架、悬挂架、分秧装置、挖掘铲、动力传动机构、输送链耙、地轮等组成，如图 7‑7 所示。

4HW‑200 型花生收获机是潍坊悍马农业装备有限公司专为花生两段收获研发生产的收获机械，能一次完成花生挖掘、清土、输送、翻转铺放等工序。工作时，在拖拉机牵引下前进，分秧装置将作业幅宽内的花生秧蔓与作业幅宽外的分开；挖掘铲从花生垄下部对土壤进行松动，秧果

图 7‑7　4HW‑200 型花生收获机

向上抬起；拖拉机动力通过动力传动机构带动输送链耙逆时针运动，在机组前进的同时，将挖掘铲抬起的秧果输送到链耙上；秧果随链耙相对机组向后上方移动，在链耙的作用下，黏结土壤落到地表，清洁的秧果随链耙向后移动，在链耙最高处，秧果翻转落在地表。采用八字形双挖掘铲结构，工作阻力小、节省动力，效率高，同时作业幅宽可根据垄宽调整；采用带齿链耙，清土翻转效果好；采用前置分秧装置，收获时防止堵塞。

主要工作参数：配套动力为 58.8kW 以上的拖拉机，作业幅宽为 1.5m，生产率为 0.66～1hm²/h。

（三）花生摘果机

花生摘果机产品型号较多，但主要结构基本相似。这里以 5HZ-500 型花生摘果机为例，简要介绍摘果机的主要结构、工作原理和主要参数。

5HZ-500 型花生摘果机，主要由机架、电动机（或柴油机）、传动部分、摘果滚筒、风机清选部分、振动机构等组成，如图 7-8 所示。

作业时，电动机或柴油机带动机器运转，带蔓花生经喂入口进入摘果系统，花生荚果在螺旋摘果滚筒的摘选杆转动打击下脱离茎秆，花生荚果及杂物通过凹板孔下落到振动筛上，茎秆由出料口排出，散落在振动筛上的花生果和秧蔓杂余在振动筛和风力的作用下进一步分离，最终得到干净的果实。

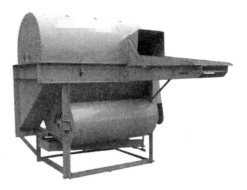

图 7-8　5HZ-500 型花生摘果机

5HZ-500 型花生摘果机采用篦梳式摘果原理，具有结构新颖、操作简便、生产效率高、配套动力小、工作平稳可靠等特点；主要用于花生收获后带蔓直接摘果，可在田间地头灵活移动使用，摘果干净，果壳破碎率低，损失少，干湿茎秆都可用，工作效率高，尤其适用于鲜花生的摘果作业。

主要工作参数：生产率大于 1 000kg/h，配套动力为 5.5kW，滚筒直径为 500mm，滚筒长度为 1 460mm，摘净率不低于 99%，破碎率不高于 1%。

（四）花生捡拾联合收获机

花生捡拾联合收获机产品较多，但主要结构基本相同。主要由发动机、行走系统、传动系统、电气系统、液压系统、操控系统、捡拾割台、输送链耙、摘果总成、清选系统、集箱总成、集秧总成等组成，可一次性完成花生捡拾、输送、摘果、清选、集果等作业。

工作时，在配套发动机动力驱动下，捡拾装置对田间铲出并晾晒在地表的花生秧果进行捡拾，传送装置将捡拾装置捡拾的秧果输送到摘果总成，转动的摘果滚筒上均布摘果齿，摘果齿带着秧果旋转，通过与网眼凹板的相互作用，实现秧蔓与荚果分离，完成花生摘果。花生荚果与杂物通过不停晃动的振动筛，经吹果风机清选，干净的花生果被直接筛落到出果绞龙中。同时，未被清选干净的花生及杂物，被筛送到振动筛前面，进入二次清选装置，落入清选装置的绞龙，经皮带传动装置再次传送到振动筛，再一次经吹果风机清选，最终落到出果绞龙中。气流抛送提升装置将干净的花生果向上传送到集果箱，集果箱装满后，由集果箱卸料油缸完成出果作业。切碎装置将被分离出的花生秧蔓切碎，经抽风装置，已切碎的秧蔓被吹入集草箱，待集草箱装满后，通过集草箱卸料油缸，倒出秧蔓，完成卸料作业。

这里介绍几种常见花生捡拾联合收获机的性能特点。

1. 金大丰 4HJL‑2500 型自走式花生捡拾联合收获机

金大丰 4HJL‑2500 型自走式花生捡拾联合收获机如图 7‑9 所示。捡拾机构采用双油缸支撑，割台升降平稳；摘果装置采用循环模式，摘果率高；摘果滚筒传动箱采用三个档位，根据收获作物的品种、地域调整滚筒转速，减少果壳破损率，适应性广；采用离心风机集果，果壳破损率低；采用吸风式排草结构，风速高、排草通畅，草料更干净；整机的主要传动部件均采用进口轴承（如捡拾器滑道轴承、摘果滚筒前端轴承等），密封性好、耐高温；刹车系统采用前碟后鼓、液压助力，操控省力，性能可靠；转向系统采用独立恒流齿轮泵，转向轻便、灵活，有效解决了车原地打方向不动的现象。

图 7‑9　金大丰 4HJL‑2500 型自走式花生捡拾联合收获机

主要工作参数：捡拾机构形式：滑道滚筒式。摘果滚筒形式：纵向轴流刀齿式。变速箱形式：D4.6 加强型变速箱＋封闭边减速箱。外形尺寸（长×宽×高）：6 560mm×2 770mm×3 420mm。配套动力：102kW。捡拾机构工作幅宽：2 500mm。集果箱容积：2.3m³。生产率：0.33～0.66hm²/h。

2. 雷沃 4HJL‑2600 型自走式花生捡拾联合收获机

雷沃 4HJL‑2600 型自走式花生捡拾联合收获机如图 7‑10 所示。捡拾装置采用双扭簧弹齿，连接稳固，工作时不旋转，减少弹齿磨损；输送装置采用加宽型过桥，提高秧果输送能力；发动机水箱采用板翅式水箱，散热快，不堵塞，清理间隔长；摘果滚筒采用专用螺旋花生摘果滚筒，摘果彻底、分离干净；振动清选部件采取加宽型清选室，清选面积加大，清选高效、清洁；驱动桥采用专门设计的变速箱＋封闭边减速箱，具有高可靠性。

图7-10 雷沃4HJL-2600型自走式花生捡拾联合收获机

主要工作参数：结构形式：轮式自走式。配套动力：118kW。捡拾台工作宽度：2 600mm。集果箱容积：2.3m³。

3. 农有王4HJL-2型自走式花生捡拾联合收获机

农有王4HJL-2型自走式花生捡拾联合收获机如图7-11所示。整机结构合理，易维修，故障率低，整个作业过程顺畅，作业效率高，能较好地适应我国花生种植农艺和生产特性的要求，对作业条件适应性强；操作简便、结构合理、清选干净，破损率低，油耗低，适用于平作种植模式和垄作种植模式，也可进行干湿两用作业，是目前国内较先进的花生收获机械；可自动实现集草、集果作业，并且集果箱、集草箱采用液压控制，操作简单方便。

图7-11 农有王4HJL-2型自走式花生捡拾联合收获机

主要工作参数：结构形式：轮式自走式。配套发动机额定功率：118kW。外形尺寸（长×宽×高）：6 610mm×2 820mm×3 400mm。喂入量：2kg/s。捡拾机构工作幅宽：2 600mm。

（五）花生联合收获机

目前，花生联合收获机主要为自走式半喂入结构，主要由动力系统、动力传动系统、行走系统、操控系统、挖掘机构、扶秧机构、夹持拔秧机构、夹持输送系统、摘果系统、清选系统、集箱系统等组成。

1. 4HB－2A 型半喂入花生联合收获机

4HB-2A 型半喂入花生联合收获机为背负式结构，主要由锥形螺旋扶秧器，自动张紧夹持链条夹秧机构，对辊差相摘果机构，风机、振动筛、绞龙筛组合式清选机构，液压自动卸果装置等部件组成，如图 7-12 所示。在链条夹持输送和辊式脱果机构上，设有防地膜缠绕装置，避免残膜缠绕，易于脱果，提高了脱净率和脱果效率，降低了花生果破碎率；采用轮式自走结构，制造维修费用低、适应范围广、地块转移快；采用风机、振动筛、绞龙筛组合式清选机构，果实含杂率低。作业时，夹持输送机构将花生秧蔓整齐地排出机外，便于田间清理、回收和综合利用。适用于中小地块，以及鲜食花生收获作业。

图 7-12　4HB-2A 型半喂入花生联合收获机

主要工作参数：发动机功率为 22.1kW。作业幅宽为 600mm（1 垄 2 行），生产率为 0.1～0.2hm^2/h。

2. 4HLB－2 型半喂入花生联合收获机

4HLB-2 型半喂入花生联合收获机的主要组成部分为分秧器、扶秧器、挖掘铲、拔秧输送链、清土器、液压升降缸、橡胶履带行走装置、摘果辊、弹性挡帘、刮板输送带、振动筛、风机、藤蔓输送带、抛送链、主机架、横向输送带、垂直提升机等，如图 7-13 所示。可一次完成挖掘、清土、夹持输送、摘果、清选、集果等多种作业。

作业时，发动机驱动收获机组前行，分秧、扶秧装置将花生植株扶起，同时将花生主根铲断并松土，随后植株被夹持拔起；随着拔秧输送链输送，植株与土壤分离，花生植株被送至摘果位置，对辊摘果装置将荚果从植株上刷落摘下，花生落入刮板输送带，刮板输送带将花生升运至风机、振动筛，风机及振动筛将茎叶和沙土等杂物分离出来并排至机外。清选出的花生果被送入集果箱，抛送链将藤蔓抛下，藤蔓落至藤蔓输送带，继而被排至机后，完成收获作业。

图 7-13　4HLB-2 型半喂入花生联合收获机

　　主要工作参数：配套动力为 33.8kW 柴油机，采用自走履带半喂入结构形式，结构质量为 2 400kg，作业幅宽为 600mm，破碎率≤0.3%，总损失率≤1.0%，含杂率≤2.8%，生产率为 0.13～0.16hm²/h。

3. 4HD-4 型花生联合收获机

　　4HD-4 型花生联合收获机的结构与 1 垄 2 行收获机相似，仅是前部收获部分增加了幅宽，一次可以收获 2 垄 4 行花生，如图 7-14 所示。

图 7-14　4HD-4 型花生联合收获机

该机采用按垄自动限深挖拔起秧技术，实现左右夹拔装置分别调整挖掘深度和夹拔高度，保证夹拔整齐、挖深一致；采用对垄收获幅宽便捷调整技术，实现左右夹拔装置间距可便捷调整，适应不同种植垄距，提高适应性；采用多链夹持有序合并输送技术，实现两垄花生秧蔓顺畅交接、垂直转向输送和有序合并输送；采用高效半喂入摘果清选技术，实现大喂入量高效摘果和无阻滞低损清选，有效提高荚果摘净率、清选效果和作业顺畅性。

主要工作参数：结构形式：履带自走式。摘果方式：半喂入式。发动机功率：22～33kW。作业幅宽：160cm（4行）。生产率：0.25～0.3hm²/h。损失率：≤3.0%。破碎率：≤1.5%。

4. 4HYGJ-6型秧果兼收型花生联合收获机

4HYGJ-6型秧果兼收型花生联合收获机主要由荚果挖掘装置、秧蔓夹持装置、秧果分离装置、秧蔓收集装置、荚果摘除装置、清选收集装置，以及动力系统、传动系统、操控系统、行走系统等部件组成，如图7-15所示。

图7-15　4HYGJ-6型秧果兼收型花生联合收获机

该机采用挖-拔-夹-送组合式挖掘与双侧浮动柔性低损夹持输送装置，可实现秧果的低损柔性归集和输送作业；采用双圆盘式旋转切割技术，可实现秧蔓与根盘的高效分离，提高秧蔓的清洁度；采用果根大喂入量密集钉齿绞龙摘果装置，降低荚果的损伤，提高摘果效率；采用3垄6行作业，是当前世界上作业幅宽最大的花生联合收获机。它集花生挖掘、夹持、输送、秧蔓-果根分离、秧蔓装袋（打捆）功能于一体。

主要工作参数：结构形式：自走式。外形尺寸（长×宽×高）：6 500mm×2 750mm×3 300mm。配套动力：95～110kW。作业行数：6行。生产率：0.2～0.25hm²/h。损失率：≤3%。

第三节　收获机械的使用

一、机具选择与使用要点

花生收获是花生生产机械化中的重要环节，要根据当地花生种植规格、品种、收获要求、经济条件等，选用适宜的收获方式和机具。使用过程中，注意以下事项。

1. 要适时收获

收获过早，花生还未成熟，籽粒不饱满，含水量多，对产量影响较大；收获过晚，病虫害增加，收获时荚果容易脱落，给收获工作增加难度。

2. 收获机具保证与种植机具配套选用

收获幅宽应与种植垄距相适应。沙土或沙壤土地块，采用联合收获方式，选用轮式或履带式花生联合收获机一次性收获 1 垄，完成花生挖掘、输送、抖土、摘果、清选、集果等作业。

3. 按作业规模选择收获机械

地块集中连片的，可选择履带式花生联合收获机；地块相对分散的，为转移方便、提高机械利用率，可选择轮式花生联合收获机。当地花生种植规格不规范的，应选择花生分段收获（挖掘）机收获。

大规模种植的平坦地块或黏土地块，采用两段收获方式。先选用花生收获机挖掘、抖土和铺放，田间晾晒 3～5d，再选用花生捡拾联合收获机一次性收获 3 垄，完成捡拾、摘果、清选、集秧、集果等作业。

4. 推荐选择使用进入国家农机购置补贴目录的产品

进入国家农机购置补贴目录的花生收获机，是经过农业机械主管部门指定检测机构，按照产品标准和作业质量要求，进行检验和鉴定合格的产品。这类产品在可靠性、适应性和稳定性上均能得到更好的保障，而且相比非目录产品在价格上能得到一定比例的补贴，因此建议在满足作业要求的前提下优先选择国家农机购置补贴目录产品。

二、作业标准

2016 年农业部颁布的《花生收获机　作业质量》标准规定：

花生联合收获机作业条件：花生成熟活收；植株高度不小于 30cm 且无倒伏；地势平坦，土壤为沙土或沙壤土，土壤含水率为 8%～15%。其作业质量指标：总损失率≤5.0%，含杂率≤5.0%，破碎率≤2.0%。

花生捡拾联合收获机作业条件：植株呈条状均匀铺放，且带土率不大于 20%，花生荚果含水率不大于 20%。其作业质量指标：总损失率≤5.0%，含杂率≤8.0%，破碎率≤2.0%。

花生挖掘机作业条件：花生成熟适收；土壤为沙土或沙壤土，土壤含水率为8%～15%。其作业质量指标：总损失率≤3.0%，埋果率≤2.0%，带土率≤30.0%。

三、机具调整与作业前准备

（一）机具调整

1. 挖掘深度调整

松开花生联合收获机挖掘铲柄的紧固螺栓，上下移动铲柄，使挖掘铲与夹持链条保持20～24cm的距离，然后固定紧固螺栓。检查花生挖掘机左右两边地轮的离地高度是否相同，若不同则应调整至相同。通过调节限深轮高度，保证挖掘铲的挖掘深度在9～11cm。

2. 限深轮调整

推动液压限深轮调节手柄，以夹持链条距离地面5～7cm为宜。作业时，应根据地块垄沟深度，及时调整限深轮高度。

3. 夹持链条间隙

夹持链条的松紧度会直接影响到夹持链条的工作状态。太松会导致链条卡住、脱轨；太紧会导致运转阻力加大，加速链条磨损；合适的松紧度应该是用手晃动链条，其晃动间隙为15～20mm。

4. 抖土器调整

调整抖土器两抖杆之间的距离，一般为2.5～3.5cm。若丢果增加，可适当增加宽度到4cm左右。收获沙质土地花生时，可拆掉抖土器。

5. 风量调整

通过调整风机进风口开度大小，进行风量调整。正常收获时，在振动筛尾部没有被风机吹落到地面的花生果的前提下，风力越大，集果箱内的杂质越少，收获效果越好。

（二）作业前准备

1. 检查机器

一要认真检查机器各运转部件有无秧蔓杂草缠绕或其他障碍存在，若有应立即清除。二要检查安全罩是否未合上、是否有损坏，未合上应立即合上，如损坏应立即维修或更换。三要检查整机与拖拉机三点悬挂是否挂接可靠、挂接处是否已锁紧安全销，应保证挂接可靠，并锁紧安全销。四要检查拖拉机的侧动力输出带轮与收获机的动力输入带轮连接是否可靠，压轮是否有压住皮带，应保证皮带连接可靠，同时压轮应压紧皮带；用手盘动带轮，检查有无卡、碰现象，若有应及时排除。五要检查空机运转是否平顺流畅，如有异常应及时排除。

2. 机组人员配备

根据劳力和收获现场情况，花生收获机组一般配备 2～3 人。其中，驾驶员 1 人，负责操纵机器进行收获作业；辅助人员 1 人，负责监视收获机的工作质量和作业状态，发现异常应及时提醒驾驶员停车检查调整，排除故障。

3. 查看作业地块

为提高收获机作业效率，应在收获前检查、准备好作业地块。

（1）查看地头和田间的通过性。若地头和田间有沟坎，应填平和平整。若地头沟太深，应提前勘查好其他行走路线。

（2）查看影响收获作业的田间障碍物。捡走田间对收获有影响的石头、木棍等杂物，查看田间是否有陷车的地方，做到心中有数，必要时做好标记。

（3）地头有沟或高的地块，应人工收获地头处的花生。地头一般应空出 3～4m，防止机具调头转弯时压伤花生。电线杆及水利设施等周围的花生应人工收获。

（4）查看作物品种及生长状况，作为收获机作业前调试的依据。结合地块整体情况，合理安排作业路线。

四、作业注意事项

花生收获机主要是对花生进行挖果、分离泥土、铺条、捡拾、摘果、清选等多项作业。在使用它进行花生收获时，为了确保收获质量，防止不必要的损失，在作业过程中应经常进行检查，根据检查结果及时进行调整，保证花生收获的产量及质量。

（1）收获之前要组织人力对收获机械进行全面检修、试运转和试割，并准备好各种备用品及防火设备。认真检查机器各转动部件有无秧蔓杂草缠绕或其他障碍存在，如振动筛、提升机内是否有杂物，若有应立即清除。

（2）使用机器前，驾驶员必须充分阅读并理解使用说明书和安全警示标志，熟悉机器的特性、正确操作方法，具有足够的判断能力。驾驶员任何时候都不能让别人触碰驾驶室内的操作部件，操作机器时要始终坐在驾驶座位上。

（3）在启动发动机以前要仔细观察，确保周围无危险因素，且辅助人员和其他旁观者都处于安全位置后，方可起步运行。地头转弯时提升机具不能过高，转弯不要过猛，机具降落要缓慢，以防冲击损坏机具。收获机在落地后严禁倒退。

（4）机具进入地块后，应试收一段距离，停车检查收获质量，包括花生的摘果情况、花生捆的紧实度情况等。无异常现象方可投入正常作业。

（5）要根据花生的种植密度和长势以及土壤的含水率和坚实度，采用不同的作业速度。动力输出轴接合动力时，要低速空负荷，待发动机加速到额定转速后，机组才能缓慢起步投入负荷作业。严禁带负荷启动收获机或机组启动过猛，以免损坏机件。也不允许带负荷转弯或倒退，机组转移地块时，应切断机具动力。严禁非操作人员靠近作业机组或在机后跟随，以确保人身安全。

（6）作业时应随机观察花生收获的质量，发现问题及时停机排除。

（7）作业中机具挖掘、分离等部件上，若缠绕花生秧蔓、杂草或者卡滞砖、石块等杂物，应及时停车清除。

（8）传动皮带在使用一段时间后，应进行检查。如其伸长松弛达不到使用要求，应及时更换或调整。正常工作每班次应检查2次、保养1次，保养时一定要停机，并加注黄油。

（9）停机后应清理各部件上的泥沙杂物，保持花生收获机清洁。更换部件应按照使用说明书的要求或在有经验的维修人员指导下进行。

（10）每季作业全部完成后，应清理冲刷花生收获机。检查、更换各运转部位的轴承并加注黄油；运动部件要涂上防锈油；将三角皮带放松，挂在不会受日晒的室内墙上。花生收获机应放在库房中或置于通风遮阳处保存，不得露天存放，以防风雨侵蚀。

第四节　花生机械化干燥技术与装备

一、花生机械化干燥技术

目前，我国大部分花生产地仍然以自然晾晒为主。此方法干燥效率低、劳动强度大，且对天气的依赖性较强，尤其是在南方地区，花生收获期常遇雨季，得不到及时干燥，易发热、发芽、发霉、生虫等，造成损失。此外，随着我国花生生产过程中在耕、种、收等环节逐渐实现机械化，短期内需干燥的花生量较大，晒场已远远不能满足花生干燥的需求。因此，机械干燥花生是我国花生产业发展的必然趋势。随着科学技术的发展，花生机械化干燥技术研究已取得了一定的成果。花生机械化干燥技术主要可分为以下几种。

1. 热风干燥技术

热风干燥技术是依据热质交换原理，利用热源（煤、天然气、柴油、电等）提供热量，通过风机将热风吹入烘箱或其他干燥设备内，热量从干燥介质传递至物料，物料表面的水分受热汽化而扩散至周围空气中，当物料表面的水分含量低于其内部水分含量并形成水分含量梯度时，内部水分便向表面扩散，直到物料中的水分下降到一定程度，则干燥停止。

2. 热泵干燥技术

热泵干燥技术是一种高效节能、环境友好、切实可行、干燥品质好、干燥参数易于控制且可调范围宽以及应用广泛的干燥方法。其通过冷凝除湿装置在干燥设备中的引入，实现热空气和能量在物料干燥过程中的回收，大大提高了能量的利用率。

3. 微波干燥技术

微波干燥技术是利用微波对极性分子的作用，使极性分子相互运动产生大量热量致其蒸发的原理。通过调节微波干燥时的功率即可调节干燥的速度。与传统的干燥方式相比，具有干燥速率大、节能、生产效率高、清洁生产、易实现自动化控制和提高产品品质等优点。

4. 花生二级减损干燥技术

花生二级减损干燥技术是将鲜花生干燥至一定水分含量，经脱壳成花生仁，再将花生仁干燥至安全水分含量，并采用二氧化碳室温密闭储藏技术储存。此项技术采用干燥过程中产生的副产物（花生壳、秸秆等）为生物质燃料，干燥时间为 $10\sim16h$，大大优于国内外已报道的研究数据，且操作便捷、成本低廉、应用范围广，防止了花生在干燥和储藏过程中的品质劣变与黄曲霉毒素的污染，是花生产业链干燥与储藏环节的重大技术突破。

5. 低温循环干燥技术

低温循环干燥技术是将鲜花生放入花生低温循环式干燥机中，启动花生干燥程序，即可一次性把鲜花生的水分干燥至安全水分含量内，并采用二氧化碳室温密闭储藏技术储存。采用此项技术干燥与储藏的花生品质保持良好，未检出黄曲霉毒素。花生低温循环式干燥机与相配套的花生干燥技术均能很好地保障花生的干燥与储存品质，具有高效、便捷、节能、绿色环保的特点，为加快我国花生产业全面实现机械化提供了相应的技术与设备支撑。

二、花生机械化干燥装备

刚收获的花生，含水量高，极易发热霉变，收获后应及时干燥处理。发达国家主要采用机械化收获干燥。例如，美国花生收获后，首先在田间晾晒至一定含水量，然后由捡拾收获机集中挑选花生果，最后将挑选好的花生果放入专用烘干车，在就近的干燥站集中干燥处理至安全水分后进行仓储或加工。干燥时利用传感器实时监测花生水分及温度和湿度变化，电子鼻监测花生品质，在干燥的同时保证花生品质。

在我国，农户种植花生的区域较为分散，花生品种及种植方式与国外都有很大的不同，不能照搬国外花生干燥方式。

目前，国内花生机械干燥多以热风、热泵以及常温通风干燥为主。

1. 厢式干燥机

厢式干燥机如图 7-16 所示。使用带孔的百叶窗式翻板将厢体的干燥室分为若干层，热风通过风道从下往上逐层干燥，待最底层的花生干燥至安全水分含量时，则将最底层的花生放出，再逐层将上一层的花生翻动至下一层，最后在最顶层加入新的花生，继续干燥，如此循环，直至干燥完成。

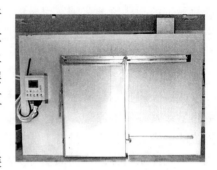

图 7-16　厢式干燥机

2. 圆筒式干燥机

圆筒式干燥机主要由干燥筒、传动装置、风机、热源装置等构成，如图 7-17 所示。其工作原理：将待干燥的花生置于干燥机内，开启设备，花生会随圆筒的转动而不停翻滚，从而受热均匀，这样可以提高干燥效率、缩短干燥时间和减少用工成本。

图 7-17　圆筒式干燥机

3. 微波烘干干燥机

微波烘干干燥机如图 7-18 所示，是利用微波加热烘干的原理。微波烘干设备在烘干花生时，可以在较短的时间内将花生的温度加热至几十乃至一百多度。微波烘干干燥机烘干出来的花生口感松脆、香味浓厚。

图 7-18　微波烘干干燥机

三、干燥机械的使用

1. 低温干燥

干燥温度要确保干燥后的花生种子有高的发芽率。过高的干燥温度会大大降低花生种子的发芽率。收获时花生种子的含水量较高，种子在高温环境下，其种芽已处于诱发状态，胚芽获得养料即可破胸露白，嫩芽待发。如果干燥温度过高，这种状态在干燥去水的过程中会消失，嫩芽被烧死。所以，花生种子千万不能高温干燥，干燥的温度应低于38℃。

2. 薄层干燥

堆层厚度对干燥效果有很大影响。堆层较厚时，进风侧与出风侧的温、湿度梯度较大，进风侧的种子干得快，出风侧的种子干得慢；堆层断面的温、湿度梯度较大，干燥不均匀。薄层干燥时，堆层断面的温、湿度梯度较小，干燥均匀；同时，热风通过堆层的阻力较小，所需风机功率较小。

3. 大风量、大通风面积

在增加干燥部通风面积、减小堆层厚度的同时，增加风机的风量，可提高干燥效果。如两级通风的干燥机风路，热风的主要部分经过干燥部的堆层，而剩余热风经干燥部下方的堆层。即使对于高含水量的花生种子，也能实现高质量完成干燥作业。

4. 干燥速度控制

干燥时，应注意的重要问题是花生荚果"爆裂"。爆裂使食味变差，种子发芽率降低。种子干燥速度（每小时降水率）过大，会使爆裂率增大。采用热风干燥时，规定干燥速度以0.6%～0.8%为宜，最高不大于1%。所以，现代干燥机都采用了干燥速度控制。当含水量在22%以上时，采用定温控制干燥法；当含水量降到22%以下的中低水分区时，则采用干燥速度控制，干燥速度可在0.4%～0.8%范围内调节。

5. 间歇干燥和缓苏

作物种子热风干燥过程中，荚果表层先干燥，而果仁中心部的水分来不及散发出来，此时若连续通进热风，反而会起坏作用。当荚果处于高含水量的初始平衡状态时，通进热风带走表面水分并使种子整体加热，此时果仁中心部的水分仍为初始状态，若暂时停止加热，则荚果的热量仍会使果仁中心部的水分向外扩散，这一阶段称为缓苏。在缓苏阶段，荚果仍在继续失水，同时果仁中心部与外表的水分逐渐拉平，最后达到较低含水量的新平衡状态。由此可见，缓苏阶段对作物种子的干燥是很重要的。对花生而言，如果没有缓苏期或者缓苏期过短，会引起荚果爆裂，造成发芽率降低。干燥段与缓苏段的时间比约为1：5。

6. 自动控制工作过程

种子干燥机自动控制工作时，以设定的程序精确控制热风温度，随机监控种子的水分，具有自动停机功能，可以防止过热干燥。

7. 结构合理设计

种子干燥机应有能有效防止混种的结构设计，还应清扫方便。

第五节　花生秧蔓处理技术与装备

一、花生秧蔓的饲料特性

作为我国主要的油料作物，2018 年我国花生种植面积在 $4.6 \times 10^6 \, \mathrm{hm}^2$，花生秧蔓的年产量为 2 850 万 t。

花生秧蔓占花生生物量的 50% 左右，是宝贵的生物资源。花生秧蔓所含营养物质丰富，匍匐生长的花生秧蔓茎叶中含有 12.9% 的粗蛋白质，2% 的粗脂肪，46.8% 的糖类，其中，花生叶的粗蛋白质含量高达 20%。秧蔓茎叶是一种比较优质的粗饲料，由于其生产成本低、利用方式简单、取材方便，在家畜生产中饲养效果很好，多年来一直被用于草食动物的喂养。李洋等以饲料相对值和粗饲料分级指数评估了多种反刍动物非常规粗饲料（花生藤、豌豆秧、花生秧蔓、皇竹草、谷草、玉米叶和麦秸）的营养价值，发现以花生藤和花生秧蔓的营养价值最高。于胜晨等人研究发现，花生秧蔓在肉羊中的能量价值以及各养分在肉羊瘤胃中的有效降解率均高于其他秸秆饲料（豆角蔓、甘薯蔓、水稻秸秆、麦秸和玉米秸秆）。

二、花生秧膜分离技术

花生需要使用地膜覆盖栽培技术来提高生产量，花生地膜的大量使用，使得收获的花生秧蔓中 60% 以上有地膜残留缠绕，地膜与花生秧蔓之间缠绕紧密，粘连牢固。若用过的地膜不能及时回收，则花生秧蔓在被粉碎加工用作牲畜饲料时，残留地膜随之被切碎混杂在饲料之中，这种饲料被牲畜食用后，地膜很容易在牲畜体内聚积，从而损害牲畜的消化系统，危及牲畜的生命，所以在喂养之前必须要将花生秧蔓上的地膜除掉。目前，花生秧蔓主要通过以下技术进行去膜。

1. 人工分离技术

先由人工去除花生秧蔓上较大的残留地膜，然后将花生秧蔓放入揉丝机粉碎，人工筛选饲料中的残留地膜，如图 7-19 所示。

在花生秧蔓去膜与揉丝的过程中，需要人工进行摘除和筛选，劳动强度大，生产效率低，而且残留地膜也不能保证全部清理干净，难以满足生产使用需要。揉丝机粉碎作业时，揉丝机的功能单一，不具备除地膜、除土的功能；地膜易缠绕粉碎室、堵塞筛片，增加了粉碎机的配载动力，增大了粉碎难度，降低了粉碎效率。

图 7 - 19　人工分离秧膜

2. 机械分离技术

国内存在的花生秧除膜揉切机如图 7 - 20 所示。

图 7 - 20　秧膜分离机械

花生秧除膜揉切机采用铡切、揉搓、负压分离技术，实现秧蔓与残膜分离，清除秧蔓尘土，生产清洁饲料。花生秧除膜揉切机解决了农业生产中秸秆浪费和环境污染的问题，提高了资源利用率，保护了生态环境，同时降低了农民的劳动强度，大大提高了作业生产效率，增加了农民的收入，促进了农业现代化的发展。

三、花生秧膜分离装备

1. 9ZYH－YJ150A 型花生秧除膜揉切机

9ZYH－YJ150A 型花生秧除膜揉切机，主要由电机（或拖拉机后输出）动力传动系统、喂料输送带、回料清选风机、旋风分离器、可调节除膜风机、清选出风口、回料输送带、进料口、机架、振动筛、回料仓、切碎仓、接料口、旋转滚筒等组成，如图 7 - 21 所示。它是一种新型农业机械，可在切碎花生秧蔓的同时，把花生秧蔓上残存的地膜分离出来。

作业时，花生秧蔓由喂料输送带输送进入切碎仓，通过仓内旋转滚筒上的刀片切割及仓底的摩擦将含膜花生秧蔓切成 2～3cm 的草段，切碎的花生秧蔓落入振动筛，在下落的过程中由于重力的不同，花生秧蔓会和地膜分离，分离出的地膜因重量较轻会被可调节除膜风机吸出。未能分离出的地膜落至振动筛进行再次清选，未清选干净的花生秧蔓经过振动筛尽头的回料输送带被送回进料口进行再一次分离。筛选完成的花生秧蔓落至振动筛底层，再次通过振动筛将残留泥土等杂物排除。成品料还需经过两道负压风机的清选，以保证草料的优质性。成品料经过传送完成自动装袋。

图 7 - 21　9ZYH - YJ150A 型花生秧除膜揉切机

花生秧蔓加工长度可通过更换不同筛网调整，除膜率高。整机自动上料，揉切除膜，除尘装带，一人一机，一次完成；操作简单，维修方便，节约人力，提高了花生秧蔓的利用率。

主要技术参数：配套动力：30kW。除膜率：≥95％。生产率：1～1.5t/h。

2. YJ110 型花生秧除膜揉切机

YJ110 型花生秧除膜揉切机主要由电机动力传动系统、入料输送带、滚筒式刀片切碎装置、可调式吸风机、振动筛、传动回料装置、自动装袋装置等组成，如图 7 - 22 所示。

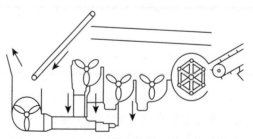

图 7 - 22　YJ110 型花生秧除膜揉切机示意图

作业时，花生秧蔓由入料输送带输送进入切碎仓，通过仓内旋转滚筒上的刀片切割及仓底的摩擦将含膜花生秧蔓切成 1～3cm 的草段，切碎的花生秧蔓落入振动筛，在下落的过程中由于重力的不同，花生秧蔓会和地膜分离，分离出的地膜因重量较轻会被可调式吸风机吸出。未能分离出的地膜落至振动筛进行再次清选，未清选干净的花生秧蔓经过振动筛尽头的回料输送带被送回进料口进行再一次分离。筛选完成的花生秧蔓落至振动筛底层，将残留泥土等杂物再次通过振动筛加以排除。成品料还需经过两道吸风机的清选，以保证草料的优质性。成品料经过传送完成自动装袋。

该机采用刀片式切碎，比传统的锤片式切碎更节能，作业成本更低；采用负压清选，除膜彻底；整机可一次性完成切碎、除膜、去土、装袋，整个作业过程高效顺畅，适应我国各地花生覆膜种植区的秧蔓处理要求。

主要技术参数：配套动力：22～30kW。主轴转速：1 600r/min。生产率：1～2t/h。

四、花生秧除膜揉切机使用

（一）使用前的准备

（1）使用前，将机器置于平整的地面上；检查安全防护措施是否完善。

（2）检查各部件连接部分是否紧固；检查旋转部分是否灵活，各轴承内加注润滑油，齿轮箱加注齿轮油。

（3）空机运转，设备应运转平顺流畅，确定无异常情况后，用扳手拧紧转动机构的所有螺栓。

（4）检查各传动部位的传动带、输送带是否跑偏，三角带松紧度是否适宜。

（5）根据所需要草料的除膜率调节筛孔大小。

（二）工作中的管理

（1）操作过程中，入料保持匀速，且速度不宜过快。

（2）禁止将石块、木块、金属物等坚硬物体喂入机内，以免损坏机器和造成人身事故。

（3）工作人员严禁正对进料口，以免飞出物伤人。

（4）作业时，如果吸出的草过多，则需开启风机上方的调风口；当需除膜效果好时关闭调风口。

（5）出膜口的布袋要敞着口或配除尘器。

五、花生秧蔓青贮技术与装备的研究探索

青贮是指把青绿多汁的青饲料在厌氧条件下（经过微生物发酵作用）保存

起来的方法。

（一）花生秧蔓的青贮方法

1. 收获运输

花生秧蔓并不是直接给动物吃的，需要经过处理，增强口感以及提高消化率。在花生成熟后应及时收获，并将花生秧蔓及时运输到青贮地点，以防耗时过长造成水分蒸发。

2. 粉碎切短

将花生秧蔓粉碎或切成 2～3cm 的小段，以利于装窖时踩实、压紧、排气，同时沉降也较均匀，养分损失少，还有利于乳酸菌生长，加速青贮过程。

3. 混料装窖

每 5t 花生秧蔓用青贮发酵剂 1kg，发酵剂和米糠按 1∶10 左右的比例（指的是质量）稀释混匀，然后装窖。一边装花生秧蔓，一边撒发酵剂，随装随踩，边缘踩得越实越好。

4. 密封发酵

发酵过程中应确保密封良好。采用塑料薄膜覆盖法制作青贮时，应注意最后覆盖塑料薄膜后压土或压上其他重物，薄膜应严格密封，防止漏气，一般 3～4 周即可发酵完成。

（二）花生秧蔓青贮的好处

1. 保存营养

花生秧蔓发酵后既保持了青饲料的松软多汁，还将营养损失降到最低。青贮可以减少营养成分的损失，提高饲料利用率。一般晒制干草养分损失 20％～30％，有时达 40％以上，而青贮后养分仅损失 3％～10％，尤其是能够有效地保存维生素。另外，通过青贮，还可以消灭原料携带的很多寄生虫（如玉米螟、钻心虫）及有害菌群。

2. 更易储存

花生秧蔓发酵制成青贮饲料后更易储存，即使在冬天也能保证青饲料的供应。

3. 营养丰富

花生秧蔓发酵过程中添加了大量的菌体蛋白和微量元素，所含营养成分更加丰富。

4. 适口性好

花生秧蔓经发酵后气味清香，口感极佳，畜禽更爱采食，还大大节省了饲料成本。

（三）花生秧蔓青贮设施与装备

花生秧蔓青贮设施和装备，与玉米秸秆青贮设施和装备基本相同，主要有青饲料打浆机、颗粒饲料机、青饲料加工颗粒机、铡草机、青饲料取装机、全混合日粮饲料制备机、青贮窖等，如图 7 - 23 所示。

青饲料打浆机　　　　颗粒饲料机　　　　青饲料加工颗粒机

铡草机　　　　青饲料取装机　　　　全混合日粮饲料制备机

青贮窖　　　　　　生物质成型机

图 7 - 23　花生秧蔓青贮设施与装备

第 八 章

花生初加工机械化技术与装备

花生初加工是花生果仁综合利用之前的重要生产环节，主要包括脱壳、分级、清选三个环节。本章简要介绍花生初加工机械化技术与装备。

第一节　花生脱壳技术与装备

花生剥壳后不易安全储藏，易受潮、霉变；同时，由于失去外壳的保护，易遭受机械损伤；呼吸作用会明显加快，种子内储存的营养物质会加剧消耗，从而导致生活力减弱，进而影响到发芽率和发芽势，造成缺苗断垄、弱苗和苗黄，直接影响花生产量。因此，用于销售的花生，一般在销售前几天进行剥壳，而用作种子的花生，则在播种前 10d 内剥壳。

一、花生脱壳方法

花生脱壳有人工剥壳和机械剥壳两种方式。

随着市场发展的需要，在花生脱壳机出现后，人们开始把花生剥壳加工成花生仁出售。以小型家用为主的花生脱壳机在我国一些地区广泛应用，而能够完成脱壳、分离、清选和分级功能的较大型花生脱壳机，在一些大批量花生加工的企业中应用较为普遍。使用花生脱壳机时，应注意花生果不能太潮湿，以免降低效率；也不能太干，否则易破碎，当花生果含水量低于 6% 时，应洒水闷一下后再剥壳。一般用花生脱壳机脱壳得到的花生仁存在破皮率和损伤率较高的现象，影响种用花生的质量，只能用于榨油、食品加工和食用，而不能用作花生种子。花生种子剥壳必须用花生种子专用剥壳机或人工剥壳方式。用作种子的量少时，可采用人工剥壳。

二、花生脱壳机的脱壳原理

目前，花生脱壳机的脱壳原理主要有以下几种。

（一）撞击法脱壳

撞击法脱壳原理是使花生荚果在高速运动的状态下瞬间受到阻碍，停止运动，这时会产生巨大的冲击力，使花生荚果外壳破碎，达到脱壳的目的。

目前，最典型的花生脱壳设备为由甩料盘和固定在甩料盘周围的粗糙壁板组成的离心脱壳机。甩料盘在高速运动的状态下，带动花生荚果旋转，这时花生荚果自身有一个很大的离心力，在离心力的作用下撞击脱壳机周围的箱体内表面，只需撞击力足够充分，花生荚果就会有大的变形，从而形成裂缝。当花生荚果离开箱体表面时，在离心力的作用下，花生壳产生不同的弹性变形，从而导致其运行速度不同，然而花生仁所受到的弹性力远不如花生壳，所以花生仁的运动速度也比花生壳的运动速度小，迅速阻止花生壳向外运动，从而使花生壳在先前由撞击产生的裂缝处完全裂开，达到了花生荚果脱壳的目的。

撞击法脱壳方法适用于仁与壳间隔较大，壳较脆，用较小撞击力就可使壳粉碎的花生荚果。主要的影响因素有花生仁含水率以及甩料盘的转速与构造特点等。

（二）碾搓法脱壳

碾搓法脱壳原理是花生脱壳机内的两个磨片做相对运动，使得花生荚果在磨片之间受到剧烈的碾压作用，从而撕碎花生荚果外壳，达到脱壳的目的。

目前，最典型的花生脱壳设备是由固定圆盘和旋转圆盘组成的圆盘脱壳机。当花生荚果通过喂入口进入两磨片中间时，花生仁在动磨片的作用下产生离心力，沿径向运动，飞出脱壳机，而花生荚果也受到了定磨片的反向摩擦力；磨片上装有牙齿形状的切碎装置，不断地对花生外壳进行切割，从而使花生外壳发生裂缝而破碎，这时花生仁与花生壳分离，完成脱壳。

其主要影响因素为花生荚果含水率、圆盘直径、圆盘转速、动磨片与定磨片的间隔大小、花生荚果形状大小及其均匀程度等。

（三）剪切法脱壳

剪切法脱壳原理是花生荚果经过固定刀架和转鼓装置时，在两个做相对运动的刀板的剪切力作用下，花生外壳产生裂缝并裂开，达到脱壳的目的。

目前，最典型的花生脱壳设备是刀板脱壳机。它主要的工作部件为刀板转鼓和刀板座。其结构特点为：刀板座为凹形，且装有刀板，刀板座与同样装有刀板的刀板转鼓共同对花生荚果产生作用，且刀板座和刀板转鼓的间隔可按照花生荚果尺寸的大小进行调整，以便能够有效脱壳，保证花生脱壳机的脱净率和降低花生仁的破碎率。当刀板脱壳机进行脱壳作业时，刀板转鼓和刀板座对花生荚果产生剪切力，在剪切力的作用下，花生外壳产生破裂，达到脱壳的目的。

其主要影响因素为花生荚果含水率、转鼓转速、刀板之间的间隙等。

（四）挤压法脱壳

挤压法脱壳原理是由两个圆柱辊对花生荚果进行挤压，从而达到脱壳的目的。

用于挤压脱壳的两个圆柱辊的结构特点为：直径相同；转动方向相反；转

速相等；可以根据花生荚果的大小自动调整两辊之间的间隙。工作时，花生荚果与圆柱辊接触情况良好，花生荚果进入两辊之间。首先，花生荚果被圆柱辊夹住；其次，花生荚果被卷入两辊之间；最后，花生荚果被圆柱辊挤压，花生外壳发生破碎，实现脱壳。

其主要影响因素为圆柱辊之间的间距、圆柱辊转速等。这种方法直接影响花生脱壳机的脱净率和花生仁的破碎率。

（五）搓撕法脱壳

搓撕法脱壳原理是由两个做相对运动的滚筒（材料为橡胶）对花生荚果产生搓撕的作用，从而达到脱壳的目的。

搓撕脱壳的两个滚筒的结构特点为：两个滚筒要水平装置在脱壳机上；两个滚筒的转速不同，且做反方向的相对运动，产生速度差；滚筒本身有弹性，且摩擦系数较大。工作时，花生荚果与滚筒表面接触良好，在啮入角小于摩擦角时，进入两滚筒之间，被滚筒啮入。花生荚果进入滚筒之后，受到滚筒的两个不同方向摩擦力的作用；与此同时，花生荚果还受到两滚筒的挤压作用，在摩擦力和挤压力的共同作用下，花生荚果产生形变而导致破碎，从而完成脱壳。

其主要影响因素为两滚筒的速度差、滚筒硬度、滚筒半径、两滚筒的间距等。

（六）其他新型脱壳原理

1. 压力膨胀脱壳

压力膨胀脱壳原理是通过改变花生荚果内外的压力来对花生荚果进行脱壳。压力式花生脱壳机如图 8-1 所示。

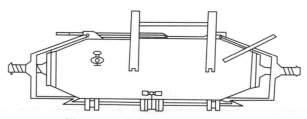

图 8-1　压力式花生脱壳机示意图

在压力容器内，首先将压力气体充进花生荚果，在气体的作用下，花生荚果内含有与容器内相平衡的压力，待内外压力相对平稳之后，维持一段时间，然后突然把外界的压力全部卸掉。因为花生荚果内的压力和外界的压力有一定的压力差，无法达到平衡，压力差转化为带有极大能量的爆破力，进而达到花生荚果脱壳的目的。

主要的影响因子有：花生荚果内外大气压力、花生仁含水率等。

2. 气吸式脱壳

气吸式脱壳原理是利用带有一层弹性体的两个滚筒（吸附滚筒和挤压滚筒）作用在花生荚果上的力，达到脱壳的目的。气吸式花生脱壳机如图8-2所示。

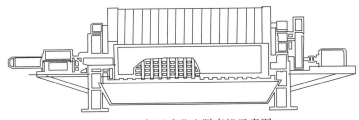

图8-2　气吸式花生脱壳机示意图

吸附滚筒和挤压滚筒共同组成气吸式脱壳弹性体，内有形状为圆周的多条弧形槽和弧形槽内的多个吸附孔；吸附滚筒中还设有可以改变吸附孔数量的挡板装置，可以对吸附力的大小进行调整。挤压滚筒和吸附滚筒一同连接在脱壳机的机架上，挤压滚筒通过传动装置与吸附滚筒相连接，它们共同作用进行脱壳作业。

3. 真空脱壳

真空脱壳是把花生荚果放置在真空脱壳机中，在真空的环境中把含有一定湿度的花生荚果加热至一定温度，脱壳机中的真空装置会对花生荚果的水分进行连续的抽吸作用，致使花生荚果水分被完全抽吸掉，不含水分的花生壳的坚硬度会大大降低，而且极易破碎；由于真空效果，花生壳外的压力降低，壳内压力增高。当花生壳内外压力差达到一定程度时，花生壳就会爆裂，达到脱壳的目的。

4. 激光脱壳

激光脱壳即用激光切割坚果壳。试验表明，该方法可以实现几乎100%的整仁率，但由于其成本高、效率低下等，很难得到推广。

三、脱壳装备

（一）脱壳设备研发

1. 气爆式花生脱壳机

气爆式花生脱壳机属于压力膨胀脱壳。气爆式花生脱壳机的理论基础为花生壳本身具有通透性这一特征。机器工作时先将花生荚果放置在密封容器内，然后对花生荚果进行充气以完成加压，使花生荚果内外压力在一段时间内达到标准值，保持容器内的压强一段时间后，突然打开容器使花生荚果与大气接触，花生荚果在内外压差的作用下被破坏。气爆式花生脱壳机如图8-3所示。

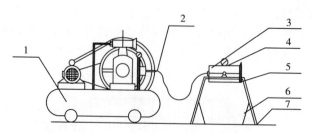

图 8-3 气爆式花生脱壳机示意图

1. 空气压缩机 2. 高压胶管 3. 密封容器 4. 压力表 5. 活门 6. 开口布袋 7. 机架

2. 立锥式花生脱壳机

立锥式花生脱壳机采用了倒圆锥形的滚筒，并在机器的设计中考虑到转动惯量等因素，整机有较高稳定性。脱壳关键部件为倒圆锥形的滚筒。滚筒上装有螺旋式的橡胶筋条，筋条可以随着滚筒的滚动做螺旋运动，进而推动脱壳机构中的花生荚果做螺旋运动。花生荚果会受到筋条的打击和挤搓，可提高花生荚果的脱壳率。与此同时，由于采用立锥式设计，可以保证完成脱壳后的花生迅速从脱壳机构中排出，减少在机构中停留的时间，以此来减少花生仁受损伤的机会。该机还可根据花生荚果尺寸的大小调整倒锥滚筒的位置，具有较强的通用性。

3. 刮板式花生脱壳机

刮板式花生脱壳机主要由机架、电动机、脱壳滚筒、凹板筛、风机等部件组成，如图 8-4 所示。

工作时，花生荚果经进料斗进入脱壳机构后，在高速旋转的转轴-刮板机构与固定的凹板筛之间运动，经过不断循环的撞击、摩擦，最终完成破壳。而后花生壳和花生仁的混合物通过凹板筛，花生壳在下落时受到水平方向的风力作用，经花生壳出口排出，完成脱壳得到的花生仁则会从花生仁出口排出。

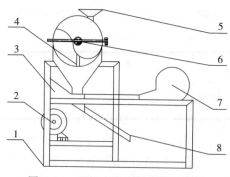

图 8-4 刮板式花生脱壳机示意图

1. 机架 2. 电动机 3. 花生壳出口 4. 凹板筛 5. 进料斗 6. 脱壳滚筒 7. 风机 8. 花生仁出口

4. 三滚式育种花生脱壳机

三滚式育种花生脱壳机属于打击式花生脱壳机。三滚式育种花生脱壳机的脱壳部件为由 3 组脱壳滚筒-凹板筛构成的脱壳机构。每组脱壳机构的滚筒与凹板筛的间隙不同，筛孔大小与脱壳花生尺寸相匹配，每组脱壳机构均可独立完成脱壳作业。3 组滚筒能够满足不同尺寸花生荚果的脱壳，具有较强的通用性，且凹板筛更换较为简单，整机可靠性较高。三滚式育种花生脱壳机如图 8-5 所示。

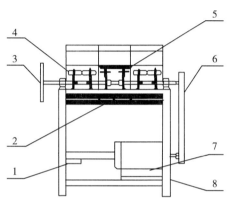

图 8-5 三滚式育种花生脱壳机示意图

1. 出仁口　2. 凹板筛　3. 滚筒带轮　4. 脱壳滚筒　5. 挡板　6. 传动带　7. 电机　8. 机架

（二）其他常用脱壳设备

目前，我国花生脱壳机械种类繁多，但在剥壳原理上基本相差无几，大多是采取打击揉搓的机理来实现花生荚果剥壳。

机械式花生脱壳装备，根据脱壳原理、结构形式的不同，可分为打击揉搓式、磨盘式两种，其中以打击揉搓式使用最为广泛。打击揉搓式花生脱壳装备根据脱壳滚筒结构形式不同，可分为开式脱壳滚筒和闭式脱壳滚筒两种。

1. 6BH-800 型花生脱壳机

6BH-800 型花生脱壳机主要由机架、电机、柔性脱粒滚筒、凹板筛、风机等组成，如图 8-6 所示。整机采用的是双滚筒复式脱壳与振动筛选结构，凹板筛和脱壳辊间距可调，作业关键部件可根据需要方便地进行更换，能有效提高花生脱净率、清洁度，降低破碎率及损伤率，可实现不

图 8-6 6BH-800 型花生脱壳机

同花生品种的高质量脱壳作业。可用于不同品种的油用、食用及种用花生的脱壳作业。

主要技术参数：生产率：400kg/h。破碎率：≤5%。脱净率：≥95%。清洁度：≥96%。

2. LY－20000 型花生脱壳机

LY－20000 型花生脱壳机由机架、风机、振动筛、观察孔、两级出料管、筛子接料斗和两级送料管等构成，如图 8－7 所示。

工作时，花生荚果由人工喂料，先落到粗纹栅里，由于转动的纹板与固定的栅条凹板间的搓力，从花生壳中剥离出去的花生仁与壳同时从栅网落下，再通过风道口由风力将大部分花生壳吹至机外，而花生仁和一部分尚未剥离的花生（小果）一起落入比重分选筛。经过重力筛选后，花生仁由筛面上行，通过出料口流入麻袋，而尚未剥离的花生（小果），则由筛面下行，经过出料口流入提升机，再由提升机送入细纹栅进行二次剥壳，再次经过比重分选筛分选，即可达到全部剥离。

振动筛后部固定安装有振动分级筛，振动分级筛与三级出料管固定连接，三级出料管通过三级送料管与固

图 8－7　LY－20000 型花生脱壳机

定在机架上的三级脱壳机相连；振动分选筛出口处增加了一个筛选小果的筛子，通过振动使小于两遍筛孔的小果分选出来，送到三级脱壳机进行三级剥壳。这样反复循环，秕果和小果都可实现脱壳，提高了脱净率。该机工作效率高、破碎率低，仅次于手剥花生米效果。

主要技术参数：生产率：5 000kg/h。破碎率：≤3%。脱净率：≥99%。损伤率：≤2%。含杂率：≤2%。

3. 花生种子脱壳及清选成套装备

花生种子脱壳及清选成套装备集成了提升、去石、带式清选等设备，构建成花生种子脱壳清选加工线，如图 8－8 所示。该技术的成功突破与示范应用，为降低我国花生种子制种成本、提高制种效率、实现统一供种提供了有效的技术装备支撑。可用于花生的去石、脱壳、清选加工作业。

图 8-8　花生种子脱壳及清选成套装备

主要技术参数：生产率：0.5～1t/h。破碎率：≤5%。含杂率：≤1%。

四、影响花生脱壳质量的因素

1. 分级处理

花生荚果的颗粒范围较大，需要按照大小分级，再进行脱壳，才能提高脱壳率，减少破碎率。

2. 水分含量

花生荚果含水量对脱壳效果有很大影响。含水量高，则外壳韧性增加；含水量低，则果仁的粉末度大。因此应使花生荚果的水分含量保持适宜，以保证外壳和果仁具有最大弹性变形和塑性变形的差异，即外壳含水量低到使其具有最大的脆性，脱壳时能被充分破裂，同时又要保持果仁的可塑性，不能因为水分太少而使果仁粉末度太大，从而降低果仁破损率。

为使荚果水分适宜，可采取下列办法：一是脱壳前先用 10kg 左右的温水，均匀喷洒在 50kg 荚果上，再用塑料薄膜覆盖一段时间（冬季 10h，其他季节 6h），然后在阳光下晾晒 1h 左右，再进行脱壳；二是将较干的花生荚果浸在大水池内，浸后立即捞出，并用塑料薄膜覆盖 1d 左右，再在阳光下晾晒至适宜水分脱壳。

五、脱壳装备的使用

花生种子专用脱壳机，可以一次性完成对花生荚果的剥壳、清选及分级等作业。不但可降低花生仁破碎率、提高脱净率，而且可分级筛选出大小不同的花生仁，提高花生仁的品质。

技术规范及使用事项：

（1）花生种子专用脱壳机要达到如下作业质量要求：种子破损率＜5％，脱净率≥95％，机械脱壳种子发芽率≥98％。

（2）花生脱壳机空运转时间达到规定要求后，应先小批量喂入物料进行试运行，如有问题应停机检查调整，待符合要求后方可进行正常作业。

（3）喂料时应保持适量、均匀、连续喂入。

（4）作业过程中，若花生壳中果仁较多，应适当调整风机，使风量变小，反之将风量调大。破碎率较高时，可调大间隙；脱壳不净，则要调小间隙。

（5）作业过程中出现滚筒堵塞时，应检查喂入量的大小、三角带的松紧度以及电源电压等。

（6）采用自动喂入装置的，物料喂入量应按照产品使用说明书等有效技术文件的规定确定。

（7）采用自动装袋装置的，花生仁自动装袋接近满袋时，应及时拨动分流板，以防堵塞。

（8）作业过程中要经常对各部分螺栓进行检查，发现松动应及时停机拧紧。

（9）对于结构差异导致的花生脱壳机作业要求上的差异，应严格按照随机附带的产品使用说明书等有效技术文件进行操作。

第二节　花生分级技术与装备

在花生加工和商品化过程中，花生荚果分级是一个非常重要的环节。花生的品种及生长条件差异造成花生荚果尺寸差别较大，通过分级，可使花生荚果大小、品质等基本达到一致，对其后续的储藏、深加工及提高产品档次和市场竞争力具有重要意义。

一、国内外花生荚果分级机械研发现状

花生荚果分级可提高花生荚果尺寸的均匀一致性，现有花生荚果分级技术主要采用旋转滚筒筛、拍打式清筛机构进行清筛。实现花生荚果高效、低损、顺畅分级是需进一步突破的关键问题。

（一）国外花生荚果分级机械研发现状

Dowell 设计了一种花生荚果自动分级设备，工作原理见图 8 - 9。该设备可以分级更大的花生荚果样本，同时保持大致相同的样品处理速度，以降低抽样误差。

智能式分级设备可以快速、无损、一次性地完成大小、形状、颜色等多个指标的检测并进行分级。近年来，国外花生荚果分级对近红外、计算机图像识别等技术均有一定的应用。

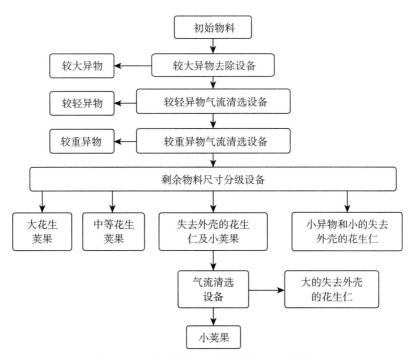

图 8-9　花生荚果自动分级设备工作原理图

Sundaram 等发明了一种带壳花生无损检测设备。该设备采用 VIS（可见光）/NIR（近红外光）光谱法，可以直接对未脱壳的花生荚果进行检测，确定花生仁品质优劣。

（二）国内花生荚果分级机械研发现状

目前常见的花生荚果分级设备有两种，分别是振动筛式花生分级机和滚筒式花生分级机。振动筛式花生分级机利用适当大小和形状的筛孔，通过振动的形式让不同大小、形状的花生通过筛孔完成分级。滚筒式花生分级机有若干多孔转筒，各转筒的开孔沿花生行进方向自小到大。花生在转筒作用下沿转筒外表面先后经过各个转筒，当花生小于孔眼时，便落入相应转筒内，再流入花生收集槽，如此可分离得到大小不同的花生。

二、花生分级装备

由青岛枫林花生机械有限公司生产的 6HXG 系列花生果筛选机包括 6HXG-4、6HXG-6、6HXG-8，即 4、6、8m³ 三种型号，如图 8-10 所示。该设备采用滚筒式筛选，滚筒直径为 1.1m，花生荚果经提料机进入滚筒后，由螺旋片不断向前推动，达到分级的目的，具有产量高、无损伤的特点，可分选 2～4 种规格，生产率为 1.2～2t/h，可用于大型花生加工厂。

农业农村部南京农业机械化研究所在 SCY 圆筒初清筛机基础上，通过改进清筛装置与优化筛片结构参数，设计了栅条滚筒式花生分级机。该机对脱壳前的花生按照荚果外形尺寸大小进行分级，主要由机架、进料装置、出料装置、筛分装置、传动装置和清筛装置等组成，如图 8-11 所示。

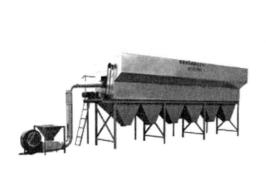

图 8-10　6HXG 系列花生果筛选机　　　图 8-11　栅条滚筒式花生分级机

栅条滚筒式花生分级机采用差速反向旋转结构、外部强制清筛钢刷与长孔筛组配形式，改进现有筛选设备，有效解决了花生荚果由于外表"歪歪扭扭、坑坑洼洼"造成的严重堵塞问题，实现了花生荚果顺畅分级。工作时，电机带动栅条滚筒转动，花生从进料装置进入栅条滚筒并随之转动，同时受到栅条滚筒内置螺旋叶片的推送而不断向前。在输送过程中，尺寸较小的花生将通过栅条间的间隙进入小物料出料斗。尺寸较大的花生继续向前运动，进入大物料出料斗。作业时，可根据花生外形尺寸大小，更换栅条滚筒，使得栅条间隙与花生尺寸相对应，提高分级效果。或是增加滚筒段数，提高分级级数。该机动力小、产量高，运转平稳可靠，换筛维修方便，结构紧凑，占用空间小。生产率为 500～800kg/h；圆筒转速为 20r/min；分级合格率为 85%～95%。

第三节　花生清选技术与装备

荚果清选的目的是清除碎裂植株、石子、泥土等杂物以及未成熟、霉变、发芽的果实。荚果清选有人工清选和机械清选两种。虽然在花生联合收获机械上有清选装置，但清洁度还不够，需要进一步清选。

一、花生清选技术

目前我国花生清选环节的机械化设备，根据清选原理可分为以下三种。

1. 筛选

筛选是指利用花生与杂质的尺寸差异进行筛子清选。筛选可以清理掉石子、碎土等杂质，但无法清除茎蔓、茎秆等杂质，而且筛选容易造成筛孔堵塞而影响含杂率，所以目前几乎不使用只有筛选的清选装置。筛选设备如图8-12所示。

2. 气流清选

气流清选是利用花生与杂质的飘浮速度不同进行清选。气流清选又分为吹出型和吸入型。气流清选主要能够清除质量较小的茎秆等杂质，但是无法将质量较大的石子、土块清除干净，所以目前单独使用气流清选的清选装置也少。气流清选设备如图8-13所示。

图8-12　筛选设备　　　　　　　图8-13　气流清选设备

3. 风机振动筛组合式清选

该方式主要是利用空气的气流运动及振动筛的振动输送特性，清选、分离大小杂质。使振动筛和气流同时进行分离清选，是目前使用广泛的清选方式，清选效果好，能够达到我国的清选标准。风机振动筛组合式清选设备如图8-14所示。

图8-14　风机振动筛组合式清选设备

二、花生清选装备

1. 6AHL－11T 型花生清选机

6AHL－11T 型花生清选机，主要由机架、电机、传动系统、去根锯片、滚筒、风机等部件组成，如图 8－15 所示。整机采用上下层结构，上层钢齿锯片给花生去子房柄，之后花生经过风选比重后落入下层独特设计的"双滚筒"结构，该结构对花生进行筛选。"双滚筒"筛选设计不但作业效率更高，而且清洁度高；"双滚筒"筛选设计不会堵塞筛孔，而且振动小、耐用。

图 8－15　6AHL－11T 型花生清选机

2. 5XFZ－5 型花生果清选机

5XFZ－5 型花生果清选机主要由机架、振动筛、风机、电机、传动系统等部件组成，如图 8－16 所示。5XFZ－5 型花生果清选机的特点是将风选、筛选、比重选合为一体，用于清除花生果中的茎秆、叶、果壳、尘土及瘪粒等轻重杂物。适用于农户小规模生产经营的花生清选作业。

图 8－16　5XFZ－5 型花生果清选机

3. 5XFZ - 26ZS 型双比重复式花生清选机

5XFZ - 26ZS 型双比重复式花生清选机主要由机架、电机、传动系统、振动筛、风机等部件组成，如图 8 - 17 所示。整机采用双比重复式清选的设计理念，以毛刷为主要清筛形式，有效地提高了花生果二次重力分选，一次作业即可达到清选标准。省时省力、生产率高、清选效果优。

主要技术指标：生产率为 2～26t/h，配套动力为 15kW 电机。

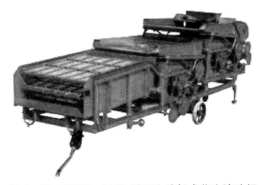

图 8 - 17　5XFZ - 26ZS 型双比重复式花生清选机

附录1

花生全程机械化生产技术规范（NY/T 3661—2020）

1 范围

本标准规定了花生机械化生产中的基本要求、耕整地、播种、田间管理、收获、干燥作业环节的技术要求。

本标准适用于黄淮海产区的花生机械化生产作业。

注：黄淮海产区包括北京、天津、山东的全部，河南、河北的大部，以及江苏和安徽北部。

2 规范性引用文件

下列文件对于本文件的应用是必不可少的。凡是注日期的引用文件，仅注日期的版本适用于本文件。凡是不注日期的引用文件，其最新版本（包括所有的修改单）适用于本文件。

GB 4407.2 经济作物种子 第2部分：油料类

NY/T 496 肥料合理使用准则 通则

NY/T 499 旋耕机 作业质量

NY/T 500 秸秆粉碎还田机 作业质量

NY/T 502 花生收获机 作业质量

NY/T 503 单粒（精密）播种机 作业质量

NY/T 650 喷雾机（器） 作业质量

NY/T 742 铧式犁 作业质量

NY/T 987 铺膜穴播机 作业质量

NY/T 1276 农药安全使用规范 总则

NY/T 2845 深松机 作业质量

3 基本要求

3.1 机具

3.1.1 机具配备应综合当地自然条件、农艺要求、生产规模、机具特点、作业效率等生产因素，配套功能齐全、性能可靠、先进适用的全程机械化生产装备。

3.1.2 宜按照绿色生产发展要求，配套前茬秸秆还田、免膜播种、单粒精播、高效植保、水肥一体化等机械设备。

3.1.3 所选拖拉机功率、轮距、机具作业幅宽应与地块大小、种植模式匹配。

3.1.4 优先选用复式联合作业机械；不具备复式联合作业条件的，可选用单项作业方式和相应机械。

3.1.5 机具在作业前，应按照使用说明书要求调整至工作状态；安全性能应符合相关标准要求。

3.1.6 操作人员应经过培训掌握操作技术，按照机具使用说明书要求进行操作。

3.2 种子

3.2.1 应选择通过国家或省级审（认）定的、抗逆性强的、适宜机械化作业的优质高产品种。夏花生应选择早熟或中早熟型品种。

3.2.2 种子应精选、分级，种子质量应符合 GB 4407.2 的要求。单粒精播种子发芽率应不低于 95%。

3.2.3 种子宜进行包衣处理；未包衣的种子，播种前应根据当地病虫害发生情况，有针对性地选择防治药剂进行拌种处理。

3.3 地块

3.3.1 作业地块宜选择地势平坦或缓坡状地块，集中连片，排灌良好，适宜机械化作业。土壤应符合花生栽培要求，宜选择土层深厚、土壤肥沃、通透性好的沙土或沙壤土。

3.3.2 花生地块宜与粮食作物轮作换茬，实行粮油一年两作或两年三作，不宜重茬连作。

3.3.3 在前茬作物收获后，宜将秸秆粉碎还田。秸秆还田作业质量应符合 NY/T 500 的规定。

4 耕整地

4.1 耕整地应根据当地种植模式、农艺要求、土壤条件和地表残茬及秸秆覆盖状况等因素，选择作业方式和时间。

4.2 春花生在上茬作物收获后，地表残茬多的地块宜犁耕，残茬少的地块可深松。犁耕、深松作业应在冬季前进行，作业深度不低于 25cm，作业质量分别符合 NY/T 742、NY/T 2845 的要求。播前应精细整地，土壤疏松细碎、平整沉实。

4.3 夏花生在上茬作物秸秆处理后，宜旋耕两遍，作业深度应大于 15cm，作业后土层疏松、地表平整、土壤细碎。作业质量应符合 NY/T 499 的规定。

4.4 底肥应随耕整地作业深施。肥料宜以农家肥为主，化肥为辅。农家肥亩施 1 000～1 500kg，化肥根据测土配方要求，亩施花生专用肥 50～75kg。施肥应在耕整地前均匀撒施地表，随耕整地施入土壤中。肥料使用应符合 NY/T 496 的规定。

5 播种

5.1 根据品种特性、自然条件、栽培模式等因素，合理确定播期、播深和播种密度。

5.2 春花生适宜播期为地表下 5cm 处连续 5d 地温 12℃以上，大花生及高油酸花生应提高 3～6℃。夏花生在前茬作物收获后及时播种。

5.3 播种时，宜足墒播种。墒情不足时，春花生应先造墒后整地播种，夏花生应先整地播种后造墒。

5.4 花生种植模式分为垄作和平作。宜采用 1 垄 2 行种植模式。垄距 75～80cm，垄高 10～12cm，垄面宽 50～55cm，垄上行距 25～28cm。易发生涝害的地区增加垄高到 15～20cm。

5.5 花生宜采用双粒穴播，春花生亩播 8 500～9 500 穴，夏花生亩播 10 000～11 000 穴。单粒精播春花生亩播 14 000～15 000 粒，夏花生亩播 15 000～17 000 粒。

5.6 播种深度 3～5cm，膜下播种取小值，免膜播种或膜上播种取大值。播行膜上覆土 1～2cm，播后镇压。

5.7 播种时，应同步施种肥和喷施除草剂。施肥量一般亩施种肥 10～15kg，施肥深度 10～15cm，种肥间距不低于 10cm，宜侧深施肥。除草剂喷施量按使用说明书确定，应均匀喷施，避免漏喷。

5.8 穴播作业质量应符合 NY/T 987 的规定。单粒精播作业质量应符合 NY/T 503 的规定。

6 田间管理

6.1 排灌

在花针期和结荚期，应根据土壤墒情采用喷灌、滴灌等高效节水灌溉技术和装备适时灌溉。花生生长中后期，雨水较多、田间积水时，应及时排水，防涝避免烂果。

6.2 追肥

饱果期对长势弱的花生田，要及时补充养分。追肥可采用水肥一体化设备，也可选用喷雾机械叶面喷施。

6.3 植保

6.3.1 在花生生长各阶段根据病虫害发生规律及突发疫情，选用适宜的药剂及用量进行防治作业。

6.3.2　花生盛花到结荚期，株高超过 35cm 且日生长量超过 1.5cm 时，应用化控剂进行叶面喷施 1～2 遍，将株高控制在 50cm 以内。

6.3.3　施药应均匀喷洒，不漏喷、不重喷、低飘移。

6.3.4　宜选用喷杆喷雾机、无人植保机等高效植保机械。花生植保作业应符合 NY/T 650、NY/T 1276 的要求。

7　收获

7.1　根据当地土壤地块条件、经济条件和种植模式，选择适宜的机械化收获方式和装备。

7.1.1　沙土、壤土平坦地块，宜采用联合收获方式，一次性完成花生挖掘、输送、抖土、摘果、清选、集果等作业。

7.1.2　丘陵坡地宜采用分段收获方式，选用花生挖掘机械作业，人工捡拾，机械摘果。

7.1.3　缺乏晾晒场地的地区，先用花生挖掘机械收获晾晒后，采用捡拾联合收获方式，一次完成捡拾、摘果、清选、集秧、集果等作业。

7.2　花生收获作业质量应符合 NY/T 502 的要求。

7.3　花生收获后的秧蔓应及时处理。采用联合收获的花生秧蔓，在田间晾晒至含水率 15％～18％时，应捡拾回收。分段收获的花生秧蔓，晾晒摘果后秧蔓可直接回收。

8　干燥

花生收获后，宜采用热风干燥设备进行降水，避免霉变。当荚果水分≤10％时，应放入仓储设施存放。

附录 2

花生播种机 作业质量（NY/T 3660—2020）

1 范围

本标准规定了花生播种机的作业质量要求、检测方法和检验规则。

本标准适用于花生播种机春季穴播作业的质量评定。

2 规范性引用文件

下列文件对于本文件的应用是必不可少的。凡是注日期的引用文件，仅注日期的版本适用于本文件。凡是不注日期的引用文件，其最新版本（包括所有的修改单）适用于本文件。

GB 4407.2 经济作物种子 第 2 部分：油料类

3 术语和定义

下列术语和定义适用于本文件。

3.1 垄顶膜上覆土厚度 thickness of the soil covering the ridge top mask

播行处垄顶膜上覆土厚度。

3.2 播种深度 depth of sowing

种子上部到地膜（无地膜覆盖时为地表）的垂直距离。

3.3 种肥间距 the shortest distance between seed and fertilizer

种子与肥料之间的最短距离。

4 作业质量要求

4.1 作业条件

地块平整，土壤表层疏松细碎，上虚下实。种子应符合 GB 4 407.2 的规定，穴粒数符合当地农艺要求。春季花生播种前 5d 地表 5cm 以下日平均地温应达 12℃ 以上；土壤相对含水量为 65%～70%。机手应按当地春播花生农艺要求和使用说明书规定调整和使用花生播种机。

4.2 作业质量指标

在 4.1 规定的作业条件下，花生播种机作业质量应符合表 1 的规定。

表 1　作业质量要求

序号	检测项目名称	质量指标要求	检测方法对应的条款号
1	膜边覆土率	≥98.0%	5.3.1
2	邻接垄距合格率	≥75.0%	5.3.2
3	垄顶膜上覆土厚度合格率	≥85.0%	5.3.3
4	穴距合格率	≥80.0%	5.3.4
5	空穴率	≤3.0%	5.3.4
6	穴粒数合格率	≥75.0%	5.3.4
7	播种深度合格率	≥85.0%	5.3.4
8	种肥间距合格率	≥85.0%	5.3.4

注 1：邻接垄距以当地农艺要求±5cm 为合格。

注 2：垄顶膜上覆土厚度以当地农艺要求±0.5cm 为合格。

注 3：穴距以当地农艺要求×（1±10%）为合格。

注 4：合格穴粒数为当地农艺要求的粒数。

注 5：播种深度 3～5cm 为合格。

注 6：种肥间距以当地农艺要求±1cm 为合格。

5　检测方法

5.1　抽样方法

在播种机作业后的地块中，沿地块长宽方向的中点连十字线，将地块分成 4 块，随机选取对角的 2 块作为检测样本地块。同一大地块由多台不同型号播种机作业后，先找出每台播种机作业后的分界线，把分界线当作地边线按上述方法抽样。

5.2　测点确定

在检测样本地块内找到 2 条对角线，对角线的交点作为 1 个取样点，然后，在 2 条对角线上，距 4 个顶点距离约为对角线长的 1/4 处取另外 4 个点作为取样点，在 5 个取样点处取 2 垄 2 行。各检测项目测点选取方法见表 2。

表 2　测点选取方法

检测项目	每个取样点处测点选取方法
膜边覆土率	沿垄长以 5m 为 1 个小区长度，每垄每侧连续取 5 个小区
邻接垄距合格率	沿垄长每隔 5m 为 1 个测点，每垄每侧连续测 5 点

（续）

检测项目	每个取样点处测点选取方法
垄顶膜上覆土厚度合格率	沿垄长方向，每播行每隔 50cm 为 1 个测点，每行连续测 10 点
穴距合格率、空穴率、穴粒数合格率、播种深度合格率、种肥间距合格率	沿播行，每行连续选取测量 10 个穴距、10 个测点

5.3 作业质量测定

5.3.1 膜边覆土率

按 5.2 选取测区，测量每个测区内地膜边缘未覆土长度，按式（1）计算膜边覆土率，求平均值。

$$Y = \left(1 - \frac{b}{b_0}\right) \times 100\%$$ （1）

式中 Y——膜边覆土率，%；

　　　b——膜边未覆土长度之和，m；

　　　b_0——测定总长度，m。

5.3.2 邻接垄距合格率

按 5.2 选取测点，测量相邻两工作幅宽的邻接垄距，按式（2）计算邻接垄距合格率，求平均值。

$$Q = \frac{t}{t_0} \times 100\%$$ （2）

式中 Q——邻接垄距合格率，%；

　　　t——邻接垄距合格数，个；

　　　t_0——邻接垄距测定总数，个。

5.3.3 垄顶膜上覆土厚度合格率

按 5.2 选取测点，测量垄顶膜上覆土厚度。按式（3）计算垄顶膜上覆土厚度合格率，求平均值。

$$W = \frac{d}{d_0} \times 100\%$$ （3）

式中 W——垄顶膜上覆土厚度合格率，%；

　　　d——垄顶膜上覆土厚度合格数，个；

　　　d_0——垄顶膜上覆土厚度测定总数，个。

5.3.4 穴距合格率、空穴率、穴粒数合格率、播种深度合格率、种肥间距合格率

按 5.2 选取测点，将地膜揭开，从垄顶开始用手或工具缓慢轻拨土层直至

露出种子，注意在拨土过程中不要触动种子，记录每穴种子粒数，测量穴距和播种深度。然后，继续拨土至露出肥料，测量种肥间距。按式（4）分别计算穴距合格率、空穴率、穴粒数合格率、播种深度合格率、种肥间距合格率，求平均值。

$$H = \frac{n}{n_0} \times 100\%\qquad\qquad（4）$$

式中　H——穴距合格率、空穴率、穴粒数合格率、播种深度合格率、种肥间距合格率，%；

　　　n——穴距合格数、空穴数、种子粒数合格穴数、播种深度合格数、种肥间距合格数，个；

　　　n_0——穴距、穴数、播种深度、种肥间距测定总数，个。

6　检验规则

6.1　作业质量考核项目

作业质量考核项目见表 3。

表 3　作业质量考核项目

序号	检测项目名称
1	膜边覆土率
2	邻接垄距合格率
3	垄顶膜上覆土厚度合格率
4	穴距合格率
5	空穴率
6	穴粒数合格率
7	播种深度合格率
8	种肥间距合格率

6.2　判定规则

对确定的检测项目进行逐项考核。所有项目全部合格，则判定花生播种机作业质量为合格，否则为不合格。

附录3

花生收获机 作业质量（NY/T 502—2016）

1 范围

本标准规定了花生收获机的作业质量要求、检测方法和检验规则。本标准适用于花生联合收获机、花生捡拾联合收获机、花生挖掘机的作业质量评定。

2 规范性引用文件

下列文件对于本文件的应用是必不可少的。凡是注日期的引用文件，仅注日期的版本适用于本文件，凡是不注日期的引用文件，其最新版本（包括所有的修改单）适用于本文件。

GB/T 5262 农业机械试验条件测定方法的一般规定

3 术语和定义

下列术语和定义适用于本文件。

3.1 花生联合收获机 peanut combine

一次完成花生植株挖掘、清土、摘果、果杂分离、荚果收集和秧蔓处理等作业的机械。

3.2 花生捡拾联合收获机 peanut combined harvester with pick–up header

一次完成花生植株捡拾、摘果、果杂分离、荚果收集和秧蔓处理等作业的机械。

3.3 花生挖掘机 peanut digger

一次完成花生植株挖掘、抖土、铺放作业的机械。

3.4 自然落果 physiological fallen pods

因果柄腐烂等原因而自然脱落的荚果。

3.5 地面落果率 percentage of pods dropped on the ground

作业后，脱离花生植株落在地表面荚果的质量占总荚果质量的百分比。

3.6 埋果率 percentage of pods buried in the ground

作业后，埋在土层内荚果的质量占总荚果质量的百分比。

3.7 破碎率 percentage of broken pods

作业后，仁果和果壳破损及果壳开裂荚果的质量占总荚果质量的百分比。

3.8 未摘净率 percentage of un‑picked pods

作业后，花生植株上未被摘下荚果的质量占总荚果质量的百分比。

3.9 含杂率 percentage of impurities

作业后，收获物中石子、土、叶、蔓、果柄、杂草、地膜等杂质的质量占收获物总质量的百分比。

3.10 带土率 soil content on digged peanut plants

挖掘机作业后，花生植株所夹带土的质量占收获物总质量的百分比。

4 作业质量要求

4.1 作业条件

4.1.1 花生联合收获机作业条件

花生成熟适收；植株高度不小于 30cm 且无倒伏；地势平坦，土壤为沙土或沙壤土，土壤含水率为 8%～15%。

4.1.2 花生捡拾联合收获机作业条件

植株呈条状均匀铺放，且带土率不大于 20%，花生荚果含水率不大于 20%。

4.1.3 花生挖掘机作业条件

花生成熟适收；土壤为沙土或沙壤土，土壤含水率为 8%～15%。

4.1.4 机器工况

机器在额定工况下作业。

4.2 作业质量要求

在规定的作业条件下，花生联合收获机、花生捡拾联合收获机、花生挖掘机的作业质量应符合表 1 的规定。

表 1 花生收获机作业质量指标

序号	检测项目	单位	质量指标要求			检测方法对应的条款号
			花生联合收获机	花生捡拾联合收获机	花生挖掘机	
1	总损失率	%	≤5.0	≤5.0	≤3.0	5.3.6
2	含杂率	%	≤5.0	≤8.0	—	5.3.3
3	破碎率	%	≤2.0	≤2.0	—	5.3.3
4	埋果率	%	—	—	≤2.0	5.3.1
5	带土率	%	—	—	≤30.0	5.3.2
6	作业后田间状况	作业后地表平整、无漏收、无机组对作物碾压、无荚果撒漏				5.3.7

注："—"为不考核项。

161

5 检测方法

5.1 作业地块

作业地块应符合 4.1 规定的要求，测试区宽度应不小于作业幅宽的 8 倍。

5.2 作业条件测定

土壤含水率、花生荚果含水率按照 GB/T 5262 的规定测定。

5.3 检测方法

在花生收获机作业区内，随机抽取 3 个小区进行测试，每个小区长度为 20m，宽度为花生收获机作业幅宽，每个小区机器的行走速度应符合说明书要求。在每个小区内沿长度方向随机取 3 个小样区。每个小样区长度为 2m，宽度为机器作业幅宽。

5.3.1 挖掘机地面落果率、埋果率的测定

拾起小样区地面上的所有荚果（疵果及自然落果不计）称其质量，找出埋在小样区土壤中的荚（包括因挖掘深度不够而未挖出的荚果，但疵果及自然落果不计）称其质量，摘下小样区中花生植株上的荚果称其质量。按式（1）、式（2）分别计算地面落果率和埋果率，并求出每个小区内 3 个小样的平均值。

$$D_a = \frac{m_1}{m_1 + m_2 + m_3} \times 100\%\ \tag{1}$$

式中　D_a——挖掘机的地面落果率，%；

　　　m_1——小样区地面上的荚果质量，g；

　　　m_2——小样区埋入土中的荚果质量，g；

　　　m_3——小样区花生植株上的荚果质量，g。

$$M_1 = \frac{m_2}{m_1 + m_2 + m_3} \times 100\%\ \tag{2}$$

式中　M_1——挖掘机的埋果率，%。

5.3.2 挖掘机带土率的测定

收集小区中的花生植株，不得抖动，称取样品质量，然后抖动花生植株进行去土处理，称取样品中土的质量。按式（3）计算带土率，并求出每个小区 3 个样品的平均值。

$$T = \frac{m_4}{m_5} \times 100\%\ \tag{3}$$

式中　T——挖掘机的带土率，%；

　　　m_4——挖掘机作业后所取样品中土的质量，g；

　　　m_5——花生植株样品质量，g。

5.3.3 联合收获机、捡拾联合收获机破碎率、含杂率的测定

从联合收获机、捡拾联合收获机在每个测试小区内所收获物中，随机抽取

3 个样品，每次取样不小于 2 000g，对样品进行处理，分别称取仁果和果壳破损及果壳开裂荚果的质量、好荚果质量、杂质质量，按式（4）、式（5）分别计算破碎率和含杂率，并求出每个小区 3 个样品的平均值。

$$P = \frac{m_6}{m_6 + m_7} \times 100\% \qquad (4)$$

式中　P——破碎率，%；

　　　m_6——样品中仁果和果壳破损及果壳开裂荚果的质量，g；

　　　m_7——样品中好荚果的质量，g。

$$Z = \frac{m_8}{m_6 + m_7 + m_8} \times 100\% \qquad (5)$$

式中　Z——含杂率，%；

　　　m_8——样品中杂质的质量，g。

5.3.4　捡拾联合收获机地面落果率、未摘净率的测定

拾起小样区地面上的所有荚果（疵果及自然落果不计）称其质量，收集小样区中的花生植株，摘下植株上未被摘下的荚果称其质量。按式（6）、式（7）分别计算地面落果率和未摘净率，并求出每个测区内 3 个小样的平均值。

$$D_b = \frac{m_9}{m_9 + m_{10} + 0.1 m_{11}(1-Z)} \times 100\% - \frac{1}{n}\sum_{i=1}^{n} D_i \qquad (6)$$

式中　D_b——捡拾联合收获机的地面落果率，%；

　　　m_9——小样区地面上的荚果质量，g；

　　　m_{10}——小样区花生植株上未摘下的荚果质量，g；

　　　m_{11}——小区收获物总质量，g；

　　　n——测区的个数；

　　　D_i——挖掘机测区内 3 个小样的平均值。

$$W_1 = \frac{m_{10}}{m_9 + m_{10} + 0.1 m_{11}(1-Z)} \times 100\% \qquad (7)$$

式中　W_1——未摘净率，%。

5.3.5　联合收获机地面落果率、埋果率、未摘净率的测定

拾起小样区地面上的所有荚果（疵果及自然落果不计）称其质量，找出埋在小样区土壤中的荚果（包括因挖掘深度不够而未挖出的荚果，但疵果及自然落果不计）称其质量，收集小样区中的花生植株，摘下植株上未被摘下的荚果称其质量。按式（8）、式（9）、式（10）分别计算地面落果率、埋果率和未摘净率，并求出每个测区内 3 个小样的平均值。

$$D_c = \frac{m_{12}}{m_{12} + m_{13} + m_{14} + 0.1 m_{15}(1-Z)} \times 100\% \qquad (8)$$

式中　D_c——联合收获机的地面落果率，%；

m_{12}——小样区地面上荚果质量，g；

m_{13}——小样区埋入土中荚果质量，g；

m_{14}——小样区花生植株上未摘下的荚果质量，g；

m_{15}——小区收获物总质量，g。

$$M_2 = \frac{m_{13}}{m_{12} + m_{13} + m_{14} + 0.1m_{15}(1-Z)} \times 100\% \qquad (9)$$

式中 M_2——联合收获机的埋果率，%。

$$W_2 = \frac{m_{14}}{m_{12} + m_{13} + m_{14} + 0.1m_{15}(1-Z)} \times 100\% \qquad (10)$$

式中 W_2——未摘净率，%。

5.3.6 总损失率的计算

挖掘机的总损失率按式（11）计算。

$$S_1 = D_a + M_1 \qquad (11)$$

式中 S_1——挖掘机的总损失率，%。

捡拾联合收获机的总损失率按式（12）计算。

$$S_2 + D_b + W_1 \qquad (12)$$

式中 S_2——捡拾联合收获机的总损失率，%。

联合收获机的总损失率按式（13）计算。

$$S_3 = D_c + M_2 + W_2 \qquad (13)$$

式中 S_3——联合收获机的总损失率，%。

5.3.7 作业后田间状况的检查

对整个作业区进行目测检查。

6 检验规则

6.1 作业质量考核项目

按表 2 进行作业质量考核项目。

表 2 作业质量考核项目

序号	项目名称	作业功能		
		花生联合收获机	花生捡拾联合收获机	花生挖掘机
		挖掘、清土、摘果果杂分离、果实收集和秧蔓处理	捡拾、摘果、果杂（土）、分离、荚果收集和秧蔓处理	挖掘、抖土、铺放
1	总损失率	√	√	√
2	埋果率	—	—	—

（续）

序号	项目名称	作业功能		
		花生联合收获机	花生捡拾联合收获机	花生挖掘机
		挖掘、清土、摘果、果杂分离、果实收集和秧蔓处理	捡拾、摘果、果杂（土）、分离、荚果收集和秧蔓处理	挖掘、抖土、铺放
3	破碎率	√	√	—
4	带土率	—	—	√
5	含杂率	√	√	—
6	作业后田间状况	√	√	√

注：表中"√"为考核项；"—"为不考核项。

6.2 评定规则

对确定的检测项目进行逐项考核。考核项全部合格时，判定花生收获机的作业质量为合格，否则为不合格。

附录 4

花生机械化播种作业技术规范（DB 37/T 3561—2019）

1 范围

本标准规定了花生机械化播种的术语和定义、作业条件、农艺要求、作业准备、田间作业规程、安全要求和机具保养与维护。

本标准适用于山东春花生 1 垄 2 行种植模式，夏花生及其他种植模式机械化播种作业可参考执行。

2 规范性引用文件

下列文件对于本文件的应用是必不可少的。凡是注日期的引用文件，仅所注日期的版本适用于本文件。凡是不注日期的引用文件，其最新版本（包括所有的修改单）适用于本文件。

GB 4407.2—2008　经济作物种子　第 2 部分：油料类

JB/T 7732　铺膜播种机

NY/T 503　单粒（精密）播种机　作业质量

3 术语和定义

下列术语和定义适用于本文件。

3.1 播种深度

播种穴（行）内种子上部覆土厚度。

3.2 膜上覆土厚度

覆膜播种时，播行上方覆土厚度。

3.3 空穴率

无种子的穴数与总穴数之比，用百分数表示。

4 作业条件

4.1 品种选择

花生品种选用生育期适中、株型直立、果柄韧性大的品种。

166

4.2　种子处理

4.2.1　脱壳

播前将花生果脱壳。

4.2.2　分级

采用分级机将脱壳后的种子，按体积大小分三级；除去大粒和小粒籽仁，选用体积中等，大小一致的籽仁作种。

4.2.3　拌种

按照农艺要求，将筛选好的种子进行药剂拌种。拌种后，晾干种皮再播种。

4.2.4　种子质量

双粒穴播种子质量应符合 GB 4407.2—2008 第 4.2.3 条的要求。单粒精播种子质量应符合种子发芽率≥95％、纯度≥96％、净度≥99％的要求。

4.3　土壤条件

4.3.1　地块条件

地块规整，地势平坦，利于花生种植，适宜机械化作业。

4.3.2　前茬作物秸秆处理

前茬作物收获后，应及时进行秸秆处理。离田处理田面要干净；还田处理要细碎，秸秆长度≤5cm，抛撒均匀。

4.3.3　土壤耕整

前茬作物秸秆处理后，要及时进行机械化耕整地。耕整前每亩撒施基肥 50kg 左右；耕翻深度 22～25cm，深浅一致，无漏耕；播前精细整地，做到土壤平整沉实、表层疏松细碎。

4.4　机械选择

播种机械应选择具有一次完成起垄、播种、施肥、喷药、覆膜、膜上覆土等功能的播种机。大规模生产组织可选择四轮拖拉机牵引式，小规模生产组织可选择手扶拖拉机牵引式；拖拉机轮距应与播种规格匹配。

5　农艺要求

5.1　播种时间

适墒播种。墒情不足，应造墒播种。春花生适宜播期为连续 5d 5cm 地温 12℃ 以上。山东西部一般在 4 月 25 日—5 月 5 日，山东东部一般在 5 月 1—15 日。

5.2　播种规格

为适应花生机械化联合收获，建议采用 1 垄 2 行播种模式。垄距 80～85cm，垄高 10～15cm，垄顶宽 50～55cm，垄上行距 25～28cm。

亩穴数应根据地力、品种特性确定。双粒穴播，穴距 15～18cm，亩穴数
8 500～9 500 穴；单粒播种增加密度，粒距 10～12cm，亩穴数 13 000～15 000穴。

5.3 穴粒数

双粒穴播，每穴种粒数应为 2 粒。

5.4 播种深度

播种深度应为 3～5cm。播后镇压或覆膜镇压，膜上覆土厚度宜为 1～2cm。

5.5 喷施除草剂

花生机械播种应同步喷施除草剂，喷施量按药物使用说明确定。

5.6 施种肥

施肥深度 10～15cm，亩施肥量 10～15kg。

5.7 查苗补种

花生出苗后 1～3d 检查出苗情况，发现缺苗应及时补种。

5.8 作业质量

双粒穴播作业质量应符合 JB/T 7732 的规定，单粒播种作业质量应符合
NY/T 503 的规定。

6 作业准备

6.1 人员准备

6.1.1 操作人员由驾驶员和辅助人员 2 人组成。

6.1.2 拖拉机驾驶员和辅助人员须经过机械播种知识培训，合格后方可驾驶
和操作。

6.1.3 播种作业人员应熟悉播种的农艺要求。

6.2 播种机检查挂接

6.2.1 检查

检查播种整机状况，机架、开沟器、排种器、覆膜系统等机构部件应齐全
完整，无破损变形；发现缺损，应及时补齐更换；变形损坏及时维修更换。清
理播种机上各部件杂物、泥土；各润滑部位应加注润滑油。

6.2.2 挂接

按照播种机使用说明书挂接播种机。拖拉机悬挂装置应能使播种机准确可
靠起落，作业时使播种机处于牵引状态。

6.2.3 播前调整

6.2.4 水平调整

调节四轮拖拉机上、下拉杆，使播种机主梁纵向和横向都处在水平位置。

6.2.5 排种器调试

用手转动排种轴，检查其灵活性；加入种子，转动检查，确定穴粒数。

6.2.6 地膜安装调整

将地膜纸筒装入锥体支架内，调整支架的手动固定螺栓，使地膜中心位置与起垄装置中心位置重合。

7 田间作业规程

7.1 作业地块检查

7.1.1 地块检查

播种前查看地表情况。有墒沟地表不平地块，需重新旋耕整平；地面有障碍物，须清除障碍物；障碍物不能清除的做好标志。

7.1.2 划分作业区

根据地块情况划分作业小区，划出机组地头起落线，做出标志。小区宽度为播幅的整数倍；地头宽度为播种机工作幅宽的 2～3 倍；地头与机耕道连接的，可不设地头起落线。

7.2 试播作业

7.2.1 试播种

机具调整调试后，进行试播作业。将种子加入种箱，按农艺要求兑好除草剂，将药桶充满，在待播地中作业 20m 左右，在满足作业质量要求的条件下，确定适宜播种作业速度。

7.2.2 检查调整

检查播深、穴距、穴粒数、膜上覆土厚度等性能指标，及压膜和镇压效果。必要时进行相应调整，符合农艺要求后，投入正常播种作业。

7.2.3 质量检查

机组进入新地块作业，都应进行一次质量检查；特大地块要在中间进行 2～3 次检查。

7.3 作业要求

作业时应保持匀速直线行驶，作业速度控制在 2～4km/h，中途不得拐弯、倒退和停车：

a. 作业线路一般为往复式，邻接播种，避免重播、漏播。如播种机有划线装置，应按作业线作业。作业至地头时，在起落线处起落机具。

b. 操作者要随时观察种、药的余量。在地头处补充种、药，避免中途停车。作业时种箱内的种子不得少于种箱容积的 1/5。

c. 播种机组在调头、转弯及转移作业地块时，应缓慢提升机具到安全高度，防止行进间工作部件与地面碰撞。作业时应缓慢放下机具，以免撞击地面，造成部件损坏。

d. 作业中随时观察种箱、排种器、覆土圆盘、除草剂喷头等部件是否堵塞、缠绕，保证正常工作。

　　e. 作业后应清理机具上的黏土，回收剩余的种子、药液；及时检查易损件、添加润滑油、紧固螺栓。

8　安全要求

8.1　严禁在拖拉机未熄火停车状态下对播种机进行调整检修，以免发生危险。检修时，要有牢靠支撑。

8.2　严禁在播种机主梁两端站人或坐人，以防轴断伤人。

8.3　播种过程中严禁倒退和转弯，田间作业起落机具时附近禁止站人，在长距离转移时，必须插上销轴、开口销，防止伤人或损坏机具。

8.4　机组人员必须遵守机务安全操作规程，认真阅读使用说明书，熟悉机具性能、构造及调整和保养方法后，方能操作。

8.5　作业完成后应将种子、药剂的包装等造成环境污染的物品回收处理。

9　机具保养与维护

9.1　班次保养

　　应做到日常班次保养。每班工作完毕，须将种子、药液等从种箱清理干净。检查易损件损坏、磨损情况，及时修理或更换。

9.2　季度保养

　　每季度作业完毕，按使用说明书进行全面保养。对播种机的各传动、转动部位加注润滑油。

9.3　整机存放

　　非作业季节，整机应入库存放。停放在平坦、干燥的地方，用支架把主梁架起，使地轴不承受负荷。各部弹簧应放松，使之处于自由状态。

参 考 文 献

陈付东，江景涛，王东伟，等，2020. 花生种植机械的应用现状及研究进展 [J]. 江苏农业科学，48 (13)：41－46.

陈付东，江景涛，王东伟，等，2021. 基于夹持式的气吸式花生排种器的设计与试验 [J]. 农机化研究，43 (10)：158－166.

陈海涛，查韶辉，顿国强，等，2016. 2BMFJ 系列免耕精量播种机清秸装置优化与试验 [J]. 农业机械学报，47 (7)：96－102.

崔利，郭峰，张佳蕾，等，2019. 摩西斗管囊霉改善连作花生根际土壤的微环境 [J]. 植物生态学报，43 (8)：718－728.

翟新婷，陈明东，2020. 花生联合收获机秧蔓夹持输送系统载荷谱编制 [J]. 农业机械学报，51 (S1)：261－266，363.

杜娟，于明群，陈艳普，等，2019. 高地隙植保机速度自动控制系统研制 [J]. 中国农业大学学报，24 (12)：104－110.

顿国强，陈海涛，李昂，等，2015. 刀齿排布旋向对免耕覆秸精播机清秸单体性能的影响 [J]. 农业工程学报，31 (12)：48－56.

范小玉，陈雷，李可，等，2017. 夏播花生不同种植模式初探 [J]. 农业科技通讯 (6)：141－143.

盖钧镒，2010. 作物育种学各论 [M]. 北京：中国农业出版社.

高雪梅，杨同毅，尚书旗，等，2017. 花生收获机械化技术应用研究与推广 [J]. 农机化研究，39 (1)：237－242.

高振，尚书旗，王东伟，等，2021. 花生捡拾联合收获机液压系统的分析与试验 [J]. 农机化研究，43 (12)：69－77.

顾峰玮，胡志超，陈有庆，等，2016. "洁区播种" 思路下麦茬全秸秆覆盖地花生免耕播种机研制 [J]. 农业工程学报，32 (20)：15－23.

顾峰玮，胡志超，彭宝良，等，2010a. 国内花生种植概况与生产机械化发展对策 [J]. 中国农机化 (3)：7－10.

顾峰玮，胡志超，田立佳，等，2010b. 我国花生机械化播种概况与发展思路 [J]. 江苏农业科学 (3)：462－464.

郭鹏，尚书旗，王东伟，等，2022. 齿带式花生秧果捡拾装置的设计与试验 [J]. 农机化研究，44 (1)：117－123.

何彩明. 夏播花生高产栽培技术 [J]. 农家参谋，2018 (20)：86.

何晓宁，尚书旗，王东伟，等，2016. 2MB－2/4 型夏花生灭茬覆膜播种联合作业机的研究 [J]. 农机化研究，38 (1)：212－216.

侯守印，陈海涛，邹震，等，2019. 原茬地种床整备侧向滑切清秸刀齿设计与试验 [J].

农业机械学报，50（6）：41-51，217.

黄层乐，李鹍鹏，马根众，等，2018. 临沭夏花生免膜机械化生产模式初探 [J]. 山东农机化（2）：35-37.

黄麒家，2019. 高地隙植保机变量喷药系统试验研究 [D]. 长沙：湖南农业大学.

江景涛，王东伟，杨文卿，等，2021. 我国间作播种机械化技术及装备探析 [J]. 江苏农业科学，49（14）：40-44.

康涛，李文金，张艳艳，等，2015. 不同生育时期膜下滴灌对花生生长发育及产量的影响 [J]. 花生学报，44（3）：35-40.

李娜，2008. 我国花生产业的现状与发展前景 [J]. 粮油食品科技，16（6）：38-39.

李平德，2018. 夏花生起垄种植栽培技术 [J]. 植物医生，31（6）：49-50.

李向东，张永丽，2017. 农学概论 [M]. 北京：中国农业出版社.

李英春，王东伟，何晓宁，等，2022. 基于高垄种植的花生播种施肥机设计与试验 [J]. 农机化研究，44（1）：107-111，123.

厉广辉，万勇善，刘风珍，等，2014a. 苗期干旱及复水条件下不同花生品种的光合特性 [J]. 植物生态学报，38（7）：729-739.

厉广辉，张昆，刘风珍，等，2014b. 不同抗旱性花生品种结荚期叶片生理特性 [J]. 应用生态学报，25（7）：1988-1996.

廖伯寿，2020. 我国花生生产发展现状与潜力分析 [J]. 中国油料作物学报，42（2）：161-166.

廖俊华，何泽民，敬昱霖，等，2019. 花生晚斑病抗性育种研究进展 [J]. 中国油料作物学报，41（6）：961-974.

凌轩，王旭东，2014. 花生播种机内侧充种式排种器设计与试验 [J]. 现代农业装备（5）：47-51.

刘昊，赵军，李维华，等，2019. 国内花生机械化播种技术的研究现状 [J]. 江苏农业科学，47（4）：5-10.

刘娟，汤丰收，张俊，等，2017. 国内花生生产技术现状及发展趋势研究 [J]. 中国农学通报，33（22）：13-18.

刘黎，陈翔宇，唐淑珍，等，2020. 花生茎叶的营养价值及其对草食动物饲用价值影响的研究进展 [J]. 草食家畜（6）：11-19.

刘苹，赵海军，唐朝辉，等，2015. 连作对不同抗性花生品种根系分泌物和土壤中化感物质含量的影响 [J]. 中国油料作物学报，2015，37（4）：467-474.

刘献东，2017. 夏直播花生机械化技术的研究 [J]. 农机使用维修（8）：25-26.

陆荣，高连兴，刘志侠，等，2020. 中国花生脱壳机技术发展现状与展望 [J]. 沈阳农业大学学报，51（5）：124-133.

吕尚武，尚书旗，王东伟，等，2019. 花生除杂（清选）分级机的设计与研究 [J]. 农机化研究，41（9）：71-75.

马根众，李鹍鹏，栾雪雁，等，2019. 夏花生免膜播种机械化技术模式探析 [J]. 农机科技推广（4）：53-55.

毛天宇，尚书旗，王东伟，等，2019. 秸秆覆盖型花生播种机的设计 [J]. 农机化研究，41 (9)：51-55.

牛青，2014.2BMFD-6 型花生免耕播种机的研制 [J]. 农机使用与维修 (4)：14-15.

农业部种植业管理司，全国农业技术推广服务中心，2013. 农作物病虫害专业化系统防治培训指南 [M]. 北京：中国农业出版社.

秦兴国，万勇善，刘风珍，等，2011. 麦套花生花针期适宜土壤含水量的研究 [J]. 安徽农业科学，39 (33)：20446-20448，20548.

曲国庆，2010. 论"十二五"山东农业发展——2010 年山东省农业专家顾问团论文选编 [M]. 济南：山东科学技术出版社.

山东省统计局，国家统计局山东调查总队，2018.2018 山东统计年鉴 [M]. 北京：中国统计出版社.

尚书旗，王方艳，刘曙光，等，2008. 花生收获机械的研究现状与发展趋势 [J]. 农业工程学报，20 (1)：20-25.

孙秀山，封海胜，万书波，等，2001. 连作花生田主要微生物类群与土壤酶活性变化及其交互作用 [J]. 作物学报 (5)：617-621.

唐朝辉，郭峰，张佳蕾，等，2019. 花生连作障碍发生机理及其缓解对策研究进展 [J]. 花生学报，48 (1)：66-70.

田连祥，2017. 花生有序条铺收获机理研究 [D]. 青岛：青岛农业大学.

万书波，2003. 中国花生栽培学 [M]. 上海：上海科学技术出版社.

万书波，2009. 我国花生产业面临的机遇与科技发展战略 [J]. 中国农业科技导报，11 (1)：7-12.

王才斌，万书波，郑亚萍，等，2006. 山东花生生产当前主要问题、成因及发展对策 [J]. 花生学报，35 (1)：25-28，37.

王汉羊，陈海涛，纪文义，2013.2BMFJ-3 型麦茬地免耕精播机防堵装置 [J]. 农业机械学报，44 (4)：64-70.

王茂盛，2017. 夏花生起垄种植栽培技术 [J]. 河南农业 (34)：57.

胥南，尚书旗，王东伟，等，2020. 钉齿式纵轴流花生摘果装置的设计与试验研究 [J]. 农机化研究，42 (8)：197-201.

胥南，王东伟，尚书旗，等，2021. 花生捡拾联合收获机捡拾装置优化设计与运动学分析 [J]. 农机化研究，43 (12)：128-132.

薛然，谢焕雄，胡志超，等，2015. 花生荚果分级机械研究现状与发展建议 [J]. 江苏农业科学，43 (9)：426-428.

杨劲松，姚荣江，王相平，等，2016. 河套平原盐碱地生态治理和生态产业发展模式 [J]. 生态学报，36 (22)：7059-7063.

于振文，2013. 作物栽培学各论（北方本）[M]. 2 版. 北京：中国农业出版社.

张冲，胡志超，邱添，等，2018. 国内外花生机械化收获发展概况分析 [J]. 江苏农业科学，46 (5)：13-18.

张复宏，郭蕊，张吉国，等，2008. 中国花生出口贸易发展态势评析 [J]. 农业科技管理，

27 (2)：9-12.

张甜甜，何晓宁，王延耀，等，2017. 气吸式花生精密播种机的研究 [J]. 农机化研究，39 (5)：68-74.

张亚栋，王东伟，何晓宁，等，2021.2H-3/6 型夏花生播种机的设计与试验 [J]. 农机化研究，43 (12)：181-186，191.

张怡，王兆华，2018. 中国花生生产布局变化分析 [J]. 农业技术经济 (9)：112-122.

周巾英，罗晶，何家林，等，2019. 我国花生机械化干燥生产现状与发展 [J]. 江西农业学报，31 (2)：66-69.

山东经济作物全程机械化系列丛书

棉花全程机械化生产技术与装备

陈传强　张晓洁　主编

中国农业出版社

北　京

图书在版编目（CIP）数据

棉花全程机械化生产技术与装备 / 陈传强，张晓洁主编. —北京：中国农业出版社，2022.7
（山东经济作物全程机械化系列丛书）
ISBN 978-7-109-29783-8

Ⅰ.①棉… Ⅱ.①陈… ②张… Ⅲ.①棉花—机械化生产 Ⅳ.①S562.48

中国版本图书馆 CIP 数据核字（2022）第 141295 号

中国农业出版社出版

地址：北京市朝阳区麦子店街 18 号楼
邮编：100125
责任编辑：贾 彬 文字编辑：赵星华
版式设计：杨 婧 责任校对：刘丽香
印刷：北京中兴印刷有限公司
版次：2022 年 7 月第 1 版
印次：2022 年 7 月北京第 1 次印刷
发行：新华书店北京发行所
开本：700mm×1000mm 1/16
总印张：36.5
总字数：700 千字
总定价：180.00 元（共 3 册）

版权所有·侵权必究
凡购买本社图书，如有印装质量问题，我社负责调换。
服务电话：010-59195115 010-59194918

丛书编委会 山东经济作物全程机械化系列丛书

主　　任　卜祥联

副主任　王乃生　管延华　江　平　范本荣

委　　员　马根众　王东伟　张　昆　张万枝　张晓洁

　　　　　张爱民　陈传强　周　进　高中强

本书编写人员 棉花全程机械化生产技术与装备

主　　编　陈传强　张晓洁

副 主 编　蒋　帆　张爱民

编写人员　陈传强　张晓洁　蒋　帆　张爱民　刘兴华

　　　　　张桂芝　刘　科　刘国栋　刘凯凯　孙冬霞

　　　　　李　伟　李明军　赵红军　郝延杰　客林廷

　　　　　李　易　孔高原　曹龙龙　陈　兰　廖培旺

　　　　　邵蓉蓉　王　成　于家川

  棉花是我国的重要经济作物，是国民经济发展的重要支柱。但是近10年，我国棉花种植面积不断减少，从全国三大棉区来看，主要是长江流域和黄河流域棉花种植面积迅速下降，而新疆棉区全面推广普及棉花全程机械化生产技术，棉花种植面积保持稳定增长，由此可以看出，机械化生产是棉花产业稳定发展的前提。从我国棉花生产机械化发展历程来看，1980年新疆石河子引进地膜覆盖技术，通过种植试验增产35%；1983年，新疆生产建设兵团研制的多种铺膜播种机开始大面积推广应用；20世纪90年代末期，在地膜植棉的基础上，新疆生产建设兵团提出了棉花全程机械化生产栽培新技术，研发出适应宽膜覆盖、膜下滴灌、精量播种的整套高效田间作业新机具，将地膜覆盖栽培提高到新水平，同时，开始引进美国的摘锭式采棉机进行试验示范，使机采棉得到快速发展，国产采棉机也逐步成熟，新疆生产建设兵团机采率超过90%。由于气候、地理以及土地规模等条件约束，黄河流域和长江流域棉花全程机械化生产技术推广进展缓慢。近年来，山东、河北、湖北、江苏等省先后建立了棉花全程机械化生产试验示范项目基地，借鉴新疆棉花全程机械化生产技术经验，开展棉花全程机械化生产技术试验示范，基本形成了适于当地农艺农机融合的棉花生产技术模式。

  随着科学技术的进步，棉花全程机械化生产装备水平不断提升。耕整地、播种、植保、中耕施肥、灌溉等机械不断成熟，激光平整地、卫星导航、变量喷雾、自动检测作业质量等信息化智能化技术得到快速应用，联合整地机、铺膜（带）播种机等复式作业机械使作业效率和作业质量快速提高，水肥一体化技术实现了定时定量施水施肥，打包采棉机（简称打包机）有效替代了大量劳动力。农机化新技术新装备的推广应用，有效降低了生产成本，解放了劳动力，也提高了棉花品质。棉花生产机械化改变了我国传统植棉观念，将棉花单产提高到新的水平。21世纪初，棉花生产亩用工30多个，目前降到5个左右。在黄河流域，棉花生产轻简化、机械化、规模化现代植棉模式正在逐步形成。

从农艺技术的角度来看，新疆研究推广了"矮、密、早、膜"高产栽培技术，黄河流域也研究成功了以"适当晚播、提密降高、科学化控、脱叶催熟、集中收获"为关键技术的轻简化机械化栽培模式；机采棉品种培育也硕果累累，一系列株型紧凑、早熟稳产、品质优良、含絮抗逆性好的棉花品种相继通过国家审定，并在生产上推广应用，为提高我国棉花单产和总产起到了积极作用。我国棉花全程机械化生产技术条件逐渐成熟，并取得了显著效果，棉花生产将步入智能化、自动化、现代化的快乐植棉时代。

本书第一主编作为农业农村部主要农作物生产全程机械化推进行动专家组棉花指导组专家，长期从事棉花生产机械化技术推广工作，参与组织实施公益性行业（农业）科研专项经费课题"华北棉区棉花全程机械化关键技术及农艺技术研究与示范"，以及山东省农机装备研发创新计划项目"机采棉种植模式关键机具与技术验证示范"等重大项目，深入全国棉区调研学习和指导，结合实践经验，组织编著了《棉花全程机械化生产技术与装备》一书。本书立足于黄河流域棉花生产实际，借鉴新疆棉花全程机械化生产技术研究成果，凝聚了作者十余年黄河流域棉花全程机械化生产技术的研究和实践成果，涵盖了棉花生产各个环节的农机、农艺关键技术，结构完整，内容丰富，理论与实际结合紧密，对我国棉花生产具有较强的指导意义。

陈学庚

2021年6月于石河子

前 言
FOREWORD

我国常年棉花总产量居世界第一、棉花种植面积居世界第二。但是，近10年来我国黄河流域和长江流域棉区棉花种植面积持续锐减。究其原因：一是受国际市场影响，棉花价格持续走低；二是生产资料和劳动力价格不断上涨，导致生产成本持续上升；三是我国传统植棉主要依靠人工，机械化水平低。我国棉花主产区由长江流域、黄河流域、西北内陆地区（主要是新疆）的"三足鼎立"逐渐演变为新疆棉区"一枝独秀"。为有效恢复内陆地区棉花生产，通过推广全程机械化生产，全面推进棉花产业发展，近10年来国家及相关省（自治区、直辖市）设立科研和推广示范项目，积极开展以机采模式为主的棉花生产农机与农艺技术研究和示范推广，并已取得良好的成果。

本书基于公益性行业（农业）科研专项经费课题"华北棉区棉花全程机械化关键技术及农艺技术研究与示范"、农业农村部"棉花生产全程机械化示范项目"、山东省农机装备研发创新计划项目"机采棉种植模式关键机具与技术验证示范"等国家及省部级项目十余年的研究成果，以及以陈学庚院士为组长的农业农村部主要农作物生产全程机械化推进行动专家组棉花指导组的指导和在新疆棉区、黄河流域棉区的试验研究成果，在山东省农业重大应用技术创新"大宗经济作物机械化生产关键技术与装备试验验证"项目的支持下，对我国棉花生产现状与机械化发展趋势，激光平整地、机采棉花品种、北斗导航精量播种、对行深施肥、变量喷药、水肥一体化灌溉、机械打顶、残膜回收、机械采棉、籽棉加工等全程机械化技术与装备进行了认真梳理总结。

全书共分十章，编写分工如下：陈传强提出了整书的编写思路、整体结构与编写内容；第一章由陈传强、赵红军、王成编写；第二章由刘

1

国栋、陈兰编写；第三章由刘科编写；第四章由张晓洁、孙冬霞、邵蓉蓉编写；第五章由张晓洁、陈传强、张桂芝、李明军、郝延杰、刘兴华、孔高原、李易、于家川编写；第六章由张桂芝、刘凯凯编写；第七章由刘凯凯、蒋帆、廖培旺、张爱民编写；第八章由李伟、张爱民编写；第九章由客林廷、曹龙龙编写；第十章由刘科编写。全书由陈传强、张晓洁统稿审定。

该书在编写过程中得到了中国工程院院士陈学庚先生的技术指导，并得到山东省农业农村厅、山东省农业机械技术推广站、山东棉花研究中心、滨州市农业机械化科学研究所、山东农业大学、无棣县景国农机服务专业合作社、山东天鹅棉业机械股份有限公司等单位的大力支持，在此一并表示感谢！

本书可供从事棉花生产的科研、教学和推广应用的相关人员，如农机与农艺科技工作者、农机化管理工作者、基层农技推广人员、广大植棉合作社和农业院校师生等学习和参考。

由于受到研究领域和深度的限制，以及作者时间和水平有限，书中纰漏在所难免，敬请广大专家和读者批评指正。

编　者

2021 年 6 月

目 录
CONTENTS

序
前言

第一章

绪　　论

　　棉花是我国重要的大宗经济作物，是我国重要的民生产业。我国棉花生产有 2 000 多年的历史。自 20 世纪 90 年代开始，随着我国城市化进程不断加快和居民收入水平不断提升，农村劳动力数量剧减并呈现出老龄化、妇女化和季节化的特征，农村劳动力成本大幅提升，农业生产也趋于轻简化、机械化、规模化。近年来，随着新型农业经营主体的出现，棉花生产由传统劳动密集型转向全程机械化是我国棉花产业振兴和发展的必然趋势。

第一节　我国棉花生产现状

一、面积和产量

　　近年来，受多方面因素影响，棉花种植面积逐年下滑，总产量降低。黄河流域、长江流域以及新疆棉区的棉花种植面积均有不同程度的下降，特别是黄河流域和长江流域棉区，棉花种植面积急剧减少。其主要原因是内地棉花生产机械化程度低、用工多、农艺工序复杂、政府补贴力度小、植棉效益低等，农民植棉积极性大减。从表 1－1 可以看出，2019 年与 2011 年相比，全国棉花种植面积减少 33.7％、皮棉总产量减少 10.8％、单产提高 34.7％；就山东省而言，棉花种植面积减少 77.5％、皮棉总产量减少 75.0％、单产提高 11.0％。

表 1－1　2011—2019 年全国和山东省棉花面积、产量和单产的基本情况

年份		棉花面积/hm²	皮棉总产量/万 t	单产/(kg/hm²)
2011	全国	5 040 000	660	1 309.5
	山东	752 600	78.5	1 043.1
2012	全国	4 700 000	684	1 455.3
	山东	689 900	69.84	1 012.3
2013	全国	4 346 000	629.9	1 449.4
	山东	672 800	62.1	923.0
2014	全国	4 219 100	616.1	1 460.3
	山东	592 900	66.5	1 121.6

年份		棉花面积/hm²	皮棉总产量/万 t	单产/(kg/hm²)
2015	全国	3 798 900	560.5	1 475.4
	山东	515 500	53.7	1 041.7
2016	全国	3 376 000	534.3	1 582.6
	山东	465 200	54.8	1 178.0
2017	全国	3 229 700	548.6	1 698.6
	山东	290 800	34.5	1 186.4
2018	全国	3 352 300	609.6	1 818.5
	山东	183 300	21.7	1 183.9
2019	全国	3 339 200	588.9	1 763.6
	山东	169 300	19.6	1 157.7

二、种植模式

我国作为植棉和产棉大国，无论是在棉花种植面积还是产量方面均位于世界前列，棉花生产方式更是多种多样。传统植棉方式主要有长江流域棉区的营养钵育苗、黄河流域棉区的一熟制地膜覆盖、西北内陆棉区的"矮密早"等。棉花生产多采用一家一户精耕细作模式，普遍存在着生产方式落后、劳动效率低、经营规模小、生产成本高等问题。随着科学技术的进步和现代生产装备条件的提升，棉户小规模种植逐渐向以家庭农场、合作社为主的新型农业经营主体规模化种植发展，生产方式也逐渐向规模化、机械化、轻简化过渡，棉花生产模式也趋于绿色、简化、高效。目前山东棉花种植除了鲁北和鲁西北部分盐碱地棉田仍然保留着一年一季的纯春作模式，其他多地采用麦棉套种、蒜棉套种、瓜棉套种、菜棉套种、油后露地直播短季棉、麦后露地直播短季棉、蒜后露地直播短季棉以及饲草后露地直播短季棉等新模式，土地利用率和生态效益大大提高。

三、栽培技术

基于我国人多地少的国情和原棉不断增长的需求，棉花生产以高产、优质、高效为目标，经过多年的研究与实践，逐步形成了适合不同生态区域及不同作业模式的棉花栽培技术体系。

（一）传统的精耕细作栽培

精耕细作栽培是我国传统植棉技术的核心，属于劳动密集型技术范畴。其工序复杂、管理精细，对劳动力依赖性强。种植品种以个体长势强、杂交优势明显、高产优质的杂交种为主，种植模式多采用营养钵育苗移栽、低密稀植，以精细管理及间作套种获取较高收益。目前主要集中在长江流域棉区的湖北、安徽以及黄河流域棉区的山东西南部等地。

（二）棉花轻简化栽培技术

棉花轻简化栽培技术是在传统精耕细作的基础上，结合不同产棉区的生态和技术特点，在产量基本不减的前提下，以机械代替人工，简化管理工序，减少田间作业次数，降低劳动强度。其主要内容可概括为"精量播种、免间定苗、简化整枝、科学化控、脱叶催熟、集中采收"。以株型紧凑、成铃集中、适宜机采的品种为主，通过提密降高、机械管理、省工节本获得较好收益。目前此项技术主要在山东省黄河三角洲地区、鲁西南的蒜（麦）后露地直播短季棉区域，以及冀南地区、长江流域棉区的油（麦）后露地直播短季棉区域推广应用。

（三）全程机械化栽培技术

全程机械化栽培技术是在棉花种管收三个环节通过机械代替人工，实现包括机械播种、机械管理、机械收获、机械加工在内的棉花全程机械化种植。目前主要集中在西北内陆棉区。其主要内容包含：精量播种技术、膜下滴灌水肥一体化技术、化学脱叶催熟技术、化学打顶技术、机械收获、储运加工技术。通过农机与农艺融合，良种良法配套，西北内陆棉区实现了"矮、密、早、膜、匀、管、采、运、加"为一体的全程机械化植棉新模式，并且正在向规模化、标准化、信息化、智慧化的方向发展。

四、棉花生产存在的问题

（一）棉花生产地块小，规模化、组织化程度低

我国棉花生产多以家庭为单位，一家一户，地块小、户均面积少，难以发挥规模化、组织化植棉的增产增收效益。特别是长江流域和黄河流域棉区种管收的规模化、组织化刚刚起步，没有形成规模，制约了棉花产业的发展。在这方面，西北内陆棉区的新疆走在了全国前列，其中新疆生产建设兵团棉花种植面积每年在 86.6 万 hm² 左右，以兵团为一个大单位，实现棉花统一播种、统一水肥管理、统一收获、统一加工销售，构建了规模化和组织化的种管收产业模式。长江流域棉区和黄河流域棉区的棉花生产不可能像美国、澳大利亚等发达植棉国家一样实行农场化经营，但是可以通过土地流转、家庭农场、合作社等新型农业经营主体，把一家一户的分散经营组织起来，学习新疆生产建设兵团的规模化和组织化模式，实行统一供种、统一田管、统一收储，这样才能稳定内地棉花生产，改变棉花生产落后局面。

(二) 用工多，生产成本高，植棉效益低

我国棉花生产周期长，精耕细作传统植棉模式占较大比例，管理工序复杂，用工多。在长江流域和黄河流域棉区，棉花生长期长达 180d，从种到收要经历备种、整地、播种、放苗、定苗、中耕、整枝、打顶、采摘等多道工序，劳动强度大。国外发达国家生产 50kg 皮棉平均用工量只要 0.5 个工日，而我国却高达 20 个工日以上，新疆生产建设兵团的平均用工量也达到 4 个工日以上。除了管理烦琐、用工量大之外，随着我国生产资料价格上涨，棉田生产资料物化投入成本不断增加，其中化肥和农药的用量和价格上涨是造成投入增长的主要因素。要满足新型农业经营主体的棉花生产需求，棉花生产就必须从管理烦琐、效益低下的模式中走出来。

(三) 棉花种植制度复杂，机械化程度低

近些年来，我国棉花种植制度和复种指数不断变化。棉花种植制度从原来的一年一熟制向两熟制和多熟制发展。栽培技术由单项措施研究应用向综合高产高效技术配套转化，并向指标化、模式化方向发展。病虫害防治由以化学防治为主转向生化综合防治发展。

例如，套种是实现粮棉双增的主要手段，但是套种费工费时，难以实现规模化和机械化。以蒜棉套种为例，棉花需要 3 月底人工制造营养钵，4 月初进行播种、人工苗床管理，4 月底、5 月初人工移栽棉花，同时要收获大蒜、抽蒜薹、蒜地三清；棉花田还要进行一系列传统植棉工序，用工多、劳动强度大，种植制度复杂，难以实现机械化。

我国小麦、玉米生产，基本上实现了机械化。与粮食作物生产相比，我国棉花生产机械化水平低，特别是棉花机采环节，机采率仍然很低，严重制约着我国棉花产业的发展。

(四) 品种多、种子杂，农机农艺不配套

棉花品种是提高棉花品质、增产增收的重要基础，只有选择优质、高产、适宜当地生态环境的品种，才能使良种真正发挥应有的增产增收作用。种子质量主要指种子纯度和发芽出苗情况。而棉花是常异花授粉作物，本身退化速度快，再加上棉花种子生产种植分散、分次采摘、收购环节多、加工程序复杂等因素，为棉花大面积生产用种的质量控制增加了许多困难。多年来，我国棉花生产一直存在品种"多、乱、杂"的突出问题，直接原因是棉花生产规模小、品种多、棉农质量意识差，以及一些小型种子企业良种繁育技术和质量保障能力差、调种引种无序、种子套牌、种子假冒等。根据 2019 年山东省某公司进行的市场调查，山东省金乡县市场售卖的棉花品种有 50 多个，在如此众多的棉花品种中，种植面积在 1 000hm² 以上的只有 5 个。据调查，近年来山东棉花生产的统一供种率约为 40%，一半以上的棉花用种为农民自行购买。随着

土地流转，家庭农场、合作社等新型农业经营主体的出现及棉花种植机械化水平的提升，许多生产上应用的棉花品种与规模化、机械化管理模式不匹配，农机与农艺不配套，造成棉花产量、质量损失。要使我国棉花生产水平整体再上一个台阶，需要在加强棉花新品种选育的同时，重点研发农机农艺融合、良种良法配套，从全程机械化的战略出发，坚持产、学、研、用相结合，育、繁、推、服一体化的发展方向。

第二节　棉花生产区域布局

我国幅员辽阔，地域状况差异大，气候类型多样，各地棉花的耕作制度、复种指数、品种熟性、栽培措施差异甚大。科学划分棉区，对植棉业的科学规划、结构调整和布局转移，商品棉基地建设，资源合理利用，耕作制度改革和种植模式优化，品种研发和使用，规模化种植和机械化管理，以及科学研究和技术开发利用等都具有重要的意义。

一、我国主要棉区分布

我国自然资源丰富，宜棉区域广阔。20 世纪 40～50 年代，冯泽芳等首开棉花区划的先河，将全国棉区由南到北依次划分为华南棉区、长江流域棉区、黄河流域棉区、北部特早熟棉区和西北内陆棉区 5 个大区。中国棉花学会于1980 年召开全国棉花种植区划和生产基地建设学术研讨会，肯定了全国 5 大棉区的划分方法。

新中国成立以来，全国棉花种植区域经历了数次结构性调整和转移。进入21 世纪，全国由 5 大棉区分布慢慢演变为"三足鼎立"结构，种植区域、结构更为集中，比重相对合理。21 世纪初，以黄淮海平原为主体的黄河流域区域棉花种植面积最大，其次是以新疆植棉区为主体的西北内陆棉区，长江流域棉区面积最小。近 10 年来，我国黄河流域棉区和长江流域棉区棉花种植面积持续锐减。究其原因，一是受国际市场影响，棉花价格持续走低；二是生产资料和劳动力价格持续上涨，我国棉花生产成本持续上升；三是我国棉花生产主要依靠人工，机械化水平低。近 5 年，我国棉花主产区由长江流域、黄河流域、西北内陆地区（主要是新疆）的"三足鼎立"逐渐演变为新疆棉区的"一枝独秀"格局。

二、山东省主要棉区划分及特点

（一）划分依据

根据不同棉花品种对生态环境的要求确定分区指标，不但要考虑气候、积温因素，而且要考虑土壤类型、水浇条件、劳力负担、生产水平。综合各地区的关键气象因子和生态气候资料，将山东棉花生态区划分为鲁西北棉区、鲁西南棉区、鲁北棉区（黄河三角洲棉区）。

（二）各棉区特点

1. 鲁西北棉区

鲁西北棉区主要包括聊城市、德州市大部、济南市北部。年总辐射量为 $502.4 \sim 523.4 kJ/cm^2$，年总日照时数为 2 600～2 690h，棉花生长季总日照时数为 1 690～1 740h。常年降水量为 580mm 左右，4—10 月生长期降水量在 540mm 左右。本区是山东省在棉花生长季内降水与需水差值最大的棉区，此期一般缺水 30～90mm。但本区有黄河水，可有效灌溉，有效灌溉面积达 70% 左右。

热量条件较好，年平均气温为 12.5～13.5℃，>0℃积温为 4 900～5 100℃，>15℃积温为 3 770～3 900℃，春季气温回升快，秋季降温也快，稳定通过 15℃终日在 10 月 6 日前后。本区土质好，为黄河冲积平原的二合土和轻沙壤土，土层较厚，质地疏松，植棉历史悠久，生产水平高。春棉选用中熟品种，采用地膜覆盖，播期在 4 月 15—30 日，正常打顶期为 7 月 14 日前后，最晚打顶期为 7 月 19 日左右。

2. 鲁西南棉区

鲁西南棉区主要包括菏泽、济宁两市。年总辐射量为 $502.4 \sim 523.4 kJ/cm^2$，年总日照时数为 2 500～2 600h，棉花生长季总日照时数为 1 630～1 650h。本区是山东省热量条件最好的地区，年平均气温为 13.5～14.5℃，>0℃积温为 5 000～5 500℃，>15℃积温为 3 900～4 200℃。春棉可选择中熟、中晚熟品种。本区是山东省春季地温回升最早的地区，春棉适宜播期在 4 月 13—20 日。秋季降温快，稳定通过 15℃终日在 10 月 6 日前后，正常打顶期为 7 月 16 日前后，最晚打顶期为 7 月 21 日左右。

水分条件较好，年降水量为 650～700mm，4—10 月生长期降水量为 600～650mm，基本不缺水。但降水变率大，易发生旱、涝灾害。

本区有沿黄灌区，又有南四湖丰富的水资源，水浇条件好，人均耕地较少，劳动力充足，棉花生产水平高，套种、复种指数高，适宜发展麦棉、蒜棉两熟。西部黄河冲积平原土层深厚，土质好，再加上植棉历史悠久，是山东省发展麦棉、蒜棉两熟的最佳地区，也是山东省麦后、蒜后露地直播短季棉的最佳地区。

3. 鲁北棉区

鲁北棉区包括东营、滨州两市，淄博市北部，德州市东部。本区是山东省热量资源最少的棉区，年平均气温在 12℃ 左右，>0℃积温为 4 700～4 900℃，

>15℃积温为 3 500～3 800℃，稳定通过 15℃终日在 10 月 6 日前后。应以春棉为主，选用中早熟、抗逆能力强的品种。本区也是山东省初霜日出现最早的地区，霜冻往往影响棉花的产量和品质，打顶日期最好选择在 7 月 14—17 日。

本区年降水量为 550～580mm，4—10 月生长期降水量为 510～540mm，缺水 0～30mm。降水分配不均，旱、涝、碱灾害频繁，又处于黄河下游，夏季常因天气原因形成涝灾。

本区光资源丰富，年总辐射量为 523.4～565.2kJ/cm²，年总日照时数约为 2 640h，棉花生长季总日照时数约为 1 700h，有利于棉花生长发育。

本区盐碱地面积大，宜发展盐碱地植棉，播期可适当推迟，适宜播期在 4 月 15—30 日。本区土地多，生产水平不高，盐碱程度重，应以耐盐碱的机械化、规模化植棉为主。

三、山东省各棉区主要种植模式

棉花具有广泛的适应性，对生态环境的要求不高，但是土、光、热、水、气、品种、种植制度等生态、人文、气候要素的配合是否适宜，在很大程度上影响着棉花产量的丰歉、品质的优劣和植棉效益的高低。不同棉区的自然条件差异和种植制度需要决定了山东棉花种植模式丰富多样，有棉蒜、棉麦、棉瓜、棉菜两熟种植，有一年一季的一熟种植，有春棉、短季棉等。

（一）鲁西北棉区

以地膜覆盖纯作春棉为主要种植模式，传统植棉习惯为主要管理模式。近几年来，随着土地流转以及家庭农场、合作社等新型农业经营主体的出现，规模化、简约化、机械化植棉开始布点示范并取得良好效果，亦成为此棉区棉花种植模式的发展方向，同时麦后露地直播短季棉、棉花-花生间作都取得突破，丰富了此棉区的棉花种植模式。

（二）鲁西南棉区

以杂交棉营养钵育苗移栽为主要栽培方式。3 月底、4 月初建造苗床、下种育苗，5 月移栽，移栽密度在 1 500～2 000 棵/亩①，10 月上旬拔除棉柴，依靠杂交棉的杂交优势获得棉花丰产。传统的营养钵育苗费工费时、劳动强度大。近年来，工业纸钵、育苗盘已取代了传统的土钵。伴随着育种水平和农业机械化水平的提升，特别是高产优质的短季棉新品种和现代农机具的出现，蒜后、麦后露地直播短季棉品种在此棉区大面积推广种植，并得到政府部门、科研单位和棉农的大力支持，棉花直播替代营养钵育苗移栽的趋势越来越明显，为该棉区种植模式的进一步完善打下了基础。

---

① 亩为非法定计量单位。1 亩≈666.67m²。——编者注

（三）鲁北棉区

近几年，新疆棉花种植模式在内地开始示范推广，并得到农业农村主管部门的大力支持。以冬春季大水漫灌、76cm 等行距种植、宽膜覆盖、水肥一体化、病虫害统防统治、机械采摘为主要栽培管理措施，取得了良好的展示效果，全程机械化植棉模式逐步在植棉大户、合作社、家庭农场展开。近两年，无棣县推出草棉轮作（短季棉＋燕麦草）新模式，使该地区由单纯的一熟制向草棉两熟制发展，丰富了该地区的植棉模式，大大提高了棉农收益。

第三节　棉花生产机械化发展现状

一、棉花生产机械发展历程

棉花生产具有典型的劳动密集型特征，农时紧、用工多，劳动强度大，对机械化生产需求极为迫切。从生产环节上看，其耕整地、中耕施肥、植保、灌溉等为通用性机械，与粮食作物生产机械基本上是同步发展；而播种（移栽）、打顶、采收、拔棉柴、残膜回收等均为专用机械。现分析棉花生产专用机械的发展历程。

（一）播种机械

棉花播种机械目前发展比较成熟。20 世纪 80 年代，美国、澳大利亚、法国等发达国家就已经采用气吸式等先进棉花播种机。电子监视装置在国外已被广泛应用。电子监视装置利用光电信号显示精密排种器主轴的转动情况，用数字显示排种的均匀性，并用光电信号和声音信号对排种过程的堵塞进行报警等，可以检测播种质量，保证播种精度。在国内，棉花播种机械初期的发展与一般谷物播种机械是同步的，也就是说，用常见的谷物播种机进行棉花播种，排种器采用窝眼式、外槽轮式、垂直（水平、倾斜）圆盘式等最基本的形式。随着棉花播种机械研究的不断深入，内侧囊种式、气力式、勺轮式和指夹式排种器不断应用，能够更好地满足棉花播种的要求。目前棉花播种机常用的排种器主要是勺轮式和指夹式。这两种排种器的特点是结构简单，制造和使用成本低，能满足棉花播种的一般要求。在新疆，内侧囊种鸭嘴式排种器应用广泛，可实现膜上打孔播种，减少了棉花放苗的工序。气力式棉花排种器更适合高速播种，播种质量高，但是制造与使用成本相对高。20 世纪 80 年代初期，随着地膜覆盖技术被引进推广，由于棉花播种要求覆膜，我国的棉花播种机一般具备一次完成覆膜、播种、施肥和喷洒除草剂多项作业的功能。在新疆，由于密植的需要，许多地区采用小双行播种的播种机。机采棉要求实行 76cm 等行距种植，小双行播种就是设计小行距为 4、10cm 等，也就是"72＋4""66＋10"等规格，与机采行距为 76cm 的农艺要求相符。随着科技的进步，目前我国先进的棉花播种机也具有漏播报警检测等功能，播种质量不断提高。在黄河流域由于地块小，播种机多以1膜2行和2膜4行为主。在新疆地区多以3膜6行为主，小双行播种则为3膜12行。在长江流域，受棉花移栽传统的影响，棉花专用播种机发展缓慢，许多地区将玉米播种机改制成棉花播种机，播种质量差。由于棉花植保、中耕、采收对行作业的农艺要求，随着卫星导航辅助驾驶技术的成熟，在机采模式种植地区，卫星导航辅助驾驶技术得到广泛应用。

在长江流域和黄河流域的部分地区，由于棉花生产采用与小麦、油菜、大蒜、瓜菜等作物轮作或者套种，受到积温的限制，需要通过育苗移栽增加积温以提高产量。从20世纪50年代开始，长江流域棉区就开始探讨撒播育苗、营养钵育苗和方格育苗；进入21世纪，新型育苗移栽技术不断成熟，如基质育苗、穴盘育苗和水浮育苗。随着蔬菜移栽技术的不断成熟，棉花机械化移栽也逐步发展起来，有些地区使用蔬菜移栽机进行棉花移栽。但移栽不仅作业难度大，还增加了生产成本，随着农艺制度的改革，棉花移栽种植应用正在逐渐减少。

（二）棉花打顶机械

棉花打顶可以消除棉花顶端生长优势，调节植株内部水分、养分等物质的运输方向，减少无效枝条对水肥的消耗，促进棉株早结铃、多结铃、减少脱落，有利于棉花的增产增收。棉花打顶有人工打顶、化学药剂打顶和机械打顶三种方式。机械打顶因其生产效率高、环境污染少、促进作物高产而成为棉花打顶的主要发展方向。欧美发达国家在19世纪初就开始了棉花打顶机械的研究。1919年开始陆续出现了以往复式切刀、水平甩刀、双圆盘刀打顶的装置。这些打顶机只是固定高度的简单切割装置。19世纪40年代出现了能够通过调节螺栓位置或者操纵拉杆来改变割刀上下位置的变高度打顶机。19世纪50年代液压系统开始应用在棉花打顶机的切刀升降调节和回转驱动上。之后，发达国家没有继续进行棉花打顶机械的研究，而是转为研究以农药控制棉花高度。我国打顶机研究始于20世纪60年代初，从畜力机械研究开始，研制出了马拉打顶机等多种简单的打顶装置，但是生产效率和作业质量低，使得这些打顶装置未投入使用。2002年由新疆石河子大学研制的3MD-12型棉花打顶机，由拖拉机半悬挂作业，扶禾器将棉苗主、侧枝聚拢扶至刀片旋切范围内，刀片高速旋转切去枝顶；采用整体式液压升降机构和浮动机架，由驾驶员通过控制液压开关调整浮动机架位置高低，实现打顶机对棉花顶部高度的整体仿形。该机填补了国内外机械化打顶的技术空白，开创了国内棉花机械打顶作业研究及调控机理研究的新领域。之后，新疆石河子大学、新疆大学、山东农业大学等单位研制了多种整体仿形棉花打顶机机型，不过这些机型都是基于操作者对棉花高度的判断，整体调节多行打顶机的升降，不能适应棉花单株仿形打顶的要求。

2012年以后，中国农业机械化科学研究院、新疆石河子大学等陆续研发了由仿形板、红外线和超声波传感器等感应仿形，液压、电机等调节高度的单体仿形打顶机，在技术上取得了较大进步。2016年农业部南京农业机械化研究所研制成功了智能化单株仿形打顶机。该机采用机械电子和自动控制技术，通过激光检测棉花高度，将数据传输到控制中心，控制伺服电机带动割刀升降，可以根据棉花的高度自动控制打顶高度，实现了自动控制单株仿形打顶。

（三）采棉机

棉花生产机械化的难点在于机械采收。采收机械结构复杂，生产难度大，对棉花种植行距和株型要求高。采棉机的研发成功，补齐了棉花生产全程机械化的短板。采棉机曾被美国农业工程师协会评为20世纪农业工程领域人类最伟大的五大发明之一。

1. 国外采棉机发展过程

从世界范围来看，美国约翰迪尔公司早在1920年就开始研究机械采棉技术。1930年以前美国约翰迪尔公司研发的采棉机均为摘铃机，是先将收获后的棉铃挤压破碎，再使用清棉机将棉花分离出来，这种机型统称为通收机。通收机结构简单，制造成本低，由于增加了清棉环节，棉花绒长有所降低，棉花品质有所下降，目前美国南部棉花低产地区仍然在大量应用。摘锭式采棉机是采棉机的主要机型，包括水平摘锭和垂直摘锭两种形式。垂直摘锭式采棉机由苏联设计生产，由于结构原理上的缺陷，采净率低、含杂率高、撞落棉多，损失太大，没有得到有效推广。1950年，第一批约翰迪尔2行自走水平摘锭式采棉机开始应用；1954年单行牵引水平摘锭式采棉机开始供应市场。至1955年，美国棉花收获机械化率达到了23%。随着摘锭式采棉机的技术不断成熟和数量快速增加，到1970年，美国棉花生产就实现了机械化。当年又推出了新型的2行自走式和牵引式水平摘锭采棉机。1980年，美国约翰迪尔公司推出了世界上第一台4行自走式采棉机。1993年，第一台5行自走式采棉机问世。1997年，美国约翰迪尔公司推出了世界上第一台6行自走式采棉机。目前美国约翰迪尔公司的摘锭式和通收式（摘铃）采棉机均采用打圆包技术，简化了棉花装卸工序，也防止了棉花在反复装卸过程中掺入杂质，更便于运输和储存；装有自动导航辅助驾驶系统和液压、机械传动、物料输送等机构的工作状态自动检测系统，有效提高了机采棉的质量和生产效率。

美国凯斯公司（Case Corp）于1943年推出了世界上第一台单行自走式采棉机。之后，不断推出新的采棉机。2006年，美国凯斯公司宣布推出了带籽棉打垛（方包）功能的新型采棉机。

2. 我国采棉机发展过程

我国 20 世纪 50 年代就开始引进和研发采棉机。1952 年引进苏联单行垂直摘锭式采棉机，1960 年引进苏联 2 行垂直摘锭自走式采棉机，1990 年引进苏联 4 行垂直摘锭式采棉机。这些垂直摘锭式采棉机的采摘部件结构简单，生产制造要求低，缺点是采净率低、含杂率高、撞落棉多，损失太大。垂直摘锭式采棉机在我国试验未取得理想的推广效果，到 1990 年，我国基本上放弃了垂直摘锭技术路线。

1992 年，我国开始引进美国凯斯公司的 2022 型 2 行采棉机，并先后在多个地区进行试验。该机型采用的是水平摘锭模式，采摘部件结构复杂、生产制造要求高，但采净率高、含杂率低、撞落棉少，损失非常小。经过几轮试验，我国专家一致认为，这种采棉机适合中国国情，决定引进使用，正式开启了我国采棉机批量使用的历史。1995 年，新疆生产建设兵团开始引进示范美国摘锭式采棉机。国外采棉机价格高昂，除新疆生产建设兵团有资金上的优势，先后批量引进美国产品外，由于受到资金限制，地方上采棉机投资经营者购置进口采棉机的寥寥无几。2002 年，中国农机领域的顶级研发机构与具有军工背景的贵州平水公司，联合开发了基于美国约翰迪尔公司技术的 5 行自走式采棉机，最终在石河子建立生产基地，生产制造出贵航牌 5 行采棉机，销售价格不足进口采棉机的一半。2010 年，中国农业机械化科学研究院与贵州平水公司，联合研制了我国第一台拥有完全自主知识产权的 4MZ－3 型采棉机。2013 年，中国农业机械化科学研究院旗下的现代农装科技股份有限公司生产的 3 行采棉机率先投入市场；2013 年和 2017 年，中国农业机械化科学研究院又先后研发了方包式 6 行采棉机和棉箱式 6 行采棉机，拉开了我国 6 行采棉机研发的序幕。目前我国有 7 家企业生产水平摘锭式采棉机，分别是山东天鹅棉业机械股份有限公司（山东济南）、新疆天鹅现代农业机械装备有限公司（新疆五家渠）、新疆钵施然农业机械科技有限公司（乌苏市和沙雅县）、星光农机股份有限公司（浙江湖州）、常州东风农机集团有限公司（江苏常州）、现代农装科技股份有限公司（河北省涞水县）、铁建重工新疆有限公司（乌鲁木齐）。

进入 21 世纪，新疆农垦科学院等单位以及农业农村部南京农业机械化研究所（原农业部农业机械化研究所）一直致力于通收机的研发。如农业农村部南京农业机械化研究所承担国家行业计划项目，研发了 3 种形式的棉花通收机，其中，对辊通收式采棉机具有良好的发展前景。

目前，我国对采棉机进行购机补贴，补贴额基本上是 3～5 行采棉机 28.5 万元/台，6 行采棉机 60 万元/台。

（四）棉花加工机械

我国的棉花加工在新中国成立之前的较长时间里，都是分散在民间进行。加工机具大多是用人力、畜力、水力（少数用内燃机）带动的冲刀式皮辊轧花机。1946—1949 年，在上海、江苏、浙江、山东、河北等地沿海一带的产棉集中地区，资本家和当时的棉产改进单位开办的 10 多个轧花厂，加工机具都是从国外进口的锯齿轧花机和锯齿剥绒机。其中少数几个厂除有锯齿轧花机之外，还有籽棉烘干机，籽棉清理机，籽棉、皮棉、棉籽的输送装置，双箱液压打包机等设备。

中华人民共和国成立之后，我国的棉花加工机械（工业）主要经历了四次技术飞跃。

1. 第一次技术飞跃

在第一个五年计划期间，将由人力、畜力带动的皮辊轧花机改成机械动力带动。1955 年 7 月 1 日，邯郸棉花机械厂成功试制出中国第一台锯齿轧花机，即 5571 型锯齿轧花机。以 5571 型锯齿轧花机取代皮辊轧花机为标志，中国棉花加工业从手工作坊型迈向工业化时代，实现了中国棉花加工业第一次技术飞跃。

在第二个五年计划期间，锯齿轧花机基本上代替了皮辊轧花机。从 1956 年开始兴起棉籽剥绒，轧花厂的单一轧花生产逐渐发展为轧花、剥绒的连续生产。1960 年以后，比较普遍地实现了籽棉、皮棉、棉籽输送的机械化。一直到 20 世纪 80 年代末，我国的棉机设备种类仍然比较单一，对棉机的研制仅仅停留在单机上，不但加工设备的成套性差，而且自动化程度较低。

2. 第二次技术飞跃

第二次技术飞跃始于 20 世纪 90 年代初。作为"八五"国家重点科技项目，中国棉花加工业大胆借鉴、消化、吸收国际先进技术，研制推广了适合中国国情的轧花新工艺及成套设备，缩短了与美国等发达国家的技术差距，实现了棉花加工业从单机到成套设备的飞跃。在短短的数年时间里，国内相继研制出了 5 种类型的棉花加工成套设备及工艺，使我国的棉花加工业水平跃上了一个新的台阶。

3. 第三次技术飞跃

20 世纪 90 年代末，棉花加工业得到快速发展，尤其是 1999 年棉花流通体制改革后，以成套设备为标志的工艺不断完善改进，以高效化、大型化、自动化为标志的棉机设备相继研制成功，实现了棉机产品从中型向大型、从手动向自动化发展。

2003 年 9 月，国务院批准了《棉花质量检验体制改革方案》，推动中国棉花加工业实现"规模化、信息化、集约化"，棉花加工设备向大型化、规模化方向发展，推动棉花加工业实现第三次技术飞跃。

4. 第四次技术飞跃

随着机采棉成功在新疆生产建设兵团大力推广，棉花加工设备制造主体企业（邯郸金狮棉机股份有限公司和山东天鹅棉业机械股份有限公司等）自主研发了机采棉清理加工工艺及成套设备，机采棉打模、运模及开模设备，货场机械化设备，自动捆包设备和自动刷唛设备等，实现了籽棉从种植、采摘、储运、喂料到加工全程机械化，车间设备的初步智能化和管理信息化，实现了棉花加工业的第四次技术飞跃。

二、棉花全程机械化生产发展现状

（一）机械化水平

近 10 年，全国棉花耕种收机械化水平逐年提高。2019 年，全国采棉机保有量为 5 500 台，棉花机耕率为 99.34%，机播率为 88.04%，机采率为 50.13%，耕种收综合机械化率达到 81.18%。2020 年新疆地方采棉机保有量为 2 400 台，棉花机耕率为 99.76%，机播率为 99.72%，机采率超过 60%。2020 年新疆生产建设兵团采棉机保有量为 2 760 台，棉花机耕率为 100%，机播率为 100%，机械植保率为 100%，机采率为 90.5%。黄河流域收获机械化实现零的突破，2020 年机采面积约 10 万亩。2008 年以来，我国棉花生产机械化率的变化趋势见图 1-1。

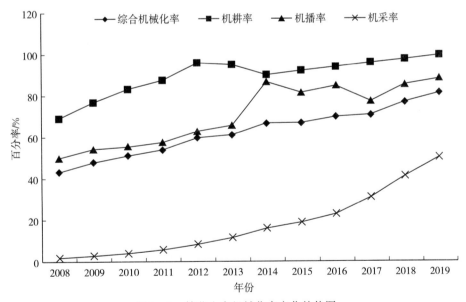

图 1-1　棉花生产机械化率变化趋势图

（二）试验示范情况

黄河流域棉花生产全程机械化技术试验示范取得突破。为补齐棉花生产全程机械化发展短板，按照农业农村部部署，农业农村部主要农作物生产全程机械化推进行动专家组棉花指导组与山东、河北等省农机推广机构及棉花科研单位，共建黄河流域棉花生产全程机械化示范基地，引进新疆生产建设兵团棉花生产全程机械化技术，集成、熟化适合当地的全程机械化生产模式，采取优选棉花品种、机械深耕深松、激光整平土地、膜下滴灌、卫星导航膜上打孔播种施肥等技术措施。经过多方努力，试验示范工作取得了显著成效。2020年山东省滨州市无棣县景国农机合作社示范点平均亩产籽棉414.9kg，河北省南宫市国有棉花良种场示范点平均亩产籽棉424.87kg，均较常规种植增加40%以上。

三、棉花全程机械化生产技术模式

（一）技术模式概述

棉花生产全程机械化主要包括耕整地、覆膜播种、植保化控、灌溉、中耕追肥、机械采收、棉秆拔除、残膜回收、棉籽机械脱绒等机械化作业过程。棉花生产的难点在于机采棉。我国棉花种植模式多种多样，既有纯作也有间作套种，既有等行距也有大小行。目前机械采棉以水平摘锭式采棉机为主，76cm的机械最小行距也基本满足我国棉花的种植农艺要求，因此棉花以76cm等行距种植能适应采棉机采收作业的要求。另外，还需要通过化控塑造适宜机采的棉花株型。新疆和黄河流域一年一作棉区，经过多年实践摸索出了一套适应区域种植特点的全程机械化作业的棉花种植模式。

（二）技术路线

以机采棉为核心的棉花生产全程机械化的技术关键是通过标准化种植和管理，采用适宜机采的种植模式和培育适宜棉花机采的株型。涉及通过耕整地和覆膜播种提高棉花播种质量，通过水控、肥控和化控的有机结合培育适宜机采的株型，并通过脱叶催熟使棉花集中成熟和脱叶，提高机械采收质量。棉花生产全程机械化的技术路线见图1-2。

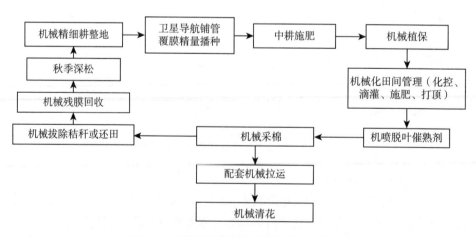

图1-2 棉花生产全程机械化的技术路线

（三）技术要求

该技术要求是针对一年一作棉区提出的。

1. 品种选择

根据机采棉的技术要求，选择适合机械化作业、特性相对较好的棉花中长绒品种。具体来说，所选棉花品种应早熟性好，果枝短，株型紧凑，抗病抗倒伏，吐絮集中，含絮力适中，纤维强度高，对脱叶剂比较敏感等。种子净度要达到99%以上，发芽率在98%以上，含水率不得高于8%。同一种植区域应尽量选择同一品种。

2. 残膜回收与机械耕整地

（1）残膜回收。结合秋翻、春耕，采用残膜回收机回收残膜，将地表及耕层10cm内的残膜搂起或捡拾清理，残膜回收率应达80%以上。可以采用单一功能的残膜回收机，先拔除棉花秸秆再回收残膜；也可以采用残膜回收与秸秆还田一体机，在秸秆还田的同时进行残膜回收作业。

（2）秋季耕地。在棉花秸秆拔除或还田以及残膜回收后，要使用大功率拖拉机犁地。要适墒犁地，犁地深度在25cm以上，深浅一致。耕后地表平整，土壤松碎，不重耕，不漏耕，地头整齐，地边地脚尽量耕到位。在犁地前要采用撒肥机均匀撒施肥料。

（3）秋季整地。使用联合整地机或动力驱动耙进行对角线整地作业。作业应达到地表平整、无残膜残茬、土壤上虚下实的农艺技术要求。

（4）播前整地。播前喷施除草剂，用钉齿耙耙地，在6h内完成整地作业。在整地的同时，再次利用残膜回收机进行农田残膜、残杂的清理，整地后达到上虚下实，虚土层在3cm左右。

3. 机械化精量播种

在新疆棉区，应适时早播，在5cm平均地温稳定达到8～10℃时，即可播种。应选配1膜3行、2膜6行的76cm等行距的膜上打孔播种机。高密度种植时选用小双行播种机播种。在黄河流域应适当晚播，以5cm平均地温稳定在15℃以上时播种为宜。鲁西北、黄河三角洲、河北南部等棉区适合在4月20—25日播种，重度盐碱地选用中早熟品种时可推迟至5月初。宜选择1膜2行、2膜4行和3膜6行的铺膜播种机。有条件的地方应采用卫星导航辅助驾驶技术，播种要求为下籽均匀，播深2.5cm左右。种子覆土厚度合格率应达90%以上，空穴率不超过4%，孔穴错位率不超过1%。播行端直，行距一致。播种后遇雨土壤板结，要及时破除板结层，助苗出土。选用厚度为0.01mm以上的地膜。

滴灌管铺设：棉花播种的同时应铺设滴灌带。铺设的滴灌带不应有拉伸和弯曲，铺设时应注意滴管方向，迷宫流道凸面向上，并按农艺要求的位置铺设在膜下。

4. 灌溉

土壤干旱缺水时要少量多次灌溉,每亩灌水 20m³ 左右,每次滴 4~6h,根据棉花长势,结合滴灌与化控,有效控制棉花株型。黄河流域未实施滴灌的棉区,播种墒情差时应在播前灌溉,蕾期应控制用水量,避免大水漫灌,防止徒长。

5. 机械中耕

通常棉花生长的整个过程中中耕作业 4 遍,即苗期 3 遍、花铃期(头水后)1 遍,中耕深度逐次由 10cm 增加到 18cm。中耕后做到耕层表面及底部平整,表土松碎,不埋苗,不压苗,不伤苗。没有实行水肥一体化灌溉的地块,应结合中耕进行施肥。

6. 施肥

采用滴灌带灌溉时,棉花所施化肥全部随水滴施,按棉花生长发育各阶段对养分的需要合理供应,使化肥通过滴灌系统直接进入棉花根区,达到高效利用的目的。

未实施滴灌的棉田,若基肥、种肥充足,可不追施苗期肥,只需根据棉花长势适时追施蕾肥、花铃肥和盖顶肥即可,防止不合理施肥造成棉花徒长。追肥要适时、适量、均匀,不漏施,深度一致,培土良好,不埋苗,不伤植株根系。

7. 机械化化控与植保技术

根据棉花病虫害情况进行植保作业,根据棉花株型要求进行化控作业。棉花化学控制喷洒作业通常与病虫害药物防治同步进行,常利用量化指标对棉花进行系统的化调化控,即苗期微控、蕾期轻控、头水前中控、花铃期重控、打顶后补控。

8. 打顶与脱叶催熟

棉花打顶:要根据棉花的长势、株高和果枝数等因素来确定适宜的打顶时间,适时早打顶,立足促早熟。新疆棉区,一般在 6 月底、7 月初结束打顶,黄河流域应在 7 月 10—20 日打顶。打顶要重打,摘掉一叶一心。打顶与化控应保证实现机采棉调控目标,即第一果枝离地面 18~20cm,主茎节间长度为 6~7cm,新疆地区株高在 65~80cm,黄河流域株高控制在 90cm 左右。按机采棉采摘顺序进行作业。早采的早打,晚采的晚打。

脱叶催熟:为降低机采籽棉含杂率和提高采净率,必须利用化学脱叶催熟药剂在基本不影响棉花生长和内在质量的情况下进行脱叶催熟。在棉花的吐絮率达到 60% 以上时喷施脱叶剂,喷药具体时间应根据天气情况确定。喷施药前后 3~5d 的日最低气温应≥12.5℃,日平均气温应高于 23℃,尽量避开降温天气，在风大、降雨前或烈日天气禁止喷药作业。喷药后 12h 内若降中量的雨，应当重喷。喷施脱叶剂要均匀，最好在清晨相对湿度较高时进行。脱叶剂用量应掌握以下基本原则：正常棉田适量偏少，过旺棉田适量偏多；早熟品种适量偏少，晚熟品种适量偏多；喷期早的适量偏少，喷期晚的适量偏多；密度小的适量偏少，密度大的适量偏多。为保证脱叶剂喷施效果，最好采用吊杆式喷雾机、风幕式喷雾机等，不提倡用植保无人机喷施。

9. 棉花机械化收获技术

棉株经过化学脱叶催熟作业后，棉花吐絮率达到 80%～90%、脱叶率达到 90% 时，即可进行采收作业。

采收前的准备：对机械难以采收但机械必须通过的田边地角地段进行人工采摘；平整并填平田间的毛渠、田埂、沟坎；清除棉田中的各类地桩、管道接头等，彻底清除田间残膜、残杂和滴灌带，达到田内无残膜、残带和杂物；必要时人工先采收 15～20m 的两端地头，并将地头棉秆拔除，棉秆根茬不得高于 2cm。

田间采收作业：采收过程中，需淋注清洗液清洗摘锭。籽棉含水较常规手工采收籽棉多，一般可达到 10%～12%。采收时应避免跨播幅机采，田间作业速度控制在 4～5km/h。要根据地块长度和棉花产量及运棉距离确定棉花拉运车的数量。每台采棉机必须配备一名助手，负责机采质量检查及必要的辅助工作。

采收质量标准：要求采净率达 93% 以上，含杂率在 11% 以下，籽棉含水率在 10% 以下。

10. 机采棉机械化清理加工技术

机采过程中可能会混入棉叶、棉秆、棉铃壳、土沙等杂质，采收后籽棉含水率也比较高，因此，机采棉的清理加工工艺与常规轧花工艺相比，增加了 3 道籽棉清理、1 道皮棉清理和 2 道籽棉烘干工序，以保证机采棉清杂效率及加工质量。机采棉采收后要及时加工，不能及时加工的至少要及时烘干以防止霉变。

四、棉花生产机械化存在的问题及原因分析

(一) 区域发展不平衡

一是生产规模差别大。2020 年全国棉花种植面积为 4 755 万亩，其中新疆棉区 3 753 万亩，占全国的近 80%，黄河流域和长江流域棉花种植面积总共也不到全国的 20%。二是棉花全程机械化发展水平不平衡。新疆生产建设兵团机采率已突破 90%，黄河流域机采率却还不到 1%，长江流域机采还是空白。在棉花播种环节，新疆棉区大型高效精量播种机已大面积推广应用，黄河流域

棉区还是以小型棉花播种机为主，长江流域棉区多为玉米播种机改制或替代。三是棉花单产水平差别大。2019 年全国棉花平均单产为 117.6kg/亩，新疆棉区平均单产为 131.9kg/亩，河北、湖北则仅为全国平均单产的一半。其主要原因为我国棉花种植技术和机械化装备应用水平地区间差距较大。黄河流域、长江流域棉花种植水平差、单产低、收益差，农民种植棉花的积极性不高。

（二）棉花生产标准化程度低

一是适于黄河流域、长江流域全程机械化生产的机采棉品种少。二是黄河流域、长江流域未形成稳定的机采棉种植模式，不具备机采棉技术大面积推广的条件。黄河流域、长江流域棉花种植规模小，种植不规范，降雨多，棉花调控技术难度大，且种植模式多样，导致管理措施不一致，最终造成棉花长势各异，机采棉生产的技术模式推广难度大，导致棉花全程机械化关键技术与装备应用水平不高。而新疆棉区降雨少，滴灌模式易于精准调控，加之多年的种植经验，已经形成了较为成熟的棉花生产全程机械化技术模式。

（三）机采棉加工能力不足

黄河流域、长江流域主要采用传统手摘棉棉花加工设备，不适合加工含杂率高的机采籽棉，再加上新建和升级改造机采棉清花加工设备生产线的一次性投入大，棉花加工企业积极性不高，致使机采棉加工能力有限，严重制约棉花机械化采收技术的推广。

（四）采棉机一次性投资大

大型摘锭式采棉机一次性投入大、投资回收期长，用户购买能力差；黄河流域、长江流域现有生产规模小，大型机械不能充分发挥效能，投资效益差。

五、棉花生产机械化的发展建议

（一）强化政策支持，确保棉花战略安全

为确保棉花战略安全，国家应加强种植补贴和购机补贴等政策以支持棉花生产发展，要集中技术力量和项目经费，在长江流域、黄河流域和南疆地区建立示范基地，有效提高棉花生产全程机械化水平，全面振兴棉花产业。

（二）贯彻科技强国理念，完善机采棉生产技术体系

一是加快 5G、卫星导航等高新技术应用，推动棉花生产全程机械化技术装备的信息化、数字化、智能化升级。二是在南疆、黄河流域和长江流域，积极推进农机农艺融合，加大耕整地、精量播种、高效精准施药（肥）、秸秆综合利用、机械化采收、残膜回收、加工清理等成熟技术以及水肥一体化等先进技术的推广力度，加快棉花生产全程机械化的集成配套和综合应用。三是全面推进棉花生产标准化，提升作业质量，降低生产成本，提高机采棉品质。四是做好适合机采棉品种的选育，统一区域范围内的种植品种，提高机采棉的效率

和质量。五是进一步完善机采棉加工技术工艺体系。

（三）加大土地整合力度，建设高标准棉田

以高标准农田建设为契机，建设平整、集中连片、设施完善、农电配套、土壤肥沃、生态良好、抗灾能力强的高标准棉田，不断巩固和提高棉花生产全程机械化水平，实现机械化规模生产，降低棉花种植成本，提高劳动生产率，保障棉花有效供给。

第二章

棉 花 品 种

第一节　棉花的生物学特性

一、棉花的喜温好光特性

棉花原产于热带，是喜温喜光的短日照作物，不耐低温霜冻，不耐阴雨渍涝，属多年生木本植物，适于在疏松深厚土壤中种植。

棉花在整个生育期中，要求较多的热量，不同棉花品种一生需要≥10℃的活动积温不同，早熟棉花品种需 3 000～3 500℃，中熟棉花品种需 3 500～4 000℃，晚熟棉花品种需 4 000℃以上。棉花生长的最适宜温度在 25～31℃，最低温度为 15℃，最高温度为 46℃，当温度高于 46℃时棉花花粉会失去生活力。

温度是决定棉花播种期的重要依据。一般 5cm 平均地温（连续 5d）稳定在 14℃以上时宜进行棉花播种。棉花在日平均气温为 10～12℃时即可开始发芽出苗。当日平均气温在 20℃以上，且土壤水分条件适宜时，出苗只需 4～7d。若温度低，则出苗缓慢，易染病害，甚至引起烂种现象。气温低于 15℃，又多连阴雨，会对幼苗生长不利。当地面温度降到 3～6℃时部分叶子受冻害；降到 1～2℃，植株部分或全部冻死。因此，棉花在幼苗生长期间，必须密切注意低温霜冻的危害。棉花出土生长速度与温度有关，幼苗在 16～18℃时 10～15d 开始长出第一片真叶，25℃时只需 7～10d，14℃时需 20d 以上。棉花进入现蕾期以后，温度高，现蕾又快又多，最低温度应不低于 19℃。初花期气温以 25～30℃最为适宜。棉花吐絮期气温以 20～30℃较合适，低于 20℃则成熟期后推，低于 15℃则光合作用和有机物质转运受阻，并影响棉花纤维质量。吐絮期昼夜温差大对促进棉铃成熟有利，气温低于 12℃或高于 40℃都会引起棉桃脱落。

棉花只有在充足的阳光下才能生长发育良好。充分的阳光有利于壮苗、早发、增枝现蕾。棉花对光照度也有一定的要求，若遇到长期阴雨，有机养分制造与转运会受影响，植株体内糖分减少，含氮物质增加，从而引起大量蕾铃脱落，导致植株疯长。棉花生育后期，充足的光照有利于光合作用，可增加铃重，提高棉絮质量。如果遇到秋雨连绵、光照不足，则易出现茎叶徒长或二次生长；棉铃也易遭病虫害，增加僵瓣花和烂铃，并延迟成熟，增加霜后花。

二、棉花的耐旱、耐盐碱特性

盐是调节植物正常生长发育最重要的非生物因子之一。大多数植物能承受的最大盐分浓度是0.3%，土壤中盐分过多会严重影响植物的正常代谢和生长，导致植物形态和生长状态发生改变。盐胁迫主要影响种子吸水膨胀，造成萌发慢，萌发率低。

棉花比一般粮食作物耐盐，又称盐碱地的先锋作物。棉花能承受的最大盐分浓度是0.5%。棉籽萌发期对盐胁迫并不敏感，只有较高浓度盐胁迫才明显抑制种子发芽；棉花二、三叶期对盐胁迫最为敏感，盐浓度过高过低均能抑制幼苗生长，使成苗率下降，异常苗增多，棉苗素质变差，叶片发软色暗，侧根发生少。棉花幼嫩器官，特别是生长锥，对盐分很敏感。盐害首先出现在棉花的幼嫩器官，特别是生长锥首先变焦黑，严重时生长点焦枯，而后全株枯死。棉苗对盐胁迫的适应调节主要表现在根部。

盐胁迫下，棉花生长势下降，出叶进程减慢，果枝数目减少，现蕾、开花、结铃数目减少；棉铃失水吐絮快，花铃期缩短。盐胁迫影响棉花有机物同化运输和激素代谢等生理过程，造成蕾铃脱落增加，产量降低。盐胁迫对棉花衣分、纤维长度影响不大，对纤维细度、断裂比强度、成熟度影响较大，会使棉铃发育受到抑制，铃重、种子重量有所下降，纤维的糖分含量增加、纤维素含量降低。

棉花是较耐旱的作物，即使在干旱少雨地区种植，也能获得一定的产量。由于棉花根系强大，主根发达，侧根分布深广，在土壤中能形成强大的吸收网，能利用深层水分，因此比较耐旱。棉花苗期有较强的抗旱能力，苗期适度干旱可以促进根系生长，轻度干旱不会造成最终叶面积的减少，仅是延长生长期。在生殖生长期（现蕾期至开花期）对干旱胁迫最敏感。干旱胁迫阻碍雌、雄蕊分化和花粉发育，造成蕾小、授粉不良、花粉粒败育率高，有效铃减少，单铃重降低，生物产量和经济产量下降。结铃期干旱会造成植株早衰，叶片功能期缩短，光合效率降低，有效铃不能很好地膨大，影响棉花纤维品质，籽指降低。

干旱时，棉花根系多向土壤深层伸展，而地上部的生长受影响最大。主茎、果枝均受到抑制，节间缩短，植株矮小，根茎比增大，叶片气孔部分或完全关闭，光合作用减弱，矿物质及营养物质的运输受到影响，蕾铃脱落增多，植株幼嫩部分萎蔫，严重时根毛死亡，造成整株枯死。受旱时，较老的叶片首先受到影响。干旱使棉花生育进程缩短，生理过程受干扰，皮棉产量和品质降低。

干旱对产量的影响主要归因于棉株外围成铃数的减少。花铃期持续土壤干旱对棉株不同果枝部位的棉铃产生的影响不同，铃重、纤维长度和断裂比强度均随棉铃发育期内的平均叶水势的降低而下降。

三、棉花的无限生长特性

棉花具有无限生长和无限开花的习性，在棉花的生长发育过程中，只要环境条件适宜，就可以像多年生植物一样，不断进行纵向和横向生长。主茎生长点向上持续生长，不断地分化生长枝叶；果枝生长点不断横向增生果节，并不断分化生长蕾、花、铃。在棉花生产上可采用育苗移栽等方法尽可能利用棉花的无限生长习性，延长棉花的生长期，充分利用生长季节，增加棉花的有效开花结铃期，充分发挥单株增产潜力而获得高产。

棉花的地上部与地下部都有较强的再生能力。棉花的每个叶腋都长一个腋芽，有的腋芽平时处于抑制状态，一旦具备适当的条件，便可长成枝杈，并长蕾、开花、结铃。当棉株遭遇雹灾，或棉株顶芽被虫害咬毁，只要加强管理，一般仍可获得一定产量。棉花的茎秆有发达的韧皮部、活跃的形成层和坚硬的木质部，对各种机械损伤有一定抵抗能力，而且伤愈能力也较强，因此棉株能互相嫁接，愈合形成无性杂种，也能扦插成活，由愈伤组织重新发根，长成新株。棉花地下根系的再生能力很强，中耕伤断一批侧根后会长出更多的新根，可以通过中耕断根来促根或控制旺长。苗期、蕾期棉株根系的再生能力强，因此现蕾后可深中耕促进根系下扎，以控制地上部生长；花铃期棉株根系的再生能力明显减弱，应注意浅锄保根。

棉花的无限生长特性导致棉花封行时间和封行程度变化很大，可通过合理密植和化学调控等措施促进或抑制棉花的生长发育，实现棉花适时、适度封行的目的。适时、适度封行是改善棉花生长环境、提高抗逆性、实现丰产的重要途径。

四、棉花的子叶全出土特性

棉花属于子叶全出土作物。在双子叶植物中，蚕豆、豌豆等属于子叶留土类型的双子叶植物。如蚕豆种子萌发时，胚根先突出种皮，向下生长，形成主根；由于上胚轴的伸长，胚芽不久就被推出土面，而下胚轴的伸长量不会太大，所以子叶不会被推出土面，而是始终埋在土里。花生则属于子叶半出土类型。花生种子萌发出苗时，胚轴将子叶推至土表见到阳光时便停止伸长，因此两片子叶一般不出土；但播种浅、土壤疏松或阴天条件下，两片子叶也可出土。棉花的两片子叶全出土并展开才完成出苗。相较其他双子叶植物，棉花出苗更难，出苗成苗对环境条件的要求更严格。播种过深，子叶不能出土，难以出苗成苗；播种过浅，则子叶带着种壳出苗，难以形成正常棉苗。必须适时播种并严格掌握好播种技术才能实现一播全苗。

第二节 棉花全程机械化生产对品种的要求

一、早熟性好、结铃吐絮集中

棉花品种铃期过长会造成霜后花率高，棉花纤维成熟度差；吐絮期过长致使早期吐絮的棉花长期暴晒，易脱落，机采时易增加落地棉或挂枝棉，降低棉花的产量和品质。因此机采棉花品种要求株型紧凑、早熟性好、成铃吐絮集中，有利于提早集中收获，提高机采棉的产量、品质和综合效益。在喷脱叶催熟剂时，要求棉株上部棉铃铃期达到 40～45d。此外，机采棉花品种的生育期要求在 120d 左右，霜前花率≥92％。

结铃吐絮集中有利于棉花机械采收。该类型棉花品种的农艺性状大都是短果枝，果枝上举，果枝与主茎的夹角≤45°，叶枝较少，果枝分布均匀，株型结构合理，群体增产潜力较好，适合高密度种植。棉田见絮后 40d 左右吐絮率最好能达到 95％上。

采用早熟性好、结铃吐絮集中的棉花品种时，采棉机作业的质量和效率比较好。在选育棉花品种时应注意选择第一果枝节位适中，主茎节距不宜过长，前期生育快，初花至盛花期短等早熟相关性状；注意选择伏期开花量大、成铃速度快、伏桃和早秋桃占比大、靠近主茎的铃多、铃壳薄、后期棉铃脱水快等与结铃吐絮集中相关的性状。

二、含絮力适中、纤维品质好

宜机采棉花品种要含絮力适中。含絮力用来衡量棉花吐絮后从棉壳上摘取棉花的难易程度。含絮力太强，棉花难以采摘，劳动效率低。含絮力太弱，棉花在棉壳上一瓣瓣分散开，难以一次摘取干净，在遇到大风天气或者机械采收时棉花容易从棉壳上脱落至地面或挂在棉花枝叶上。含絮力适中的棉花品种吐絮畅，不夹壳，会减少刮风、田间管理和机械作业等造成的籽棉脱落，能确保采净率达到 95％以上，而且能提高机采棉的产量与品质。

宜机采棉花品种要纤维品质好，平均 2.5％纤维跨长应在 30mm 以上，断裂比强度应在 30cN/tex 以上，马克隆值应为 3.7～4.6。机械采摘对棉花纤维品质有一定影响。除马克隆值处于同一等级之外，机采棉在纤维长度、整齐度指数、断裂比强度、成熟度、纺纱均匀性指数、短纤维率和品级等指标上均不及手摘棉。机采棉的纤维长度较手摘棉差 1mm，断裂比强度较手摘棉差 1.08cN/tex。

三、抗逆性好

棉花的抗逆性是指抵抗不利环境的某些性状，如抗病虫、抗旱、抗盐、抗寒、抗倒伏等。优良的抗病虫特性是棉花获得高产稳产的前提，良好的抗旱、抗盐、抗寒特性是棉花抵抗不良地质条件和天气条件的根本保障，良好的抗倒伏特性是棉花适宜机采的重要前提条件。宜机采棉花品种要具有抗枯萎病、耐黄萎病的能力，枯萎病指≤10，黄萎病指≤25。棉株茎秆应健壮不倒伏，具有一定的弹性，不易折断。若棉株茎秆倒伏致使部分棉花无法顺利进入采棉头，会极大影响采净率，造成机采棉产量损失，降低机采棉的品质。棉株第一果枝节位高度应在 18cm 以上。第一果枝节位着生过低，易导致下部棉花难以喂入采棉头或导致籽棉污染，造成损失。

四、对脱叶剂敏感

脱叶及催熟技术是棉花实现机械采收的核心技术，能够促进棉花提前吐絮，方便机械采摘，减少籽棉污染，对棉花生产具有重要意义。棉花脱叶效果的好坏直接影响棉花采收的品质。使用脱叶剂进行化学脱叶能使棉株的绝大部分叶片脱落，降低机械采收籽棉的含杂率，减少棉叶对棉纤维的污染。催熟剂可有效加快棉铃裂开，达到棉铃快速集中吐絮的目的，有利于提高霜前花率，从而为机械采收打下坚实的基础。

如果达不到理想的脱叶催熟效果，往往会降低机械采收效率、提高棉花含杂率、增加加工成本、降低棉花品质。化学脱叶催熟的效果与喷施时的温度、湿度及药剂用量密切相关，棉花品质与喷施药剂时的棉花吐絮率相关。黄河流域棉花吐絮率达到 60％以上时即可进行喷施作业，施药前 3～5d 的平均气温应高于 20℃，空气相对湿度应在 60％以上。脱叶催熟剂以噻苯隆＋乙烯利混合液的效果最好，其主要作用是诱导棉铃开裂和形成叶柄离层。脱叶催熟剂的施药量和施药次数影响脱叶催熟效果，具体用量根据施药时的棉花长势、喷施时间、气温情况等因素综合确定。一般气温在 25℃以上时使用低剂量，气温在 18～20℃时使用高剂量；正常棉田适量偏少，过旺棉田适量偏多；早熟品种适量偏少，晚熟品种适量偏多；喷施早时适量偏少，喷施晚时适量偏多；密度小的适量偏少，密度大的适量偏多。施用脱叶剂 2 次比 1 次脱叶催熟效果好，且对棉花产量品质无明显影响，为提高采净率，棉花生产中建议推广使用 2 次脱叶催熟技术。

化学脱叶催熟剂是干预植物内源激素的合成、运输、代谢等过程的一种植物生长调节剂。它破坏作物体内原有的生长激素平衡水平，达到较好的脱叶催熟效果。不同品种对脱叶剂的反应存在差异，喷施相同浓度和用量的脱叶剂后，脱叶速度和效果不同。对脱叶剂敏感、叶片易脱落的棉花品种，脱叶速度快，能够加快吐絮速度，机采后的棉花杂质含量低。

第三节　适宜机采的棉花品种

一、西北内陆棉区宜机采棉花品种

西北内陆棉区主要包括新疆维吾尔自治区，甘肃省的河西走廊地区。该区地域辽阔，地处欧亚大陆腹地，属干旱半干旱荒漠灌溉农业生态区，具有气候干旱、降水量少、蒸发量大、日照充足、温差大的典型大陆性气候特点。该区棉花吐絮好，絮色白，品级高，常年一、二级花在80%以上，受到国内外的一致好评。西北内陆棉区有4个明显不同的生态亚区，即中熟棉亚区、早中熟棉亚区（含叶塔次亚区和塔哈次亚区）、早熟棉亚区（包括甘肃河西走廊棉区）、特早熟棉亚区。

（一）北疆棉区宜机采棉花品种

1. 新陆早50号

棉花品种新陆早50号生育期126d。植株塔形，Ⅱ式果枝，株型较紧凑，叶深绿、缘皱、上举，叶片较小，茎秆较硬、茸毛稀少，茎秆柔韧性好，抗倒伏。棉铃卵圆形、中等大小、分布均匀。第一果枝节位5.0节，衣分44.9%，籽指9.9g，霜前花率96.3%，单铃重5.8～6.2g。生育期田间表现良好，长势稳健，吐絮畅，含絮力好。结铃性强，脱落少，后期不早衰，易于管理，纤维品质达到优质棉标准。该品种高抗枯萎病、耐黄萎病。

2. 新陆早57号

棉花品种新陆早57号生育期121d。植株塔形，Ⅱ式果枝，株型较紧凑，叶片中等大小，叶色淡（灰）绿色，叶片多茸毛、略上举，茎秆较坚硬、茸毛中等。棉铃卵圆形、中等大小。第一果枝节位5.2节，衣分42.4%，籽指9.1g，霜前花率99.2%，单铃重5.5g。生育期田间表现良好，生长稳健，茎秆坚硬，柔韧性好，抗倒伏，蕾铃脱落少，结铃性强，吐絮集中、吐絮畅，含絮力好，纤维品质达到优质棉标准。该品种高抗枯萎病、轻感黄萎病。

3. 新陆早71号

棉花品种新陆早71号生育期120d。植株筒形，Ⅱ式果枝，株型较紧凑，茎秆茸毛中等。叶片中等大小，叶色浅绿，叶裂深；棉铃卵圆形，较大，嘴尖。单铃重4.8g，衣分43.9%。纤维品质达到优质棉标准。

4. 惠远 720

棉花品种惠远 720 生育期 122d。株型较紧凑，长势强，Ⅰ-Ⅱ式果枝，茎秆粗壮、茸毛较多，叶片中等大小，叶片较厚，叶色较深。棉铃卵圆形，衣分42.4%，第一果枝节位 5～6 节，果枝台数 8～10 台，单株结铃 6.5 个，单铃重 4.9g，籽指 10.0g，霜前花率 100%。生育期田间整齐度较好，较早熟，不早衰，吐絮畅，丰产性和抗逆性稳定。纤维品质达到优质棉标准。适宜在早熟棉区无（或轻）黄萎病棉田种植。

（二）南疆棉区宜机采棉花品种

1. 新陆中 37 号

棉花品种新陆中 37 号生育期 140d。叶色淡，叶片较小，叶裂深，茎秆叶相好，群体结构好，栽培管理操控性好。第一果枝节位 5～6 节，单铃重 5.5～6.2g，衣分 43.8%～45.5%，铃壳薄，吐絮畅，好拾花。抗枯萎病、黄萎病性强，丰产性好，中后期长势强，上铃快，铃大，结铃性强。

2. 新陆中 47 号

棉花品种新陆中 47 号生育期 143d。植株筒形、较清秀，Ⅱ式果枝，叶片中等大小、上举，叶色深绿，缺刻较深，通风透光性好。花冠较大，乳黄色。第一果枝节位 5.59 节，单株结铃 7.1 个。棉铃卵圆形、有尖，单铃重 5.81g，衣分 43.49%，籽指 11.5g。全生育期长势和整齐度较好，后期不早衰，吐絮畅而集中，棉絮洁白，含絮力适中，易摘拾，霜前花率 93.14%。丰产性突出，纤维品质优，高抗枯萎病，耐黄萎病。

3. 中棉所 49 号

棉花品种中棉所 49 号生育期 137d。植株塔形，茎秆柔韧、茸毛少，叶片中等大小、上举，叶裂深，Ⅱ式果枝。棉铃卵圆形，单铃重 5.5～5.7g，铃壳薄，吐絮畅而集中。该品种出苗迅速，前期发育快，长势稳健，果枝多，棉絮洁白，衣分 41.8%，籽指 11.1g，纤维品质优良。

4. 中棉所 57 号

棉花品种中棉所 57 号生育期 140d。植株塔形，株型紧凑，叶色浅绿，叶片中等大小，茎叶茸毛稀少。结铃性强，棉铃卵圆形，单铃重 5.6～6.3g，衣分 43%～44%，吐絮畅而集中。抗枯萎病，耐黄萎病，抗虫性强。现蕾较早，前期生长稳健，中后期长势强。

二、黄河流域棉区宜机采棉花品种

黄河流域棉区位于秦岭-淮河以北、长城以南，包括河北省（除长城以北），山东省，河南省（不包括南阳、信阳两个地区），山西南部，陕西关中，甘肃陇南，江苏、安徽两省的淮河以北地区和北京、天津两市的郊区，其中以黄淮海平原棉花种植最集中。本棉区光照较为充足，热量条件较好，无霜期适宜，但初夏多旱，伏雨较集中，且降水变率大。此外，气象要素的时空分布不均，降水年际变幅较大，易发生旱、涝、风、冻、雹等自然灾害。土壤以潮土、褐土、盐碱土为主，且大量的盐碱地有待开发。

1. 鲁棉研 37 号

棉花品种鲁棉研 37 号生育期 129d。植株筒形、紧凑、赘芽少，全生育期内长势强，叶片较大、深绿色，叶功能好，抗逆性强，和一般品种相比，具有较明显的耐旱、耐盐碱和耐瘠薄能力。第一果枝节位 7.2 节，株高 108.2cm，单株果枝数 14.4 个，单株结铃性强，平均单株结铃 22.9 个，棉铃卵圆形，单铃重 5.6g，衣分 41.3%，籽指 9.5g，霜前花率 90.3%。纤维品质经农业农村部棉花品质监督检验测试中心测试，平均 2.5% 纤维跨长 29.1mm，断裂比强度 28.3cN/tex，马克隆值 4.8，纺纱均匀性指数 140.5。该品种高抗枯萎病，耐黄萎病，高抗棉铃虫。

2. K836

棉花品种 K836 生育期 130d。植株塔形，果枝上冲，通透性好，耐阴雨；开花结铃集中，结铃性强；吐絮畅而集中，易收摘，霜前花率高，属中早熟品种。棉铃卵圆形，单铃重 6.5g，衣分 41.6%，籽指 10.6g；田间出苗好，幼苗健壮，中前期长势较快。经农业农村部棉花品质监督检验测试中心测试，平均 2.5% 纤维跨长 31.3mm，断裂比强度 31.1cN/tex，马克隆值 4.6，纺纱均匀性指数 158。该品种高抗棉铃虫，高抗枯萎病，耐黄萎病。

3. 鲁棉 1131

棉花品种鲁棉 1131 生育期 116.7d。出苗好，苗长势较好，整个生育期长势好，整齐度好。植株较高，株型松散，呈塔形，茎秆较粗壮，茸毛较少，叶背有蜜腺，叶片深绿、中等大小，花乳白色，棉铃卵圆形、中等大，铃尖较明显，结铃性较好，吐絮畅，皮棉颜色洁白、有丝光。早熟性好，后期叶功能好，不早衰。高抗枯萎病，耐黄萎病，高抗棉铃虫。株高 105.3cm，第一果枝节位 6.8 节；单株结铃 19.4 个，单铃重 6.3g，籽指 10.6g，衣分 43.8%，霜前花率 94.3%。经农业农村部棉花品质监督检验测试中心测试，平均 2.5% 纤维跨长 30.3mm，断裂比强度 29.5cN/tex，马克隆值 5.3，纺纱均匀性指数 140.4。

4. 鲁棉 696

棉花品种鲁棉 696 生育期 119d。出苗较好，前期长势一般，中后期长势好，植株较紧凑，果枝较长、上举，茎秆较粗壮、茸毛较多，叶片中等大小，叶色中等，不早衰，后期叶功能较好。棉铃卵圆形、略小，结铃性较好，吐絮较畅。抗枯萎病（病指 5.8），耐黄萎病（病指 34.2），抗棉铃虫。株高

107.1cm，第一果枝节位 7.2 节，单株结铃 20.3 个，单铃重 5.6g，籽指 11.4g，衣分 39.6%，霜前花率 90.6%。经农业农村部棉花品质监督检验测试中心测试，平均 2.5%纤维跨长 31.2mm，断裂比强度 33.4cN/tex，马克隆值 5.3，断裂伸长率 4.8%，反射率 78.8%，黄色深度 7.6，整齐度指数 86.2%，纺纱均匀性指数 158，纤维品质Ⅲ型。

5. 鲁棉 338

棉花品种鲁棉 338 生育期 122d。出苗较快，苗期长势强，全生育期生长稳健。植株紧凑、塔形，叶片中等大小，叶功能好。棉铃卵圆形、中等大小，吐絮畅、含絮力好。株高 104cm，第一果枝节位 7.2 节，单株果枝数 14.4 个，单株结铃数 19.6 个，单铃重 6.2g，衣分 43.5%，籽指 10.8g，霜前花率 96.3%，僵瓣花率 2.4%。经农业农村部棉花品质监督检验测试中心测试，平均 2.5%纤维跨长 29.2mm，断裂比强度 30.6cN/tex，马克隆值 5.2，纺纱均匀性指数 134.1。高抗枯萎病，耐黄萎病，高抗棉铃虫。

6. 国欣棉 31

棉花品种国欣棉 31 生育期 122d。植株塔形、较紧凑，叶片中等大小、绿色。棉铃卵圆形。株高 108cm，第一果枝节位 7.5 节，单株果枝数 12.8 个，单株结铃数 17.3 个。单铃重 6.5g，籽指 11.5g，衣分 40.7%，霜前花率 90.8%，僵瓣花率 3.1%。抗病性：河北省农林科学院植物保护研究所 2017 年鉴定结果为高抗枯萎病、耐黄萎病，2018 年鉴定结果为抗枯萎病、耐黄萎病。经农业农村部棉花品质监督检验测试中心测试，平均 2.5%纤维跨长 29.9mm，断裂比强度 31.5cN/tex，马克隆值 5.3，整齐度指数 83.5%，纺纱均匀性指数 135，纤维品质为Ⅲ型。

7. 欣抗 4 号

棉花品种欣抗 4 号生育期 122d。植株塔形、较紧凑，叶片中等大小、绿色。棉铃卵圆形。株高 108cm，第一果枝节位 7.5 节，单株果枝数 12.8 个，单株结铃数 17.3 个。单铃重 6.5g，籽指 11.5g，衣分 40.7%，霜前花率 90.8%，僵瓣花率 3.1%。抗病性：河北省农林科学院植物保护研究所 2017 年鉴定结果为高抗枯萎病、耐黄萎病，2018 年鉴定结果为抗枯萎病、耐黄萎病。经农业农村部棉花品质监督检验测试中心测试，平均 2.5%纤维跨长 29.9mm，断裂比强度 31.5cN/tex，马克隆值 5.3，整齐度指数 83.5%，纺纱均匀性指数 135，纤维品质为Ⅲ型。

8. 中棉 619

棉花品种中棉 619 生育期 95d，为特早熟品种，出苗齐，长势好，生长整齐度指数较高；株高 80cm，株型紧凑，果枝较平展，叶片中等大小、深绿色，第一果枝着生位高度 23cm，单株果枝数 12.3 个，单铃重 4.7g，衣分 39%。

该品系各生育时期生长均比较稳健，单株结铃性强，吐絮畅而集中，含絮力强，絮色洁白、有丝光，霜后无黄斑，喷洒脱叶催熟剂后，落叶较快，适应大田机械采收。农业农村部棉花品质监督检验测试中心 2018 年测试结果为平均 2.5%纤维跨长 30mm，断裂比强度 30.9cN/tex，马克隆值 5.8，整齐度指数 85.8%，伸长率 6.9%；2019 年测试结果为平均 2.5%纤维跨长 30.2mm，断裂比强度 34.1cN/tex，马克隆值 5.1，整齐度指数 85.1%，伸长率 7.0%，属于中绒棉类型。

9. 中棉所 94A915

棉花品种中棉所 94A915 生育期 121d。第一果枝节位 7 节。株高 96.9cm，植株筒形，主茎有茸毛，叶片鸭掌形、较小，叶深绿色。花瓣乳白色，基部无红斑，花药黄色，棉铃卵圆形，铃柄长 1.0cm，单株结铃 15 个，单铃重 5.5g，籽指 9.4g，种子有短绒，衣分 43.19%。

第三章

耕整地机械

第一节　耕整地农艺技术要求

机采棉应选择规模大、平整的土地连片种植，这样能够将农机作业、农艺措施等技术统一集约化管理，提高机械利用率，方便实施规模化集中经营。

1. 适期耕整

棉田应在规定农时及土壤宜耕期内适时耕整地。耕翻作业最好在深秋或初冬进行，如果地表上冻，犁后垡块较大，不可强行作业。春天顶凌整地，最好用联合整地机整地。

2. 耕作要求

耕深一般在 25cm 以上，且均匀一致；对于耕层较浅、地下水位高、盐碱重的土地，耕深应有计划地逐年加大。土垡翻转良好，地面残茬、杂草及肥料覆盖严密；耕地后地表、沟底平整，土壤松碎，无明显的垄台或垄沟；避免重耕、漏耕，地头地边整齐，到边到角。

3. 整地要求

播前整地应在地表喷洒化学除草剂，整地后棉田土壤细碎、上虚下实，虚土层厚度一般在 3cm 左右。

第二节　耕整地机械的种类

耕整地机械主要包括耕地机械、整地机械和联合耕整地机械 3 种。耕整地可以为棉花播种建造适宜的种床。经过机械深耕或深松、耙地整平，使土层深厚肥沃、质地疏松，棉花才能吸足养料和水分，生长发育好，从而有利于高产和提高纤维品质。

1. 耕地机械的种类

耕地机械是用于耕地作业的机械。耕地机械的种类很多，按工作部件的形式可分为铧式犁、圆盘犁、深松机等。铧式犁和深松机是棉田耕地最常用的耕地机械。铧式犁中，双向翻转犁不仅作业效率高，能有效翻垡覆盖植被，还能变更犁体的翻垡方向，在进行梭形作业时往返行程，可以使土垡向一侧翻转，保证了耕后无开沟和闭垄，使地表平整，因此，目前被广泛应用。铧式犁连年耕作易形成犁底层，阻隔根系下扎以及水分和养分的输送。进入 21 世纪后，深松机适应市场的需求，应用越来越多。在本章的耕地机械中主要介绍双向翻转犁和深松机。

2. 整地机械的种类

整地机械也称二次耕作机械，是对耕地后的浅层表土再进行耕作的机械，主要有圆盘耙、钉齿耙、驱动耙、旋耕机、激光平地机、农业卫星平地机、灭茬机等。碎土整地作业包括耙地、平地和镇压，起垄和作畦机械也可以作为整地机械。棉田整地以圆盘耙或联合整地机械作业为主。在本章的整地机械中主要介绍圆盘耙、钉齿耙、激光平地机、农业卫星平地机等。旋耕机由于耕后土壤疏松暄软，不满足棉花播种下实上虚的要求，这里不做介绍。

3. 联合耕整地机械的种类

近几年，随着大功率动力机械的研制，又出现了耕地机械和整地机械相结合的大型化、高效化、复式化联合耕整地机械。联合耕整作业机按照结构组成不同可分为耕耙犁、深松联合作业机、耕刨整地机等多种。在本章主要介绍轻型深松联合作业机。

第三节　耕地机械

在深秋或者初冬季节进行机械化耕地，是指在上一茬作物完全收获之后，利用铧式犁、深松机等机械进行深耕或者深松。机械深耕、深松使得棉田平整，同时，机械深耕和深松能够深入并打破犁底层，增强底层土壤的通透力，有利于植物的根系深扎，为棉花生育创造良好的土壤环境条件，提高棉花生产的质量和产量。

一、双向翻转犁的主要结构特点

双向翻转犁是在犁架上装上两组犁体或犁体上采用双向犁壁，通过翻转机构，实现自动换向，能使垡片向左向右交替翻转。其优点是：机组在往返行程中，出垡均向一侧翻转，耕地后地表平整，没有普通犁耕地形成的沟和埂；地头转弯空行少，工作效率高。其结构主要由换向机构、悬挂架、犁梁转动轴、定位机构等组成。双向翻转犁有犁体水平翻转和犁体垂直翻转两种形式。

（一）水平双向翻转犁

水平双向翻转犁只有一套犁体，犁壁曲面为对称曲面。工作时通过液压油缸使犁体绕轴水平旋转，实现双向耕作的目的。犁深则通过提升油缸和调节尾轮的高低位置来控制。其优点为耕地阻力较小，缺点是受犁体曲面限制，碎土与覆盖地表能力一般。

（二）垂直双向翻转犁

垂直双向翻转犁主要由悬挂架、翻转油缸、止回机构、限深轮、犁架和犁体等组成，与拖拉机配套使用。其特点是具有两套犁体，这两套犁体通过油缸中活塞杆的伸缩带动做垂直翻转运动，交替更换到工作位置，实现双向翻转。

（三）典型双向翻转犁介绍

1. 975 水平双向翻转犁

如图 3-1 所示，975 水平双向翻转犁只有一套犁体，通过一套水平换向机构进行换向，换向时用一个小容积的双作用液压油缸推动基础犁梁相对主犁梁偏转一个角度，即实现换向作业的目的。为避免犁作业遇到较大阻力时，支撑杆上的安全螺栓被拉断，犁体采用一个由犁柱、犁体和带有安全螺栓的支撑杆组成的直角三角形机构，保证了工作时有足够强度，使犁体、犁柱、犁梁不致被拉坏。由于合理设计，975 水平双向翻转犁的质量较轻，只有 1 045kg。

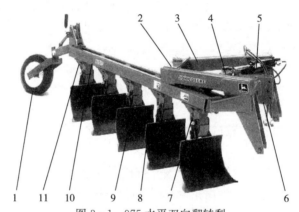

图 3-1　975 水平双向翻转犁

1. 尾轮　2. 换向销　3. 主犁梁　4. 换向臂　5. 液压油缸
6. 上悬挂调节板　7. 支撑杆　8. 犁侧板　9. 犁体　10. 基础犁梁　11. 犁柱

2. B 系列 1LYFT-550 型垂直翻转犁

如图 3-2 所示，1LYFT-550 型垂直翻转犁是与大型轮式拖拉机（210～320 马力[①]）配套使用的旱田耕地机械。整机质量为 2 480kg，单铧耕幅为 40～50cm，耕深为 20～40cm。采用大曲度犁柱、较小犁体支架和加宽犁体间距设计，保证了厚茬高茬地况作业的通过性；配置的小前犁可提前翻扣杂草残茬，改善覆盖性能；栅条犁体在耕作过程中不易黏土，翻土覆盖、碎土效果良好，特别适用于重黏性土壤，而且栅条犁体在后期维护中可单条更换；限深轮

[①]　马力为非法定计量单位。1kW≈1.36 马力。——编者注

运输、限深一体两用，方便作业和运输。

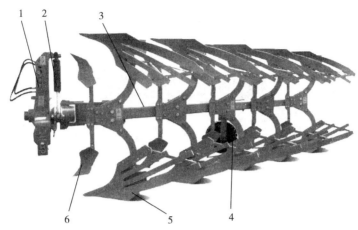

图 3－2　B 系列 1LYFT－550 型垂直翻转犁

1. 上悬挂臂焊合　2. 翻转油缸　3. 犁梁　4. 限深轮　5. 栅条式犁壁　6. 小前犁

二、无墒沟犁的主要结构特点

无墒沟犁的犁体对称分布，带有合墒装置，能实现一次犁耕作业后无墒沟。

（一）无墒沟犁

前面反犁、正犁过去以后，合墒器回填墒口，解决了传统铧式犁犁地后再合墒的问题；犁架占地面积小，车轮不再压沟底，耕地效率高。

（二）典型无墒沟犁介绍

图 3－3 所示无墒沟耕地组合犁是典型的无墒沟犁，主要由第一横梁、纵梁、升降杆、限深轮、前犁杆、犁架、第一侧栅条形犁壁、侧犁杆、合墒器、前犁刀等组成。顶犁由桃心形犁铲组成。侧犁安装在犁架两侧，侧犁位置对应，限深轮安装在纵梁的下方，犁架内侧装有人字形合墒器，整机结构简单，坚固耐用。其耕深可以达到 20～30cm，一遍作业能达到深翻碎土效果。工作时，牵引头与拖拉机相连，设置在纵梁两端的升降杆与限深轮相连接，摇动把手，调整限深轮的高度。限深轮与纵梁的高度差越小，犁地越深；限深轮与纵梁的高度差越大，犁地越浅。在犁地过程中，前犁刀和侧犁刀将地面翻转造成墒口，土层与设置在第三横梁底部的合墒器接触，合墒器将土层回填墒口，完成犁地耕作。

三、深松机的主要结构特点

深松一般指在不翻土、不打乱原有土层结构的情况下，耕深在 30cm 以上的松土作业。深松可疏松土壤，打破犁底层，增加土壤耕层深度，熟化深层土

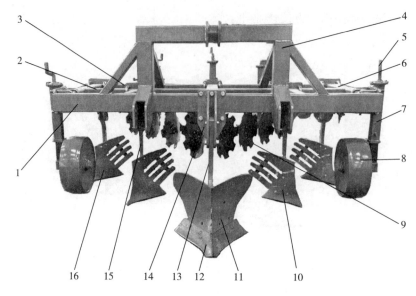

图 3-3　无塄沟耕地组合犁

1. 第一横梁　2. 第二横梁　3. 第三横梁　4. 犁架　5. 把手　6. 纵梁
7. 升降杆　8. 限深轮　9. 合塄器　10. 第一侧栅条形犁壁　11. 前犁刀
12. 桃心形犁铲　13. 前犁杆　14. 固定板　15. 侧犁杆　16. 第二侧栅条形犁壁

壤，改善土壤通透性，增强蓄水保墒能力，促进作物根系生长，提高产量。深松还可用于盐碱土、僵板土等的土质改良。

用于深松作业的机具称为深松机。深松机一般结构如图 3-4 所示，由深松机架、深松铲、上悬挂杆、限深轮、上悬挂支杆等组成。按作业机具结构原理可分为倒梯形铲式全方位深松机、曲面铲式深松机、凿形铲式深松机、翼形铲式深松机等。按作业方式可分为振动深松机、全方位深松机等。

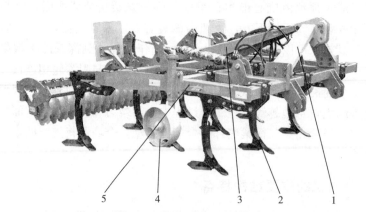

图 3-4　深松机的一般结构

1. 上悬挂支杆　2. 深松铲　3. 上悬挂杆　4. 限深轮　5. 深松机架

不同深松机具因结构特点不一，作业性能也有一定差异，适用土壤及耕地类型也有一定的变化。一般来讲，以松土、打破犁底层作业为目的的常采用全方位深松法，以打破犁底层、蓄水为主要目的的常采用局部深松法。有些种类的机具兼有局部深松和全方位深松的特点，如全方位深松机、振动深松机等。目前市场较多使用的为翼形铲式深松机和曲面铲式深松机。曲面铲式深松机可以达到全方位深松的效果。

（一）翼形铲式深松机

翼形铲式深松机的深松铲（图3-5）由耐磨材料制成。为提高机械的通过性，深松铲一般前后两排安装，结构简单。这种深松机作业效率高，作业深度大，动土范围大，深松效果好，但作业后地表平整度差，传统播种作业前需要进行土壤整地。主要用于棉花、小麦等作物的播前深松。

（二）曲面铲式深松机

曲面铲式深松机的深松铲（图3-6）采用曲面倒梯形设计，由热成型硼钢材料制成，具有高强度和高耐磨性。作业时不打乱土层、不翻土，实现全方位深松，松后地表平整，可保持植被的完整性，最大限度地减少土壤失墒，有利于免耕播种作业。适用于对秸秆覆盖的土壤进行作业。

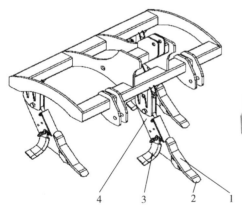

图3-5　翼形铲式深松机深松铲结构图

1. 凿形铲具　2. 铲尖　3. 侧翼铲具　4. 深松铲柄

图3-6　1S系列曲面铲式深松机

（三）典型深松机介绍

1. 1SQ　300C型翼形铲式深松机

图3-4所示为1SQ-300C型翼形铲式深松机。深松铲的样式犹如鸟儿的翅膀，单铲对土壤的扰动宽度为35cm，搭载具有过载保护功能的弹簧铲座；选用三排梁框架结构，优化深松铲布局，从而提高了通过性能；配套大功率拖拉机，可实现35cm的作业深度，能彻底打破犁底层。其主要技术参数见表3-1。

表 3 - 1　1SQ - 300C 型翼形铲式深松机的主要技术参数

项目	参数
产品型号	1SQ - 300C
外形尺寸/mm	3 100×3 200×1 500
作业行数	10
铲间距/cm	30
配套动力/kW	147～191.1
作业幅宽/cm	300
整机质量/kg	1 692
深松铲结构形式	机械振动：主铲＋左右翼铲
挂接方式	三点悬挂
深松深度/cm	25～35
生产率/(hm²/h)	1.5～2.4

2. 1S 系列曲面铲式深松机

如图 3 - 6 所示，1S 系列曲面铲式深松机采用高隙加强铲座和三排梁框架结构，可避免堵塞，提高机具通过性，适用于不同质地及有大量秸秆覆盖的土壤作业。单铲可进行 20cm 以内的行距调整，满足各地农艺和技术要求，根据配套动力还可选择小、中、大三种深松铲，适宜深松深度为 25～50cm。其主要技术参数见表 3 - 2。

表 3 - 2　1S 系列曲面铲式深松机的主要技术参数

项目	参　数				
产品型号	1S - 200	1S - 250	1S - 300	1S - 360	1S - 460
外形尺寸/mm	2 110×2 340 ×1 360	2 000×2 600 ×1 520	2 050×3 200 ×1 520	2 020×4 470 ×1 510	2 030×5 460 ×1 540
作业行数	4	4	6	6	8
铲间距/cm	55	62	50	65	60
配套动力/kW	73.5～99.2	89～106.6	99.2～117.6	110.2～132.3	154.4～191.1
作业幅宽/cm	200	250	300	360	460
整机质量/kg	880	980	1 300	1 460	1 650
深松铲结构形式	倒梯形曲面铲				
深松（小铲）深度/cm	25～40	25～40	25～40	—	—
深松（大铲）深度/cm	25～50	25～50	25～50	25～50	25～50
生产率/(亩/h)	21～27	26.5～34	31.8～41	38～49	48.8～62.7

四、耕地机械的使用与调整

耕地机械行走路径参见第十章第二节机组田间作业路径规划。

（一）深翻作业机械的使用与调整

1. 田间作业条件

深翻要把握好土壤适耕性，一般以土壤含水率来表示土壤适耕与否。土壤含水率以 10%～25% 为宜。要注意适墒深翻，如果土壤含水率太高，深翻后容易形成泥条，影响耕地质量。

2. 作业时间

应该掌握好深翻时间。山东棉区春季风大，土壤水分蒸发强烈，一般要求在深秋初冬土壤冻结前耕翻完毕，避免春耕，以便于吸纳冬天的雨雪。深翻不一定每年进行，应与深松作业交替进行，一般每 2～3 年深翻 1 次，以降低生产成本，保证几年内大部分田块都能深翻 1 次。

3. 使用与调整

（1）作业质量要求。深翻作业一般采用 58kW 以上履带式拖拉机或轮式拖拉机配套铧式犁。深翻后要进行旋耕、耙磨、碾压、踏实土壤、精细整地，以保证播种质量。另外，深翻尽量与秸秆还田相结合，与施有机肥相结合，增加深翻效应。

山东棉区耕深为 25cm 以上，要求耕深、耕宽一致，避免漏耕，实际耕宽与规定耕宽偏差应小于 5cm。作业地块内重耕率小于 3%，漏耕率小于 2%。耕后地表平整，犁底平稳，地头横耕整齐，犁到头，耕到边，垡块细碎，翻转良好，立垡率和回垡率均小于 5%。开垄宽度小于 30cm，深度小于 15cm；闭垄高度小于 10cm。

（2）轮距调整。轮式拖拉机牵引犁耕机组作业时，右侧驱动轮走在前一行程的犁沟中。当拖拉机轮距过宽时，易出现偏牵引现象，难以保证机组直行性。对于多铧犁，若阻力中心位于中间犁体的犁径线上，则驱动轮两轮轮胎内侧距离为犁的总幅度之半加上每铧幅宽之半。

（3）耕宽调整。耕宽发生变化会造成漏耕和重耕。耕宽调整实际上是为了减少重耕和漏耕。第一犁体实际耕宽的调整方法如图 3-7 所示。在漏耕时，可通过转动曲拐轴使犁的右端向前移、左端向后移；有重耕现象时，调整方

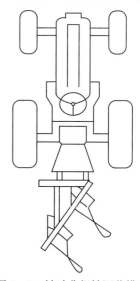

图 3-7　转动曲拐轴调节耕宽

37

向与上述调整方法相反。总之，铧尖向已耕地偏转则耕宽减少，反之耕宽增加。耕宽调整还可以通过左右横移悬挂轴来调整。可以简述为：变耕宽，偏铧尖，偏右窄，偏左宽。

（4）偏牵引时的调整。犁耕作业时，拖拉机会自动摆头，从而影响机组直行性能，这就是偏牵引现象。对装有曲拐轴式悬挂装置的犁耕机组，若拖拉机偏右行走，则应向右移动悬挂轴；反之，则左移悬挂轴。

（5）水平调整。通过调整拖拉机上拉杆伸缩长度使犁体纵向水平；通过改变拖拉机悬挂机构右边或左边的提升杆长度使犁体横向水平。

（二）深松作业机械的使用与调整

1. 田间作业条件

冬前深松选择全方位深松机或振动深松机均可；机械深松作业应该根据土壤的墒情、耕层质地情况具体确定。一般情况下，耕层深厚，耕层内无树根、石头等硬质物质的地块宜深些，否则宜浅些。

作业季节土壤含水率较高、比较黏重的地块不宜进行深松作业，尤其不宜采用全方位深松作业，以防止下一年出现坚硬板结的垄条而无法进行耕作。

2. 深松时间

土壤深松可以选择春季进行，也可以选择秋季进行。秋冬季对土壤进行深松，有利于土壤蓄积秋冬季节的降雨和降雪，使降水更好地保存在深层土壤中，形成地下水库；对于春季播前深松，由于春季用水量紧张，深松后的土地头水灌溉量要相应大一点。因此，建议秋冬季前深松。土壤深松不需要每年进行，一般结合土壤耕层变化情况，每隔3～5年进行一次即可。

3. 深松深度

深松深度可根据不同目的、不同土壤质地来确定。用于渍涝地排水、盐碱地排盐洗碱的，深松深度一般应在30cm以上。深松应比深耕深5cm，以保证打破犁底层。对于一般土壤，以打破犁底层、增加蓄水保墒能力为目的的，深松深度可根据土壤耕层状况选择35～45cm，不宜小于30cm，以利于土壤水库的形成和建立。

4. 使用与调整

（1）机具使用前，按使用说明书安装、调整机具。检查各连接件、紧固螺栓的可靠性；检查限深轮、镇压轮及操纵机构的灵活性和可靠性；进行机架水平调整、行距调整、作业深度调整等。

（2）正式作业前要进行深松试作业，检查拖拉机、机具各部件工作情况及作业质量，发现问题及时解决，直到符合作业要求。

（3）作业时要使机具逐渐入土，直至正常深度；作业中保持匀速直线行驶。

（4）机组在田间转移、转弯、倒退或短途运输时，应将机具升起到运输状态并低速行驶；作业时深松机上严禁站人，确保安全。

（5）作业中，若发现拖拉机负载突然增加，应立即减小作业深度，找出原因，及时排除故障。

（6）铲柱、铲头上有黏土和杂草要及时清理，以提高作业质量，减少牵引阻力。清除时，要停车并切断动力输出。

第四节 整地机械

春季、秋季使用联合整地机或圆盘耙、钉齿耙对棉田进行耙地、平地和镇压等整地处理，要做到因地制宜，适墒整地。确保播种前田间整地达到"齐、平、松、碎、墒、净"标准，符合土壤上虚下实的农艺技术要求。有条件的地方可采用激光平地机或农业卫星平地机进行精平作业，提高田间土地平整的精度。

一、圆盘耙

圆盘耙主要用于犁耕后的碎土和平整地表，以及播种前的松土。此外，圆盘耙能切断草根和作物残株，扰动和翻转表土，故可用于收获后的浅耕灭茬作业。

（一）圆盘耙的主要结构特点

圆盘耙都是以耙组作为工作部件。耙组的结构大致相同，由方轴、耙片、间管、刮土器和螺母等组成，如图3-8所示。

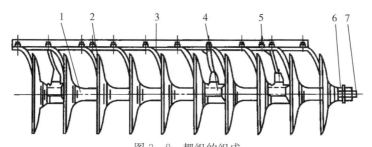

图3-8 耙组的组成

1. 间管 2. 耙片 3. 刮土板 4. 轴承 5. 横梁 6. 螺母 7. 方轴

如图3-9所示，耙片是一球面圆盘，其凸面一侧的边缘磨成刃口，以增强入土能力。耙片一般分为全缘耙片和缺口耙片两种。缺口耙片在耙片外缘有6～12个三角形、梯形或半圆形缺口，耙片凸面周边磨刃，缺口部分也磨刃。由于缺口耙片减小了周缘的接地面积，入土能力增强。缺口耙片也易于切断草根、残茬，这是因为缺口能将残茬拉入切断而不向前推移。

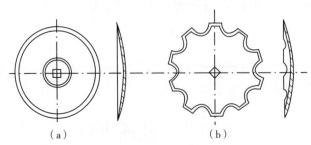

图 3-9 耙片

(a) 全缘耙片 (b) 缺口耙片

圆盘耙按机重、耙深和耙片直径可分为重型、中型和轻型三种；按与拖拉机的挂接方式可分为牵引式、悬挂式和半悬挂式三种，重型圆盘耙多采用牵引式或半悬挂式，中型和轻型圆盘耙则三种形式都有，但宽幅圆盘耙仍以牵引式为主；按耙组的配置方式可分为单列式、双列式、对称式和偏置式等。

(二) 典型圆盘耙介绍

图 3-10 所示为灭茬缺口圆盘耙。耙片规格：直径 910mm、厚度 12mm，或直径 1 020mm、厚度 12mm。耙片类型：缺口耙片。耙片间距：500mm。主要用于开荒、平地、打破硬土层、切割植物残茬及须根等困难条件下的作业。

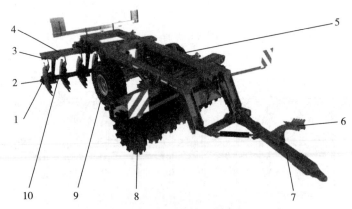

图 3-10 灭茬缺口圆盘耙

1. 螺母 2. 方轴 3. 刮土器 4. 横梁 5. 耙架
6. 卡子 7. 牵引器 8. 缺口圆盘耙 9. 运输轮 10. 间管

二、钉齿耙

钉齿耙是指一种以钉齿为工作部件的整地机具。

（一）钉齿耙的结构特点

钉齿耙的类型有很多，按其结构特点可分为固定式、振动式、可调节式和网状式等。其主要工作部件为钉齿。钉齿的形状有圆形、方形、菱形，以方形和菱形钉齿应用较广。按耙架形式不同，钉齿耙可分为而字耙（又称耖）、人字耙、方耙、Z 形耙等多种类型。Z 形耙使用较多，由 Z 形（或 S 形）杆和横杆组成，能排列较多的钉齿，使耙齿间距较宽而耙齿作用的齿迹距离较小，以免作业中发生堵塞，也不致重耙或漏耙。钉齿耙入土的能力主要取决于耙的重量，故钉齿耙常分为重型、中型和轻型 3 种。有的钉齿耙钉齿的工作角度可以改变，用以改变钉齿的入土深度；有的钉齿耙耕幅很宽，制成可折叠式，以利于转移运行。

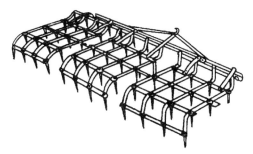

图 3 - 11　固定式钉齿耙结构图

（二）典型钉齿耙介绍

如图 3 - 11 所示，固定式钉齿耙的钉齿固定在耙架上，由于钉齿对土壤的楔入和冲击作用，碎土平土能力较好，并能清除幼小的杂草，适于在较松软的土壤中使用。

如图 3 - 12 所示，三点悬挂式钉齿耙是一种可与小四轮拖拉机配套的钉齿耙，由挂接器、框架、钉齿等组成。牵引架与挂接器以纵向水平轴相铰接；挂接器上有垂直插销孔，与拖拉机的牵引插销相铰接；

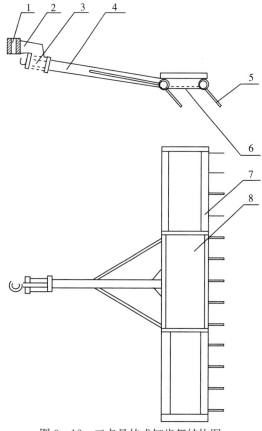

图 3 - 12　三点悬挂式钉齿耙结构图

1. 垂直插销孔　2. 挂接器　3. 纵向水平轴　4. 牵引架
5. 钉齿　6. 拖板　7. 框架　8. 载重装置

41

钉齿具有向后的倾角；框架上有载重装置，可加载重物。该把地形适应性良好，田间转向灵活，钉齿的碎土和埋草功能强，工作阻力小，作业效率高。

三、激光平地机

激光平地整地技术不但可以实现大片土地平整自动化，节约劳动力，减小劳动强度，而且可极大地提高农业水资源的利用率和灌水均匀度，有利于农田耕作和农作物生长，提高农产品质量，缓解我国水资源严重不足的局面，并且有助于治理我国日益严重的水土流失等生态环境问题。

（一）激光平地机的结构特点

激光平地机如图 3-13 所示，主要由激光发射器、激光接收器、液压控制机构和刮土板等构成。工作时，激光发射器发出旋转光束，在工作地块的定位高度上形成一片光平面，此光平面就是平整地的基准平面。

激光接收器安装在靠近刮土板铲刃的固定的液压升降桅杆上，从激光束到刮土板的这段固定距离，即为标高定位测量基准。激光接收器检测到激光信号后，不停地向控制箱发送电信号。控制箱接收到标高变化的信号后，进行自动修正，修正后的电信号控制电磁阀工作，从而改变液压油输向油缸的流向与流量，自动控制刮土板的高度，使之保持在定位的标高平面上，即可实现高精度的土地平整作业。

激光机械控制平地作业中，一般情况下应是在采用常规机械平地设备完成对田面的粗平后，再使用激光平地机进行田面的精平作业，实现高精度的土地平整。

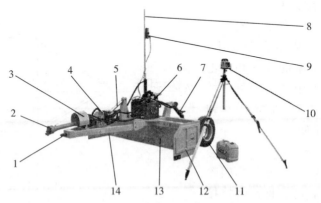

图 3-13　激光平地机

1. 牵引头　2. 传动轴　3. 齿轮泵　4. 过滤器　5. 调节丝杆　6. 电磁阀　7. 油缸
8. 桅杆　9. 激光接收器　10. 激光发射器　11. 轮胎　12. 刮土板　13. 铲体　14. 牵引架

目前国内生产的激光平地机大体上可分为两类。第一类是结构相对简单的牵引式平地机。美国作为激光平地机的发源地，具有地块面积大、土地开阔的特点，而且拖拉机功率大，牵引能力强，其激光平地机多采用牵引式。我国引进的激光平地设备也多采用这种挂接方式。第二类是自走式平地机。自走式平地机克服了牵引式平地机由于需拖拉机牵引，加长了机组车身长度，不易转弯和倒车的缺点，但结构相对复杂。

（二）典型激光平地机介绍

1. 12PJD 系列折叠式激光平地机

图 3-14 所示为 12PJD 系列折叠式激光平地机。该机与拖拉机配套使用，配套动力为 $100\sim130$kW，最大幅宽为 3.5m，最小幅宽为 2.5m，作业速度为 $5\sim15$km/h，自动调平角度 $\pm5°$，最大可折叠 1m，整机质量为 1 750kg，主要用于旱地田间平地作业。其采用拱形牵引结构，让牵引力有一定的缓冲，有效地保护了机架；刮土板支点可后移或下移，使刮土板上升、下降时容易控制，工作时不易下坠，减少了"波浪地"的出现；采用折叠式刮土板，行走时可将刮土板收起以增加通过性，工作时可将刮土板放下以扩大工作幅宽，提高工作效率；还能根据动力大小改变工作幅宽，提高平地机利用率。

图 3-14　12PJD 系列折叠式激光平地机

1. 后行走轮　2. 油缸　3. 桅杆　4. 激光接收器　5. 激光发射器　6. 折叠式平地铲
7. 固定平地铲装置　8. 前行走轮　9. 可变支撑轮支架

2. PY9120 型自走式平地机

图 3-15 所示为 PY9120 型自走式平地机。整机质量为 6 500kg，额定功率为 85kW，摊铺宽度为 3m，主要用于大面积农田的地面平整、挖沟、刮坡、推土和松土等作业。采用铰接式车架，配合前轮转向，转弯半径小，机动灵活；采用国际标准配套液压件、电液控制动力换挡变速箱，工作可靠；铲刀动

作为全液压控制；可调整操纵台、座椅，操纵手柄和仪表布置合理、使用方便；可加装前推土板、后松土器、前松土耙、自动找平装置，是农田改良等所必需的工程机械。

图 3-15　PY9120 型自走式平地机

四、农业卫星平地机

农业卫星平地机，就是利用卫星导航通信技术［包括 BDS（北斗卫星导航系统）、GPS（全球定位系统）和 GLONASS（格洛纳斯卫星导航系统）等］，结合农业机械以及液压工作站，对土地进行精密整平。该系统的优点为：信号传输距离远，可达 5～10km，不受大风、大雾、灰尘等干扰；平地作业不会因地势落差大而受到限制，平整后的高差一般在 ±2.5cm。

（一）GPS 卫星平地机

GPS 卫星平地机主要由卫星基站、卫星流动站、刮土铲和液压工作站等组成。工作时，卫星基站天线接收卫星信号，卫星基站接收到的卫星信号通过无线通信网实时发给卫星流动站的接收机。卫星流动站的接收机将接收到的卫星信号与基站信号实时联合解算，求得卫星基站和卫星流动站间的坐标增量（基线向量），可以准确地算出卫星流动站的实时位置坐标。装在刮土铲上的流动站卫星天线将采集到的信号经控制器处理后发给液压执行机构，液压工作站按要求控制刮土铲上下动作，从而完成土地精密平整作业。

（二）W 系列北斗卫星平地系统

图 3-16 所示 W 系列北斗卫星平地系统，是基于全球导航卫星系统（GNSS）的高精度定位控制系统。其主要由两大部分组成：基站部分和车载控制部分。

基站部分主要提供 RTK（实时动态定位）实时差分信号，标配为 R20 一体化北斗基站。R20 一体化北斗基站包括 R20 北斗/GNSS 一体化接收机、电台发射天线、三脚架以及配套线缆等。操作简单，通电开机即可工作。另外，基站的灵活性高，可根据作业地点随意移动，不受距离限制。基站设置为开机自动发射，每次移动之后不需要做任何设置，可以直接使用。

车载控制部分主要由卫星平地系统控制器、卫星接收天线及配套线缆组成。卫星平地系统控制器内置了 GNSS 高精度板卡、电台模块以及主控制板，具有集成度高、性能稳定、操作简单等特点。

图 3-16　W 系列北斗卫星平地系统结构图

1. 平地机　2. 卫星接收天线　3. 卫星平地系统控制器　4. 电台发射天线

5. R20 北斗/GNSS 一体化接收机　6. 三脚架　7. 配套电缆

该平地系统广泛应用于精准农业的荒地复耕、老田翻新、新田整平、旱田整平等大面积土地平整。

五、整地机械的使用与调整

整地机械行走路径参见第十章第二节机组田间作业路径规划。

（一）耙地作业机械的使用与调整

1. 耙地质量要求

（1）适时耙地，做到随松随耙或随翻随耙，松耙或翻耙不脱节，以利于蓄水保墒。

（2）耙深在 14～16cm，耙深一致，偏差不超过 1cm，以利于作物长势一致和作物根系发育。

2. 使用与调整

（1）根据土地状况和作业要求，选择不同的整地机具。春季在棉田开始化冻时，先用中长齿耙进行顶凌耙地，播前再用短齿耙耙平耙细。

（2）作业前应清除田间障碍物，作业时要及时清除机具上的杂草、残茬等夹杂物，以免发生堵塞、影响作业质量。

（3）应在最佳墒情时进行作业。作业第一圈时，应检查作业质量，必要时进行调整。机组作业速度一般为 6～8km/h。相邻两个幅宽可重叠 10～20cm，防止转弯处漏耙。

（4）作业时调整好耙片入土角度，最好用对角线交叉法行走，机组运行方向与耕松运行方向至少成 30°。耙后要达到"两平一碎"，即上下平、土壤碎。具体来说，耙层内最大尺寸大于 7cm 的土块不得超过 5 块/m²；沿播种垂直方向在 4m 宽的地面上高低差应小于 3cm，以保证播深一致。

（5）耙到头、耙到边。

（二）GPS 卫星/激光旱地平整作业机械的使用与调整

（1）在 GPS 卫星/激光旱地平整作业前要根据土壤土质和硬度选择是否进行耕翻和破垡，土壤较酥松时可不进行耕翻、破垡作业。

（2）GPS 卫星/激光旱地平整作业中的粗平整，应根据田块地势图显示的实际情况选择如何分段平整或整体平整，以达到较好的效果和效率。落差过大或初平不到位会使得激光平地时信号超出接收范围。

（3）平整到底层土壤时需要进行耕翻，以提高效率。

（4）GPS 卫星/激光旱地平整后的土地，一般能保持 3～4 个植物生长周期，也就是可 3～4 年平整一次。第一次平整时，工作量较大，但在下一次平整时，作业量和作业成本都会显著降低。

第五节　联合耕整地机械

联合耕整地机械是与大中型拖拉机配套的复式作业机械，由犁、耙、深松机、耕刨机、旋耕机、镇压器等机具中的两种或两种以上组成，一次可完成灭茬、旋耕、深松、起垄、镇压等多项作业。土壤联合耕整后，地表平整，表层土壤细碎，可直接进行常规播种作业。具有降低生产成本，提高作业效率，有利于及时进行播种或移栽等优点。

一、深松联合作业机分类

深松联合作业机主要适应我国北方干旱、半干旱地区，以深松为主，兼顾表土松碎、松耙结合，既可用于隔年深松破除犁底层，又可用于形成上虚下实的种床整地作业。

深松联合作业机按照其结构特点，可分为以深松机为主装配旋耕机的重型联合作业机和以旋耕机为主装配深松铲的轻型联合整地机两种。

二、典型联合整地机介绍

（一）SGTN - 350 型联合整地机

图 3 - 17 所示 SGTN - 350 型联合整地机，由拖拉机牵引作业，主要由机架、变速箱总成、悬挂架、灭茬系统、旋耕系统、起垄系统、镇压总成等组成。机具工作时，灭茬系统与旋耕系统高速旋转，作物的根茬在灭茬刀渐进切削的作用下被打碎（通常灭茬深度为地表下 8～10cm），紧接着在旋耕刀的切削下，根茬底部土壤泛起，旋耕的深度是 15～20cm，使土质松软、蓄水保墒，

最后由起垄装置完成起垄作业。

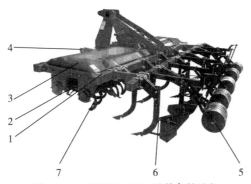

图3-17 SGTN-350型联合整地机

1.机架 2.灭茬系统 3.变速箱总成 4.悬挂架
5.镇压总成 6.起垄系统 7.旋耕系统

(二)耙地碎土联合整地机

图3-18所示耙地碎土联合整地机,由缺口耙组、圆盘耙组、碎土器、镇压器和行走装置等组成。适用于犁耕后的耕整作业和种床准备,能同时完成碎土、平整和镇压等作业,形成上虚下实的良好种床。

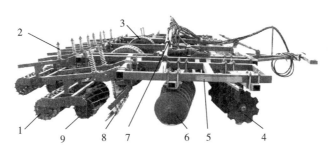

图3-18 耙地碎土联合整地机

1.镇压碎土辊 2.压力调节弹簧 3.行走轮 4.缺口耙片
5.机架 6.圆盘耙片 7.折叠油缸 8.刮板 9.碎土轮

三、联合耕整地机械的使用与调整

联合耕整地机械行走路径参见第十章第二节机组田间作业路径规划。

(一)作业质量要求

(1)在土壤适耕期内作业。作业时土壤含水率以18%～30%为宜。水分过小,会造成大坷垃;水分过大,起不到松土效果。

(2)适宜作业深度。符合农艺要求。一般在20～30cm。

(3)作业质量。耕深稳定性变异系数≤15%;地表平整度≤5cm;碎土率≥75%；邻接作业幅重叠宽度合格率≥80%。

（二）使用与调整

（1）机具使用前，应保证机组的技术状态良好，要检查机具的挂接是否牢固，各油管接头是否紧固、封闭良好且无漏油现象，各部分的液压升降系统是否状态良好。变速箱应按使用说明书要求加注一定量的机油，还要进行机架水平、作业深度调整等。

（2）田间清障。联合耕整地机械有很强的通过性能，不易阻塞，但如秸秆太多太长，可能造成缠绕堵塞现象，使作业达不到深松标准，地表拖出深沟，杂草秸秆与土壤混合成大堆，给后续播种作业造成困难。因此，作业前应彻底清理田间长秸秆和其他障碍物。

（3）合理区划。作业时，应合理进行田块区划，打好第一行程线、地头线，避免机组的空行程太多，影响作业效率。一般地头线的宽度为农具与拖拉机总长的 2.5 倍，较适合机组转弯，既不产生空行程，也不会造成机组转弯半径太小，产生转弯费力现象。当作业结束后，地头重新松整一遍，做到到头到边。

（4）正确操作。作业时要使机具逐渐入土，直至正常深度；作业中保持匀速直线行驶。使用中发现异常响声或负荷突然增加，应立即停机，使发动机熄火，找出原因，排除故障后方能继续作业。机组在田间转移、转弯、倒退或短途运输时，应将机具升起到运输状态并低速行驶；作业时机具上严禁站人，确保安全。

（5）在班次间隙，要及时清除铲柱、铲头上的黏土和杂草，以提高作业质量，减小牵引阻力。清除时，要停车并切断动力输出。

第四章

棉花播种机械化技术与装备

第一节　种植模式与技术要求

一、种植模式

目前山东省棉花种植模式主要有以下几种。

（一）蒜棉套种

蒜棉套种模式主要分布在鲁西南棉区。采用的是大蒜田间套种春棉品种，3月底、4月初棉花营养钵育苗，4月底、5月初将棉花幼苗按照一定行距移栽到蒜行中，蒜棉田间共生期约20d。在此模式下，棉花移栽机械作业难度大，目前还是人工作业。

（二）蒜（草、麦）后露地直播

蒜（草、麦）后露地直播短季棉在鲁西南、鲁北地区均有分布。在鲁西南棉区主要是蒜（麦）后露地直播短季棉，鲁北棉区主要是饲草后露地直播短季棉。在大蒜（小麦或饲草）收获后抢茬机播，播种时间多在5月底、6月初，实现两熟制耕作，机械化程度提高，经济效益较好。

（三）纯春播棉花种植

纯春播棉花种植主要分布在鲁西北、鲁北盐碱地区域。冬季休地，春季造墒精播，棉花生长期为4月下旬至11月上旬，有等行距和大小行两种模式。

目前在山东省各生态区也有棉花花生、棉花西瓜、棉花辣椒、棉花高粱以及棉花马铃薯等间作模式，但是由于机械化程度低，农机农艺融合程度尚待进一步提升，种植规模均较小。

二、技术要求

由于蒜棉套种棉花机播程度低，这里仅对蒜（草、麦）后露地直播和纯春播棉花播种的播种技术要点予以介绍。

（一）蒜（草、麦）后露地直播

蒜（草、麦）后露地直播棉花品种均为短季棉，短季棉在山东的最佳种植时间为5月20日—6月10日。大蒜收获时间一般在5月15—25日；小麦收获时间多在6月上旬；饲草主要为畜禽饲料，收获时间多在5月下旬至6月上旬。为了保证短季棉正常收获，抢茬播种非常重要。就是在蒜（麦或草）收获后无须施肥浇水，直接灭茬，同时以精量播种机械抢播，播后浇水（或喷灌水）出苗。由于短季棉种植密度高，播种量以 2～3kg/亩为宜，当然也要结合地力、种子发芽率。

（二）纯春播棉花播种

纯春播棉花多整地造墒，覆膜种植，对于东营的重盐碱地，还要在春季大水压碱，以保证棉花一播全苗。在鲁北和鲁西北地区，棉花播种宜在 4 月 15 日—5 月 10 日，根据各地墒情确定具体播种时间，过早过晚播种均不利于春棉生长。由于种种原因造成 5 月 10 日之前无法播种，可选择露地直播短季棉。为适应轻简化植棉的免间定苗管理，可采取精量播种，以预设密度和棉种发芽情况确定播种量，如以预设密度 8 000 株/亩、发芽率 80% 的种子计算，播种量应为 1.5～2kg/亩。

棉花种子为双子叶出土植物，顶土力量弱，播种深度应在 1.5～2.5cm，过浅则容易落干，过深则子叶弯钩顶土无力，均影响一播全苗。

第二节　播种机械种类与结构特点

播种是棉花优质、高产的关键环节。机械播种多采用复式作业，以机采棉为核心的全程机械化植棉技术均采用 76cm 等行距种植模式。播种是棉花生产的基础性工作，播种规格与后续其他作业机械的配套选用紧密相关。若植棉的行距、株距规格过多，且经常变换，会导致作业机械需求型式多、配套难度大。因此，应参照当地棉花的主要栽培模式和丰产栽培措施要求，实行规范化配置和标准化种植。

棉花精量播种相对于传统的棉花播种优势明显，精量播种可以使棉花苗齐、苗壮，并且壮苗早发，出苗保持一致，还可以增加棉花对自然灾害的抵抗能力。

一、棉花播种机械化关键技术

（一）精量播种机械化技术

棉花精量播种又称精密播种，是在点播的基础上发展起来的一种播种方法，是采用精量播种机，将单粒或多粒棉花种子按照一定的距离和深度，准确地播入土内。棉花机械精量播种主要有以下几个优点：减少播种量，降低生产成本；减少间苗，省工省力；有利于培育壮苗。

（二）覆膜播种机械化技术

在棉花播种机械化中广泛采用地膜覆盖技术，以增温保墒，蓄水防旱，抑制杂草生长，保护和促进根系生长发育，促进棉铃成熟，增加产量和改善棉纤维品质。目前该技术采用的播种方式有穴播、条播、沟播、膜上播、膜下播和膜侧播等。

（三）耕整施肥播种机械化技术

耕整施肥播种是把施肥、播种部件与耕整地部件组合在一起，达到一次作业同时完成土壤整备、分层施肥、精少量播种等多道工序，从而大大缩短耕整地和播种时间，多用于粮棉连作（粮棉连作衔接茬口紧张，为确保不误农时而采用此种方式）。由于在播种的同时进行了土壤耕整，提高了土壤的透气性和蓄水能力，消灭了杂草，减少了病虫害，增产效果显著；一般采用侧深施肥，即把化肥施于种子侧下方，距种子 7～12cm，避免烧苗、烂苗；由于耕整地与播种同时进行，应特别注意播种后的覆土压实要达到棉花播种农艺要求。

二、播种机的分类

播种机的分类方式很多，按照整机结构可以分为整体式播种机、组合式播种机和单体式播种机；按照播种覆膜的方式可以分为膜上打孔播种机和铺膜（膜下）播种机。

（一）按结构分类

1. 整体式播种机

整机各行工作部件不但依附于整体机架，而且其排种部件等工作装置也依赖于整体统一驱动。

2. 组合式播种机

各行工作部件分组组成框架连接在总机架上，各分组框架各自组成完整的工作机构，彼此相对独立。其排种部件等工作装置，或是各行独立驱动，或是依赖于分组驱动。

3. 单体式播种机

每行工作部件自成体系地独立连接在主机架上。除了主机架、划行器等共用外，各行主要工作部件（如排种装置等）能独立运作。此类播种机的各行单体能方便地与主机架连接，可简易地改变行距，或改造成不同行数的播种机。也可单体拆下，简易地改造成一个能单行作业的单体播种机，如辽宁的 702 型单体播种机等。

（二）按播种覆膜方式分类

1. 铺膜（膜下）播种机

黄河流域由于土壤盐碱度高，播后出苗前遇雨地表板结，会造成出苗困难，或者由于雨水过大导致烂种烂苗，因此该棉区多采用膜下播种。采用铺膜（膜下）播种机播种的棉花出苗后需要及时放苗，增加了放苗工序，增加了生

产成本。典型机型 2BMJ-4 型
棉花铺膜播种机的结构如图 4-1
所示。该机采用三点悬挂方式与
轮式拖拉机挂接，一次进地即可
完成苗带干土清理、开沟、施
肥、播种、覆膜、压膜、覆土等
多项作业。其结构主要包括牵引
悬挂装置、划行器、四连杆仿形
机构、肥箱、种箱、地轮、可折
叠装置、覆土滚筒、覆土圆盘、
压膜轮、膜辊、开沟铲、镇压
轮、勺轮式排种器、播种开沟
器、施肥开沟器、刮土板等。

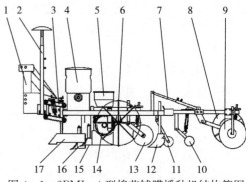

图 4-1 2BMJ-4 型棉花铺膜播种机结构简图
1. 牵引悬挂装置 2. 划行器 3. 四连杆仿形机构
4. 肥箱 5. 种箱 6. 地轮 7. 可折叠装置
8. 覆土滚筒 9. 覆土圆盘 10. 压膜轮 11. 膜辊
12. 开沟铲 13. 镇压轮 14. 勺轮式排种器
15. 播种开沟器 16. 施肥开沟器 17. 刮土板

2. 膜上打孔播种机

新疆地区干旱少雨，不像黄河流域由于雨水多导致播后土壤板结和烂种烂
苗，因此，在西北内陆棉区多采用膜上打孔穴播技术，并在播种时形成的膜孔
处覆土以防止大风掀膜。采用膜上打孔播种机播种的棉花省去了放苗过程，减
少了人工投入。图 4-2 所示 2BMS 型棉花铺膜播种机，在覆膜、膜上打孔播
种的同时还将滴灌带铺设在膜下。

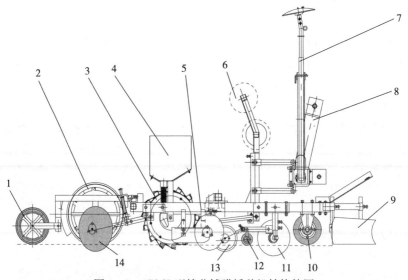

图 4-2 2BMS 型棉花铺膜播种机结构简图
1. 镇压轮 2. 覆土滚筒 3. 鸭嘴式排种器 4. 种箱 5. 机架 6. 滴灌带支撑架 7. 划行器
8. 牵引悬挂装置 9. 刮土板 10. 地轮 11. 开沟器 12. 膜辊 13. 压膜轮 14. 覆土圆盘

第三节　播种机主要工作部件

棉花播种机主要由机架、地轮、牵引悬挂装置、排种装置、开沟和覆土镇压装置、工作部件的起落装置、传动系统、划行器等组成。随着信息化、自动化技术发展，一些播种机上还装备电子控制、监视、报警等装置。

主要工作过程：随着机具的行进，开沟器开出播种沟，排种装置在以地轮为动力的传动系统的驱动下（气力式播种机依靠以气泵为气源的气力系统的帮助），将种子均匀排入种沟内，覆土镇压器随即向种沟内覆土，并对种行表土适当镇压。

一、主要排种器的形式及特点

排种器是实现棉花精量播种的关键部件，主要有勺轮式、指夹式、滚筒式、气力式等。

（一）勺轮式排种器

勺轮式排种器结构简单，排种质量好，被越来越多地采用。如图4-3所示，排种器由排种器壳体、导种轮、隔板、排种勺轮、排种器盖等组成。隔板安装在排种器壳体与排种器盖之间，三者之间相对静止不动。排种勺轮安装在导种轮上，圆环形隔板位于排种勺轮与导种轮之间，与它们各有0.5mm的间隙，以保证相对转动时不发生卡滞。工作时，种子经由排种器盖的进种口限量地进入排种器底部的充种区，使种勺充种。种勺与导种轮一起顺时针转动，使充种区的种勺型孔进一步充种。当种勺转过充种区进入清种区时，充入种勺的多余种子处于不稳定状态，在重力和离心力的共同作用下，脱离种勺型孔掉落回充种区。当种勺转到排种器隔板上的递种口处时，种子在重力和离心力的作用下，掉入种勺对应的导种轮凹槽中，种勺完成向导种轮递种的过程。种子进入导种区，随着种勺转动，当转到排种器壳体下面开口处时，种子落入开沟器开好的种沟内，完成排种过程。

（二）指夹式排种器

指夹式排种器播种质量好，能实现单粒精播和高速作业，是今后发展的方向。指夹式排种器主要由排种轴、清种毛刷、排种盘、导种带轮、取种指夹等组成，如图4-4所示。种子从种箱流入夹种区；当装有若干指夹的排种盘旋转时，每个指夹经过夹种区，在弹簧的作用下指夹的指夹板会夹住一粒或几粒种子，之后转到清种区；由于清种区底面是凹凸不平的表面，被指夹夹住的种子滑过时，受压力的变化会发生颤动，在颤动和毛刷的作用下多余的种子被清除掉，只保留夹住的一粒种子；当其转到上部排出口时，种子被推到隔室的导种链叶片上，与排种盘同步旋转的导种链叶片把种子带到开沟器上方，种子靠自重经导种管落入种沟内。

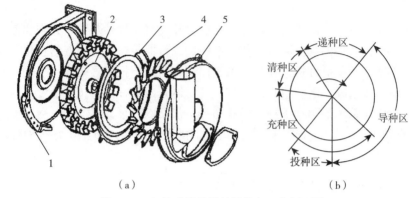

（a）　　　　　　　　　　　　（b）

图 4-3　勺轮式排种器的结构与工作原理图

（a）排种器结构图　（b）工作原理图

1. 排种器壳体　2. 导种轮　3. 隔板　4. 排种勺轮　5. 排种器盖

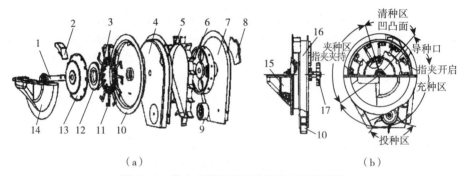

（a）　　　　　　　　　　　　（b）

图 4-4　指夹式排种器的结构和工作原理图

（a）结构示意图　（b）工作原理图

1. 排种轴　2. 清种毛刷　3. 微调弹簧　4. 导种端盖　5. 导种带　6. 导种带轮Ⅰ
7. 导种护罩　8. 窥视胶垫　9. 导种带轮Ⅱ　10. 排种盘　11. 取种指夹　12. 凸轮
13. 指夹压盘　14. 充种盖　15. 充种室　16. 导种室　17. 驱动链轮

（三）滚筒式内侧充种排种器

滚筒式内侧充种排种器采用滚筒作为排种工作元件，如图 4-5 所示。筒壁上有型孔，种箱与滚筒内部连通，筒内外均有护种板。滚筒回转时，种子从滚筒内部充入型孔，充种的型孔转到一定高度后清种，并在内部护种。当型孔转过一圈到最低位置时，通过径向护种板上的漏种孔投种。这种穴播排种器投种高度低，投种后种子水平分速小，成穴性好，但充种性能差、穴粒数偏差大、通用性较差，常用于铺膜播种机。

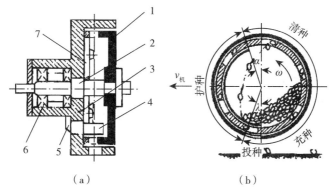

图 4-5 滚筒式内侧充种排种器结构原理示意图

（a）排种器构造 （b）排种器工作过程

1. 排种轮 2. 排种器轴 3. 排种器壳体 4. 径向护种板 5. 进种口 6. 轴承 7. 侧向挡环

（四）气力式排种器

气力式排种器有气吸、气吹等形式。气力式播种机上需要附加气泵作为气源。

1. 气吸式排种器

气吸式排种器主要用于穴播和精密点播。如图 4-6 所示，主要由吸气管、排种盘、种子室、刮种器等组成。排种盘为一垂直圆盘，采用厚度为 1~1.5mm 的薄钢板制作而成。近年来应用的气吸式排种器虽然种类较多，但是工作原理基本一样，当排种盘旋转时，在真空室负压的作用下，种子被吸附于排种盘表面的吸孔上，当种子转出真空室后，不再受负压的作用，在其自重的作用下落到种子沟内。刮种器的作用主要是刮去吸孔上多余的种子，其位置可调。更换吸孔大小不同和孔数不同的排种盘，可以适应各种种子的尺寸、形状及株距要求。

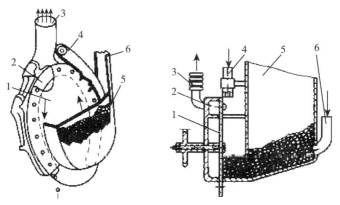

图 4-6 气吸式排种器结构原理示意图

1. 排种盘 2. 真空室 3. 吸气管 4. 刮种器 5. 种子室 6. 输送吹嘴

气吸式排种器的优点是对种子的尺寸、形状要求不严，通用性好，高速作业时仍有良好的工作性能。缺点是由于回转的排种盘与不动的真空室配合工作，对密封要求较高，结构较复杂。

2. 气吹式排种器

气吹式排种器播种精确度高，可准确单粒播种，近几年在国内外应用较多。如图 4-7 所示，气吹式排种器由锥形窝眼式排种盘、喷气嘴、种箱等组成。其工作原理是排种盘在排种室内以一定速度回转，窝眼经过种子区时会被充满种子，当窝眼转至对准喷气嘴时，气流从型孔底部的小孔进入窝眼轮内再排入大气。气流通过种子与型孔缝隙时速度较高，

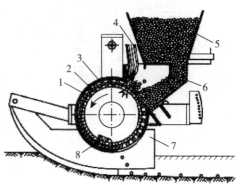

图 4-7 气吹式排种器结构图
1. 护种板 2. 型孔 3. 锥形窝眼式排种盘 4. 喷气嘴
5. 种箱 6. 种子通道 7. 开沟器 8. 推种片

形成压差，使 1 粒种子压在锥形窝眼的底部，多余的种子则被高速气流吹出型孔。充有 1 粒种子的型孔进入护种器后，卸压，种子靠自重或推种片被推出型孔，排入种沟。气吹式排种器的优点：能适应较高的播种速度（8km/h 以上）；当更换排种盘时，可适应不同作物的播种，对种子无损伤；能改变传动比以适应不同的株距。缺点：结构复杂，制造较困难。

依据各类排种器的特点、适宜作业环境等选择适合的排种器。新疆棉区棉花种植具有高密度、矮植株种植等特点，多采用（66+10）cm 小双行种植模式，鸭嘴式排种器最适宜；黄河流域棉区多采用 76cm 等行距种植模式，尤其是在黄河三角洲区域多为黏性土壤，鸭嘴式排种器易堵塞，勺轮式、指夹式排种器应用较多。

二、主要传动形式与特点

播种机的主要传动形式有齿轮传动、链条传动、带传动、蜗轮蜗杆传动等。

（一）齿轮传动

齿轮传动是指由齿轮副传递运动和动力的装置。它是现代各种设备中应用最广泛的一种机械传动方式。齿轮传动形式如图 4-8 所示，其传动时主要有以下优缺点。

优点：与链条传动、带传动相比，齿轮传动精度高，功率传递范围宽，可以实现平行轴、相交轴、交错轴等空间任意两轴间的传动，结构紧凑，工作可

靠，使用寿命长，传动效率高，可达 0.94～0.99。

缺点：制造和安装要求较高，制造成本也较高；对环境条件要求较严，一般需要润滑；不适用于相距较远的两轴间的传动；与带传动相比，减振性和抗冲击性较弱。

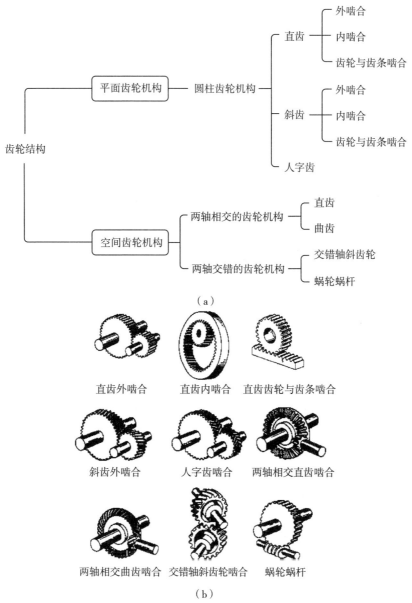

（a）

（b）

图 4-8 齿轮传动形式

（a）齿轮传动分类框图 （b）齿轮传动结构示意图

（二）链条传动

链条传动是啮合传动，是通过链条将具有特殊齿形的主动链轮的运动和动力传递给具有特殊齿形的从动链轮的一种传动方式，如图 4-9 所示。在动力传动过程中该传动方式主要有以下优缺点。

优点：和齿轮传动相比，中心距变动范围大，可以在两轴中心相距较远的情况下传递运动和动力；能在低速、重载和高温的恶劣条件及尘土飞扬的不良环境中工作；和带传动相比，它能保证准确的平均传动比，传递功率较大，且作用在轴和轴承上的力较小；传动效率较高（0.95～0.97）。

缺点：工作过程中噪声大；传动过程中存在较大的冲击与振动；与带传动相比，安装时精度要求较高。

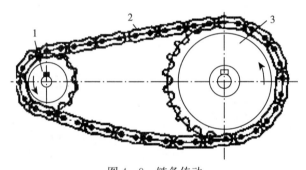

图 4-9 链条传动
1. 从动轮 2. 链 3. 主动轮

（三）带传动

带传动是利用张紧在带轮上的柔性带进行运动或动力传递的一种机械传动，如图 4-10 所示。根据传动原理不同，有靠带与带轮间的摩擦力传动的摩擦带传动，也有靠带与带轮上的齿相互啮合传动的同步带传动。在动力传动过程中该传动方式主要有以下优缺点。

优点：可以在大的轴间距和多轴间传递动力；因传动带具有弹性，可缓和冲击和振动载荷，运转平稳，无噪声；当过载时，传动带可在带轮上打滑，可防止其他零件损坏；结构简单，易于维护；造价低。

缺点：传动带整体外廓尺寸较大；由于传动带的弹性滑动，不能保证精确固定的传动比，会导致从动轮的速度损失；承载带轮的传动轴及轴承受力较大；传动效率较低，传动带的寿命较短。

（四）蜗轮蜗杆传动

蜗轮蜗杆传动常用来传递两交错轴之间的运动和动力，如图 4-11 所示，常被用于两轴交错、大传动比、传动功率不大（或间歇工作）的场合。在动力传动过程中该传动方式主要有以下优缺点。

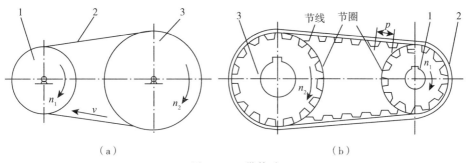

图 4-10 带传动

（a）摩擦带传动 （b）同步带传动

1. 主动轮 2. 传动带 3. 从动轮

优点：因为结构比交错轴斜齿轮机构紧凑，所以可实现空间交错轴间的很大传动比；蜗轮蜗杆传动接触方式为线接触，噪声小，传动平稳；具有自锁性，当自锁时只能由蜗杆带动蜗轮，而蜗轮不能带动蜗杆，可用于需要自锁的场合，比如起重工况等。

缺点：传动效率低，一般为 0.7~0.8，具有自锁性的蜗杆传动效率更低，仅为 0.5；蜗杆传动齿面的螺旋线方向滑动速度大，容易引起磨损和发热；成本高，蜗轮常使用贵重的耐磨材料制造；由于蜗杆的导程角小、螺旋角大，蜗杆所受的轴向力大，轴承结构也比较复杂。

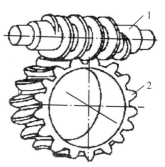

图 4-11 蜗轮蜗杆传动

1. 蜗杆 2. 蜗轮

棉花生产全程机械化对棉花播种行距、株距提出了较高要求，需要传动准确，传动效率高，同时适应恶劣的田间作业环境，因而在棉花播种机中链条传动应用广泛。

三、开沟器的形式与特点

播种机工作时，开沟器开出种沟，引导种子和肥料进入种沟，并使湿土覆盖种沟。

开沟器根据工作原理不同可分为移动式和滚动式两类。移动式开沟器按其结构功能不同可分为锄铲式开沟器、芯铧式开沟器、滑刀式开沟器、圆盘式开沟器和破茬开沟器等。移动式开沟器按入土角 α 不同又有锐角和钝角之分，锐角式的 $\alpha<90°$，钝角式的 $\alpha>90°$，如图 4-12 所示。滚动式开沟器有双圆盘式和单圆盘式之分，靠盘刀滚切土壤和根茬，同时也靠自重入土。

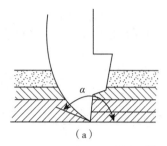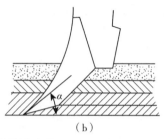

图 4-12　开沟器入土角

（a）钝角式　（b）锐角式

　　棉花播种开沟器的技术要求：沟深一致，沟形整齐；不乱土层；种子在沟内分布均匀；有一定的覆土能力；入土能力强，不缠草、不堵塞；结构简单，工作阻力小。

　　介绍几种常用开沟器——双圆盘开沟器、单圆盘开沟器、锄铲式开沟器。

（一）双圆盘开沟器

　　双圆盘开沟器由 2 个回转的平面圆盘组成。两圆盘在前下方相交于一点，工作时靠重力和弹簧附加力入土，圆盘滚动时切割土壤并向两边挤压，形成 V 形种沟，如图 4-13 所示。双圆盘开沟器工作平稳、沟形整齐、不乱土层、断草能力强；但结构复杂、尺寸较大，工作阻力大。双圆盘开沟器有利于提高播种深度稳定性，常用于精量播种。

（二）单圆盘开沟器

　　如图 4-14 所示，单圆盘开沟器是常用的一种开沟器，圆盘平面方向与前进方向有一定的偏角，工作时圆盘平面把前方的土推到侧面，圆盘后方就会形成一条沟，达到开沟的目的，开出的沟用于播种或施肥。因为圆盘开沟器在开沟的同时可以把土推到侧面，所以也可应用于水浇地筑

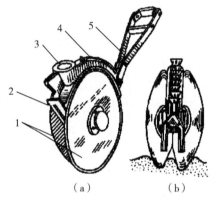

图 4-13　双圆盘开沟器结构图

（a）普通双圆盘开沟器　（b）窄行双圆盘开沟器

1. 圆盘　2. 分土板　3. 导种管

4. 防尘圈　5. 拉杆

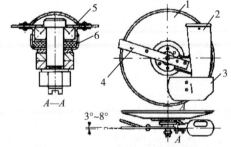

图 4-14　单圆盘开沟器结构图

1. 圆盘　2. 导种管　3. 分土板

4. 拉杆　5. 滚珠轴承　6. 防尘圈

畦。圆盘偏角决定开沟宽度，圆盘入土深度决定开沟深度。所以在实际应用中，圆盘需要经常调整偏角和垂直位置。

（三）锄铲式开沟器

锄铲式开沟器为锐角式开沟器，如图4-15所示。工作时土壤在铲前突起，两侧土壤受挤压而分开，开沟器离开后土壤回落而覆盖种子。

特点：结构简单、入土能力强、工作阻力小，但易黏土和缠草，干湿土混杂，高速作业时播深不稳。

图4-15　锄铲式开沟器

（四）棉花施肥播种开沟器改进

1. 施肥开沟器

棉花铺膜播种机施肥开沟器设计时，主要有以下几点要求：一是可以在不同土质的土壤中工作；二是有较好的入土能力，开沟阻力小；三是能够防残膜、杂草等的缠绕；四是在不影响使用效果的情况下结构要尽量简单，成本不能过高。根据以上要求，滨州市农业机械化科学研究所设计改进的施肥开沟器如图4-16所示。

该开沟器的开沟犁铲为耐磨材料加工而成，且可单独拆卸，方便更换，前端入土部分为尖角，开沟起土角度为20°，入土隙角为8°，有较好的入土能力，开沟阻力小。侧板可防止开沟开出的土过早回落到肥沟内。防堵散肥板可防止矩形导肥

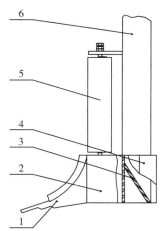

图4-16　施肥开沟器示意图
1. 开沟犁铲　2. 小侧板　3. 防堵散肥板
4. 大侧板　5. 防缠绕机构　6. 矩形导肥管

管堵塞并能使肥料均匀落地。防缠绕机构可防止杂草、残膜等缠绕。该开沟器结构简单、经济可靠。

2. 播种开沟器

种子的发芽生长与种床有很大的关系，播种开沟器的设计除了要满足上面所提到的施肥开沟器的要求外，还要满足以下两点要求：一是开出的种沟必须

直，深度一致；二是土层不能混乱，下层必须为湿土。根据以上要求，滨州市农业机械化科学研究所设计改进的播种开沟器如图4-17所示。

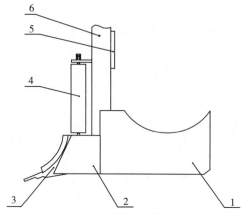

图4-17　播种开沟器示意图

1. 大侧板　2. 小侧板　3. 开沟犁铲　4. 防缠绕机构　5. 排种器固定板　6. 矩形管

四、膜上覆土机构的形式与特点

覆土机构的作用是将覆土圆盘取出的土壤输送到播种行的中部位置压膜，提高地膜的抗风能力。其工作质量的好坏直接影响到种子的出苗率。

覆土机构挂接在播种机机架后端的连接座耳上。常用的覆土机构是覆土滚筒。根据播种要求，覆土滚筒漏土口应与播种行相对应。播种机工作时，随着播种机的前进，覆土圆盘把土送入覆土滚筒内，覆土滚筒内的导土板将土向滚筒内输送，土到达漏土口并沿着漏土口撒在地膜上。一段式覆土滚筒如图4-18所示。

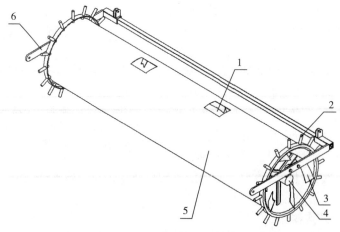

图4-18　一段式覆土滚筒筒图

1. 漏土口　2. 抓地爪　3. 导土板　4. 覆土滚筒轴　5. 覆土滚筒　6. 覆土支架

覆土滚筒直径为 450mm 左右。覆土滚筒两端分别分布抓地爪 16 个左右，可增强对地表的抓附力。覆土滚筒内部均布数块导土板，对进入覆土滚筒内的土壤起导流作用。覆土滚筒上开两个漏土口，使进入覆土滚筒内部的土壤通过漏土口漏出并撒在地上。

土壤中的残膜、秸秆在覆土机构工作过程中会被覆土圆盘一同送入覆土滚筒，如果体积过大，则很难从滚筒漏土口排出，积累过多会影响覆土质量，甚至堵塞滚筒，拖坏地膜。滨州市农业机械化科学研究所将覆土滚筒改进设计为两段式

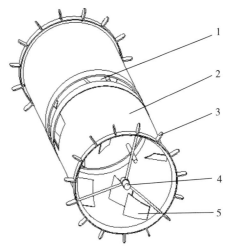

图 4-19 两段式覆土滚筒结构简图
1. 漏土口 2. 覆土滚筒 3. 抓地爪
4. 覆土滚筒轴 5. 导土板

覆土滚筒，压膜土壤可被很快排出，减少了停机清理时间，提高了作业效率。其结构如图 4-19 所示。

第四节 典型播种机介绍

一、折叠式精量铺膜播种机

折叠式精量铺膜播种机适宜大田高效作业，结构如图 4-20 所示。

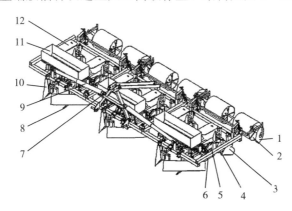

图 4-20 折叠式精量铺膜播种机结构简图
1. 覆土滚筒总成 2. 圆盘覆土器 3. 芯铧式开沟器 4. 镇压轮 5. 勺轮式排种器 6. 播种开沟器
7. 三点悬挂装置 8. 施肥开沟器 9. 液压油缸 10. 推土铲 11. 肥箱 12. 种箱

(一)整机结构

折叠式精量铺膜播种机主要由三点悬挂装置、播种开沟器、施肥开沟器、推土铲、镇压轮、覆土滚筒总成等组成,见图 4-20。可折叠机架由三个框架组成,每个框架与一组播种施肥铺膜机单体通过四连杆相连,两侧的框架分别连接一个液压油缸,通过液压油缸的伸缩带动两侧框架做 90°对折。机具道路行走状态下,两侧机架与中间机架呈 90°布置,这样可以大大缩短机具的宽度,提高机具的道路通过性;机具工作状态下,两侧机架与中间框架呈 180°,可以实现 3 膜 6 行宽幅播种。

(二)工作原理

整机通过三点悬挂装置与拖拉机连接,工作时机具前进,苗带干土清理机构随机具前进,由对置式推土铲把地表的干土块清理到苗带两侧,施肥开沟器与播种开沟器的横向距离为 10~15cm,入土深度为 8~10cm,土壤的摩擦使镇压轮旋转。通过链条传动机构带动排种轴、排肥轴旋转,从而进行排种、施肥。覆膜机构包括地膜辊、开沟器、压膜轮、圆盘覆土器及覆土滚筒等。地膜平放在地膜辊上,地膜一头用土埋好,机具行走时带动地膜辊旋转,地膜逐渐脱离地膜辊而平铺于地表,地膜两侧通过压膜轮压入芯铧式开沟器开好的沟内,后侧的圆盘覆土器通过调整圆盘与行走方向的夹角调整覆土的数量。圆盘覆土器会把一部分土翻给后面的覆土滚筒,覆土滚筒内部装有螺旋绞龙装置,可将土运送到地膜中部,防止大风掀膜。这样就完成了整个苗带干土块清理、播种、施肥、覆膜的全过程,如图 4-21 所示。

图 4-21　折叠式精量铺膜播种机

二、2BMJ-3A 型基于机采棉的精量播种机

2BMJ-3A 型基于机采棉的精量播种机专门针对现有 3 行采棉机进行设计,幅宽 76cm×3 行,1 膜 3 行,不但通风、透光性好、出苗壮,而且铃大、铃重,同时节约棉花打顶成本,达到丰产增收目的。

该机可实现多功能联合作业，在耕整过的地块，一次进地能完成种床干土层清整、侧深施肥、种床镇压、精量播种、覆土镇压、宽幅覆膜、膜后覆土等工序，减少了机具进地次数，工作效率高，有利于抢农时，播后地表平整，播种质量高。

（一）整机结构

该机主要由机架、划行器、四连杆仿形机构、肥箱、种箱、施肥开沟器、播种开沟器、指夹式排种器、平地限深轮、镇压轮、展膜辊、覆土滚筒、覆土圆盘、开沟圆盘等部件组成，如图4-22所示。

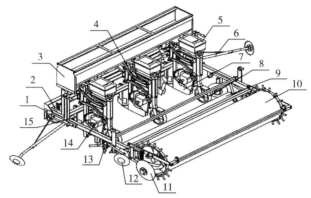

图4-22　2BMJ-3A型基于机采棉的精量播种机结构简图

1. 机架　2. 平地限深轮　3. 肥箱　4. 四连杆仿形机构　5. 种箱　6. 划行器　7. 播种开沟器　8. 镇压轮　9. 展膜辊　10. 覆土滚筒　11. 膜中覆土圆盘　12. 膜边覆土圆盘　13. 开沟圆盘　14. 指夹式排种器　15. 施肥开沟器

（二）工作原理

图4-23所示2BMJ-3A型基于机采棉的精量播种机的工作原理如下：播种机通过三点悬挂装置与拖拉机悬挂点连接，通过拖拉机牵引前进进行播种作业。工作前，先将覆土滚筒抬起，再将地膜横头从膜卷上拉出，经压膜轮和覆土滚筒拉到机具后面，用土埋住地膜的横头，然后放下覆土滚筒，机组开始前进。机具前部的平地限深轮将地表的土块压碎，压平种床和膜床，以方便覆膜作业。然后施肥开沟器开沟，排肥器由电机带动，实现播种机的施肥功能。播种开沟器同时开沟，平地限深轮转动并带动排种器排种，后面的镇压轮进行镇压。之后开沟圆盘开沟，机具行走带动展膜辊旋转，地膜逐渐脱离展膜辊而平铺于地表，地膜两侧通过压膜轮压入开沟圆盘开好的沟内。紧接着覆土圆盘将一部分土翻入地膜沟中，经镇压轮压实，另一部分土翻入覆土滚筒内，覆土滚筒内的导土板将土输送到滚筒的另一端覆在地膜上，防止大风揭膜，完成整个作业过程。

图 4 - 23　2BMJ - 3A 型基于机采棉的精量播种机

三、苗带清整型棉花精量免耕播种机

苗带清整型棉花精量免耕播种机采用免耕直播形式，利于抢农时，适于两季连作的短季棉播种。

（一）整机结构

苗带清整型棉花精量免耕播种机主要由限深轮、牵引装置、机架、变速箱、苗带清整装置、肥箱、平行四连杆仿形机构、种箱、镇压轮、地轮、勺轮式排种器、播种开沟器、施肥开沟器等构成，如图 4 - 24 所示。

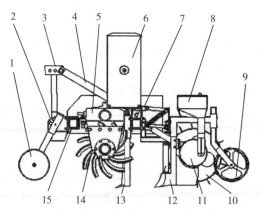

图 4 - 24　苗带清整型棉花精量免耕播种机结构简图
1. 限深轮　2. 牵引装置　3. 中央拉杆连接板　4. 中央拉杆　5. 变速箱　6. 肥箱
7. 平行四连杆仿形机构　8. 种箱　9. 镇压轮　10. 地轮　11. 勺轮式排种器
12. 播种开沟器　13. 施肥开沟器　14. 清草灭茬装置　15. 机架

（二）工作原理

如图 4-25 所示，2BMMD-4 型苗带清整型夏棉精量免耕播种机采用三点悬挂方式与拖拉机连接。工作时，动力经拖拉机的输出轴传递给变速箱，经变速箱改变转速后由变速箱输出轴传递给清草灭茬刀轴，带动刀轴上的旋耕刀顺时针高速旋转。遇到秸秆、杂草、根茬时，在特殊排列的刀片的切割、拨指作用下，秸秆、杂草等被切碎并拨向两侧。同时浅旋碎土，清理出 30cm 宽的播种作业带，解决秸秆堵塞问题，避免秸秆等对棉花生长的影响。还能破除地表干土层，为后续播种提供有利条件。然后尖角式施肥开沟器深施底肥。本机设计地轮为排肥机构与排种机构提供动力，地轮上焊接抓地爪，可增大地轮与地面的附着力，有效降低滑移率，转动可靠。机组工作时，在拖拉机的牵引下，清草灭茬刀轴旋转，地轮转动并带动排肥器转动排肥，施肥开沟器入土深施肥，勺轮式排种器旋转排种，播种开沟器同时开沟播种，镇压轮对行镇压。同一组中，种肥横向间距 12cm，纵向间距 7～8cm，实现侧深施肥。为保证播深一致性，播种单体与机架之间采用仿形机构连接。

图 4-25　2BMMD-4 型苗带清整型夏棉精量免耕播种机作业图

第五节　机械播种注意事项

播种是棉花生产全程机械化至关重要的农艺农机融合环节。播种不仅直接影响出苗率和秧苗质量以及后期棉花的生长，最终影响棉花的产量和品质，也直接关系到后期各环节的机械化作业，特别是机采棉环节。

一、播前准备

（一）棉花品种选择

同一种植区域应选择统一品种。所选品种应适合当地生态条件、种植制度，综合性状优良。基于棉花机械采摘要求，可选择短果枝、株型紧凑、吐絮集中、含絮力适中、纤维较长且强度高、抗病抗倒伏、对脱叶剂比较敏感的棉花品种。

（二）种子质量

种子质量是实施棉花精量播种技术的关键，要严把种子质量关。机械直播应选用脱绒包衣棉种，要求种子健籽率在99％以上、净度在98％以上、发芽率在90％以上、纯度在95％以上、含水率不高于12％。包衣种子可酌情适当晾晒，以提高棉种的发芽率。注意不能在水泥地、塑料膜和金属上晾晒，不要在高温下长时间晒种。

（三）株行距配置

同一机采棉区域内，统一播种密度和种植行距配置，播种密度应达到60 000 株/hm² 以上，以便机械化采收作业。黄河流域棉区多采用76cm 等行距。

（四）地膜及滴灌带的选择

选择地膜时需要注意厚度应≥0.01mm，并在覆膜的过程中，防止地膜过早破裂，否则会使棉田杂草丛生，降低肥料的利用率。滴灌带需根据棉田的土地质量合理选择滴头的流量，合理设计滴头间距，防止滴灌出现问题。

（五）土地准备

11月上中旬进行耕翻，耕深25～30cm，翻垡均匀，扣垡平实，不露秸秆，覆盖严密，无回垄现象，不拉沟，不漏耕。春季播种前对棉田做进一步整理，达到土壤下实上虚、虚土层厚 2.0～3.0cm 的要求，以利于保墒、出苗，确保播种前田间整地达到"齐、平、松、碎、墒、净"。

"齐"是指规划整齐，犁地、耙耱等机械作业时田边或中间不能遗留空白；"平"是指地表平坦，土壤表层无隆起和明显凹坑；"松"是指土壤耕层疏松，上虚下实；"碎"是指土壤细碎，表层无直径超过 2cm 的土块；"墒"是指要在土壤墒情适宜时犁地，这时土壤松散，整地容易，同时可使播种时土壤保持适当的含水量，有利于种子发芽和防旱保墒；"净"是指田内无作物根茬、杂草、废旧地膜。

（六）化学除草

播前化学除草要在整地后进行，施用效果良好、无公害的除草剂，达到均匀一致，不重不漏，及时耙地处理。也可根据选用药剂的特点，在播种的同时施药。

二、播种农艺要求

（一）适时播种

棉花是喜温作物，发芽出苗要求较高的温度。播种过早，温度低，出苗时间长，养分消耗多，棉苗生活力弱，苗病重，常造成"早而不全"或"早而不发"；如果播种过晚，虽然出苗快而齐，但不能充分利用有效生长季节，常造成棉花贪青晚熟，产量低，品质差。棉花播种适期是在保苗全、苗齐、苗壮的前提下，争取早苗。当5cm平均地温稳定达到14℃时进入最佳播种期，一般在4月15—25日。干旱地区要造墒播种，土壤含水率宜为田间持水量的60%～70%。

不同品种播期应适当调整。一般中熟品种在4月中旬播种；中早熟品种在4月中下旬播种；早熟品种在5月10—20日播种。在适期播种范围内，应尽量缩短播期，争取把棉花播种在最佳适期内，以利于实现一播全苗。

（二）选择合适的播种方式

按生产实际状况选择普通播种或精量播种，条播、穴播或点播，覆膜或常规裸地播，膜下播或膜上播等。

（三）下种均匀、播量准确

按要求的播种量和播种方式均匀下籽。一般光子（或包衣子）播种量为15～75kg/hm²。实际播种时，根据普通播种或精量播种等特定要求执行。对普通播种，在播量符合要求的情况下，断条率或空穴率小于5%；实际播量与要求播量之间偏差不超过2%；同一播幅内，各行下种量偏差不超过6%；穴播的穴粒数合格率应大于85%。实行精量播种时，保证一穴一粒，符合相应技术要求。

（四）播种深度适中

播种深度一般为1.5～2.5cm。底墒充足的黏土地宜偏浅。播后要均匀覆土。干旱情况下，要有1.5cm以上厚度的湿土层覆盖棉籽，上面再覆细碎的薄层干土。对播种深度的要求也有例外，有时也要求多层次播种，即把棉种分播在深度3cm或4cm以内的不同土壤层次里。

（五）播行端直一致

在50m播行内，直线误差不得超过8cm；行距均匀一致，在同一播幅内，偏差不超过1cm；交接行偏差不大于8cm；地头尽可能小，且整齐一致。

（六）工作幅宽匹配

播种机行数、行距等配置，除应满足农艺要求，适应田块、道路条件和配套动力外，也要与后续使用的田间管理机械、收获机械等匹配，为生产全程机械化奠定基础。

（七）覆膜压膜严密

覆膜平整、严实，膜下无大空隙，地膜两侧覆土严密，地膜的覆土厚度为1～1.5cm，地头覆膜整齐、起落一致。膜上播种时，要求膜孔与种穴的错位率小于5%；种行上覆土后，膜孔覆土率不小于95%，膜的采光面不小于 50%。

（八）满足覆膜等复式联合作业的要求

在需要覆膜、施种肥、施洒农药、铺滴灌带等的情况下，尽可能采用复式联合作业机。播种机具上同时设置相应的覆膜、施肥、施洒农药、铺滴灌带等装置。保证滴灌带的安装正确，错位率＜3％，空穴率＜2％。施种肥时，肥料应施放于种子一侧或下方，种肥距离 7～8cm，覆盖良好。施洒农药、铺滴灌带等也应满足相应的技术要求。

（九）因地制宜，满足当地当时的特殊农艺要求

一般裸地机播，要求开沟、播种、覆土、镇压一次性完成。播后种行上不能出现拖沟、露籽等现象。在特殊情况下，如连续阴雨、土壤湿度过大、盐碱地等，则不需镇压。干旱地区要严格做到适当镇压和抹土。必要时，播种机加装刮除表层干土、抗旱补水等装置。

三、播种机械化作业

（一）棉花播种机械的选用

根据地区特点和农艺要求（如当地播期天气特点，是单作还是连作，是条播还是穴播，覆膜与否，是膜上播还是膜下播等），以及种子类型、地块大小、土壤状况、所用动力、播后田间管理所用机械的作业行数等，因地制宜选配相应的播种机械。

（二）棉花播种机械的准备

播前应根据地块条件、农艺要求，及拖拉机、棉花播种机的配备情况，对拖拉机和棉花播种机进行全面检修、调试。对拖拉机悬挂装置的调整，要保证机具处于正确的连接状态，即拖拉机与播种机的纵向中心线应重合、机架保持水平；根据行距要求，调整拖拉机轮距和播种机相应工作部件位置（包括开沟、排种、覆土镇压等部件的位置，划行器长度等）。检查和调整各工作部件的状态，做必要的清洁、整修、润滑，使活动部件达到运转灵活自如，不应有异常的晃摆现象。清理排种、开沟部件和输种（肥）管路，调整播种量、播种深度等。在一些特定要求下，如地膜覆盖、播种施种肥、播种筑畦等联合作业时，应同时配备、调整、保养好相应的装置。播种覆土后，棉行一般都需镇压，或压后抹土；有时还需装分土器、压土辊等，将过厚的地表干土层推开，并平碎表土，以保证顺利作业，同时将种子播入湿土中；根据实际需求在播种机上加装必要的附件，如在镇压轮后加装拖板，在播种开沟器或覆膜装置前加装分土器，在机架上加装储水桶、引水管等。

播种机械准备完毕，应进行实地试播，检查各部件的运转状况是否正常，包括开沟深度、播种量、覆土镇压质量，联合作业机组中的覆膜、追肥等质

量，以及行距（包括邻接行距）是否符合要求，必要时进行调整，直至满足要求。

（三）田间机播作业

棉花机播宜选择天气晴暖、无（微）风、土壤墒情适中、地表薄层干土覆盖时进行。应尽量避免在低温阴湿、大风、土壤黏湿等不利条件下机播。

机播作业第一行程时，应沿地边起播线直线匀速前进，中途不停车，地头转弯时再检查一次，核对播种量、行距、覆土情况，必要时再进行调整。

人工驾驶播种机作业时，机组操作人员要集中精力，精心操作，做到播行笔直、衔接行距均匀一致。机播作业中，拖拉机液压悬挂手柄应置于浮动位置，保证作业时被牵引的机组保持前后左右平衡，并能随地面浮动。机组行进速度一般不超过 6km/h，距地头 10～15m 时减速，适时起降播种机相应工作机构。作业中要匀速行进，一般不应换挡变速和随意停车，以防出现成堆下籽和断条。加种、加肥、换装地膜、故障排除等尽量在地头进行。为保证作业质量，除随机操作农具人员随时监视排种（肥、药）、开沟、覆土镇压、覆膜等工作情况外，还应有专人负责作业质量随机检查，如发现种箱、排种杯、输种管、开沟器等有杂物、泥土堵塞或其他异常，必须及时清理、调整。每作业 2～3hm^2，机组应自检作业质量，核对排种量，必要时进行调整，并按规定紧固、润滑各部位。对发现的问题要随时解决，必要时在田间做出标记。穴播、覆膜播种作业时，行进速度应适当放慢，以防前进速度过快或快慢不匀，导致成穴和覆膜质量下降或地膜撕裂等现象。在加种、加肥或安放地膜时，要同时注意下种量是否正常，下种（肥）口（管）、开沟器、覆土器等有无壅堵、黏土，地膜是否摆正、埋牢。

覆膜播种机组作业时，在地头起播前，先拉出地膜铺在膜床上，将膜的端头对齐地头预画的切膜线，压好土，再降下机组工作机构，缓缓起步。行程结束前，在机组覆土装置末端超过起落线 40～50cm 处停止作业，给膜压好土，对准切膜线切断地膜，再提升工作机构，转弯调头后，即可用土压埋好地膜末端，并开始下一个行程作业。

作业中，种箱内的种子量不得少于其容积的 1/4。为节省时间，应采用快速加种法。机组行进中若发现晚放开沟器，则应做好标记，及时补种。作业中途因故障停车，排除故障后，必须将开沟器、划行器升起，倒退 2～3m，再放下开沟器、划行器继续播种。

覆膜播种机组在作业中应特别注意覆膜质量检查。要检查膜边覆土情况，地膜个别破损处应加盖泥土。当风力超过 4 级时，应停止播种。中途断膜时，应先升起机组，后退，将膜重新压好土，再继续作业。地头切膜、压膜应注意安全，位置放置准确、及时。膜端用土压实，防止地膜移动造成错位。

气力式精量播种机作业时，除了一般注意事项外，若空穴率增高和出现断条，要特别注意检查气压是否达到要求、气吸盘位置是否固定等。

播种机应用北斗导航等自主驾驶作业系统时，其调整方法与人工驾驶相同，应根据导航系统作业要求提前做好路径设置等。

四、播种作业质量

按照《铺膜播种机》（JB/T 7732—2006）规定，棉花播种（穴播）作业质量应达到：地膜破损程度≤50mm/m²；膜边覆土厚度合格率和膜边覆土宽度合格率均≥95%；种子机械破损率≤0.5%（铺膜播种机）；膜孔全覆土率≥90%；膜下播种深度合格率≥85.0%；种子覆土厚度合格率≥90%；空穴率≤2.0%（铺膜播种机），空穴率≤4.0%（精量铺膜播种机）；施肥深度合格率≥85.0%。

第五章

棉花田间管理机械化技术与装备

第一节　放苗与封土机械

一、农艺要求

（一）地膜覆盖播种方式

根据播种和覆膜的顺序不同，地膜植棉有先覆膜后播种和先播种后覆膜两种方式，也就是常说的膜上播种和膜下播种。

膜下播种机械是起垄、播种、覆膜、覆土四道工序一次同步完成。膜下播种的优点是：能够较好地保持土壤墒情和土壤结构，在出苗前保温，防除杂草效果也好，有利于出全苗；便于提高播种质量和速度，提高劳动效率。缺点是：出苗后必须开孔放苗，既费工费时，还会由于放苗不及时而烫伤苗；由于破膜后膜内外温湿度差距大，棉苗遇低温易受冻伤，且棉苗的抗逆能力差，易感病害、死苗。为防止打孔后土壤水分损失和大风揭膜，放苗后必须立即封土。

膜上播种一般采用膜上打孔播种机一次完成起垄、覆膜、覆土、打孔播种。这种方式是播种时先覆地膜，再在膜上按株距要求打孔破膜播种，在新疆等春季少雨棉区采用较多。其优点是：在降雨后或墒情好时趁墒覆膜，有利于保蓄天然雨水；破膜时洞口小，保温、保墒及防除杂草效果均较好；棉花出苗后，不需人工放苗；棉苗能较好地适应外界环境条件，生长较健壮，抗逆能力强。其缺点是：播种后若遇雨，土面易板结，会造成出苗困难。

（二）膜下播种时放苗与封土的农艺要求

膜下播种的棉田要及时放苗。放苗时间根据出苗情况和气象条件决定。50%的棉苗子叶展平后，即可放苗。但要关注天气情况，应避过大风降温天气和晚霜。天气晴朗、气温较高时，膜内容易发生烫苗，要尽量早放苗。放苗后要及时封土，当天放的苗，当天要封土，防止土壤水分散失或大风揭膜。要求"封土一条线，留够采光面，封好护脖土，穴口要封严"，严防膜上压土过多，降低地温。放苗的膜孔直径以 3～4cm 为宜，放苗最好在下午 3:00 之后，棉苗放出后有一个缓冲适应时段，有利于棉苗生长。

二、放苗与封土机械的结构特点

（一）放苗机械的类型与结构特点

放苗机械结构简单，主要包括两种。一种是将用铁丝弯成的钩子固定到木棍或竹竿上，操作人员在田间自然行走，一只手拿着木棍或竹竿将钩子对准棉苗，把地膜划开完成破膜，实现放苗。这种工具的优点是：结构简单，一般都是棉农自己制作的；使用方便灵活，可以根据实际出苗情况进行放苗。缺点是：效率低，费工费时。另一种是在滚筒上安装破膜齿，然后推动滚筒，实现破膜，在新疆地区也有拖拉机牵引作业的。这种工具（机械）结构简单，容易操作，效率高，但由于钉齿间距固定，不能根据实际出苗情况进行放苗，易造成漏放。

（二）封土机的类型及其特点

常见的封土机有取土轮溜板式和旋刀绞龙式两种形式。

1. 取土轮溜板式封土机

（1）结构及原理。取土轮溜板式封土机由机架、悬挂架、取土轮、取土盘、溜板、犁铲等组成（图5-1、图5-2）。机具通过三点悬挂方式与拖拉机连接，拖拉机带动机具前进，犁铲在取土轮前面，先对土壤进行破碎。取土轮外缘有小齿，可增大与地面的摩擦，进而获得旋转动力。取土盘将土壤带动上升。土壤上升到一定高度后，由于自身重力，自由落体到溜板，之后借助自身重力继续流动到棉苗根部，护苗器挡住土壤不压在棉苗上，完成封土作业。

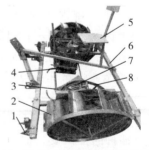

图5-1　取土轮溜板式封土机结构图一　　图5-2　取土轮溜板式封土机结构图二
1.机架　2.犁铲　3.接土板　4.碎土装置　　1.犁铲　2.取土轮　3.接土板　4.护苗器
5.溜板　6.取土轮　7.取土盘　　　　　　5.椅子　6.机架　7.筛土网　8.拨土轮

（2）主要特点。结构简单，操作方便，调整灵活，工作可靠；封土后在地膜上形成"四黑五白"九道线，既达到封土的目的，又保证了地膜的透光面；大直径加宽加厚的取土轮确保充足的送土量；转向盘式微调器提高了送土的准确性、均匀性和严密性；可保证细碎土粒沿棉苗根部两侧均匀流入孔中，不压苗、不伤苗，封土可靠率达 95％以上；工效高，节约劳力，一般日工效可达 8hm²。

2. 旋刀绞龙式封土机

（1）结构及原理。旋刀绞龙式封土机主要由机架、悬挂架、限深轮、变速箱、左旋耕刀、右旋耕刀、前绞龙、后绞龙、土槽等组成（图 5-3、图 5-4）。机架包括三点悬挂装置、梁体、悬挂连接支架、后悬挂臂。取土装置包括旋耕刀、刀盘、刀轴、刀轴支撑座板。本机具通过悬挂装置与拖拉机挂接，通过万向节将拖拉机后输出轴的动力传递到变速箱输入轴，刀轴与变速箱输出轴连接，刀盘获得动力；动力通过链轮由刀轴传递到前绞龙，再由链轮从前绞龙传递到后绞龙，使得整个机器运转；限深轮可以调整，土槽出土口的开度可以调节。

（2）主要特点。该机通过旋耕刀和绞龙实现了碎土、取土两个作业环节的集成，精简了机构，缩短了作业流程，降低了能耗。旋耕刀高速运转，能将土壤有效破碎，还能将土壤抛送到需要的位置；旋耕刀适应性强，能够克服土壤含水率对封土作业的影响，无论土壤湿润还是干硬，都能够很好地进行土壤破碎和抛撒，而且具有抗杂草干扰的能力，一般的杂草能够被旋耕刀打碎。该机作业过程中土壤分配连续均匀，绞龙工作稳定，而且在输送土壤的过程中，绞龙还能起到一定的碎土效果。

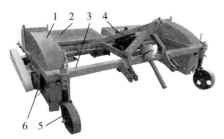

图 5-3　旋刀绞龙式封土机
1. 旋耕刀护罩　2. 绞龙护罩　3. 机架
4. 变速箱　5. 限深轮　6. 旋耕刀

图 5-4　输土绞龙
1. 绞龙　2. 筛土网

（三）放苗与封土机械使用注意事项

在放苗过程中，要根据实际出苗情况选择相应的工具，如果有 80％的苗达到了放苗条件，那么就选择滚筒式放苗机械，反之，选择铁钩放苗。出苗孔一般为直径 40mm 左右的孔。

封土时土壤湿度不宜过大，用来封孔的土壤颗粒越细效果越好；应将出苗孔全覆盖，并且薄膜以上的土壤厚度在 20mm 以上；取土后的沟不能太深，否则影响棉田排水。

封土时要根据棉苗实际情况选择相应机械。如果棉苗比较瘦弱，且已经达到封苗条件，那么就选择旋刀绞龙式封土机，这种封土机碎土效果理想，分配土壤均匀；如果棉苗比较粗壮，可以选择取土轮溜板式封土机。

第二节　中耕施肥机械

中耕施肥是棉花田间管理的重要环节，其内容是在棉花生长过程中进行中耕松土、除草、培土和施肥等作业。中耕松土可促进土壤内空气流通，加速肥料分解，提高地温，减少水分蒸发；除草可减少土壤中养分和水分的无谓消耗，改善通风透光条件，减少病虫害；施肥培土可给棉花补充养分，促进作物根系发育，防止倒伏，并为沟灌及排除多余雨水、促进行间通风透气创造条件。

一、苗期中耕的作用与农艺要求

（一）苗期中耕的作用

提高地温：4月气温和地温都是逐步上升的，但由于早晚气温低，昼夜温差大，日平均气温稍低于5cm平均地温。到了5月，气温上升快，又高于地温，而且土层越深升温越慢，因此5月地温偏低是棉苗迟发的主要原因。地膜覆盖解决了被覆盖部分土壤的升温问题，但未覆盖的行间仍然要靠中耕提高地温。

保墒：播种前多数棉田造墒、储墒充足。随着5月气温升高，土壤中的水分会沿毛细管蒸发到大气中。中耕可将土壤毛细管切断，阻碍或减少水分蒸发。上层水分少了，下层水分却保存住了。

破除板结：当苗期遇雨，土壤板结后，苗期生长环境逆转变劣，影响苗期生长，这时要靠中耕破除板结。

促进根下扎和扩展：中耕造成土壤上层干燥环境，胁迫棉根下扎来吸收土壤下层水分，将地表浅层根划断以促其多次分枝并下扎，所以，中耕是促使棉株形成强大根系的重要手段。

防治棉苗立枯病：立枯病是威胁棉苗的主要病害，土壤不通透、低温、高湿是发病的主要诱因。在5月多雨的情况下，常造成棉苗立枯病暴发，严重时大片死苗，甚至毁种。在棉种药剂包衣的基础上再进行中耕很有效果。

促进土壤养分释放：土壤中并不缺棉株需要的大量元素和微量元素，而是缺乏能被棉根吸收利用的速效营养元素。由于中耕增加了土壤温度和透气性，能促进土壤养分释放，把本来棉株不能利用的营养转化为可利用状态，尤其是能改善钾素的供应状态。

此外，中耕还可除草、预防枯萎病，有利于深追肥等。

（二）苗期中耕的农艺要求

在苗期行间中耕 1 次。若 2～4 叶期中耕，中耕深度为 5～8cm；若 5～7 叶期中耕，中耕深度可达 10cm 左右。为确保中耕质量，提高作业效率，最好用机械中耕，以便把握最佳作业时机，尤其是黏性土壤，过干过湿都影响中耕质量和效果。

二、蕾期中耕的作用与农艺要求

（一）蕾期中耕的作用

蕾期中耕，可促进根下扎，保证棉花稳长；去除杂草；去除塑料薄膜并培土防倒伏。

（二）蕾期中耕的农艺要求

蕾期中耕一定要深。为减少用工，提倡采用机械，于盛蕾期把深中耕、除草和培土结合一并进行。中耕深度在 10cm 左右，把地膜清除，将土培到棉秆基部，有利于以后排水、浇水。行距小和大小行种植的棉田可隔行进行。

为促使根系有一个良好的活动环境，保持根系活力，可根据情况，在花铃期雨后或浇水后及时中耕一次。但此时中耕与蕾期相反，宜浅不宜深，否则会伤根，导致后期早衰。通常情况下这次中耕可以减免。

三、中耕施肥机械的种类与特点

中耕施肥机械按挂接方式可分为牵引式中耕施肥机和悬挂式中耕施肥机；按作业类型可分为全幅中耕施肥机、行间中耕施肥机以及通用中耕施肥机；按工作机构类型可分为锄铲式中耕施肥机和旋转式中耕施肥机。下面以锄铲式中耕施肥机和旋转式中耕施肥机为例，简述中耕施肥机械的一般构造。

（一）锄铲式中耕施肥机

1. 锄铲式中耕施肥机的结构特点

锄铲式中耕施肥机多为悬挂式结构。这类中耕施肥机结构简单，转向灵活，对行距适应性能良好，可减少伤苗。锄铲式中耕施肥机种类较多，结构大致相同，一般由机架、地轮、锄铲机构、肥箱、施肥开沟器以及传动机构等组成，如图 5-5 所示。锄铲机构多采

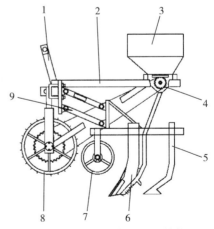

图 5-5　锄铲式中耕施肥机结构图
1. 悬挂机构　2. 机架　3. 肥箱　4. 排肥器
5. 锄铲　6. 施肥开沟器　7. 仿形轮
8. 地轮　9. 四连杆仿形机构

用四连杆仿形机构，以保持入土稳定性。根据不同作业要求，土壤工作部件可配置单翼铲、双翼铲、松土铲、施肥开沟器或培土器等部件。锄铲式中耕施肥机能一次完成行间除草、松土、施肥、培土等多项作业，适合棉花的中耕施肥作业。

锄铲式中耕施肥机的工作原理：在锄铲式中耕施肥机的行进中，锄铲和施肥开沟器依靠机具重量自动入土，通过压力弹簧和限深轮等部件的控制，达到要求的耕深，满足松土、除草的要求；施肥则是通过地轮和传动系统，驱动排肥器转动，将肥料均匀排出，肥料沿输肥管导入施肥开沟器到达苗行侧旁，施肥量可通过调节装置调整。

2. 锄铲式中耕施肥机的主要工作部件

（1）除草铲。除草铲的功用是除草和松土，又分为单翼铲和双翼铲，如图 5 - 6 所示。单翼铲由单翼铲刀和铲柄构成，主要用于苗旁除草和松土。中耕作业时单翼铲置于棉苗的两侧，分左、右翼铲，对称安装。双翼铲由双翼铲刀和铲柄构成，分为双翼除草铲和双翼通用铲两种。双翼除草铲铲面较扁平，主要用于除草，松土作用较弱，不易埋草、埋苗。双翼通用铲铲面较陡峭，兼具除草、松土作用，工作深度较深。

图 5 - 6　单翼铲和双翼铲的安装
1. 安装架　2. 双翼铲　3. 单翼铲

（2）松土铲。松土铲用于棉花的行间深层松土，有时也用于全面松土，主要有破碎土壤板结层、消除杂草、提高地温和增强蓄水保墒能力的作用。松土铲由铲尖和铲柄两部分组成，常用的有凿形、箭形和铧式 3 种，如图 5 - 7 所示。凿形铲铲幅窄，入土能力强，用于行间深层松土，也可用于垄面深松，入土深度达 12～14cm，但碎土能力较差。由于其结构简单，磨损后易于锻延修复，应用较为广泛。箭形铲对土壤作用范围较大，碎土性能好，用于深松耕层以下的

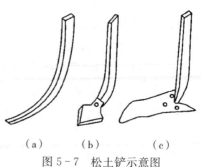

（a）　　　（b）　　　（c）
图 5 - 7　松土铲示意图
（a）凿形铲　（b）箭形铲　（c）铧式铲

土壤、深松垄沟和中耕时深松行间。铧式铲多用于间作棉田行间灭茬和垄作地松土作业。

（3）培土器。培土器通常也称培土铲，用于向植株根部培土、起垄，也用于灌溉开排水沟。培土器的种类比较多，如曲面可调式培土器、旋转式培土器、锄铲式培土器和铧式培土器等。目前广泛使用的是铧式培土器，主要由三角铧、分土板、培土板、调节杆和铲柄等部件组成，如图5-8所示。此种培土器的分土板与培土板铰接，其开度可以调节，以适应不同大小的垄形。分土板有曲面和平面两种结构。曲面分土板成垄性能好，不容易黏土，工作阻力小；平面分土板碎土性能好，三角铧与分土板交接处容易黏土，工作阻力比较大，但制造容易。

图5-8 铧式培土器
1.铲柄 2.培土板 3.限深总成
4.调节杆 5.铲尖 6.分土板

（4）护苗器。为了提高中耕作业速度，中耕机上普遍装有护苗器，保护幼苗，以防止苗被锄铲铲起的土块压埋。护苗器一般采用从动圆盘形式。工作时，苗行两侧的圆盘尖齿插入土中，并随机器前进而转动，除防止土块压苗外，也有一定的松土作用。

（5）仿形机构。中耕机根据作物的行距大小和中耕要求，一般将几种工作部件配置成单体，每一个单体在作物的行间作业。各个中耕单体通过一个能随地面起伏而上下运动的仿形机构与机架横梁连接，以保持工作深度的一致性。现有中耕机上应用的仿形机构主要有单杆单点铰链仿形机构、平行四连杆仿形机构（图5-9）和多杆双自由度仿形机构等类型。

（6）施肥开沟器。施肥开沟器由凿形施肥刀和导肥管组成。在为棉花追施化肥、细碎的有机肥料时，用来开出施肥沟，并将肥料导入沟内。

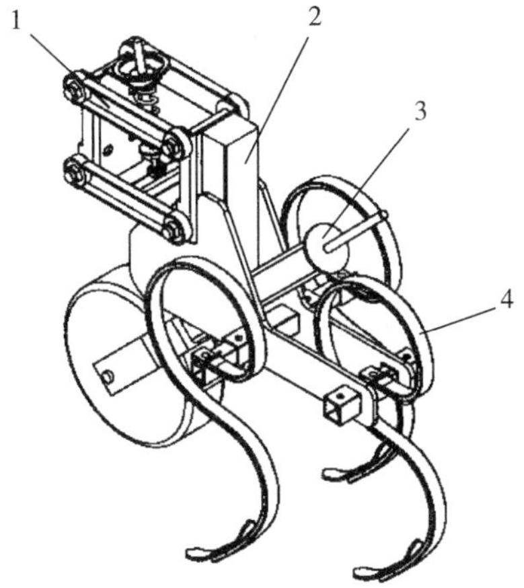

图5-9 平行四连杆仿形机构示意图
1.平行四连杆 2.机架
3.仿形轮总成 4.工作部件

（二）旋转式中耕施肥机

1.旋转式中耕施肥机的结构特点

旋转式中耕施肥机与拖拉机的连接方式有悬挂式和牵引式两种，且悬挂式居多。如图5-10所示，旋转式中耕施肥机主要由机架、限深轮、变速箱、传

79

动轴、护罩、中间传动箱、肥箱、旋转刀辊等部件组成。工作部件由拖拉机动力输出轴驱动，具有碎土性能好、灭草率高、耕后地表平整等优点，适用于黏重土壤、灌溉后板结、过湿（或过干）、杂草过多的田地。

旋转式中耕施肥机的工作原理：作业时，旋转式中耕施肥机采用三点悬挂方式与拖拉机挂接，机具所需动力由拖拉机动力输出轴提供，动力经万向节传递到变速箱，后经变速箱内部直齿锥齿轮减速换

图 5-10　旋转式中耕施肥机

1. 肥箱　2. 变速箱　3. 传动轴　4. 培土器
5. 旋转式中耕机构　6. 限深轮　7. 机架　8. 输肥管

向后传递到旋转式中耕机构的中间传动箱，中间传动箱获得的动力经传动箱内部的链条传动被传递到旋转刀辊上，进而带动中耕刀高速旋转，实现中耕除草作业；地轮通过侧边传动系统驱动施肥装置进行施肥作业，肥料在重力作用下经输肥管滑落至施肥开沟器后面的肥沟内，完成施肥作业。

2. 旋转式中耕施肥机的主要工作部件

旋转式中耕施肥机的主要工作部件为刀轴和刀片。刀轴主要用于传递动力和安装刀片。刀片大多采用旋耕机刀片，常见的刀片有弯形刀片、凿形刀片和直角刀片，如图5-11所示。弯形刀片（分左弯和右弯）对土壤有滑切作用，不易缠草，具有松碎土壤和翻土覆盖能

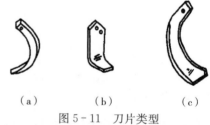

（a）　　　　（b）　　　　（c）

图 5-11　刀片类型
（a）凿形刀片　（b）直角刀片　（c）弯形刀片

力，适用于多草茎的田地工作，属于水旱通用型刀。其消耗功率较大，适应性强，应用较广。凿形刀片对土壤有凿切作用，入土和松土能力强，功率消耗较少，但易缠草，适用于土质较硬或杂草较少的旱地耕作。直角刀片的性能同弯形刀片相近，国内生产和使用较少。

四、中耕施肥机械的使用与调整

（一）锄铲式中耕施肥机的使用与调整

锄铲式中耕施肥机锄铲的类型应根据中耕作业项目、作物行距、土壤条件、作物状况和杂草生长情况等因素进行选择。第一遍苗期中耕时，如果只要

求除草，可选择单翼铲和双翼除草铲；如果同时要求松土作业，可在单翼铲前或后加装松土铲。棉苗长高后可选用双翼铲。

锄铲配置时应满足不伤苗、不漏耕、不堵塞、与播种行距相符等要求。除草铲排列时，同行间的相邻两铲，其除草范围要有 2～3cm 的重叠量，避免漏除。锄铲前后须错开一定距离。为防止伤苗、埋苗，锄铲外缘与苗间应留出 10～15cm 的护苗带。随着中耕作业次数的增加，中耕深度逐步加深，护苗带也应随棉苗生长和根部逐渐发达而加宽。培土器应按行距、开沟深度和所需培土高度选择适当规格的铧式铲和培土板张开度。

为使中耕作业不伤苗、不压苗，往返接合行的中耕范围应是正常各行的一半或稍宽，配对时，中耕机最外侧中耕接合行的锄铲数应减少，或卸去外侧培土板。

（二）旋转式中耕施肥机的使用与调整

旋转式中耕施肥机的选配应根据棉田地块的面积、土质以及作业要求确定。中耕行数应与播种作业行数一致，或成整倍数增减，避免横跨接合行作业。根据播种行距对拖拉机轮距进行调整，拖拉机轮缘内、外侧均应与棉苗保持至少 10cm 间距，以避免压伤棉苗。苗期一般选配中耕、松土作业机组；蕾期中耕可选配中耕、除草复式作业机组；后期中耕可选配中耕、追肥、培土复式作业机组。

（三）中耕作业方法及注意事项

1. 中耕作业的田间准备

排除田间障碍物，填平毛渠、沟坑；检查土壤湿度，防止土壤过湿导致的陷车，或因中耕而形成大泥团、大土块；根据播种作业路线，做出中耕机组的进地标志；根据地块长度设置加肥点，肥料应捣碎过筛，使其具有良好的流动性，且无杂质，并能送肥到位。

2. 中耕作业的机组准备

配齐驾驶员、农具员，根据需要选择适宜的拖拉机和中耕机具，并按作物行距调整拖拉机轮距；根据行距、土质、苗情、墒情、杂草情况、追肥要求等，选配锄铲或松土铲；配置和调整部件位置、间距和工作深度；前期中耕应安装护苗器，后期中耕、开沟培土或追肥作业时，行走轮、传动部分和工作部件应装有分株器等护苗装置。

3. 中耕作业方法及要求

悬挂式中耕机组一般可采用梭行式中耕法，行走路线应与播种时一致。作业时悬挂机构应处于浮动位置，作业速度不超过 6km/h，草多、板结地块不超过 4km/h，不埋苗、不伤苗；作业前机组人员必须熟悉作业路线，按标志进入地块和第一行程位置；机组升降工作部件应在地头进行调整。

4. 作业质量检查

中耕作业第一行程走过 20～30m 后，应停车检查中耕深度、各行耕深的一致性、杂草铲除情况、护苗带宽度以及伤苗和埋苗等情况，发现问题应及时排除；追肥作业时，应检查施肥开沟器与苗行的间距、排肥量及排肥通畅性，不合要求的应及时调整；在草多地块作业时，应随时清除拖挂的杂草，防止堵塞机具和拖堆；要经常保持铲刃锋利。

第三节　棉花打顶机械

一、棉花打顶的农艺要求

（一）棉花打顶的概念与方法

1. 棉花打顶的概念

打顶是我国各棉区普遍采用的一项整枝技术。掐去顶尖能抑制棉株主茎生长，避免出现无效果枝。棉花的主茎生长点具有顶端优势，棉株吸收的养分和所合成的有机养料首先大量向顶端输送，打顶后这些养分就会运向果枝，供应结实器官。

2. 棉花打顶的方法

目前，棉花打顶有人工打顶、化学打顶和机械打顶 3 种方式。

（1）人工打顶。棉花为无限生长作物，摘除顶尖可以增加棉花产量，从而形成了传统的人工打顶技术。即在初花至盛花期间，人工摘除棉株主茎顶尖一叶一心，抑制顶端优势，促进果枝生长及棉株早结铃、多结铃，从而实现棉花增产增收。

（2）化学打顶。化学打顶是利用化学药品强制延缓或抑制棉花顶尖的生长，控制其无限生长习性，从而达到类似于人工打顶调节营养生长与生殖生长的目的。就目前各地开展的化学打顶试验效果而言，多数试验证实化学打顶可以基本达到人工打顶的效果，棉花产量与人工打顶相当或略有减产。也有比人工打顶显著增产或显著减产的报道。

当前国内外使用最多的植物生长调节剂是缩节胺和氟节胺，也有两者配合或混合使用的。

缩节胺作为生长延缓剂和化控抑制的关键药剂，已经应用了 30 多年。在前期缩节胺化控的基础上，棉花正常打顶前 5d（达到预定果枝数前 5d），用缩节胺 75～105g/hm² 叶面喷施，10d 后，用缩节胺 105～120g/hm² 再次叶面喷施，可有效控制棉花主茎和侧枝生长，降低株高，减少中上部果枝蕾花铃的脱落，提高坐铃率，加快铃的生长发育。

氟节胺则为接触兼局部内吸性植物生长延缓剂。其作用机制是通过控制棉花顶尖幼嫩部分的细胞分裂，并抑制细胞伸长，使棉花自动封顶。25％氟节胺悬浮剂用药量为150～300g/hm^2，在棉花正常打顶前5d首次喷雾处理，只喷顶尖，间隔20d进行第二次施药，顶尖和边心都施药，可有效控制棉花主茎和侧枝生长，降低株高，减少中上部果枝蕾花铃的脱落，提高坐铃率，加快铃的生长发育。

氟节胺和缩节胺用量要视棉花长势、天气状况酌情增减。从大量生产实践来看，缩节胺比氟节胺更加安全可靠，化学打顶宜首选缩节胺。用无人机喷施缩节胺进行化学打顶较传统药械喷药省工、节本、高效，封顶效果更佳，值得提倡。

（3）机械打顶。棉花机械打顶的原理与人工打顶一致，是用机械替代人工打顶作业，即利用机械将棉花顶尖切除实现打顶。棉花机械打顶能有效提高作业效率，降低棉农劳动强度及棉花生产成本。目前，打顶机械有圆盘切刀式、往复切割式、线刀式等。一刀切打顶机只能对棉花顶尖进行"剃平头"，不能实现仿形打顶；仿形打顶机采用超声波、激光、红外线、仿形板等对棉花高度进行识别，做到对不同高度的棉花进行仿形打顶。无论是哪种打顶方式，目前都很难做到人工打顶"一叶一心"的要求，不过试验表明，机械打顶对棉花产量影响不大。

（二）打顶农艺要求

打顶增产，关键在于掌握好打顶的时间和方法。打顶过早，不能充分利用生长季节，而且使上部果枝过分延长，增加荫蔽，妨碍后期田间管理，并且赘芽丛生，徒耗养分；打顶过迟，则上部无效果枝和花蕾增多，降低后期铃重，起不到控制顶端生长优势的作用。打顶时期应按照"时到不等枝，枝到不等时"的原则，正常年份春棉以7月15日为宜、夏棉以7月25日为宜，最晚打顶时间不晚于7月30日。弱小棉花可以不打顶。

机械打顶一般比人工打顶晚5～7d，要求切掉主枝顶尖5～7cm，随着技术的进一步发展，应该越来越接近人工打顶的技术要求。

二、打顶机械的类型与结构特点

1. 一刀切打顶机

图5-12所示为山东农业大学研发的基于自走式高地隙通用底盘的一刀切打顶机，由挂接框架、高度调节机构、升降液压油缸、行距调节机构、割刀液压马达、同步带传动机构、横梁和割刀器等组成。其中，挂接框架是由方钢焊接而成的矩形框架，在一侧焊有吊耳，能与高地隙通用底盘前挂接装置连接；高度调节机构是由固定连杆、连接杆、活动连杆组成的平行四边形结构，通过升降液压油缸控制升降，改变横梁的相对高度；行距调节机构包

括调节丝杠和螺母；同步带传动机构包括同步带、同步带轮和张紧机构；割刀器是由安装架、传动轴、轴承座、刀盘、割刀、护罩和收拢杆组成。挂接框架与高度调节机构的固定连杆焊接，横梁与高度调节机构的活动连杆焊接，在挂接框架与横梁之间安装升降液压油缸。横梁上均匀安装5个割刀器，相邻割刀器之间通过同步带相连。中间割刀器的主轴上方连接割刀液压马达，经同步带传动机构带动5个割刀器的刀片同步同向旋转。行距调节机构可以改变相邻割刀器的间距。棉花打顶装置前置悬挂在高地隙通用底盘上，每个割刀器对应一行棉花植株。随着打顶机向前行驶，收拢杆将棉花植株顶部枝叶聚拢至刀盘处，刀盘高速旋转完成棉株顶部切削。工作中，若遇到不同地块棉花植株高度存在差异，可通过升降液压油缸整体调节打顶高度。

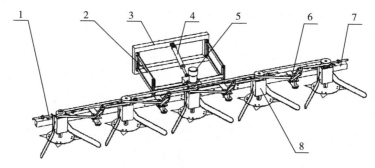

图 5-12　一刀切打顶机结构图

1. 行距调节机构　2. 高度调节机构　3. 挂接框架　4. 升降液压油缸
5. 割刀液压马达　6. 同步带传动机构　7. 横梁　8. 割刀器

2. 单体仿形打顶机

图 5-13 所示为新疆农垦科学院研制的垂直升降式单体仿形打顶机，主要由组合式机架、液压系统、电气系统、仿形平台、切割器和传动系统组成。其中，传动系统包括套筒伸缩装置、皮带、固定轴承、升降油缸、大带轮、变速箱和中间带轮等，可实现切割器的旋转和垂直升降；仿形平台位于组合式机架下部，分别与固定在机架上的升降油缸、套筒伸缩装置内的切割器刀轴连接，在升降油缸作用下垂直升降；电气系统包括遥控开关，蓄电池，接近开关1、2等；液压系统包括升降油缸、油管、分配器、电磁阀和溢流阀等。

棉花打顶机以三点悬挂方式与拖拉机连接，随拖拉机前行。拖拉机动力输出轴通过万向节将动力传递到变速箱，与变速箱连接的大带轮通过皮带将动力传递到中间带轮，中间带轮再将动力分配到两侧带轮。各带轮处于同一水平位置，以此保证套筒伸缩装置的动力分配均匀。带轮与套筒伸缩装置固定，套筒伸缩装置带动切割器产生旋转运动。伸缩套筒上的导向槽既保证动力的传递，又保证在升降油缸作用下切割器能垂直升降工作。当棉花植株比较矮时，仿形板下降，接近开关1导通，并将信号传递到电磁阀，电磁阀控制升降油缸带动仿形平台下降，切割器随之下降；当棉花植株高时，仿形板上升，接近开关1断开，接近开关2导通，将信号传递到电磁阀，电磁阀控制升降油缸带动仿形平台上升，与仿形平台连接的切割器随之上升；当棉花植株高度稳定不变，仿形板处于接近开关1、2之间，电磁阀处于中间截止位，升降油缸不动作，仿形平台连接的切割器工作高度不变。这样便可实现单体棉花的即时仿形，切割器根据棉花高度垂直升降，旋转切除棉花顶尖，完成打顶作业。

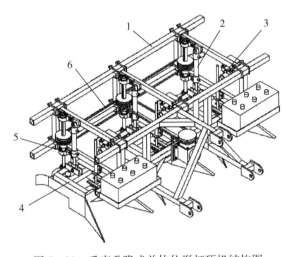

图5-13　垂直升降式单体仿形打顶机结构图

1. 组合式机架　2. 液压系统　3. 电气系统　4. 仿形平台　5. 切割器　6. 传动系统

图5-14所示为农业农村部南京农业机械化研究所研制的一款3MD-3型棉花打顶机，整体由1个主机架、3个打顶分体及1套控制系统组成。采用单体仿形结构，可同时实现3行棉花打顶作业，每行均可独立仿形实现精确打顶。打顶机采用独立的分体式结构，每个分体具有独立的升降仿形系统与切削系统。其升降仿形系统通过伺服电机驱动，再经过齿轮齿条机构转换实现切削刀具的升降仿形动作；切削系统采用双圆盘刀结构，由电动机为刀轴转动提供动力，实现棉花打顶过程的可靠切削。3MD-3型棉花打顶机有别于传统的棉花打顶机，它采用一套PLC（可编程控制器）伺服控制系统来实现自动控制。该控制系统包括操控触摸屏、PLC控制器、棉花高度传感器、电机驱动器、车速传感器等。打顶机工作时，安装于各个单元上的棉花高度传感器，通过激光对棉花高度进行检测，并将数据传输给PLC控制器，PLC控制器结合棉花高度与用户设定的棉花打顶高度计算出切削位置，然后通过电机驱动器控制升

降仿形系统，使打顶切刀升降至所要求的切削高度位置。PLC 控制器同时根据用户设置（通过触摸屏设置）的打顶切刀转速，实现棉花打顶切刀的旋切，从而完成棉花顶端的切削和打顶动作。

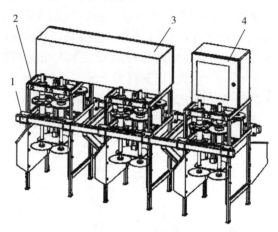

图 5-14　3MD-3 型棉花打顶机整体结构图
1. 主机架　2. 打顶分体　3. 主控制柜　4. 显示操控柜

三、机械打顶注意事项

棉花机械打顶具有效率高，不受气候、时间限制，劳动强度低等优点，但是棉花生长情况不同、高度不一样，在选择打顶机的时候要尽量选择单体仿形形式的机具。因为机具在田间行走容易对蕾、铃造成损伤，所以要不断调整和完善机器的结构和性能，一些部位可利用柔性材料制作。田间工作速度要尽量慢。机械打顶高度设置要合理，避免过高和过低，应达到打顶标准。

第四节　棉花植保机械

一、棉花主要病虫害与防治技术

棉花生长发育过程中遭受到的病虫害会造成棉花产量、纤维品质下降，生产成本上升。科学有效地进行棉花病虫害防治，确保棉花生产安全，对促进棉花增产增收具有重要意义。

（一）棉花主要害虫的发生规律及防治技术

我国棉花害虫共有 300 余种，其中常发性害虫有 30 多种。按生育期划分，危害棉花的害虫可分为苗期害虫、蕾期害虫和花铃期害虫。

1. 苗期害虫及综合防治

棉花苗期害虫主要有地老虎、棉蚜、烟粉虱、红蜘蛛、盲椿象等。选育抗虫品种、选用包衣种子，可提高苗期防病抗虫能力。

选用 70%吡虫啉湿拌种剂拌成糊状，将种子放入并搅拌均匀，晾干后播种，可控制蚜虫、烟粉虱基数。对地老虎低龄幼虫，可采用毒土法防治；对大龄幼虫防治，可用 90%敌百虫晶体喷拌麦麸或棉籽饼制成毒饵，于傍晚顺垄撒施。防治棉蚜、烟粉虱，可选用 70%吡虫啉或 20%啶虫脒对水喷雾。防治红蜘蛛、棉蚜、盲椿象，可选用阿维菌素类杀虫剂防治。防治蜗牛，可选用 6%四聚乙醛（密达）诱杀。对红蜘蛛，有螨株率在 15%以上时进行防治，强调点片发生、点片治理。

2. 蕾期害虫及综合防治

蕾期害虫主要有棉铃虫、红蜘蛛、烟粉虱、盲椿象、棉蚜等。制定以保护利用天敌、充分发挥棉花的补偿作用为主的防治策略。棉田害虫天敌种类很多，如蜘蛛类、瓢虫类、小花蝽、草蛉、六点蓟马等，控制棉蚜和棉铃虫的效果好。

合理使用农药，控制蕾期害虫危害。现蕾后棉蚜防治药剂应选用增效机油、吡虫啉等药剂，保护天敌。红蜘蛛蕾铃期有螨株率在 20%以上，选用专用杀螨剂，如生物农药浏阳霉素，化学农药哒螨灵、速螨酮等。二代盲椿象集中危害早发棉田，当百株虫量达到 10 头时，选用有机磷类农药防治，切不可普治。一代棉铃虫原则上弃治，但对村庄附近 200m 以内的早发棉田，当百株卵量超过 100 粒时，选用拟除虫菊酯类农药防治。二代棉铃虫成虫始盛期，全面推广诱蛾灵和杨树枝把诱杀，三代棉铃虫成虫始盛期用诱蛾灵和杨树枝把诱杀，或用频振式杀虫灯、高压汞灯诱杀。对早发棉田和间作套作棉田，二、三代棉铃虫的百株卵量达 10 粒即应施药防治，以减少四、五代发生基数。一、二代和三代前期应选用生物农药 NPV 防治，非抗虫棉可选用 Bt 防治。烟粉虱在 7 月中下旬进入发生高峰，对棉花生长危害极大，防治药剂主要有苦参碱、联苯菊酯、啶虫脒、美家农、烯啶虫胺、鱼藤酮等。注意药剂轮换使用。

3. 花铃期害虫及综合防治

花铃期至吐絮期，主要害虫有棉铃虫、红蜘蛛、烟粉虱、盲椿象、斜纹夜蛾等。进入 8 月，棉花自身补偿能力明显减弱，棉田天敌对害虫的控制能力减弱。此时棉田棉铃虫、红铃虫直接危害收获部分，烟粉虱进入发生高峰，秋雨多的年份，盲椿象发生重，斜纹夜蛾暴发，若防治失误，就会造成棉花严重减产。因此，这一时期以化学防治为主，防治棉铃虫兼治其他害虫。全面实施诱蛾灭蛾，减轻虫口密度。棉铃虫百株卵量为 30 粒或百株虫量为 3 头，二代红铃虫单株 30d 以上青铃 4 个、百株卵量在 80～120 粒，以及三代红铃虫单株 30d 以上青铃 4 个、百株卵量在 300 粒以上时需要防治，并兼治盲椿象、斜纹夜蛾等。农药有茚虫威、硫双威、多杀菌素、甲维盐、乙酰甲胺磷、三氟氯氰菊酯、丙溴磷及复配制剂等。

（二）棉花主要病害及其防治技术

1. 苗病的种类、危害及综合防治技术

（1）苗病的种类和分布。棉花苗期病害种类繁多，国内已发现的有20多种。苗病的危害方式可分为根病与叶病两种类型。其中，由立枯病、炭疽病、红腐病和猝倒病等引起的根病最为普遍，是造成棉田缺苗断垄的重要原因；由轮纹斑病、褐斑病和角斑病等引起的叶病，在某些年份也会突发流行，造成损失。一般而言，在北方棉区，苗期根病以立枯病和炭疽病为主，在多雨年份，猝倒病也比较突出，红腐病的出现率相当高，但致病力较弱；叶病主要是轮纹斑病。在南方棉区，苗期根病以炭疽病为主，其次是立枯病，红腐病较北方棉区少；叶病主要是褐斑病和轮纹斑病，近期棉苗疫病和茎枯病在局部地区也曾造成严重损失。

此外，棉花苗期由于灾害性天气的影响或某些环境条件不适宜，还会发生冻害、风沙及涝害等生理性病害。尤其是新疆棉区，为了抢墒，棉花播种较早，往往3月底即开始播种，冻害、风沙时有发生，有些年份由此造成4～5次的毁种播种。

（2）苗期病害的危害。苗期病害从三个方面影响棉花生产：一是重病棉田的毁种，造成棉花实收面积减少；二是造成缺苗断垄及生育延迟，影响棉田的合理密植及早熟高产；三是重病棉田的重种或补种，造成种子浪费和品种混杂，影响良种繁育推广。

（3）苗病综合防治措施。在机械和人工精选种子、晒种的基础上，商品种子采用种衣剂包衣，常用种衣剂有卫福、咯菌腈和适乐时等，防治苗病效果达到80%以上。一般种衣剂加有杀虫剂，可兼治苗蚜等苗期害虫。

苗病防治可采用药剂波尔多液（幼苗期用半量式波尔多液，硫酸铜、生石灰、水的比例为1：0.5：100；苗期用等量式波尔多液，其配比为1：1：100），也可用50%多菌灵可湿性粉剂500倍液、80%代森锰锌可湿性粉剂600～800倍液或3.0%多抗霉素可湿性粉剂100～200倍液等进行喷雾防治。

农户自留种子播种前需进行人工处理。一是毛子硫酸脱绒，用55～60℃的2 000倍402杀菌剂热药液浸种30min，消毒效果好；二是种子包衣，用2.5%的咯菌腈悬浮种衣剂搅拌均匀后拌种，预防苗病的效果好。

保护栽培。育苗移栽和地膜覆盖有利于培育壮苗，促进植棉健壮，增强抗病能力。中耕松土能提高地温和降低田间湿度，有利于培育壮苗，减轻病害发生。

2. 枯萎病的发生及危害

棉花枯萎病菌能在棉花整个生长期间侵染危害。在自然条件下，一般在播后一个月左右的苗期即出现枯萎病病株。受棉花的生育期、品种抗病性、病原菌致病力及环境条件的影响，棉花枯萎病呈现多种症状类型，现分述如下。

（1）幼苗期。子叶期即可发病，现蕾期出现第一次发病高峰，造成大片死苗。苗期枯萎病症状复杂多样，大致可归纳为5个类型。

①黄色网纹型。幼苗子叶或真叶叶脉褪绿变黄，叶肉仍保持绿色，因而叶片局部或全部呈黄色网状，最后叶片萎蔫脱落。

②黄化型。子叶或真叶变黄，有时叶缘呈局部枯死斑。

③紫红型。子叶或真叶组织上出现红色或紫红斑，叶脉也多呈紫红色，叶片逐渐萎蔫枯死。

④青枯型。子叶或真叶突然失水，色稍变深绿，叶片萎垂，猝倒死亡，有时全株青枯，有时半边萎蔫。

⑤皱缩型。在棉株5～7片真叶时，首先从生长点嫩叶开始，叶片皱缩、畸形，叶肉呈泡状突起，与棉蚜危害很相似，但叶背面没有蚜虫，同时其节间缩短，叶色变深，比健康植株矮小，一般不死亡，往往与黄色网纹型混合出现。

以上各种类型情况的出现，随环境改变而不同。一般在适宜发病的条件下，特别是温室接种的情况下，多数为黄色网纹型；在大田，气温较低时，多数病苗表现为紫红型或黄化型；在气温急剧变化时，如雨后迅速转晴，则较多发生青枯型；有时也会出现混合型。

（2）成株期。棉花现蕾前后是枯萎病的发病盛期，症状表现也是多种类型，常见的是矮缩型。矮缩型病株的特点是：株型矮小，主茎、果枝节间及叶柄均显著缩短弯曲；叶片深绿色，皱缩不平，较正常叶片增厚，叶缘略向下卷曲，有时中下部个别叶片局部或全部叶脉变黄呈网纹状。有的病株症状表现于棉株的半边，另半边仍保持棉株的正常状态，维管束也半边变为褐色，故有"半边枯"之称。有的病株突然失水，全株迅速凋萎，蕾铃大量脱落，整株枯死或者棉株顶端枯死，基部枝叶丛生，此症状多发生于8月底至9月初暴雨之后气温低而湿度较大的情况下，在有的地方此时枯萎病可出现第二次发病高峰。

诊断棉花枯萎病时，除了观察病株外部症状外，必要时应剖开茎秆检查维管束变色情况。感病严重的植株，从茎秆到枝条甚至叶柄，内部维管束全部变色。一般情况下，枯萎病病株茎秆内的维管束会出现褐色或黑褐色条纹。调查时剖开茎秆或掰下空枝、叶柄，检查维管束是否变色，是田间识别枯萎病的可靠方法，也是区别枯萎病、黄萎病与红（黄）叶茎枯病，排除旱害、碱害、缺肥、蚜害、药害、植株变异等原因引起的类似症状的重要依据。

3. 黄萎病的发生及危害

黄萎病菌能在棉花整个生长期间侵染。在自然条件下，一般在播种一个月以后出现黄萎病病株。受棉花品种抗病性、病原菌致病力及环境条件的影响，黄萎病呈现不同症状类型。

（1）幼苗期。在温室和人工病圃里，2～4 片真叶期的幼苗即开始发病。苗期黄萎病的症状是病叶边缘开始褪绿发软，呈失水状，叶脉间出现不规则淡黄色病斑，病斑逐渐扩大，变成褐色枯斑，维管束明显变色，严重时叶片脱落并枯死。

（2）成株期。在自然条件下，棉花现蕾以后才逐渐发病，一般在 7—8 月开花结铃期发病达到高峰。近年来，黄萎病症状呈多样化的趋势，常见的有：病株由下部叶片开始发病，逐渐向上发展，病叶边缘稍向上卷曲，叶脉间产生淡黄色不规则的斑块，叶脉附近仍保持绿色，呈掌状花斑，类似于花西瓜皮；有时，叶片叶脉间出现紫红色、失水萎蔫不规则的斑块，斑块逐渐扩大，变成褐色枯斑，甚至整个叶片枯焦、脱落，植株变成光杆；有时，在病株的茎部或落叶的叶腋里，可发出赘芽和枝叶。黄萎病病株一般并不萎缩，还能结少量棉桃，但早期发病的病株有时也变得矮小。在棉花铃期，盛夏久旱后遇大雨或暴雨漫灌时，田间有些病株常发生一种急性型黄萎症状，先是棉叶呈水烫状，继而突然萎垂，迅速脱落，植株变成光杆。

4. 枯萎病、黄萎病的综合防治

（1）选育和选用抗病品种。我国棉花品种达到抗枯萎病水平，对黄萎病大多为耐病性，个别品种如中植棉 2 号对黄萎病表现抗性。另外，还有邯 5158、冀杂 1 号、中棉所 41 和中棉所 49 等对枯萎病、黄萎病表现抗耐水平。抗病品种推广对控制病害的蔓延起到了防治作用。

（2）轮作倒茬。水旱轮作防病效果好于旱旱轮作。3～5 年的旱旱轮作效果好于 1～2 年效果。苏涛指出，轮作 1 年降低发病率 20%，2 年降低发病率 30%，3 年降低发病率 45%，4 年降低发病率 65%。水稻倒茬后棉花产量比轮作前增产 20% 的主要原因是病害发生减轻。水资源缺乏的地区采用棉花与玉米、高粱、谷子和小麦等作物轮作。

（3）健株栽培。一是增施有机肥和钾肥，黄萎病发病株率降低 15%～20%。二是育苗移栽和地膜覆盖。此为培育壮苗和健株栽培的可行方法。重病田地面覆膜病指降低 58.9%，对枯萎病的相对防治效果为 23.7%～52.7%。三是早间苗，晚定苗。间除病苗和弱苗并带出田外。四是及时中耕除草，提高地温，促进根系生长，提高植株自身抗病能力。五是清洁田园。及时拔除病株，集中焚毁，不提倡秸秆还田。拾花结束前及时对棉田及其四周进行彻底清洁，收集残茬及枯枝，减少病原数量，发病株率可降低 31.2%～50.3%。

（4）化学调控。据简桂良等研究发现，黄萎病发病初期用缩节胺叶面喷施可减轻黄萎病的叶面症状，控制该病的发生扩展。7 月上旬重病田喷施缩节胺

1～2次，病指相对减退率为44.7%～66.7%，产量增加0.9%～9.6%。董志强等试验研究发现，缩节胺系统化控区感病株率分别比对照下降76.2%和52.9%。

（5）提高棉田排水能力。田间积水和渍涝灾害往往诱导病害发生。及时排除田间积水和中耕放墒，有利于减少病害的发生和流行。

此外，施用土壤有机改良剂（包括壳质粗粉、植物残体、绿肥和有机肥等），具有直接抑制病菌、调节土壤微生物区系、诱导抗病性、改良土壤结构和促进植物生长等功能。

（6）生物防治。田间枯萎病、黄萎病药剂处理有：高剂量（有效成分1 250g/hm^2）咪鲜胺锰盐防治效果显著，乙蒜素、噁霉灵、克萎星也有防治效果；植物疫苗"99植保"、"激活蛋白"和"氨基寡糖素"分别与缩节胺混合，对黄萎病的防效分别为52.9%、52.2%和47.9%。酵素菌生物有机肥与化肥相比，能显著减少黄萎病的发生，籽棉增产3.4%～9.6%。

二、棉花植保主要防治方法

（一）化学防治

利用各类化学物质及其加工产品控制棉花病虫草害的防治方法，称为化学防治。按化学物质的用途，化学防治所用的药剂分为杀虫剂、杀螨剂、杀菌剂、除草剂等。根据药剂对病虫的作用方式，杀虫剂又可分为触杀剂、胃毒剂、熏蒸剂、内吸剂和特异性药剂（如拒食性、驱避剂、性诱剂、绝育剂）。化学防治施药方法有喷雾、喷粉、涂茎、烟雾、熏蒸、拌（浸）种、毒饵等多种形式。化学防治方法简便，见效快，特别是在有害生物严重发生时，能及时控制病虫害；但宜科学用药，以避免大量杀伤天敌，引起病虫危害的再猖獗和次要病虫上升，加速其抗药性，对植物产生药害，污染环境和造成人畜中毒。

（二）生物防治

生物防治是指利用有益生物及其代谢产物和基因产品等控制棉花病虫草害的方法。农田害虫的生物防治包括以虫治虫、以菌治虫及其他有益动物的利用。棉花病害的生物防治主要是利用有益的微生物通过生物间的竞争作用、抗菌作用、重寄生作用、交叉保护作用及诱发抗病性等，来抑制某些病原物的存活和活动。广义的生物防治还包括昆虫激素（保幼激素等）、微生物农药（BT乳油等）和抗菌物质（井冈霉素、农用链霉素等）的应用，以及提高寄主植物对病虫的抗性等方面。

（三）物理防治

物理防治是指利用简单工具或各种物理因素（如光、热、电、温度、湿度、放射能、声波等）防治病虫害的措施。它包括最原始、最简单的徒手捕杀或清除，以及近代物理最新成就的运用，可算是古老而又年轻的一类防治手段。人工捕杀和清除病株、病部及使用简单工具诱杀、设障碍防除，虽有费劳力、效率低、不易防治彻底等缺点，但在目前尚无更好的防治办法的情况下，仍不失为较好的急救措施。徒手法常归在栽培防治内。也常用人为升高或降低温、湿度，使之超出病虫害的适应范围的措施，如晒种、热水浸种或高温处理竹木及其制品等。利用昆虫趋光性灭虫自古就有。近年来，黑光灯和高压电网灭虫器应用广泛。用仿声学原理和超声波治虫等均在研究、实践之中。原子能治虫主要是用放射能直接杀灭病虫，或用放射能照射导致害虫不育等。随着现代科技的发展，现代物理学防治技术展现出很好的发展前景。

三、棉花植保机械的分类

（一）植保机械分类

由于农药剂型和病虫害多种多样，以及喷洒方式方法不同，棉花植保机械的种类很多。植保机械通常是按喷施农药的剂型和用途，配套动力，操作、携带和运载方式等进行分类。

按喷施农药的剂型和用途分类：喷雾机、喷粉机、喷烟（烟雾）机、撒粒机、拌种机、土壤消毒机等。

按配套动力分类：人力植保机具、畜力植保机具、小型动力植保机具、大型牵引式或自走式植保机具、航空喷洒装置等。

按操作、携带和运载方式分类：人力植保机具可分为手持式、手摇式、肩挂式、背负式、胸挂式、踏板式等，小型动力植保机具可分为担架式、背负式、手提式、手推车式等，大型动力植保机具可分为牵引式、悬挂式、自走式等。

按施药量分类：常量喷雾、低量喷雾、微量（超低量）喷雾。

按雾化方式分类：液力喷雾机、气力喷雾机、热力喷雾（热力雾化的烟雾）机、离心喷雾机、静电喷雾机等。

按喷头布置方式分类：喷杆式喷雾机、吊杆式喷雾机、风筒式喷雾机等。

（二）常用喷头种类与特点

棉花植保喷洒系统主要使用压力雾化喷头、离心雾化喷头。

1. 离心雾化喷头

离心雾化喷头如图 5 - 15（a）所示。其原理是电机带动喷头高速旋转，通过离心力将药液破碎成细小雾滴颗粒。雾滴粒径主要受电机电压的影响。其优点是药液雾化均匀，雾化效果好，雾滴粒径相差不大。但离心雾化喷头基本上没有什么下压力，完全凭借无人机的风场下压，和压力雾化喷头相比，其飘移量大一些，对于冠层枝叶密集的棉花植保效果差一些。而且离心雾化喷头的配件很容易出现问题，有刷电机版的电机容易损坏，寿命较短，更换频率较高，无刷电机版的成本较高。

2. 压力雾化喷头

压力雾化喷头的原理是通过药液泵产生压力，药液通过喷头时在压力作用下破碎成细小液滴。其生成的雾滴粒径主要受喷头压力及孔径的影响。其优点是药液下压力大，穿透性强，产生的药液飘移量较小，不易因温度高、干旱等蒸发散失。而且喷洒系统相对简单，成本较低。但其药液雾化不均匀，雾滴粒径相差较大，且喷头容易堵塞，尤其是喷粉剂的时候。

压力雾化喷头根据具体使用场景和功能的不同，又可细分为扇形喷头、空心锥形喷头、防飘移喷头等多种类型，如图5-15（b）、图5-15（c）、图5-15（d）所示。

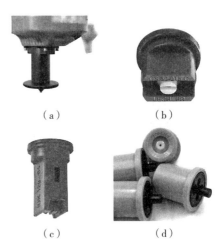

（a）　　　　　　　（b）

（c）　　　　　　　（d）

图5-15　各类植保雾化喷头
（a）离心雾化喷头　（b）标准扇形雾化喷头
（c）防飘移雾化喷头　（d）空心锥形雾化喷头

四、喷杆式喷雾机的结构组成与工作原理

（一）常规喷杆式喷雾机

1. 整机结构

因为棉花苗期、蕾期属于生长发育前期，以营养生长为主，枝叶较为稀疏，喷杆式喷雾机的液力雾化雾滴可以满足该期棉花的植保化控施药需求，同时其宽喷幅优势可以提高作业效率，所以喷杆式喷雾机是苗期、蕾期等进行植保化控的重要机型。

如图5-16和图5-17所示，整机主要由悬挂架、喷雾控制系统、药箱、升降机构、喷杆架及液压系统等组成。喷杆架包括中间喷杆架、平衡机构和两侧展臂。两侧展臂各由3段组成，运用液压缸完成每侧展臂的展开折叠运动；折叠后靠在中间喷杆架顶端两侧的支座板上，保证运输途中不会晃动。

图5-16　常规喷杆式喷雾机

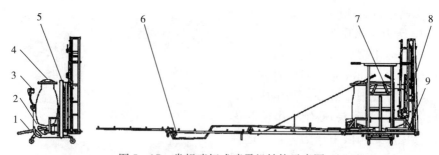

图5-17 常规喷杆式喷雾机结构示意图

1. 动力输入轴 2. 悬挂架 3. 喷雾控制系统 4. 药箱 5. 升降机构
6. 避障机构 7. 平衡机构 8. 展臂 9. 液压系统

2. 工作原理

工作时，通过拖拉机液压驱动升降油缸调节喷杆架到指定高度后，折叠油缸驱动两侧展臂喷杆展开。拖拉机的动力经万向节输入到隔膜泵，隔膜泵工作，药箱内的药液经三通开关、过滤器被吸入隔膜泵，药液经隔膜泵加压后被送至喷雾控制总成。喷雾控制总成将药液分为两部分输出：一部分药液经手动恒压调压阀及自动调压阀回流至药箱，手动恒压调压阀回流药液的同时实现药箱内药液的全工作过程的搅拌；另一部分药液经喷雾分配阀被送至喷杆，最后经喷头雾化喷出。在喷雾控制系统设定好的程序的自动控制下，实现每组喷头的开关、压力、流量可调，以保证单位面积内药液均匀喷洒，既可达到农药的减量喷施，又可满足作物对农药喷雾量的要求，有效提高了农药利用率和病虫草害防治效果，真正做到农药的减施增效。

（二）风幕式喷杆喷雾机

1. 整机结构

棉花生长中后期，冠层枝叶茂密，常规喷杆式喷雾机所产生的雾滴难以进入冠层中下部，雾滴沉积不均匀，防效不理想。风幕式喷杆喷雾机（图5-18）采用辅助气流加速雾滴，促进雾滴进入冠层内部，同时提高雾滴的防飘移能力，因此适于在棉花生长中后期进行喷雾植保作业。

如图5-19所示，风幕式高地隙喷杆喷雾机主要由驾驶室组件、高地隙静液压底盘、喷杆架组件、喷雾系统和风幕系统等组成。其中，药箱分置于机器两侧，通过提高两侧机架高度和采用大直径车轮来提升底盘离地间隙。高地隙静液压底盘主要由发动机组件、龙门式机架、行走转向系统、液压系统和电气系统等组成。

2. 工作原理

喷雾机工作时，发动机动力带动3组液压泵工作，为行走转向系统的

图5-18 风幕式喷杆喷雾机

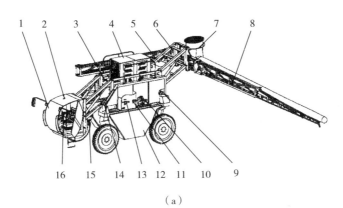

（a）

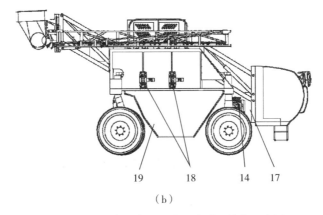

（b）

图5-19 风幕式高地隙喷杆喷雾机结构示意图

（a）整体图 （b）左视图

1.驾驶室组件 2.GPS接收端 3.龙门式机架 4.发动机组件 5.液压油箱
6.喷杆架组件 7.风幕系统 8.喷雾系统 9.后轮转向系统 10.主药泵
11.手动球阀Ⅱ 12.主药箱 13.手动球阀Ⅰ 14.前轮转向系统
15.混药箱 16.施药控制器 17.燃油油箱 18.搅拌泵 19.副药箱

轮边马达和转向油缸、喷雾系统的主药泵和搅拌泵马达、风幕系统的风机马达、驾驶室的升降油缸、喷杆架组件的升降油缸、喷杆架组件的折叠展开油缸及调平油缸等工作部件提供动力。主药泵从主药箱中抽取药液。加压后的药液一部分经喷雾压力控制阀和喷雾开关电磁阀组被输送至喷杆架上的喷头喷出；另一部分回流到主药箱起回水搅拌作用，两个搅拌泵分别从一侧药箱中抽水，加压后的水经管路被送入另一侧药箱，对两侧药箱的药液进行射流搅拌。风幕系统的风机马达驱动风机产生高速气流，经风筒由风囊下方出风孔吹出，形成一道风幕，从而隔绝或减弱自然风的影响，降低雾滴飘失，高速气流还可以胁迫雾滴定向加速飞向靶标，增加雾滴对植株冠层的穿透性。

五、吊杆式喷雾机的结构组成

（一）常规吊杆式喷雾机

1. 整机结构

常规吊杆式喷雾机如图 5-20 和图 5-21 所示。中间部分由机架、折叠支腿、展臂支架、主药箱、中立架、中间展臂和部分功能组件（水平喷头、吊喷分禾器、药液分路阀、液压控制电磁阀集成块、变量控制集成块、隔膜泵、调平马达、升降油缸、液压管路、过滤器等）组成，两侧由内向外分别是左右对称的一级展臂、二级展臂、三级展臂和部分功能组件（水平喷头、吊喷分禾器、平折油缸、立折油缸、液压管路等）。一、二级展臂在平折油缸和平折拉杆的控制下水平折叠，三级展臂在立折油缸的控制下向上回转折叠。

图 5-20　常规吊杆式喷雾机

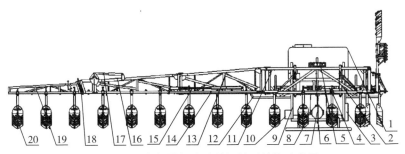

图 5-21　常规吊杆式喷雾机展开结构示意图

1. 药箱　2. 中立架　3. 控制系统　4. 调平马达　5. 药液分路阀　6. 升降油缸
7. 隔膜泵　8. 折叠支腿　9. 机架　10. 液压控制电磁阀　11. 中间展臂　12. 展臂支架
13. 一级展臂　14. 平折拉杆　15. 平折油缸　16. 二级展臂　17. 立折油缸
18. 缓冲弹簧　19. 三级展臂　20. 吊喷分禾器

2. 工作原理

拖拉机为喷雾机的液压控制电磁阀集成块提供液压动力。先通过控制升降的电磁阀调整喷雾机的升降油缸，让折叠的展臂与展臂支架分离；之后通过控制水平折叠的电磁阀调整喷雾机的平折油缸，使两侧一、二级展臂水平展开；再通过控制立折叠的电磁阀调整喷雾机的立折油缸，使三级展臂展开；最后调整升降油缸使得喷杆或吊杆喷头处于适宜的作业高度，这时便可进行喷雾作业。在此过程中可随时通过调平马达调整两侧展臂水平。根据配药浓度和作业要求在喷雾变量控制器上预设亩喷量，喷雾变量控制器会根据装于拖拉机轮胎上的速度传感器的信号获得瞬时作业速度，调节药液分路阀上的压力控制器，通过喷杆内药液的压力控制喷头喷雾量，以达到根据拖拉机的行走速度控制亩喷量的目的。拖拉机的动力通过后输出轴、万向节传动轴驱动隔膜泵，隔膜泵将药箱内的药液吸入泵内进行加压，加压后的药液通过隔膜泵出水口、输液管、分水器、喷杆过滤器、喷杆被输送至喷头，由喷头对药液进行雾化，均匀喷洒至目标作物。

（二）棉花分行冠内冠上组合风送式喷杆喷雾机

1. 整机结构

棉花分行冠内冠上组合风送式喷杆喷雾机在传统喷杆喷雾机的基础上增设了分行器和风送系统。其整体结构如图 5-22 和图 5-23 所示。喷雾机主要由喷雾机机架、喷杆、分行器、喷杆高度调节装置、喷杆折叠装置、变速箱、风机、风囊、导风筒、药箱、隔膜泵、溢流装置、药液搅拌装置、药液管路和喷头等组成。喷雾机机架通过液压悬挂装置挂接在拖拉机上。喷杆高度调节装置和喷杆折叠装置由拖拉机液压系统驱动，分别通过高度调节液压缸和折叠油缸实现喷杆的高度调节与喷杆的折叠和展开。喷雾机施药系统的隔膜泵和药液搅拌装置以及喷雾机风送系统的风机由拖拉机动力输出轴经变速箱提供动力。

图 5-22　棉花分行冠内冠上组合风送式喷杆喷雾机

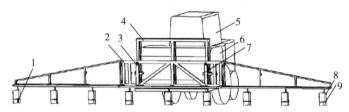

图 5-23　棉花分行冠内冠上组合风送式喷杆喷雾机结构示意图
1、9. 吊杆喷头　2. 喷杆　3. 高度调节液压缸Ⅰ　4. 喷雾机机架
5. 拖拉机　6. 药箱　7. 高度调节液压缸Ⅱ　8. 分行器

风送系统设有上、下两排导风筒。上排导风筒位于棉花冠层上方，斜向下喷射气流；下排导风筒安装在各个分行器的后部空腔内，在棉花冠层内部斜向上向后喷射气流。上、下两排导风筒内都设有喷头，喷头喷出的雾滴被导风筒气流裹挟着吹入棉花冠层内部，形成冠内冠上立体风送式雾化区，并依靠气流扰动和分行器对冠层内部枝叶的扩撑作用在棉花冠层内部均匀扩散，从而大幅度提高冠层内部和叶片背面的药液沉积量，改善施药效果。

2. 分行器设计

分行器的结构如图 5-24 所示。为提高分行和扩撑效果，使雾滴扩散拥有足够空间，分行器由前部 V 形导向机构和后部多层导向架组成。前部 V 形导向机构由一正一反两个类犁体曲面组成，两曲面结合处及后端与导向架的连接处为连接方便做了平滑调整。每层导向架都包含两根相互平行的导向杆，同层导向杆的后部自由端不连接，以防止刮伤棉株和棉桃，减小行驶阻力。喷雾机作业前进时，前部 V 形导

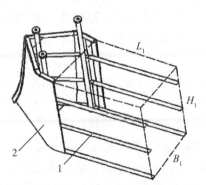

图 5-24　分行器结构示意图
1. 导向杆　2. 前部 V 形导向机构

向机构将棉花冠层内部稠密的枝叶沿着犁体曲面自下向上拨开、分行，后部导向杆则撑住已被分开的棉花枝叶，降低其合拢速度，从而在分行器后部形成一个没有枝叶遮挡的自由扩散区。雾滴在该区域内迅速扩散，并在风送气流的裹挟下穿透进入区域两侧和后部的棉花冠层，从而大幅度提高棉花冠层内部的药液沉积量和沉积分布均匀性。矮化密植棉花行距为 0.76m，棉花分行后人依然可以在行间行走。为提高分行效果，又不损伤棉花枝叶和棉桃，经田间试验，分行器导向架撑开宽度 B_1 优选为 0.28m。矮化密植棉花株高约 0.8m，离地高度 0.3m 以内基本没有枝叶、棉桃，分行器高度为 0.35m 时即可撑开棉花中下部冠层，考虑到田间作业时喷杆会上下颠簸，分行器高度 H_1 优选为 0.45m。为有效撑住已被分开的棉花枝叶，间隔 0.15m 设置 3 层导向杆，导向杆长度 L_1 为 0.3m。

六、棉花航空植保飞机的结构组成

（一）固定翼植保作业飞机

1. 整机结构

固定翼植保作业飞机（图 5-25）是大型农场常用的喷药施药装备。其大喷幅、长续航的特点，适于大面积农田的规模化施药作业，例如我国广泛采用的 Y-5B 型固定翼飞机。飞机主体结构包括机身、上翼、下翼、尾翼、起落架以及加强部件等部分，其中尾翼是固定翼飞机飞行高度和航向的主要调整机构，包含水平尾翼、垂直尾翼、方向舵、升降舵等部件。

图 5-25 固定翼植保作业飞机

2. 航空喷雾系统

航空喷雾系统主要包括药箱、药液泵、喷杆、喷头等。飞机上使用的药箱一般采用不锈钢和玻璃钢制造，具有抗酸碱和防腐蚀的作用。为便于飞行员检查药液在药箱中的容量，要安装液位指示器。药箱加药口有个网式过滤器，通过药箱底部的装药口可以迅速将药液泵入药箱内。为防止药液中的杂质堵塞喷头，泵输入管要安装精细滤网，一般 50 目的网即可适用于大部分喷雾作业，并适用于可湿性粉剂药剂。药液泵通常采用风动泵。固定翼飞机的喷杆安装在机翼的下方，喷杆的长度要短于上机翼翼展，这样可以避开翼尖区，防止翼尖涡流。喷杆多采用耐腐蚀材料制成，喷杆上安装喷头。飞机进行喷雾作业时，药箱内的药液由喷头喷出，在空中均匀分布成雾状。喷头具有耐磨损、耐腐蚀、重力小等特点。喷头形式及结构多样，可满足不同作业对象的需求。航空喷雾系统在飞机上安装的具体位置：喷头、雾化器安装在喷杆上；药液泵安装在两起落架中间、发动机螺旋桨后部；药箱安装在驾驶舱前部，发动机后部。

（二）单旋翼植保无人机

1. 整机结构

单旋翼植保无人机（图 5 - 26 和图 5 - 27）的机体结构和飞控系统是全系统的基础，是完成植保任务的根本保证。

图 5 - 26　单旋翼植保无人机

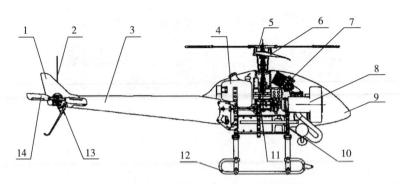

图 5 - 27　单旋翼植保无人机整机结构示意图

1. 垂尾　2. 测控天线　3. 尾管组件　4. 油箱组件　5. 主旋翼系统　6. 主旋翼
7. 蓄电池　8. 发动机组件　9. 罩壳组件　10. 飞控箱组件　11. 传动系统
12. 起落架　13. 尾旋翼系统　14. 尾旋翼

其结构特点是，无人机的机身一般采用铝合金或碳纤维等复合材料，降低了重量，提高了有效载荷。机身两侧或下部安装农药储存装置，在底部安装农药喷洒装置，通过特殊的管道来实现对农药的输送与雾状喷洒。飞机的动力装置可选择电机或油机，油机续航能力优于电机。紧连动力系统的是传动系统，一般为多传动比形式的齿轮箱，齿轮箱与桨毂相连，从而实现动力的传输。尾桨与齿轮箱的联结形式分为由主动力系统直传动和尾桨单独提供动力两类。为保证飞机起飞和着陆时的安全性，还需要将起落架与飞机机体连接。

2. 飞控系统

无人机的飞行控制系统简称飞控系统。其主要作用是与其他设备配合控制飞行器的姿态，使其达到稳定。飞行过程中通过各种传感器获得无人机的运动状态信息，飞控系统根据这些信息计算无人机需要的舵偏量，再驱动伺服机构将舵面操纵到所需位置。一般飞控系统包括 GPS 接收机、三轴陀螺、三轴加速度计、三轴磁传感器、高精度气压计等。使用惯性捷联姿态解算，结合卡尔曼数字滤波和数据融合算法，提供高精度姿态，并结合控制系统稳定飞行器状态。飞行控制的工作流程可以概括为：当无人机受到外界干扰时，姿态信息发生改变，无人机上携带的姿态敏感元件检测出姿态偏差，并将之以电信号的形式传送到计算机，经过一定的控制算法，飞控系统形成控制指令控制舵机产生控制力矩，进而改变无人机的气动特性，改变飞行姿态。飞控系统是单旋翼植保无人机的核心设备，能否正常工作决定着无人机的性能与安全，是保障施药、撒播系统稳定工作的重要基础。

（三）多旋翼植保无人机

1. 整机结构

根据农田作业要求，多旋翼植保无人机需要具备较高的负载能力，能在贴近地面的环境中持续作业。

多旋翼植保无人机主要由机架、飞控系统、无线通信系统、喷雾系统等 4 个部分构成。机架由无刷直流电机、机架臂、中心连接板、机体支持脚架和其他连接部件等组成。飞控系统主要由无刷直流电机电子调速装置以及多轴飞行控制器和 GPS 导航装置等组成。无线通信系统采用手持式的遥控 2.4G 无线通信设备。喷雾系统主要包含喷雾泵、直流电机调速装置、储药箱和喷头等。使用具有大电流、大容量的锂电池作为系统的供电电源。操作者使用手持式无线遥控设备将飞行运动和喷雾量控制信号通过无线装置发送到飞控系统和喷雾系统。飞控系统根据接收到的信号计算出每个旋翼的转速控制量，并将控制量发送给每个旋翼电机，电子调速器将电机控制在相应的转速上；喷雾系统根据喷雾量控制信号通过直流电机调速电路调节泵的转速，改变喷雾量的大小。操作者在控制飞行器灵活飞行的同时，还可以根据病虫害的严重程度调节喷雾量，实现远程操控精量喷雾作业。

2. 机械结构

多旋翼植保无人机应保证飞行的稳定性以及大载荷下机械结构的可靠性。多旋翼植保无人机的实物图和机械结构示意图分别如图 5-28 和图 5-29 所示。该多旋翼植保无人机由螺旋桨、无刷直流电机（以下简称电机）、多旋翼机架、飞控系统、无刷电机调速器（以下简称电调）、动力电池、喷雾系统等组成。系统包含多个旋翼（如图 5-29 中的 A～H），每个旋翼包含 1 个机臂、1 个电机和 1 个电调。电机与电调相连，电调布置在电机的下方，电机转动时螺旋桨可以为电调散热；电调的控制信号线与飞控系统相连，飞控系统同时与接收机和组合导航设备相连，可以在接收接收机信号的同时，采集飞行器自身的姿态信息；喷雾系统根据接收机的信号调节泵的转速，控制喷雾量；飞行器上的所有设备均由动力电池提供能量。飞行器机架的机构相对较复杂：飞行器机架的每个悬臂的一端固定电机，另一端与机架的中心板固定在一起；为了保证悬臂受力均匀，将 2 个悬臂通过横杆固连在一起；起落架安装在横杆上；横杆安装位置靠近悬臂中间，能够很好地减小悬臂对中心板的扭力，使机架机构牢固紧凑、受力均匀。喷雾系统的主体安装位置尽量靠近飞行器的物理中心，这样可以更好地保证系统的重心集中在机体中心，以简化飞行器的控制系统设计。根据作业要求将喷雾幅宽设计为 2.5m，根据喷雾的幅宽布置 3 个喷头，保证作业幅宽内喷雾的全覆盖，同时将喷雾泵的安装位置远离飞控系统，避免大功率电机对飞控系统产生电磁干扰。

图 5-28 多旋翼植保无人机

七、植保作业智能控制技术

（一）在线变量施药

随着我国农业现代化进程的不断加快，先进农业生物植保技术日益受到广泛关注。目前我国大多数农业施药机械是采取"粗放式"的农药喷施作业，并

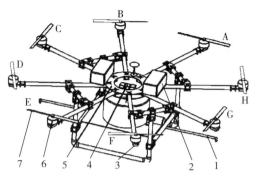

图 5-29　多旋翼植保无人机机械结构示意图

1. 喷雾系统　2. 动力电池　3. 无刷电机调速器
4. 飞控系统　5. 多旋翼机架　6. 无刷直流电机　7. 螺旋桨

非是根据目标施药区域的具体情况进行合理的施药作业，导致我国农药资源浪费、农作物农药含量超标、农业质量产量不均衡和生态系统污染等问题。在充分利用现代自动控制及机电控制等技术的基础上，构建具备可变量施药功能的施药控制系统，贯彻"按需施药、精准施药"的绿色农业发展理念，对提高农业有效利用率、解决农药残留物超标问题、改善农林产品产量质量等具有重要意义。

通过综合分析国内外变量施药控制系统的技术现状，在以系统压力、机械运行速度和施药泵性能为主要影响参数的基础上，以保证系统压力和施药泵性能为前提，以单位面积施药量为目标变量，建立施药控制系统的技术路线，并以某型喷药机（车）为平台，在中央控制器的控制下，利用传感测试技术，实时采集信息，驱动施药系统实施按需施药的变量控制策略。在线变量施药控制系统的技术路线如图 5-30 所示。施药作业前，运行变量施药控制系统，输入目标区域的单位面积施药量，变量施药控制系统在实时施药压力和施药泵综合性能稳定等初始施药条件满足要求时进行施药作业。在施药机械进入目标施药区域后，以速度传感器采集施药机械的实时运行速度，并把采集的实时速度信号传输给系统控制器，系统控制器在进行系统综合分析和相应响应运算后生成控制信号，控制流量控制阀调整系统施药速度，再通过压力传感器和流量传感器实时采集系统压力和流量信息，反馈到系统控制器，利用减压阀控制系统施药压力，再利用流量控制阀控制系统施药量，实现闭环控制，实施变量施药。

变量施药控制系统是在施药控制系统技术路线的基础上，根据数字信号采集、图像数字处理和机电系统控制等学科理论，结合农业植保机械运行环境的复杂工况和实际要求进行构建。变量施药控制系统以车载电源和施药机械柴油发动机为动力源，在 PLC 控制器控制下实现变量施药控制。其中，变量施药控制系统结构主要由电源、药箱、操作控制板、系统控制器、传感器、离合器和施药泵等组成，如图 5-31 所示。

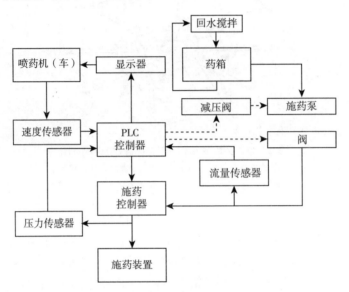

图 5-30　在线变量施药控制系统的技术路线

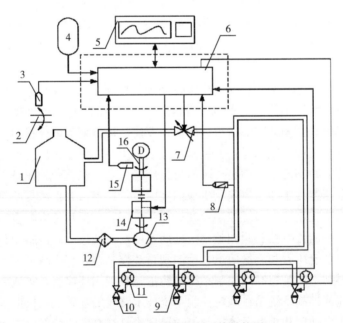

图 5-31　变量施药控制系统结构图

1. 药箱　2. 行车主轴　3、15. 速度传感器　4. 电源　5. 操作控制板　6. 系统控制器　7、9. 流量阀
8. 压力传感器　10. 喷头　11. 电磁阀　12. 过滤器　13. 施药泵　14. 离合器　16. 驱动轴

（二）自动对靶施药

传统的喷药方式是大面积喷药，不仅造成了农药的浪费，提高了农药成本，对环境造成了负担，喷药效果也不理想，大大降低了喷药作业效率和实际着药量。精确对靶施药平台可以根据施药目标的具体方位和设定的施药量阈值，进行准确与精量的施药作业。其技术难点在于施药目标具体位置信息的检测和识别。随着计算机技术的飞速发展，机器视觉被应用到各个领域。在农业方面，计算机图像处理技术已经可以识别到作物的特征信息，将其使用在自动对靶施药平台中，可以为自动对靶控制系统提供重要的作物位置信息，为准确和精量施药提供重要的信息数据。

自动对靶施药平台和传统的施药机械类似，被安装在农用拖拉机车载平台上，并通过拖拉机的牵引动力在农田自动行进；在行进的过程中，通过搭载在平台上的 PC（个人计算机）图像处理器获取环境和施药目标的图像信息，图像信号由传感器进行采集；当传感器采集到靶标作物的全局范围信息时，通过激光测距来判断喷头到农作物的距离。如自动对靶施药平台在通过 PC 图像处理器获得树木大体方位信息后，利用激光测距方法测试其距离靶标作物的距离。当距离较近时，信息反馈到主控单元，发出停车信号，然后利用计算机图像处理技术计算识别具体的果树果实和枝叶的目标信息。自动对靶施药平台主要由 3 部分构成，包括对靶图像检测与识别处理系统、自动对靶控制系统和施药执行末端。当距离施药目标较近停车后，对靶图像检测与识别处理系统可以采集到施药目标的图像，并通过坐标转换与图像处理计算得到施药目标的具体方位；信息传递至自动对靶控制系统后，施药执行末端开始施药；当施药量达到限定值后，停止施药，移动到下一目标。

（三）静电喷雾施药

1. 静电喷雾原理

静电喷雾技术是利用不同的荷电方式实现雾滴的有效荷电，荷电雾滴在风力、静电场力及重力等因素的共同作用下向靶标作物运动。根据静电感应原理，荷电雾滴与靶标作物相互靠近的过程中，作物叶片表面会感应出与荷电雾滴等量的异号电荷，荷电雾滴在电场力作用下不但可以实现在靶标作物叶片正面的沉积，而且会在"环绕吸附"作用下实现在叶片背面及植株中下层的沉积。据国内外试验数据统计，静电喷雾技术能够使药液沉积密度增加 2 倍以上，防治效果提升 1.5～2 倍，施药用量节约 50% 以上。因此，静电喷雾技术作为一种高效的植保喷雾技术，能够有效提高药液雾化水平、减少药液的飘移损失、增加药液在靶标作物上的沉积均匀性，是解决我国植保施药诸多问题的有效方法，是实现国家"十三五"规划中的全国农药用量逐年降低目标的重要手段。使雾滴均匀带电是静电喷雾的关键技术。接触式充电、电晕式充电及感应式充电是常见的充电方法，如图 5 - 32 所示。

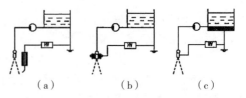

图 5 - 32　静电喷雾的三种充电方式
（a）电晕式　（b）感应式　（c）接触式

（1）电晕式充电。将高压静电加在较近的喷头电极上，电极周围的空气在电晕放电作用下发生电离，并形成带电离子区域，从而对喷出的雾滴进行充电。

（2）感应式充电。在喷雾形成的周围，利用感应电板，与药液雾滴之间形成静电场，并对药液雾滴进行充电，充电效果容易受到喷雾与电极间距离的影响。

（3）接触式充电。将高压静电直接置于液体中，电荷在液体上积累，使喷出的雾滴带电，或将高压电极连接到金属喷头上，电荷由导体直接对正在雾化的药液进行充电。

2. 静电喷雾的特点

静电喷雾广泛应用在现代生活当中，如汽车静电喷漆、静电除尘、灭火等方面，主要原因在于静电喷雾技术液滴雾化效果好，且在靶标上的沉积量、均匀性、吸附性等方面具有很好的效果。静电喷雾的特点主要有以下四个方面。

（1）雾滴粒径小且均匀。液体充电后表面张力和雾化阻力降低，能够更好地被静电场撕碎成更小的雾滴，雾滴粒径可至 $5\sim50\mu m$。当充电电压为 20kV 时，与普通的压力雾化方式产生的雾滴相比，其雾滴粒径均匀性提高 5%，粒径减少约 10%。与常规喷雾方式相比，病虫害防治效果提高 2 倍以上，所需的施药量更少，很大程度上可以省药、省水，也更有利于雾滴吸附在作物表面。

（2）雾滴在靶标上沉积均匀。在电场力的作用下，雾滴可被快速吸附到植株表面，带电雾滴在静电场力的作用下还可反向移动到靶标的背面，提高了药液在叶片背面的覆盖率，使其均匀沉积在作物上。与常规喷雾方式相比，其作物表面的药液沉积量提高了 36%，背面的药液沉积量提高了 31%，药液的沉积量、分布均匀性都有明显提升。

（3）雾滴穿透力强。静电喷雾的雾滴在电场力的吸附作用下，可快速被吸附至靶标上，与常规喷雾方式相比，其穿透力更强，药液飘移损失量能减少 20%～30%，提高了药液的有效利用率，减少了对环境的污染。

（4）工作效率高。由于带电雾滴在作物上吸附能力强，且分布均匀，相比传统施药能够增加药液在植株上的保留时间，使防治害虫效果更加明显。静电超低量喷雾较常规喷雾工作效率提高了近 20 倍。

八、植保机械作业注意事项

（一）喷幅

合理划定植保机械的作业喷幅（有效喷幅）有助于避免作业中的重喷、漏喷现象。地面喷杆式或吊杆式植保机械的喷幅易于确定，一般取喷杆总长度加两端喷头的覆盖范围为机具的作业喷幅。植保无人机的有效喷幅在很大程度上受到无人机机型、喷头类型、飞行高度和气象条件的影响，对于有效喷幅的界定，尚无统一标准。由于植保无人机有效喷幅的田间测试难度较大，当前生产上常用做法仍是以大量作业实践为基础，确定 1 个较合理的经验值范围。目前，我国植保无人机作业的主流机型为负载 10L 的电动多旋翼无人机，当其飞行高度为 1.5m 时，有效喷幅为 3～4m。

（二）喷雾高度

喷雾高度是影响植保作业药液雾滴飘失及蒸发的关键因素。理论上，喷雾高度越高，药液雾滴飘失及蒸发就越多，沉降到靶标上的雾滴量就越少。对于喷杆式喷雾机，喷雾高度通过调节喷杆的高度进行确定，一般离作物顶端 50～80cm 为宜。对于吊杆式喷雾机，喷头借助吊杆深入棉花冠层内部，与棉花枝叶距离较近，一般通过分行器为喷头与枝叶建立一定的作业距离，便于雾滴的运移扩散。对于航空植保机械，尤其是负载较大（15L 以上）的植保无人机，由于其动力较强，过低飞行反而会导致下压风场过大，作物被吹倒而匍匐于地面，影响雾滴分布均匀程度。因此，植保无人机合理的飞行高度应根据机型来确定。目前业界比较一致的看法，是将负载量为 10L 的多旋翼植保无人机的理想飞行高度，划定在距作物冠层以上 1～3m 的空间，通常以 1.5m 为最佳。油动植保无人机由于采用汽油作燃料，动力较强，续航时间较长，为达到最佳作业效率，其负载量通常在 20L 以上，且飞机自重较大，因而油动植保无人机飞行作业所产生的下压风力远强于电动植保无人机，如将飞行高度设定得较低（2m 以下），反而不利于在靶标上形成均匀的雾化效果，作业效率也难以发挥。对于油动植保无人机，应将飞行高度提高至 2～3m。

（三）气象因素

1. 风

气象因素中，风对植保机械作业效果影响最大。较大的风力会导致药液雾滴发生较大的飘移。风速超过 3m/s 时，不宜使用植保机械进行喷雾作业。在田间试验中曾发现，在风速为 2m/s、植保无人机飞行高度为 1.5m 的条件下，作业喷幅的偏移可达半个喷幅以上。

2. 气温

较高的气温会加速药液雾滴的蒸发，还会加剧地表的蒸腾作用，产生较强的上升气流，进而影响药液雾滴的沉积效果。目前常把 20～27℃ 作为植保机械作业的最佳温度区间，但在实际作业中，白天经常会遇到不适宜的温度，可采用夜间喷雾模式解决上述问题。

3. 其他气象因素

光照、雨露、相对湿度等因素也会对植保机械的作业效果造成不同程度的影响。如过强的光照会加强空气悬浮微粒的乱流，破坏植保机械雾滴沉降的均匀度；雨露对植保机械喷出的较细雾滴有利，但对较粗雾滴不利，会增加雾滴的流失。

（四）棉花植保分行器与路径规划

1. 棉花植保分行器

棉花植保分行器，如图 5-33 所示，包括前部导向总成、后部缓冲导向总成等结构。前部导向总成包括至少一层由两根导杆组成 V 形的前部导向架。各层前部导向架相互平行，均固定在后部缓冲导向总成前端。后部缓冲导向总成包括至少一层由两根导杆组成 V 形的后部缓冲导向架。各层后部缓冲导向架分别与其前方的各层前部导向架对应固定连接。后部缓冲导向架、前部导向架围成一个类菱形结构，在两导向架间有多根支撑肋条，肋条的两端以焊接方式固定于导向架上。

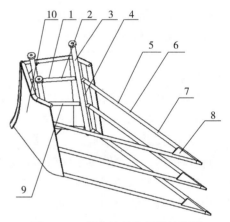

图 5-33　棉花植保分行器结构图
1. 前部导向总成　2、7. 导杆　3. 连接杆
4. 支撑肋条　5. 后部缓冲导向架　6. 后部缓冲导向总成　8. 三角板　9. 前部导向架　10. 围板

2. 路径规划

近些年来，随着我国"精准农业"和"数字农业"技术的发展，传统耕地、播种、除草、施药以及收割等作业方式发生较大改变。农业装备的机械化、自动化和信息化水平已经达到较高水平，取得了一系列可观成果，自动插秧机、自动除草机、变量施药施肥机以及自动联合收割机等农业装备已经被广泛应用。虽然现有的农业装备作业效率得到了提高，但仍需要人工驾驶操作，针对大面积作业任务时，驾驶人员的劳动强度依然很高。特别是进行施药作业时，人工驾驶易导致农药浪费、施药不均、环境污染甚至作业人员中毒等问题。

无人机是按照规划好的作业路径进行作业，可减少重复作业区和遗漏作业区的面积。由于农田环境复杂，要实现实时、无碰撞、作业区域全覆盖作业，农田路径规划是必不可少的。根据农田作业范围及作物信息规划全局路径，是智能农业装备实现导航的基础。实际作业过程中，仅仅依靠全局规划路径是无法满足作业要求的，必须结合局部路径规划才能保证智能农业装备安全运行。现有的局部路径规划主要依靠激光、超声波、视觉等传感器实时感知周围环境，并根据感知到的信息规划局部作业路径，决定前行方向或做出相应的动作，最后实现自主作业。激光传感器和超声波传感器只能测量距离信息，无法感知颜色信息，而由于农田环境复杂，特别是大型农田内的作业路径具有狭窄细长、多行并列的特点，单靠激光或超声波进行避障导航，无法满足作业要求。而视觉导航技术通过摄像头采集图像、识别路径，最终实现导航。该方法能够保证实时性要求，能够针对农田路径特点以及全局路径规划线进行实时纠偏操作。上述局部路径规划方法，结合 RTK-GPS 的全局路径规划方法，可以有效提高农业无人机器人的导航精确性，对推动无人农机的发展、实现无人农机自主作业具有重要意义。

（五）药剂适配与药量选择

农药药剂的选择，首先要考虑防治对象、施药机具和使用条件。目前我国农药剂型大多是适于喷雾的剂型，其中以乳油和可湿性粉剂为主，还有一种是悬浮剂。这 3 种剂型的主要差别如下：

①对杀虫剂来说，乳油效力显著高于悬浮剂和可湿性粉剂，同一种农药的有效成分以选用乳油为好。对叶面喷雾用的杀菌剂来说，一般以油为介质的剂型对杀菌作用的发挥并无好处，所以宜选择悬浮剂或可湿性粉剂。对叶面喷洒用的除草剂来说，由于杂草叶片表面有蜡质层，含有机溶剂的乳油、浓乳剂、悬浮剂等剂型都可以选用。

②作为乳油的替换剂型，悬浮剂的药效虽次于乳油，但显著高于可湿性粉剂，其所含的多种助剂有利于药剂颗粒黏附在生物体表面，从而提高药效。与乳油相比，浓乳剂和微乳剂不用或少用有机溶剂，使用比较安全，药效也很好，但制造成本略高，价格也略贵。

③从施药人员的安全考虑，炎热天气下喷药，以油为介质的乳油易引发人员中毒，最好选用同类的以水为介质的剂型，如可湿性粉剂、悬乳剂、可溶性粉剂、水分散粒剂等。

④国内目前存在着同一种有效成分的同一种剂型农药，却有许多含量差别的制剂的情况。选购时应选择高含量的制剂，从单位面积用药量来计算，可以相对降低使用成本。

第五节　水肥一体化灌溉设备

棉花生长离不开水，水分参与棉花一生中生理及生命活动的全过程，合理满足棉花水分需求，可以有效提高棉花产量和品质。棉花生长基本上是雨热同步，从全国来看，棉花需水高峰正值高温多雨季节，所以棉花一生中需要的灌溉水量并不是很多。但就山东来看，棉花播种后，4月底到6月初干旱少雨，降水不能满足棉花播种和前期生长要求，因此需要进行灌溉补水。传统的灌溉方法是大水漫灌、畦灌、沟灌、喷灌等，随着地球水资源的日益紧张，采用节水节能的农业灌溉技术已是全球灌溉技术发展的总趋势。在我国，节水灌溉技术应用范围不断扩大，已经由最初的温室作物灌溉发展到大田蔬菜、棉花、林果等经济作物灌溉，近几年水肥一体化灌溉技术在粮食作物等种植业领域不断发展应用。

一、棉花需水规律

（一）播种到苗期

棉花播种后，发芽出苗状况与土壤水分密切相关，播种时 0~20cm 土层的土壤含水率占田间持水量的 70%~80% 较为适宜。试验证明，土壤含水率低于田间持水量的 70% 时种子吸水困难，发芽出苗缓慢；大于 85% 时，地温降低，土壤透气性变差，种子霉烂严重。棉花出苗后土壤水分不宜过高，一般为田间持水量的 60% 即可，水分过高易旺长，造成高脚苗并且苗病增加，过低则幼苗发育迟缓。

（二）现蕾至花铃期

现蕾以后棉花植株对水分需求逐渐增加，土壤水分控制在田间持水量的 60%~70% 可满足棉花地上部分和根系的正常发育；花铃期棉花的营养生长达到高峰，蕾铃大量增加，植株对水肥的需求量最高，根系吸肥吸水能力最强，这时将 0~80cm 土层的土壤含水率控制在田间持水量的 70%~80%，可满足植株对土壤水分和养分的吸收以及光合作用生产营养物质所需，有利于增蕾增铃、保蕾保铃。

（三）吐絮后

棉花吐絮后，整个植株生长缓慢，土壤水分保持在田间持水量的 55%~70% 即可，水分过低（如低于 55%）不利于纤维和种子发育，过高则易造成烂铃和贪青晚熟。

二、灌溉方法与要求

棉花虽然耐旱性较强，但对水分也有着严格的要求，水分参与棉花全生育期的生理生长过程，适宜的水肥供应是棉花高产稳产的关键。7—8月黄河流域进入雨季，降雨较多，但其他季节雨量较少，灌溉必不可少。棉田灌溉主要有畦灌、沟灌、滴灌、喷灌等。

（一）畦灌

畦灌主要是在棉花播种前 10～30d 造墒灌溉。首先要在灌溉前平整土地，培制畦埂。非压碱棉田以畦宽 5～8m、畦长 40～60m 为宜，畦埂高度为 20～30cm，畦面灌水一般在播种前 10～15d 进行，灌水量则以水流至畦长的 80%～90% 为宜。重度盐碱地植棉需要大水压碱，因而可以大畦灌溉，畦的长宽均因地势而异，畦埂高度为 50～80cm，多在播种前 30d 左右灌水，畦面灌水深度在 30cm 以上。

（二）沟灌

沟灌主要是在棉花生长期间进行。播前造墒较好，则苗期、蕾期一般不需灌水；对于播前灌水较少或者现蕾以后棉花生长出现干旱迹象，则需要灌溉，此时以沟灌为宜。沟灌又分为逐行沟灌和隔行沟灌。在棉花行间以机械开沟，开沟可结合中耕除草培土施肥等作业。在盛蕾至花铃期，如果干旱严重，并且 10d 内无降雨，则可以采取逐行沟灌，其他需要沟灌时均可采用隔行沟灌。灌水沟一般深度在 20cm 左右，沟面宽度为 40～50cm，因此要求棉花种植行距以等行距 70cm 以上为宜，机采棉应采用等行距 76cm。灌水量以水流快速流过灌沟为宜，因而一般要求灌水沟长度不超过 100m，如果棉花种植行过长，可分段灌水。在雨季切忌一次性灌水过量，否则会造成棉花徒长。

（三）滴灌

滴灌适于棉花生长全生育期实施，节水省时，能够高效实施水肥一体化。滴灌已在西北内陆棉区普遍应用；黄河流域近年开始引进滴灌系统，实施面积较少。滴灌与地膜覆盖技术结合，地表蒸发量小，且可将可溶性肥料通过滴灌系统随水施入土壤，直接进入根系吸收区域，提高了水肥利用率。

（四）喷灌

喷灌是利用水泵等加压设备，将灌溉水加压，通过喷头将水在空中喷洒成细小水滴，从而将水均匀喷洒至田间，具有天然降雨的效果。喷灌有固定式、移动式、半固定式等形式，近几年移动式卷管喷灌机应用越来越多。由于棉田喷灌蒸发量较大，节水效能低，在棉花生产中应用不多，主要在棉花生长中前期施用，起到促进出苗、保墒润土的作用。

三、水肥一体化技术与装备

（一）水肥一体化技术与应用

水肥一体化技术就是集节水灌溉与高效施肥于一体的现代农业管理技术。狭义上来讲，就是将肥料溶于水中与水一起通过管道输送到田间每一株作物；广义上来讲，就是水和肥同时供应，以满足作物生长需要。从棉花来看，以滴水灌溉为主的水肥一体化技术在 20 世纪 90 年代就在新疆等西北地区得到了广泛应用，并取得了明显的增产增收成效。目前，无论是对粮食作物还是对经济作物，水肥一体化技术都是最节水节肥节能的有效灌溉措施。山东省自 2012 年开始推广棉花机采种植模式，2018 年开始引进棉花生产水肥一体化技术示范推广，棉花产量较常规种植增产 30%～50%。目前这一技术有效解决了新疆及黄河流域棉区棉花播种及生长前期干旱缺水的突出矛盾，推广应用前景广阔。

（二）水肥一体化系统的构成

水肥一体化系统主要是指集滴水和施肥于一体的微灌系统。水肥一体化系统一般由水源、首部枢纽、供水管网、田间灌溉系统以及自动控制系统组成，如图 5-34 所示。

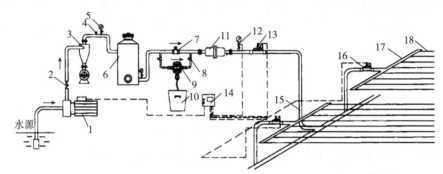

图 5-34　水肥一体化系统构成示意图

1. 动力机械　2. 止回阀及总阀　3. 沉沙过滤器　4. 排气阀　5. 压力表
6. 介质过滤器　7. 施肥控制阀　8. 施肥开关　9. 水动施肥器　10. 肥液箱
11. 叠片式过滤器　12. 压力传感器　13. 主控电磁阀　14. 控制箱
15. 供水干管　16. 灌区阀门　17. 供水支管　18. 滴灌带（灌水器）

1. 水源

棉花灌溉的水源很丰富，只要水质符合《农田灌溉水质标准》（GB 5084—2021）要求的水源都可以作为灌溉水源，包括江河湖泊、池塘、井渠等。在盐碱地注意不要使用盐碱含量高的水。对灌溉水源的要求是水质好、距离棉田近、取用方便、输送投资少。对含沙等杂质多的水源应修建沉淀池，以过滤杂质，防止输送管道堵塞。

2. 首部枢纽

首部枢纽一般包括动力机械、水泵、过滤器、施肥器、控制阀门、流量测试仪表、压力测试仪表、控制系统等。其作用是利用水泵从水源中取水，进行过滤、将水肥按要求比例混合后，将具有一定压力的水肥混合液输送到供水管网中。首部枢纽一般都具有压力与流量测试仪表，能检测水压和流量。

3. 供水管网

供水管网包括干管、支管和毛管，作用是将首部枢纽处理过的带有一定压力的水肥混合液输送到棉田的各个灌溉单元。

4. 田间灌溉系统

田间灌溉系统由灌水器和田间供水管道（毛管）组成。来自供水管网的水流经田间供水管道通过灌水器完成对田间作物的灌溉。

5. 自动控制系统

传统的水肥一体化灌溉方式是通过人工观察作物状况和天气情况，根据灌溉需要打开或关闭各种阀门控制灌溉和施肥，不仅浪费人工，也不能精准控制。随着传感器、计算机、自动控制等技术的发展，目前水肥一体化控制系统已经发展为自动控制系统。水肥一体化自动控制系统也称水肥一体化智能监控系统，可将田间检测数据自动反馈到专家决策系统，帮助生产者很方便地实现水肥一体化自动管理。水肥一体化智能监控系统由上位机软件系统、区域控制柜、分路控制器、变送器、数据采集终端组成，通过与供水系统有机结合，实现智能化控制。整个系统可根据监测的土壤水分、肥料情况以及棉花的需肥规律，控制灌溉的供水时间、施肥浓度以及供水量。传感器（土壤水分传感器、流量传感器等）可实时监测土壤水肥状况。当灌区土壤湿度达到预先设定的下限值时，电磁阀可以自动开启；当监测的土壤含水量及液位达到预设的灌水定额后，可以自动关闭电磁阀系统。可根据时间段自动调度整个灌区的电磁阀使之轮流工作，也可以手动控制灌溉和采集墒情。整个系统可协调工作，实施轮灌，充分提高灌溉用水效率，实现节水、节电，降低劳动强度，减少人力投入成本。

（三）主要部件的结构特点

1. 水泵

压力水源除利用自然水头以外，一般是由水泵供应。水泵有潜水泵、深井泵、离心泵等。应根据水源情况合理选用不同类别、流量和扬程的水泵。在有电源的地块应选择电动机为动力，没有电源时可选择柴油机等。

2. 过滤器

过滤器是对水流中的杂质进行过滤的设备。其作用是过滤灌溉水中含有的可能堵塞管路滴头的各种污物，保证系统安全运行。常见的过滤器主要有离心式过滤器、沙石过滤器、网式过滤器和叠片式过滤器四种。

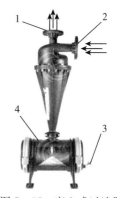

图 5 - 35　离心式过滤器
1. 出水口　2. 进水口
3. 排沙口　4. 集沙罐

（1）离心式过滤器。离心式过滤器常用于分离含固体量较多而且颗粒较大的悬浮液。如图 5 - 35 所示，离心式过滤器基于重力及离心力的工作原理，清除重于水的固体颗粒。

水由进水口切向进入离心体内，离心体旋转产生离心力，推动泥沙及其他密度较高的固体颗粒向管壁移动，形成旋流，促使沙子和石块进入集沙罐，清水则顺流进入出水口，即完成水沙分离。要进行定期排沙，排沙时间应按水质情况而定。离心式过滤器适用于棉花、蔬菜、果树等大田各类农作物的灌溉。离心式过滤器安装在井及泵站旁，最适合分离水中含有的大量沙子及石块。它一般不单独使用，而只是作为过滤系统的前段过滤。

（2）沙石过滤器。如图5-36所示，沙石过滤器是通过石子、沙子或其他粒状介质层对水进行过滤的。灌溉用水源在介质层孔隙中向下运动，杂质被隔离在介质层上部，净水通过介质及过滤元件进入出水口，即完成灌溉水的过滤。当关闭出水口、打开反冲洗口时，清水会冲击过滤介质上的杂质，从反冲洗口流出。根据用水量及过滤精度要求，可单独使用，也可多个组合或与其他过滤器串联使用。

图5-36 沙石过滤器
1. 检修清理孔 2. 沙石滤层
3. 反冲洗口 4. 进水口 5. 分水盘
6. 过滤网 7. 出水口

图5-37所示为另一种形式的沙石过滤器的过滤与反冲洗状态示意图。可以看出，通过开闭不同的阀门可以实现过滤与反冲洗。过滤状态下，水由左下部管道进入，经过上部打开的阀门进入过滤器，水经过滤由下部流出。反冲洗状态下，水由左下部管道进入，经过底部打开的开关进入过滤器，向上冲洗沙石上面的杂质，经上部出水口连同杂质一起排出。

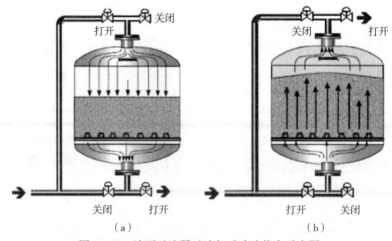

图5-37 沙石过滤器过滤与反冲洗状态示意图
（a）过滤状态 （b）反冲洗状态

（3）网式过滤器。网式过滤器如图5-38所示，主要由进水口、滤网、出水口、排污口和出厂堵帽组成。水由进水口进入过滤器筒，经滤网过滤，过滤后的净水由出水口流入输水管网。为了准确把握滤网清洗时间，许多过滤器会在进、出水口分别安装水压表，根据压差确定滤网堵塞程度。为了增加排污能力，网式过滤器常做成双头结构。网式过滤器在首部一般与离心式过滤器组合使用。

（4）叠片式过滤器。叠片式过滤器的结构与网式过滤器类似，采用由大量薄圆形碟片重叠起来的圆柱形滤芯进行过滤。其工作过程如图5-39所示，水由滤芯外缘经过滤后进入内腔，然后从一端流出，得到过滤。反向供水时进行冲洗。

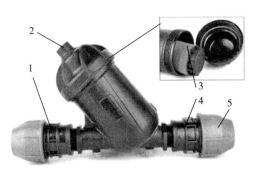

图5-38　网式过滤器

1. 进水口　2. 排污口　3. 滤网
4. 出水口　5. 出厂堵帽

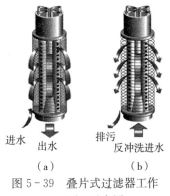

图5-39　叠片式过滤器工作
原理示意图
（a）过滤状态　（b）反冲洗状态

（5）典型的全自动自清洗过滤器。图5-40所示为全自动自清洗过滤器。当水流经过过滤器时，水中的机械杂质被滤网截留，当滤网表面积聚的杂质增加而使压差达到0.04MPa时，压差型开关即发出信号，同时控制器发出指令，电动马达启动，排污阀打开，沉积在滤网中的杂质被转动的不锈钢刷刷下，从排污口排出，整个刷洗排污过程无须人员操作，无须停机。同时，该设备还有定时清洗排污和手动清洗排污功能，可以根据不同水源和过滤精度灵活调整反冲洗压差和时间设定值。过滤器设备在反冲洗过程中，各个（组）滤网依次进行反冲洗操作。

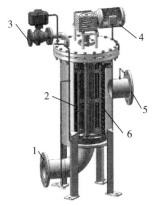

图5-40　全自动自清洗过滤器

1. 进水口　2. 滤网　3. 排污口
4. 电动马达　5. 出水口　6. 不锈钢刷

（6）过滤器的维护。过滤器经长期使用会出现管道接头和阀门滴漏、过滤介质表面污染物增多堵塞，从而压力下降，应根据过滤器的种类做好相应的维护。每次运行前要检查管路、阀门、仪表是否正常。初次使用时应打开相应阀门排出空气，采取相应的方法及时清洗。离心式过滤器底部储污室应经常清洗，防止沉淀的泥沙再次被带入系统。沙石过滤器当进、出水口达到说明书规定的压差时，应通过控制阀门开闭进行反冲洗。网式过滤器进出水方向必须根据滤芯的过滤方向单向使用，切不可反向使用。排污口作为一般性排污用，应定期卸开螺母堵头排污，要彻底排污，则应拧开滤网帽拆下滤网彻底清洗。滤芯、密封圈损坏要及时更换，否则将失去对水的过滤效果。各类管路与过滤器在冬季不用时应将水排空，以防冻坏。离心式过滤器一般不能单独使用，一般将之作为初级过滤，而将网式或者叠片式过滤器作为二级过滤，结合使用。

3. 施肥器

可溶性固体肥料或液体肥料通过施肥器溶于灌溉水，实现了水肥一体化灌溉。常见的施肥器有压差式（旁通式）、文丘里式、压入式、吸入式、重力自压式等形式。下面主要介绍常用的施肥器。

（1）压差式。压差式施肥器也称旁通罐式施肥器。如图5-41所示，适当调整输水管控制阀的开度可以造成进、出水管有一定压差，水由进水管进入罐体，溶解的肥料与水在压差的作用下一起由出水管进入输水管，实现灌溉施肥。压差式施肥器适用于大田灌溉施肥。

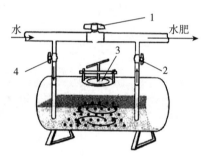

图5-41　压差式施肥器
1. 输水管控制阀　2. 出水控制阀
3. 加肥口　4. 进水控制阀

（2）文丘里式。文丘里式施肥器如图5-42所示，就是在主管道上安装一个旁通管，两管之间安装控制阀，适度关闭控制阀导致旁通管两端形成压差，由吸肥管将肥料吸入主管道，实现水肥一体化灌

图5-42　文丘里式施肥器
1. 过滤器　2. 控制阀

溉。文丘里式施肥器会造成较大的压力损失，必要时可以在旁通管上安装加压泵。文丘里式施肥器一般用于小面积灌溉。

（3）压入式。压入式施肥器是一种依靠泵的压力将肥料注入灌溉系统的施肥设备。泵分为水动泵和电力泵。这两种泵均可通过调控实现比例施肥，通常称之为比例施肥泵。

①电力泵。图5-43所示为电力泵压入式施肥器。电力泵将液肥压入灌溉

水主管道，使液肥与灌溉水混合后进行水肥一体化灌溉。

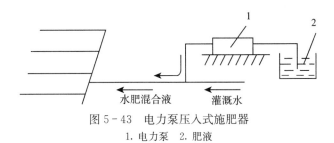

图 5 - 43　电力泵压入式施肥器
1. 电力泵　2. 肥液

②水动泵。图 5 - 44 所示为水动泵压入式施肥系统。水动泵通过进出水管道并联在主管道上，带动活塞泵运动吸入肥液，肥液与水混合后经出水口注入主管道。典型的水动泵有隔膜泵和柱塞泵两种形式。隔膜泵包含计量阀和脉冲转换器。脉冲转换器控制隔膜泵往复运动，并通过单向阀启闭吸入和排出肥液；调整计量阀可以改变流量，计量阀主要调控预设进水量与灌溉水量的比例。可采用水力驱动的计量器进行按比例加肥灌溉。在泵上安装电子微断流器，将电脉冲信号传导给灌溉控制器，从而实现自动灌溉。柱塞泵的施肥量可用流量调节器来调节，或在驱动泵的供水管道里安装水计量阀来调节。与注射器相连的脉冲传感器可将脉冲信号转换为电信号并传送给溶液注入量的控制器，控制器根据电信号调整灌溉水与注入肥液的比例。

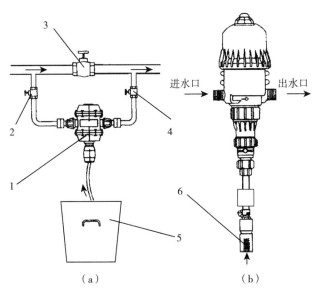

（a）　　　　　　　　　　（b）

图 5 - 44　水动泵压入式施肥系统
（a）水动注肥系统　（b）水动泵
1. 水动泵　2. 进水开关　3. 控制阀　4. 施肥开关　5. 肥液桶　6. 吸肥口

（4）吸入式。如图 5 - 45 所示，吸入式施肥器是利用水泵直接将肥料吸入灌溉系统，适于大面积灌溉施肥。为防止肥料倒流进入水源造成污染，在吸水管上一般安装逆止阀。施肥时，通过调节肥液调节阀可以控制施肥量。当肥液快用完时，应及时添加，以防止吸入空气，影响泵的运转。

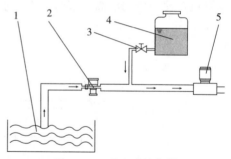

图 5 - 45　吸入式施肥器
1. 水源　2. 逆止阀　3. 肥液调节阀
4. 肥料罐　5. 水泵

（5）重力自压式。图 5 - 46 所示为重力自压式施肥器，是利用水的高度压差将肥液输入输水管道。使用时，打开主管道的输水开关，开始灌溉，然后打开混肥池的施肥开关，肥液即被主管道的水流稀释并带入灌溉系统。通过调节球阀的开关位置，可以控制施肥速度。

（6）滴灌施肥器使用注意问题。

①一定要安装过滤器。水源与肥料一定要进行过滤。这是滴灌系

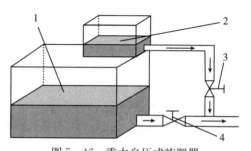

图 5 - 46　重力自压式施肥器
1. 蓄水池　2. 混肥池　3. 施肥开关　4. 输水开关

统正常运行的关键。过滤器要定期清洗，滴灌管尾端定期打开进行冲洗。

②先滴灌后施肥。在施肥之前先滴灌一段时间冲洗管道与滴头，然后打开施肥开关进行施肥。

③施肥后不可以立即关闭滴灌，应该保证能有足够的时间冲洗管道，这是防止系统堵塞的重要措施。一般在关闭施肥开关后继续滴灌 15～30min，将管道中的肥液完全排出。否则，滴头处的藻类、青苔、微生物等就会大量繁殖，堵塞住滴头。

④选用溶解性好的肥料。

⑤经常检查滴灌施肥器是否有漏水、堵管、断管、裂管等现象，发现问题需及时维护纠正。

4. 微灌管道及管件

输水管道按照管道用途可以分为输配水干管、田间支管、连接支管和灌水器毛管；按管道材质可分为塑料管、水泥管、铸铁管、钢管、混凝土管等。微灌工程的输水管道大多采用塑料管，非塑料管材质的管道主要用于大型工程的输配水。在此重点介绍塑料管和塑料管件。

（1）塑料管。从材质上分，用于微灌系统的塑料管主要有聚乙烯管（图 5 - 47）、聚氯乙烯管和聚丙乙烯管 3 种。固定式微灌管网的主管与支管大部分埋入地下一定深度。塑料管使用寿命一般达 20 年以上。聚乙烯管有高压低密度聚乙烯管和低压高密度聚乙烯管。高压低密度聚乙烯管为半软管，管壁较

图 5 - 47　聚乙烯输水管道

厚，对地形适应性强，是目前国内微灌系统使用的主要管道。低压高密度聚乙烯管为硬管，管壁较薄，对地形适应性不如高压低密度聚乙烯管。除了埋入地下的管道外，微灌系统地面管道较多，由于暴露在阳光下易老化，地面各级管道常用抗老化能力好、具有一定柔性的高密度聚乙烯管（HDPE）。尤其是毛管，主要采用聚乙烯管。毛管规格为 ϕ12mm 和 ϕ16mm，主要作为滴灌管用。连接方式有内插式、螺纹连接和螺纹锁紧式 3 种。

（2）塑料管件。微灌用的管件主要有直通、三通、旁通、堵头、胶垫等。图 5 - 48 所示为各种聚乙烯倒刺管件。倒刺管件插入后可防止脱落漏水。图 5 - 49 所示为聚乙烯锁扣管件。锁扣管件插入后旋紧锁扣，不会脱落和漏水。

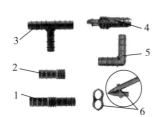

图 5 - 48　聚乙烯倒刺管件
1. 直通　2. 普通堵头　3. 三通　4. 旁通
5. 弯头　6. 八字堵头

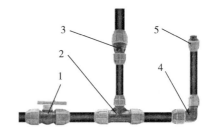

图 5 - 49　聚乙烯锁扣管件
1. 阀门　2. 三通　3. 直通　4. 弯头　5. 堵头

（3）微灌管道的维护。微灌的支管、干管等管道系统经长期使用，难免会沉积大大小小的颗粒等沉淀物，以及存在一些肥料残留，必须定期冲洗。管道系统如果水源水质较差，细小杂质较多，那么毛管要经常冲洗，定期拆掉滴灌管的末端滴头，冲洗掉末端积垢处的细小颗粒，滴头需进行泡水冲洗。冲洗过程中管道要依次打开，不要同时全开，以维持管道内的压力。每个灌溉单元要根据堵塞情况冲洗，打开灌溉单元的主管或干管末端堵头，提高水压进行冲洗。冲洗结束后，要清空水流，封堵管道。

5. 灌水器

在滴灌系统中，灌水器是将毛管中具有一定压力的水通过各种类型的水路

消能，最后将水形成滴状灌溉到作物根部的土壤中。在滴灌中灌水器一般分为滴头和滴灌管（带）两类。在棉田灌溉中多用滴灌管作为灌水器。灌水器多由塑料制成，通常流量为1～4L/h，一般不大于12L/h。

（1）滴头。滴头的形式很多。一般分为微管型滴头、孔口型滴头、涡流型滴头和压力补偿型滴头。

①微管型滴头。微管型滴头是靠水流在管壁沿程所受阻力消耗能量，调节流量的大小，如图5-50所示。

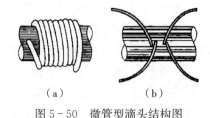

图5-50　微管型滴头结构图
（a）缠绕式　（b）散放式

②孔口型滴头。孔口型滴头靠孔口出流造成的局部水头损失来消能，调节流量大小，如图5-51所示。

③涡流型滴头。涡流型滴头靠水进入灌水器的涡流室内形成涡流来消能，调节流量大小，如图5-52所示。

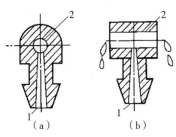

图5-51　孔口型滴头结构图
（a）横剖面　（b）纵剖面
1. 进口　2. 出口

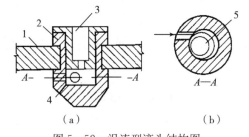

图5-52　涡流型滴头结构图
（a）垂直剖面　（b）水平剖面
1. 毛管壁　2. 滴头体　3. 出水口　4、5. 涡流室

④压力补偿型滴头。压力补偿型滴头如图5-53所示，是利用有压水流对滴头内的弹性片产生压力，通过弹性片的变化改变过水断面的面积，从而达到调节滴头流量的目的，也就是说通过弹性片的变化来调节水流，从而使出水比较稳定。

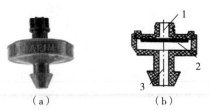

图5-53　压力补偿型滴头
（a）滴头实物　（b）工作示意图
1. 出水口　2. 弹性片（乳胶弹性膜）　3. 进水口

（2）滴灌管（带）。滴灌管（带）是指在制造过程中将滴头与毛管一次成型的灌水装置，是将预先制造好的滴头镶嵌在毛管的管壁上。可压扁成带状的称为滴灌带；管壁较厚、管内装有专用滴头的称为滴灌管。滴头按滴头镶嵌形式分为片式和管式两种。滴灌管按补偿方式分为压力补偿式滴灌管和非压力补

偿式滴灌管。压力补偿式滴灌
管又包括迷宫式滴灌管、内嵌
螺纹式滴灌管等。

①迷宫式滴灌管。图 5－54
所示为迷宫式滴灌管。当水流
经过时产生紊流，最后水从对
称布置在流道末端的两个孔
流出。

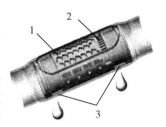

图 5－54　迷宫式滴灌管
1. 迷宫　2. 入口过滤器　3. 出水口

②内嵌螺纹式滴灌管。图 5－55 所示为内嵌螺纹式滴灌管，很少一部分水
通过螺纹消能后流出，大部分水通过滴头内腔流向下一段毛管。

③圆柱形压力补偿式滴灌管。图 5－56 所示为圆柱形压力补偿式滴灌管。
它主要由基片、盖片和弹性膜片 3 部分组成。弹性膜片内置于基片和盖片形成
的腔体内，形成压力补偿腔，起到调压稳流作用。

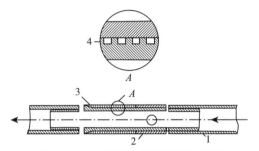

图 5－55　内嵌螺纹式滴灌管示意图
1. 毛管　2. 滴头　3. 出水口　4. 螺纹

图 5－56　圆柱形压力补偿式滴灌管
1. 基片　2. 滴管　3. 弹性膜片　4. 盖片

灌水过程中，有压水流进入滴头的压力补偿腔后，通过压力补偿区的弹性
膜片对压力和流量进行调节。当水压大时，水流速度较快，作用在弹性膜片上
的压力较大，弹性膜片通过弹性形变缩小流道进水口截面积，出水量相应减小，
反之出水量相对增大。水流流经紊流流道形成紊流，起到二次减压消能和降低
流速的作用，确保滴头出流的稳定性。当水流压力较大，弹性膜片不足以抵抗
水流压力时，弹性膜片将紧贴在流道上，此时紊流区只有少量水流出，迫使紊流
区升压，升压后弹性膜片又离开流道，紊流区恢复正常出流，从而起到对压力和流
量的补偿作用，确保出流的均匀稳定性。

④薄壁滴灌带。目前使用的薄壁滴灌带
分为两种。一种是在薄壁软管上按一定间距
打孔，灌溉水由孔口喷出从而湿润土壤。另
一种如图 5－57 所示，是在薄壁管的一侧热
合各种形状的流道，灌溉水通过流道以水滴

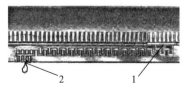

图 5－57　单翼迷宫式滴灌带
1. 进水口　2. 出水口

的形式湿润土壤,称之为单翼迷宫式滴灌带。

6. 检测与安全监控装置

要想滴灌设备安全运行,必须保证灌溉系统的工作压力和流量处于规定的范围之内,系统必须安装流量和压力的检测与安全监控装置,如阀门、压力表、流量计等。

(1)阀门。阀门主要有闸阀、蝶阀、球阀、止回阀、安全阀、减压阀等。不同阀门的作用不同,应根据实际需要选用不同的阀门。

①闸阀、球阀、蝶阀。作用是截断和接通管道中的水流。

②止回阀。可以防止水流逆流。

③安全阀。在压力过高时自动打开泄压,控制压力不超过规定值,对人身安全和设备运行起重要的保护作用。

④减压阀。通过改变节流面积,使流速及流体的动能改变,造成不同的压力损失,从而达到减压的目的。

⑤排气阀。用以排除管中集结的空气,提高管线及水泵的使用效率。管内一旦产生负压,此阀迅速吸入外界空气,以防止管线因负压而出现吸扁等损坏。

(2)压力表。压力表是测量管路内水压的仪器,能实时反映灌溉系统的工作状态。通过压力变化可以判断故障类型。如通过压力的高低可以判断管路泄露堵塞情况,通过过滤器两端的压力差可以判断过滤器的堵塞情况。

(3)流量计和水表。流量计和水表都可以测量水流流量。流量计能直接反映管道内流量的变化情况,不记录总过水量。水表可以反映通过管路的总过水量。

(四)智能水肥一体化管理系统

传统的灌溉方式是人工观测作物生长和天气情况,需要灌溉时,手动控制水泵和阀门等进行灌溉,不但工作效率低,而且劳动强度大、用工多、成本高。随着科技进步,各种自动控制设备不断普及应用。近几年,水肥一体化技术越来越成熟并得到有效应用。智能水肥一体化管理系统也称水肥一体化智能监控系统,由系统云平台、墒情数据采集终端、视频监控、施肥机、过滤系统、阀门控制器、电磁阀、田间管路等组成。整个系统可根据监测到的土壤水分、作物种类的需肥规律,设置周期性水肥计划以实施轮灌。施肥机会按照用户设定的配方、灌溉过程参数自动控制灌溉量、吸肥量、肥液浓度、酸碱度等重要参数,实现对灌溉、施肥的定时、定量控制,充分提高水肥利用率,实现节水、节肥,改善土壤环境,提高作物品质。该系统广泛应用于大田、温室、果园等种植灌溉作业。

1. 环境数据采集器

环境数据采集器由低功耗气象传感器、低功耗气象数据采集控制器和计算机气象软件3部分组成。可同时监测大气温度、大气湿度、土壤温度、土壤湿度、雨量、风速、风向、气压、辐射、光照度等诸多气象要素,具有高精度、可靠性好的特点，可实现定时气象数据采集、实时时间显示、气象数据定时存储与上报、参数设定等功能。

图 5-58 所示为土壤墒情监测站，能够实现对土壤墒情（土壤湿度）的长时间连续监测。根据监测需要，土壤水分传感器可灵活布置，如可将传感器布置在不同的深度，测量剖面土壤水分情况。系统扩展后还可根据监测需求增加对应传感器，监测土壤温度、土壤电导率、土壤 pH、地下水水位、地下水水质、空气温度、空气湿度、光照度、风速、风向、雨量等信息。土壤墒情监测系统能够全面、科学、真实地反映被监测区的土壤变化，可及时、准确地提供各监测点的土壤墒情状况，为施肥灌溉提供重要的基础信息。

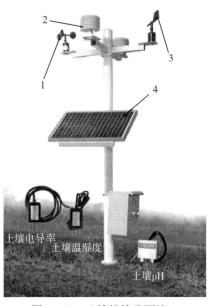

图 5-58　土壤墒情监测站
1. 风速传感器　2. 太阳能辐射传感器
3. 风向传感器　4. 太阳能板

图 5-59 所示是土壤传感器。根据土壤田间检测指标的需要，配置相应的传感器，完成温度、湿度、pH、盐碱度等的指标检测。

图 5-60 所示是一种快速检测土壤成分的传感器，可以实时精确地检测和显示土壤中的多种成分，例如土壤温湿度、土壤电导率以及土壤氮磷钾等成分。通过检测的数据来改良土壤，达到监控植物养料供给的目的，让农作物处于最佳的生存环境，从而提高产量。

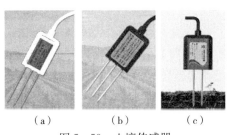

（a）　　　　（b）　　　　（c）

图 5-59　土壤传感器
（a）土壤水分传感器
（b）土壤水分温度电导率传感器
（c）土壤 pH 传感器

图 5-60　土壤成分传感器

2. 无线阀门控制器

图5-61所示为无线阀门控制器，是接收由田间工作站传来的指令并实施指令的下端。无线阀门控制器直接与管网布置的电磁阀相连接，接收到田间工作站的指令后对电磁阀的开闭进行控制，同时也能够采集田间信息，并上传信息至田间工作站。一个无线阀门控制器可控制多个电磁阀。

图5-61 无线阀门控制器

3. 系统功能

（1）用水量控制管理。实现两级用水计量。利用出口流量监测数据进行本区域内用水总量的计量，利用每个支管的压力传感采集数据实时计算各支管的轮灌水量，与阀门自动控制功能结合，实现每一个阀门控制单元的用水量统计。同时水泵引入流量控制，当超过用水总量时将通过远程控制，限制区域用水。

（2）运行状态实时监控。通过水位和视频监控能够实时监测滴灌系统水源状况，及时发布缺水预警；通过水泵电流和电压监测、出水口压力和流量监测、各级管网流量和压力监测，能够及时发现滴灌系统爆管、漏水、低压运行等不合理灌溉事件，及时通知系统维护人员，保障滴灌系统高效运行。

（3）阀门自动控制功能。通过对农田土壤墒情信息、小气候信息和作物长势信息的实时监测，采用无线或有线技术，实现阀门的遥控启闭和定时轮灌启闭。根据采集到的信息，结合当地作物的需水和灌溉轮灌情况自动开启水泵、阀门，实现无人值守、自动灌溉。

（4）PC展示平台和移动终端App。

①PC展示平台。通过物联网智能监测平台，用户可以不受时间、地点限制，对监控目标进行实时监控、管理、观看以及接收报警信息。

②移动终端。用户可以直接采用手机微信客户端控制和查看实时数据。移动终端具有手动启闭电磁阀、水泵等设备的功能。

（五）微灌系统的田间布置

微灌系统的田间布置主要包括水源、田间首部、各级管网和滴水器等，如图5-62所示。

1. 水源

水源一般为机井或者地表水。对地表水源，应建过滤池，充分过滤水中杂质后再利用。

2. 田间首部

田间首部主要包括潜水泵、电动机、过滤器、施肥器和智能化控制系统等，装有压力表、空气阀、闸阀、水表等量测、安全保护和控制设备。田间首部应建在地边地头，尽量离灌溉地块近一些。

3. 干管

经水泵加压的水通过干管分配到支管。根据田间情况，干管应埋入地下，临时灌溉也可以铺设在地表。

4. 支管

支管一般铺在地表。短地块可横向铺在地头，一端接入毛管，向一侧供水；长地块可以横向铺在地中间，接入毛管向两侧供水。

5. 毛管（灌水器）

毛管应根据灌溉的实际需要布置，一般应顺着种植行铺设，铺设的滴灌带不应有拉伸和弯曲，铺设时应注意滴管方向，迷宫流道凸面向上，并按农艺要求的位置铺设在膜下。根据需要可以一行棉花铺设一条毛管，也可以两行棉花铺设一条毛管。一行一管时滴灌带铺设在棉株一侧，离棉花植株 5～8cm 为宜。两行一管时应隔行铺设，铺设在两行棉花的中间位置，同时灌溉两行棉花。

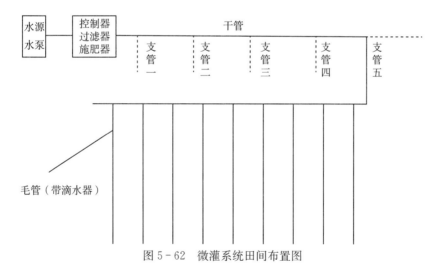

图 5-62 微灌系统田间布置图

（六）水肥一体化灌溉注意事项

1. 科学选择滴灌带，控制灌溉量

滴灌带的种类很多，应选择出流量小、均匀、稳定，对压力变化的敏感性小，抗堵塞性能好的滴灌带，滴头间距一般以 30～40cm 为宜。棉花种植一般均为平原地区，可选择非压力补偿滴灌带，应确保每一个滴头出水均匀，施肥灌溉均匀一致。目前 76cm 等行距种植一般 $1hm^2$ 使用滴灌带 13 200m，可根据种植面积以此标准计算应购买的滴灌带数量。滴灌时应根据地块需水量、滴灌单位时间流量，计算灌溉时间，防止过度灌溉和灌溉不足。通过压力表检测滴灌系统首部、中部及滴灌毛管尾部的压力情况，对比压力和流量情况，可以判断滴灌系统的问题。

2. 合理选择肥料和控制施肥量

应选择可溶性好的肥料，且溶于水后无沉淀。肥料应具备水溶性好、方便使用、作物吸收快、肥效好、用量少、养分配比符合作物营养规律的特点。在肥料罐中搅拌肥料至完全溶解再开始灌溉，防止管道、滴头堵塞，通过滴灌系统施入肥料必须合理控制浓度。

3. 加强日常的维护

水肥一体化灌溉系统需要精心维护才能发挥最佳性能。日常灌溉时，应注意观察用水量与灌溉面积，防止干管、主管、支管和毛管管头漏水，发现漏水则及时维修；进行施肥灌溉后，应继续滴清水 20min 左右清洗管道和滴头；每年灌溉季节结束时，必须对系统进行全面检查和修复，对地埋管进行清水冲洗并放空存水，对过滤器应根据堵塞情况取出滤芯进行彻底清洗，检查各种仪表并对损坏的进行修复。

第六章
棉花收获机械化技术与装备

第一节　棉花机械采收农艺要求
与脱叶催熟技术

一、棉花机械采收农艺要求

（1）合理配制棉花种植行距，便于机械采收作业并有利于丰产丰收。依据主流采棉机对棉花种植为76cm等行距的要求，目前，机采种植模式棉花种植行距基本为66cm＋10cm或76cm等行距。66cm＋10cm称为小双行，临近两行可以作为一行喂入采棉滚筒，受采棉滚筒高度的限制，棉花株高一般控制在65～85cm为宜，第一果枝节位距地面18cm以上为宜。

（2）适时采收。脱叶率达到90％以上，吐絮率达到95％以上，即可进行机械采收。

（3）合理制定行走路线，以减少撞落损失。

（4）脱叶催熟剂施用必须在采收前18～25d进行，且在气温稳定在18～20℃期间的前期进行较为适宜。

（5）机械采收完毕后，要进行人工清田，以便减少损失浪费。

二、脱叶催熟技术

（一）脱叶催熟剂的种类和作用机理

机械采棉是一次性收获，采用选收方式。为减少机采棉含杂率，要求机采时脱叶和集中成熟。

1. 常用脱叶催熟剂

当前应用较多的主要有：54％噻苯隆·敌草隆悬浮剂（脱吐隆）、80％噻苯隆可湿性粉剂（瑞脱龙）、50％噻苯隆悬浮剂（逸彩）、540g/L敌草隆·噻苯隆悬浮剂（棉海）。助剂可增强药液在叶面上的渗透能力，在低温或干旱条件下，可提高药效，一般配合脱叶剂施用。

2. 作用机理

化学脱叶催熟一般是通过施用具有抗生长素性能的化合物来促进棉株体内

乙烯的发生，使叶柄基部产生离层，从而达到使棉叶自行脱落的目的。

（二）脱叶催熟剂的使用原则、使用时间和施用剂量

1. 使用原则

根据棉花长势、气候条件、种植模式等决定脱叶催熟剂的使用次数。用药原则为：密度小、早熟的棉田建议喷施一次；长势偏旺棉田、晚熟品种、密度大的棉田建议喷施两次，在第一次喷施后 5～7d 喷施第二次。

2. 使用时间

最佳喷施时间：①棉田吐絮率达到 60% 以上；②上部棉铃铃期达到 35d 以上。当地平均气温应稳定在 16℃ 以上，最低气温应在 12℃ 以上，施药后 3～7d，无大幅度降温和降雨过程。土壤含水率≤20%，且空气相对湿度≤65%。

3. 施用剂量

（1）脱吐隆。第一次使用量 13～15mL/亩＋1：4 助剂伴宝＋乙烯利 70～100mL/亩；第二次使用量 10～12mL/亩＋1：4 助剂伴宝。

（2）瑞脱龙。第一次使用量 20g/亩＋专用助剂 20mL/亩＋乙烯利 70～100mL/亩；第二次使用量 10g/亩＋专用助剂 10mL/亩。

（3）棉海。第一次使用量 13～15mL/亩＋1：4 专用助剂＋乙烯利 70～100mL/亩；第二次使用量 10～12mL/亩＋1：4 专用助剂。

（4）逸彩。第一次使用量 30～40mL/亩＋50% 敌草隆粉剂 4～5g/亩＋植物油助剂 30～40g/亩＋乙烯利 70～100mL/亩；第二次使用量 20mL/亩＋50% 敌草隆粉剂 2.4g/亩＋植物油助剂 20g/亩。

（三）使用注意事项

（1）药后 10h 内若遇大雨，应当重喷；凡喷过脱叶剂的药桶、药械应冲洗干净，以免造成对其他作物的药害。

（2）脱吐隆是一种接触性脱叶剂，施药时应对棉花植株各部位的叶片均匀喷雾，使植株各部分叶片充分着药，以达到预期的脱叶效果。

（3）注意施药前后的气温变化，用药前后 3～5d 日最低温度≥12℃。

（4）对于棉花生长茂盛且密度大的田块，可采用高剂量，也可采用二次施药，间隔时间为 7～10d，每次适当减少用药量，以利于提高棉株中下部叶片的脱叶效果。

（5）严格按推荐剂量施用。剂量过高，会带来枯叶的危险；剂量过低，可导致脱叶不充分。

（6）不建议使用超低量剂型或微喷系统等，因为渗透和覆盖效果差，还可能引起飘移。

第二节　机采棉技术与装备

一、采棉机的种类与结构特点

采棉机根据采摘原理大致分为两大类：选收式采棉机和统收式采棉机。选收式采棉机按其摘锭机构与地面的相对位置可分为水平摘锭式和垂直摘锭式，其中，水平摘锭式应用比较广泛。统收式采棉机根据采棉结构主要分为刮板毛刷式、复指杆式、刷辊式和指刷式等几种类型。

二、选收式采棉机

选收式采棉机是根据棉花的成熟程度对棉花进行选择性采收。这种机型布局紧凑合理、适应性强、可靠性高，采摘率通常可达95％以上，且落地棉少，籽棉品级较高，但机型具有结构复杂、制造困难、价格昂贵和保养困难的缺点。

（一）水平摘锭式采棉机

采棉机的采摘部分主要由采棉滚筒、采摘室、脱棉器、润湿器、集棉室、扶禾器及传动系等构成，如图6-1所示。每组采棉单体有两个滚筒，前后相对排列；摘锭成组安装在摘锭座管上，摘锭座管总成在滚筒圆周上均匀配置，每个摘锭座管上端装有带滚轮的曲拐。采棉滚筒做旋转运动时，每个摘锭座管总成相对滚筒回转中心"公转"，同时每组摘锭又"自转"。工作时，由于摘锭

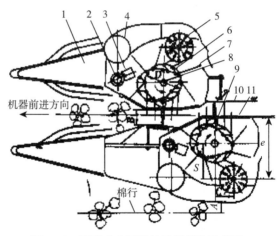

图6-1　滚筒式水平摘锭采棉部件示意图
1. 扶禾器　2. 润湿器供水管　3. 润湿器垫板　4. 气流输棉管
5. 脱棉器　6. 导向槽　7. 摘锭　8. 采棉滚筒　9. 曲柄滚轮
10. 压紧板　11. 栅板

座管上的曲柄滚轮嵌入滚筒上方的导向槽，在滚筒旋转时，曲柄滚轮按其轨道曲线运动，而摘锭座管总成完成旋转运动，摆动运动，使成组摘锭均以同棉行成直角的状态进出采摘室，并以适当的角度通过脱棉器和润湿器。在采摘室内，摘锭上下、左右间距一般均为38mm，呈正方形排列，包围着棉铃。脱棉器的工作面带有凸起的橡胶圆盘，与摘锭反向高速旋转。润湿器是长方形工程塑料软垫板，可滴水润湿摘锭。采棉机的采棉单体在驾驶室前方，集棉箱及发

动机在后部。采棉机采用后轮导向，大部分为自走型。

工作过程：采棉机沿着棉行方向前进时，扶禾器将棉株聚拢，送入采摘室内，旋转的摘锭依次伸出栅板，垂直插入被挤压的棉株，摘锭钩齿抓住籽棉纤维，把籽棉从棉铃中拉出并缠绕在摘锭上；随着滚筒的转动，籽棉由采摘室进入脱棉室，高速旋转的脱棉器把籽棉反旋向脱下，由气流管道送入集棉箱，而摘锭从湿润刷下边通过，经刷洗，清除掉绿色汁叶和泥土后，重新进入工作室。

（二）垂直摘锭式采棉机

苏联于 1939 年研制出垂直摘锭式采棉机。该机型具有结构简单、制造容易和成本低的优点。1948 年开始批量生产，1965 年对原先的机型进行改进，从而得到大面积推广使用。

垂直摘锭式采棉机主要由扶禾器、垂直摘锭滚筒、输棉管、风机与集棉箱等构成。采棉机的工作原理：棉株由扶禾器引入采摘室，左右两侧滚筒从两侧挤压并相对向后旋转，使滚筒和棉株接触的周边与棉株的相对速度等于零，保持棉株直立，高速旋转的摘锭与棉铃接触，其上的钩齿钩住开裂的籽棉并将其从铃壳中拉出来缠绕在摘锭上，待摘锭被转至脱棉区时，反向旋转的脱棉器从摘锭上脱下籽棉，再利用气流将集棉室中的棉花送入集棉箱。

垂直摘锭式采棉机适合采摘棉株分散少而短、棉铃集中、棉高小于 80cm、行距为 60cm 和 90cm 的棉花。其代表机型有 XBA-1.2 型、XBH-1.2 型、XH-3.6 型和 XC-15 型。因为垂直摘锭式采棉机的摘锭比水平摘锭式采棉机的摘锭少很多，所以垂直摘锭式采棉机有效采摘面积较小，棉花的采净率相对较低，一般只有 80%～85%，落地棉在 10%～20%，通常需要多次采摘，机器效率比水平摘锭式采棉机低 20% 左右，而且自动化水平低，操作性能差，人工辅助时间较多。我国引进后试验效果亦不理想，未能大规模推广应用，在国内已经停用。

三、统收式采棉机

统收式采棉机，是一次性将吐絮的棉铃和未成熟的棉桃全部采摘下来，然后通过籽棉预清理装置进行清杂处理。该机型具有适用范围广、结构简单、采净率高和成本低等优点，能满足棉花多样化种植模式的采收；缺点是含杂率比较高。

（一）刮板毛刷式采棉机

刮板毛刷式采棉机，是利用刮板和毛刷自转产生的离心力和摩擦力将籽棉脱落并甩到绞龙中，通过输送系统将籽棉送到预清理装置中。相比于摘锭式采棉机，刮板毛刷式采棉机作业得到的籽棉基本能够保持整瓣的状态，棉花的品级较高；减少了与杂质的混合程度，便于籽棉清理；机器结构简单，质量小，价格低，便于维护。

（二）复指杆式采棉机

复指杆式采棉机，是采用双层指杆排结构对棉花进行分层采收。若棉株高、产量高、密度高，则指杆式采棉机的指杆上容易出现棉铃堆积过多而产生堵塞及杂质增加等问题。复指杆式采棉机可以解决这个问题，同时还能减少棉秆的拔秆情况。复指杆式采摘机可适应多种棉花种植模式的要求，结构简单合理，操作方便，造价低，使用寿命长，作业故障率低。

（三）刷辊式采棉机

刷辊式采棉机，可适应不同棉区的机采棉种植模式。农业农村部南京农业机械化研究所研发的刷辊式棉花采摘技术、机载棉纤抑损清杂技术、棉桃清分回收技术、气压回流除碎叶技术等具有完全自主知识产权。我国长江流域、黄河流域两大棉区以及新疆地方棉农众多、种植地块相对分散，适合推广应用中小型采棉机，刷辊式采棉机可以适应这些地区的种植方式，突破了长江流域机采棉及其统收式采棉机含杂率高的难题。该机具有作业成本低、采摘效率高、含杂率低、使用和维护成本低、结构简单、易于操作、价格低廉、适应性强、可靠性高及维护方便等优点。

（四）指刷式采棉机

指刷式采棉机由采摘系统、输棉系统和除杂系统等组成。指刷式采棉机行进过程中，吐絮棉株经采棉头前部导棉区受挤压后进入采棉头内部摘棉区，采摘辊筒上均匀布置的弹指对摘棉区内部的棉花进行梳刷抽打，使吐絮棉从棉株上脱离。脱下的籽棉与杂质混合物被抛入绞龙内，然后经过输棉系统进入除杂装置，清理后的籽棉被送入集棉箱，实现采收。

四、典型水平摘锭式采棉机

（一）结构原理

1. 约翰迪尔 9996 型自走式采棉机

约翰迪尔 9996 型自走式采棉机是美国约翰迪尔公司 2006 年推出的产品，如图 6-2 所示。该机是约翰迪尔采棉机 6 行机的第三代产品，与约翰迪尔自走式系列其他型号的采棉机相比，具有以下特点。

（1）动力匹配。发动机采用 350 马力的 PowerTech 柴油发动机，涡轮增压，排量为 8.1L，电子控制；可以提供 9.5% 的额外增加功率，确保采棉机在高产棉田中或在恶劣的田间条件下能有稳定的工作效率。

（2）整机结构。拥有强大的整体机架钢梁，整车质量分配设计优异，质量比较轻。比功率、质量分配以及双前轮（6 行机的标准配置），保证了非常好的浮动性、机动性和极好的驾驶性能。

（3）采棉头设计。约翰迪尔一字排列采棉头行距适应性强，可以选装 PRO-16、PRO-12 和 PRO-12 VRS 三种采棉头。采净率高，棉花气流输送效率高，采棉头质量小，零件通用性强。重负荷式采棉头传动齿轮箱采用液压油润滑，可旋出的湿润盘柱使驾驶员能够非常方便地清理湿润盘组。田间清理方便，维护保养方便。

图 6-2　约翰迪尔 9996 型自走式采棉机

（4）集棉箱。采用大容量 PRO-LIFT 棉箱，容积达到 39.6m³。装有籽棉存量监视器，具有液压卸棉机构，操作方便，能够快速卸棉。

（5）控制系统。具有多种电子自动控制和保护系统，使操作更方便和准确。电子采棉头地面仿形系统灵敏度高，反应迅速，可根据棉田情况在行进中调整采棉头的仿形高度和灵敏度。采棉头堵塞传感器反应快速、准确。采棉头内置二级离合器保护，运行更安全，防止采摘部件意外损坏。滚筒和脱棉盘上均配置了运行检测传感器。

（6）行进速度。双液压驱动泵，保证了强大、高效的驱动能力；三速范围的静液压无级变速箱使变速更平顺，一挡采摘速度可达 6.4km/h（两轮驱动）。

2. 约翰迪尔 CP690 型自走式打包采棉机

约翰迪尔 CP690 型自走式打包采棉机（图 6-3）在原有收获模式的基础上进行了改进，动力强劲，性能可靠，作业速度快，适用于 76/81/91/96/101cm 行距的棉花种植模式，一次采收 6 行棉花，可以将籽棉打成圆包。棉包形状为圆柱形。棉包最大直径为 2.39m，最大宽度为 2.43m，每包籽棉的质量为 2 041~2 268kg。

（1）采棉头。采用选装 PRO-16 采棉头（可以选装 PRO-12 VRS）。采净率高，棉花气流输送效率高，采棉头质量小，零件通用性强。前摘锭 16 座管，后摘锭 12 座管，每根座管的摘锭数达到 20 个，采棉效率高。

（2）行走系统。采用 RowSense 对行行走系统，使驾驶员能够集中精力观察田间采摘环境，而不是单纯地控制机器转向。同时易于操作，尤其是在黄昏和夜间的对行采摘作业，可降低疲劳强度。

（3）动力系统。发动机采用约翰迪尔 PowerTech 柴油发动机，六缸、涡轮增压系统，排量为 13.5L，功率为 418kW，油箱容积为 1 400L，另外还包括 30 马力带电子控制的动力爆发。采棉机能够在 1h 内完成 60 亩的棉花收获作业。

（4）驾驶性能。采用 Pro-Drive 自动换挡变速箱，可以完成两挡四速自由切换，配备

图 6-3　约翰迪尔 CP690 型自走式打包采棉机

防止打滑控制系统以确保前后牵引力的稳定性。驾驶员在行进间只需通过电钮操作，即可实现平稳变速。该机的多功能控制杆也同样简单易用，采用模块化设计，一触式操作即可实现棉包卸载。另外，该机采用高级 LED（发光二极管）驾驶室照明以及直管型 LED 照明设备，在能见度不甚理想的情况下，也能够实现正常作业，因此易于进行夜间操作。

（5）运行速度。田间采摘行进速度：一挡采摘速度可达 7.1km/h，提升了大面积棉花采摘的作业效率；二挡刮采速度最高可以达到 8.5km/h。道路运输速度为 0～27.4km/h。

（6）可靠性。液压油的更换间隔周期是 1 000h。通过采棉头专用工具可以实现对采棉头脱棉盘系统的调整，简单方便。设置辅助风扇，有助于提高自清洁旋转过滤网和初级空气过滤器的清洗质量。采用低温启动技术，改善了机器在寒冷气候条件下的运行可靠性。

（7）操控系统。驾驶室配备数字角柱显示器，用以显示机器各个系统的运行状态参数。机器的安装配置：标配 2630 中文界面触摸显示器和约翰迪尔 CommandCenter 触摸显示屏。

3. 约翰迪尔 7660 型棉箱式采棉机

图 6-4 所示约翰迪尔 7660 型棉箱式采棉机，是一种收获效率高、技术先进的棉箱式采棉机。该采棉机配备了横置的、额定功率为 274kW 的约翰迪尔 PowerTech Plus 柴油发动机，在高产和泥泞的田间条件下进行 6 行采摘作业时不会降低收获效率。

（1）采棉头。可以配备约翰迪尔 Pro-16 或 Pro-12 VRS 采棉头。在需要调整采棉头间距或维修保养时，安装在高强度横梁上的采棉头能够很方便地进行移动。配置 Pro-16 采棉头时，可以选装 RowTrak 对行行走装置，这样驾驶员就可以不用手转动方向盘控制转向，使驾驶员的注意力集中在提高采摘效率上，减轻驾驶员疲劳。

（2）采摘速度。配备了 ProDrive 自动换挡变速箱（AST）。一挡采摘速度

为 0～6.8km/h,与采棉头转
速保持同步;二挡刮采速度为
0～8.1km/h。

(3)风机配置。棉箱容积
为 39.2m³,配备高效输送籽
棉的双风机,从而确保在高产
棉田、不平坦的棉田、早晚露
水重的棉田中,采棉机能够保
持正常的采摘速度。双风机在
发动机舱内增加的气流,可使
机器内部更干净。

图 6-4 约翰迪尔 7660 型棉箱式采棉机

(4)操控系统。采棉机的转弯半径仅为 3.96m。由于减少了在转弯时所花
费的时间,机器能够在田间作业时保证出色的收获效率。配备的 480/80R30
的后轮胎,具有较好的防陷能力和牵引能力,能够适应多种天气和田间
条件。

4. 凯斯 Cotton Express 620 型采棉机

凯斯 Cotton Express 620
型采棉机如图 6-5 所示。发动
机采用燃油电控,高压共轨,
动力配置 298kW,6 个气缸,
排量 9L,油箱容积 757L。配
备了三级液压变速箱。一挡采
棉作业速度为 0～6.4km/h;
二挡复采作业速度为 0～
8.0km/h;三挡运输作业速度
为 0～20km/h。采棉 6 行,前
后滚筒从植株两侧同时采摘,

图 6-5 凯斯 Cotton Express 620 型采棉机

提高采摘效率。采棉头前后 2 个滚筒,12 根座管,每根座管 18 个摘锭,摘
锭直径为 12.7mm,每个摘锭的钩齿有 3 行,每行 14 个。棉花输送采用气
流吸入式,每行两个排气口和进气口。集棉箱:容积 39.6m³,集成绞龙
压实。

5. 凯斯 Cotton Express 635 型采棉机

凯斯 Cotton Express 635 型采棉机如图 6-6 所示。发动机采用的是 FPT 发
动机,动力配置 298kW,气缸数量 6,排量 9L,给采棉提供更强劲的动力。采
棉头是前后 2 个滚筒从植株两侧同时采摘,确保更好的采摘效率。采棉滚筒间的

行距有 762、812、864mm 等 3 种，可以很好地适应 76cm、（68＋8）cm、（66＋10）cm 等不同的种植模式。液压系统采用静液压无级变速系统。配备三级液压变速箱。一挡采棉作业速度为 0～6.3km/h；二挡复采作业速度为 0～7.7km/h；三挡运输作业速度为 0～24.1km/h。同时，带四轮驱动马达，可以适应各种状况的棉田。

图 6-6　凯斯 Cotton Express 635 型采棉机

（二）水平摘锭式采棉机的主要工作部件

1. 采棉头

如图 6-7 所示，水平摘锭式采棉头主要由分行器、采棉滚筒、栅条、脱棉盘和淋润器等组成。棉株经过分行器的收拢，进入采棉通道；采棉滚筒通过摘锭缠绕籽棉进行采摘；脱棉盘将缠绕在摘锭上的籽棉脱下后，在气力的作用下将籽棉输送到集棉箱。淋润器负责对采摘过程中的籽棉进行湿润，并对脱棉后的摘锭进行清洗。

水平摘锭作为采棉头的核心工作部件，通过高速旋转缠绕棉絮，实现棉花采摘。

采棉滚筒总成主要由传动齿轮系、槽形凸轮、曲拐、拨叉盘、摘锭、座管和底部转盘等组

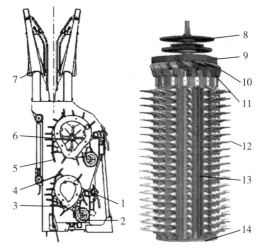

图 6-7　采棉头（左图）和采棉
滚筒（右图）结构图
1. 淋润器　2. 脱棉盘　3. 后采棉滚筒
4. 后部栅条　5. 前部栅条　6. 前采棉滚筒
7. 分行器　8. 传动齿轮系　9. 槽形凸轮　10. 曲拐
11. 拨叉盘　12. 摘锭　13. 座管　14. 底部转盘

成。通过传动齿轮系驱动采棉滚筒旋转，通过座管内锥齿轮驱动摘锭旋转，座管在曲拐与槽形凸轮的作用下产生摆动。因此，摘锭的运动由自转、绕采棉滚筒轴线的公转和沿槽形凸轮的摆动组成。

2. 摘锭

如图 6-8 所示，摘锭端部为锥齿轮，中间为圆柱，顶部为圆锥形状并有

3排钩齿。钩齿具有法向倾斜角，表面镀铬。工作时摘锭与吐絮籽棉接触，通过钩齿钩取棉絮，快速卷绕，将棉絮采净，再通过反向旋转的脱棉盘将摘锭卷绕的棉絮脱下。摘锭的卷绕力需要大于籽棉脱离棉铃壳所需的力，而小于棉絮断裂的力。

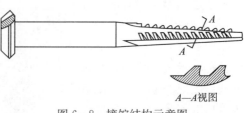

图6-8　摘锭结构示意图

3. 脱棉盘

为了保证能将籽棉从摘锭上脱下，脱棉盘水平转动方向与摘锭轴向转动方向相反，脱棉盘线速度必须大于摘锭的线速度。

五、水平摘锭式采棉机使用注意事项

采棉机的技术工艺比较复杂，在应用过程中要注意规范化操作。下面主要介绍采棉头的水平调整、采棉头前倾角度的调整、扶禾器的调整及仿形控制系统的调整等技术操作要点，并且举例说明采棉机使用过程中的常见问题及排解措施。

（一）规范化技术操作

1. 采棉头的水平调整

将采棉机停放在坚硬、水平的地方，比如混凝土地面上。将采棉头放置到稍高于地面的位置，将左右采棉头高度设为一致，结合液压锁定。发动机熄火并取下钥匙，在每个采棉头上部用水平仪检查采棉头的水平，采棉头顶部应当水平，从而使得采棉头上的喂入口和地面保持垂直，这将使得采摘时棉花能达到较好的喂入状况。如果需要调整，用采棉头连接板上的螺栓纠正采棉头的水平。

2. 采棉头前倾角度的调整

在正常的采收情况下，采棉头应当前倾50mm，这将使得前采棉滚筒引起的杂物在到达采棉头出口处时从采棉头底部"溜走"；同时，前采棉滚筒比后采棉滚筒低一点，将会使摘锭能够全面接触棉株，以提高采净率。

3. 扶禾器的调整

正常的采摘情况下，滑靴应当比扶禾器底部低约50mm，这通过松开定位螺栓来进行调整，可以根据不同的地面情况进行改变。调整时应当使得扶禾器尖部轻轻掠过地表而植株导向杆不会将杂物带进采棉头，当滑靴在地面上时，植株导向杆的末端应当与从下向上数第三排的摘锭平齐，这将把底部倒伏的棉株运送到采摘区域，同时，也使得收集的杂物能在进入采棉头前掉落。扶禾器底部应当比采棉头的底部低 50mm，这个可以通过改变挂接链条的长短来调整。这项调整使得扶禾器可以自由下落以启动仿形阀。最后，调整弹簧以平衡扶禾器的重量，太松会引起频繁的跳动，太紧则会增加滑靴上承受的重量，使得扶禾器插入地面，并且使得滑靴过早磨损。这项调整可以通过改变链条连接板上的弹簧固定孔来完成。

4. 仿形控制系统的调整

将采棉机开进棉田约 15m，使得采棉机完全处于棉行中，停下采棉机，将仿形设置到"ON（开）"的位置，油门全开，结合驻车，检查采棉头到地面的位置。

5. 调整压茎板

压茎板调整是采棉头调整中保证高采净率和采摘棉花品质最重要的一项调整。如果压茎板的压力太小，棉株在采摘区域将不能被很好地压缩，导致采净率下降，不过压茎压力小对植株和青铃的损伤小；如果压茎板弹簧压力太大，植株在采摘区域能被很好地压缩，使得采净率提高，但是植株和青铃的损伤大。

初始调整压茎板的压力，用脚蹬压茎板直到感觉力量合适为好，然后根据实地采摘时的情况，在保证最大采净率和合适的植株损坏的条件下，适当进行调整。除了压茎板压力的调整外，压茎板上部和下部分别有一个螺栓可以对压茎板与摘锭尖部的间隙进行调整。小一些的间隙会使得摘锭能贯穿植株从而获得较高的采净率，较大的间隙则能避免青铃的损伤。在初始调整时，将压茎板与摘锭尖部的间隙调整到 6～13mm。大多数情况下，根据不同的棉田状况只需进行压茎板压力的调整。

6. 湿润系统调整

湿润系统是保证采棉头高性能的关键。棉枝汁液和棉绒缠绕在摘锭上会引起脱棉盘和湿润刷过早磨损，通过调整脱棉盘过紧来清洁摘锭会导致摘锭衬套和倒刺的过载、过量的脱棉盘凸块变形磨损以及摘锭镀铬层的早期磨损，摘锭不清洁则会增加停车时间并提高保养费用。采棉滚筒转一圈，摘锭必须在很短的时间内被湿润刷洗净，增加清洗液的浓度会提高清洗的效率，增加水量只会使得采棉头内部积水而产生堵塞。

7. 湿润刷柱的调整

湿润刷与摘锭的接触调整不当，同样会影响清洗的效果。通过湿润刷柱上部与下部的支架调整使湿润刷柱与摘锭座管平行，调整湿润刷柱使得湿润刷的边缘与摘锭的根部（摘锭的锥套处）接触。摘锭的根部是摘锭上汁液和棉绒积聚开始的位置，如果不能保持清洁，杂物会积聚，导致脱棉盘边缘的早期磨损。

8. 脱棉盘的调整

将摘锭座管放置在正常采收时刚要离开脱棉盘的位置，检查摘锭位置，每个摘锭都应该在一个脱棉盘凸台下部。上下调整脱棉盘使得凸台与摘锭的间隙为0.1mm，可以拿一张纸币检查。由于摘锭和摘锭座管在制造上的公差以及平均规律，可随机抽取若干摘锭进行检查。

脱棉盘的作用是移除摘锭上的棉绒。干净的摘锭是保证良好脱棉效果的前提。通过调整脱棉盘来解决湿润刷的故障，只能造成脱棉盘过早的磨损。棉绒和汁液的混合积聚物很难从摘锭上去除，但如果不去除，当摘锭通过脱棉盘时会增加脱棉盘凸台的变形和损坏。

（二）主要问题的解决措施

采棉机在田间工作时，最常见的故障主要是采棉指被缠绕不能正常运行、采棉头堵塞和卸棉输送系统堵塞。

1. 采棉指缠绕故障解决措施

采棉指被缠绕主要是湿润系统不能正常运行引起的。当采棉指被缠绕时，监控指示灯和报警指示灯会闪亮，正常灯熄灭。可以按照以下步骤操作解决采棉指缠绕故障。

①将变速箱放在空挡的位置，踩下驻车制动器，停止采棉头和风机的运动。

②用摇把用力松开采棉头的螺母，再用扳手打开压力板。

③用刀刮除采棉摘锭上的缠绕杂物，直到完全清除干净。

④摘锭上的缠绕物多，一般都是专用清洗液用量过少导致的，应检查专用清洗液使用量。

⑤调节湿润刷柱的高度和位置，检查湿润刷柱上的水刷盘，并清除上面的杂物。

2. 采棉头堵塞故障解决措施

采棉头发生堵塞后，滚筒离合器通常会发出打滑声，或者显示屏上提示相关信息。为了避免损坏采棉头，在没有检查和升起采棉头前，不得通过倒转采棉头的方式清除堵塞。可以按照以下步骤操作解决采棉头堵塞故障。

①将多功能手柄置于空挡位置，停下机器。

②升起采棉头，关闭风机和采棉头开关。

③检查确认后面没有棉模和障碍物，然后驾驶机器往后倒车大约2m。

④关闭发动机，并且拔下钥匙。

⑤降下采棉头提升油缸的安全限位器。

⑥检查采棉头并清除堵塞物。如有必要，释放压力板上的张力。重新安装并调整在清理堵塞过程中拆下的零件。

⑦重新启动发动机，打开风机和采棉头开关。在驻车制动器处于结合状态的情况下，缓慢操作采棉头，确认已经清除了堵塞。如果清除了堵塞物后离合

器仍然打滑，则检查是否还有堵塞物，摘锭座管是否弯曲或者脱棉盘是否没有对正。

3. 卸棉输送系统的堵塞解决措施

计量辊、击棉辊或输送皮带转速太低，或者液压马达停转，可能会导致卸棉输送系统堵塞。如果出现这种情况，显示屏上一般会显示转速过低报警信息。可以按照以下步骤操作清除卸棉输送系统的堵塞。

①机器停止，进入分离自动模式。

②分离风机和采棉头开关。

③结合驻车制动器，检查机器有无堵塞。拆下防护罩，通过检查窗检查输送皮带顶部是否有棉花。

④通过显示屏上的检修模式图标，使机器进入喂入器清理检修模式。发动机必须高速运转。

⑤往外拉计量辊换向阀，同时按线控上的按钮操作计量辊。使计量辊倒转15s，然后松开线控按钮和阀。

⑥按线控上的按钮，使卸棉输送系统运作。观察计量辊、击棉辊和输送皮带是否旋转。如果部件工作正常，并且棉花正常喂入到圆棉模成模机中，继续按住按钮，直到集棉箱清空。

⑦如果系统仍然堵塞，则重复第⑤步和第⑥步。

⑧如果计量辊倒转不能清除堵塞，则需要将机器置于运输装置上，然后人工清除喂入系统堵塞的棉花。人工清除采棉头的堵塞物前，必须先关闭发动机并且拔下钥匙。

4. 日常检查油位

作业前要按时检查油位，这是日常维护最重要的工作。应做到及时加油。

①查看机油油位。从发动机上拔出用于检查机油位的标尺，上面有两个刻线，只要不超过上刻线就好，标准油位应该是在两个刻线中间。

②查看柴油油位。柴油油位，以驾驶舱油表指针不低过红线为准。

③查看液压油油位。在液压油箱上有个油标，油位保持在油标的 $\frac{2}{3}$ 处就可以了。

④查看冷却液液位。冷却液液位，应该保持在冷却液水箱的 $\frac{2}{3}$ 处。

第七章

棉花秸秆处理机械化技术与装备

第一节 棉花秸秆的应用现状

一、棉花秸秆的资源量

2019 年，我国棉花总产量为 588.9 万 t，若按皮棉的草谷比平均值 5 计算，则全国棉秆总产量达到 2 944.5 万 t。棉秆是棉花生产过程中的副产物，资源丰富、产量巨大。棉秆木质化程度高、韧皮纤维丰富、容积密度和热值高，是非常好的生物质资源。将丰富的棉花秸秆资源由传统的焚烧和掩埋转化为有效利用，增加其价值，将带来巨大的经济效益和社会效益。科学处理棉花秸秆，变废为宝，可实现供电、供气，缓解农村能源紧缺现状，防止因焚烧秸秆而产生大量有害气体。

棉秆既可作为燃料、饲料和有机质还田，又可作为建筑和包装材料的工业原料。根据棉秆炭化技术试验，每吨棉秆原料可产木炭 300kg、木焦油 24kg、木蜡油 220kg，据此计算，每 100 万 t 棉秆，生产总值可以达到 10 亿元。棉秆发电燃烧后的草木灰，还可以作为高品质的钾肥还田使用。按 1t 棉秆相当于 0.4m³ 林木用于制造纸浆的量计算，若全部利用，每年可节省林木资源 1 200 万 m³。伴随着工业技术的发展与进步，棉秆在焚烧发电、造纸、生物利用以及板材制造等方面的应用越发广泛。

二、棉花秸秆的利用方式

开展秸秆资源化利用的途径，包括肥料化、饲料化、基料化、原料化和能源化等"五化"利用。通过秸秆还田实现肥料化利用是最便捷的利用方式。建立健全秸秆收储运体系，是加快饲料化、基料化、原料化和能源化利用的有效途径。

（一）棉秆的肥料化利用

棉秆还田是补充和平衡土壤养分，改良土壤的有效方法，对于提高资源利用率、节本增效、提高耕地基础地力和促进农业的可持续发展具有十分重要的作用。棉秆还田后，土壤有机质含量相对提高 0.05%～0.23%，全磷平均提高 0.03%，速效钾增加 31.2mg/kg，土壤容重下降 0.03～0.16g/cm³，土壤孔隙度提高2%~4%。连续多年棉秆还田，不仅能提高磷肥利用率和补充土壤钾素的不足，地力亦可提高0.5~1个等级。棉秆还田后，平均每亩增产幅度在10%左右。实行棉秆还田常见的有三种方式：一是棉秆粉碎直接还田；二是利用高温发酵、催腐剂快速腐熟等原理进行棉秆堆沤还田；三是棉秆养畜，过腹还田。

（二）棉秆的饲料化利用

通过青贮、氨化、微贮、压块等技术生产饲料，既解决了养畜的饲料问题，促进了农村畜牧业的发展，又实现了棉秆的间接还田，促进了生态良性发展。棉秆饲料适口性强，纤维降解率可达20%~35%。经过微贮等技术处理的棉秆与未处理的棉秆相比，蛋白质含量增加50%以上，并含有多种氨基酸，可代替40%~50%的精饲料，用于饲喂猪、牛等畜禽，效果显著。

（三）棉秆的基料化利用

食用菌栽培已逐渐成为21世纪的新型产业。充分利用作物棉秆、籽壳筛选优良菌种，提高生物转化率和食用菌产量，进行高档食用菌生产，是棉秆综合利用的有效途径。利用它作为生产基质发展食用菌，大大增加了生产食用菌的原料来源，降低了生产成本。

（四）棉秆的能源化利用

生物质是仅次于煤炭、石油、天然气的第四大能源，在世界能源总消费量中占14%。棉秆能源转化有两个主攻方向：一是棉秆发电工程；二是棉秆气化工程。建设一套棉秆气化集中供气配套装置，总投资约需120万元，每套装置产生的燃气能解决周围半径1km内的200~250户农民的日常燃料所需。

（五）棉秆的原料化利用

利用棉秆生产高、中密度纤维板制品以用于建筑装修等行业，可大量减少原木材料的使用，创造巨大的经济效益。

第二节 棉花秸秆处理机械

棉花秸秆"五化"利用的方式，均有相应的秸秆处理机械。棉花秸秆田间处理方式主要有直接粉碎还田、秸秆拔除和捡拾打捆离田。现分别介绍常见的秸秆粉碎还田机、秸秆拔除机、秸秆联合收获机。

一、秸秆粉碎还田机

（一）秸秆粉碎还田机作业机理

秸秆粉碎还田机是将处在田间直立或拔除铺放状态的秸秆直接粉碎还田的

机械。棉花秸秆粉碎还田机与玉米秸秆粉碎还田机通用，常见的机型是卧式还田机，一般由机架、悬挂升降机构、传动机构、变速箱、切碎装置、防护罩、地轮、限深滑板等组成。其主要工作部件是由刀轴、刀座、刀片等组成的切碎装置。刀座通常按螺旋线焊接在刀轴上。

秸秆粉碎还田机工作时，拖拉机输出动力经变速箱通过皮带带动刀轴高速旋转，高速旋转的刀片一边绕刀轴旋转，一边随机器前进，呈余摆线运动。机架前部的挡板首先将秸秆推压成倾斜状，切碎部件从秸秆根部进行砍切作业，秸秆被切断后失去地面的约束，由刀片拉拽秸秆喂入机器护罩内，同时刀片高速旋转使喂入口产生负压，棉花秸秆在负压辅助下被喂入机器内部，刀片以砍、切、撞、搓、撕等方式切碎秸秆。切碎的秸秆在离心力作用下沿护罩被均匀抛撒至地面。

（二）棉花秸秆粉碎还田机的结构与特点

常见的棉花秸秆粉碎还田机，甩刀轴为水平布置，称这类还田机为卧式秸秆粉碎还田机。

1. 结构特点

卧式秸秆粉碎还田机（图7-1）主要包括悬架、齿轮箱、传动系统、机架和甩刀总成等。刀轴呈水平配置，安装在刀轴上的甩刀在纵向垂直面内旋转。甩刀在轴上的排列方式主要为双螺旋线排列，刀片排列密度为0.02～0.04片/mm，刀轴额定转速约为2 000r/min。该类机具一般作业幅宽为1.5～2.2m，对应棉花种植模式为2～3行，三点悬挂于拖拉机后方作业，主要配套75马力以下动力。近年来随着农机购置补贴政策引导，大功率拖拉机的数量逐渐增多，秸秆粉碎还田机作业幅宽逐渐增大到4m，配套动力达160～180马力。

图7-1 卧式秸秆粉碎还田机
1. 悬架 2. 传动系统 3. 齿轮箱
4. 机架 5. 甩刀总成

2. 刀片形式

棉花秸秆粉碎还田机刀片按接头特点分为锤爪式刀片、Y形甩刀片、L形刀片、直刀片。

（1）锤爪式刀片。图7-2所示为

图7-2 锤爪式刀片结构示意图

142

锤爪式刀片。其材料为铸钢。由于其自身质量较大，能产生很大的锤击惯性力，可将秸秆砸碎，故其粉碎质量较好。另外，由于锤爪表面积较大，工作过程中就有很大阻力，使拖拉机负荷增大，同时，在切碎过程中能产生很大的吸力，将倒伏在地表上的秸秆拾起，破碎效果好。该刀片适合粉碎玉米、棉花等硬质秸秆，且在作业时碰到未清理干净的石块等硬物不易损坏。主要与中大型拖拉机配套应用。棉花秸秆粉碎还田机采用锤爪式刀片的较多。它的缺点是动力消耗比较大，所以在一些横畦比较密、比较高的地方不太适应。

（2）L形刀片。图7-3所示为L形刀片。对秸秆的切碎以打击切碎为主，对刀口的锋利程度要求不高。利用滑切作用，可以减少30%～40%的切割阻力。此种刀具常左右对称成对使用，形成Y形。刀片在与秸秆接触切割部位开刃，这增加了它的剪切力，打击和切割相结合，秸秆切碎效率高。体积和质量均小于锤爪式，适用于粉碎秸秆较脆的作物。其优点是较锤爪式刀片节省拖拉机的油耗，提高效率；缺点是碰到石头等坚硬物容易损坏。

（3）直刀片。图7-4所示为直刀片。其工作部位开刃。一般3、4个直刀片为一组，间隔较小，排列紧密。作业中直刀片与固定在护罩内的定刀相互作用，采用支撑切割形式。刀轴高速旋转时，有多个刀片同时参与切断。切碎效果较好，作业时转动惯量较小，适用于切碎细而软、质量轻的秸秆。在作业季节后期，秸秆具有一定的韧性，该类型的机具切碎效果更为明显，也可用于立式秸秆粉碎还田机。该类刀片体积小、质量小，运动时阻力小，消耗拖拉机动力较小，适用于有横畦的地块。缺点是割茬比较高，制造工艺较复杂。

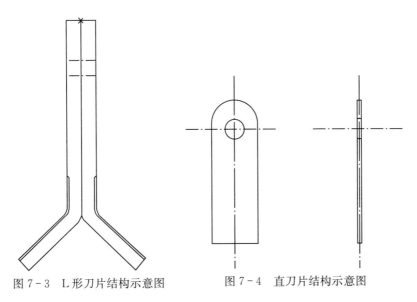

图7-3　L形刀片结构示意图　　　　图7-4　直刀片结构示意图

3. 秸秆粉碎还田机传动形式

秸秆粉碎还田机传动形式有单边传动和双边传动。双边皮带传动，皮带不容易打滑，工作平稳，但从传动件的受力分析来看是不合理的，它在工作过程中存在有害的内力，容易造成刀辊运动不平衡，进而导致刀轴的挠曲和内应力，因此现有双边皮带传动机具的中间传动轴容易损坏，其结构也比单边传动复杂。单边传动形式有齿轮传动和皮带传动两种。秸秆粉碎还田机的刀辊转速在 2 000r/min 左右，一旦粉碎部件碰到石头等硬物，齿轮很容易被打坏，因此用单边齿轮传动不如单边皮带传动合理。

（三）使用注意事项

1. 机具选择

由于棉花秸秆木质纤维含量较高，根据棉花种植规格、配备的动力机械、收获要求等条件，推荐使用悬挂式带有锤爪的秸秆粉碎还田机。

2. 作业条件

作业前 3～5d 对田块中的沟渠、垄台予以平整，田间不得有树桩、水沟、石块等障碍物，并为水井、电杆拉线等不明显障碍安装标志以便安全作业。土壤含水率应适中（以不陷车为适度），并对机组有足够的承载能力。

3. 作业要求

11月中下旬，待收花结束后利用秸秆粉碎还田机直接将棉秆粉碎撒布地表，然后耕翻入土。收花结束后秸秆的含水率较高，糖分等营养物质含量较丰富，相对较容易粉碎，此时还田还能加速秸秆腐烂，保证还田的最佳效果。作业时刀具不得入土，以尽可能减少对土壤的扰动。

4. 技术指标

及时检查粉碎后的秸秆还田效果。秸秆切碎长度应≤5cm，长度≥5cm 的秆根数量不超过秆根总数的 20%，秸秆切碎合格率≥90%，留茬高度≤5cm，抛撒不均匀率≤20%，漏切率≤0.5%。

5. 后道工序处理

中度和轻度盐碱地秸秆粉碎后直接耕翻，耕深 25～30cm，翻垡均匀，扣垡平实，不露秸秆，覆盖严密，无回垡现象，不重耕，不漏耕。重度盐碱地秸秆粉碎后旋耕 1～2 遍，再使用深松机深松 30～35cm，不扰乱地表耕层，减少返盐。

二、秸秆拔除机

棉花秸秆拔除机的种类繁多。其中拔除机构是关键，它的结构形式对拔秆效果有直接影响。根据拔除机构的结构形式可将现有棉花秸秆拔除机分为对辊式、齿盘式、齿辊式等类型。

（一）对辊式秸秆拔除机

图 7-5 所示为对辊式秸秆拔除机。作业时带轮带动传动轴转动，传动轴带动双齿轮转动，从而使螺纹锥度轴和锥度轴向外旋转，将棉秆夹紧拔出。该机可实现高速作业且不易拔断，接近于人工拔秆的作业方式。但该拔秆方式受耕整地、移栽等前序生产环节影响较大，并且对棉花行距适应性差，对农机手的操作熟练程度也有较高要求。

对辊式拔除机构如图 7-6 所示。对辊式拔除机构的主要工作部件可以是一对相向旋转的圆辊或轮胎，其轴线与水平面呈一定角度。机具工作时，对辊机构通过旋转将喂入的棉秆夹持并向上提拔带出土壤。

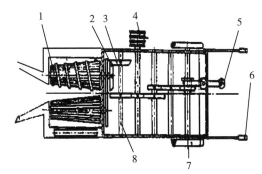 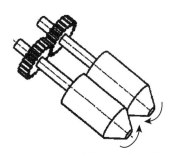

图 7-5　对辊式秸秆拔除机结构图　　　　图 7-6　对辊式拔除机构示意图

1.螺纹锥度轴　2、3.齿轮　4.带轮　5.离合器

6.手柄　7.后轮　8.传动轴

（二）齿盘式秸秆拔除机

齿盘式秸秆拔除机结构如图 7-7 所示，在市场上应用广泛，主要由拔秆齿盘、地轮、传动机构、机架等组成。

作业时，随着机组前进的地轮通过传动机构驱动拔秆齿盘以一定速度旋转，棉秆被喂入齿盘上的 V 型齿槽后，在拖拉机的前推力与齿盘的旋转拉拔力的双重作用下从土壤中被拔出。秸秆通过两齿盘间的空隙被排除到机器后边成堆或成条铺放。

如图 7-8 所示，齿盘式拔除机

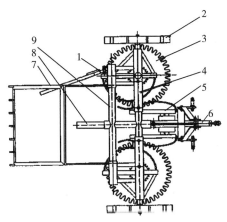

图 7-7　齿盘式秸秆拔除机结构图

1.斜杆　2.地轮　3.拔秆齿盘　4.分机架

5.分行器　6.拉杆　7.堆积板

8.悬挂架管　9.主机架

构的核心工作部件是一个圆周开有 V 型齿槽的圆盘，通常成对工作。齿盘式拔除机构结构简单，对粗棉秆拔除效果较好。但齿盘式拔除机构对棉秆的切割作用明显，不适合细小棉秆的拔除。并且棉秆拔除后放置于田间，还需二次收集，实现联合作业难度大。现有齿盘式拔除机构多为地轮传动，在高速作业时传动比不稳定，作业效果变差。同时，齿盘式拔秆方式不适用于"小双行"的种植模式。

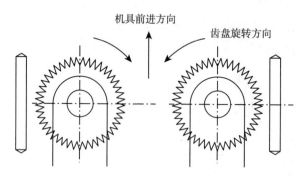

图 7-8　齿盘式拔除机构工作示意图

（三）铲切式秸秆拔除机

铲切式秸秆拔除机，主要由挖掘铲、扶秆辊、限深轮、机架等组成，如图 7-9 所示。工作时，挖掘铲入土一定深度，切断棉秆的根部，然后把棉秆铲拔出来。机具需要入土作业，动力消耗大，伴随挖掘铲上面的土的堆积量增加，会产生壅土的现象。该类型机具的优点是结构简单，生产制造方便，对棉花种植

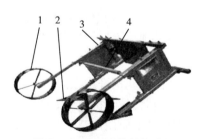

图 7-9　铲切式秸秆拔除机
1. 限深轮　2. 挖掘铲　3. 机架　4. 扶秆辊

行距无特殊要求，适用性好；缺点是动力消耗大，残留根茬多，棉秆铺放不整齐，需要二次捡拾作业。

（四）链夹式秸秆拔除机

图 7-10 所示为链夹式秸秆拔除机。棉秆进入两组对称的链框夹缝中，受到压链装置支撑的链条夹紧而被拔出。随着链条的移动，棉秆移至拨禾器处，在拨禾器的划拨作用下，经由拨禾器和挡禾板组成的通道被排到机外，完成拔禾作业。该机具与齿盘式秸秆拔除机相比，作业效果有所改善，但需对行拔取，拔断率及漏拔率高，生产制造成本较高。

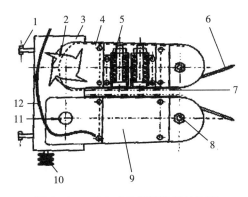

图 7-10　链夹式秸秆拔除机结构图

1. 挂接机构　2. 拨禾器　3. 变速箱　4. 链框　5. 压链装置　6. 分行器
7. 链条　8. 链轴　9. 活盖板　10. 传动轮　11. 蜗轮轴　12. 挡禾板

（五）齿辊式秸秆拔除机

齿辊式秸秆拔除机一般为自走式，齿辊式拔除机构安装在机器前端，液压马达驱动 V 型齿辊转动以拔除棉花秸秆。

如图 7-11 所示，齿辊式拔除机构的核心工作部件是一根轴向布有 V 型齿槽的辊轴。在辊轴周向，V 型齿均匀排列。机器前进时，V 型齿辊向前端 V 型齿旋转运动；自下而上，棉秆在拨禾器的辅助作用下被齿辊夹持并拔除。齿辊式拔除机构没有对行要求，广泛适用于各种棉花种植模式，且结构紧凑，易于实现联合作业。但该机构对细小棉秆的拔除效果较差，拔断率和漏拔率都较高。并且由于齿辊易缠绕地膜和棉秆皮，拔秆辊易卡死。

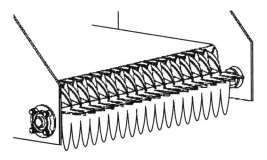

图 7-11　齿辊式拔除机构示意图

三、秸秆联合收获机

（一）横卧辊式棉秸秆起拔收获机

石河子大学王吉奎团队研发的横卧辊式棉秸秆起拔收获机，可一次作业完成棉秸秆的整株拔取和打捆联合作业。该机主要由牵引装置、拨禾链耙、传动系统、拔秆装置、输送装置、喂入装置及打捆装置等组成，如图 7-12 所示。其中，拔秆装置由上拔秆辊、下拔秆辊和压紧装置等组成。上拔秆辊设在下拔秆辊斜上侧。输送装置由螺旋绞龙和喂入刮板等组成。喂入装置由喂入星轮、喂入辊和护罩等组成。打捆采用辊式圆捆打捆装置。

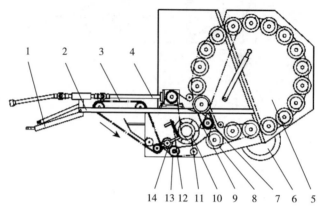

图 7-12　横卧辊式棉秸秆起拔收获机结构图

1. 牵引装置　2. 机架　3. 拔禾链耙　4. 传动系统　5. 打捆装置　6. 地轮
7. 喂入星轮　8. 喂入辊　9. 护罩　10. 螺旋绞龙　11. 喂入刮板
12. 压紧装置　13. 下拔秆辊　14. 上拔秆辊

作业时，机具通过牵引装置与拖拉机相连接，机组顺着棉花行直行前进；传动系统带动拔禾链耙转动，将地表直立的棉秆顶端拨向上拔秆辊和下拔秆辊之间，由于上、下拔秆辊相对转动，棉秆不断被拉进上、下拔秆辊之间，直至棉秆从土壤中被连根拔出；拔出的棉秆被抛送至输送装置，在喂入刮板的作用下，棉秆被运至喂入装置，喂入星轮和喂入辊做相对旋转运动，将棉秆挤压送入；随后，棉秆进入做旋转运动的打捆装置内，并逐渐旋转形成圆捆，当圆捆成型达到规定值时机组停止前进，驾驶员操纵捆绳机构进行捆绳作业。捆绳作业完成后，开启打捆装置挡板将棉秆捆卸下，合上打捆装置挡板，继续进行下一个棉秆捆的卷制作业。同时，可通过调整压紧装置弹簧的预紧力，进一步调整上、下拔秆辊对秸秆的拉力，保证作业期间机具运行的可靠性与稳定性。

（二）秸秆捡拾打捆机

如图 7-13 所示，秸秆捡拾打捆机主要由底盘、捡拾机构、行走机构、压捆室、密度调节机构等组成。其工作原理是：由拖拉机给打捆机提供动力，通过打捆机的传动系统将动力传递到各个工作部件；捡拾机构拾取的秸秆在喂入拨叉的驱动下被送进喂入机构，在活塞推程时喂入机构将秸秆送入压捆室内，活塞回程时压捆室内的止回机构防止秸秆反弹；做往复运动的活塞在曲柄连杆机构的带动下将秸秆压缩成方捆；当秸秆捆长度达到预设值后，打捆机构开始工作并自动完成打结，秸秆捆在后续秸秆的不断推送下，从压捆室出口滑落。

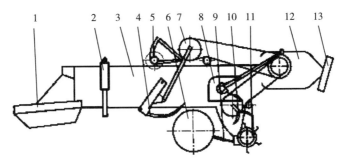

图 7 - 13　秸秆捡拾打捆机结构图

1. 放出架　2. 密度调节机构　3. 压捆室　4. 打捆针　5. 方捆计量机构　6. 行走机构
7. 打结器　8. 活塞　9. 油缸　10. 喂入拨叉　11. 捡拾机构　12. 齿轮箱　13. 飞轮

捡拾机构如图 7 - 14 所示。捡拾器是捡拾机构的关键工作部件，主要用来捡拾作物秸秆等，属于滑道滚筒式结构。由两端的轨道盘支撑着旋转中心轴，中心轴单边由链条或者皮带驱动；中心轴两端固连法兰，法兰连接曲柄；弹齿固定在弹齿轴上，当驱动捡拾器中心轴时，曲柄上的滚轮在轨道内运动，滚轮的运动路线直接决定弹齿的运动轨迹。

图 7 - 14　捡拾机构

（三）自走式棉秆联合收割机

图 7 - 15 所示 4MG - 275 型自走式棉秆联合收割机由中国农业机械化科学研究院研制。自走式棉秆联合收割机主要由割台、输送过桥、喂入装置、切碎装置、发动机、底盘、驾驶室、液压系统和电气系统等组成。作业时，割台的割刀直接将地面上的棉秆切断并送至横向输送器，棉秆经横向输送器被输送至过桥喂入口，在过桥喂入辊的强制抓取作用下棉秆被输送至喂入装置，由喂入装置的喂入对辊将棉秆输送到切碎装置，在切碎滚筒的作用下棉秆被切碎并抛送至储料箱，待储料箱装满后，由液压装置将切碎的棉秆侧翻卸至运输车内。该机可一次完成棉秆的切割、输送、切碎、抛送装箱、液压自动翻转卸料等作

业过程。其主要技术参数如表 7-1 所示。

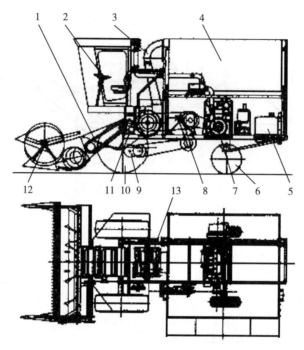

图 7-15 4MG-275 型自走式棉秆联合收割机结构图

1. 输送过桥 2. 驾驶室 3. 抛送筒 4. 储料箱 5. 油箱 6. 后转向轮 7. 发动机
8. 传动系统 9. 变速箱及离合器 10. 驱动前轮 11. 喂入对辊 12. 割台 13. 切碎部件

表 7-1 4MG-275 型自走式棉秆联合收割机的主要技术参数

项　目	参　数
收获方式	自走收割式
外形尺寸/mm	6 510×2 800×3 293
收获幅宽/mm	2 750
生产率/(hm²/h)	0.4～0.8
主茎切断长度/mm	≤60
发动机功率/kW	64
整机质量/t	5 280

喂入装置采用上、下各一个喂入辊（图 7-16）。上喂入辊可以随喂入量的大小上下浮动，由张紧弹簧压紧，使喂入的作物始终处于压实状态，有利于切碎，并可保证切碎质量。为了提高对棉秆的抓取能力，上喂入辊采用锯齿叶片外槽轮结构，下喂入辊采用光滑轮辊结构并固定在机架上，只能转动而不能

移动。上喂入辊直径为 130mm，下喂入辊直径为 140mm，两个喂入辊直径较小，使喂入辊尽量靠近切碎装置的刀刃，有效地压紧棉秆层，有利于提高切碎质量和减少功率消耗。工作时，喂入装置把从割台切割输送来的棉秆层压紧并均匀可靠地喂入切碎装置，上喂入辊抬起高度为 10～50mm，喂入口宽度为 720mm。

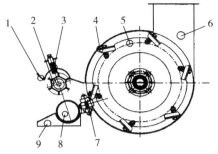

图 7-16　喂入对辊结构图

1. 上喂入辊护板　2. 上喂入辊
3. 张紧弹簧　4. 动刀　5. 切碎滚筒体
6. 出料壳体　7. 定刀　8. 下喂入辊
9. 下喂入辊护板

切碎装置采用的是切碎滚筒，主要包括动刀、切碎滚筒体、凹板及定刀组件等，如图 7-16、图 7-17 所示。切碎滚筒的圆周直径为 600mm。动刀分左右两组排列，均匀交错地对称安装在滚筒体上，每组 6 片，均匀地与轴线呈 6°布于筒体上，保证能用滑切方式将棉秆切碎，从而减少功率消耗，改善切碎质量。切碎装置在动刀与定刀的配合下切碎物料，并将切碎物料沿抛送筒直接抛出。定刀组件上的定刀在偏心螺母的作用下可以前后移动，以保证动刀与定刀的间隙。

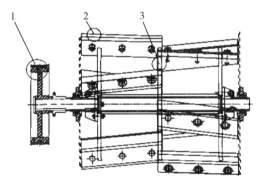

图 7-17　切碎滚筒结构图

1. 输入带轮　2. 定刀　3. 切碎滚筒体

（四）自走式棉秆捡拾收获机

4MG-240 型自走式棉秆捡拾收获机由中国农业机械化科学研究院研制，主要由钉齿式捡拾台、辊式输送过桥、夹持喂入装置、切碎装置、储料箱、发动机、底盘、驾驶室、液压系统和电气系统等组成，如图 7-18 所示。作业时，随着机器的行走，田间铺放的棉秆被钉齿式捡拾滚筒捡拾送至横向输送器，经横向输送器被送至过桥喂入口，在过桥喂入辊的强制抓取作用下被输送至喂入装置，之后由喂入装置的夹持喂入辊将棉秆输送到切碎装置，在切碎滚筒的作用下将棉秆切碎并抛送至储料箱，待储料箱装满后，由液压装置将切碎的棉秆侧翻卸至运输车内。各个部件、装置由底盘组合在一起，由发动机提供动力驱动行走和工作部件，可以一次完成棉秆的捡拾、输送、切碎、抛送装箱、液压自动翻转卸料等作业过程。其主要技术参数如表7-2所示。

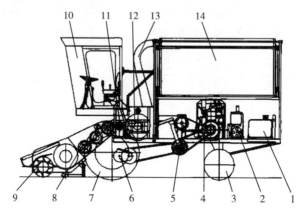

图7-18　4MG-240型自走式棉秆捡拾收获机结构图

1. 柴油箱　2. 液压油箱　3. 后转向轮　4. 发动机　5. 传动系统
6. 变速箱及离合器　7. 驱动前轮　8. 辊式输送过桥　9. 钉齿式捡拾台
10. 驾驶室　11. 夹持喂入辊　12. 切碎部件　13. 抛送筒　14. 储料箱

表7-2　4MG-240型自走式棉秆捡拾收获机的主要技术参数

项　目	参　数
收获方式	自走捡拾式
外形尺寸/mm	6 510×2 800×3 293
捡拾幅宽/mm	2 400
生产率/(hm²/h)	0.4～0.8
主茎切断长度/mm	≤60
发动机功率/kW	64
整机质量/t	5 350

图7-19所示为收获机采用的钉齿式棉秆捡拾输送装置，可以实现木质化缠绕冠状植株的捡拾和连续喂入，动力消耗少，维护使用方便。钉齿式棉秆捡拾输送装置主要由压料杆、捡拾滚筒、横向输送器、机架、传动装置等组成。捡拾滚筒位于捡拾台的前方，幅宽2 400mm，钉齿式捡拾齿在滚筒圆周均匀布置8排，横向为螺旋线排列，间距为100mm。为防止捡拾滚筒堵塞，捡拾滚筒的线速度设计值比机器的最大工作行走速度高20%，转速为110r/min。捡拾滚筒的后方是横向输送器，横向输送器上有左旋输送叶片和右旋输

送叶片，可将两端的棉秆横向输送至中间喂入口。横向输送器输送物料的速度比捡拾滚筒高，有利于棉秆快速输送，转速为140r/min。

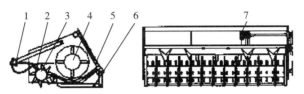

图7-19　钉齿式棉秆捡拾输送装置结构图

1. 压料杆　2. 钉齿式捡拾齿　3. 捡拾滚筒　4. 横向输送器

5. 机架　6. 限位板　7. 传动装置

（五）自走式智能棉秆联合收获打捆机

4MGB-260型自走式智能棉秆联合收获打捆机主要由收获台、输送链板、切断装置、自走底盘、压捆机构、储捆平台等组成，一次作业可以完成棉秆的拔除、输送、清土、切断、压缩、打捆、储捆等作业，如图7-20所示。工作原理：棉秆在拔秆辊与拨禾轮的共同作用下从地里被整株拔出，被拔出的棉秆通过清理辊和拔秆辊被输送到绞龙处，绞龙将棉秆输送至输送链板入口处，并且在输送过程中完成棉秆的清土作业（绞龙底端漏土），然后输送链板将棉秆向后输送至切断装置，随后切断装置将棉秆切断，切断后的棉秆到达压捆机构的进料口，压捆机构的拨叉将棉秆扒到压捆室进行压缩打捆，成捆后的棉秆经由滑落板放置在储捆平台上。4MGB-260型自走式智能棉秆联合收获打捆机的主要技术参数见表7-3。

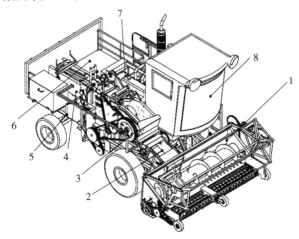

图7-20　4MGB-260型自走式智能棉秆联合收获打捆机结构图

1. 收获台　2. 输送链板　3. 切断装置（铡切装置）

4. 压捆机构　5. 自走底盘　6. 储捆平台　7. 动力机构　8. 驾驶室

表 7 - 3　　4MGB - 260 型自走式智能棉秆联合收获打捆机的主要技术参数

项　目	参　数
收获幅宽/mm	2 600
外形尺寸/mm	6 300×2 935×3 010
发动机功率/kW	92
作业速度/(km/h)	4～6
生产率/(hm²/h)	0.8～1
主茎切断长度/mm	150～250
成捆尺寸（长×宽×高）/mm	（300～1 300）×460×360
拔净率/%	≥95
切断长度合格率/%	≥95
成捆率/%	≥98

1. 拔秆收获技术

如图 7 - 21 所示，拔秆辊的关键部件是拔除棉秆的齿板。齿板通过螺栓固定在拔秆辊轴上。根据棉秆直径等数据，设计齿板为 V 型齿板，齿形角为 29.55°，齿宽范围为 9～26mm。为保证齿板有足够的强度、刚度和稳定性，将拔秆辊设计

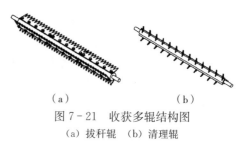

（a）　　　　　　（b）
图 7 - 21　收获多辊结构图
（a）拔秆辊　（b）清理辊

成两个，分别由不同的液压马达驱动；每个拔秆辊上沿着拔秆辊轴向将齿板设计成 3 片，3 片齿板沿拔秆辊周向均匀分布。

清理辊的关键部件是清理齿。清理齿通过焊接固定在清理辊轴上。由于随着清理的齿槽不断增多，清理辊受到的力和冲击也在不断变大。为提高清理辊的使用寿命，减小冲击负载，清理辊上清理齿的布置方式为螺旋排列方式，相邻两个清理齿的径向角度相差 120°，轴向间距 31mm。

2. 压缩打捆技术

滚筒式铡切机构，主要由铡切刀、铡切刀座、破碎板、定刀、定刀座、铡切滚筒和中心轴等组成，如图 7 - 22 所示。在铡切滚筒上交错布置破碎板和铡切刀，配合固定在台架上的定刀，对棉秆实施破碎、铡切作业，经过破碎铡切的棉秆进入压捆机构进行压缩打捆，与不经过滚筒式铡切机构处理直接进行压捆相比，动力消耗有所降低；同时，棉秆破碎与切断交替作业，可以减小刀具磨损，延长刀具的使用寿命。棉秆切断长度合格率≥97%，超过行业指标（85%）的作业要求。滚筒式铡切机构的转速为 185r/min，换算可得滚筒式铡

切机构的工作频率为 6.5Hz，远低于仿真分析所得的最低阶频率 53.67Hz，工作时不会发生共振现象。

秸秆压捆机构，由喂入机构、压捆室、方捆密度控制器和打结器等组成。工作过程中，在摇杆的控制下喂入拨叉按预定轨迹运行，并将堆积的物料添加到压捆室；压捆室将喂入的物料压缩成型，两侧具有可调整棉秆捆密度的方捆密度控制器，可用捆绳将被压实的物料捆扎。压捆室左右侧板和打结器底板上装有鱼鳞状限位器，防止被压缩的物料出现反弹。棉秆经过滚筒铡切作业后，再进行压缩打捆，方捆密度≥130kg/m³，成捆率≥98%。

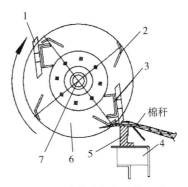

图 7 - 22　滚筒式铡切机构示意图
1. 铡切刀　2. 破碎板
3. 铡切刀座　4. 定刀座　5. 定刀
6. 铡切滚筒　7. 中心轴

3. 折叠式储捆平台

折叠式储捆平台，主要由侧折叠板、后折叠板和若干支撑杆等组成，如图 7 - 23 所示。该机构主要用来暂时存放打捆后的棉秆，避免机具重复入地而使土地被压实。机具道路行走时，将储捆平台折起，以便增加机具的道路通过性；机具田间作业时，将储捆平台打开，用来暂存打捆后的棉秆。

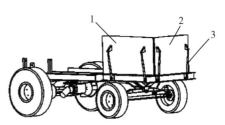

图 7 - 23　折叠式储捆平台结构图
1. 侧折叠板　2. 后折叠板　3. 支撑杆

4. 液压控制系统

4MGB - 260 型自走式智能棉秆联合收获打捆机的液压控制系统包括：行走液压控制系统、前割台液压控制系统、后轮转向液压控制系统以及前割台和拨禾轮升降液压控制系统等，如图 7 - 24 所示。

（1）行走液压控制系统。自走底盘采用柱塞泵、操控装置和柱塞马达等静液压驱动技术，通过调整柱塞泵流量来改变柱塞马达的转速，实现行走速度的无级变速。

（2）后轮转向液压控制系统。通过齿轮泵控制液压转向器来控制后桥，实现转向动作。

（3）前割台液压控制系统。前割台通过组合泵、液压阀、两个摆线液压马达分别驱动左右两侧的拔秆辊做旋转动作；通过链轮和带轮的传动，实现清理辊、拔秆辊等的旋转动作。

（4）前割台和拨禾轮升降液压控制系统。前割台和拨禾轮的升降动作通过齿轮泵、液压阀、液压缸等实现。

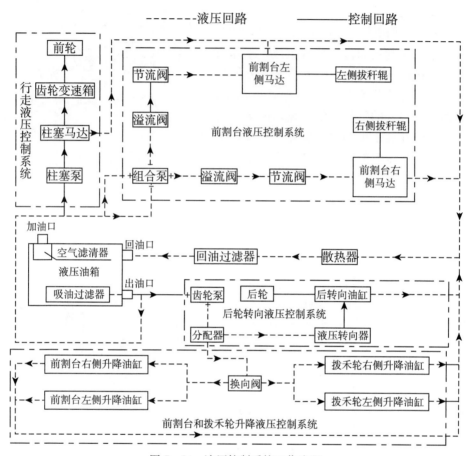

图 7-24　液压控制系统工作流程

第八章

棉田残膜处理机械化技术与装备

第一节 棉田残膜污染现状及危害

一、残膜污染现状

地膜覆盖栽培技术具有增温、保墒、抑制杂草、增产增收的显著作用，对保障我国粮棉油等农作物安全起到了重要的支撑作用。20 世纪 80 年代初，我国开始在多种作物上示范地膜覆盖栽培技术。40 多年来，地膜覆盖栽培技术得到了快速发展。目前，我国地膜覆盖栽培面积近 4 亿亩，每年地膜用量约 140 万 t。据测算，地膜覆盖栽培技术可增产 20％～50％，地膜覆盖栽培技术已经成为我国农业生产不可或缺的重要技术。但是，多年来的地膜覆盖造成残膜累积越来越多，严重破坏了土壤结构，降低了农产品的产量和品质，污染了农村环境，危害牲畜安全，同时，也影响了机械正常作业，对棉花来说则是严重影响了棉花品质。

根据调查测试，在我国新疆棉区连续覆膜栽培 10 年的棉田，地膜残留量达到 17.5kg/亩；连续覆膜栽培 20 年的棉田，地膜残留量达到 28.7kg/亩。2015 年山东省农业机械技术推广站在山东组织测试的结果是：在无棣县佘家镇观音堂村连续 6 年地膜覆盖的棉田，地膜残留量为 6.3kg/亩；西小王乡西黄一村连续 8 年的地膜覆盖棉田，地膜残留量为 16.6kg/亩。研究资料表明，连续覆膜 20 年的棉田，残膜会造成 12％的相对减产。

目前，残膜污染治理面临的问题和困难还很多。

（1）可降解地膜生产技术不成熟。近几年，为解决残膜污染问题，广大科研部门积极研发推广可降解地膜，虽然工作取得了很大的进展，但是在技术和效益上还存在很多问题。主要是保温保墒和增产效果差，降解时间难以控制，降解不彻底，降解物对土壤和作物有不利影响等；由于降解地膜生产与加工成本高，价格贵。

（2）地膜越来越薄，回收越来越难。目前，国家标准规定地膜厚度≥0.01mm，但是为了节约成本，目前使用的地膜越来越薄，厚度为 0.004～0.008mm。由于地膜过薄，使用后破损严重，无论是机械还是人工都难以回收。目前，新疆等西北地区研发的残膜回收机种类很多，但是，针对超薄地膜，应用效果还不理想。

（3）认识不到位、重视程度不够。人们只看到了地膜覆盖栽培技术带来的巨大效益，没有充分认识到残膜污染带来的危害，更没有预测到再过 5 年、10 年残膜污染危害的严重程度，没有采取或深入研究切实可行的残膜污染治理措施。

二、残膜的危害

（一）降低棉田肥力，不利于化肥减量

连年覆膜种植已经导致棉田土壤中的残留地膜逐年累积。这些难以降解的塑料地膜会导致棉田土壤团粒结构的形成受到抑制，造成棉田土壤透气性和蓄水保墒能力降低，导致土壤胶体的吸附能力降低，棉田中速效性养分的挥发和流失加剧；由于土壤中的微生物活性受到残留地膜抑制，迟效性养分的转化、分解和释放受到影响，造成肥料浪费，不利于化肥减量。

（二）影响棉种发芽和棉花根系生长

残留地膜对棉田土壤有不利影响，会间接降低棉种的发芽率。若棉种播到残膜上面或下面，会直接影响棉种发芽。若棉种播在残膜上面，种子无法得到充足水分，很难发芽，即使发芽，根部也很难穿透残膜向下穿插，易造成死苗或弱苗；若棉种播在残膜下面，即使发芽也很难穿透残膜破土而出，造成种子浪费。更重要的是，由于现在棉花播种方式基本为单粒精播，以上情况就会造成棉田缺苗，从而造成棉花减产。棉花是深根作物，而残留地膜会限制棉花根系的穿插生长，使棉株根系不够发达，易遭受自然灾害影响。另外，棉花种植采用的 76cm 等行距模式能够合理利用光热资源，通透性好，而这些根深达不到要求的棉株会因大风出现倒伏，影响棉花的光合作用，降低棉株相互间的通透性，造成棉花烂铃，导致棉花衣分及绒长降低、纤维强度下降、产量降低。若棉田连年覆膜而不能将棉田中的残膜及时清理回收，会造成棉花产量及品质逐年下降，研究表明，连续覆膜 3～5 年不进行残膜回收处理的棉田，减产 10％～23％。

（三）影响机具作业性能

棉田残留地膜主要集中在 0～20cm 的浅耕层内，约占总残留量的 80％。棉田耕整机械、播种机、施肥机、中耕机等作业时，开沟犁铧等极易缠绕残膜，穴播器、施肥耧铲等还极易被残膜堵塞，造成种子、肥料的漏播，直接影响机具的作业质量；由于棉田土壤中残膜的存在会导致棉株根系不能很好地穿插生长，棉株在雨季遇到大风易产生倒伏，从而影响植保化控等田间管理机具的行走和作业，也不利于后期采棉机的行走和对行机采作业；机械化采棉时采棉机还常将残膜等杂质一块收起，残膜缠绕或黏附在摘锭上，降低了采棉机的采净率，还会损坏脱棉盘等采棉机部件，导致机具故障率上升，从而影响机采

效率；倒伏后的棉株也不利于机采后的棉秆收获作业，特别是严重影响齿盘式拔除机的作业质量。可以说，棉田中的残膜影响着棉花生产各个环节的机械作业，不利于棉花生产全程机械化的实现。

（四）影响棉花品质

在采棉机的采收作业中，棉田残膜容易附着在高温摘锭上或被打成更加细小的残膜碎片，现有的杂质清理设备很难对这些残膜碎片进行清理，在后续加工处理中这些残膜会被打得更加细碎而混入皮棉之中，将会严重影响皮棉品质；纺纱过程中残膜碎片附在成纱中呈束丝状，疵点包卷在纱条中或附着在纱条上，会使条干不均，断头率增加，棉纱中的棉结和杂质数增加，造成布料疵点增多，直接影响成纱强力和织物外观。由于皮棉中含有的残膜碎片在染色时很难上色，会造成染色不均甚至白斑，造成织物疵点，将直接影响到印染产品的品质，产生印染次品。纺织企业不愿采购国内机采棉的主要原因就是我国机采棉中的残膜问题。过量残膜碎片的存在已经成为机采棉品质不过关的主要原因之一，混入机采棉的残膜碎片作为最难清除的机采棉杂质，已影响到我国机采棉的推广，棉田残膜问题需要引起我们的高度重视。

第二节　残膜回收的农艺要求

一、残膜回收机械化作业技术路线

棉花残膜回收机械化作业技术按照农艺要求和残膜回收的时间不同，主要分两类，即棉花蕾期残膜回收技术和棉花收获后残膜回收技术。

1. 棉花蕾期残膜回收技术路线

棉花蕾期残膜回收技术路线为：膜边松土→起膜回收→集堆清理。

2. 棉花收获后残膜回收技术路线

单一功能残膜回收机为：拔棉秆→边膜铲起→残膜回收→集堆清理。

复式残膜回收机为：棉秆粉碎还田→松土挑膜→起膜回收→脱膜→集堆清理。

二、不同时期残膜回收的农艺要求

1. 蕾期

（1）蕾期残膜回收的最佳时间为盛蕾期。棉花幼苗期抗逆能力差，不宜过早揭膜。过晚则不仅不利于根系下扎，还因封行不便作业。蕾期揭膜的主要目的是促进棉花根系下扎。

（2）蕾期残膜回收不能伤果枝、棉叶，更不能碰掉花蕾。若收后地表有沟壑，应粗略平整。

（3）保证地表地下均收干净，不可以揭膜后堆放在田间，应及时运送到田外。

（4）尽量清理残膜杂质，以便于地膜回收利用。

2. 棉花收获后

（1）棉花收获后应尽早进行残膜回收，以防破碎的地膜随大风飘移。

（2）单一功能的残膜回收机一般是首先拔除棉花秸秆，运送到田外，再回收残膜；一次性进行秸秆还田和残膜回收的复式作业，应在棉花收获后秸秆站立时进行。两种方式均应注意把起膜铲对准埋在地下的膜边，对行作业，保证地上、地下残膜均捡拾干净。一般当年残膜机械回收率应在 80% 以上。

（3）应将残膜及时抖土、去杂，清理干净，打包运送到收购站，不能堆放在田间地头，防止造成二次污染。

第三节　残膜回收机的类型

国外残膜回收机械研究始于 20 世纪初，我国始于 20 世纪 80 年代。由于使用地膜的厚度和强度不同，国内外残膜回收机械的研究方向区别较大。国外使用的地膜厚度大于 0.02mm，残膜回收机械的工作原理主要是利用地膜自身的拉伸力实现地膜与土壤的分离，研究重点是卷收机构和清理机构。国内使用的地膜厚度小，回收时地膜拉伸强度低、膜面破损严重，因此，国内残膜回收机械研究重点围绕起膜、收膜、脱膜、集膜等关键部件，也包括膜土分离部件和膜杂分离机构。残膜回收机根据不同的特征、功能、结构特点等，可分成若干不同类型。

1. 根据农艺作业时间分类

根据农艺作业时间的不同，残膜回收机可分为苗期残膜回收机、秋后残膜回收机和播前残膜回收机。苗期残膜回收机主要采用地膜卷收技术，是基于地膜强度能满足膜土分离的拉伸条件，主要应用于苗期残膜的回收。我国苗期收膜主要是在作物浇头水前进行，此时地膜使用时间较短，完整性较好，相对容易回收。秋后残膜回收是在作物收获后、耕地前进行，主要回收当年铺设的地膜。该时期进行残膜回收不会对农作物收获和产品质量造成影响，是目前使用较为广泛的残膜回收方式。此时地膜处于地表，有一定程度的破损，膜土结合力较强，还需要考虑与秸秆还田等协调作业，回收有一定难度。但是，在苗期揭膜受到制约的情况下，秋后是回收残膜的最佳时机。

2. 按机具作业形式分类

按机具作业形式不同，残膜回收机可分为单功能作业机和联合作业机。单功能作业机只具备回收残膜的功能。应用最多的是弹齿式立秆搂膜机，与拖拉机配套使用，一次作业可完成搂膜、脱膜、卸膜等工序。此种机型对残膜的回收率较低，但结构简单，造价低，作业效率高。联合作业机可进行秸秆粉碎还田残膜回收联合作业和整地残膜回收联合作业。机具结构复杂，但是能一次完成多项作业，残膜回收效果好，是今后发展的方向。

3. 按工作部件入土深度分类

按工作部件入土深度不同，残膜回收机可以分为表层残膜回收机和耕层残膜回收机。

4. 按照关键收膜部件分类

按关键收膜部件的不同，残膜回收机可分为滚筒式、弹齿式、齿链式、滚筒缠绕式等。其中，滚筒式收膜部件主要依靠偏心机构、凸轮或滑道实现捡膜弹齿的伸缩，完成残膜的捡拾与脱送，整机结构复杂、成本高；弹齿式收膜部件结构简单、造价低，在新疆地区广泛使用，但残膜回收率低。

5. 其他类型

围绕残膜机械化回收技术研究的开展，我国科研院校和生产企业还研制了很多形式的残膜回收机，如气力式、火焰式等，但在生产中未得到广泛的推广应用。

第四节　残膜回收机的结构特点

一、单功能作业机

残膜回收单功能作业机主要包括弹齿式残膜回收机、耙齿式残膜回收机、齿链式残膜回收机、轮齿式残膜回收机、伸缩杆齿式残膜回收机、铲起式残膜回收机、气力式残膜回收机等。

（一）弹齿式残膜回收机

如图 8-1 所示，弹齿式残膜回收机主要由机架和多排搂膜弹齿组成。该机配套拖拉机作业，弹齿深入到土壤中，将残膜搂起后成条集中到田间，停机后人工卸膜，在作业的同时可清除杂草，具有一定的碎土作用。

该机型的优点是结构简单、作业效率高、易维护，缺点是只能收集大块残膜，对小块残膜回

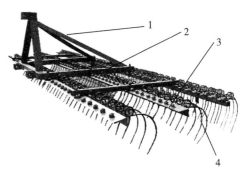

图 8-1　弹齿式残膜回收机
1. 牵引架　2. 机架　3. 横梁　4. 弹齿

收率较低，且弹齿缠绕的地膜较多时，弹齿的工作性能会急剧下降，影响残膜回收率，需要频繁停机进行人工卸膜作业。因人工卸膜费工费力，目前，

较为实用的弹齿式残膜回收机，是在弹齿根部安装挡板，机具提升时，弹齿提升的残膜被挡板挡住，脱离弹齿被卸下。

（二）耙齿式残膜回收机

耙齿式残膜回收机包括牵引架、机架、搂膜机构及脱膜机构 4 个部分，如图 8 - 2 所示。脱膜机构与机架相连。脱膜机构由脱膜杆、脱膜连接架、液压装置及脱膜刮板构成。脱膜刮板为三角状折弯平板，安装在脱膜杆上。脱膜杆一共有 3 排，

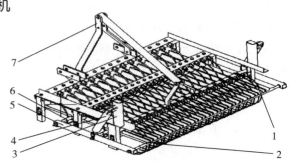

图 8 - 2　耙齿式残膜回收机结构简图
1. 除膜耙齿　2. 脱膜刮板　3. 机架　4. 液压装置
5. 脱膜连接架　6. 脱膜杆　7. 牵引架

前密后疏。液压装置的一边与脱膜机构铰接，另一边与整体机架铰接。作业时，将牵引机悬挂装置中央拉杆的后端孔与残膜回收机中央拉杆的连接孔用销轴连接起来，用来调节工作时机具前后的高度，方便拆装及下田工作。机具在前进过程中，3 排除膜耙齿被放入土壤，土壤中的残膜被除膜耙齿钩住并挂在除膜耙齿上，从而达到清除土壤中残膜的目的。同时通过两边的液压缸推动脱膜连接架，使脱膜杆带动脱膜刮板转动，脱去除膜耙齿上收集到的残膜。

（三）齿链式残膜回收机

齿链式残膜回收机包括机架、起膜铲、输膜轮、密封帆布、脱膜轮和集膜箱等结构，如图 8 - 3 所示。齿链式残膜回收机作业时，由牵引机带动机具前进，起膜铲将机具前方的土壤松动，牵引机通过后置的动力输出轴输出动力，再经过变速箱带动起膜链条和卸膜链轮转动。收膜作业过程中，起膜齿穿透残膜，在前进转动的同时将残膜挑起。被挑起的残膜通过起膜齿与盖板的间隙向后上方输送，到达集膜箱上侧后，在脱膜轮的刮送作用下落入集膜箱，待集膜箱中的残膜堆积到一定程度后，由人工将残膜取出打包，机具再继续作业。

脱膜轮由脱膜轮轴和叶片组成。叶片固装在脱膜轮轴上，采用柔性材料制成。脱膜轮也可以采用尼龙刷辊。叶片或尼龙刷辊的高度与起膜齿高度相同，弹齿刷片在两者交集的部位开有让起膜齿通过的切口。起膜齿通过卸膜轮的弹性刷片时，弹性刷片的顶端可以刷到起膜齿的根部，从而起到较好的残膜刮送作用。在整个收膜过程中，盖板对揭起的残膜保护较好，解决了送膜过程中易丢膜的问题。

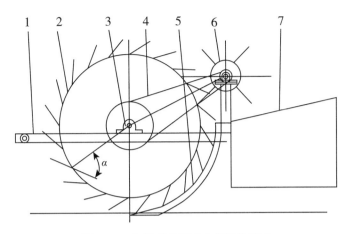

图 8-3　齿链式残膜回收机结构简图

1. 机架　2. 输膜轮　3. 轴承　4. 传动装置　5. 起膜铲　6. 脱膜轮　7. 集膜箱

（四）轮齿式残膜回收机

轮齿式残膜回收机的结构如图 8-4 所示。脱膜滚筒安装在捡拾滚筒的上方机架上，表面均匀分布着软毛刷脱膜齿，脱膜齿与指状捡拾齿相互交错配合，两滚筒在转动的过程中将残膜从捡拾齿上脱下。后方的机架上安装有集膜箱，通过液压缸的连杆做前后翻转运动，将收集的残膜倒出。在捡拾滚筒后上方的机架上装着输膜叶轮，输膜叶轮与集膜箱的进料口相互配合收集残膜。该脱膜装置脱膜平稳顺畅，脱膜干净，残留少，脱下的废膜保留也比较完整，基本上实现了捡膜、脱膜、集膜一体化作业流程。

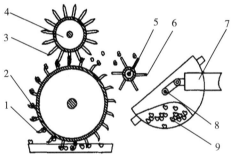

图 8-4　轮齿式残膜回收机结构简图

1. 指状捡拾齿　2. 捡拾滚筒　3. 脱膜齿
4. 脱膜滚筒　5. 输膜叶轮　6. 风扇叶片
7. 液压缸　8. 连杆　9. 集膜箱

（五）滚筒式残膜回收机

滚筒式残膜回收机的结构如图 8-5 所示。工作时，机具用拖拉机带动行进，前排的起膜铲将埋在土壤中的残膜和根茬一并铲出，拖拉机动力经万向节、传动机构带

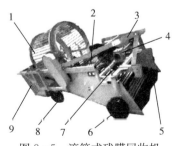

图 8-5　滚筒式残膜回收机

1. 滚筒筛　2. 输送链　3. 机架
4. 齿轮箱　5. 起膜铲　6. 限深轮
7. 调节手柄　8. 地轮　9. 集膜箱

163

动滚筒筛旋转。残膜、残茬以及土块在滚筒筛内旋转，通过离心力作用，土块被击碎，通过筛网孔甩落到地面，而留在滚筒筛里的残膜和根茬被输送到集膜箱中，完成残膜回收和起茬作业。

（六）气力式残膜回收机

气力式残膜回收机通过气嘴产生的负压将铲起的残膜吸至气流管端口，再由气流管的正压力将残膜经输送管吹入集膜箱内，完成残膜回收作业。气力式残膜回收机的结构如图8-6所示。

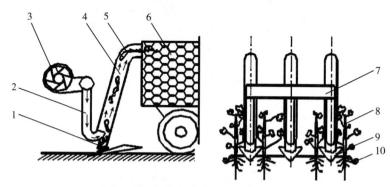

图8-6　气力式残膜回收机结构简图

1.气嘴　2.气流管　3.风机　4.输送管　5.残膜　6.集膜箱
7.主气流管　8.棉株　9.铲刀　10.地膜

二、联合作业机

残膜回收联合作业机包含两个工作步骤：首先进行棉秆粉碎还田，紧接着进行残膜回收。根据秸秆粉碎还田抛送方式，将残膜回收联合作业机分为秸秆粉碎还田前置式残膜回收机和秸秆粉碎还田后抛式残膜回收机。一般是利用秸秆腾空的间隙，由残膜回收机回收地膜装箱，然后秸秆落在机组侧向或后边，从而残膜被回收，秸秆铺放在田间。

（一）秸秆粉碎还田前置式残膜回收机

常见的秸秆粉碎还田前置式残膜回收机的结构如图8-7所示。工作时，前置式秸秆粉碎还田机将秸秆切碎后抛送到一侧，后置式残膜回收机将残膜收集在残膜箱中。

（二）秸秆粉碎还田后抛式残膜回收机

图8-8所示为秸秆粉碎还田后抛式残膜回收机。秸秆粉碎后，秸秆输送装置将秸秆输送至抛送筒下端，并由风机的风力将粉碎的秸秆经抛送筒吹出，秸秆被抛送至联合作业机的后方。秸秆抛送过程中，残膜回收装置回收残膜，保证了残膜与秸秆的有效分离。

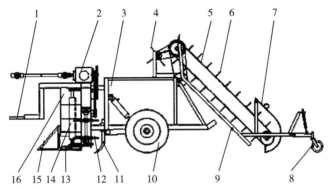

图 8-7　秸秆粉碎还田前置式残膜回收机结构简图

1. 牵引装置　2. 传动系统　3. 残膜箱　4. 脱膜轮　5. 链齿耙　6. 杆齿　7. 护膜罩
8. 仿形轮　9. 护板　10. 地轮　11. 松土齿　12. 输送装置　13. 切割器
14. 切碎器　15. 扶禾器　16. 护罩

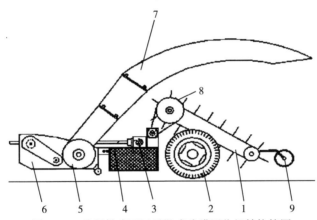

图 8-8　秸秆粉碎还田后抛式残膜回收机结构简图

1. 链耙式残膜回收装置　2. 行走轮　3. 传动装置　4. 集膜箱　5. 秸秆输送装置
6. 秸秆粉碎装置　7. 抛送筒　8. 传动链轮　9. 限深轮

第五节　残膜回收机的使用

一、使用要求

（一）与拖拉机挂接

（1）确保 PTO（动力输出轴）和万向节输出轴的防护罩安装正确且性能良好。

（2）确保万向节传动轴轴管重叠尺寸正确。

（3）连接和分离万向节传动轴时，关闭引擎并从钥匙孔中拔出钥匙。

（4）确保万向节传动轴的正确连接和锁死。

（5）与拖拉机挂接时，应确保前轮有足够的配重。

（6）将残膜回收机平放在坚硬的地面上，将拖拉机对正机具后慢慢倒车，调整上下左右位置以对准悬挂架和万向节，插入销子等锁紧。

（7）慢慢提升机具，仔细观察和聆听，如有问题及时处理。

（8）检查无误后，连接作业动力，进行试运转，保证运转正常，没有干涉运动。

（9）通过纵拉杆和横拉杆调整机具前后左右水平。

（二）使用注意事项

（1）作业前必须检查各紧固件是否拧紧，各润滑点是否注满润滑油脂，各转动部件是否灵活。

（2）机具作业前应进行空运转，检查运转情况。机具转弯或倒退时，必须使机具提升至非工作位置并切断动力。

（3）作业过程中出现不正常声音、振动时，应立即停车检查，并及时排除故障。

（4）机具作业或运输时严禁载人，严禁人体触及运转部件。

（5）作业时应对行作业，保证起膜铲等对准作业位置，应根据作业要求调整起膜铲挖掘深度，保持匀速前进。

（6）应在棉花收获后尽早进行作业，切勿在冰冻的地块上作业。转弯时入土工作部件必须提升到位。

（三）维护保养

（1）开始任何保养和维修工作之前，关闭引擎并从钥匙孔中拔除钥匙，把机具稳放在地上。

（2）如需抬高机具进行维护，一定把机具支撑稳固。

（3）定期检查螺栓、螺母是否紧固。

（4）更换零件时，应戴上手套并使用合适的工具。

（5）更换的备件须符合使用说明书提供的性能标准。

（6）维修有张力或压力的部件时，要求必须由专业人员操作，并使用专业工具。

（7）用水冲刷机具上的泥污时，注意不能直接向轴承部件喷射。

二、安全注意事项

（1）残膜回收机具作业前，必须对作业区的埂、渠进行平整。

（2）必须在机具上安装或粘贴安全标志，避免故障和事故的发生。

（3）按照使用说明书的要求进行机具的操作、维修和保养。

（4）操作者须经过培训，熟悉机具特性和使用操作方法。

（5）操作人员应穿着紧身衣袖，留长发者应戴安全帽。

（6）在运输时注意机具的通过性。在公路上驾驶时，应遵守交通法规。

（7）对机具进行调整、维修、保养前，应关闭发动机，取出点火钥匙。

第九章

棉花的运输加工技术与装备

第一节　棉花的运输方式

随着棉花生产机械化、规模化的发展，棉花运输显得越来越重要。籽棉的运输也由原来的以散花运输为主加快向以模块化运输为主转变。特别是在新疆棉区，籽棉模块化运输水平不断提高、设备更加成熟。目前籽棉的运输方式可分为散花运输和模块化运输两种方式。根据模块的形状和运输工具的不同，模块化运输又分为长方体模运输和圆模运输。

一、散花运输

散花运输就是采棉机将采收的籽棉直接卸载在自卸运棉拖车上，或者将机械（人工）采收的籽棉卸在田间地头，再用籽棉上料抓机（或人工）将籽棉装入自卸运棉拖车中，运输至轧花厂堆垛储存管理。散状籽棉储运技术装备主要由自卸运棉拖车、籽棉上料抓机、棉场上垛机等组成。根据运输距离远近，一般1台采棉机最少配备3台自卸运棉拖车。

散状籽棉储运技术装备投资较小、效率低、用工量大，轧花厂大垛储存安全性较差。由于籽棉需要经过多次的转运及装卸，夹杂在棉纤维中的棉叶极易破碎，使后续籽棉清理难度加大，且对细碎棉叶的清理容易造成皮棉纤维变短。同时，经过多次转运及装卸，籽棉中更容易加进"三丝"，尤其是特异杂质二次混入的概率增加。此种方式要求加工厂有较大的存储空间来堆垛存放籽棉。籽棉自然堆放存储时棉纤维蓬松，棉垛表面积大，与空气接触面积大，更容易吸收空气中的水分，而其内部透气性较差，造成棉纤维的回潮率提升，棉垛常出现因温度升高而发霉、棉纤维变色等问题。

二、模块化运输

长方体模的储运装备主要由棉模压模车、棉模专用运输车（运模车）、拖拉机、籽棉上料抓机等组成。棉模压模车是在田间移动工作，籽棉由采棉机直接卸入压模车或者卸在田边后由籽棉上料抓机装载至压模车，一个棉模质量约为10t。棉模压制好之后覆盖包装材料，就地储存，再由运模车将棉模运输至轧花厂籽棉喂料设备中。长方体模的储运成套装备投资较大，但储存安全可控。采棉机在同一地块或相邻地块作业时，1台棉模压模车可满足2台采棉机的卸棉需求。压模车田间压模储运技术减少了籽棉与地面的接触次数及接触面积，降低了"三丝"等杂质的混入概率；籽棉被压缩成模块，减小了运输空间，降低了籽棉运输成本，提高了运输效率；籽棉以棉模方式储运，减少了籽棉场地占用面积，有效延长了籽棉安全存储周期，有效缓解了机采棉集中采收与交售和加工饱和之间的矛盾。针对箱式采棉机，从当前的质量成本角度综合分析，压模车田间压模储运技术成熟、经济效果好。

目前主流采棉机主要有两种。一种是将采收后的籽棉以散花的形式排到设备外；另一种是采摘后的籽棉由采棉机直接打成圆模或者长方体模排出（俗称下蛋机）。美国约翰迪尔公司和山东天鹅棉业机械股份有限公司生产的采棉机，均有圆模打包的型式，可实现棉花采收和棉模压制的联合作业；美国凯斯公司生产的采棉机采用长方体模打包方式。先进的采棉机均装备了智能化棉花回潮率在线检测装置，可随时检测采收籽棉的回潮率。当回潮率超过设定值时，采棉机自动停止采收作业，以保证棉模内的籽棉回潮率达到安全存储要求。圆模（每个棉模质量约为2t）采用多层膜缠裹，并沿着棉模柱体断面圆周外缘包裹高度为10cm的膜，避免棉模内的籽棉与地表接触。该方式可防止棉模因雨雪或积水的侵蚀而发生局部霉变，还可防止特异杂质、残膜等的二次混入，极大地提高了棉模储运的安全性，且不需专用场地存放，有利于后续清理加工。

从籽棉成模方式的发展趋势来看，利用采棉机直接打成圆模的技术是最先进的，可以在采棉机不停止作业的情况下卸载棉模，可以实现采棉机连续作业。这是一种较理想的机采棉储运方式。除上述采棉机外，该技术模式的主要装备还有叉车和常规运输汽车。

籽棉储运技术是保证机采棉加工质量的重要前提，机采籽棉模块化储运也为轧花厂喂棉机械化、自动化创造了条件。

第二节　籽棉的模块成型与运输装备

籽棉的模块成型与运输装备是棉花生产与加工环节的主要设备，包括三模设备及其附属设备。三膜设备是指打模机、运模车、开模喂料机，附属设备是指装料车、棉模输送机（或籽棉输送带机）等。这些设备对构成完整的、自动化程度高的棉花生产加工体系是不可缺少的，它们改变了我国传统的棉花生产加工模式，提高了生产效率和质量。

一、打模机

图 9-1 所示山东天鹅棉业机械股份有限公司生产的在新疆使用较多的 MDMZ-10 型打模机，能将松散的籽棉打成具有一定形状及密度的棉模垛。打模机装棉方式有采棉机直接装棉和装料车装棉两种。打成的棉模密度大（≥180kg/m³），便于存放；由于棉模尺寸标准一致，便于运模车自动装卸运输和开模喂料机自动开松喂棉。

（一）主要结构

它由箱体、踩压部、自动开合后门、自动升降车轮、柴油机、液压系统等组成。

1. 机械部分

机械部分包括箱体、踩压部、后门部、轮升部和牵引部。

（1）箱体。箱体是一个四周封闭的无顶无底的壳体，内壁从下到上呈内倾斜状，用以围住棉花；内壁空间净尺寸为 9.2m（长）×2.2m（宽）×2.7m（高）；两侧上端各有一导轨和一传动链条，支撑、拉动踩压部前后运动，分段踩压棉花。

（2）踩压部。踩压部是一组可移动的组件，包括踩压头和踩压缸。踩压部分段移动，实时踩压，完成蹾平、压实工作，工作动力由液压马达和液压缸提供。

（3）后门部、轮升部和牵引部。轮升部在道路运输时是升起状态，打模时降落；后门部是可以打开的舱门；打模完成后打开舱门，拖拉机通过牵引部牵引模箱前行，实现脱模。三部分相互配合，完成脱模及打模机转场工作。后门部和轮升部的工作动力各由一个液压缸提供。

2. 电器部分

电器部分包括电瓶、直流发电机、直流启动电机、照明系统等。

（1）电瓶。电压为 12V，容量为 105A·h 以上。

（2）直流发电机、直流启动电机。打模机自配 SD2105A 内燃机。内燃机附带 12V 直流发电机，直流启动电机及相应的整流充电系统和启动自控箱。

（3）照明系统。照明系统负责为打模机夜间工作提供光源。

3. 液压部分

液压部分包括执行元件、动力元件、液压管路系统和液压控制系统。液压系统公称压力为 16MPa。

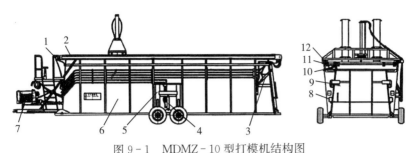

图9-1　MDMZ-10型打模机结构图

1. 传动链条　2. 行走链轮　3. 开门油缸　4. 轮子提升油缸　5. 轮升部
6. 箱体　7. 柴油机　8. 后门锁紧组件　9. 后门组件　10. 轴承
11. 液压马达　12. 从动链轮

(二) 工作过程

首先选好平整干燥的空地，将打模机车体落下，再进行如下操作。

(1) 装料。采棉机采满棉花后，移动到打模机附近合适位置，提升棉箱将籽棉倒入打模机中，或用其他装料机具将散放的籽棉装入打模机中。

(2) 打模。启动打模机液压系统。首先操作液压控制阀连杆，操纵踩压部前后移动将籽棉蹚平，然后驱使踩压头上下踩压，边踩压边移动，将装入的籽棉逐层踩压密实，直到踩压满箱。棉模应为中间稍高、两头略低，形状像面包，便于覆盖保护层后排雨水。

(3) 脱模。棉模打好后，开启后门，将棉模罩一端系在后门框上，操纵车轮升降机构将打模机箱体抬起，然后用拖拉机牵引打模机缓缓向前移动，棉模便脱离出来。最后系好棉模罩，根据生产计划存放或运走。

(三) 使用注意事项

(1) 装棉花一定要均匀，如有少量堆积，可用踩压头将棉花推平；深压要连续、平稳均匀，尽量将棉模压实、压平。打模时液压压力不可过大，以免将打模机箱体抬起。

(2) 装花量不可太少，也不可太多。太少则棉模质量不够，太多则出模困难。籽棉含水率过高（≥13%）时不可以打模，以防棉花发热变质。

(3) 打模机移动时，通过行走轮液压缸先将箱体升起，并且插上定位销。行走时注意观察路况。

二、运模车

图9-2所示是用来将棉模从棉田转移到棉花加工厂的MYCZ-10型运模车。它可以实现棉模的自动装卸及中途运输，运棉效率比普通车辆大10倍。棉模运输属于三模生产工艺的第二道工序。根据牵引方式的不同，运模车可分

为汽车运模车和拖拉机运模车两类；根据装载量的大小，一般分为 10t 运模车和 5t 运模车。

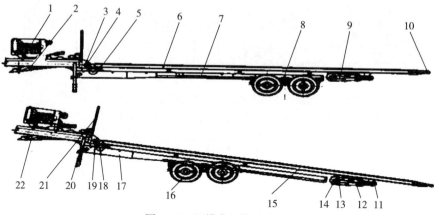

图 9-2　运模车机构示意图

1. 内燃机　2. 车体倾斜支撑部　3. 传动链轮　4. 主动链轮　5. 马达链轮　6. 提升部
7. 车轮滑动油缸　8. 轮子滑动部　9. 车体行走部　10. 提升部前链轮　11. 行走从动轮
12. 张紧弹簧　13. 行走主动轮　14. 液压马达　15. 提升链条　16. 车轮　17. 车底盘
18. 链条　19. 轴承　20. 液压控制装置　21. 棉模挡板　22. 车体摆缸

（一）结构组成

运模车主要由机械部分、液压部分、电器部分等构成（图 9-2）。

1. 机械部分

（1）提升链床部。它是可倾斜活动的车体底盘支架。支架上安装有 12 条具有特殊结构的提升链条，由提升马达提供低速大扭矩动力。

（2）行走部。它类似于坦克的动力牵引部件。由行走马达提供低速大扭矩动力，由钢制履带或强力橡胶履带扒地前行或后退。

（3）底盘部。它是由滑移机架和双后桥总成组成。轮移缸提供推拉力，带动底盘部前后移动，这样便于提升链床部的前后上下倾斜，便于棉模的平稳、省力装卸。

2. 液压部分

（1）提升马达。带动提升链条运动，用于装卸棉模。

（2）行走马达。驱动行走部前进或后退，与提升链条速度相匹配，以便能平稳、完整地装卸棉模。

（3）轮移缸。带动底盘部前进或后退，便于链床倾斜，使前端接近地面。

（4）倾斜缸。带动链床倾斜。

（5）液压电磁阀。控制压力及液压油流向，驱动执行元件工作。

（6）双联泵。双联泵是液压动力源。大泵为行走马达、轮移缸、倾斜缸供油；小泵为提升马达供油。

（7）内燃机。通过弹性联轴器与双联泵连接，提供机械力。

此外还有管路系统、调速阀、分流集流阀等部件。

3. 电器部分

（1）控制箱。

（2）遥控器（或有线控制器）。

（二）工作过程

运模车装棉模时，车体尾部正对棉模，左右偏差不超过 5cm，车体靠近棉模 1.5m 左右时停车；启动内燃机，操作液压电磁阀使运模车车体倾斜，提升链床部前端落下，直至离地面 2cm 左右，然后同时正向开动提升马达与行走马达，使提升链条与车体同步前进，从而实现棉模自动装车。

卸棉模时，根据生产需要，将运模车驾驶到开模喂料机两导轨中间，左右偏差不要太大；启动内燃机，操作液压电磁阀使运模车车体倾斜，提升部前端落下，直至离地面 2cm 左右，然后同时反向开动提升马达与行走马达，使提升链条与车体同步后退，实现棉模自动卸车。棉模装卸完成后，将车体放平，进行新一轮棉模的转运。

（三）使用注意事项

（1）装卸棉模时，一定要将车体位置调整合适，车体长度和棉模长度的方向一致，棉模在宽度方向上到车体两侧的间距相等。

（2）运输棉模时，注意观察路况，防止路边树枝钩挂棉模，避免在不好的路况上行驶，避免紧急刹车。

（3）工作时，将内燃机转速提高到 2 000r/min 左右。

（4）调整液压系统的各种压力，使其与各自的工作需要相适应；调整提升链床部的液压流量，使其与行走部的运动速度相匹配。

（5）装卸棉模时，随时通过调节操作按钮，使车辆行进与提模同步，防止散模。

三、开模喂料机

图 9-3 所示为 MKMZ-20 型开模喂料机。该机具有棉模开松和籽棉清杂的作用，并将开松后的籽棉均匀、高效地喂入外吸棉管道。开模喂料属于三模生产工艺的第三道工序。开模喂料机的使用改变了传统的人工喂花方式，可根据轧花车间生产需求，实现连续、均匀、自动喂花，为车间内各主要设备提供最好的工作条件，提高籽棉清理机的排杂效率和工作平稳性，提高轧花机的产量和作业质量。

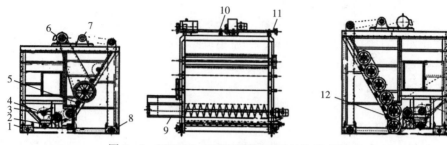

图 9-3　MKMZ-20 型开模喂料机结构示意图

1. 行走主动链轮组　2. 排杂绞龙　3. 刺钉辊　4. 输棉绞龙　5. 下开松辊　6. 主电机　7. 减速机
8. 行走从动轮　9. 排杂口　10. 支撑座　11. 传动轴　12. 皮带轮

(一) 组成结构

开模喂料机主要由开模、输送、绞龙、排杂等部分组成。

开模部分：由 6 个刺钉辊组成。

输送部分：由筒体与 6 个叶片焊接而成。

绞龙部分：由输棉绞龙与排杂网底组成。

(二) 工作过程

1. 喂花

开模喂料机利用刺钉辊的高速转动，对棉模中的籽棉进行开松打击和抖动，并将籽棉抛掷到输棉绞龙上；在输棉绞龙排出籽棉的过程中，绞龙叶片对籽棉进行翻转击打，将籽棉中的部分杂质通过排杂网底分离出去。该机可根据喂花量调整行走电机的转速，实现自动、均匀、连续喂花。

2. 电器控制

电器实现两地控制。开模喂料机本身安装一套大控制箱，直接控制开模喂料机上的三个电机的启动与停止，控制行走电机的转速（控制喂花量）；同时轧花车间主控台上安装一套小控制盒，配有启停按钮和变位器，控制行走电机的启动、停止和变速。

(三) 使用注意事项

（1）工作时，先开输棉绞龙和排杂绞龙的电机，再启动开模主电机，最后启动开模喂料机的行走电机；停车顺序则相反。

（2）开模进给速度应根据轧花要求仔细调节，输料要均匀，以防绞龙堵塞。

（3）籽棉含水分太大时应适当减少喂花。

四、三模喂花工艺流程

三模喂花工艺流程包括 7 个环节，如下所示：

田间及货场打棉模→脱棉模→棉模自动装车→棉模运输→棉模自动卸车→开棉模自动喂花→籽棉异性纤维清理→（下一步工序）。

第三节　棉花的加工技术与装备

棉花加工也称籽棉加工或棉花初步加工，是轻纺工业的前一道工序。棉花收购部门收进的籽棉，经过初步加工（即通过机械作用，使棉纤维与棉籽分离）之后，才能成为可以直接利用的工业原料——皮棉、短绒和棉籽。

一、棉花加工的基本过程

（一）加工过程

棉花加工过程是指由原料（籽棉）开始到制成产品（皮棉、短绒）等的全部生产过程。包括直接对籽棉进行加工的过程和对皮棉、短绒、棉籽进行成包的过程，还包括原料、成品的运输、保管，设备、厂房的维修和一切生产准备工作，广义地说，还包括对副产品进行深加工、综合利用的过程。

棉花加工即皮棉、短绒的生产过程，具有流程式加工工业产品生产的特点，分为两种类型，即流程式加工工业和加工-装配式加工工业。在流程式加工工业的生产过程中，原料在工厂的一端投入生产，经过连续作业和固定程序而成为产品。该生产过程中很少间断，也不加入其他成品。流程式加工工业又可进一步划分为综合流程式加工工业和分解流程式加工工业。前者是集合各种不同的半成品，将之制成一种产品的生产过程；后者是将原料分解为各种产品的生产过程。

（二）工艺过程

工艺过程是生产过程的主要部分。棉花加工工艺过程是指直接对籽棉进行加工，使之成为皮棉、短绒、棉籽的过程。包括的主要工序有籽棉预处理、轧花、剥绒、下脚料清理回收、打包等。棉花加工工艺过程可分为三个工艺阶段，即准备阶段、加工阶段和成包阶段。准备阶段采用烘干（或加湿）、清理工艺方法，为后续加工提供含水适宜、充分开松且清除了大部分外附杂质和部分原生杂质的籽棉。加工阶段对籽棉、棉籽进行轧、剥，对皮棉、短绒进行清理，对不孕籽等下脚料进行清理回收，以获得棉花加工厂生产的各种产品。成包阶段将单位体积质量很小的松散而富有弹性的皮棉、短绒压缩成型和包装，以便于运输、储存和保管。

二、棉花加工工艺流程

棉花加工工艺流程即将籽棉加工成皮棉、短绒、棉籽的步骤和顺序。现在棉花的加工工艺分为：手摘棉加工工艺和机采棉加工工艺。随着机采棉大面积的推广，现有的手摘棉加工工艺都在向机采棉加工工艺靠近，改造后的机采棉加工工艺，也能满足手摘棉的加工要求。

手摘棉加工工艺流程如图9－4所示。

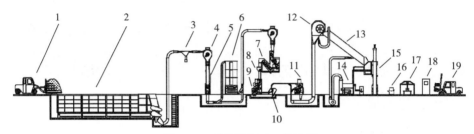

图9－4　手摘棉加工工艺流程

1. 籽棉装运器　2. 散状籽棉喂料机　3. 重杂物清理机　4. 籽棉卸料器　5. 籽棉喂料控制器

6. 籽棉烘干塔　7. 籽棉清理机　8. 配棉绞龙　9. 毛刷式锯齿轧花机　10. 气流式皮棉清理机

11. 锯齿式皮棉清理机　12. 集棉机　13. 皮棉溜槽　14. 皮棉加湿系统　15. 液压打包机

16. 运包车　17. 自动计量及输包系统　18. 数据采集及条码打印系统　19. 夹包车

机采棉加工工艺流程如图9－5所示。

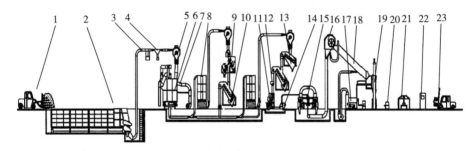

图9－5　机采棉加工工艺流程

1. 籽棉装运器　2. 散状籽棉喂料机　3. 调风阀门　4. 重杂物清理机　5. 籽棉卸料器

6. 棉花异性纤维清理机　7. 热空气进口　8. 籽棉烘干塔　9. 净式籽棉清理机　10. 回收式籽棉清理机

11. 毛刷式锯齿轧花机　12. 配棉绞龙　13. 倾斜式籽棉清理机　14. 气流式皮棉清理机

15. 锯齿式皮棉清理机　16. 集棉机　17. 皮棉加湿系统　18. 皮棉溜槽　19. 液压打包机

20. 运包车　21. 自动计量及输包系统　22. 数据采集及条码打印系统　23. 夹包车

三、籽棉加工标准工艺过程简述

籽棉加工标准工艺过程如图9－6所示。

籽棉由喂料机通过管道进入重杂分离器，重杂在重力作用下排出，在外吸棉风机的气流作用下进入卸料器，卸料器将籽棉与气流分离，籽棉落入异性纤维清理机，部分异性纤维排出设备。清理后的籽棉通过管道在风机的作用下，进入烘干塔前的卸料器进行气流和籽棉分离，松散的籽棉进入烘干塔 1（根据籽棉回潮选择烘干温度和次数）去除水分，（机采棉）再通过管道进入倾斜上卸料器 1 进行籽棉和气流分离，分离后的籽棉首先进入倾斜式籽棉清理机 1 进行棉叶和尘土的清理。清理后的籽棉进入提净式籽棉清理机，进行棉秆、铃壳、僵瓣棉、硬杂及尘杂的清理（根据籽棉的情况，提净式籽棉清理机提供三种加工工艺模式：不清理、进行一次清理、进行二次清理）。清理后的籽棉进入回收式籽棉清理机 1，进行棉叶和尘土的清理。清理后的籽棉进入烘干塔 2 进行二次烘干后，在内吸风机的作用下通过管道运送到倾斜上卸料器 2，进行籽棉和气流分离（加工手摘棉时，通过烘干塔 1 的籽棉可以通过管道直接进入倾斜上卸料器 2），再进入倾斜式籽棉清理机 2、回收式籽棉清理机 2 进行清理，到此大部分杂质被清除，籽棉得到充分的清理和开松。

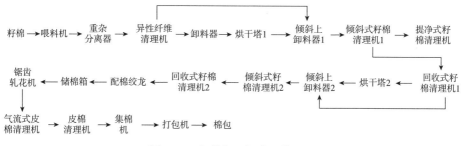

图 9-6 籽棉加工标准工艺过程

经过两级烘干和清理后的籽棉落入锯齿轧花机上的储棉箱中，籽棉经锯齿轧花机的自动喂棉装置进入轧花机进行轧花。轧出的皮棉由皮棉清理输送系统经气流式皮棉清理机进入皮棉清理机做进一步的清理，加大排杂，改善皮棉外观形态，提高皮棉质量。清理后的皮棉再由集棉系统进入集棉机（当籽棉品级较高时，轧出的皮棉可不经皮棉清理机清理，而是在气流皮清之后通过皮棉旁路进入集棉机）。进入集棉机的皮棉在气流分离后经皮棉溜槽进入打包机打成棉包。棉包在输送系统中，经过计量、称重、打印条码、刷唛等工序后，由夹包车送入棉包仓库或露天货场。

轧花机和皮棉清理机排出的不孕籽，由不孕籽输送系统送入不孕籽提净机提出不孕籽棉，提出的不孕籽棉被送入打包机打成包。轧花机排出的棉籽由棉籽绞龙送入棉籽仓库或剥绒系统。所有输送系统的含尘空气经沙克龙除尘净化成干净空气后排放到大气中。

四、机采棉生产工艺及设备的智能化简介

（1）在喂料机的出口、外吸管道、内吸管道、储棉箱，轧花机皮棉出口管

道，及集棉机进口管道处安装有火情报警装置，对每个关键环节进行全程监控。

（2）在每个设备的关键部位装有温度、转速传感器，实时监控设备的运行状态。

（3）外部喂料机和内部设备通过 PLC，实时进行协调控制，根据设备的运行状态，及时控制籽棉的喂入量。

（4）在喂料机的总出口管道装有籽棉品质检测装置（USTER 在线检测系统），智能分析系统对籽棉品质进行数据分析，通过总控室的 PLC 输出信号给各加工单元，使各单元的执行机构自动调整为合适的工作间隙。

（5）集棉管道装有皮棉品质检测装置（USTER 在线检测系统），智能分析系统对皮棉数据进行汇总分析，并由总控室的 PLC 输出信号给各个轧花机、皮棉清理设备和喂料机，将轧花机、皮棉清理设备的间隙调整到合适的位置，以及控制各设备的喂花量，调控整条线的清杂率。

第十章

卫星导航辅助驾驶系统

卫星导航辅助驾驶系统是按照农业生产中的起垄、耕种、收割等实际需要，集卫星定位技术、机械自动控制技术、3G－5G通信网络（或电台无线传输技术）为一体的综合应用系统。可以24h全天候不间断作业，不受天气因素干扰，保证高精度；可大大减轻驾驶员的劳动强度，解放驾驶员的双手和眼睛，使驾驶员作业时有更多精力与时间关注农机具的运行状态，提高作业效率。在本章主要介绍北斗农机辅助导航驾驶系统。

第一节　卫星导航辅助驾驶系统
在精准农业中的应用

精准农业是将全球卫星导航系统（GNSS）、地理信息系统（GIS）、遥感技术（RS）和计算机自动控制系统等最先进的科学技术应用于农业生产中，从而科学合理地利用农业资源、提高农作物产量、降低生产成本、减少环境污染、提高农业经济效益，是目前农业生产发展的方向。精准农业包括自动驾驶、自动播种、变量控制、自动收割、产量测定、农机自动监控、农业信息共享等方面的内容。

卫星导航辅助驾驶系统是精准农业的重要内容。它主要能够提高农机作业的精度，减少作业耕种误差，提高农业生产的标准化程度，促进土地的高效利用。目前我国正在大力推广拖拉机自动驾驶系统。

一、卫星导航辅助驾驶系统的结构原理

卫星导航辅助驾驶系统由地面基站、卫星天线、角度传感器、电驱动方向盘（或液压驱动方向盘）等组成。通过高精度的卫星定位系统提供位置信号，控制农机的转向系统，控制农机按照设定的路线（直线或曲线）自动行驶，并保证偏差在2.5cm以内。卫星导航辅助驾驶系统的结构原理见图10-1。

二、典型卫星导航辅助驾驶系统介绍

图10-2所示为北斗AF300型农机辅助导航驾驶系统，是集卫星接收、定位、控制于一体的综合性系统。高精度北斗/GNSS卫星导航系统是该驾驶

系统的基础，由 GNSS 天线和高精度北斗/GNSS 接收机组成，可以实时获取车辆运行的高精度位置信息。传感器、控制器、转向控制系统是该驾驶系统的核心。该驾驶系统根据位置传感器、GNSS 卫星导航系统实时获取车辆运行参数，通过控制器内部解算，实时向转向控制系统发送指令，通过控制车辆的液压转向系统来控制车辆的行驶，确保车辆按照导航显示器设定的路线行驶。将拖拉机的作业精度控制在 2.5cm 以内。该驾驶系统可用于耙地、旋耕、起垄、播种、喷药、收割等农业作业。

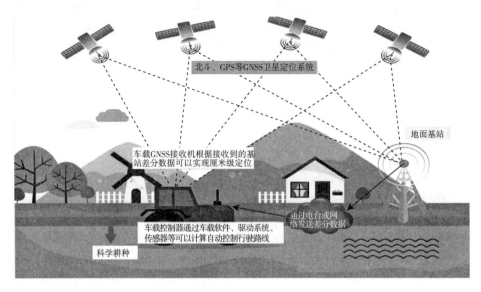

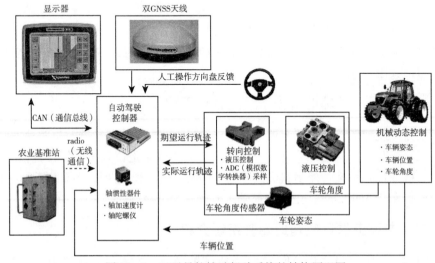

图 10-1　卫星导航辅助驾驶系统的结构原理图

图 10 - 2　北斗 AF300 型农机辅助导航驾驶系统结构图
1. 车轮角度传感器　2. 导航显示器　3. 北斗兼容天线
4. HC - 5 北斗兼容接收机　5. 控制单元　6. 液压阀

三、卫星导航辅助驾驶系统使用注意事项

1. 基站信号

拖拉机作业地块应在基站信号控制距离范围以内。

2. 牵引形式

要确定作业农具是正牵引还是偏牵引。如果是偏牵引，则要对农机具进行偏移设置。

3. 工作区域

当拖拉机工作区域有林带时，若卫星信号不好，可在设定好 AB 线后，由农田中央向边缘作业。

4. 信号问题

当信号出现问题，误差较大时，按状态键来查看，确定是卫星信号不好，还是基站信号不好。若卫星数量在 6 颗以上，HDOP（水平分量精度因子）值在 1.5 以下，则卫星质量良好；若 CMR（共模抑制比）输入在 40% 以下，CMR 时间在 35ms 以下，则基站的信号良好。当卫星信号不好时，查看天线是否被遮挡，附近是否有高压电线等会产生强磁场的设施设备；当基站信号不好，通信模块登录不正常时，先确认基站是否正常运行，再确认 CDMA（码分多址）或 GPRS（通用无线分组业务）的 SIM（用户识别卡）是否能正常通信。

第二节　机组田间作业路径规划

一、卫星导航与机组自主行走作业技术

卫星导航与机组自主行走作业技术，是行走机组田间精准高效作业的基础

信息化技术。实现卫星导航和机组田间自主行走，有以下突出优点。

（1）提高行程效率。可规划出最优行走路线，使得作业行程率提高、空行程率降低。

（2）提高土地利用率。直线行驶性好，相邻行程结合误差小，各行程的起始点和终结点整齐。

（3）节约资源。由于避免了作业重叠，最大限度地节约了种子、化肥、农药、地膜等农用物资，也节省了作业能耗。

机组田间作业的行走路径，关系到作业效率和作业精准性。不同农艺环节的作业路径不同，但都有各自的最优路径。路径规划首先要确定优化目标。而要完成一个地块的作业，进行路径规划时会有不同的优化目标。优化目标一般有作业时间最短、作业行程率最高、能耗最少、作业成本最低等。

进行路径规划，是机组卫星导航自主行走作业的基础。只有规划好路径，才能实现高效作业、自主行走。

二、机组田间作业的基本行走方法

1. 梭行法

如图 10 - 3 所示，梭行法属于直行法，是采用有环节转弯的田间作业行走方法。机组多采用对称式。机组在地头线处入区，沿耕区长边方向行走，到另一端地头线时，脱离或升起作业机构做"梨形"转弯调头，然后开始作业，来回穿梭行走，主要适用于播种、中耕等作业项目。

2. 闭垄法

如图 10 - 4 所示，闭垄法是确定一条中心线，去行程在一侧，反行程在另一侧，离中心线越来越远。使机组从小区中心左边入区作业，完成第一犁后顺时针方向做有环节转弯，之后再进行第二犁，土垡都向小区内侧翻，耕作之后小区中央出现一道垄。主要用于犁耕作业。

3. 开垄法

如图 10 - 5 所示，开垄法是确定一条中心线，去行程在一侧，反行程在另一侧，离中心线越来越近。机组从耕区中线右边进入开墒（即耕第一犁），按逆时针方向围绕中心线由外向内耕作，向外翻土，机组只做左转弯，这样耕区中间形成犁沟。主要用于犁耕作业。

4. 套行法

如图 10 - 6 所示，套行法是在矩形地块，去行程和反行程相隔一定间距，一般为作业幅宽的整数倍，往返作业行程和地头转弯行程等距。一般用于收获作业。

5. 向心绕行法

绕行法是由边缘向中心（图 10 - 7）或由中心向边缘绕行，全路径都是作

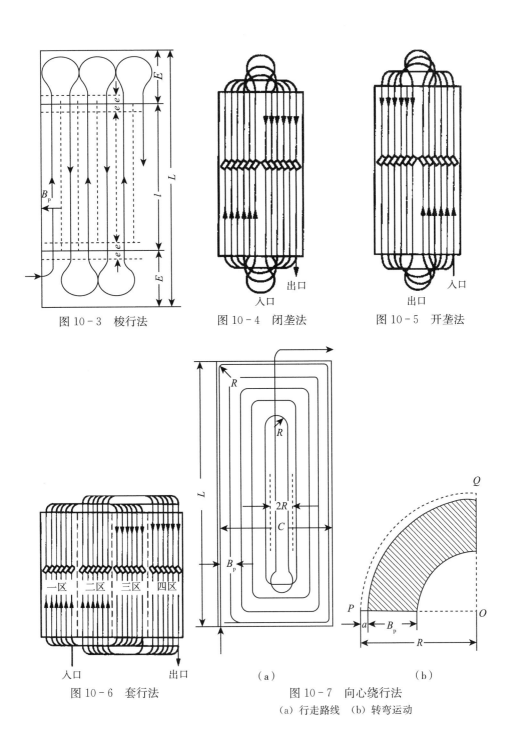

图 10-3 梭行法

图 10-4 闭垄法

图 10-5 开垄法

图 10-6 套行法

一区 二区 三区 四区

入口 出口

（a）

（b）

图 10-7 向心绕行法

（a）行走路线 （b）转弯运动

业行程。一般用于收获作业。机组沿边绕行，在锐角或直角处空行转弯，钝角处负荷转弯，在锐角或直角的对角线上留出转弯地带，角越小，转弯地带应越宽，最后转弯地带和中央地带一起作业完毕。适用于谷物收获、割草和耙地等作业。但在转弯时易产生遗漏地带，作业结束时需进行补漏作业。

6. 对角线交叉法

如图 10-8 所示，在地块较大或土质较黏重的地块耙地作业时，宜采用对角线交叉法。此法相当于两次斜耙（与耕地方向成一定角度的耙地方法称为对角线斜耙法），碎土和平土作用较好。主要用于耙地。

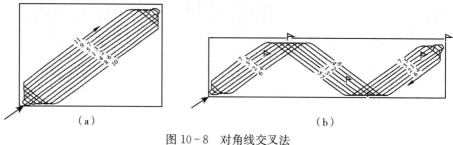

（a）　　　　　　　　　　　　　　　（b）

图 10-8　对角线交叉法

（a）方形地块　（b）长方形地块

参 考 文 献

毕新胜，2007a. 采棉机采摘头水平摘锭工作机理的研究 ［D］. 石河子：石河子大学 .

毕新胜，王维新，武传宇，等，2007b. 采棉机水平摘锭的工作原理及采摘力学分析 ［J］.
　　石河子大学学报（自然科学版）（6）：786－789.

毕于运，2010. 秸秆资源评价与利用研究 ［D］. 北京：中国农业科学院 .

布尔兰·卡力木别克，王吉奎，罗新豫，等，2020. 横卧辊式棉秸秆起拔收获机的设计与
　　试验 ［J］. 农机化研究，42（3）：128－133.

曹肆林，王序俭，刘云，等，2010.1QZ－5.4 型清膜整地联合作业机的研制 ［J］. 新疆农
　　机化（1）：32－33.

陈传强，蒋帆，陈昭阳，2014. 山东省棉花机械化生产农艺模式研究 ［J］. 中国农机化学
　　报，35（5）：48－52.

陈传强，蒋帆，张晓洁，等，2017. 我国棉花生产全程机械化生产发展现状、问题与对
　　策 ［J］. 中国棉花，44（12）：1－4.

陈贵林，2009. 机采棉发展需要解决的几个问题 ［J］. 中国棉花加工（2）：17－18.

陈佳林，曹肆林，卢勇涛，等，2018. 我国棉秆收获装备现状及前景分析 ［J］. 新疆农机
　　化（2）：11－14.

陈明江，平英华，曲浩丽，等，2012. 棉秆机械化收获技术与装备现状及发展对策 ［J］.
　　中国农机化（5）：23－26.

陈明江，宋德平，王振伟，等，2016. 棉秆拉拔阻力的研究 ［J］. 农机化研究，38（6）：
　　64－68.

陈明江，赵维松，王振伟，等，2019a. 齿盘式多行拔棉秆装置拔秆过程分析与参数优
　　化 ［J］. 农业机械学报，50（3）：109－120.

陈明江，赵维松，王振伟，等，2019b. 棉秆拔除相关技术研究现状 ［J］. 中国农机化学
　　报，40（5）：29－35.

陈雪梅，张晓洁，2013. 山东省发展机采棉的前景与对策 ［J］. 山东农业科学，45（12）：
　　107－111.

代建龙，李维江，辛承松，等，2013. 黄河流域棉区机采棉栽培技术 ［J］. 中国棉花，40
　　（1）：35－36.

翟超，周亚立，赵岩，等，2011. 水平摘锭式采棉机的研究现状及发展趋势 ［J］. 农业机
　　械（25）：91－92.

丁志欣，2018. 棉秆收获技术的发展现状研究 ［J］. 新疆农机化（3）：24－25，34.

董合干，刘彤，李勇冠，等，2013a. 新疆棉田地膜残留对棉花产量及土壤理化性质的影响
　　［J］. 农业工程学报，29（8）：91－99.

董合干，王栋，王迎涛，等，2013b. 新疆石河子地区棉田地膜残留的时空分布特征 [J]. 干旱区资源与环境，27（9）：182-186.

董合忠，2013. 棉花重要生物学和栽培特性及其在丰产简化栽培中的应用 [J]. 中国棉花，40（9）：1-3.

董建军，代建龙，2017. 黄河流域棉花轻简化栽培技术评述 [J]. 中国农业科学，50（22）：4290-4298.

董世平，王锋德，邱灶杨，等，2010. 自走式棉秆捡拾收获机设计与试验 [J]. 农业机械学报，41（S1）：99-102.

董伟，2009. 梳指式采棉机的设计与关键技术研究 [D]. 乌鲁木齐：新疆大学.

杜召海，陈煜，王芙蓉，等，2019. 高产多抗适宜轻简化、机械化棉花新品种鲁棉 338 的选育 [J]. 山东农业科学，51（8）：25-27.

端景波，张晓辉，范国强，等，2014. 棉花机械化采收技术的现状与研究 [J]. 中国农机化学报，35（3）：62-65.

樊建荣，2011. 采棉机的研究现状和发展趋势 [J]. 机械研究与应用，24（1）：1-4.

范术丽，王龙，庞朝友，等，2017. 高产、抗病转基因抗虫棉品种——中棉所 94A915 [J]. 中国棉花，44（1）：35，37.

付长兵，2010. 水平摘锭式采棉机采棉原理及关键零部件分析 [D]. 乌鲁木齐：新疆大学.

付长兵，孙文磊，2011. 水平摘锭式采棉机采棉装置及关键部件分析 [J]. 机械工程与自动化（1）：85-86，89.

耿端阳，张道林，王相友，等，2011. 新编农业机械学 [M]. 北京：国防工业出版社.

龚振平，杨悦乾，2012. 作物秸秆还田技术与机具 [M]. 北京：中国农业出版社.

关平，2010. 棉花播种技术 [J]. 现代农业科技，4（4）：76-77.

郭博，贺敬良，王德成，等，2018. 秸秆打捆机研究现状及发展趋势 [J]. 农机化研究，40（1）：264-268.

郭纪坤，2007. 陆地棉抗旱耐盐及产量形态性状的 QTL 定位 [D]. 乌鲁木齐：新疆农业大学.

郝付平，韩增德，韩科立，等，2013. 国内外采棉机现状研究与发展对策 [J]. 农业机械（31）：144-147.

何建军，曹阳，严玉萍，等，2007. 新陆早 37 号 [J]. 中国棉花，34（11）：28.

贺小伟，刘金秀，李传峰，等，2019. 我国棉秆机械收获技术现状分析及对策研究 [J]. 中国农机化学报，40（3）：19-25.

胡春雷，李孝华，何锡玉，等，2020.2019 年棉花加工行业产业发展报告 [J]. 中国棉花加工（2）：4-17.

花俊国，2006. 浮压双链夹持式拔棉秆机的研究 [J]. 河南农业大学学报（5）：549-552.

黄铭森，石磊，张玉同，等，2016. 统收式采棉机载籽棉预处理装置的优化试验 [J]. 农业工程学报，32（21）：21-29.

黄勇，付威，吴杰，2005. 国内外机采棉技术分析比较 [J]. 新疆农机化（4）：18-20.

蒋永新，刘晨，郭兆峰，等，2014. 新疆棉田残膜机械化回收技术现状分析及建议 [J].

农机化研究，36（6）：246-248.

解红娥，李永山，杨淑巧，等，2007. 农田残膜对土壤环境及作物生长发育的影响研究 [J]. 农业环境科学学报，26（S1）：153-156.

李宝筏，2003. 农业机械学 [M]. 北京：中国农业出版社.

李斌，徐江岩，2002.FTD-4/5型封土机的研制 [J]. 新疆农机化（3）：40.

李春平，刘忠山，张大伟，等，2014. 高产优质新品种新陆早57号选育及栽培技术 [J]. 中国棉花，41（5）：38.

李洪菊，罗艳萍，罗冬玉，等，2020. 中棉619在荆门地区无膜种植的表现和栽培技术 [J]. 棉花科学，42（3）：57-60.

李明军，于家川，禚冬玲，等，2022. 棉花中耕培土施肥一体机设计与试验 [J]. 农机化研究，44（6）：126-138.

李明洋，马少辉，2014. 我国残膜回收机研究现状及建议 [J]. 农机化研究，36（6）：242-245.

李冉，杜珉，2012. 我国棉花生产机械化发展现状及方向 [J]. 中国农机化（3）：7-10.

李世云，孙文磊，毕新胜，等，2011. 采棉机械采摘原理解析 [J]. 科技信息（7）：71-72.

李树君，杨炳南，王俊友，等，2008. 主要农作物秸秆收集技术发展 [J]. 农业机械（16）：23-26.

李腾，郝付平，韩增德，等，2018. 水平摘锭采棉理论分析与试验 [J]. 农业机械学报，49（S1）：233-238.

李小利，2011. 水平摘锭式采棉机采摘机理及摘锭运动规律的研究 [D]. 乌鲁木齐：新疆大学.

梁荣庆，陈学庚，张炳成，等，2019. 新疆棉田残膜回收方式及资源化再利用现状问题与对策 [J]. 农业工程学报，35（16）：1-13.

刘进宝，郭辉，杨宛章，2013. 棉秆粉碎机的研究现状及展望 [J]. 中国农机化学报，34（6）：17-20.

刘凯凯，廖培旺，宫建勋，等，2018. 棉秆燃料化利用关键技术及设备的研究分析 [J]. 中国农机化学报，39（1）：78-83.

刘科，2012. 联合耕整地机械化技术 [J]. 山东农机化（4）：38.

刘晓红，2012. 杂交棉中棉所57号高产栽培技术 [J]. 农村科技（6）：9.

刘晓丽，陈发，王学农，等，2012. 国内外梳齿式采棉机技术比较分析研究 [J]. 农机化研究，34（3）：14-17，24.

刘新，2020. 转抗虫基因棉花新品种——"国欣棉31"[J]. 农村新技术，481（9）：41.

卢合全，李振怀，李维江，等，2015. 适宜轻简栽培的棉花品种K836的选育及高产简化栽培技术 [J]. 中国棉花，42（6）：33-37.

罗初元，傅克俊，1984. 棉花各发育期的光温特性 [J]. 江西棉花（3）：1-8.

马继春，荐世春，周海鹏，2010. 齿盘式棉花秸秆整株拔取收获机的研究设计 [J]. 农业装备与车辆工程（8）：3-5，12.

聂新富，孔德海，张爱军，1996.3SFKB－8型棉花封土机［J］.新疆农机化（2）：7.

裴新民，金晓青，2014.新疆残膜回收机械化技术推广应用研究［J］.中国农机化学报，35（5）：275－279.

戚江涛，张涛，蒋德莉，等，2013.残膜回收机械化技术综述［J］.安徽农学通报，19（9）：153－155.

戚亮，曹肆林，卢勇涛，等，2015.新疆兵团棉花秸秆还田技术应用现状与思考［J］.安徽农业科学，43（36）：154－156.

尚亚南，徐桂玲，尚冰，1997.棉花"早密矮"栽培技术的理论与实践［J］.阜阳师范学院学报（自然科学版）（34）：15－21，14.

沈仍愚，张雄伟，1975.棉的生长习性［J］.中国棉花（1）：37－40.

史建新，陈发，郭俊先，等，2006.抛送式棉秆粉碎还田机的设计与试验［J］.农业工程学报（3）：68－72.

宋敏，王海标，高文伟，等，2015.新疆早熟植棉区机采棉和手摘棉纤维品质比较［J］.中国棉花，42（12）：4－6.

孙巍，杨宝玲，高振江，等，2013.浅析我国棉花机械采收现状及制约因素［J］.中国农机化学报，34（6）：9－13.

孙玉峰，陈志，董世平，等，2012.4MG－275型自走式棉秆联合收获机切碎装置的研究［J］.农机化研究，34（6）：13－16，21.

唐遵峰，韩增德，甘帮兴，等，2010.不对行棉秆拔取收获台设计与试验［J］.农业机械学报，41（10）：80－85.

陶湘伟，陈兴和，2013.机采棉技术与发展趋势分析［J］.农业机械（13）：97－102.

田多林，2016.北疆地区农田残膜回收现状与治理措施［D］.石河子：石河子大学.

王大光，张晓东，张立新，2017.机采棉花的品种选择及配套技术［J］.中国棉花，44（12）：35－36，38.

王锋德，陈志，董世平，等，2009a.自走式棉秆联合收获机设计与试验［J］.农业机械学报，40（12）：67－70，66.

王锋德，燕晓辉，董世平，等，2009b.我国棉花秸秆收获装备及收储运技术路线分析［J］.农机化研究，31（12）：217－220.

王刚，刘辉，赵海，等，2011.新疆兵团棉花机械采收存在的问题及对策［J］.中国棉花，38（9）：37－38.

王吉奎，2012.农田残膜回收技术［M］.杨凌：西北农林科技大学出版社.

王家宝，高明伟，姜辉，等，2018.鲁棉1131的选育及栽培技术［J］.中国棉花，45（12）：35－36.

王新国，2003.国产采棉机技术应用与发展前景展望［J］.新疆农机化（5）：30－31.

王勇，刘刚，初晓庆，等.我国棉花生产机械化应用现状及发展趋势［J］.农业装备与车辆工程，53（5）：72－75.

王玉华，2007.棉花——中棉所49号［J］.新疆农垦科技（1）：44.

王振伟，2014.不对行棉秆收获台的研究与设计［D］.淄博：山东理工大学.

王志坚，徐红，2011. 新疆机采棉的调研与发展建议［J］. 中国棉花，38（6）：10-14.

徐建辉，李春平，刘忠山，等，2011. 优质高产新品种新陆早 50 号选育及其栽培技术［J］. 中国棉花（11）：37.

许剑平，谢宇峰，徐涛，2011. 国内外播种机械的技术现状及发展趋势［J］. 农机化研究，33（2）：234-237.

许卫红，2015. 水肥一体化实用新技术［M］. 2 版. 北京：化学工业出版社.

宣立中，2017. 农作物新品种简介（二）［J］. 新疆农垦科技，40（7）：71-73.

闫盼盼，曹肆林，罗昕，等，2016. 弹齿链耙式播前残膜回收机的设计研究［J］. 农机化研究，38（6）：137-142.

闫向辉，刘向新，2004. 棉花化学脱叶催熟技术［J］. 新疆农机化（4）：48-61.

严昌荣，何文清，刘爽，等，2015. 中国地膜覆盖及残留污染防控［M］. 北京：科学出版社.

严昌荣，梅旭荣，何文清，等，2006. 农用地膜残留污染的现状与防治［J］. 农业工程学报，22（11）：269-272.

严玉萍，曹阳，何建军，等，2005. 几种不同脱叶剂的田间试验［J］. 中国棉花，32（10）：12-13.

杨怀军，孟祥金，何义川，等，2017. 机采籽棉储运技术质量成本分析［J］. 中国棉花，44（4）：30-33.

姚祖玉，2015. 棉秆收获机打捆装置的设计与试验研究［D］. 长沙：湖南农业大学.

张爱民，廖培旺，陈明江，等，2019. 自走式不对行棉秆联合收获打捆机的设计与试验［J］. 中国农业大学学报，24（9）：127-138.

张爱民，王振伟，刘凯凯，等，2016. 棉秆联合收获机关键部件设计与试验［J］. 中国农机化学报，37（5）：8-13.

张承林，邓兰生，2016. 水肥一体化技术［M］. 2 版. 北京：中国农业出版社.

张德才，2004. 抗虫棉新品种欣抗 4 号特性及栽培技术［J］. 中国农技推广（4）：47.

张冬梅，董合忠，2017. 黄河流域棉区棉花轻简化丰产栽培技术体系［J］. 中国棉花，44（11）：44-46.

张惠友，侯书林，那明君，等，2004. 残膜回收工艺和收膜机构［J］. 农机化研究（11）：72-73.

张佳喜，汪珽珏，陈明江，等，2019. 齿盘式棉秆收获机的设计［J］. 农业工程学报，35（15）：1-8.

张佳喜，王学农，蒋永新，等，2012. 4KM-1800 牵引式棉秸秆收获打捆机关键参数设计及试验研究［J］. 新疆农业科学，49（5）：903-908.

张佳喜，叶菲，2011. 我国棉花秸秆收获装备现状分析［J］. 农机化研究，33（8）：241-244.

张杰，刘林，2013. 新疆兵团机采棉与手采棉经济效益比较研究［J］. 农业现代化研究，34（3）：372-375.

张军，王芙蓉，张传云，等，2009. 高产、抗病转基因抗虫棉新品种鲁棉研 37 号［J］. 山东农业科学（11）：117-118.

张立杰，王志坚，彭利，2013. 基于统计分析的机采棉与手采棉品质比较 [J]. 中国农机化学报，34（6）：89-94.

张强，梁留锁，2016. 农业机械学 [M]. 北京：化学工业出版社.

张山鹰，2012. 新疆机采棉发展现状及发展方向的思考 [J]. 农业工程，2（7）：1-6.

张晓洁，陈传强，张桂芝，等，2015. 山东机械化植棉技术的建立和应用 [J]. 中国棉花，42（11）：9-12.

赵富强，曾庆涛，刘铨义，等，2012. 早熟中长绒陆地棉新陆早 47 号的选育及栽培技术 [J]. 农业科技通讯（3）：144-145.

赵建所，2018. 棉花机采所要求的特征特性及对采收质量的影响探讨 [J]. 棉花科学，40（6）：16-18.

赵岩，陈学庚，温浩军，等，2017a. 农田残膜污染治理技术研究现状与展望 [J]. 农业机械学报，48（6）：1-14.

赵岩，郑炫，陈学庚，等，2017b. CMJY-1500 型农田残膜捡拾打包联合作业机设计与试验 [J]. 农业工程学报，33（5）：1-9.

中国农业机械化科学研究院，2007. 农业机械设计手册 [M]. 北京：中国农业科学技术出版社.

中国农业科学院棉花研究所，2013. 中国棉花栽培学 [M]. 上海：上海科学技术出版社.

中国农业科学院棉花研究所，2019. 中国棉花栽培学 [M]. 上海：上海科学技术出版社.

中华人民共和国统计局，2021. 中国统计年鉴 2021 [M]. 北京：中国统计出版社.

周海燕，孙玉峰，杨炳南，等，2015. 我国棉花收获机械应用现状及展望 [J]. 农业工程，5（3）：16-18.

周桃华，1995. NaCl 胁迫对棉籽萌发及幼苗生长的影响 [J]. 中国棉花，22（4）：11-12.

周婷婷，肖庆刚，杜睿，等，2020. 我国棉花脱叶催熟技术研究进展 [J]. 棉花学报，32（2）：170-184.

周先林，覃琴，王龙，等，2020. 脱叶催熟剂在新疆棉花生产中的应用现状 [J]. 中国植保导刊，40（2）：26-32.

周长吉，2003. 温室灌溉系统设备与应用 [M]. 北京：中国农业出版社.